软件应用精解

Zemax

中文版|光学设计

从入门到精通

追光者 ⊕ 编著

人民邮电出版社

北京

图书在版编目（CIP）数据

Zemax中文版光学设计从入门到精通 / 追光者编著
. -- 北京 : 人民邮电出版社, 2023.5（2023.11重印）
ISBN 978-7-115-61176-5

Ⅰ. ①Z… Ⅱ. ①追… Ⅲ. ①光学设计 Ⅳ.
①TN202

中国国家版本馆CIP数据核字(2023)第027146号

内 容 提 要

本书以 Zemax 2020 作为软件平台，详细讲解了 Zemax 在光学设计中的使用方法与技巧，旨在帮助读者尽快掌握 Zemax 这一光学设计工具。

本书结合作者多年的光学设计经验，通过丰富的工程实例将 Zemax 的使用方法详细介绍给读者。全书共 10 章，分为两部分，第一部分（第 1～6 章）主要讲解 Zemax 的基础知识，包括用户界面和系统选项设置、光学像差理论和成像质量评价、光学系统优化、系统公差分析、非序列模式下的光系统设计等；第二部分（第 7～10 章）讲解利用 Zemax 进行各种透镜和目镜的基本设计方法，并对显微镜、望远镜等目视光学系统的设计进行了深入的讲解，帮助读者尽快掌握利用 Zemax 进行光学设计的方法。

本书注重基础，内容翔实，突出实例讲解，既可以作为光学设计人员、科研人员等相关专业人士的工具书，也可以作为相关专业高年级本科生、研究生的学习参考书。

◆ 编　　著　追光者
　责任编辑　胡俊英
　责任印制　王　郁　焦志炜
◆ 人民邮电出版社出版发行　　北京市丰台区成寿寺路 11 号
　邮编　100164　　电子邮件　315@ptpress.com.cn
　网址　https://www.ptpress.com.cn
　北京天宇星印刷厂印刷
◆ 开本：787×1092　1/16
　印张：23.75　　2023 年 5 月第 1 版
　字数：566 千字　　2023 年 11 月北京第 4 次印刷

定价：99.80 元

读者服务热线：(010)81055256　印装质量热线：(010)81055316
反盗版热线：(010)81055315
广告经营许可证：京东市监广登字 20170147 号

前　言

光学和光学工程是一门古老的学科，它的历史几乎与人类文明同步。从远古时代起，人们就把光作为能源和信息传递的工具加以利用。在人类的五官中，眼睛是了解和认识客观世界的最直接的感官。人们所能获取的信息有 70% 来源于视觉，因此各种光学器件的研发和应用极其重要。随着光学技术的发展，光学设计软件成为有效的工具，并随之涌现出一大批优秀的通用专业设计软件，其中以 Zemax、CODE V、LightTools 为代表。

Zemax 光学设计软件自问世以来，已经广泛应用于光刻物镜、投影物镜等成像设计，以及各种车灯照明设计领域。由于可靠性高，辅以积极的市场开拓，Zemax 光学设计软件得到了光学界的广泛认可和青睐，为光学器件的设计、研究、攻关做出了重要贡献。

作为通用、高效的光学设计软件之一，Zemax 具有强大的光学设计和仿真分析功能。本书选用 Zemax 2020 作为软件平台，详细讲解了 Zemax 的使用方法，希望读者深入学习以掌握此软件。

全书分为两部分，共 10 章。第一部分（第 1～6 章）主要讲解 Zemax 的基础知识，包括用户界面和系统选项设置、光学像差理论和成像质量评价、光学系统优化、系统公差分析、非序列模式下的光系统设计等。各章主要内容安排如下：

第 1 章　初识 Zemax	第 2 章　光学系统的分析与评价
第 3 章　初级像差理论与像差校正	第 4 章　Zemax 的优化与评价功能
第 5 章　公差分析	第 6 章　非序列模式设计

第二部分（第 7～10 章）讲解 Zemax 的应用，包括各种透镜和目镜的基本设计操作，尤其是对显微镜、望远镜等目视光学系统的设计进行了深入的讲解，帮助读者尽快掌握利用 Zemax 进行光学设计的方法。

第 7 章　基础设计示例	第 8 章　目镜设计
第 9 章　显微镜设计	第 10 章　望远镜设计

为便于读者学习，书中设置了“提示”模块，大多是提示当前操作可以通过其他方法解决，读者可以自行尝试；书中还设置了“注意”模块，提示当前操作应该注意的要点，否则可能造成操作不成功。

说明：本书重点讲解 Zemax 的应用，书中的算例可以帮助读者快速掌握利用 Zemax 进行光学系统设计的操作方法。本书的目的在于帮助读者尽快掌握 Zemax 这一优秀的光学设计软件，而算例的优化设计结果未必是最优结果，读者不必纠结于结果的准确程度。

本书结构合理，叙述详细，实例丰富，既适合广大科研工作者、工程师和在校学生等不同层次的读者自学使用，也可以作为大中专院校相关专业的教学参考书。

Zemax 本身是一个庞大的资源库与知识库，虽然本书编写中力求叙述准确、完善，但由于编者水平有限，书中欠妥之处在所难免，希望广大读者和同人能够及时指出，共同提高本书质量。

如果读者在学习过程中遇到与本书有关的技术问题，可以访问“算法仿真在线”公众号获取帮助，公众号提供了读者与编者的沟通渠道。此外，读者在公众号回复“Zemax61176”还可以获取本书配套的素材及帮助信息。

服务与支持

本书由异步社区出品，社区（https://www.epubit.com/）可为您提供相关资源和后续服务。

提交错误信息

作者和编辑尽最大努力来确保书中内容的准确性，但难免会存在疏漏。欢迎您将发现的问题反馈给我们，帮助我们提升图书的质量。

当您发现错误时，请登录异步社区，按书名搜索，进入本书页面（见下图），单击“提交勘误”，输入错误信息后，单击“提交”按钮即可。本书的作者和编辑会对您提交的错误信息进行审核，确认并接受后，您将获赠异步社区的 100 积分。积分可用于在异步社区兑换优惠券、样书或奖品。

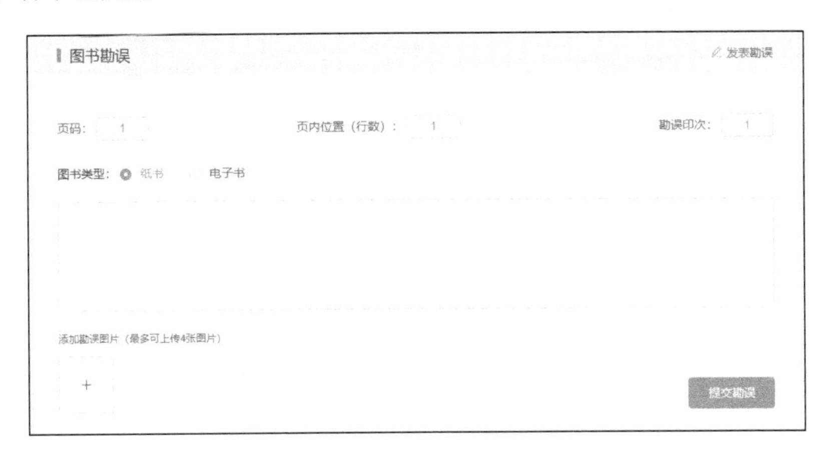

与我们联系

我们的联系邮箱是 contact@epubit.com.cn。

如果您对本书有任何疑问或建议，请您发电子邮件给我们，并请在电子邮件标题中注明书名，以便我们更高效地做出反馈。

如果您有兴趣出版图书、录制教学视频，或者参与图书翻译、技术审校等工作，可以发电子邮件给我们；有意出版图书的作者也可以到异步社区在线投稿（直接访问 www.epubit.com/contribute 即可）。

如果您所在的学校、培训机构或企业，想批量购买本书或异步社区出版的其他图书，也可以发电子邮件给我们。

如果您在网上发现有针对异步社区出品图书的各种形式的盗版行为，包括对图书全部或部分内容的非授权传播，请您将怀疑有侵权行为的链接发电子邮件给我们。您的这一举动是对作者权益的保护，也是我们持续为您提供有价值的内容的动力之源。

关于异步社区和异步图书

"异步社区"是人民邮电出版社旗下 IT 专业图书社区，致力于出版精品 IT 图书和相关学习产品，为作译者提供优质出版服务。异步社区创办于 2015 年 8 月，提供大量精品 IT 图书和电子书，以及高品质技术文章和视频课程。更多详情请访问异步社区官网。

"异步图书"是由异步社区编辑团队策划出版的精品 IT 专业图书的品牌，依托于人民邮电出版社近 40 年的计算机图书出版积累和专业编辑团队，相关图书在封面上印有异步图书的 Logo。异步图书的出版领域包括软件开发、大数据、人工智能、测试、前端、网络技术等。

异步社区

微信服务号

目　　录

第一部分　Zemax 基础知识

第二部分 Zemax 的应用

第一部分

Zemax 基础知识

第 1 章　初识 Zemax

Zemax 是一款使用光线追迹方法来模拟折射、反射、衍射、偏振，进而对各种序列和非序列光学系统进行光学设计和仿真的软件。Zemax 的界面设计比较简洁方便，稍加练习即可进行交互设计。本章讲述 Zemax 的基础应用知识，包括启动/退出操作、用户界面及常用的窗口操作等。掌握软件的使用方法，能够使后续的学习过程更加顺利。

学习目标：

（1）认识工作界面及功能区；

（2）掌握系统选项参数的含义及设置方法；

（3）掌握利用镜头数据编辑器进行数据编辑的方法。

1.1　Zemax 概述

广义的 Zemax 是光学产品设计与仿真软件 OpticStudio、OpticsBuilder 和 OpticsViewer 的合称，可以帮助光学、机械及制造工程技术人员将他们的想法转变为现实，减少设计迭代和重复打样，缩短产品推向市场的时间，并降低开发成本。

1.1.1　OpticStudio

OpticStudio 是光学、照明及激光系统的设计软件。航天工程、天文探测、自动化、生物医学研究、消费电子产品及机器视觉领域的企业均优先选用 OpticStudio 作为设计工具。其主要功能如下。

（1）OpticStudio 用户界面包括便捷的工具和向导，可以高效模拟和设计几乎所有光学系统。它拥有超过 200 个视场点，可以建立复杂的自由曲面和非旋转对称系统。

（2）既可以模拟成像光学，也可以模拟照明设计，还能够模拟杂散光的影响。

（3）OpticStudio 包含一套用来分析系统性能的工具。除了经典的分析功能外，还提供能够改善自由曲面设计的全视场像差分析、优化调制传递函数（MTF）的对比度分析，以及为物体场景生成逼真图像的图像仿真。

（4）根据用户自定义的约束条件及设计目标，OpticStudio 中先进的优化工具会自动改进系统设计以优化性能，从而减少设计迭代，节省大量时间。

（5）对系统进行公差分析，将制造和装配限制纳入约束条件，以确保可制造性和生产效率，还可以利用蒙特卡罗公差分析模拟实际性能。设计完成后可导出为可生产文件，如 ISO 图纸或常见的 CAD 格式文件。

（6）通过 ZOS-API 可以根据需求定制 OpticStudio，以创建独立的应用程序，构建自己的分析工具，可以使用 C#、C++、MATLAB 或 Python 等程序从外部控制 OpticStudio。

（7）利用 Zemax 编程语言（ Zemax Programming Language，ZPL）能够编写自己的宏来自动化执行重复的过程。通过自定义 DLL 可以创建任意面型、物体、光源及散射函数等。

1.1.2 OpticsBuilder

OpticsBuilder 是面向 CAD 用户的光学设计软件。通过 OpticsBuilder，CAD 用户可以直接将 OpticStudio 光学设计文件导入 CAD 软件中，分析机械封装对光学性能的影响，导出光学图纸用于生产，从而减少试错并降低成本。其主要功能如下。

（1）导入光学设计数据。帮助 CAD 用户快速、准确地将来自 OpticStudio 的镜头设计数据（如透镜材料、位置、光源、波长和探测器）转换为 CAD 原生零件，而无须花费时间重新创建镜头。利用光学元件的精确数据，在几分钟内即可设计出封装光学元件的机械结构。

（2）轻松查看光学性能。在初始设计阶段发现并纠正错误，能够最大限度地避免意外。OpticsBuilder 使用 Zemax 核心算法，可以轻松地在 CAD 环境下查看机械封装对光学性能的影响，而不需要依靠假设或者其他信息。

（3）无缝对接设计与生产。使用设计自动导出工具，只需一次点击即可共享符合 ISO 10110 标准的光学图纸。通过将导入的 OpticStudio 文件中的光学数据自动填充至生产参数中来节省时间，并通过使用自定义图纸模板减少返工。

1.1.3 OpticsViewer

OpticsViewer 是对 OpticStudio 的补充，主要面向制造工程师，在光学设计和生产加工之间架起了一座桥梁。通过改进光学工程师共享光学设计信息的方式，减少其他工程师对光学设计信息的误解，加快产品开发速度，避免不必要的迭代成本。其主要功能如下。

（1）在同一工作环境下沟通。OpticsViewer 允许制造工程师加载 OpticStudio 的设计文件，在不丢失精度和设计信息的前提下查看设计文件，并应用设计文件中的数据，包括设计目标和公差范围。利用这些完整的光学设计数据，制造工程师可以更加有效地沟通并做出更好的决策。

（2）共享光学设计成果。通过将光学设计导出为 CAD 格式文件，包括 STEP、IGES、STL 或 STAT，从而更方便地进行后续的光机设计和分析。

（3）避免生产加工错误。使用 OpticsViewer 可以生成精确的 ISO 10110 图纸，几何尺寸和公差标准满足光学设计要求，避免制造工程师收到不完整或者不正确的图纸。

说明：

（1）本书主要是针对光学设计及优化进行讲解。本书所述 Zemax 为 OpticStudio。

（2）Zemax 有标准版（Standard）、专业版（Professional）、旗舰版（Premium）3 种版本，其中旗舰版的功能最为齐全，本书采用的是旗舰版。

1.2 基本操作及工作界面

安装 Zemax 软件后，系统会自动在桌面上生成 Zemax 快捷方式图标，同时，“开始”菜单中也会自动添加 Zemax 命令。下面介绍 Zemax 的基本操作及工作界面。

1.2.1 启动 Zemax

Zemax 安装成功后，即可启动 Zemax 进行光学设计工作。Zemax 的启动方式有如下几种。

（1）在 Windows 系统环境中，执行“开始”→Zemax OpticStudio→OpticStudio 命令。

（2）在桌面上双击 Zemax OpticStudio 快捷方式图标，或者用鼠标右键单击该图标，在弹出的快捷菜单中执行“打开”命令。

（3）单击任务栏中的 OpticStudio 快捷启动按钮 OS 。

说明：如果桌面上没有快捷方式图标，可以从“开始”菜单中找到相应的程序并创建桌面快捷方式。如果任务栏上没有快捷启动按钮，可以在桌面上找到 Zemax 图标，把图标拖曳到快速启动区。

1.2.2 退出 Zemax

设计编辑任务完成后，即可退出 Zemax，退出方式有如下几种。

（1）单击 Zemax 界面右上角的“关闭”按钮 × ，退出 Zemax。若用户只是要退出当前的 Zemax 文件，则单击当前 Zemax 文件窗口右上角的“关闭”按钮 × 。

（2）单击“文件”选项卡下的“退出”按钮 ✖ 。

（3）使用快捷键，按“Ctrl+Q”组合键，可退出 Zemax。

> **注意：**如果有尚未保存的文件，退出 Zemax 时会弹出信息提示框，提示用户保存文件。单击“是”按钮保存文件并退出，单击“否”按钮不保存文件直接退出，单击“取消”按钮则取消退出操作。

1.2.3 Zemax 主界面

启动 Zemax 后将进入图 1-1 所示的 Zemax 默认的工作界面。Zemax 的基本界面比较简单，包括功能区、系统选项区、工作区、快速访问工具栏及状态栏。首次启动时，工作区会显示一个镜头数据编辑器，用于输入序列模式下的光学元件的数据。

（1）功能区：提供对程序功能的快捷访问。这些功能按执行的具体任务分组到各个不同的选项卡中，每个选项卡包括几个不同的面板用于放置不同的功能。

大多数常用功能可使用键盘快捷键执行。例如，“Ctrl+Q”组合键用于退出 Zemax。在主窗口中，各窗口之间相互转换的快捷键是“Ctrl+Tab”，该组合键可使 Zemax 的主窗口自动向前切换。

（2）系统选项区：包含 Zemax 中有关系统基本结构设置的选项，可以随时显示或隐藏。该区域的系统选项用来定义整个系统的透镜数据，而不是单个表面或物体的数据。

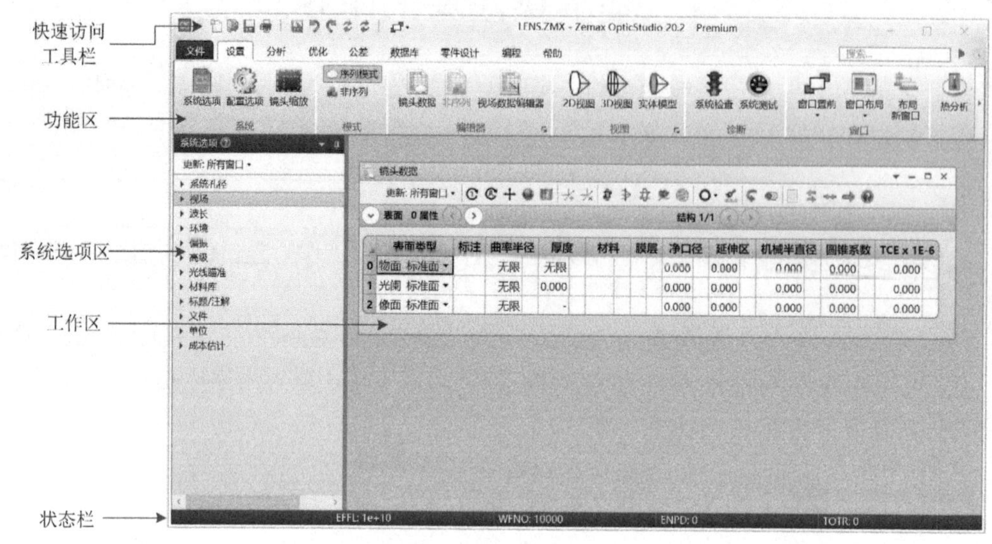

图 1-1　Zemax 主界面

（3）工作区：完成设计分析工作的主要区域。Zemax 设计仿真参数、输出结果等均在该区域显示。

（4）快速访问工具栏：可以根据需要自定义该工具栏，常用的功能可放置在该区域，方便用户随时调用。

单击“设置”选项卡→“系统”面板→“配置选项”按钮，即可弹出“配置选项”对话框，在该对话框左侧选择“工具栏”选项，如图 1-2 所示，即可创建或撤销多个配置选项。

（5）状态栏：显示在工作界面的底部，用于实时显示设计过程的实用信息，包括 EFFL（有效焦距）、WFNO（工作 F 数）、ENPD（入瞳直径）、TOTR（系统总长）4 个参数。

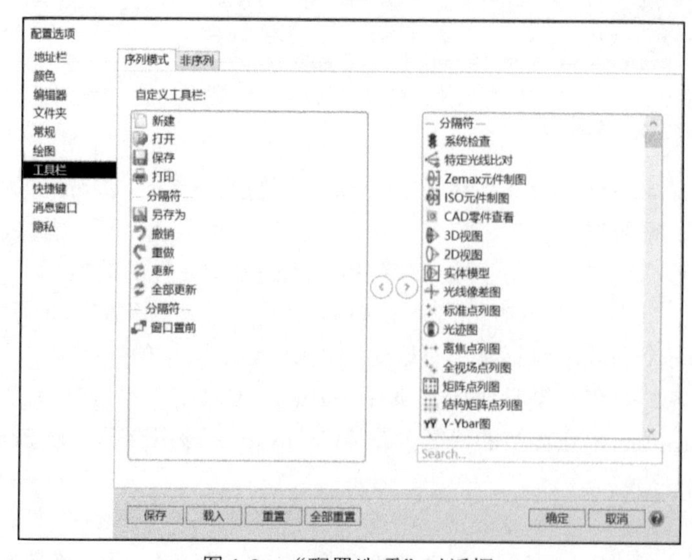

图 1-2　“配置选项”对话框

1.2.4 窗口类型

Zemax 中有许多不同类型的窗口，每种窗口都有不同的用途，下面将进行简单介绍。读者在后续的学习中需要熟悉各窗口的调用方法及功能。

1. 主界面

主界面即启动后的默认窗口，也是其他所有窗口的基础平台。其上方功能区中的命令用于对当前光学系统进行设计与优化。

说明：除对话框外，所有的窗口都可用鼠标或键盘命令来移动或改变大小。

2. 编辑器

Zemax 软件包含镜头数据编辑器、视场数据编辑器、多重结构编辑器、评价函数编辑器、公差数据编辑器等多个不同的编辑器，它们均可在“设置”选项卡→“编辑器”面板中找到，如图 1-3 所示。

OpticsViewer.zmx - Zemax Op
文件
设置
分析
优化
公差
数据库
零件设计
编程
帮助
系统选项
配置选项
镜头缩放
序列模式
非序列
镜头数据
非序列
视场数据编辑器
2D视图
3D视图
实体模型
系统
模式
编辑器
视图
系统选项
更新: 所有窗口
系统孔径
视场
波长
多重结构编辑器
评价函数编辑器
公差数据编辑器
物体编辑器

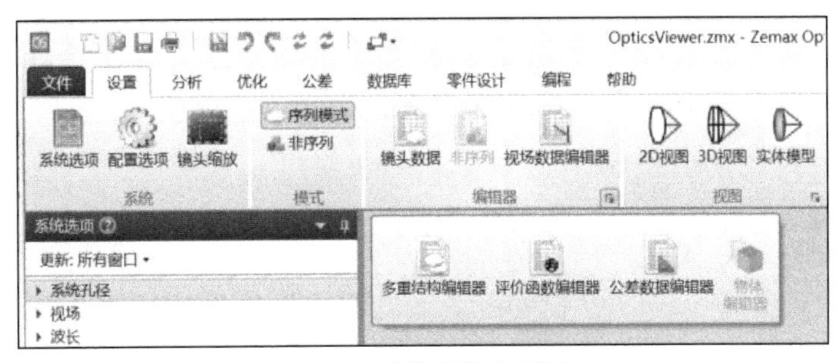

图 1-3 “编辑器”面板

（1）执行“设置”选项卡→“编辑器”面板→“镜头数据”命令，可以打开镜头数据编辑器，如图 1-4 所示。

大部分的镜头数据是通过镜头数据编辑器输入的，数据包括系统中每个表面的曲率半径、厚度和玻璃材料等。

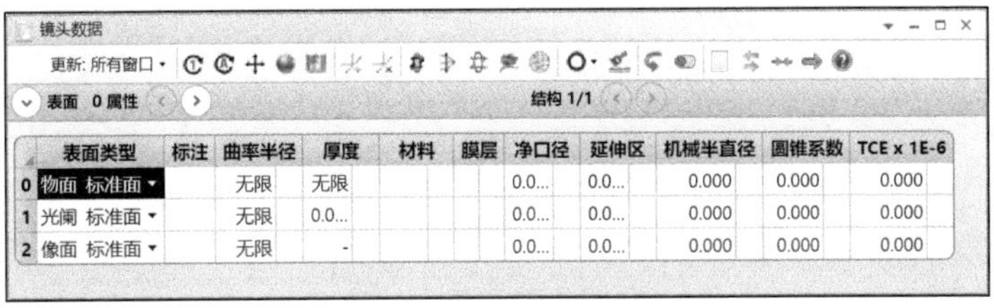

镜头数据
更新: 所有窗口
表面 0 属性
结构 1/1
表面类型 标注 曲率半径 厚度 材料 膜层 净口径 延伸区 机械半直径 圆锥系数 TCE x 1E-6
0 物面 标准面 无限 无限 0.0... 0.0... 0.000 0.000 0.000
1 光阑 标准面 无限 0.0... 0.0... 0.0... 0.000 0.000 0.000
2 像面 标准面 无限 - 0.0... 0.0... 0.000 0.000 0.000

图 1-4 镜头数据编辑器

（2）执行“设置”选项卡→“编辑器”面板→“视场数据编辑器”命令，可以打开视场数据编辑器，如图 1-5 所示。

视场数据编辑器包含与系统选项视场部分相同的信息和设置，主要用于定义追迹光线视场点的数量、类型和大小。利用该编辑器也可以自动创建多个不同的视场分布，并转换为其他的视场类型。

（3）执行“设置”选项卡→“编辑器”面板→“多重结构编辑器”命令，或执行“设置”选项卡→“结构”面板→“编辑器”命令，可以打开多重结构编辑器，如图 1-6 所示。

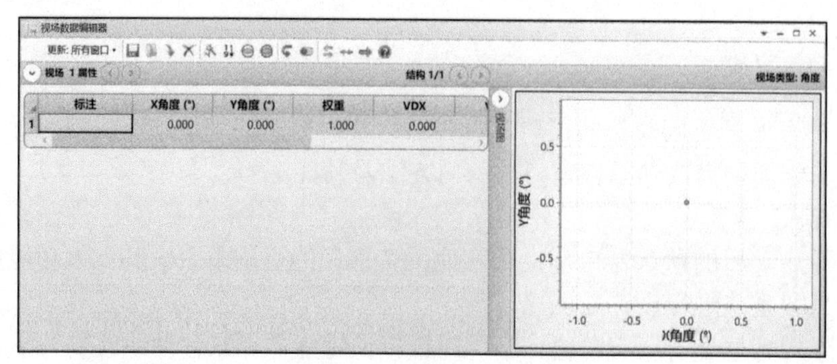

图 1-5　视场数据编辑器

图 1-6　多重结构编辑器

Zemax 支持对多重结构中的光学系统进行定义、分析和优化。结构可以按同一参数的不同值进行区分。例如，在变焦透镜中，对各元件的不同间距值进行组合即可构成不同的结构。

（4）执行“设置”选项卡→“编辑器”面板→“评价函数编辑器”命令，或执行“优化”选项卡→“自动优化”面板→“评价函数编辑器”命令，可以打开评价函数编辑器，如图 1-7 所示。评价函数编辑器用来定义、修改和检查系统的评价函数，系统评价函数用于优化数据。

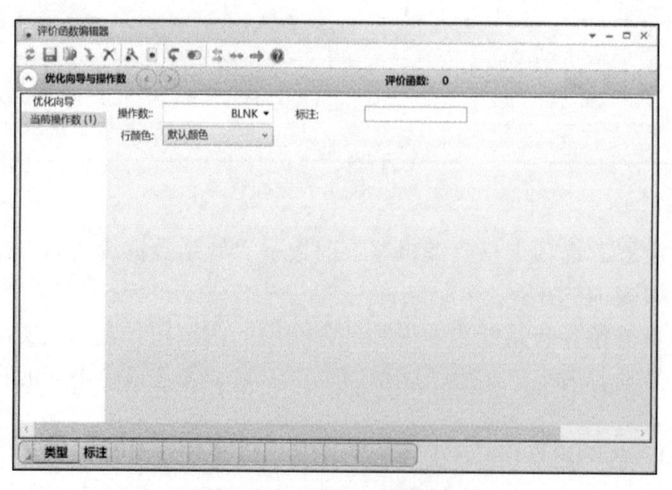

图 1-7　评价函数编辑器

（5）执行“设置”选项卡→“编辑器”面板→“公差数据编辑器”命令，或执行“公差”选项卡→“公差分析”面板→“公差数据编辑器”命令，可以打开公差数据编辑器，如图 1-8 所示。公差数据编辑器用来定义、修改和检查系统中的公差值。

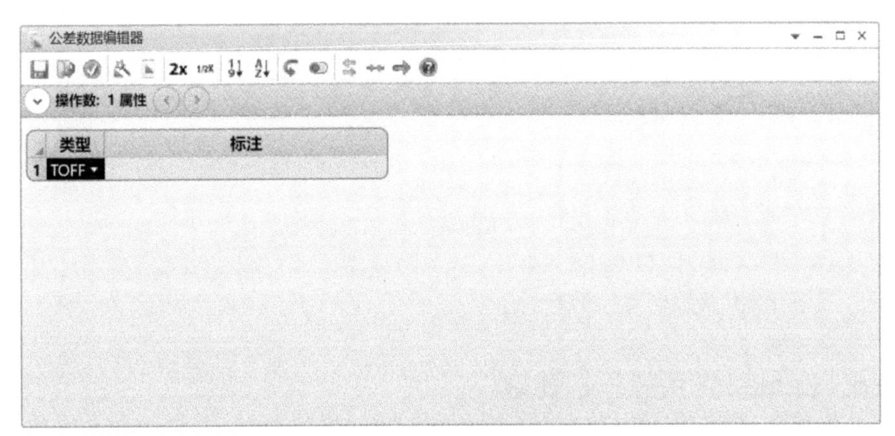

图 1-8　公差数据编辑器

3. 图形窗口

Zemax 中包括各种各样的图形窗口，这些窗口用来显示图形数据、图表等，如轮廓图、像差曲线图、MTF 曲线图等，以及图 1-9 所示的物理光学传播图、图 1-10 所示的衍射圈入能量图。

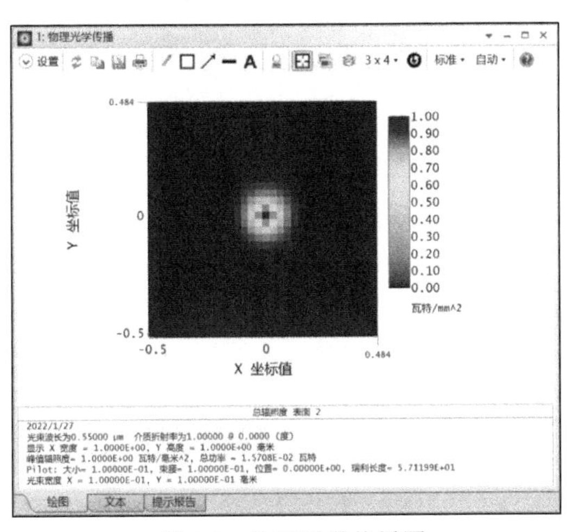

图 1-9　物理光学传播图

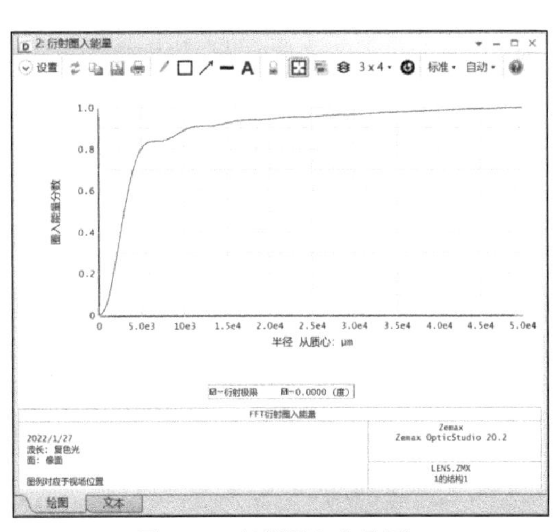

图 1-10　衍射圈入能量图

4. 文本窗口

文本窗口用来显示文本数据，如光学性能参数、像差系数及数值等，图 1-11 所示为物理光学传播的数据文本窗口。

5. 对话框

对话框是 Zemax 的弹出窗口，用来进行参数的设置与修改，如视场角、波长、孔径、表面类型。图 1-12 所示为“波长数据”对话框。

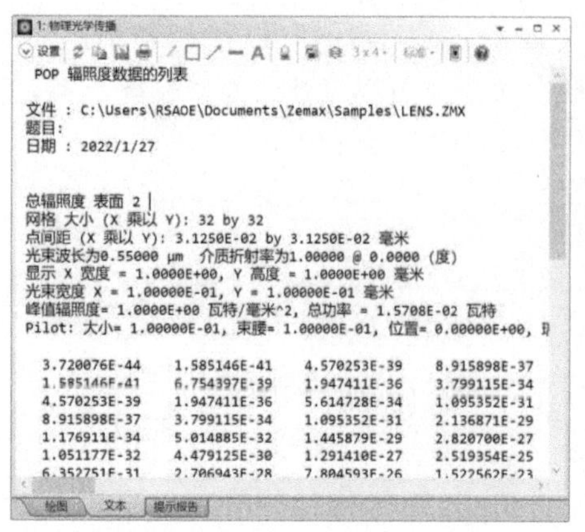

图 1-11　物理光学传播数据文本窗口

图 1-12　“波长数据”对话框

1.2.5　Zemax 常用操作快捷键

Zemax 常用操作快捷键是为方便快速打开功能选项而设定的。

1. *放弃长时间计算*

某些 Zemax 工具需要相对较长的计算时间。例如，局部优化、全局优化和误差分析等功能的计算需要运行几秒到几天不等。为了能够在运行过程中使这些工具停止运行，Zemax 设置了一个停止键。按下停止键后，这些工具将退出运行，回到主程序。此时通常无法得到计算结果。

一些分析特性（如 MTF 和像特性分析）在某些情况下也需要运行较长时间。例如，若采用很密的光线网格和高密度光线来分析像面以计算 MTF，则需要很长的计算时间。

然而，分析时并不会显示一个特定对话框或停止按钮，而是直接在窗口中输出，此时可按“Esc”键来停止长时间的分析计算。

“Esc”键可用来中止 MTF、PSF、环绕能量和其他衍射计算。如果按下“Esc”键，画面将回到主窗口（这需要 1～2 秒时间），此时窗口中显示的数据是无效的。在对像面进行特性分析的过程中，“Esc”键用于停止新的光路追迹，已追迹过的光路会显示出来，这些光路数据是正确的、不完全的。

2. *快捷操作方式的总结*

表 1-1 中列出了 Zemax 中常用的快捷操作方式，掌握这些快捷操作方式可以提高工作效率。

表 1-1　快捷操作方式

快捷操作方式	功能
空格键	切换选择框的开与关，清除编辑器的数据
Enter	在对话框中相当于单击“确定”或“取消”按钮
Delete	在编辑器中表示删除数据行，而不是删除单个数据
Tab	在编辑窗口中将光标移动到下一个选项，或在对话框中移动到下一处
Shift+Tab	在编辑窗口中将光标移动到上一个选项，或在对话框中移动到上一处
Ctrl+Tab	将光标由一个窗口移动到另一个窗口

续表

快捷操作方式	功能
Ctrl+Esc	打开 Windows 的任务菜单，在菜单中可选择其他正在运行的程序
Ctrl+字母	Zemax 工具框和函数的快捷键，如按“Ctrl+L”组合键可以打开 2D 轮廓图
Ctrl+Page Up/Page Down	移动光标到顶部/底部
Home/End	在当前编辑窗口中，将光标移动到左上角/右下角，或在文本窗口中将光标移动到顶端/底端
Ctrl+Home/End	在当前编辑窗口中，将光标移动到左上角/右下角
F1…F10	功能键（台式计算机中可用）
Page Up/Page Down	上下移动屏幕一次
字母	输入下拉列表框中选项的第一个字母，就进入此选项
双击鼠标左键	如果将鼠标指针置于图形窗口或文本窗口，双击即可打开窗口中的内容；双击编辑器中的内容，可打开参数设置面板
单击鼠标右键	如果将鼠标指针置于图形窗口或文本窗口，单击鼠标右键即可打开快捷菜单进行后续操作

1.3　功能区

Zemax 中的功能在功能区中进行选择。功能区包括“文件”“设置”“分析”“优化”“公差”“数据库”“零件设计”“编程”“帮助”选项卡，下面分别对其进行介绍。

1.3.1　“文件”选项卡

Zemax 功能区中的“文件”选项卡如图 1-13 所示，包括所有文件的输入/输出功能，各面板功能含义如下。

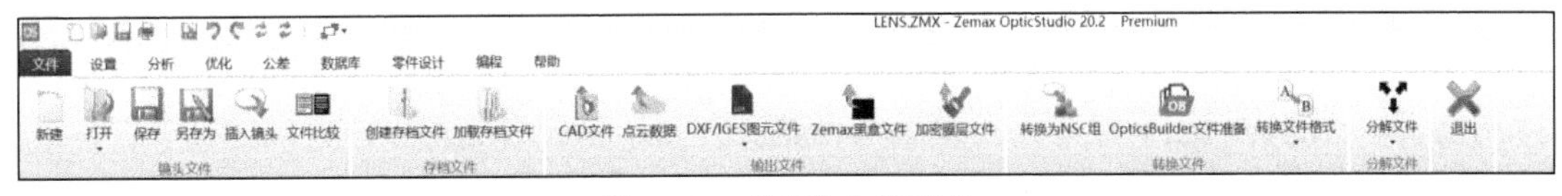

图 1-13　“文件”选项卡

（1）“镜头文件”面板：包括所有的 Windows 文件管理任务。例如“打开”“保存”“插入镜头”等。文件通常存储为 ZMX 格式，通常还伴随有 CFG 文件（配置文件）和 SES 文件（包含所有窗口的设置数据）。

（2）“存档文件”面板：用于创建和打开 Zemax 存档的文件。这些文件以 ZAR 格式存储，包含在其他计算机上打开该文件时所需的全部文件。镜头设计使用的所有数据、玻璃库、膜层、CAD 文件和 SolidWorks 文件等，都被压缩到单个存档文件中，使设计者能够在设计过程中轻松创建设计备份，或将设计转移到其他计算机上。

（3）“输出文件”面板：用于导出 Zemax 支持的格式的文件，包括导出 STEP、IGES、SAT 和 STL 格式的 CAD 文件，以及导出 DXF 和 IGES 格式的图元文件等。

使用“Zemax 黑盒文件”功能可在镜头数据表格中对一系列表面进行加密，加密后的表格可以根据需要为其他 Zemax 用户（如客户）提供结果准确的完全光线可追迹文件，而不会泄露设计处理信息。

针对薄膜层，使用“加密膜层文件”能够以加密格式导出薄膜层的完整处理信息，从而实现精确的光线追迹，而不提供设计信息。

（4）“转换文件”面板：可实现在序列（镜头设计）和非序列（系统设计）模式之间进行转换，还可将各种格式的文件（如 MAT、INT 和 F3D 格式的数据）在原始格式与 Zemax 格式之间进行转换。

（5）“分解文件”面板：用于将各种 CAD 格式的装配图分解成能用 ZOF（Zemax 对象格式）结构表示的若干个独立的零件。

1.3.2　“设置”选项卡

Zemax 功能区中的“设置”选项卡如图 1-14 所示，该选项卡通常在启动每个设计项目时使用，在初始设计之后则较少用到该选项卡。下面介绍序列模式下的“设置”选项卡。

（a）序列模式

（b）非序列模式

图 1-14　“设置”选项卡

（1）“系统”面板：用于系统的设置。使用“配置选项”可自定义 Zemax 的安装、文件夹位置、快速访问工具栏等，并将这些设置保存到项目配置文件中。

为满足不同设计人员的操作需求，单击“配置选项”按钮，在弹出的“配置选项”对话框中选择“常规”标签，然后在右侧设置“语言”即可，如图 1-15 所示。

说明：为方便读者学习使用，本书所有的讲解及实例的实现均以中文界面呈现。

（2）“模式”面板：用于选择序列模式或非序列模式，几乎所有成像系统设计都在序列模式下完成。

（3）“编辑器”面板：用于访问逐个面，或逐个物体地定义光学系统的表格及其参数设置。

（4）“视图”面板：用于查看光学系统自身的布局图，包括 2D 视图、3D 视图及实体模型等。

（5）“诊断”面板：用于检查 Zemax 文件。利用“系统检查”工具可以发现许多常见的设置错误。

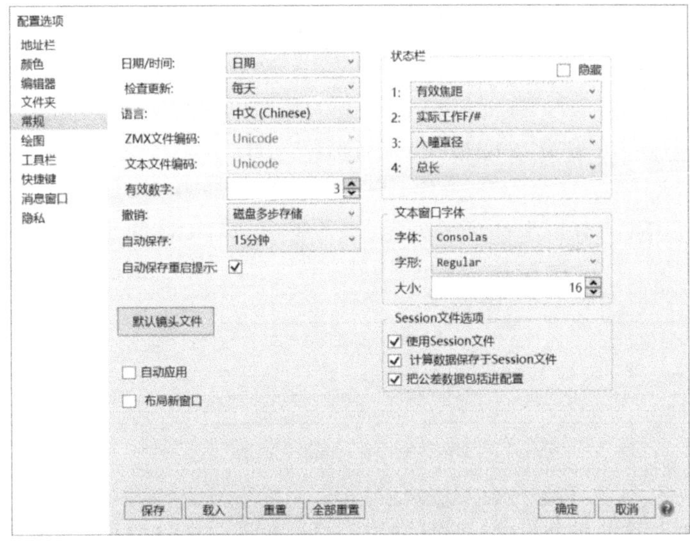

图 1-15　“常规”标签

（6）“窗口”面板：用于定义窗口在 Zemax 工作区中的行为。用户可以对窗口进行布局，窗口可以自由浮动、平铺和层叠等。

（7）“结构”面板：通常用于变焦镜头、扫描镜头和带有移动部件的镜头，还可用于在一定温度范围内对镜头进行热分析。如果定义了多个结构，则“结构”面板显示在所有功能区上，并可调用多重结构编辑器。

1.3.3　“分析”选项卡

1. *序列模式*

在序列模式下，“分析”选项卡用于访问 Zemax 在序列模式下的所有分析功能，可提供涉及众多要求的详细性能数据，如图 1-16 所示。分析功能提供有关设计的诊断数据，以指导所需的任何更改，而不更改底层设计。

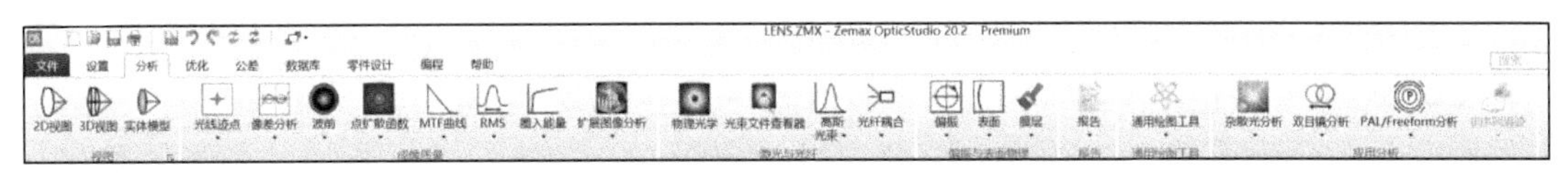

图 1-16　序列模式下的“分析”选项卡

（1）“视图”面板：用于查看光学系统自身的布局图，与“设置”选项卡中的“视图”组类似。

（2）“成像质量”面板：包括在成像和无焦系统的设计中使用的所有分析工具，包括光线追迹、像差数据、波前、点扩散函数等。

（3）“激光与光纤”面板：用于特定激光系统的分析，如简单高斯光束分析、物理光学和光纤耦合计算等。

（4）“偏振与表面物理”面板：用于计算各个表面上的薄膜层的性能与系统整体性能（作为偏振的函数），以及表面矢高、相位和曲率的绘图。

（5）“报告”面板：提供基于文本的分析报告用于演示。

（6）“通用绘图工具”面板：供用户根据需要创建分析功能。

（7）“应用分析”面板：显示特定应用的分析功能，如杂散光分析、双目镜分析、自由曲面及渐进多焦透镜分析，并提供对 Zemax 的完全非序列追迹功能的访问。如果镜头使用多重结构，还会显示“结构”面板（同“设置”选项卡）。

2. 非序列模式

在非序列模式下，“分析”选项卡如图 1-17 所示，用于访问 Zemax 在非序列模式下的所有分析功能。

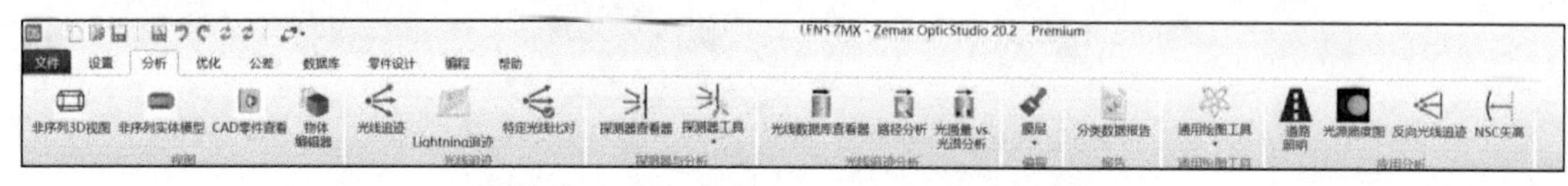

图 1-17　非序列模式下的“分析”选项卡

（1）“视图”面板：用于查看光学系统自身的布局图，与“设置”选项卡中的“视图”组类似。

（2）“光线追迹”面板：可使用全面的非序列光线追迹来启动光线追迹，或使用“光线追迹”以更快的近似方法来进行光线追迹，当光源无法近似为点光源时，第二种方法更有效。使用“特定光线比对”工具可查看每根特定光线是否完整地穿过系统完成追迹。

（3）“探测器与分析”面板：提供对以前执行的光线追迹的广泛分析。

（4）“光线追迹分析”面板：用于查看光线数据库，根据光线通过系统的路径对光线进行分组分析，对照射到特定物体上的光强进行分析。

（5）“偏振”面板：用于计算物体各个表面的薄膜层的性能。

（6）“报告”面板：用于生成一个包含所有表面数据的列表，并对透镜系统数据进行总结。

（7）“通用绘图工具”面板：供用户根据需要创建分析功能。

（8）“应用分析”面板：显示特定应用的分析功能，如道路照明分析等。

1.3.4　“优化”选项卡

Zemax 功能区中的“优化”选项卡如图 1-18 所示，用于控制 Zemax 的优化功能。

图 1-18　“优化”选项卡

（1）“手动调整”面板：提供手动调整工具，以确保设计达到期望的性能。该组仅在序列模式下可用。

（2）“自动优化”面板：通过访问评价函数编辑器，可以在 Zemax 中定义系统的性能规格；使用“优化向导”工具可以基于常见的要求（最小光斑、最佳波前差、最小角度偏离等）来快速生成评价函数，并根据设计的准确要求对该函数进行编辑。

（3）“全局优化”面板：在设计过程开始时，用于生成设计表以便进一步分析；在初始优化后，用于改进当前设计。

（4）“优化工具”面板：仅在序列模式下可用，用于执行一系列优化后的功能，例如查找最佳平面，以便将库光学元件的当前设计球面化或更换镜头。

1.3.5 “公差”选项卡

Zemax 功能区中的“公差”选项卡如图 1-19 所示，用于公差控制。

图 1-19 “公差”选项卡

（1）“加工支持”面板：用于执行加工支持功能，其中“成本估计”用于估算加工镜头的成本。

（2）“公差分析”面板：可以在公差数据编辑器中输入每个参数的期望公差；“公差分析向导”工具可以快速设置一组公差，设计者能够根据设计需求进行编辑修改。

（3）“快速公差”面板：用于获得早期快速公差预测数据，为实现系统的最终性能提供设计方向。

（4）“公差数据可视化”面板：用于查看公差的所有数据，并对公差数据进行分析。

（5）“加工图纸与数据”面板：仅在序列模式下可用，用于创建 ISO 格式和 Zemax 专用格式的加工图纸，并可将有关表面的数据导出以进行重复检查。

1.3.6 “数据库”选项卡

Zemax 功能区中的“数据库”选项卡如图 1-20 所示，用于访问 Zemax 出厂时内置的所有数据库，其中包括光学材料、薄膜层、光源的大量数据，Zemax 还允许用户自行添加数据。

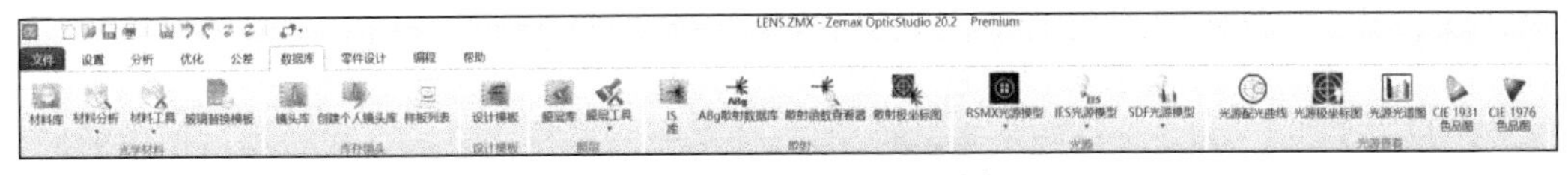

图 1-20 “数据库”选项卡

（1）“光学材料”面板：用于访问玻璃库，对材料进行分析等。

（2）“库存镜头”面板：用于保存 Zemax 中的所有供应商的镜头库，使用时可以快速搜索符合需求的镜头。

（3）“设计模板”面板：提供内置设计模板供用户选择。

（4）“膜层”面板：包含用于设计薄膜层并将其涂到光学材料上的膜层数据和工具。

（5）“散射”面板：用于访问表面散射库和散射查看器。其中“IS 库”包含一系列光学表面涂层的测量数据。

（6）“光源”面板：用于访问 RSMX 光源数据或 IES 光源数据。

（7）“光源查看”面板：包括用于光源配光曲线和光谱建模的相关工具。

1.3.7 “零件设计”选项卡

Zemax 功能区中的“零件设计”选项卡如图 1-21 所示，该选项卡仅在非序列模式下可用。它提供了一种先进的几何体创建工具，能够创建可在软件中优化的参数对象。

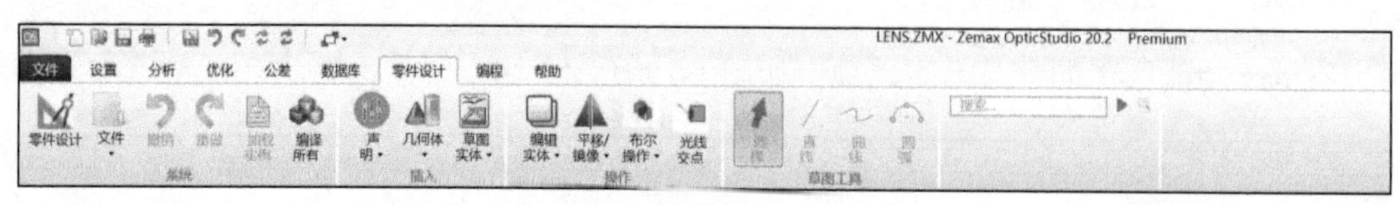

图 1-21 “零件设计”选项卡

1.3.8 “编程”选项卡

Zemax 功能区中的“编程”选项卡如图 1-22 所示，虽然 Zemax 提供了大量的功能和分析工具，但总会存在一些特殊功能或需求，基于此该软件内置编程接口用于实现编程功能。

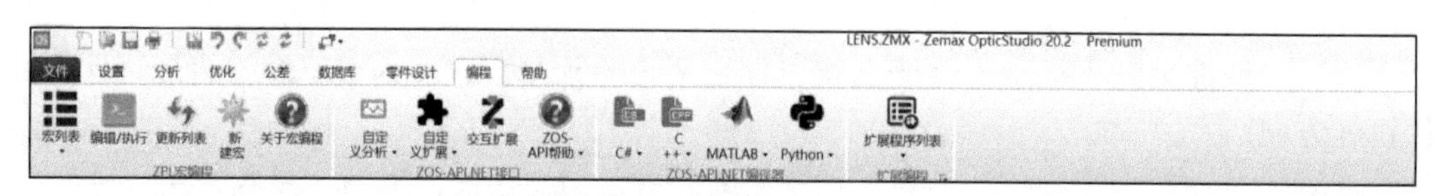

图 1-22 “编程”选项卡

（1）“ZPL 宏编程”面板：ZPL 是一种类似于 Basic 的易学易用的脚本语言。使用 ZPL 可以轻松地执行特殊运算，通过不同方式显示数据、自动执行任务等。

（2）“ZOS-API.NET 接口”面板：该接口可以应用在.NET 环境中，并使用 C#或其他任何支持.NET 的语言；也可以应用在.COM 环境中，并使用 C++或其他支持.COM 的语言。

（3）“ZOS-API.NET 编译器”面板：针对定制的应用程序进行编译，包括 C#、C++、MATLAB 及 Python 等。

（4）“扩展编程”面板：用于控制 Zemax、指示其执行分析并从中提取数据的外部程序，MATLAB 和 Python 是适用于 Zemax 的两种常用的编程语言。设计者也可使用面向软件开发工具编写自己的程序。扩展编程应仅用于遗留代码，ZOS-API.NET 编程用于编写新代码。

1.3.9 “帮助”选项卡

Zemax 功能区中的“帮助”选项卡如图 1-23 所示，提供帮助文件的链接，以及基于 Web 的知识库、网站和用户论坛的链接等。

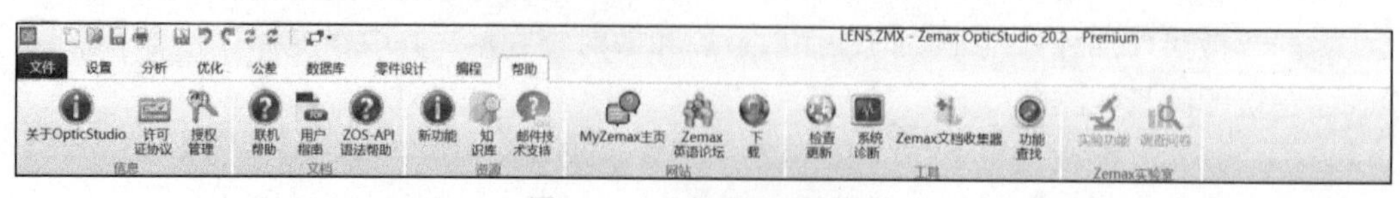

图 1-23 “帮助”选项卡

1.4 系统选项设置

系统选项用来定义整个系统的透镜数据，它包含 Zemax 中与系统基本结构设置相关的选项，如图 1-24 所示。单个表面或物体的数据定义是在镜头数据编辑器中定义的，1.5 节将进行介绍。

“系统选项”默认位于 Zemax 的左侧，执行“设置”选项卡→“系统”面板→“系统选项”命令，可以显示或隐藏“系统选项”窗口。

1.4.1 系统孔径

系统孔径表示在光轴上通过系统的光束大小。要建立系统孔径，需要先定义系统孔径类型和系统孔径值。系统孔径参数面板如图 1-25 所示。

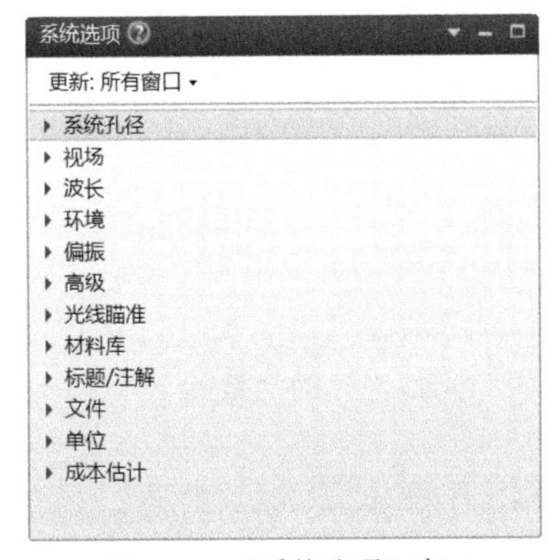

图 1-24 “系统选项”窗口

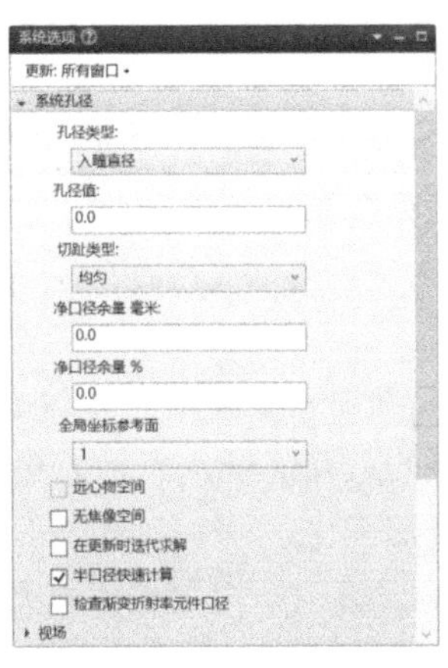

图 1-25 系统孔径参数设置

1. 孔径类型

在 Zemax 中，系统孔径类型及其代码（用于 ZPL 宏文件）如表 1-2 所示。

表 1-2 系统孔径类型

孔径类型	代码	描述
入瞳直径	0	从物空间看到的光瞳直径（以镜头单位表示）
像方空间 F/#	1	像空间的无限共轭近轴 F/#
物方空间 NA	2	物空间边缘光线的数值孔径（NA=$n$sinθ，其中 n 为物体的折射率）
光阑尺寸浮动	3	用光阑面的半口径定义
近轴工作 F/#	4	像空间定义的共轭近轴 F/#
物方锥角	5	物空间边缘光线的半角，单位为度，可超过 90°

说明：

（1）如果入瞳是虚的，即物到入瞳的距离为负，则不使用物方锥角。当使用物方锥角时，默认的光瞳面上的“均匀”光线分布指的是角度而不是平面。

（2）如果“切趾类型”设置为“余弦立方”，那么光线在立体角中是均匀分布的，对应一个点光源，且在所有方向上都均匀辐射。该光线的设置分布可能与大锥角其他孔径类型的设置有显著区别。

（3）如果选择了“物方空间 NA”或“物方锥角”作为系统孔径类型，那么物方厚度必须小于无穷远。

在 ZPL 宏中只能定义上述系统孔径类型中的一种。例如，一旦定义了入瞳直径，那么所有其他孔径的定义都由该镜头数据决定。

2. 孔径值

系统孔径值的意义取决于所选择的系统孔径类型。例如，当选择“入瞳直径”作为系统孔径类型时，系统孔径值就是用透镜计量单位表示的入瞳直径。

Zemax 同时使用系统孔径类型和系统孔径值来确定基本量的大小，如入瞳尺寸和各个组件的净孔径等。

注意：当选择“光阑尺寸浮动”作为系统孔径类型时，需使用光阑面的半口径（在镜头数据编辑器中设置）来定义系统孔径，这是唯一的例外。

3. 切趾类型

切趾类型包括以下选项。

（1）均匀：表示光线均匀分布在入瞳上，模拟均匀照明。默认情况下，入瞳总是被均匀地照亮。

（2）高斯：表示光束在光瞳上的振幅以高斯曲线形式变化。切趾因子（分布因子）决定光瞳振幅的衰减速度，表示光束的振幅作为径向光瞳坐标的函数的下降比率。光束振幅在光瞳中心归一化。

（3）余弦立方：用于模拟点光源照在平面上的强度衰退特点。余弦立方分布只对点光源或与入瞳直径相比更接近光轴的场点有效。

4. 净口径余量

在“自动”模式下，计算通过所有光线所需径向孔径的每个表面的半口径，而不需要任何修剪。注意：Zemax 中的净口径为元件的半口径。

对于在边缘接触处或接触附近紧密排列元件的系统，将会产生一个表面光阑，该光阑不会为精加工或安装提供任何间隙。通常，光学表面只能在全径向孔径的某一部分内完成，一般在 90%～98%范围内，具体取决于零件的尺寸。

（1）净口径余量（毫米）：当半口径圆柱中的表面有一个自动解时，允许用户指定一个额外的径向孔径作为一个固定的数值。默认值为零，表示不保留任何余量。

（2）净口径余量（%）：净口径余量控制允许以百分比来指定额外数值的径向孔径，例如，余量 5%表示在自动控制下的所有表面的半口径增加 5%。默认值为零，表示不保留任何余量；最大允许余量为 50%。

如果“百分比”和“毫米”的余量值都不为零，则先添加百分比，然后添加镜头单位余量。半口径余量不适用于光阑面。

5. 全局坐标参考面

全局坐标是由每个表面局部坐标的旋转和转换来定义的。用户可以将任意表面作为全局参考坐标，Zemax 能计算出任何表面的旋转矩阵和偏移矢量。默认的参考面是#面 1，也可以选择其他任何面。

6. 远心物空间

勾选该复选框，Zemax 将假设入瞳位于无穷远，而不考虑光阑面的位置。所有从物体表面射出的主光线将平行于 *Z* 轴。此时，不再使用光线瞄准和用角度定义的视场点。为了获得最好的效果，使用远心模式时，建议设置光阑面到#面 1。

7. 无焦像空间

勾选该复选框，Zemax 将以适合当前光学系统的方式执行大部分分析功能，该光学系统输出到像空间的光线在理论上是平行的。

当使用无焦模式时，横向、纵向和 MTF 像差都以适合于无焦系统的单位计算。横向像差计算为与参考光线相关的角度函数（非长度单位）。纵向像差计算为以屈光度（米的倒数）为单位的离焦（而不是以长度为单位的离焦）。MTF 计算为每度多少周期（而不是每个长度多少周期）。

8. 在更新时迭代求解

Zemax 在计算时，一般会探测迭代的需要，以便满足计算精度的要求。当 Zemax 不能自动迭代时，勾选该复选框将会在更新透镜数据时对所有的解启动迭代。迭代会减慢计算速度，特别是优化速度。

9. 半口径快速计算

勾选该复选框，将会按照要求追迹尽可能多的边缘光线，以便精确计算每个面的半口径，精度可达 0.01%左右。该算法先对 2 根光线进行追迹，然后是 4 根、8 根、16 根光线并以此类推，直到半口径的值收敛到与预期值的误差小于 0.01%。该方式主要为共轴系统设计。

取消勾选该复选框时，将会追迹在渐晕光瞳周围的每个视场和波长上的至少 32 根光线，并且可以根据需要来追迹更多光线，直到自动半口径估算到与预期值的误差小于 0.01%。这种追迹方法比较可靠，但是速度很慢，且只在对非共轴系统的半口径值的精度要求非常高时使用。

10. 检查渐变折射率元件口径

勾选该复选框，Zemax 将对所有面孔径渐晕检查梯度折射率光线追迹。介质内的每个渐变折射率元件追迹都会被检查，以观察光线是否已经通过前表面孔径的边缘。若是，那么光线是渐晕的。如果未勾选该复选框，光线可能传播到前表面上所定义的边缘的外面，但只要光线通过了表面的孔径即可。

1.4.2 视场

视场就是成像系统所能观察到的区域范围，也就是从像面上能看到的物面范围，如果物在无限远处，那么视场就是所观察的锥形角度区域。每个视场代表一个物点，每个物点发出的是一束锥形光束，且充满整个光瞳，如图 1-26 所示。

物面上有无数个物点发出锥形光束，为了进行几何光线追迹，通常将物面看作圆形面并将它分为 *X* 和 *Y* 两个剖面，由于视场区域的旋转对称性，只需要对一个截面上的视场进行采样即可。

根据采样视场区域面积相等的原则，对于球面系统，一般选择 3 个视场即可；对于非球面或复杂系统，将适当增加视场个数，如图 1-27 所示。

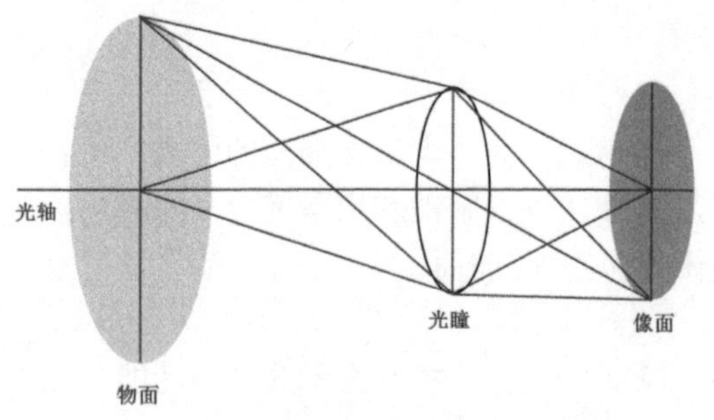

图 1-26　物和成像效果图

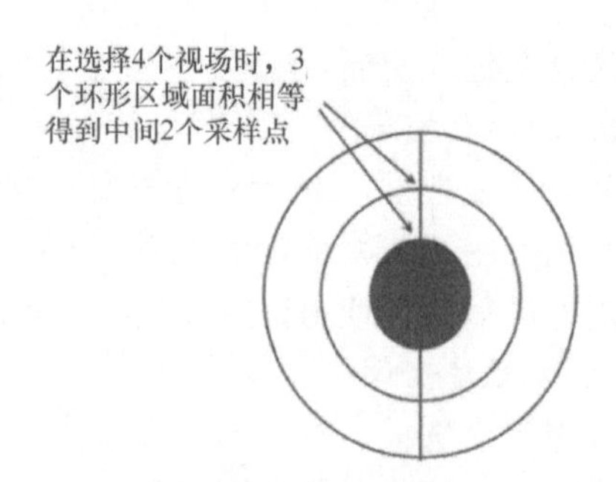

图 1-27　视场效果图

在“系统选项”窗口中，“视场”选项用于定义追迹光线视场点的数量、类型和大小，也可以定义渐晕因子。视场参数面板如图 1-28 所示。

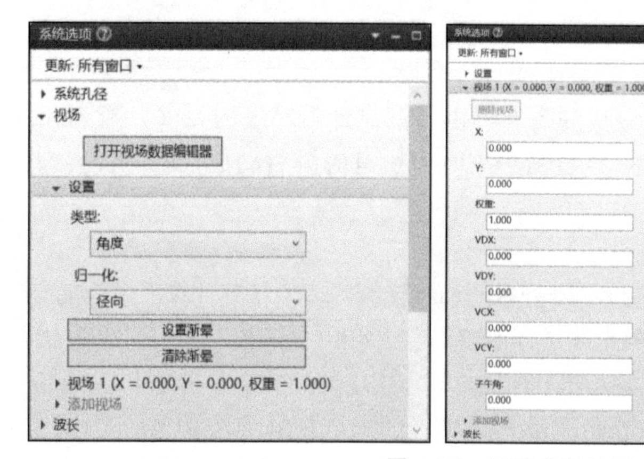

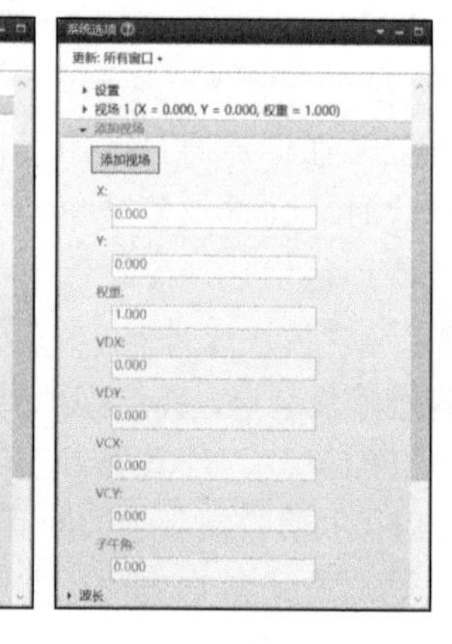

图 1-28　视场参数设置

1. 打开视场数据编辑器

双击“视场”选项或单击“打开视场数据编辑器”按钮，可以打开视场数据编辑器。视场数据编辑器包含与系统选项中视场部分相同的信息和设置，还包含一些其他工具，可以自动创建多个不同的视场分布，并转换为其他视场类型。

2. 类型

该选项用于确定视场点。现有的视场类型及其代码（用于 ZPL 宏文件）如表 1-3 所示。

表 1-3　视场类型

视场类型	代码	描述
角度	0	视场角始终以度为单位。角度测量与物方空间 Z 轴和物方空间 Z 轴的近轴入瞳位置有关。正向视场角度是指该方向光线的正斜率，因此需要参照远处物体的负向坐标
物高	1	用镜头单位来计量
近轴像高	2	用镜头单位来计量。当近轴像高被用于定义视场时，此高度是近轴像面上的主波长主光线的近轴像的坐标，如果系统有畸变，真实的主光线将位于不同的位置
实际像高	3	用镜头单位来计量。当实际像高被用于定义视场时，此高度是像面上的主波长主光线的实际光线的坐标
经纬角	4	由方位角 θ 和仰角 φ 表示的极角，以度为单位。通常用于测量和天文学

3. 归一化

归一化包括以下选项。

（1）径向：使用归一化视场坐标表示单位圆上的点。首先根据视场坐标中距离原点最远的视场点的位置来确定一个单位圆，即最大径向视场，然后使用最大径向视场将所有视场缩放到归一化视场坐标中。

（2）矩形：使用归一化视场坐标表示单位矩形上的点。这个单位矩形的 *X* 和 *Y* 方向的宽度称为最大 *X* 视场和最大 *Y* 视场，这是通过所有 *X* 和 *Y* 视场坐标的最大绝对值来定义的。最大 *X* 视场和最大 *Y* 视场用于将所有视场缩放到归一化视场坐标。

4. 设置渐晕

单击该按钮将重新计算当前镜头数据下每个视场的渐晕因子。渐晕因子（VDX、VDY、VCX、VCY）是用来描述不同视场位置的表面入瞳大小和位置的系数。如果系统中没有任何渐晕，那么应保留渐晕因子为零。通过设置渐晕算法可以估算渐晕偏心和压缩因子，以便入瞳的顶部、底部、左侧和右侧边缘的 4 条边缘光线在每个面的孔径内都能通过，这里只针对主波长。

5. 清除渐晕

单击该按钮将清除渐晕因子，使其恢复到默认值 0。该算法通过发出经过光瞳的网格光束来开始运算。首先，在每个有孔径的表面上，测试光线能否从指定的孔径内部通过。其次，使用通过所有面的所有光线来计算无渐晕光瞳质心。最后，使用迭代方法计算无渐晕光瞳的边缘，精确到误差小于 0.001%。

说明：该算法并不是在所有情况下都能起作用，对于设置渐晕算法失败的系统，需要手动调整渐晕因子。用户可以通过追迹少量边缘光线的方法来检测渐晕参数的精度。

6. 当前视场

显示当前视场的参数，用户可以根据需求进行视场的修改。

7. 添加视场

通过该选项可以添加视场，视场参数将显示在当前所选择的视场中，并表示为 *X* 视场值、*Y* 视场值、视场权重、渐晕因子和视场注释。渐晕因子包括 VDX、VDY、VCX、VCN 和子午角，分别代表 *X* 偏心、*Y* 偏心、*X* 压缩、*Y* 压缩及切角。

1.4.3 环境

“环境”选项用于定义系统温度和压力，如图 1-29 所示。波长总是以微米为单位，参考标准为系统温度和压力下的空气。如果系统温度和压力发生改变，应调整波长以匹配新环境。

（1）折射率数据与环境匹配：勾选该复选框，所有用于光线追迹的折射率数据将会从 Zemax 玻璃库中的值调整为在系统温度和压力下的值。对于个别温度和压力与系统的温度和压力不一致的面，折射率数据将会被调整以反映表面环境。

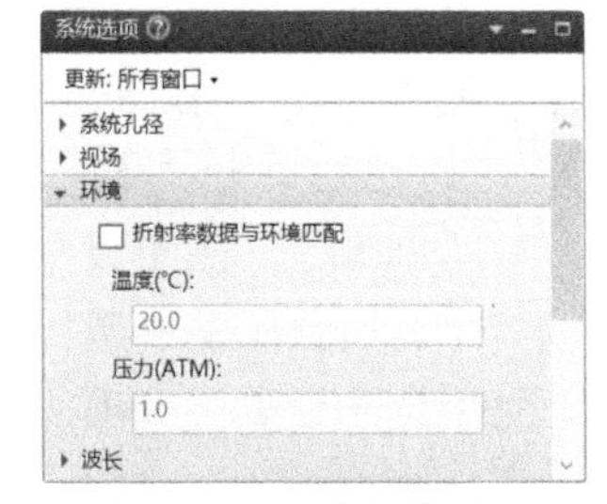

图 1-29 环境参数设置

取消勾选该复选框时，所有的折射率数据将直接采用 Zemax 玻璃库中的数据，不会对由温度和压力所定义的不同温度下的玻璃数据的差异作出调整。如果未勾选该复选框，且任意玻璃的参考温度与系统温度之差超过 6℃，则会在命令数据报告的折射率部分给出警告信息。

通常系统的温度和压力分别设置为 20℃和 1.0 个标准大气压。元件的折射率必定与环境有关，因此建议勾选该复选框。

（2）系统温度的单位是℃。

（3）系统压力的单位是标准大气压，值为 0.0 表示真空环境，值为 1.0 表示海平面环境。

1.4.4 波长

“波长”选项用于设置波长、权重和主波长，如图 1-30 所示。通过波长参数面板可以实现波长的激活或取消，并可以对数据进行排列、保存和导入。

1. 面板设置

面板中包括常用的可选波长列表。若需使用列表中的项目，可以直接选择所需的波长，然后单击“选为当前”按钮即可。

波长数据一般以微米为单位，并以当前系统温度和压力下的空气为参考。系统默认温度为 20℃，默认压力为 1.0 个标准大气压。如果调整了系统的温度和压力，或者在多重结构操作数的控制下，必须注意调整波长以适应新的温度和压力。

2. 波长数据编辑器

双击“系统选项”窗口中的“波长”选项，可以弹出图 1-31 所示的波长数据编辑器。波长数据编辑器包含与波长参数面板相同的信息和设置，同时包含一个使用高斯求积算法选择波长的“高斯求积”按钮。

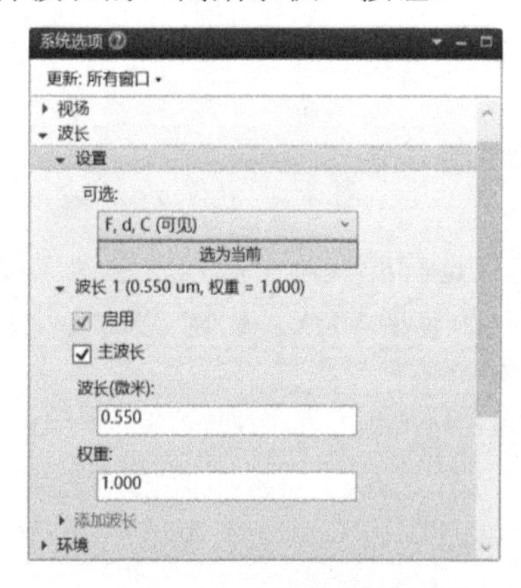

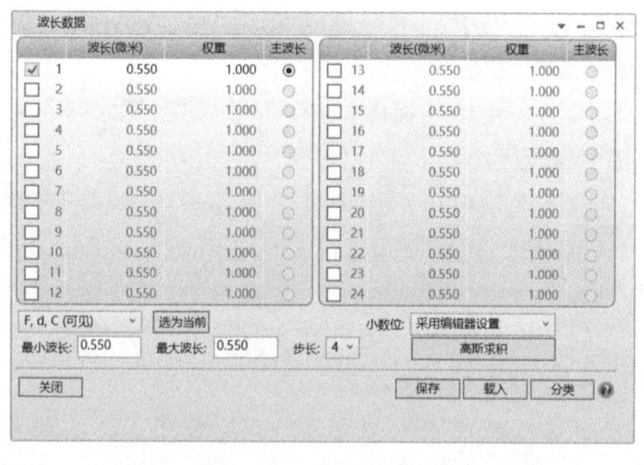

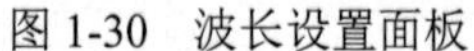
图 1-30 波长设置面板

图 1-31 波长数据编辑器

高斯求积算法提供了一种优化受宽带源约束的光学系统中最有效的波长和权重的方法。使用该方法时，选择波长编号（2～12 范围内的任何偶数），输入波长范围（以微米为单位），然后单击“高斯求积”按钮即可。

“小数位”用于设置波长和权重显示值的小数位数。如果选择“采用编辑器设置”选项，那么所显示的小数位等于“配置选项”对话框“编辑器”选项中的小数位；如果选择“采用全局设置”选项，那么显示的小数位由“配置选项”对话框“常规”选项中的有效数字设置控制。

“保存”和“载入”按钮用于独立地从镜头数据中保存和重新调用波长数据。数据文件的格式是文本，可以在 Zemax 之外编辑或创建。

1.4.5　偏振

“偏振”选项用于设置使用偏振光追迹的多个序列分析计算的默认输入偏振状态，如图 1-32 所示。许多分析功能需要使用偏振光线追迹和变迹，如点列图和视场函数的均方根 RMS，该选项是设置初始偏振状态的唯一工具。

对于大多数（不是所有）序列分析，当考虑菲涅耳衍射、膜层和内部吸收影响时，偏振光线追迹仅用于决定光线的透射强度。此时可以忽略偏振相位差和偏振的矢量性。

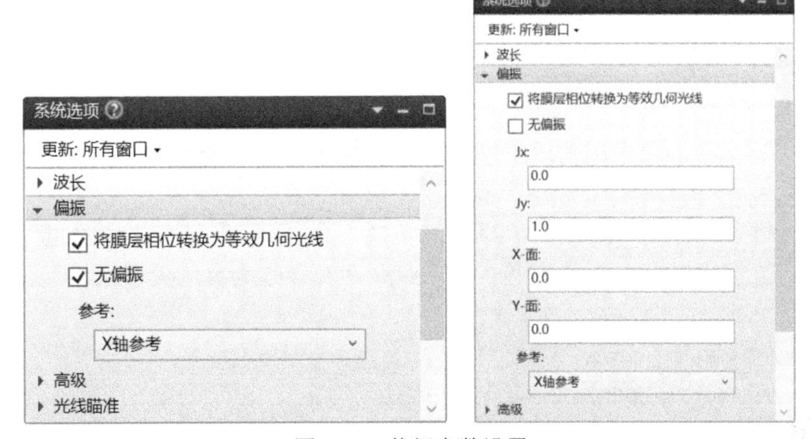

图 1-32　偏振参数设置

1. 将膜层相位转换为等效几何光线

勾选该复选框，Zemax 会将根据薄膜转换规则计算的偏振相位转换为沿光线方向的相位。若不勾选，则光场系数不会转换成光线系数。使用时建议勾选该复选框。

膜层行业使用的相位约定与 Zemax 中光线追迹所需的相位约定不同。膜层相位约定用于测量沿法向矢量的相位偏移，并将其作为从最外层膜层传播到基底的虚平面波。该约定意味着相位偏移在法向入射中为最大，且较大入射角的余弦逐渐减小至约为零。

对于光线追迹，沿光线测量光学相位的提前或延迟。Zemax 会忽略膜层厚度而直接追迹光线到基底。这是因为在镜头数据编辑器中指定的表面之间的厚度是基底之间的厚度，忽略了膜层厚度。

2. 无偏振

勾选该复选框时会执行无偏振计算，而忽略与偏振相关的数值 J_x、J_y、X-面和 Y-面。无偏振计算用正交偏振的两条光线追迹并计算最终透射率的平均值。无偏振计算比偏振计算所需的时间更长，而偏振计算又比完全忽略偏振的计算所需的时间更长。

3. J_x、J_y、X-面、Y-面

在取消勾选“无偏振”复选框时，出现这些参数设置，用于指定默认的输入偏振态。偏振由这 4 个数值来定义，其中 J_x 和 J_y 表示电磁场 X 方向和 Y 方向的模值，X-面和 Y-面是以度为单位的相位角。在 Zemax 内部，电磁场向量被归一化为 1 的强度单位。

4. 参考

用来选择基于光线矢量确定 $\boldsymbol{S}$ 矢量和 $\boldsymbol{P}$ 矢量的方法。Zemax 使用琼斯矢量来定义偏振：

$$J=\begin{bmatrix}J_x\\J_y\end{bmatrix}$$

其中，J_x 和 J_y 同时具有大小和相位值，并使用符号 $\boldsymbol{J}$ 来表示 2D 琼斯矢量，以区分 3D 电场强度 $\boldsymbol{E}$。如果已指定任何入瞳切趾，Zemax 将指定的 $\boldsymbol{J}_x$ 和 $\boldsymbol{J}_y$ 值归一化，然后适当缩放强度。因此，$\boldsymbol{J}_x$ 和 $\boldsymbol{J}_y$ 的值是根据相对电场振幅来测量的。

假设光线矢量为 $\boldsymbol{K}$，其 X、Y 和 Z 方向余弦为 (l,m,n)。对于平行于 Z 轴传播的光线或者 $\boldsymbol{K}$=(0,0,1)来说，Z 方向的电场为零，可将琼斯矢量转换为电场强度，即：$\boldsymbol{E}_x=\boldsymbol{J}_x$、$\boldsymbol{E}_y=\boldsymbol{J}_y$ 和 $\boldsymbol{E}_z=0$。

对于更普遍的光线，不能直接将琼斯矢量$(\boldsymbol{J}_x, \boldsymbol{J}_y)$转换为 3D 电场强度$(\boldsymbol{E}_x, \boldsymbol{E}_y, \boldsymbol{E}_z)$，即不能将 $\boldsymbol{J}_x$ 和 $\boldsymbol{J}_y$ 的值解释为任何光线，此时应在使用 $\boldsymbol{J}_x$ 值时将 $\boldsymbol{E}_y$ 值保留为零，在使用 $\boldsymbol{J}_y$ 值时将 $\boldsymbol{E}_x$ 值保留为零。原因是由琼斯矢量$(\boldsymbol{J}_x=1, \boldsymbol{J}_y=0)$和$(\boldsymbol{J}_x=0, \boldsymbol{J}_y=1)$得到的电场强度 $\boldsymbol{E}$ 和光线矢量 $\boldsymbol{K}$ 正交。

Zemax 提供三种方法来执行从 $\boldsymbol{J}$ 到 $\boldsymbol{E}$ 的转换。其中，矢量 $\boldsymbol{K}$ 是光线矢量，J_x 值为沿着矢量 $\boldsymbol{S}$ 的场，J_y 值为沿着矢量 $\boldsymbol{P}$ 的场。$\boldsymbol{K}$、$\boldsymbol{S}$ 和 $\boldsymbol{P}$ 都必须为单位矢量且相互正交。三种方法为：

- 以 X 轴为参考轴：$\boldsymbol{P}$ 矢量由 $\boldsymbol{K}\times\boldsymbol{X}$ 确定，且 $\boldsymbol{S}=\boldsymbol{P}\times\boldsymbol{K}$，该方法为默认方法。
- 以 Y 轴为参考轴：$\boldsymbol{S}$ 矢量由 $\boldsymbol{Y}\times\boldsymbol{K}$ 确定，且 $\boldsymbol{P}=\boldsymbol{K}\times\boldsymbol{S}$。
- 以 Z 轴为参考轴：$\boldsymbol{S}$ 矢量由 $\boldsymbol{K}\times\boldsymbol{Z}$ 确定，且 $\boldsymbol{P}=\boldsymbol{K}\times\boldsymbol{S}$。

当物在无穷远时，所选择的方法将改变不同视场的 $\boldsymbol{S}$ 和 $\boldsymbol{P}$ 的偏振方向，但来自同一视场的所有光线都将具有相同的偏振，因为所有光线都互相平行。对于有限共轭，尤其是当物方空间数值孔径较大时，$\boldsymbol{S}$ 矢量和 $\boldsymbol{P}$ 矢量的方向将因光瞳中的不同光线而有所不同。无论选择哪个方法，追迹任意两束正交光线来计算透射率时，无偏振光的透射结果都不会受到影响。对于需要特定偏振的系统，需要特别注意检查从 $\boldsymbol{J}$ 到 $\boldsymbol{E}$ 的转换是否得到预期的偏振光。

1.4.6 高级

“高级”选项用于设置光程差、近轴光线、F/#计算等，如图 1-33 所示。

1. OPD 参考

光程差（OPD）表示成像的波前相位误差，任何偏离零光程差的偏差都有可能降低通过光学系统形成的衍射图像的质量。

出瞳是光阑在像空间中的像，因此出瞳表示像空间中光束有清晰边界的唯一位置。出瞳处的照度，其振幅和相位通常是平滑变化的，并且零振幅和非零振幅区域有明显的界线。

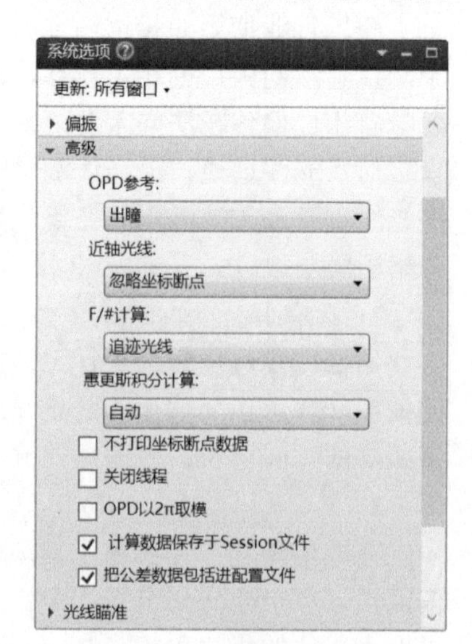

图 1-33 高级参数设置

当波前从出瞳传播到像空间时，光束外形在振幅和相位上变得复杂，并且由衍射产生的波前会扩展到整个空间。在出瞳上测量相位误差是精确描述波前和像质的唯一办法。

OPD 参考包括以下选项。

（1）出瞳。Zemax 中默认使用出瞳作为计算光程差的参考面。因此，对一条给定的光线计算光程差时，可以通过光学系统追迹该光线，一路到达像面，然后反向追迹回到位于出瞳处的参考球面。在此面得到的光程差是有物理意义的相位误差，它对于 MTF、PSF 和环带能量等衍射计算是非常重要的。

（2）无限。“无限”参考面假设出瞳位于很远的位置，并且光程差矫正项用光线中的角度误差严格给定。该选项在 Zemax 无法正确计算出有效的出瞳位置和大小的情况下使用。常用在光阑面不能成像（实像或虚像）的不常见的光学系统中，或是一些出瞳和像面靠得太近而要精确计算出瞳的离轴系统中。

（3）绝对/绝对 2。“绝对”或“绝对 2”参考面表示 Zemax 根本不能在光程差计算中加上任何矫正项。对于有焦系统，这两个选项通常没有物理意义。对于无焦系统，选择“绝对”将会参考位于像面位置垂直于主光线的平面来计算光程差，而不考虑出瞳的位置；“绝对 2”选项类似，光程差不参考垂直于主光线的平面例外。

2. 近轴光线

近轴光线特性通常不用于定义非旋转对称系统，因此，在追迹近轴光线时，Zemax 会默认忽略由于坐标间断而引起的所有倾斜和偏心。

（1）忽略坐标间断。通过忽略倾斜和偏心，Zemax 可以计算等效的同轴系统的近轴特性，该处理方法同样适用于非对称系统。该方法适用于忽略倾斜和偏心能够形成对实际系统合理的轴向近似的系统。

（2）考虑坐标间断。对于通过光栅的光线追迹，近轴光线均需要考虑坐标间断，否则光线不能满足光栅方程。对于通过非序列物体的光线追迹，近轴光线也可能需要考虑坐标间断，此时需要选择该选项。

3. F/#计算

（1）追迹光线。Zemax 默认使用光线追迹来计算系统的近轴和工作 F/#。对于有着非常大的 F/#的系统，光线追迹方法可能不精确，因为边缘光线和主光线之间非常小的夹角即可导致修正错误，甚至微小的像差（如球差）都能显著地影响 F/#的计算。因此，Zemax 的最大 F/#是 10,000。在使用光线计算 F/#的系统中，其 F/#设置需要小于 10,000。

（2）光瞳大小/位置。用于模拟非常大的 F/#的系统，首选无焦模式。根据需要，可以使用出瞳距除以出瞳直径来计算 F/#。选中该选项时，Zemax 不会用光瞳方向或视场角比例化 F/#，同时这些参数所使用的出瞳直径和位置是基于近轴值的。有典型光瞳像差存在时，近轴值可能与实际的像差光瞳尺寸不一致。为了避免出现这种不一致，最好的方法是将光阑放置在光学系统的末端（在像面之前），并使用光线瞄准，同时将孔径类型设置为“光阑尺寸浮动”。当在轴上无法追迹且轴向 F/#与实际 F/#不同时，该选项非常有用。

4. 惠更斯积分计算

该选项决定在出瞳中使用何种相位参考来计算惠更斯积分。这不仅影响惠更斯 PSF 分析的结果，也影响其他一些基于惠更斯积分的计算，如惠更斯 MTF、衍射环带能量和光纤耦合分析，以及一些优化函数的操作数，包括 DENC、DENF、FICL、MTHA、MTHS、

MTHT 和 STRH 等。惠更斯积分计算包括以下选项。

（1）自动。允许 Zemax 自动采用合适的相位参考来计算惠更斯积分。该标准基于对像面的出瞳距、波长和像面大小的考虑。

（2）使用平面波。覆盖 Zemax 标准，以确定使用哪种相位参考来计算惠更斯积分，而不总是使用平面相位参考。此外，惠更斯积分将利用从出瞳传播到像面的平面波，在像平面的每个点上对波前的贡献进行代数求和。

（3）使用球面波。覆盖 Zemax 标准，以确定使用哪种相位参考来计算惠更斯积分，而不总是使用球面相位参考。此外，惠更斯积分将利用从出瞳传播到像面的球面波，在像平面的每个点上对波前的贡献进行代数求和。

注意，因为平面相位参考是唯一可以在无焦成像系统中使用的参考，所以当在“系统选项”窗口的“孔径”选项中选择无焦像空间时，计算惠更斯积分的方法就会自动被设置为“使用平面波”。

5. 不打印坐标断点数据

勾选该复选框表示不会将坐标间断面所选的数据打印出来，以缩短一些文本列表，使其展示的内容更清楚，特别是在有许多坐标间断面的系统中。

6. 关闭线程

勾选该复选框表示不会将计算分解为多个计算线程。多线程表示计算机采用多核 CPU 更快速地进行计算。当内存不足以将计算分解为多个线程时可以关闭线程。

7. OPD 以 2π 取模

勾选该复选框表示所有的光程差数据将作为小数部分计算。所有光程差计算结果的返回值在−π～π 或−0.5～0.5 个波长之间。不建议采用。

8. 计算数据保存于 Session 文件

勾选该复选框表示在当前 Session 文件中缓存所有打开的分析窗口（序列模式）和/或所有探测器（非序列模式）计算的数据。由此在加载镜头文件时可大幅度减少文件加载所用的时间，但是会增加与镜头文件关联的 Session 文件的大小。

9. 把公差数据包括进配置文件

勾选该复选框表示将公差数据匹配到配置文件中。

1.4.7 光线瞄准

“光线瞄准”选项只在序列模式下可用，可用于定义光线瞄准算法，光线瞄准参数面板如图 1-34 所示。

1. 光线瞄准算法

光线瞄准是对光线追迹进行迭代计算的一种算法，可以找出在给定的光阑尺寸下正确通过光阑的物面光线。通常只有当入瞳（从物空间看到光阑的像）出现较严重的像差、偏移或倾斜时，才需要光线瞄准。瞄准算法中包括以下选项。

（1）关闭。使用轴上通过孔径设置并基于主波长计算的近轴入瞳尺寸和位置，从物体表面发射光线，即 Zemax 忽略入瞳像差。这对于中等视场角的小孔径系统是完全可以接受的，而对于某些系统（如 F/#很小或视场角很大的系统）可能会导致较大的入瞳像差。

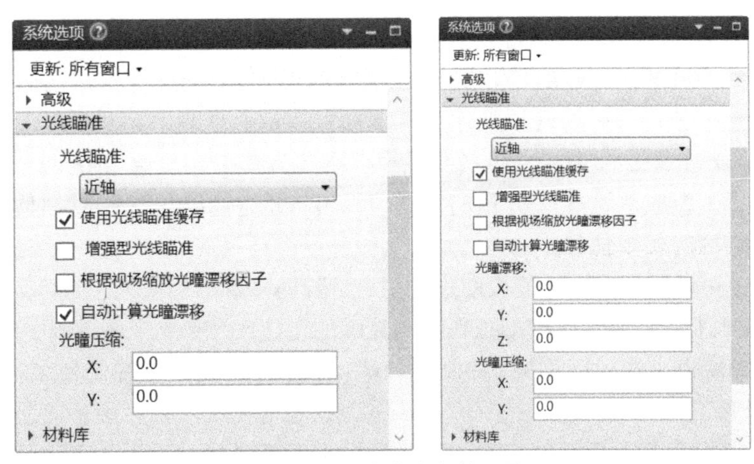

图 1-34 光线瞄准参数设置

（2）近轴。此时近轴光线被较好地规范，且近轴定义通常用于大多数一级系统性能（如焦距、F/#和放大率），因此近轴光线也可以用来决定光阑尺寸。对于有显著像差的光瞳，在近轴和实际光线光阑半径之间会有所区别。

（3）实际。对于由系统孔径定义的有物空间属性的实际光线来说，可以使用实际光线来代替近轴光线来确定光阑的半径。

虽然实际光线瞄准比近轴入瞳定位更精确，但是在实际运行时，大多数使用实际光线进行光线追迹所花费的时间是相同情况下使用近轴光线进行光线追迹所花费时间的 2～8 倍。因此，只有必要以及当近轴光线瞄准不考虑大多数光瞳像差时，才使用实际光线瞄准。

2. 使用光线瞄准缓存

勾选该复选框，Zemax 将缓存光线瞄准坐标，以便在进行新的光线追迹时能够利用先前光线瞄准的结果进行迭代计算。对于使用光线瞄准缓存能够精确追迹主光线的系统，使用缓存能够明显加速光线追迹的过程；对于主光线无法被追迹的某些系统来说，应关闭光线瞄准缓存。

3. 增强型光线瞄准

若勾选该复选框，OpticStudio 将使用一种更可靠但速度较慢的运算来校准光线。只有在打开缓存器而且光线瞄准失败的情况下，才应该勾选此选项。此外，该选项只在光线瞄准缓存器打开的情况下可用。增强模式通过执行一个附加检查来确定现存的同一光阑面中的多重光路中是否只有正确的一条被选中。这在大孔径、广角系统中是一个典型问题，这种系统的轴外视场会出现一条通向光阑的虚拟路径，扰乱光线瞄准的迭代过程。

4. 自动计算光瞳漂移

勾选该复选框，Zemax 会自动计算出实际入瞳和近轴入瞳之间的位置差异，以确定光瞳漂移因子的值。光线瞄准开启时将默认勾选该选项，取消勾选时需要手动设置光瞳漂移量 X、Y、Z。

说明：当光阑在物体的左侧时，自动计算提供的信息并不准确，且自动计算的偏移值为零，此时需要自行设置光瞳漂移。

5. 光瞳漂移

对于一些广角或者高度倾斜（或偏心）的系统，若不提供额外的辅助，光线瞄准功能将失效，因为 Zemax 是将近轴入瞳作为第一个估计值来追迹光线的。如果光瞳像差严重，可能连第一个估计值都无法被追迹，更无法得到第二个良好的估计值，从而使算法中断。

人为设置光瞳漂移可以为近轴光瞳漂移量提供初步的推测，并对近轴光瞳进行压缩。光瞳漂移由 *X*、*Y* 和 *Z* 三个偏移分量（测量值以透镜为单位）及 *X* 和 *Y* 两个压缩分量（无量纲的比例因子）组成，这 5 个分量的默认值为 0，通过修改这 5 个默认值可以帮助算法进行对于光线瞄准的初步估计。

这些偏移量可以改变近轴入瞳校准点的中心。若偏移量 *Z* 的值为正数，则校准点在近轴光瞳的右边；若其值为负数，则校准点在近轴光瞳的左边。大多数广角系统中都是左移光瞳。光瞳漂移量 *Z* 与所追迹的视场角呈线性比例，因此光瞳漂移是指全视场光瞳的偏移量。

6. 光瞳压缩

通过压缩值 *X* 和 *Y* 改变近轴入瞳的相对坐标来反复迭代，值为 0 表示无压缩量，值为 0.1 表示压缩 10%。当实际光瞳比近轴光瞳小时，压缩量的作用明显；在完整的近轴光瞳尺寸下，光线追迹非常困难甚至无法实现。

光瞳漂移值和压缩值只是光线瞄准的开始，如果第一条估算光线可以被追迹，光线瞄准算法将找到精确的光瞳位置。光瞳漂移值和压缩值都无法改变入瞳的大小。

1.4.8　材料库

Zemax 根据材料库中输入的公式及系数来计算折射率。在镜头数据编辑器的材料列指定一种材料名称（如 BK7）后，Zemax 将会在当前已加载的所有材料库中搜寻该材料，并使用该材料在库中的系数及其相应公式，针对每个被定义的波长计算其折射率。

材料库选项用于设定当前使用的玻璃库，参数设置如图 1-35 所示。当前玻璃库中列出了当前所使用的玻璃库的名称（不包含文件扩展名）；可用玻璃库中列出了可用但当前未使用的玻璃库的名称。使用箭头按钮可以在“可用玻璃库”列表中选择不同的玻璃。

1.4.9　非序列

非序列选项用于设置在 NSC 组中光线如何追迹，参数设置如图 1-36 所示。

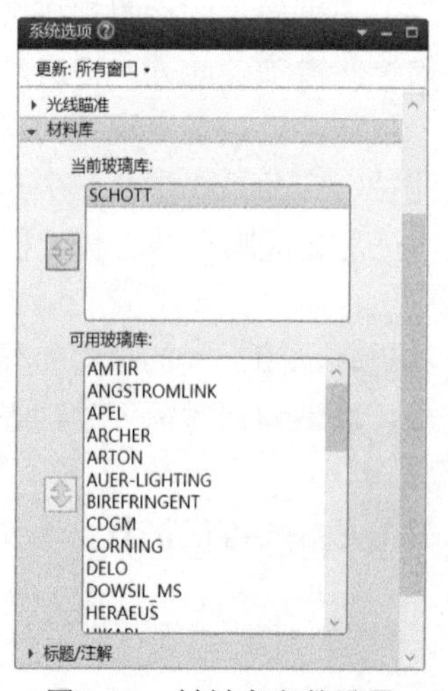

图 1-35　材料库参数设置

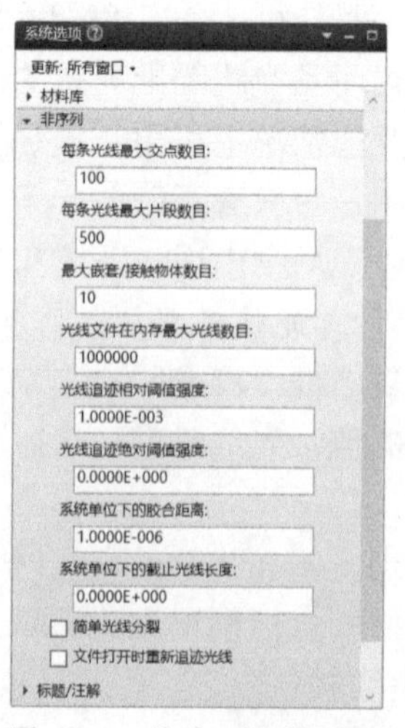

图 1-36　非序列参数设置

1. 每条光线最大交点数目

用于定义一条光线在沿着初始的光源母光线到最终与物体的交点这一路径中，与物体相交的最大次数。如果使用光线分裂，这一参数将控制从母光线分裂出的子光线的最大数目。该条目允许的最大交点数为4000。

在某些系统中，例如光源在反射球内时，光线反射良好、没有明显的吸收，会发生多次反射，直到达到这一极限次数为止。这种系统实际上是不存在的，因为光线的任何传播过程都存在能量损耗，除非是在绝对真空中传播。

2. 每条光线最大片段数目

用于设置每条发射光线的最大片段数，而不是 Zemax 能够追迹的总片段数。片段指光线从一个交点到下一个交点的光线路径的一部分。当光线由光源发出后，传播到第一个物体，这就是一个片段。如果这时光线分为 2 条，每条就成为一段（现共有 3 段）。如果每条光线再次分裂，就会得到 7 个片段。通常，如果使用了光线分裂，片段数的增长会比光线和物体交点数目的增长更快，因此需要为片段数设置更大的数目。

3. 最大嵌套/接触物体数目

用于定义最多有多少个物体可以在另一个物体内部或者与另一个物体接触。例如，如果#物体 3 在#物体 2 内部，#物体 2 又在#物体 1 内部，那么最大嵌套物体的数目就是 3。这种情况还可以是任何数目的物体组，每组是 3 嵌套。如果几个物体共边，例如多面体与另一个物体的面相接，那么最大嵌套数至少应设置为与物体数目相同。

4. 光线文件在内存最大光线数目

用于为每个导入内存中的文件型光源物体设置最大的光线数目。建议值为 1,000,000，最小值为 5000。

5. 光线追迹相对阈值强度

光线分裂时其能量会减少。相对光强是对光线所携能量和能够追迹的能量的最小限制。该参数是一个小数（如 0.001），表示相对于由光源发出的起始光线强度。一旦子光线能量小于相对能量，光线即被终止。

6. 光线追迹绝对阈值强度

该参数与光线追迹相对阈值强度相似，区别在于它用光源单位下的绝对强度表示，而不是用相对于起始光线的强度表示。如果光线追迹绝对阈值强度为 0，则绝对光强没有极限值。每条光线的初始强度是由光源强度除以光源内分析光线的总数得到的，输出光线的数目不会影响初始光线强度。

7. 系统单位下的胶合距离

当两个非序列物体胶合在一起时（如一个透镜与棱镜的某个表面黏接），数字环孔将会使用光线追迹法则去探测两个物体之间的微小距离。当两个物体在三维空间中旋转，并且由于在编辑器中输入了有限大的数值互相靠近时，该情况也会发生。

胶合距离是指物体之间可以接合的距离。胶合距离决定了光线追迹的最小传播长度。如果光线与物体的一个交点与前一个交点的距离小于胶合距离，会忽略这一交点。

胶合距离还用于与一般曲面光线追迹相关联的公差分析。Zemax 通过迭代进行计算，直到光线与表面截距的误差小于胶合距离的 1/5。通常胶合距离不需要进行调整，胶合距离不得小于 1.0e-10mm 也不能大于 1.0e-03mm。

8. 系统单位下的截止光线长度

用于定义绘制不通过所有物体的光线时使用的线段长度。Zemax 会绘制一段较短的光线段表示光线的传播方向。该参数同样控制光源指示器箭头的绘制大小。若为零，则在绘制不通过物体的光线和一些光源时，Zemax 会自动选用该参数的默认值进行绘图。

9. 简单光线分裂

当一条光线入射到折射面时，该光线的部分能量通常会发生反射，另外一部分能量会发生折射。取消勾选该复选框时，反射和折射光线都会被追迹，每条光线都会得到一部分能量，这与折射界面的反射系数和透射系数有关。勾选该复选框时，只会追迹反射光线和折射光线的其中之一，不会同时追迹两者。追迹反射光线还是折射光线是随机的，反射系数和透射系数可以认为是追迹相应路径的相关概率。无论哪种路径被选中，反射或折射光线都会得到沿两种路径传播所需的全部能量。

10. 文件打开时重新追迹光线

如果勾选该复选框，NSC 光源的光线在文件打开时会重新追迹，并自动刷新探测器窗口。

1.4.10 标题/注解

标题/注解选项的参数设置如图 1-37 所示，用于添加镜头标题和注解。镜头标题出现在曲线和文字输出中，是通过将标题输入所需位置得到的。注解部分允许输入几行文字，它们将与镜头文件一起被存储。

1.4.11 文件

文件选项用于选择Zemax目录中包含透镜的相关数据的文件，参数设置如图1-38所示。

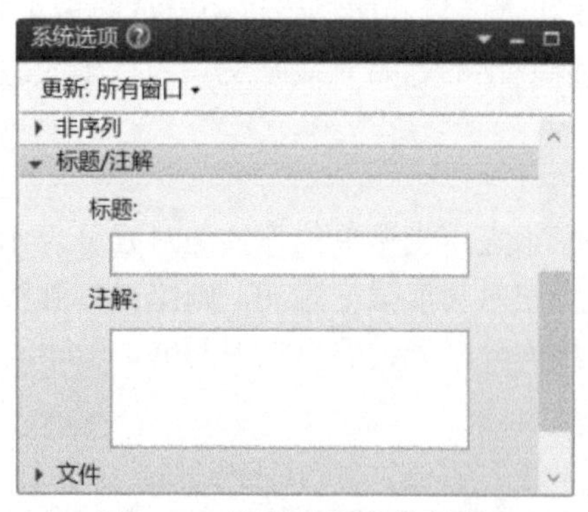

图 1-37 标题/注解参数设置

图 1-38 文件参数设置

（1）“膜层文件”在 COATINGS 目录下，包含膜层材料和透镜使用的每层定义，默认名称为 COATING.DAT。建议每个镜头文件使用一个独立的膜层文件。

（2）“散射文件”在 PROFILES 目录下，包含透镜使用的散射表面特性，默认名称为 SCATTER_PROFILE.DAT。从 NSC 物体特性对话框的散射标签下可以增加新的散射特性或删除原有的散射特性。建议每个镜头文件使用一个独立的散射文件。

（3）“ABg 数据文件”在 ABG-DATA 目录下，包含透镜使用的 ABg 数据定义，默认名称为 ABG_DATA.DAT。建议每个镜头文件使用一个独立的 ABg 数据文件。

（4）“GRADIUM 文件”在 GLASSCAT 目录下，包含 GRADIUM 表面材料定义，默认名称为 PROFILE.GRD。关于 GRADIUM 定义的文件必须以扩展名.GRD 结尾。

1.4.12 单位

单位面板用于对系统的单位进行设置，如图 1-39 所示。

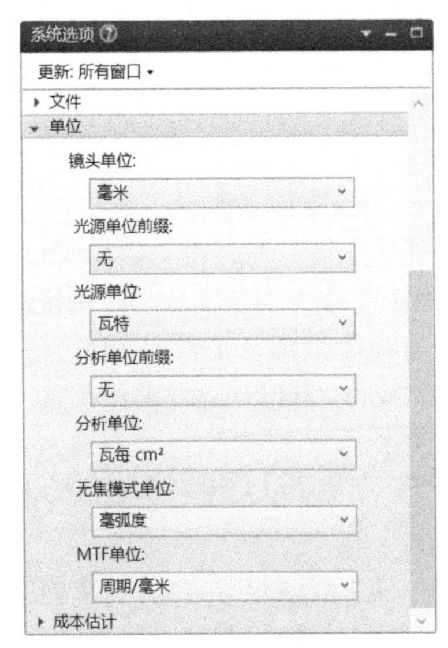

图 1-39 单位参数设置

1. 镜头单位

镜头单位包括毫米、厘米、英尺和米 4 种选项，用于定义大部分电子表格编辑器中尺寸测量的单位，适用于半径、厚度、入瞳直径、非序列中的位置坐标以及其他 Zemax 参数。

大多数图像分析功能（如光学特性曲线、点列图等）显示的单位是微米，不受镜头单位选择的影响。

2. 光源单位

光源单位用于对非连续光源的光通量（功率）或能量的测量单位进行设置。该设置用于非序列元件编辑器中定义的光源，还可以用于在物理光学分析中定义光焦度和辐照度。

光源单位可以是瓦特、流明或焦耳，单位前还可以添加前缀 femto、pico、nano、micro、mili、无、kilo、mega、giga 或 tera。瓦特用来进行辐射度学分析，流明用于光度学分析，焦耳用于能量分析。辐射度学和光度学单位的不同在于光度学单位是人眼对不同波长的反应。

3. 分析单位

分析单位用于对辐照度（辐射）或光照度（光度）测量的单位进行设置。该设置只影响探测器上的数据，探测器用于采集非序列元件编辑器中定义的光源发出的光线。辐照度单位是瓦特/面积，光照度单位为流明/面积，能量密度单位为焦耳/面积，其中面积用平方米（m^2）、平方厘米（cm^2）、平方毫米（mm^2）、平方英尺（ft^2）或平方英寸（in^2）表示。分析单位前缀包含 femto、pico、nano、micro、mili、无、kilo、mega、giga 或 tera。

4. 无焦模式单位

无焦模式单位可以是微弧度、毫弧度、弧度、弧度-秒（1/3600 度）、弧度-分（1/60 度）或度数。

5. MTF 单位

聚焦系统的 MTF 单位可以是周期/毫米或周期/毫弧度。当使用周期/毫米时，MTF 用来计算在像面上像空间的空间频谱。当使用周期/弧度时，MTF 用来计算物空间中角度的频谱。MTF 单位的选择将影响所有 MTF 计算式的单位，包括分析、优化和偏差。无焦模式下无须选择 MTF 单位，它使用的是周期/无焦模式单位。

1.4.13　成本估计

成本估计选项包括三个按钮，如图 1-40 所示。单击“供应商管理”按钮可以打开“管理供应商”对话框，以编辑供应商的账户信息供成本评估使用；单击“供应商导出”按钮，可以以加密文件格式导出供应商登录凭据，以便转移到其他计算机使用；单击“供应商导入”按钮，可以从之前导出的加密文件中导入供应商登录凭据。

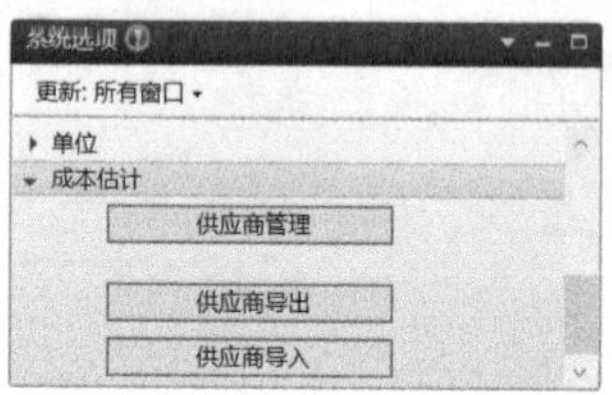

图 1-40　成本估计参数设置

1.5　镜头数据编辑器

镜头数据编辑器是 Zemax 中最主要的电子表格，镜头的主要数据通过该表格进行输入。这些数据包括系统中每一个面的曲率半径、厚度、玻璃材料等。例如单透镜由两个面组成（前面和后面），物平面和像平面各需要一个面，这些数据可以直接输入电子表格中。

1.5.1　编辑器概述

Zemax 启动时会自动启动镜头数据编辑器，用户也可以通过执行“设置”选项卡→“编辑器”面板→“镜头数据”命令，打开镜头数据编辑器，如图 1-41 所示。默认情况下镜头数据编辑器只显示数据输入栏，单击左上角的“向下箭头”按钮 或双击任意行中的“表面类型”设置栏，即可打开表面属性参数设置面板。

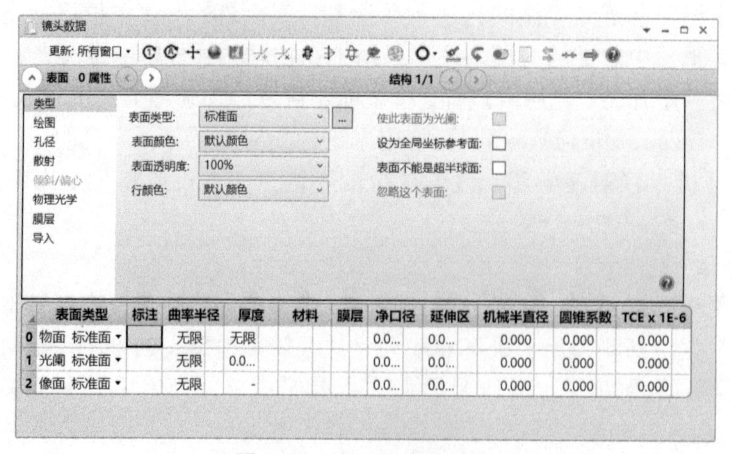

图 1-41　镜头数据编辑器

在镜头数据编辑器中，用户可以单击或双击需要改动的参数，通过键盘在电子表格中输入需要设置的数值。编辑器中的每一列参数代表具有不同特性的数据，每一行参数表示一个光学面（可能为虚拟面）。

利用键盘中的方向键可以将光标移动到需要的任意行或列，向左或右连续移动光标会使屏幕滚动，屏幕将显示其他列的数据，如半径、二次曲线系数，以及与所在面的面型有关的参数。屏幕显示可以从左到右或者从右到左滚动。利用“PgUp”和“PgDn”键可以将光标移动到所在列的头部或尾部。当镜头面数足够多时，屏幕显示也可以根据需要上下滚动。

1.5.2 插入/删除表面数据

在初始状态（除非镜头已给定）下，通常显示 3 个表面：物面、光阑、像面。物面与像面是永远存在的，无法删除，其他表面可以使用下面的方法进行删除或添加。

（1）利用键盘中的“Insert”或“Delete”键插入或删除表面。

（2）在想要插入或删除表面的位置单击鼠标右键，在弹出的快捷菜单中选择“插入表面”或“删除表面”命令，如图 1-42 所示。

说明：物面之前和像面之后不能插入任何表面，这里的“前面”表示一个序号最小的面；而“后面”表示一个序号最大的面。

Zemax 中的面序号从第 0 面（即物面）排列到最后一个面（即像面），光线顺序通过各个表面。

若要在电子表格中输入数据，可以双击对应的方格，通过键盘输入数据。利用“Backspace”键可以编辑修改当前的数据，如果选中某一数据方格，可以用左方向键、右方向键、“Home”键、“End”键浏览整个电子表格。当数据修改好后，按任意方向键或单击屏幕的任意位置，或按 Enter 键即可结束当前编辑。

若要修改当前方格中的数值，可以通过数学计算符号进行操作。例如，如果显示的数据是 10，输入+5（加 5），按 Enter 键，数字会变为 15。符号“–”“*”和“/”也同样有效。

> **注意：**进行减法操作时，“–”（减号）和数字之间必须有一个空格；如果不输入空格，程序会认为输入的是一个新的负数值。输入“*–1”可以改变数值的正负号。

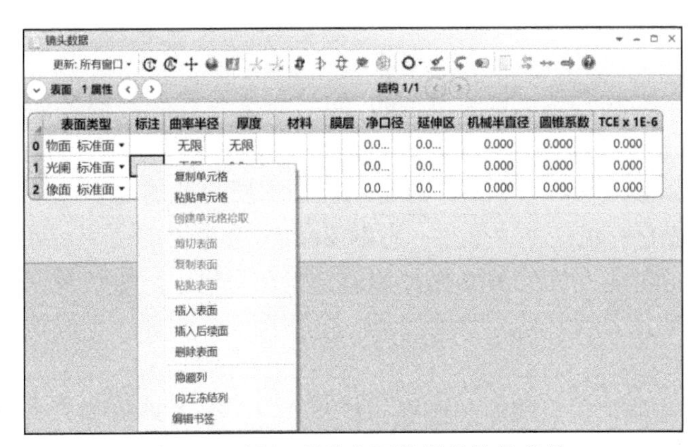

图 1-42 插入/删除表面数据的快捷菜单

1.5.3 镜头数据设置

镜头数据编辑器的数据输入栏用于输入镜头的相关数据，各列参数含义如下。

1. 表面编号和类型

镜头数据编辑器的最左列显示每个表面的表面编号，其右侧为表面类型。物面的表面编号为 0（记为“#面 0”），第一个表面编号为 1（记为“#面 1”），以此类推至像面。物面总是 0 号表面，像面总是最后一个表面，但是光阑面可以是任意编号。

一些附加信息会显示在表面编号旁边。当在表面上定义孔径时，Zemax 将在表面编号旁边显示星号“*”；当一个表面被定义了表面倾斜/偏心数据时，表面编号旁边将显示加号“+”；当一个表面被同时定义了光圈和倾斜/偏心数据时，表面编号旁边将显示井号“#”。

2. 标注

在 Zemax 的镜头数据编辑器中，每个表面都有一个标注栏，用于添加文本标注信息。用户最多可以在标注栏中输入 32 个文本字符，这些标注能够增强镜头特性的可读性，且不影响光线追迹。部分分析功能可以作为标注信息，所有标注信息都可以被隐藏。

3. 曲率半径

用于输入或改变一个表面的曲率半径。半径数据通常采用透镜的计量单位进行输入和显示，这些计量单位为长度单位。

4. 厚度

用于输入或改变一个表面的厚度。厚度数据通常采用透镜的计量单位进行输入和显示。表面的厚度表示从该表面实体（例如透镜）的一个面到另一个面的距离，像面是唯一没有厚度属性的表面。

厚度符号通常在一个反射镜后改变，奇数次反射后，所有的厚度都是负值，这种符号规定与反射镜的数量与当前的坐标转换无关，不能通过将坐标旋转 180° 来规避。

5. 材料（玻璃）

表面所用的材料通过玻璃名称来指定，材料必须是当前已被装载到玻璃库中的玻璃之一，默认的玻璃目录是 Schott 库，也可以选用其他目录。

如要把某一个表面定义为反射面（镜面），该表面的材料应命名为 Mirror。当一个表面或物体的材料类型为 Mirror，并且没有指定涂层，则默认该表面涂有一层厚的铝层，其折射率为 0.7-7.0i。假定铝层足够厚导致没有光线传播通过该层，这意味着未涂覆铝层的镜面具有小于 1 的反射率，反射率的精确值取决于光的偏振。

在输入新的玻璃名称时，可以将可选的“/P”命令追加到玻璃名称上，表示 Zemax 将更改前表面和/或后表面的曲率，使镜片元件保持恒定的光焦度。例如，如果玻璃类型已经选定为 BK7，则在调整表面和表面的半径之后，输入新的玻璃类型“SF1/P”表示将使玻璃类型改变为 SF1，以保持恒定的光焦度。此时 Zemax 会考虑前面和后面顶点的光焦度，以及修正由于厚度引起的元件光焦度变化。如果透镜在空气中，则该算法会同时调整前表面和后表面的曲率；如果前表面或后表面与另一个玻璃元件相邻，则仅调整与空气相邻表面的曲率。

说明：Zemax 能够使顶点间的光焦度保持不变，但是若玻璃的光学厚度发生改变，则整个玻璃的光焦度将会发生微小的改变，这种改变对薄透镜的影响非常小。

6. 膜层

与材料属性相似，每个表面所用的膜层材料是通过膜层名称来指定的，且必须是当前已被装载到膜层库中的膜层名称之一。

7. 净口径

计算（自动求解）所有光线通过视场时所需的径向通光孔径的默认净半孔径或半孔径。净孔径的默认值是通过追迹各个视场的所有光线，自动计算出它们沿径向所需的通光半径。

用户也可以输入任何值作为半孔径，输入的值将会被保留，并且在数值旁边出现“U”，以表示该半孔径是用户定义的，只影响外形图中各表面的绘图，不反映表面的渐晕。

8. 延伸区

延伸区是基于净孔径建立的径向表面扩展区。这里的净孔径是根据净半孔径、半孔径或圆形孔径定义的。延伸区的表面曲率与净孔径或半孔径的曲率相同。延伸区不会改变半孔径的值，而是基于该值建立，并且该区域是不可追迹的。在默认情况下，延伸区设置为零。对于特定表面，可以禁用半孔径边距功能。延伸区可采用固定、拾取和 ZPL 宏三种求解方法。

9. 机械半直径

机械半直径是根据镜片的机械边缘定义的表面径向尺寸。默认情况下，它是使用自动求解计算的，作为净半孔径或半孔径与延伸区的总和。

如果机械半直径大于净半孔径或半孔径与延伸区的总和，则将该差值模拟为恒定矢高的平坦表面，并等于延伸区外缘的值。当表面边缘绘制选项被定义为“方形”时，自动机械半径将进行径向延伸以明确定义镜片的方形边缘。机械半直径可采用自动、固定拾取和 ZPL 宏三种求解方法。

延伸区和机械半直径都是表面扩展，以便为用户提供更大的灵活性，同时在通光孔径之外产生光学机械特征。这些参数允许被定义为适合加工的光学形状。

由于机械半直径是根据镜片的机械边缘定义的表面径向尺寸，所以该值用于确定透镜的边缘厚度，以及在进行热分析时边缘厚度将如何随温度发生变化。

10. 圆锥系数

圆锥系数可以应用于不同的表面类型，是无量纲的量。

11. TCE

TCE（Thermal Coefficient of Expansion）指热膨胀系数。Zemax 使用 TCE 值来模拟线性热膨胀，与温度范围无关。通常玻璃供应商提供的目录值是−30~70℃温度范围内的 TCE，而 Zemax 可以在任何温度范围内使用 TCE 值。

Zemax 中 TCE 值的单位为 1e-6/K。例如，在 10K 以上 10mm 厚材料的热膨胀为 TCE×1e-6/K×10K×10mm。

在玻璃目录中定义材料后，Zemax 将使用为该材料指定的 TCE 来确定使用该材质的曲面的半径、中心厚度和其他数据的热膨胀。当材料不是固体而是气体或液体时，热膨胀通常不受材料特性支配，而是由安装材料的边缘厚度决定。此时，Zemax 需要使用镜头数据编辑器中提供的 TCE 值来定义安装材料属性，而不是玻璃目录中提供的 TCE，因此需要将玻璃目录中的材料设置为“忽略热膨胀”。

12. 求解类型设置

大多数数据列（如半径和厚度）有一种或多种求解方法。求解方法在各数据方格的右侧方格中进行设定，在该位置单击鼠标左键，即可在弹出的对话框中选择求解类型。

例如，在编号为 1 的表面“曲率半径”数据方格的右侧方格中单击鼠标左键，即可在弹出的“在面 1 上的曲率解”中选择求解类型，如图 1-43 所示。在编号为 1 的表面“厚度”数据方格的右侧方格中单击鼠标左键，即可在弹出的“在面 1 上的厚度解”中选择求解类型，如图 1-44 所示。

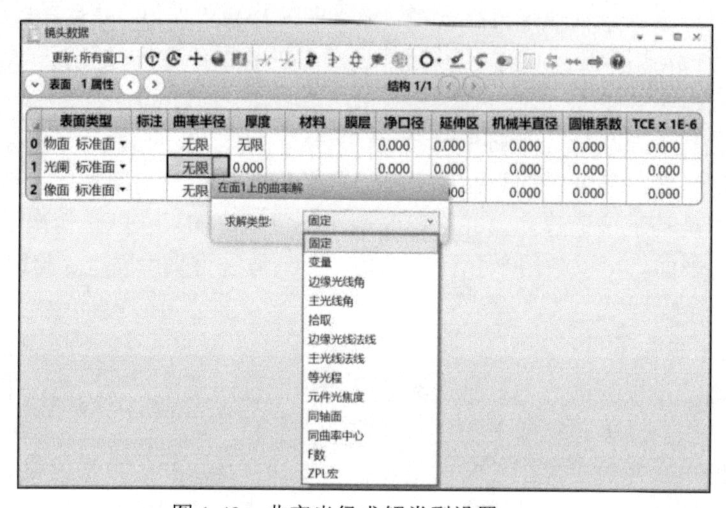

图 1-43 曲率半径求解类型设置

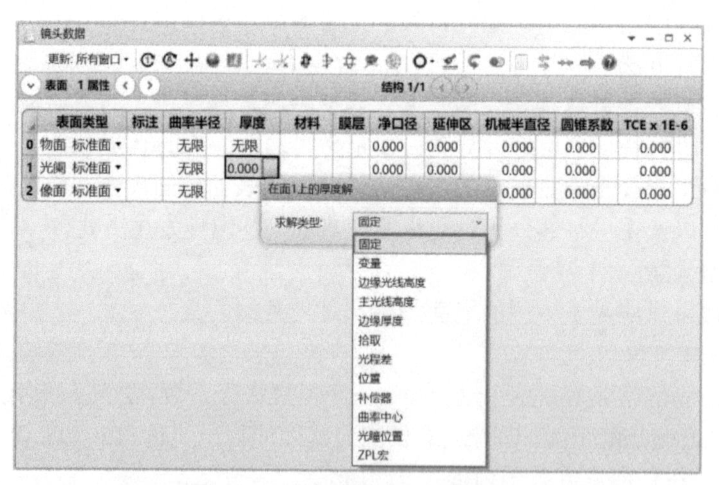

图 1-44 厚度求解类型设置

1.5.4 序列表面类型

Zemax 能够模拟传统的球形玻璃表面、非球面、Toroidal 面、柱面等许多类型的光学元件，也可以模拟衍射光栅、二元光学、菲涅耳透镜、全息图等。Zemax 支持大量的表面类型，默认情况下为标准面，也是最常见的表面类型。

标准面可以是由均匀的材料（如空气、镜子或玻璃等）形成的平面，也可以是球形或圆锥形的表面。标准面所需的参数是半径（该半径可以是无穷大，类似于产生一个平面）、厚度、圆锥系数（默认零值表示球体）和玻璃类型的名称。

其他表面类型使用这些相同的基本数据以及一些其他数据。例如，偶数非球面曲面使用所有标准曲面数据和描述多项式系数的附加值。

单击镜头数据编辑器中“表面类型”列右侧的“展开”按钮▾，展开的下拉菜单中将显示所有可用的表面类型。表 1-4～表 1-9 总结了 Zemax 支持的面类型。

表 1-4 常规面

序号	表面类型	描述
1	Q 型非球面	基于 Forbes 多项式的非球面
2	Toroidal	圆锥面、环形非球面、圆柱面和增加的 Zernike 项
3	Toroidal 光栅	在一个圆锥形的圆环上的规则光栅
4	标准面	包括平面、球面和圆锥面
5	波带片	使用不同深度的圆环的菲涅耳波带片模型
6	不规则面	具有偏心、倾斜或其他变形的标准面
7	菲涅耳	具有屈光力的平面
8	共轭面	在两点上定义具有理想成像的曲面
9	光学制造全息	有任意记录光波和椭圆基板的光学制造全息图
10	黑盒透镜	一个可对一系列 Zemax 表面进行模拟的表面，其定义的数据是隐藏的
11	扩展非球面	使用径向多项式来定义矢高
12	偶次非球面	标准面加多项式非球面项
13	倾斜面	在不改变坐标系时定义倾斜面
14	双折射输入/输出	用于模拟单轴晶体；支持以普通或特殊的模式追踪光线；支持具有可变晶轴方向的双折
15	双锥面	在 X 和 Y 上有独立的圆锥系数的非球面
16	衍射光栅	标准面上刻有规则沟槽的光栅
17	周期面	余弦形表面
18	坐标间断	允许旋转和偏心

表 1-5 衍射面

序号	表面类型	描述
1	Toroidal 光栅	一个圆锥形的圆环上的规则光栅
2	Toroidal 全息	具有两点光学制造全息图的 Toroidal 基底
3	Zernike Annular 相位	使用 80 个 Zernike 环形多项式来定义表面相位
4	Zernike Fringe 相位	使用 37 个 Zernike Fringe 多项式来定义相位
5	Zernike Standard 相位	使用 231 个 Zernike 标准多项式来定义表面相位
6	二元面 1	使用 230 项多项式来定义相位
7	二元面 2	使用径向多项式来定义相位

续表

序号	表面类型	描述
8	二元面 3	双区域非球面和衍射面
9	二元面 4	多区域非球面和衍射面
10	光学制造全息	有任意记录光波和椭圆基板的光学制造全息图
11	径向光栅	有径向相位分布的衍射光栅
12	可变刻线距离光栅	具有可变刻线距离的光栅表面
13	扩展 Toroidal 光栅	具有扩展多项式项的非球面环形光栅
14	全息面 1	两点光学制造全息图
15	全息面 2	两点光学制造全息图
16	网格相位	由网格点描述的相位表面
17	衍射光栅	标准面上刻有规则沟槽的光栅

表 1-6 自由曲面

序号	表面类型	描述
1	Q 型自由曲面	用一组正交的二维 Q 多项式描述的最先进的参数自由曲面
2	Toroidal NURBS	使用 NURBS 曲线来定义一个环形对称表面
3	TrueFreeForm	完全自由曲面。将自由曲面定义为 Biconic 项、偶次非球面项、扩展多项式项和 Zernike 标准矢高项组合而成的矢高点网格
4	Zernike Annular Standard 矢高	使用 80 个 Zernike 环形多项式来定义表面矢高
5	Zernike Fringe 矢高	使用 37 个 Zernike Fringe 多项式来定义矢高
6	Zernike Standard 矢高	使用 231 个 Zernike 标准多项式来定义表面矢高
7	超圆锥面	具有快速收敛的超圆锥非球面
8	多项式	在 x 和 y 中的多项式扩展径向
9	径向 NURBS	使用 NURBS 曲线来定义旋转对称表面
10	扩展 Toroidal 光栅	具有扩展多项式项的非球面环形光栅
11	扩展多项式	使用 230 项多项式扩展来定义矢高
12	扩展菲涅耳	在多项式面上的多项式菲涅耳面
13	扩展奇次非球面	使用径向功率的奇数项
14	扩展三次样条	旋转对称最多拟合 250 个点
15	离轴圆锥自由曲面	由圆锥部分与多项式叠加而成的一种新的光学曲面
16	奇次非球面	标准面加多项式非球面项
17	奇次余弦	奇次非球面加余弦多项式项
18	切比雪夫多项式	基于切比雪夫多项式的自由曲面
19	三次样条	拟合 8 个点的旋转对称柱面
20	双锥 Zernik	有 x、y 和 Zernike 多项式项的双锥面
21	通用菲涅耳面	在非球面衬底上的 XY 多项式菲涅耳面
22	椭圆光栅 1	具有非球面项和多项式凹槽的椭圆光栅

续表

序号	表面类型	描述
23	椭圆光栅 2	具有由倾斜平面形成的非球面项和凹槽的椭圆光栅
24	网格渐变	由 3D 网格描述的梯度折射率表面
25	网格矢高	由网格点描述的表面形状
26	圆柱菲涅耳面	在多项式柱面上的菲涅耳透镜面

表 1-7 渐变折射率面

序号	表面类型	描述
1	GRADIUM	有分散模型及轴向梯度折射率的材料表面
2	渐变 1	有径向梯度折射率的材料表面
3	渐变 2	有径向梯度折射率的材料表面，介质折射率的定义与渐变 1 不同
4	渐变 3	有径向和轴向梯度折射率的材料表面
5	渐变 4	有 *X*、*Y* 和 *Z* 梯度折射率的材料表面
6	渐变 5	有色散模拟及径向和轴向梯度折射率的材料表面
7	渐变 6	有 Gradient Lens 公司的色散模拟及径向梯度折射率的材料表面
8	渐变 7	球形梯度剖面
9	渐变 9	有 NSG SELFOC 透镜的色散模拟及径向梯度折射率的材料表面
10	渐变 10	有色散模拟及 *Y* 梯度折射率的材料表面
11	渐变 11	有色散模拟及 *X*、*Y* 和 *Z* 梯度折射率的材料表面
12	网格渐变	由 3D 网格描述的梯度折射率表面

表 1-8 理想面

序号	表面类型	描述
1	ABCD 面	使用 ABCD 矩阵来模拟"黑盒"
2	不规则面	具有偏心、倾斜和其他变形的标准面
3	菲涅耳	具有屈光力的平面
4	幻灯片表面	由点阵图充当过滤器的平面
5	近轴 XY	在 *X*、*Y* 轴具有不同规格的薄透镜
6	近轴面	可理想成像的薄透镜表面
7	扩展菲涅耳	在多项式面上的多项式菲涅耳面
8	逆反射	逆向反射光线沿入射路径反射
9	琼斯矩阵	可校正偏振状态的琼斯矩阵
10	全息面 1	两点光学制造全息图
11	全息面 2	两点光学制造全息图
12	通用菲涅耳	在非球面衬底上的 XY 多项式菲涅耳面
13	圆柱菲涅耳	在多项式柱面上的多项式柱面菲涅耳面

表 1-9　特殊面

序号	表面类型	描述
1	备选偶次非球面	可选择备选解决方案的偶次非球面
2	备选奇次非球面	可选择备选解决方案的奇次非球面
3	大气	通过地球大气引起的折射
4	非序列组件	通过 3D 表面和物体的集合追迹非序列光线
5	可变刻线距离光栅	可变刻线距离的光栅表面
6	数据	虚拟面可将额外数据值传递给 UDS
7	用户自定义	可使用任意用户定义的函数来描述表面的折射、反射、衍射、透射或梯度特性的一般表面

1.5.5　表面属性

单击镜头数据编辑器中表面属性栏的“向下”箭头或单击任意行中的“表面类型”设置栏，即可展开表面属性设置面板，如图 1-45 所示。

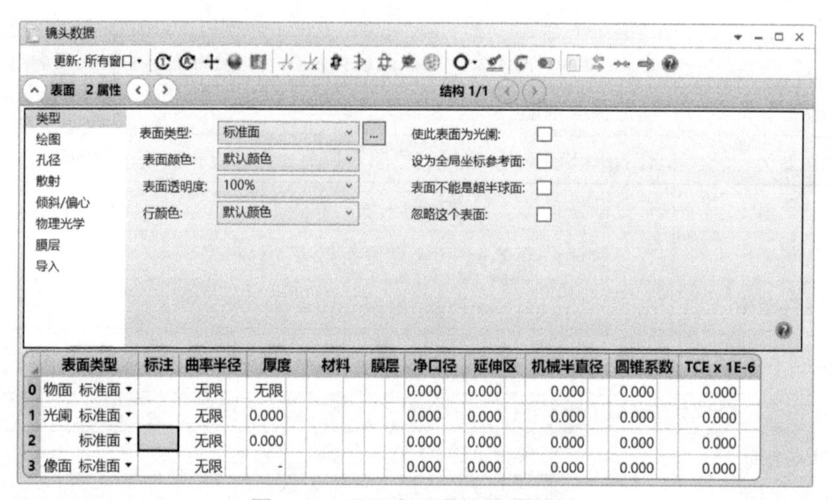

图 1-45　展开表面属性设置面板

单击镜头数据编辑器中的不同表面或者单击表面属性栏中的“向左”或“向右”箭头可以更改所需显示表面属性的表面。在表面属性设置面板中可以定义以下表面属性。

1. 类型

“类型”选项组如图 1-45 所示，其中“表面类型”的下拉列表中会显示可用的表面类型，也可单击其后面的按钮以打开图 1-46 所示的“表面类型”对话框，该对话框对表面类型进行了分类，方便使用时进行选择。

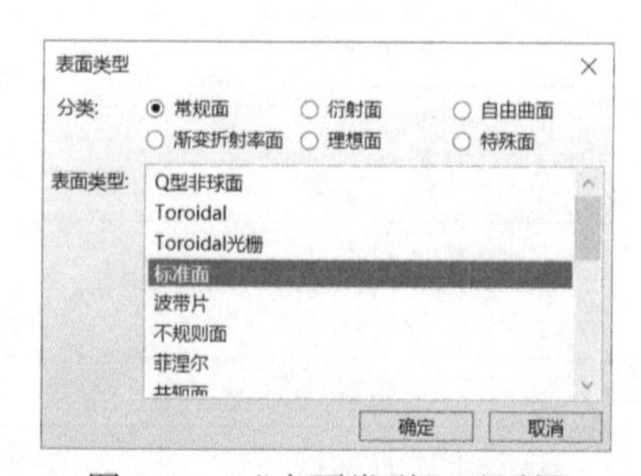

图 1-46　“表面类型”对话框

（1）“使此表面为光阑”复选框

勾选该复选框，可以将该表面作为光阑面。光阑面可以是系统中除了物面和像面以外的任何表面。如果该表面是物面、像面或已经是光阑面，则该复选框显示为灰色。

选定一个表面为光阑面时，需要确保入射光瞳与物面同轴，如果系统中有坐标转折、偏心、全息、光栅以及其他能改变光轴的组件，应将光阑面放在这些表面之前。

说明：如果系统关于光轴旋转对称，可以忽略该限制；只有使用了使光轴产生偏心或倾斜的表面的系统，才要求将光阑面放在这些表面之前。

如果坐标发生转换，对于只是由反射镜组成的共轴系统，即使光阑面放在这些反射镜之后，光瞳位置也可以正确地计算出来。在某些系统中，无法将孔径光阑放在坐标转折之前，因此必须对光线进行定位。

（2）“设为全局坐标参考面”复选框

勾选该复选框，可以将该表面设置为全局坐标参考面，用于确定全局坐标系的原点位置和方向。

任意表面均可通过局部坐标的旋转和平移来定义全局坐标。利用任意表面作为全局参考坐标，可计算得到其他任意表面的旋转矩阵和偏移向量。默认的全局参考面为#面 1，但可以选择其他任意表面设置为全局坐标参考面。

说明：①当物面位于无穷远处时，则不能将#面 0 作为参考面。②不能将坐标间断的表面设置为全局坐标参考面。

（3）“表面不能是超半球面”复选框

勾选该复选框，表示该表面不允许是超半球面。该选项应与浮动或环形孔径连用，以便实现超出孔径外的光线渐晕。

说明：Zemax 通常会检测一个表面是否必须为超半球面（表面超过最大径向半径，并向所在球面的后顶点弯曲，以填满多于半球的空间）以通过所有的光线。

（4）“忽略这个表面”复选框

勾选该复选框，表示该表面将会被忽略。光线追迹、分析、布局图、优化、公差和大多数功能的结果将不会考虑该表面，如同该表面已被删除。该功能特别适用于设计多重结构镜头时要求光线在某些结构中而不在其他结构中的情况。

2. 绘图

“绘图”选项组如图 1-47 所示，用于设置如何绘制表面。

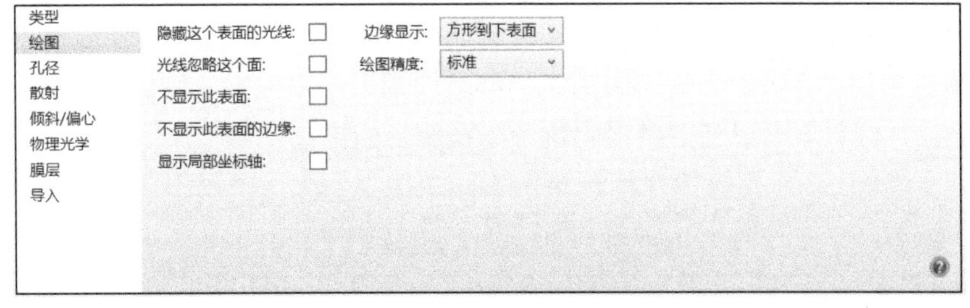

图 1-47 “绘图”选项组

3. 孔径

“孔径”选项组如图 1-48 所示，用于设置每个表面的孔径数据。表面孔径通常用于处理渐晕的影响。孔径和遮光类型分别用于定义通过或遮拦光线的区域。

对于构造复杂的孔径，可以通过在指定光学元件的所需位置插入厚度为 0 的虚拟面，然后在该表面上设置其他孔径，来描述多个孔径。此外，还可以在单个表面使用用户自定义孔径和遮光功能来同时定义多个孔径和遮光。

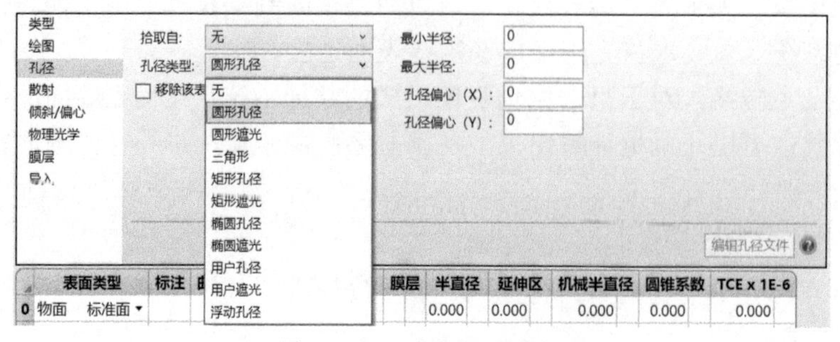

图 1-48　“孔径”选项组

4. 散射

“散射”选项组如图 1-49 所示，用于设置每个表面的散射类型。散射类型依据概率分布函数来定义。

在 Zemax 中，当发生光线散射时，光线将选择新的传播方向，该方向由概率函数以及一个或多个随机数来共同决定。如果追迹了多条光线，所得散射光线分布将接近概率分布函数。

图 1-49　“散射”选项组

5. 倾斜/偏心

“倾斜/偏心”选项组如图 1-50 所示，用于设置表面的倾斜和偏心。Zemax 允许在光线追迹到表面之前和之后，在坐标系中更改表面倾斜和偏心。

设置倾斜和偏心，可以实现将表面偏心并返回到原始坐标系，倾斜反射镜并再次倾斜以便跟随光束，倾斜表面以便对楔形物进行建模等目的。

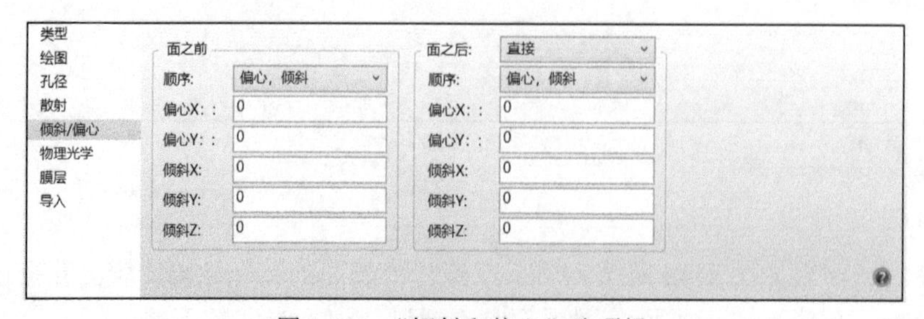

图 1-50　“倾斜和偏心”选项组

6. 物理光学

“物理光学”选项组如图 1-51 所示，用于设置表面的物理光学参数。

类型
绘图
孔径
散射
倾斜/偏心
物理光学
膜层
导入
用几何光线传播到下一表面:
不用几何光线数据缩放光束尺寸:
使用角谱算法:
在实体图上显示 LENS-0002 :
重新计算Pilot Beam参数:
采用X轴参考:
折射后重新采样:
自动重新采样:
输出Pilot Beam半径:
最佳拟合

图 1-51　“物理光学”选项组

7. 膜层

“膜层”选项组如图 1-52 所示，用于选择加载到表面上的光学膜层。用户可以单独修改任一特定表面上定义的膜层的厚度、折射率和消光，而不会改变膜层的既有定义。

单个膜层的厚度可根据一个无量纲的“膜层缩放”按比例缩放，同时折射率和消光系数可被该无量纲值偏移。其中折射率的偏移对所有波长都是均匀的，不支持色散偏移。

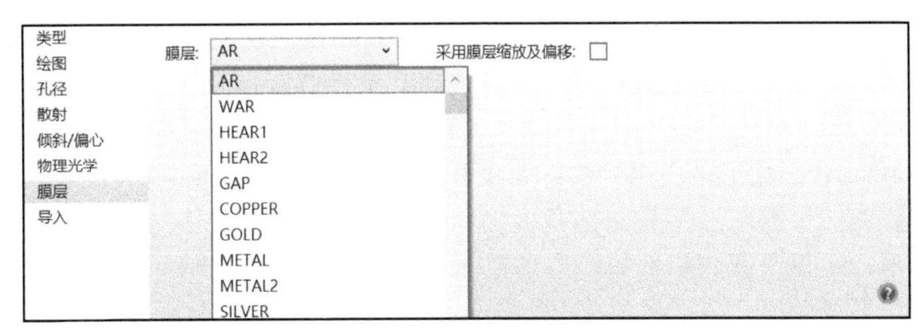

图 1-52　“膜层”选项组

8. 导入

“导入”选项组用于导入附加数据文件。导入行为是从文件中加载附加数据值并导入附加数据表面，而不是通过直接输入数值导入。数据文件的拓展名必须为.DAT。

1.5.6　通光孔径的确定

各表面的通光孔径用于考虑渐晕的影响。孔径和遮光是根据通过和阻拦光线的面积来分别定义的，当通光孔径被定义在一个表面时，该表面的序号前将显示“*”。

用户可以在需要的位置插入一个厚度为 0 的虚拟面，然后在此虚拟面上设定附加孔径，从而在某一个光学元件中设定一个以上的孔径，这对结构复杂的孔径非常有用。

多重孔径或遮光也可以由用户自定义其特性并同时放在一个单独的表面上。用户可以在“孔径类型”选项中为每个表面设置通光孔径。当孔径类型为“无”（默认值）时，所有反射和折射的光线都允许通过该表面。

通过一个表面的光线与镜头数据编辑器中的半孔径值无关，这些设置的半孔径数据只在绘制镜片元件图时起作用，并不决定渐晕。如果要把孔径设置成默认值或改变当前孔径的类型，可以在“孔径类型”中选择其他的孔径类型，如图 1-53 所示。

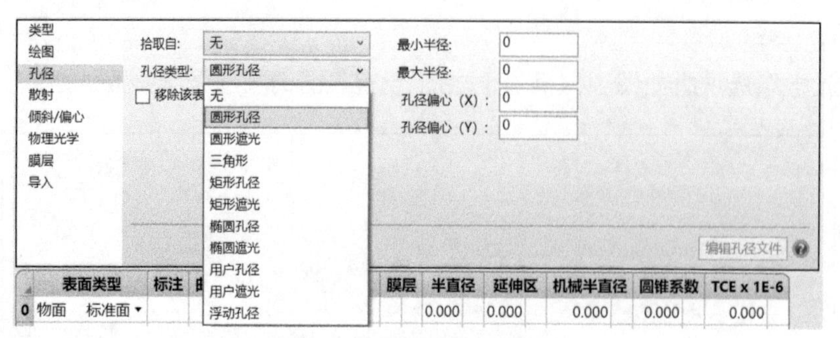

图 1-53　选择通光孔径类型

1. 孔径类型

（1）圆形孔径/圆形遮光：对于圆形孔径，光线到达该表面时，仅允许位于最小半径与最大半径分别定义的两个圆形之间的光线通过该表面，其余光线则被阻拦。圆形遮光与圆形孔径的作用互补。

（2）矩形孔径/矩形遮光：对于矩形孔径，光线到达该表面时，仅允许位于由矩形半宽度 x、y 所定义的矩形之内的光线通过该表面，其余光线则被阻拦。矩形遮光与矩形孔径的作用互补。

（3）椭圆孔径/椭圆遮光：对于椭圆孔径，光线到达该表面时，仅允许位于由椭圆半宽度 x、y 所定义的椭圆之内的光线通过该表面，其余光线则被阻拦。椭圆遮光与椭圆孔径的作用互补。

（4）三角形：三角形是由每个边的宽度和臂数定义的。Zemax 中假定取相同臂长，相同转角分布。第一个臂取沿 x 轴正向角度为零的位置。对于具有不同臂长和不同转角分布的复杂三角形，可以分解成相邻的多个虚拟面上的多个三角形，坐标转折面可以将三角形旋转至任何想要的角度。

（5）浮动孔径：除了最小半径一直为 0 外，它与圆形孔径是相似的，浮动孔径中半孔径的概念等同于圆形孔径中最大半径的概念。在自动模式下，由于浮动孔径的半孔径值可以由 Zemax 自动调整，因此浮动孔径的孔径值随其半孔径值的浮动而浮动。当宏指令或外部程序默认追迹半孔径以外的光线时，浮动孔径可以将这些光线渐晕掉。

（6）用户孔径/用户遮光：参见下一小节中的详述。

上述孔径都是由顶点的子午面向光学面投影模拟的，渐晕由实际光线与表面交点的 x 和 y 坐标决定，与 z 坐标无关。当孔径被放在当作光学表面之前的虚构表面上，而不是直接放在曲面上时，对陡峭的光学面进行计算会产生不同的计算结果。只有在入射角非常陡时这种情况才会发生，除非虚构面能够被更精确地表示。

通常情况下，需要将孔径直接放在光学表面上，通过输入 X 或 Y 或 X、Y 偏离量的方法，使所有类型的孔径偏离当前光轴，这种偏离量以透镜计量单位给定。注意，偏离不会改变主光线，光阑必须与物体同轴。例如，设计一个离轴望远镜，可以将光阑放在光轴和离轴系统中。

2. 用户孔径和用户遮光

使用圆形、矩形、椭圆孔径和遮光可以满足多数情况下的需求，但是有时会需要一个更广义的孔径。Zemax 允许用户使用一系列有序数对（x_1，y_1）、（x_2，y_2）、（x_n，y_n）来定义孔径，这些点是多边形的顶点。多边形可以是任意形状，且可以采用简单或复杂的方式封闭。

复合多边形可以被定义成嵌套或独立的形式来建立用户自定义孔径或遮光。用户可以从“孔径类型”列表中选择需要的类型（孔径或遮光）。

例如，用户可以在“孔径”选项中选择“孔径类型”为“用户孔径”，并在“孔径文件”中选择孔径文件，如图 1-54 所示。孔径文件是.uda 文件，可以用任意文本编辑器进行创建和编辑，文件存储在安装目录的 Apertures 文件夹中。

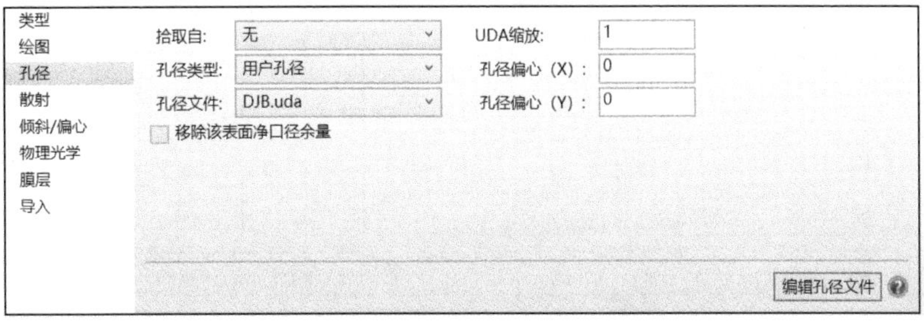

图 1-54 选择“用户孔径”类型

单击“编辑孔径文件”按钮，将会出现一个允许编辑和滚动定义多边形的顶点的列表框，这是一个简单的文本编辑器。该表面的 x 坐标和 y 坐标可以直接输入。坐标点（0，0）表示多边形的端点，因此不能用（0，0）作为顶点来定义多边形。

若一个顶点必须定义为（0，0），则可以用一个非常小的值代替其中的一个，例如（1e −6，0）。只要有一个坐标不为 0，则这个点会被认为是顶点，而不是多边形的端点。最后列出的顶点被认为与第一个顶点相连。例如，定义一个如图 1-55 所示边长为 20 单位的正方形，其 UDA 文件如下所示。

```
LIN -10, -10
LIN -10,  10
LIN 10,  10
LIN 10, -10
BRK
```

注意：BRK 表示多边形定义的结束，定义的最后一个点与第一个点连接，从而定义正方形的最后一条边。使用单个 REC 命令可以定义与此相同类型的孔径，如下所示。

```
REC 0 0 10 10 0
```

注意：使用 REC 命令时，不要求使用 BRK 命令来结束孔径的定义。

多个多边形可以通过单个 BRK 命令分别定义。例如，定义一个图 1-56 所示由两个狭缝组成的孔径，每个狭缝的宽度为 5 镜头单位、高度为 20 镜头单位，两个狭缝内侧间距为 10 镜头单位，UDA 文件如下所示。

```
LIN -10, -10
LIN -10, 10
LIN -5, 10
LIN -5, -10
BRK
LIN 10, -10
```

```
LIN 10, 10
LIN 5, 10
LIN 5, -10
BRK
```

或者，使用两个 REC 命令定义，如下所示。

```
REC -7.5 0 2.5 10 0
REC +7.5 0 2.5 10 0
```

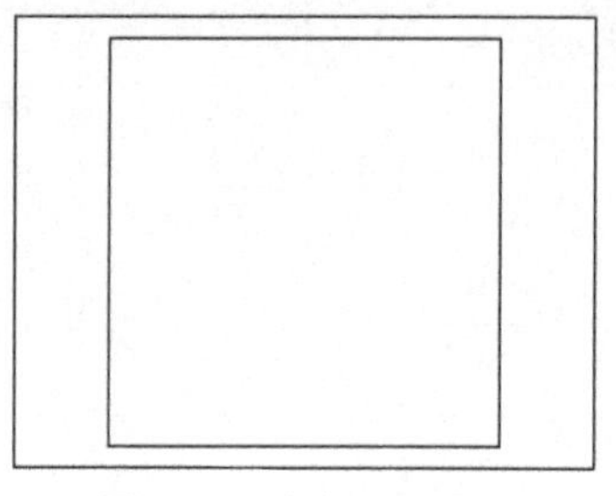
图 1-55　定义正方形

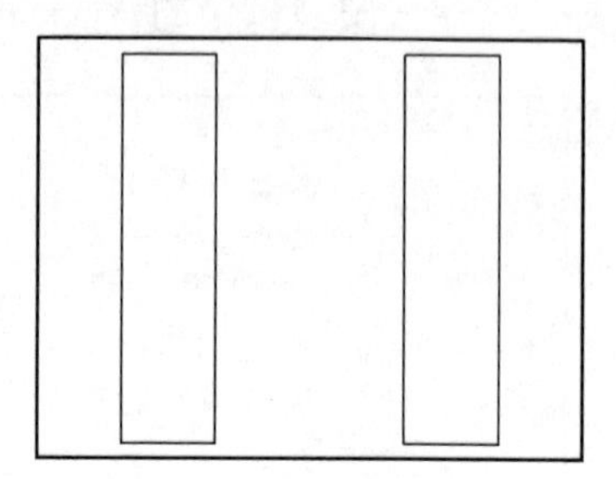
图 1-56　定义两个狭缝

如果想要定义圆角矩形，可以同时使用 ARC 和 LIN 命令。例如，定义一个图 1-57 所示的圆角正方形，正方形的边长为 4 镜头单位，圆角半径为 1 镜头单位的 90° 圆弧，每个圆角由 12 条线段组成，创建该圆角正方形的 UDA 文件如下所示。

```
LIN -1 2
LIN 1 2
ARC 1 1 90 12
LIN 2 -1
ARC 1 -1 90 12
LIN -1 -2
ARC -1 -1 90 12
LIN -2 1
ARC -1 1 90 12
```

上方 UDA 文件中，第一条 LIN 命令定义了左上角附近的起点，后续命令定义了该孔径的 8 个部分。如果只定义单个孔径，可以不使用 BRK 命令结束。

复合多边形也可以嵌套。Zemax 允许在一个大的多边形孔径中，定义一个小的多边形遮光；反之亦然。Zemax 允许有多层嵌套，每层嵌套内部和外部的通光状态相反。

当定义多个多边形时，这些多边形可以是分开或嵌套的。但是，它们都不能与相邻边界相交或共享。

例如，在图 1-57 所示的圆角矩形内部嵌套 5 个子孔径，分别为五边形、六边形、椭圆形、矩形和圆形，如图 1-58 所示。

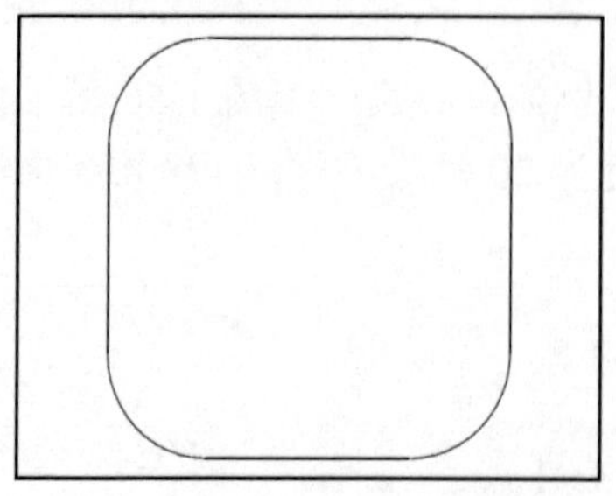
图 1-57　定义具有圆角的正方形

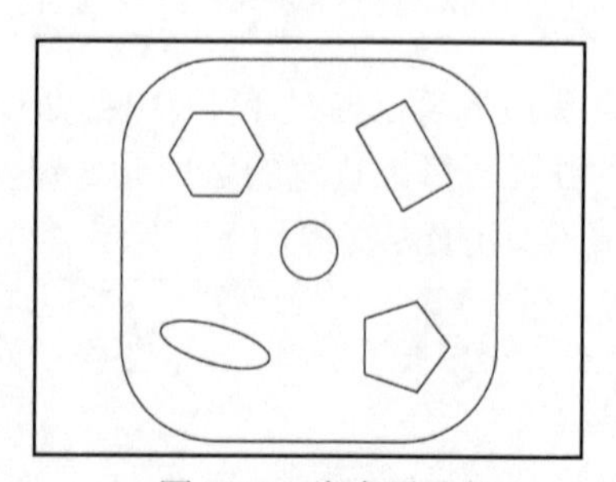
图 1-58　嵌套子孔径

UDA 文件中的代码不需要执行 BRK 命令来将 REC、ELI、POL 和 CIR 命令与 ARC 和 LIN 命令隔开，因为 REC、ELI、POL 和 CIR 命令都可以定义独立孔径。

```
LIN -1 2
LIN 1 2
ARC 1 1 90 12
LIN 2 -1
ARC 1 -1 90 12
LIN -1 -2
ARC -1 -1 90 12
LIN -2 1
ARC -1 1 90 12
REC 1 1 .3 .5 -30
ELI -1 -1 .6 .2 15
POL 1 -1 .5 5 0
POL -1 1 .5 6 0
CIR 0 0 .3
```

1.6 Zemax 模式介绍

打开 Zemax 软件，默认情况下打开的是一个简洁的序列成像模式界面，其中包含一个镜头数据编辑器。序列模式是相对于非序列模式而言的。

Zemax 软件将序列和非序列两种设计模式集成一体，是其一大优势。序列模式和非序列模式的区别很大，本节只简要介绍两者在光线追迹与建模方面的区别。

1. *在光线追迹方面的区别*

在序列模式下，Zemax 使用几何光线（比较规则而又有预见性的光线）进行追迹。

> **注意：**这里强调的是光线的预见性，即光线传播所遇到的表面是用户事先排列好的，光线按照既定的表面序号依次向后传播。

例如，光线只能沿#面 1、2、3、4…传播，而不能跳过其中任何一个表面或反向传播。这就是序列模式下光线传播的可预见性，如图 1-59 所示。

在非序列模式下，Zemax 模拟实际光源物理发光的形式，随机生成光线并按光线实际传播路径进行追迹，所以非序列光线是不确定的，如图 1-60 所示。非序列模式适用于照明系统的设计。

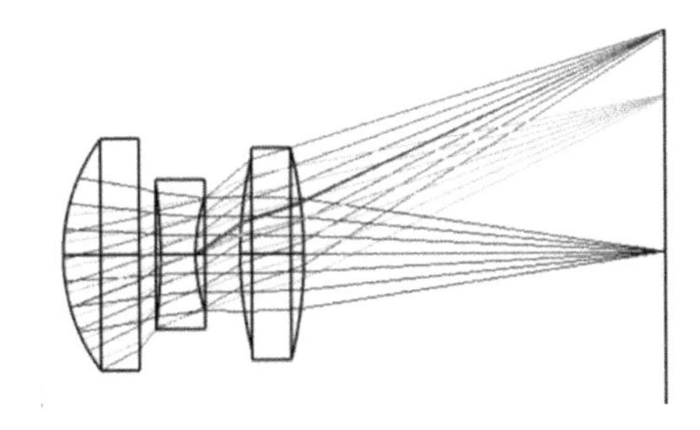

图 1-59 序列模式下的光线传播

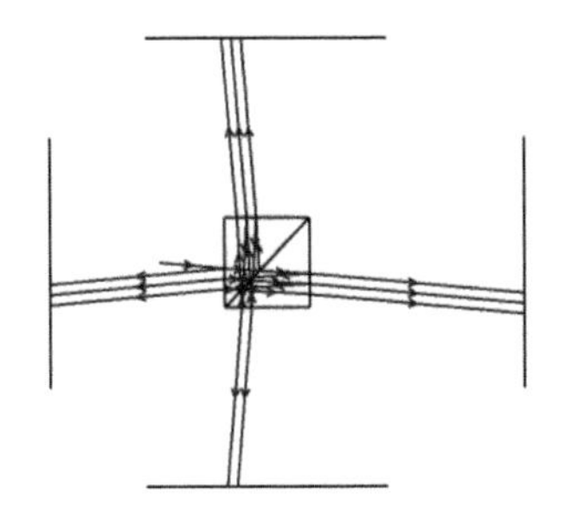

图 1-60 非序列光线随机生成

2. 在建模方面的区别

在序列模式下，Zemax 使用表面来建模。因为根据光线传播的确定性，可以确认光线遇到的每个表面，所以当新建一个系统时，默认存在物面、光阑和像面 3 个表面。

例如，一个透镜由两个表面及中间的材质构成，由于成像光路中不涉及透镜的边缘圆柱面，因此在序列模式下，必须存在物面、光阑和像面。图 1-61 所示为序列模式下建模类型为表面的形式。

镜头数据

更新: 所有窗口

表面 0 属性　　结构 1/1

	表面类型	标注	曲率半径	厚度	材料	膜层	净口径	延伸区	机械半直径	圆锥系数	TCE x 1E-6
0	物面 标准面		无限	无限			0.000	0.000	0.000	0.000	0.000
1	光阑 标准面		无限	0.000			0.000	0.000	0.000	0.000	0.000
2	像面 标准面		无限	-			0.000	0.000	0.000	0.000	0.000

图 1-61　序列模式下建模类型为表面的形式

在非序列模式下，Zemax 使用实际物体来建模，即直接生成实体类型，而不存在物面或像面，但是需要定义光源才能发光。图 1-62 所示为非序列模式下的物体建模形式。

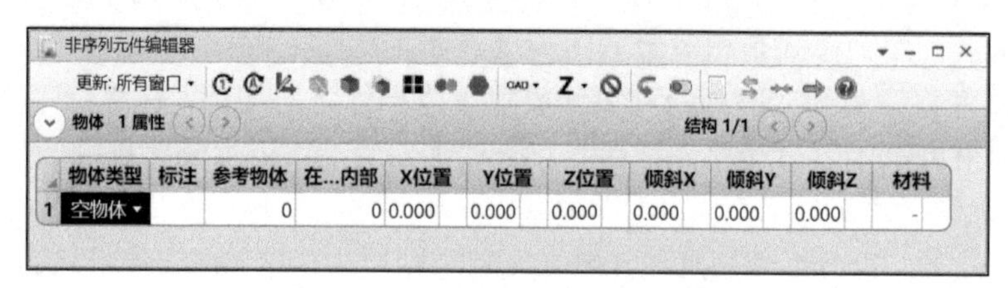

非序列元件编辑器

更新: 所有窗口

物体 1 属性　　结构 1/1

	物体类型	标注	参考物体	在...内部	X位置	Y位置	Z位置	倾斜X	倾斜Y	倾斜Z	材料
1	空物体		0	0	0.000	0.000	0.000	0.000	0.000	0.000	-

图 1-62　非序列下的物体建模形式

1.7　本章小结

本章从 Zemax 的基础知识开始讲解，主要介绍了 Zemax 的工作界面及基本操作，对 Zemax 的功能区进行了概述介绍，帮助读者对 Zemax 建立一个初步的认识。随后，本章重点介绍了系统选项和镜头数据编辑器的设置，这是使用 Zemax 进行光学设计仿真分析的基础知识，希望读者熟练掌握。

第 2 章　光学系统的分析与评价

Zemax 提供了强大的分析与评价功能，如像质评价中评价小像差系统的波像差、圈入能量集中度；评价大像差系统的点列图、光迹图、MTF、几何像差评价方法等。评价结果的表现形式也多种多样，既有各种直观的图形表示方法，也有详细的数据报表。本章将详细介绍 Zemax 的分析与评价功能。

学习目标：

（1）掌握通过外形图展示光学系统图的方法；

（2）掌握成像质量分析方法，如像差、波前、圈入能量等；

（3）掌握偏振与表面物理分析方法；

（4）掌握材料分析方法；

（5）掌握各评价方法的参数设置。

2.1　外形图

外形图（视图）是指通过镜头截面的外形曲线图，主要有 2D 视图、三维布局图、实体模型图、元件图等，下面分别进行介绍。

2.1.1　2D 视图

2D 视图用于显示镜头 YZ 截面的外形布局图。执行“设置”/“分析”选项卡→“视图”面板→“2D 视图”命令，打开“布局图”窗口，如图 2-1（a）所示。

单击左上角的“设置”按钮，打开参数设置面板，如图 2-1（b）所示。面板中的大部分参数含义比较直观，下面只对部分参数进行介绍。

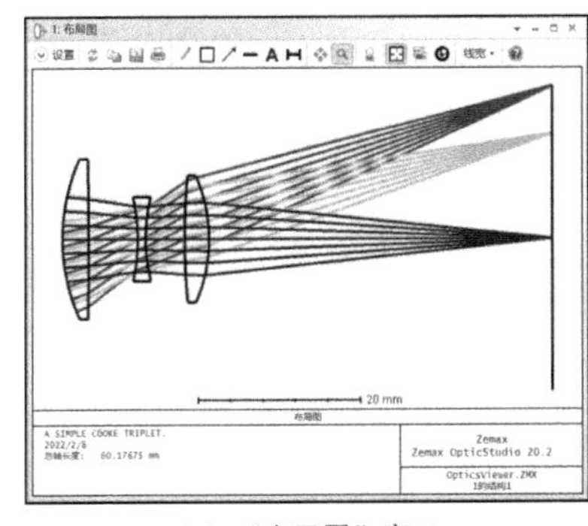

（a）“布局图”窗口

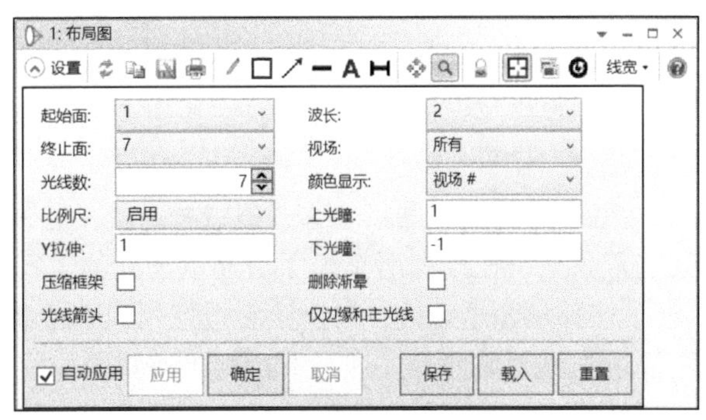

（b）参数设置面板

图 2-1　布局图（2D 视图）

（1）光线数：用于确定每一个被定义的视场中绘制的子午光线数目。除非切趾已经被确定，否则光线将沿光瞳均匀分布。该参数可以设置为 0。

（2）压缩框架：隐藏窗口下方的信息框，为外形图留出更多的空间。比例尺、地址或者其他数据信息将不再显示。

（3）Y 拉伸：Y 向相对扩大。如果值为负数、0 或 1，则忽略该设置。该参数适用于绘制纵横比较大的系统。

（4）上光瞳：绘制光线通过的最大光瞳坐标。

（5）下光瞳：绘制光线通过的最小光瞳坐标。

（6）颜色显示：选择“视场#”可以通过颜色区分不同视场位置的光线，选择“波长#”可以区分不同波长的光线，选择“结构#”可以区分不同结构的光线，选择“波长”可以模拟可见光谱中的波长颜色。

（7）删除渐晕：勾选该复选框，光线在任何表面产生的渐晕均不会被绘制。

2.1.2　三维布局图

三维布局图用于显示镜头系统的三维空间布局图。执行“设置”/“分析”选项卡→“视图”面板→“3D 视图”命令，打开“三维布局图”窗口，如图 2-2（a）所示。

单击左上角的“设置”按钮，打开参数设置面板，如图 2-2（b）所示，面板中的部分参数介绍如下。

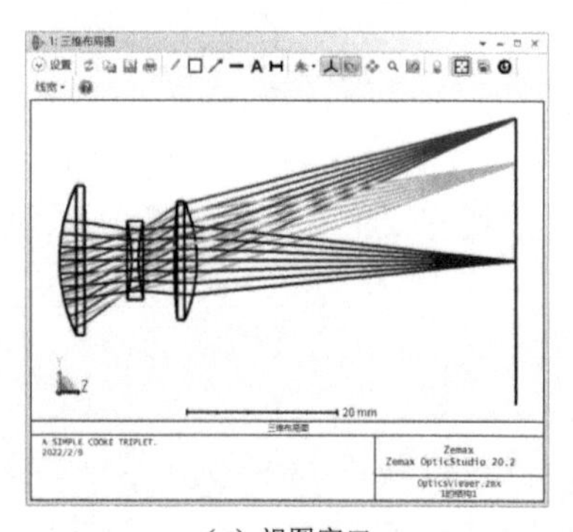

（a）视图窗口

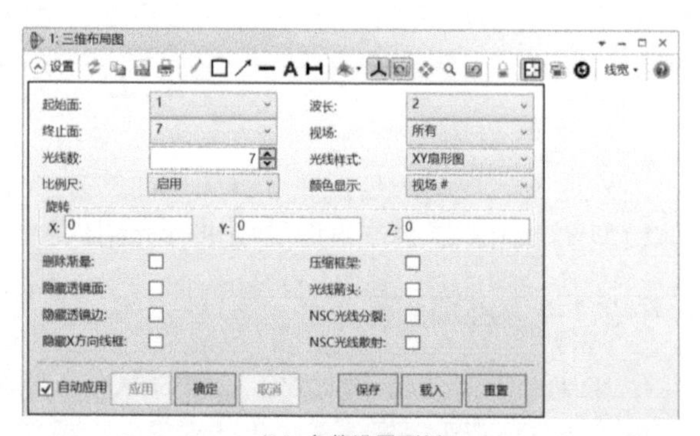

（b）参数设置面板

图 2-2　三维布局图（3D 视图）

（1）光线样式：包括“XY 扇形图”“X 扇形图”“Y 扇形图”“环”“列表”“随机”或“网格”7 种样式，以表示要追迹的光线的样式。其中“列表”选项表示要追迹的光线可由用户自定义，即用户自行在文件中列出需要追迹的光线列表，选择“列表”时将忽略“光线数”设置。

（2）隐藏透镜面：勾选该复选框，则不绘制透镜面，仅绘制透镜边缘。此选项适用于某些复杂系统在绘制所有表面后显示杂乱的情况。

（3）隐藏透镜边：勾选该复选框，则不绘制透镜的外孔径。此选项适用于为三维布局图提供二维“截面”外观，不适用于用户自定义的孔径和光阑。

（4）隐藏 X 方向线框：勾选该复选框，则不绘制透镜面的 X 轴部分。此选项适用于勾选“隐藏透镜边”，但未勾选“隐藏透镜面”的情况。

（5）NSC 光线分裂：勾选该复选框，则 NSC 光源的光线在与表面的交点处将以统计方式进行分裂。从输入端（混合模式中）进入的光线不受影响。

（6）NSC 光线散射：勾选该复选框，则 NSC 光源的光线在与表面的交点处将以统计方式进行散射。从输入端（混合模式中）进入的光线不受影响。

2.1.3 实体模型

实体模型用于显示镜头系统自带阴影的立体模型。执行“设置”/“分析”选项卡→“视图”面板→“实体模型”命令，打开“实体模型”窗口，如图 2-3（a）所示。

单击左上角的“设置”按钮，打开参数设置面板，如图 2-3（b）所示，面板中的部分参数介绍如下。

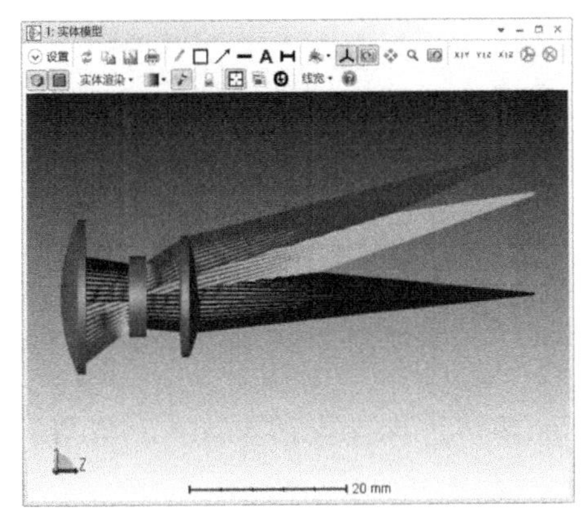

（a）“实体模型”窗口

（b）参数设置面板

图 2-3 实体模型图

（1）画切面：选择“全”表示完整绘制透镜元件。“3/4”“1/2”“1/4”选项只能绘制元件的相应比例部分，并显示透镜内部剖切视图。该选项仅作用于序列表面数据，不影响 NSC 物体。

（2）角向段数：用于模拟透镜形状使用的角向段数。数字越大，需要的处理时间就越长。

（3）径向段数：用于模拟透镜形状使用的径向段数。数字越大，需要的处理时间就越长。

2.1.4 Zemax 元件制图

Zemax 元件制图能够创建供光学车间生产使用的表面、单透镜、双胶合透镜或三胶合透镜的机械图。

单击“设置”/“分析”选项卡→“视图”面板中右下角的（展开）按钮，在弹出的图 2-4 所示的命令面板中执行“Zemax 元件制图”命令，打开“Zemax 元件制图”窗口，如图 2-5（a）所示。

用户也可以执行“公差”选项卡→“加工图纸与数据”面板→“Zemax 元件制图”命令，打开“Zemax 元件制图”窗口。

图 2-4 命令面板

单击左上角的“设置”按钮，打开参数设置面板，如图 2-5（b）所示，面板中的部分参数介绍如下。

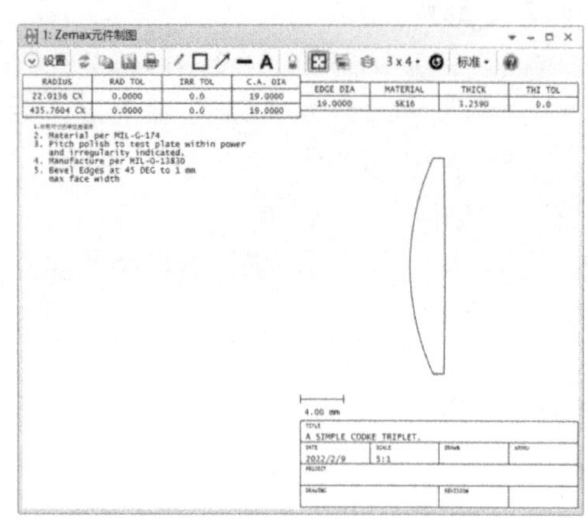

（a）“Zemax 元件制图”窗口

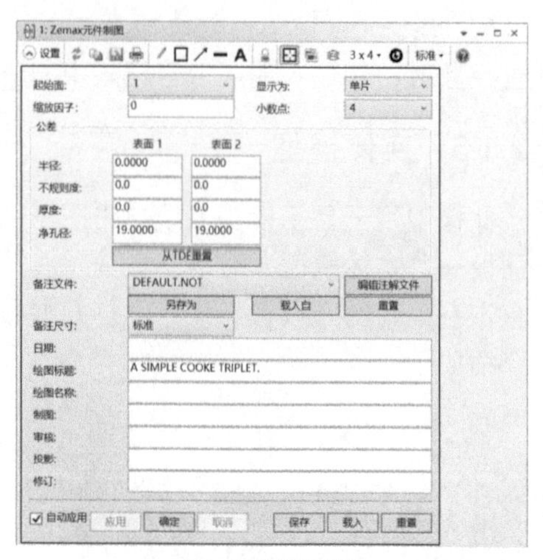

（b）参数设置面板

图 2-5　Zemax 元件制图

（1）显示为：包括“表面”“单片”“双胶合”“三片”4 个选项，用于设置显示的内容。

（2）公差：用于显示元件制图中的元件公差参数，包括“半径”“不规则度”“厚度”“净孔径”4 个选项。

- 半径：指定表面的半径公差值。
- 不规则度：指定表面的不规则度公差值。
- 厚度：指定表面的中心厚度公差，默认为 1%。
- 净孔径：指定表面的净孔径的直径。

（3）备注文件：ASCII 码文件的文件名，该文件包含被添加在元件绘图注释部分的注释。注释项总是从第 2 项开始，第 1 项注释保留作为单位规格使用。

（4）备注尺寸：包括“标准”“中”“小”“适中”4 个选项，按照字体大小的顺序排列。注释字体大小的设置只影响在图形中注释文件的字体大小。较小的字体允许显示较大的注释文件。

（5）编辑注解文件：单击该按钮可以打开 NOTEPAD.NOT 编辑器，用来修改被选择的注释文件。

单击“保存”按钮可以将元件制图的设置保存在专门的镜头文件中。与多数的分析功能不同，元件制图功能可以分别保存每个面的所有设置。例如，#面 1 的注释和公差可以被单独保存，#面 3 的注释和公差也可以被输入和保存。

若要将该设置赋予某一个特定的面，只要将面序号改为所需要的序号，单击“载入”按钮即可。若与先前保存的面匹配，则显示先前的设置。本功能使重新创建多组元光学系统的复杂图形更加容易实现。

元件制图功能的重要特性是它能装载不同的注释文件并将其放置在图形中。默认注释文件 DEFAULT.NOT 是一套普通的、并不常用的注释。但是用户可以修改注释文件并使用不同的名字存储。例如，用户可以为自己设计的每一个光学部件创建一个 NOT 文件，当元件制图时装载适合的注释文件即可。

注释文件的注释行从数字 2 开始。注释行 1 作为 Zemax 的保留给“所有尺寸的单位是毫米”或当前所用的镜头单位，注释文件中的分行和空格在元件图中被严格复制。

一旦新零件图创建生成或单击“重置”按钮，默认设置将重新产生。默认公差从公差数据编辑器中获得。最小/最大公差范围中的最大值使用默认值。例如，若 TTHI 厚度公差为–0.3，+0.5，公差值为 0.05。这里只考虑 TTHI、TRAD 和 TIRR 公差。若不能产生一个适合的默认值，公差将设置为 0。

注意：所有的公差都是文本，可以根据需要进行编辑。

当使用检测样板检查零件的牛顿圈（光圈）时，半径公差和使用干涉条纹表示的光焦度之间的简便转换公式为

$$\# fringes = \frac{\Delta R \rho^2}{\lambda R^2}$$

这里 ΔR 是半径误差，λ 是测试波长，ρ 是径向孔径，R 是曲率半径。此公式可以近似用于小曲率。

2.1.5 ISO 元件制图

ISO 元件制图用于绘制适合在光学车间生产中使用的表面、单镜头或双胶合镜头元件的 ISO.10110 类型图。

单击“设置”/“分析”选项卡→“视图”面板中右下角的（展开）按钮，在弹出的面板中选择“ISO 元件制图”命令，打开“ISO 元件制图”窗口，如图 2-6（a）所示。

用户也可以执行“公差”选项卡→“加工图纸与数据”面板→“ISO 元件制图”命令，打开“ISO 元件制图”窗口。

单击左上角的“设置”按钮，打开参数设置面板，如图 2-6（b）所示。面板中的参数与 Zemax 元件制图类似，限于篇幅，这里不赘述。

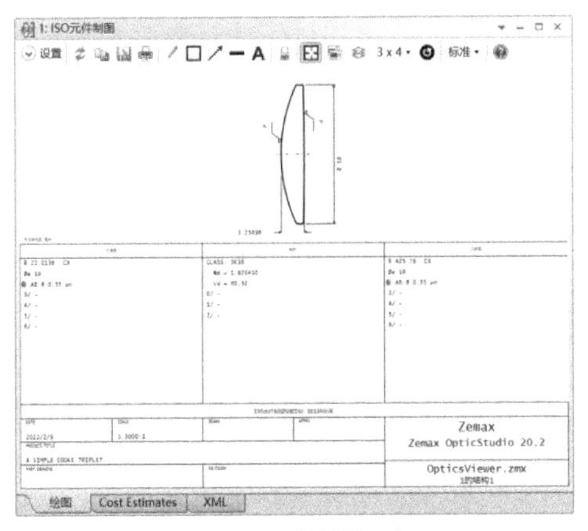

（a）“ISO 元件制图”窗口

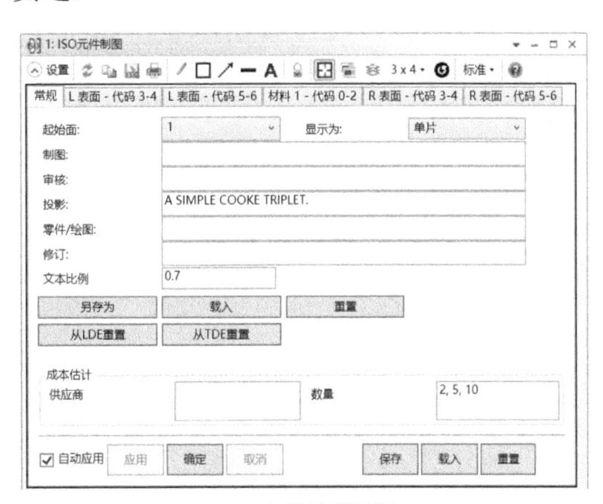

（b）参数设置面板

图 2-6 ISO 元件制图

2.2　成像质量分析

几何光学成像质量分析（像质评价）主要包括光线追迹、点列图、像差分析、点扩散函数、波前分析等，用户可以据此了解成像光学系统的性能。在序列模式下，几何光学成像质量分析功能集成在“分析”选项卡的“成像质量”面板中。

2.2.1　光线迹点

光线迹点分析组用于对使用几何光线追迹的单光线、光扇、光线束进行分析，如图 2-7 所示。

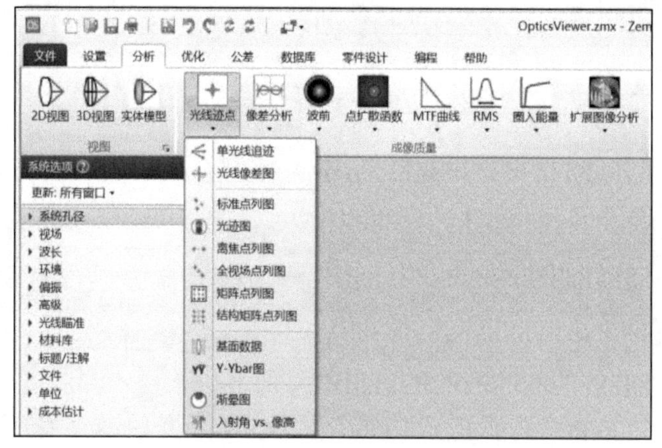

图 2-7　光线迹点分析组

1. 单光线追迹

用于实现单光线的近轴追迹和实际追迹。执行“分析”选项卡”→“成像质量”面板→“光线迹点”组→“单光线追迹”命令，打开“单光线追迹”窗口，如图 2-8（a）所示，单击左上角的“设置”按钮，打开参数设置面板，如图 2-8（b）所示。

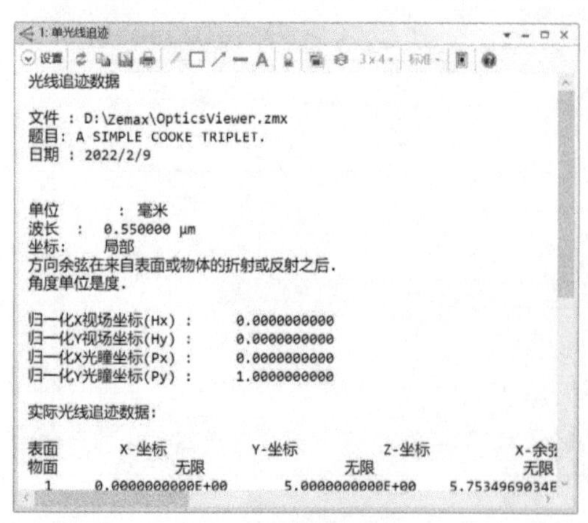

（a）“单光线追迹”窗口

（b）参数设置面板

图 2-8　单光线追迹

（1）Hx、Hy、Px、Py：分别归一化 X-视场坐标、Y-视场坐标、X-光瞳坐标、Y-光瞳坐标，它们的值均应为−1～1。

（2）波长：要追迹的光线的波长编号。

（3）视场：选择特定视场或“任意”视场，并在 Hx 和 Hy 中输入值。如果选择特定视场，则 Hx 和 Hy 不允许修改。

（4）类型：选择“方向余弦”时会在每个表面上显示光线的方向余弦；选择“正切角”时会在每个表面上显示光线所形成角度的正切值；选择 Ym、Um、Yc、Uc 时会显示近轴边缘光线和主光线的交切/正切角值。正切角是 x（或 y）方向余弦与 z 方向余弦的比值。

说明：如果选择 Ym、Um、Yc、Uc 选项，则忽略 Hx、Hy、Px、Py 和全局坐标的设置。

2. 光线像差图

用于显示光线像差随光瞳坐标变化的函数图。执行“光线迹点”组→“光线光扇图”命令，打开“光线光扇图”窗口，如图 2-9（a）所示，单击左上角的“设置”按钮，打开参数设置面板，如图 2-9（b）所示。

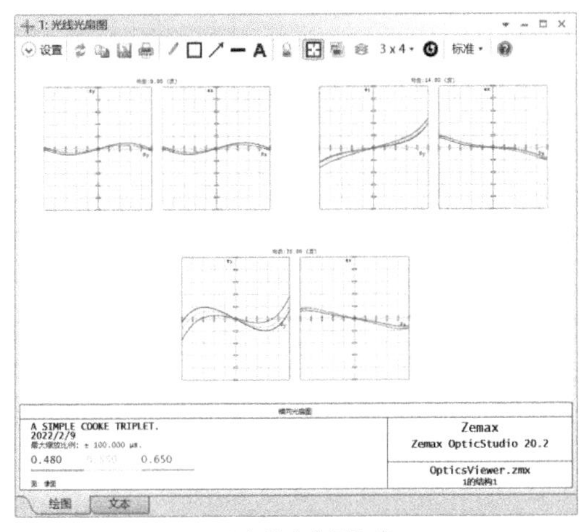

（a）“光线光扇图”窗口

（b）参数设置面板

图 2-9　光线像差图

（1）子午：选择用于绘制子午光扇图的像差分量。由于子午光扇图随 Y 光瞳坐标变化，因此默认为绘制像差的 Y 分量。

（2）弧矢：选择用于绘制弧矢光扇图的像差分量。由于弧矢光扇图随 X 光瞳坐标变化，因此默认为绘制像差的 X 分量。

（3）检查孔径：选择是否检查光线通过所有表面孔径。选中时，将不会绘制未穿过表面孔径的光线。

（4）渐晕光瞳：选中时，光瞳轴（光扇图横坐标）将根据非渐晕光瞳缩放，此时展示的数据将反映系统中的渐晕情况。取消选中时，光瞳轴（横坐标）将缩放至存在渐晕的光瞳。

（5）表面：选择要评估的光扇所位于的表面，适用于评估中间像面。

3. 标准点列图

用于在光学系统中追迹光线束至特定表面，从而显示该表面上的光线分布图。执行“光线迹点”组→“标准点列图”命令，打开“点列图”窗口，如图 2-10（a）所示，单击左上角的“设置”按钮，打开参数设置面板，如图 2-10（b）所示。

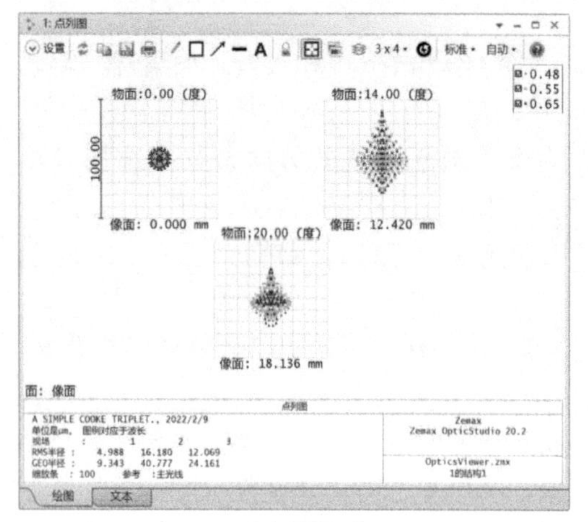

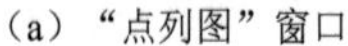
（a）“点列图”窗口

（b）参数设置面板

图 2-10　标准点列图

（1）样式：图样样式可以是正方形、六边形或杂乱的形状。这些选项是指光线出现在光瞳平面中时形成的样式。根据需要，可通过使透镜离焦来查看图样。

杂乱点列图是由伪随机光线生成的，可消除正方形或六边形图样等典型点列图中的对称伪影。如果指定光瞳切趾，图样将产生畸变以便提供正确的光线分布信息。每种图样的点列图都具有不同特征。

（2）参照：点列图默认参考真实主光线。假设主光线是“零像差”点，可计算图像下方列出的 RMS 和 GEO 光斑半径。

用户也可以选择其他参照点，其中“质心”是根据所追迹光线的位置平均值定义的；“中心”通过使正负 X 和 Y 方向的最大光线误差相等来定义；“顶点”是根据选定面上的局部坐标（0,0）定义的。如果系统处于无焦模式，则参照“主光线”而不参照“顶点”。

（3）使用偏振：勾选该复选框时将考虑偏振。

（4）方向余弦：勾选该复选框时显示的数据将是光线的方向余弦（无量纲），而不是光线的空间坐标。X 方向数据将是光线的 X 方向余弦，Y 方向数据将是 Y 方向余弦，此外还提供像面坐标作为参考点方向余弦。

（5）显示艾里斑：勾选该复选框时将在各光斑周围绘制显示艾里椭圆大小的椭圆环。艾里斑半径是 1.22 倍波长（若是复色光，则使用主波长）乘以系统的 F/#，通常取决于视场位置、光瞳方向和可能渐晕的光线。

（6）散射光线：勾选该复选框时在光线与表面交点处根据已定义的散射属性统计散射光线。

4. 光迹图

用于显示叠加在任何表面上的光束的光迹，并显示渐晕效应以及检查表面孔径。执行“光线迹点”组→“光迹图”命令，打开“光迹图”窗口，如图 2-11（a）所示，单击左上角的“设置”按钮，打开参数设置面板，如图 2-11（b）所示。

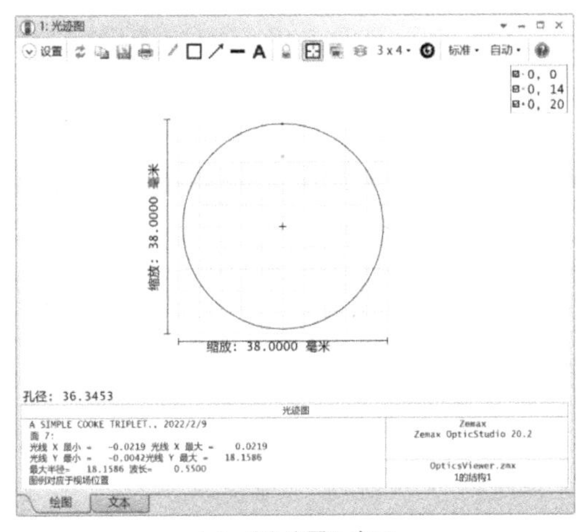

（a）“光迹图”窗口

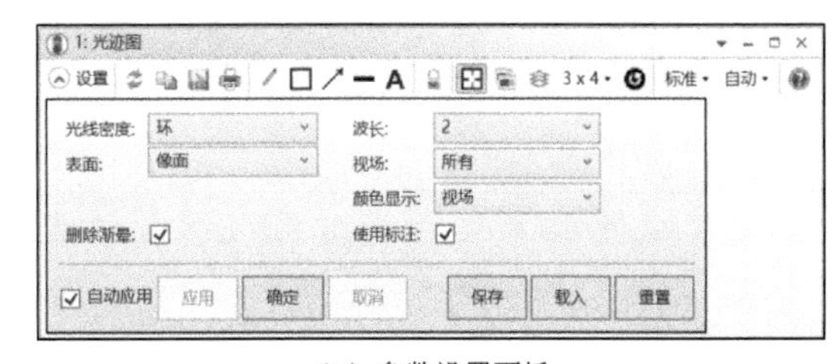

（b）参数设置面板

图 2-11 光迹图

光线密度用于定义穿过半个光瞳追迹的光线数；若设置为 10，将追迹 21×21 光线网格。其中“环”选项可根据每个视场和波长追迹光瞳边缘四周的 360 条边缘光线。“环”选项将自动确定未渐晕的边缘光线的径向坐标以模拟任何表面的光束形状，但在光束射入焦散面时，将产生错误的结果。

5. 离焦点列图

用于按照焦平面的偏移量显示点列图。执行“光线迹点”组→“离焦点列图”命令，打开“离焦点列图”窗口，如图 2-12（a）所示，单击左上角的“设置”按钮，打开参数设置面板，如图 2-12（b）所示。参数设置面板中的选项与“标准点列图”的参数选项基本相同。

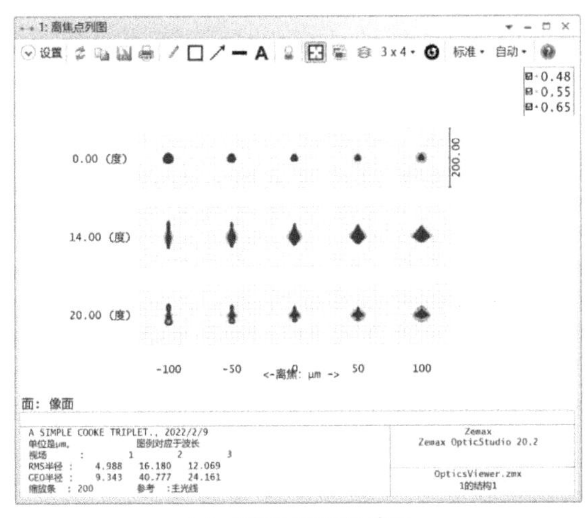

（a）“离焦点列图”窗口

（b）参数设置面板

图 2-12 离焦点列图

6. 全视场点列图

用于在同一缩放图中显示所有视场下的点列图。执行“光线迹点”组→“全视场点列图”命令，打开“全视场点列图”窗口，如图 2-13（a）所示，单击左上角的“设置”按钮，打开参数设置面板，如图 2-13（b）所示。

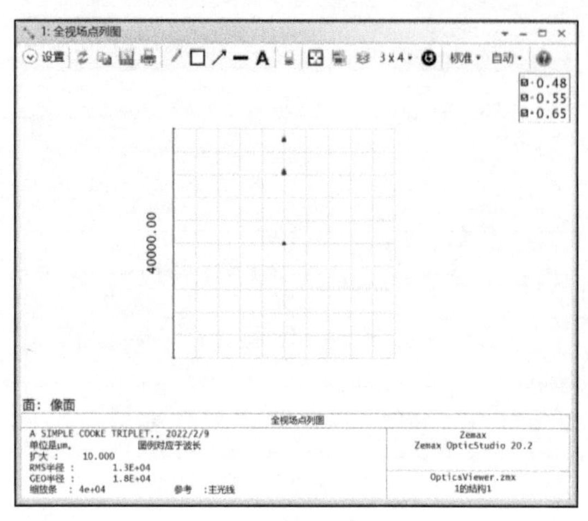

（a）“全视场点列图”窗口

（b）参数设置面板

图 2-13　全视场点列图

7. 矩阵点列图

用于将单个点列图集合形成点列图矩阵，矩阵的行为不同视场，矩阵的列为不同波长。执行“光线迹点”组→“矩阵点列图”命令，打开“矩阵点列图”窗口，如图 2-14（a）所示，单击左上角的“设置”按钮，打开参数设置面板，如图 2-14（b）所示。

勾选“忽略垂轴色差”复选框，将使每个点列图分别参考每个视场和波长的参考点，可有效忽略垂轴色差的效果，从而移置每个波长的参考点。

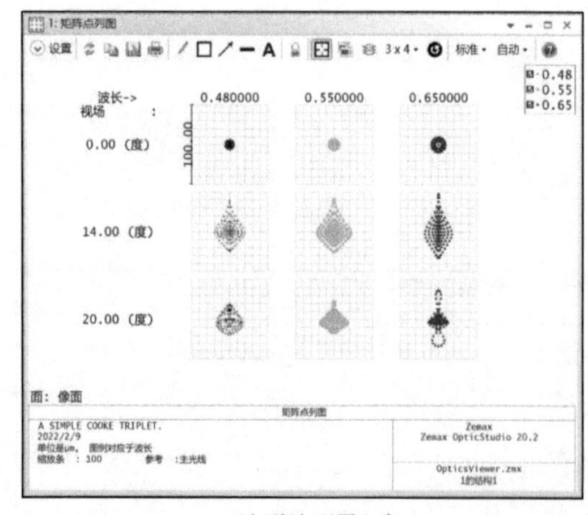

（a）“矩阵点列图”窗口

（b）参数设置面板

图 2-14　矩阵点列图

8. 结构矩阵点列图

用于将单个点列图集合形成点列图矩阵，矩阵的行为不同视场，矩阵的列为不同结构。执行“光线迹点”组→“结构矩阵点列图”命令，打开“结构矩阵点列图”窗口，如图 2-15（a）所示，单击左上角的“设置”按钮，打开参数设置面板，如图 2-15（b）所示。

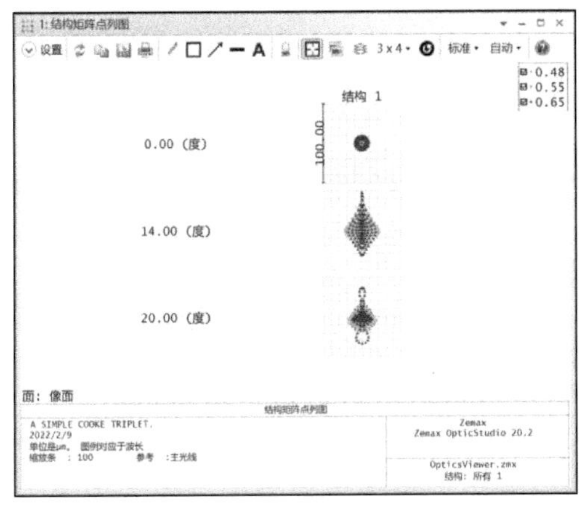

（a）“结构矩阵点列图”窗口

（b）参数设置面板

图 2-15　结构矩阵点列图

9. 基面数据

用于在选定表面范围及波长后计算各面的位置，如主平面、节平面、反节平面和焦平面等。任何已定义的波长无论 *X-Z* 或 *Y-Z* 方向，都可以使用该计算方法。

执行“光线迹点”组→“基面数据”命令，打开“基点数据”窗口，单击左上角的“设置”按钮，打开参数设置面板，如图 2-16 所示。

10. Y-Ybar 图

用于显示在镜头中每个表面上边缘光线高度随近轴倾斜主光线高度变化的曲线图。执行“光线迹点”组→“Y-Ybar 图”命令，打开“Y-Ybar 图”窗口，单击左上角的“设置”按钮，打开参数设置面板，如图 2-17 所示。

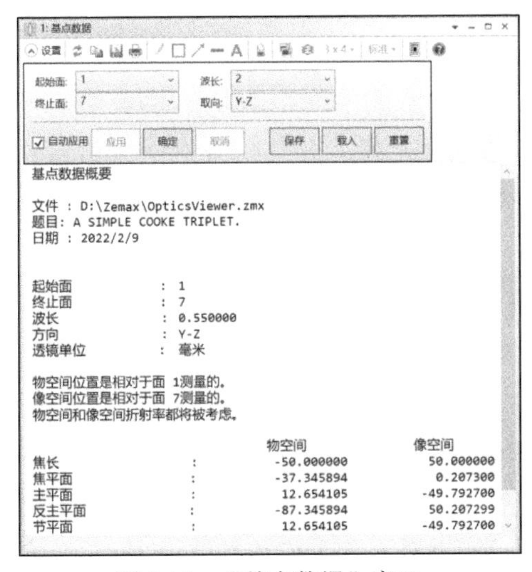

图 2-16　“基点数据”窗口

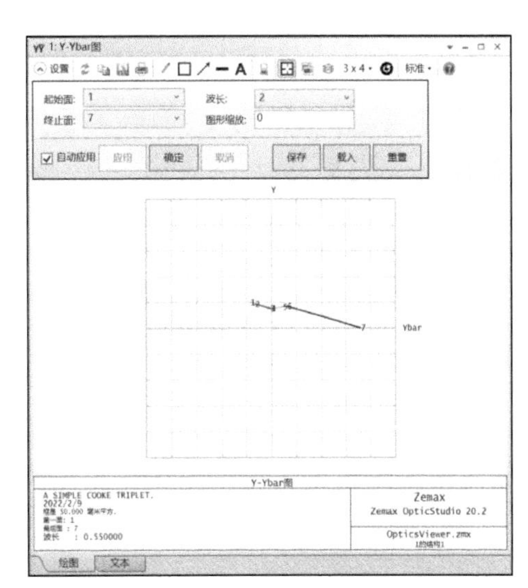

图 2-17　Y-Ybar 图窗口

11. 渐晕图

用于计算随视场变化的渐晕百分比（不挡光系数）。执行“光线迹点”组→“渐晕图”命令，打开“渐晕图”窗口，单击左上角的“设置”按钮，打开参数设置面板，如图 2-18

所示。

12. 入射角 vs.像高

用于计算上下边缘光线、主光线在像面上的入射角随像高的变化曲线。执行“光线迹点”组→“入射角 vs.像高”命令，打开“入射角 vs.像高”窗口，单击左上角的“设置”按钮，打开参数设置面板，如图 2-19 所示。

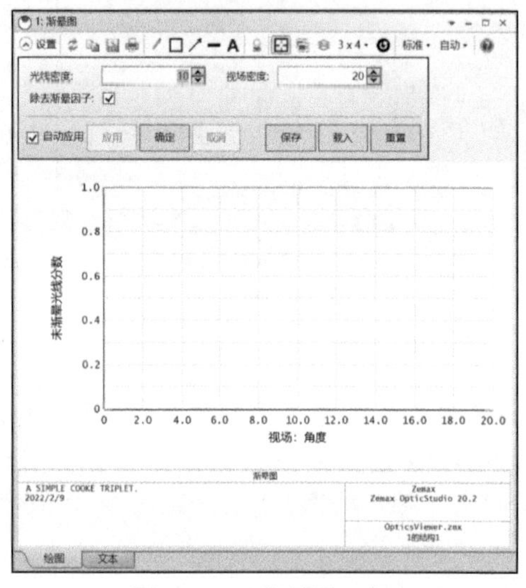

图 2-18　“渐晕图”窗口

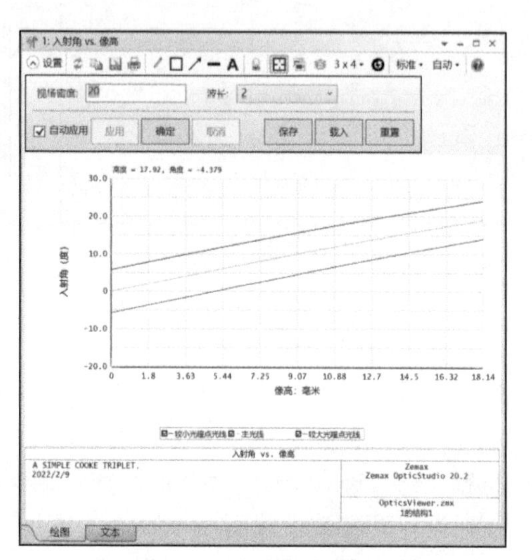

图 2-19　“入射角 vs.像高”窗口

2.2.2　像差分析

像差分析组通过多种光学像差图表，查看与近轴光学系统性能的偏离情况。像差分析组如图 2-20 所示。

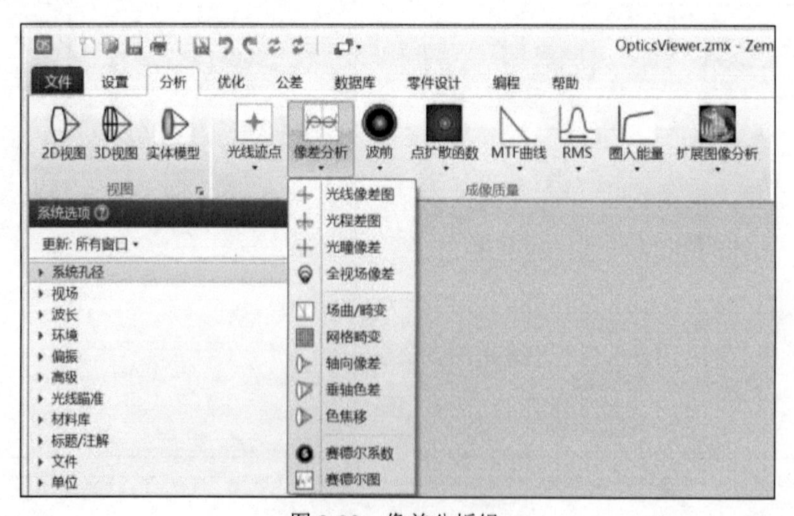

图 2-20　像差分析组

1. 光线像差图

用于显示光线像差随光瞳坐标的变化曲线。执行“分析”选项卡”→“成像质量”面板→

“像差分析”组→“光线像差图”命令，打开“光线光扇图”窗口，前面已经介绍过，这里不赘述。

2. 光程差图

用于显示光程差随光瞳坐标的变化曲线。执行“像差分析”组→“光程差图”命令，打开“光程差图”窗口，单击左上角的“设置”按钮，打开参数设置面板，如图 2-21 所示。设置选项参数含义与光线像差图基本相同。

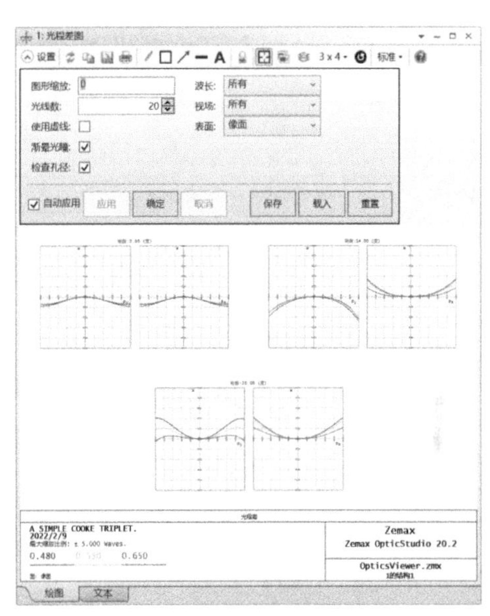

图 2-21 “光程差图”窗口

3. 光瞳像差

用于显示入瞳畸变随光瞳坐标的变化曲线。执行“像差分析”组→“光瞳像差”命令，打开“光瞳像差光扇图”窗口，单击左上角的“设置”按钮，打开参数设置面板，如图 2-22 所示。

4. 全视场像差

用于显示全视场像差。执行“像差分析”组→“全视场像差”命令，打开“全视场像差”窗口，单击左上角的“设置”按钮，打开参数设置面板，如图 2-23 所示。

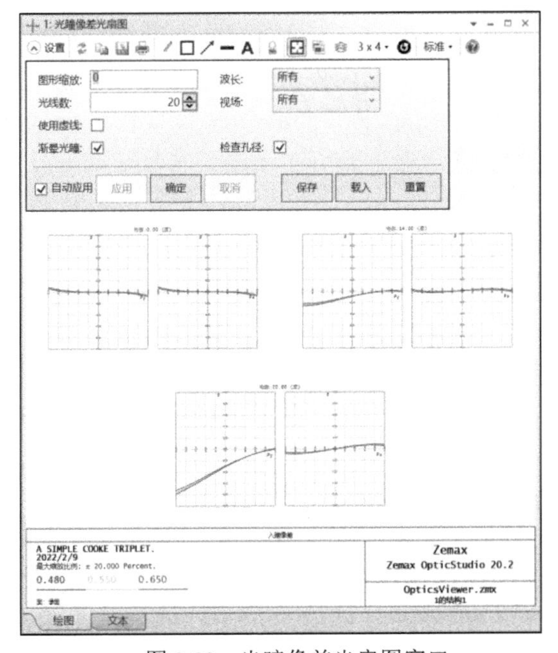

图 2-22 光瞳像差光扇图窗口

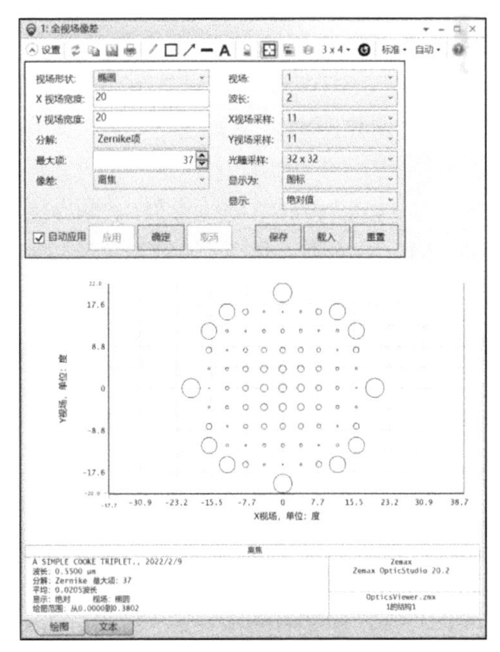

图 2-23 全视场像差窗口

5. 场曲/畸变

用于显示场曲和畸变图。执行“像差分析”组→“场曲/畸变”命令，打开“视场 场曲/

畸变”窗口，如图 2-24（a）所示，单击左上角的“设置”按钮，打开参数设置面板，如图 2-24（b）所示。

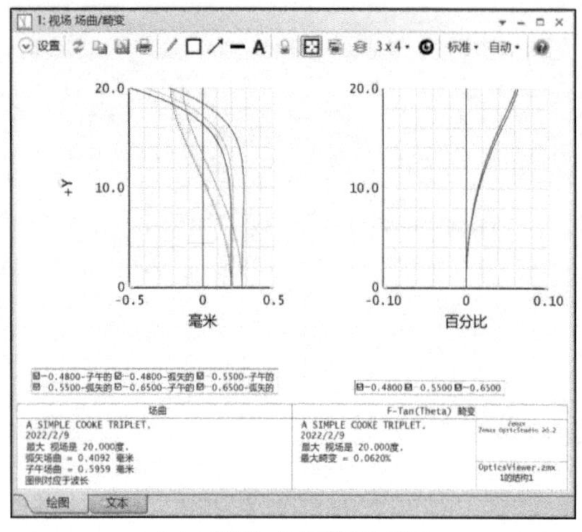

（a）“视场 场曲/畸变”窗口

（b）参数设置面板

图 2-24　场曲/畸变

（1）最大曲率：用于定义场曲图的最大缩放比例（以镜头单位为单位），输入零表示自动缩放。

（2）最大畸变：用于定义畸变图的最大缩放比例，输入零表示自动缩放。

（3）畸变：包括 F-Tan(theta)、F-Theta、校正的 F-Theta、校正的 F-Tan(theta)、SIMA-TV 等形式的畸变。

F-Tan(theta)畸变是用透镜焦距乘以主光线的物方视场角的正切所得的高度；F-Theta 畸变是用透镜焦距乘以主光线的物方视场角度后所得的高度；校正的畸变（无论是 F-Tan(theta) 或 F-Theta）与其他畸变定义相似，不同之处是使用“最佳拟合”焦距，而非系统焦距。SIMA-TV 给出标准移动成像架构 TV 畸变。

（4）显示为：用于选择将畸变显示为百分比或绝对长度。

（5）扫描类型：用于选择+y、+x、−y 或−x 视场扫描方向。

6. 网格畸变

通过一组主光线网格的位置表示畸变状况。执行“像差分析”组→“网格畸变”命令，打开“网格畸变”窗口，如图 2-25（a）所示，单击左上角的“设置”按钮，打开参数设置面板，如图 2-25（b）所示。

（1）H/W 纵横比：如果比值为 1，则分析的视场是方形的。如果系统不是对称系统，则输出图像可能不是方形的，但物方视场是方形的。

如果 H/W 纵横比大于 1，则高度或 y 视场将按照纵横比放大（x 方向有视场宽度选项控制）。如果此纵横比小于 1，则高度或 y 视场将按照纵横比压缩。纵横比的定义是 y 视场高度除以 x 视场宽度。纵横比仅影响输入视场；图像纵横比是由光学系统成像属性决定的。

（2）视场宽度：表示 x 视场全宽（与视场单位相同）。如果当前视场类型是实际像高，Zemax 会将视场高度临时转换为视场角度，并且“视场宽度”值将以角度单位为单位。

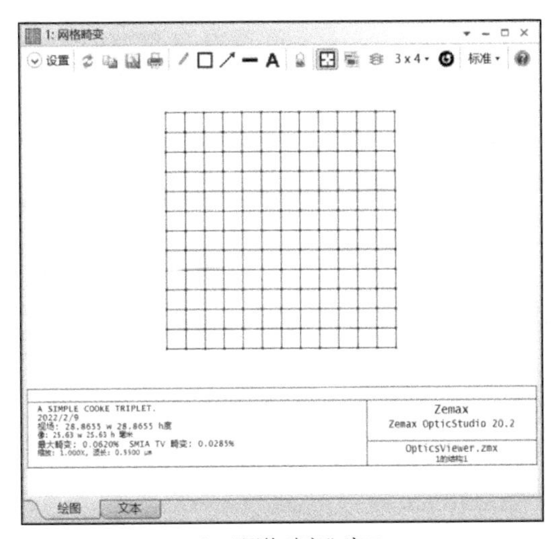

（a）“网格畸变”窗口

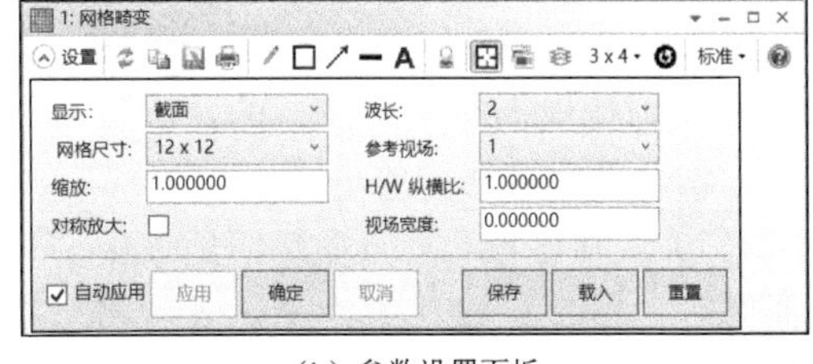

（b）参数设置面板

图 2-25 网格畸变

7. 轴向像差

用于显示每个波长不同光瞳高度光线的轴向像差。执行“像差分析”组→“轴向像差”命令，打开“轴向像差”窗口，单击左上角的“设置”按钮，打开参数设置面板，如图 2-26 所示。

8. 垂轴色差

用于显示不同视场的垂轴色差。执行“像差分析”组→“垂轴色差”命令，打开“垂轴色差”窗口，单击左上角的“设置”按钮，打开参数设置面板，如图 2-27 所示。勾选“显示艾里斑”复选框时，将在两侧的参考线上绘制主波长的艾里斑半径，以显示艾里斑范围。

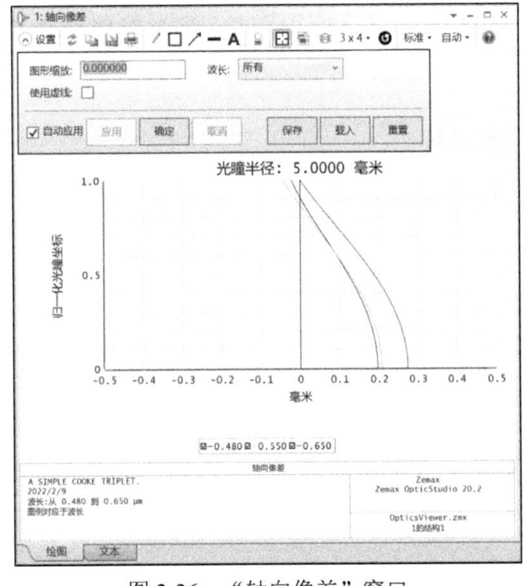

图 2-26 “轴向像差”窗口

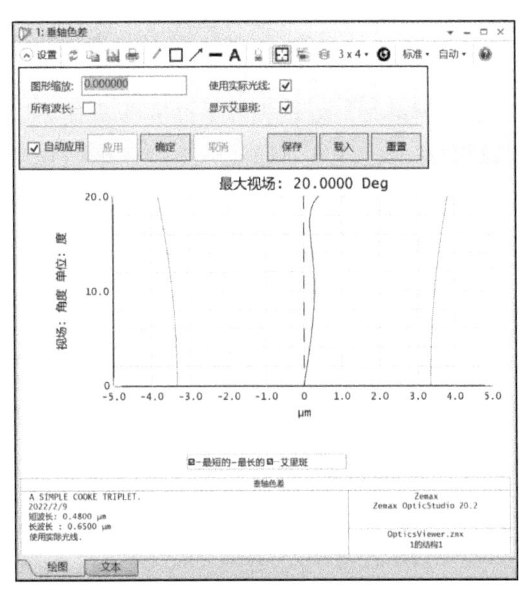

图 2-27 “垂轴色差”窗口

9. 色焦移

用于显示相对主波长焦点的后焦距漂移。执行“像差分析”组→“色焦移”命令，打开“焦移”窗口，单击左上角的“设置”按钮，打开参数设置面板，如图 2-28 所示。

（1）最大漂移：设置分析图横坐标最大范围（以镜头单位为单位）。分析图纵坐标比例是根据所定义波长的范围设定的。输入零为自动缩放。

（2）光瞳区域：计算后焦点所使用的光瞳径向区域。默认值为零，表示将使用近轴光线。介于 0 和 1 之间的值表示在入瞳的相应区域使用真实边缘光线。1 表示在光瞳边缘或全孔径位置。

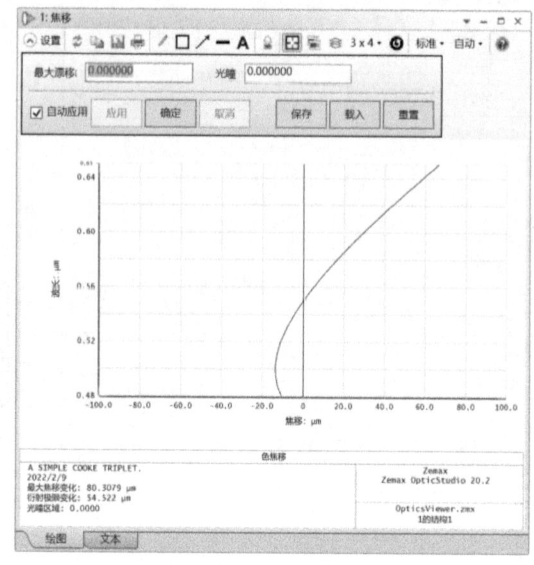

图 2-28　“焦移”窗口

10. 赛德尔系数

用于显示（未转换的、垂轴和轴向的）赛德尔以及波前差系数。执行“像差分析”组→“赛德尔系数”命令，打开“赛德尔系数”窗口，单击左上角的“设置”按钮，打开参数设置面板，如图 2-29 所示。

Zemax 可以计算原始赛德尔系数、垂轴、轴向和一些波前系数。赛德尔系数以及整个系统的赛德尔总和将按表面顺序列出。列出的系数包括球差（SPHA,S1）、彗差（COMA,S2）、像散（ASTI,S3）、场曲（FCUR,S4）、畸变（DIST,S5）、轴向色差（CLA,CL）和垂轴色差（CTR,CT）的系数。单位通常与系统选项中的镜头单位相同，但以波数为单位测量的系数除外。

这些计算仅对由轴对称球面、圆锥面、二阶或第四阶非球面构成的系统有效，且计算准确。计算通过近轴光线得到，对于包含坐标间断表面、光栅面、近轴面或其他非径向对称表面的系统，近轴光线不能充分描述整个系统，即这些计算支持的表面类型有标准面、偶次非球面、奇次非球面、扩展非球面和扩展奇次非球面。

每个表面和系统整体的垂轴像差系数会被分别列出，包括垂轴球差（TSPH）、垂轴弧矢彗差（TSCO）、垂轴子午彗差（TTCO）、垂轴像散（TAST）、垂轴 Petzval 场曲（TPFC）、垂轴弧矢场曲（TSFC）、垂轴子午场曲（TTFC）、垂轴畸变（TDIS）、垂轴轴向色差（TAXC）和垂轴倍率色差（TLAC）的系数。垂轴像差是以系统镜头单位为单位。在光线几乎准直的光学空间中，垂轴像差系数可以很大，这些系数在这些光学空间中几乎没有意义。

11. 赛德尔图

以柱状图形式显示赛德尔原始像差系数。执行“像差分析”组→“赛德尔图”命令，打开“赛德尔图”窗口，单击左上角的“设置”按钮，打开参数设置面板，如图 2-30 所示。

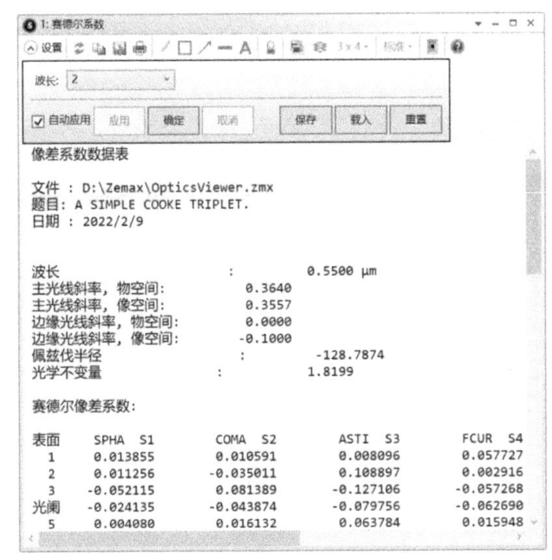

像差系数数据表

文件 : D:\Zemax\OpticsViewer.zmx
题目: A SIMPLE COOKE TRIPLET.
日期 : 2022/2/9

波长 : 0.5500 µm
主光线斜率, 物空间: 0.3640
主光线斜率, 像空间: 0.3557
边缘光线斜率, 物空间: 0.0000
边缘光线斜率, 像空间: -0.1000
佩兹伐半径 : -128.7874
光学不变量 : 1.8199

赛德尔像差系数:

表面	SPHA S1	COMA S2	ASTI S3	FCUR S4
1	0.013855	0.010591	0.008096	0.057727
2	0.011256	-0.035011	0.108897	0.002916
3	-0.052115	0.081389	-0.127106	-0.057268
光阑	-0.024135	-0.043874	-0.079756	-0.062690
5	0.004080	0.016132	0.063784	0.015948

图 2-29 “赛德尔系数”窗口

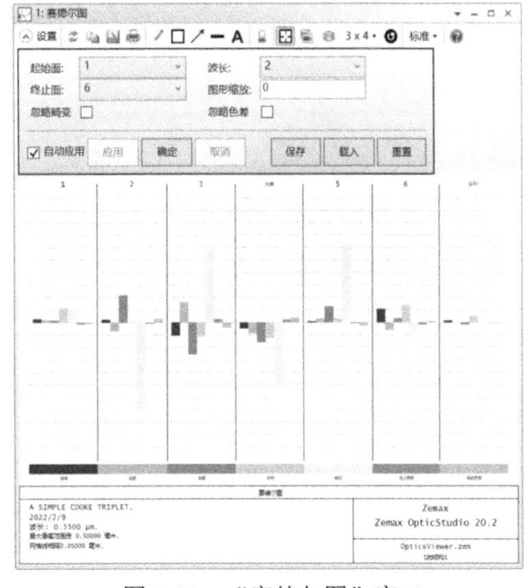

图 2-30 “赛德尔图”窗口

2.2.3 波前分析

波前分析组用于查看并分析由光学系统产生的波前，如图 2-31 所示。其中光程差图、全视场像差与像差分析组中对应的功能相同。

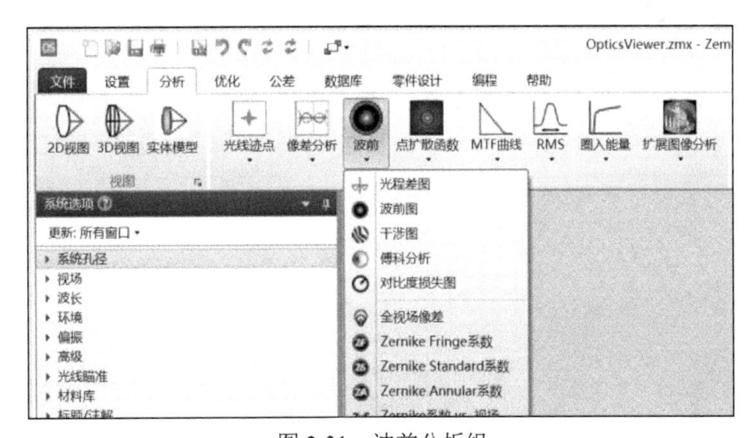

图 2-31 波前分析组

1. 波前图

用于显示光瞳上的波前差。执行“分析”选项卡”→“成像质量”面板→“波前”组→“波前图”命令，打开“波前图”窗口，如图 2-32（a）所示，单击左上角的“设置”按钮，打开参数设置面板，如图 2-32（b）所示。

（1）采样：用于进行光瞳采样的光线网格的尺寸，大小可以是 32×32、64×64 等。提高采样率会得到更准确的数据，但会增加计算时间。

（2）偏振：选择“无”时忽略偏振。选择 Ex、Ey 或 Ez 时，由指定电场分量的偏振效应产生的相位会被添加至光程差中。如果偏振相位超过一个波长，则波前图可能会因为没有执行“相位展开”而显示 2π 的突变。

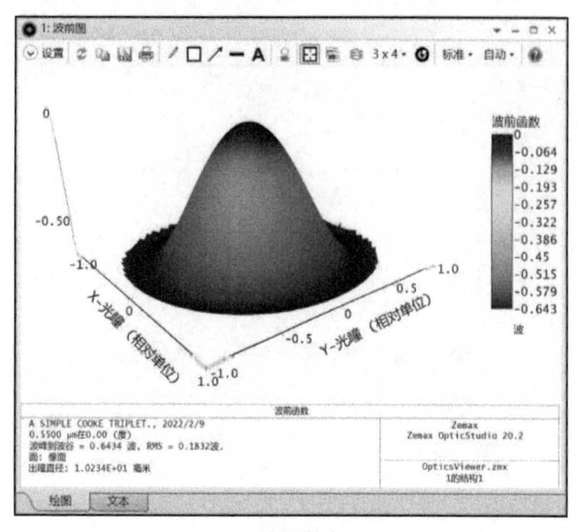

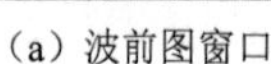
（a）波前图窗口

（b）参数设置面板

图 2-32　波前图

（3）使用出瞳形状：勾选该复选框，光瞳的形状会失真，以显示从特定视场的像点观察到的出瞳的大概形状。该形状以光束在 X 和 Y 光瞳方向的 F/#为依据。未勾选该复选框时，无论出瞳出现何种程度的失真，图形都将按比例缩放至环形入瞳坐标。

（4）除去倾斜：勾选该复选框，将从数据中除去线性 X 和 Y 倾斜，与使光程差数据以质心为参考等效。

（5）子孔径数据：Sx、Sy、Sr 定义为其计算波前数据的光瞳子孔径。

2. 干涉图

用于生成并显示干涉图。执行“波前”组→“干涉图”命令，打开“干涉图”窗口，如图 2-33（a）所示，单击左上角的“设置”按钮，打开参数设置面板，如图 2-33（b）所示。

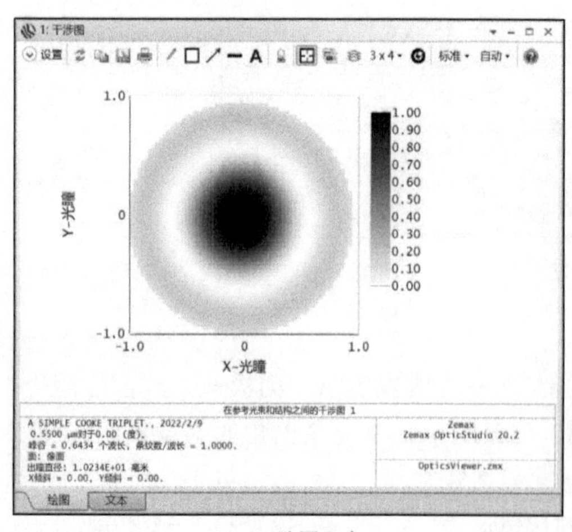

（a）“干涉图”窗口

（b）参数设置面板

图 2-33　干涉图

（1）X 倾斜/Y 倾斜：使用缩放因子后，要在 X 方向 Y 方向添加的倾斜条纹数量。

（2）光束 1 为干涉图选择第一条光束，光束 2 为干涉图选择第二条光束。

（3）参考光束到顶点：一般情况下，Zemax 会参考主光线的光程差，这实际上减去了波前相位中的倾斜。对于干涉仪，有时需要保留波前倾角。选中此选项将增加光束（基于主光线与像面顶点的偏差）的倾斜。此选项仅适用于其主光线与面顶点相当接近的视场位置，且前提是通过主光线偏差所描述的倾斜有效。只有当比例因子为 1.0 时，才能使用此功能。

（4）使用出瞳形状：选中时，光瞳的形状将失真，以显示从特定视场的像点观察时出瞳的大概形状。该形状以光束在 X 和 Y 光瞳方向的 F/#为依据。未选中时，无论出瞳出现何种程度的失真，图形都将按比例缩放至环形入瞳坐标。

如果光束 1 是“参考”光束，则使用光束 2 的所在结构确定光瞳形状，反之则使用光束 1 所在结构来确定。如果光束 1 和光束 2 都由不同结构定义，则使用光束 1 的形状，并且不会判断这些光瞳的形状是否相同。如果两种结构的光瞳形状不同，则此功能不能准确预测干涉图。

（5）考虑光程差：未勾选时，则假设两束光的中心相位为零后计算干涉图，这将导致两束光中心是“暗”条纹，该设置不会尝试确定两条光束相对于彼此的相位。勾选时，则会考虑每一结构光束中的主光线的总光程差。该设置将改变整个干涉图的相位，但不会改变条纹图样的形状。

例如，如果光程差正好是波长的一半，则暗条纹将变为亮条纹，亮条纹将变为暗条纹。即使这些条纹不在像面中，也用到物面到像面的主光线的光程。仅当各个结构中条纹所在的平面距离各自结构的像面距离相同时，此假设才有效。如果选择参考光束而非某一结构中的光束，则假设参考光束的光程为零。

3. 傅科分析

用于生成并显示傅科刀口阴影图。执行“波前”组→“傅科分析”命令，打开“傅科分析”窗口，如图 2-34（a）所示，单击左上角的“设置”按钮，打开参数设置面板，如图 2-34（b）所示。

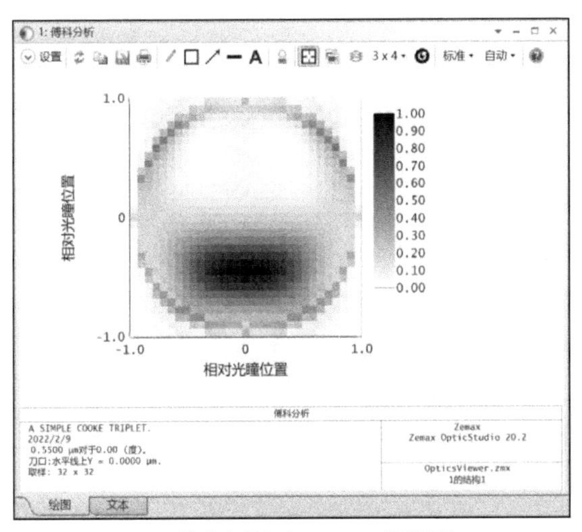

（a）“傅科分析”窗口（刀口阴影图）

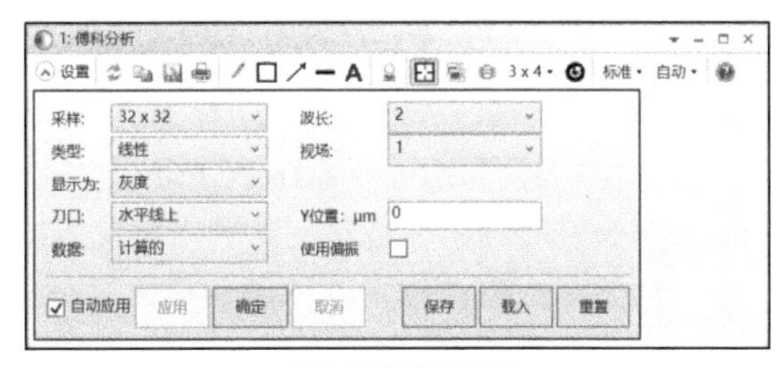

（b）参数设置面板

图 2-34　傅科分析

（1）行/列：当“显示为”选项选择“截面图”后，可定义要显示的行数或列数。

（2）刀口：包括“水平线上”“水平线下”“垂直向左”“垂直向右”。其中“垂直向左”刀口可阻挡刀口位置坐标左侧焦点附近的所有光线，即朝向 x 坐标负方向；“垂直向右”刀口可阻挡刀口位置右侧的所有光线；“水平线上”刀口可阻挡刀口位置上方的所有光线；“水平线下”刀口可阻挡刀口位置下方的所有光线。左、右、上、下是指像面局部坐标系的 $-x$、$+x$、$+y$ 和 $-y$ 方向。

（3）位置：刀口相对于主光线的位置（以微米为单位）。根据选择的是 X 还是 Y 刀口，假设坐标是 X 还是 Y 坐标。

（4）数据：根据需要选择计算的阴影图、参考阴影图或两者数据差。

（5）偏心：X/Y 参考阴影图像相对于计算阴影图像的 X 或 Y 偏心。单位与参考阴影图像全宽或全高有关。例如，若“X 偏心”为 0.25，则参考图像将相对于图像漂移参考图像全宽的 25%计算。

4. 对比度损失图

通过使用 Moore-Elliott 算法将光瞳上的对比度损失可视化。执行“波前”组→“对比度损失图”命令，打开“对比度损失图”窗口，如图 2-35（a）所示，单击左上角的“设置”按钮，打开参数设置面板，如图 2-35（b）所示。

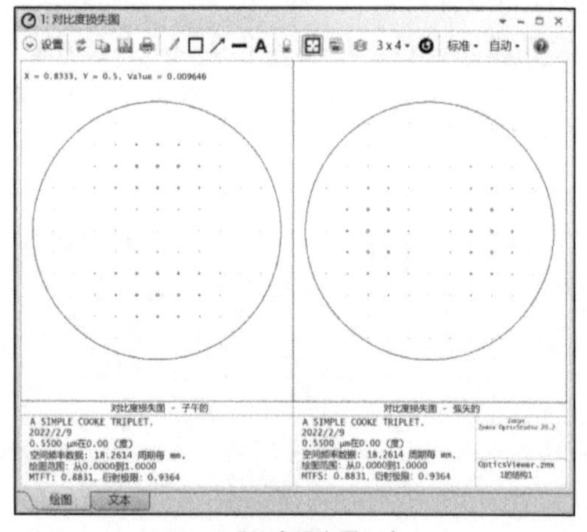

（a）“对比度损失图”窗口

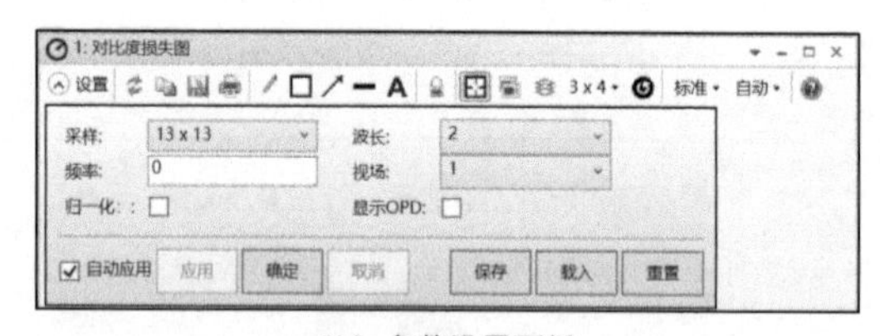

（b）参数设置面板

图 2-35　对比度损失图

5. Zernike Fringe 系数

使用 Fringe 多项式（又称为 University of Arizona 多项式）计算 Zernik 系数，可显示单独的 Zernike 系数以及峰谷值、RMS、方差、斯特列尔比、RMS 拟合残差和最大拟合误差等。

执行“波前”组→“Zernike Fringe 系数”命令，打开“Zernike Fringe 系数”窗口，如图 2-36（a）所示，单击左上角的“设置”按钮，打开参数设置面板，如图 2-36（b）所示。

（1）最大项：指定要计算的最大 Zernike 系数。可指定的最高项数为 37 项。

（2）参考 OPD 到顶点：一般情况下，Zemax 会参考主光线计算光程差，这实际上忽略了波前相位中的倾斜。对于干涉仪，有时需要保留波前倾斜。选中此选项会将倾斜（基于主光线与像面顶点的偏差）加入光束中。此选项仅适用于其主光线与表面顶点相当接近的视场位置，且前提是通过主光线偏差所描述的倾斜有效。

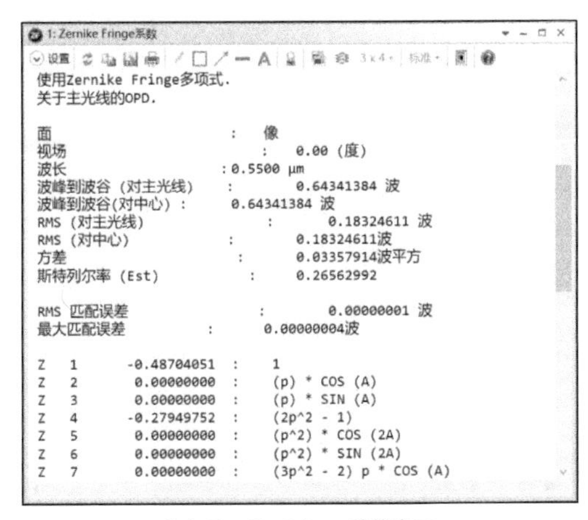

（a）Zernike Fringe 系数窗口

（b）参数设置面板

图 2-36　Zernike Fringe 系数

（3）子孔径数据：Sx,Sy,Sr 定义为其计算 Zernike 数据的光瞳子孔径。

Zernike Standard 系数及 Zernike Annular 系数用于求计算正交归一的 Zernike 系数，与 Zernike Fringe 系数使用方法类似，只是采用的计算方法不同，这里不赘述。

6. Zernike 系数 vs.视场

用于显示像面处的 Fringe、Standard 及 Annular Zernike 系数随视场变化的曲线。执行“波前”组→“Zernike 系数 vs.视场”命令，打开“Zernike 系数 vs.视场”窗口，如图 2-37（a）所示，单击左上角的“设置”按钮，打开参数设置面板，如图 2-37（b）所示。

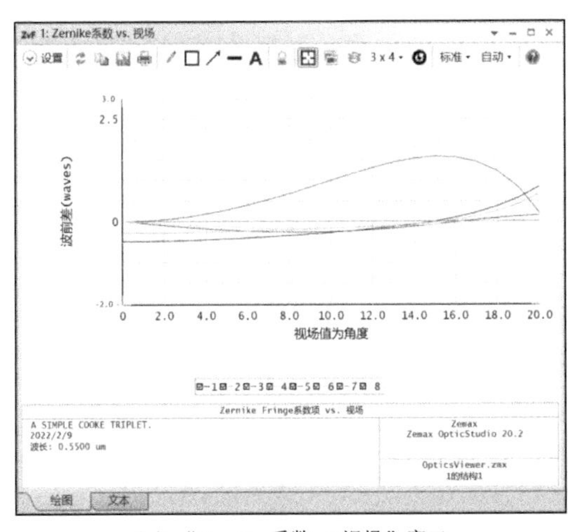

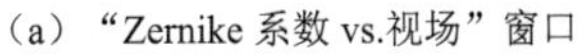

（a）“Zernike 系数 vs.视场”窗口

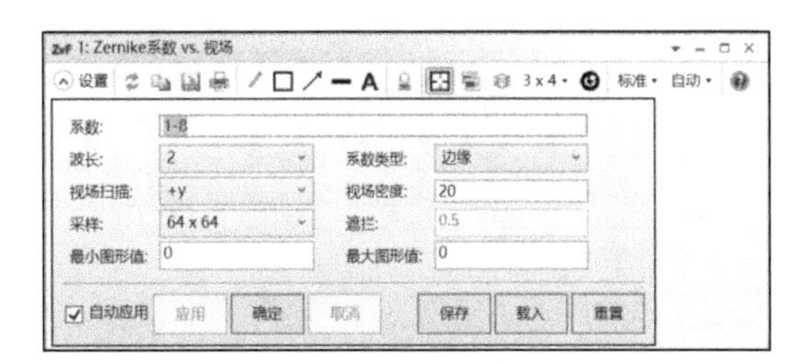

（b）参数设置面板

图 2-37　Zernike 系数 vs.视场

（1）系数：以空格或逗号分隔的单调递增的整数列表，这些整数代表与 Fringe、Standard 或 Annular Zernike 多项式中的项相对应。对于项范围，使用短划线分隔范围中的第一项和最后一项。注意：当“系数类型”设置为 Fringe 时，最大项数是 37；如果设置为 Standard 或 Annular，则允许使用 231 项。如果使用零，则绘制所有系数。

（2）系数类型：选择相应选项以绘制 Fringe、Standard 或 Annular Zernike 多项式。

（3）视场扫描：选择相应选项以计算正 X 或 Y、负 X 或 Y 视场方向的 Zernike 项。

（4）视场密度：计算“视场”对话框中定义的最大最小视场之间的每个 Zernike 项所使用的视场点数。

（5）遮阑：环形光瞳的遮阑比例。

（6）最小/最大图形值：y 轴上显示的值的范围。0 表示采用默认值。

2.2.4 点扩散函数

点扩散函数分析组可以实现通过使用各种算法计算镜头点扩散函数（PSF），如图 2-38 所示。

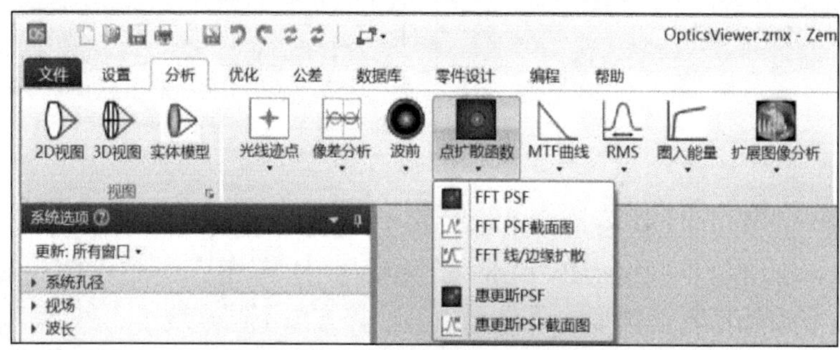

图 2-38　点扩散函数分析组

1. FFT PSF

使用快速傅里叶变换(FFT)算法计算衍射点扩散函数(PSF)。执行“分析”选项卡”→“成像质量”面板→“点扩散函数”组→“FFT PSF”命令，打开“FFT PSF”窗口，如图 2-39（a）所示，单击左上角的“设置”按钮，打开参数设置面板，如图 2-39（b）所示。

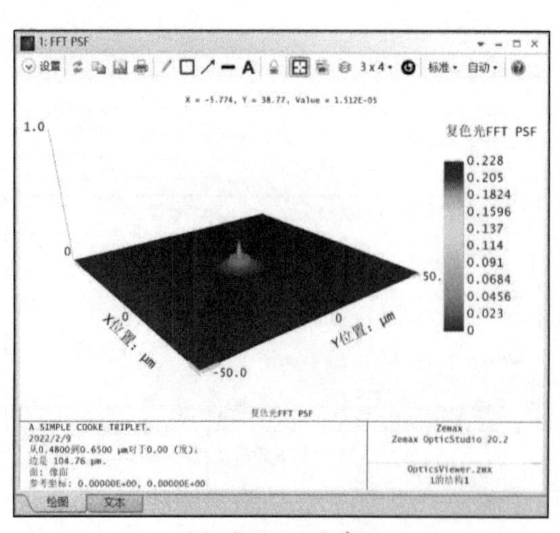

（a）“FFT PSF”窗口

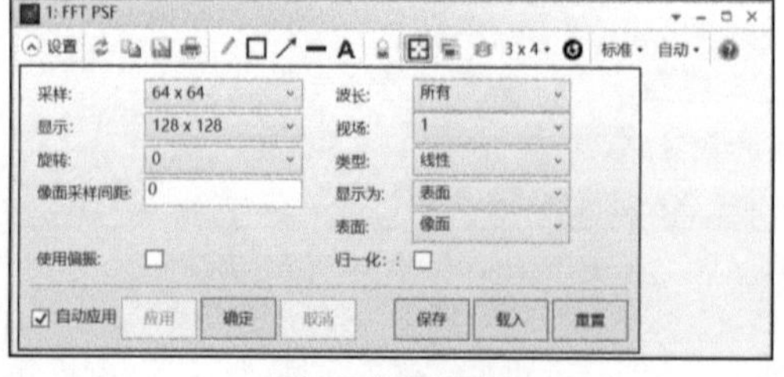

（b）参数设置面板

图 2-39　FFT PSF

（1）类型：包括“线性”（强度）、“对数”（强度）、“相位”、（有正负符号振幅的）“实部”或（有正负符号振幅的）“虚部”。

（2）像面采样间距：像方各点之间的 delta 距离（以微米为单位）。如果为零，则使用默认间隔。如果为负值，则像面采样间距设置为允许的最大值，且使用全采样网格。

（3）归一化：勾选该选项会把峰值强度归一化为 1。如果不勾选，峰值强度将归一化为无像差 PSF（斯特列尔比）的峰值。

（4）表面：选择要评估的点扩散函数所位于的表面。该选项适用于评估中间像面。

2. FFT PSF 截面图

用于绘制衍射 PSF 的截面图。执行“点扩散函数”组→“FFT PSF 截面图”命令，打开“FFT PSF 截面图”窗口，单击左上角的“设置”按钮，打开参数设置面板，如图 2-40 所示。

3. FFT 线/边缘扩散

用于根据衍射 FFT PSF 的计算和对其积分绘制边缘或线扩散函数。执行“点扩散函数”组→“FFT 线/边缘扩散”命令，打开“FFT 线/边缘扩散”窗口，单击左上角的“设置”按钮，打开参数设置面板，如图 2-41 所示。

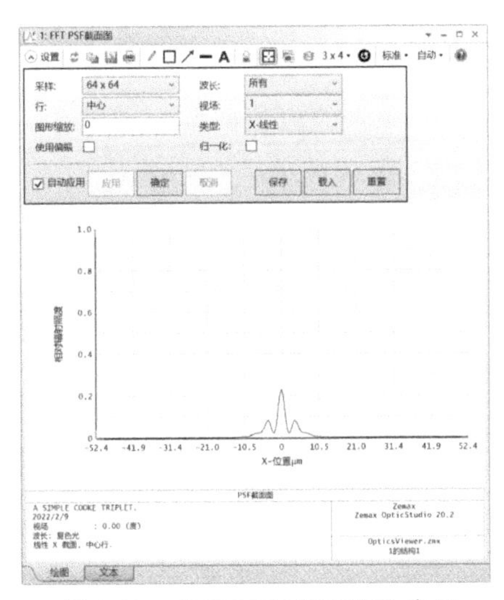

图 2-40 “FFT PSF 截面图”窗口

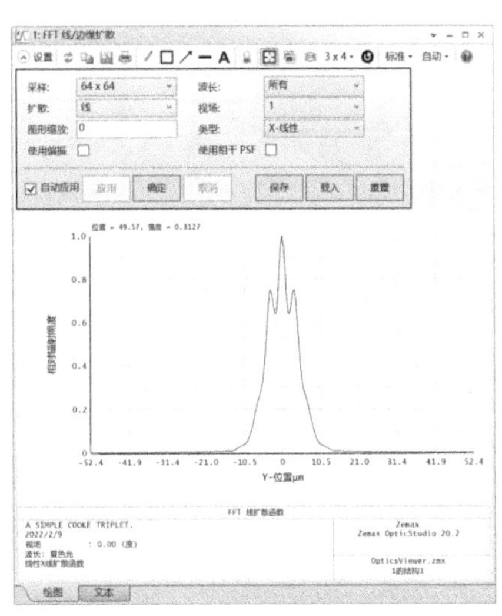

图 2-41 “FFT 线/边缘扩散”窗口

4. 惠更斯 PSF

利用惠更斯子波算法直接积分计算衍射 PSF 及斯特列尔比。执行“点扩散函数”组→“惠更斯 PSF”命令，打开“惠更斯 PSF”窗口，单击左上角的“设置”按钮，打开参数设置面板，如图 2-42 所示。

（1）光瞳采样：选择要追迹的光线网格的尺寸以执行计算。更高的采样密度可得出更准确的结果，但要以更长的计算时间为代价。

（2）像面采样：在像面上计算衍射像强度的点网格的尺寸。此数字与像面采样间距共同确定了所显示区域的大小。

（3）像面采样间距：像面网格中格点之间的距离（以微米为单位）。输入 0 表示使用默认网格间隔。

（4）显示为：包括表面、等高线、灰度或伪彩色等显示选项。“真彩”选项可通过将波长转换为最接近的 RGB 等效值，并计算所有波长的和来显示 PSF 的真彩图。真彩显示的准确性受计算机显示器呈现色彩的 RGB 方法限制，因此可能无法准确显示单色色彩。

如果“类型”是非线性选项，则不能使用“真彩”选项。

5. 惠更斯 PSF 截面图

利用惠更斯子波直接积分法计算衍射 PSF 及斯特列尔比。与“惠更斯 PSF”相似，区别在于以截面图形式绘制数据。执行“点扩散函数”组→“惠更斯 PSF 截面图”命令，打开“惠更斯 PSF 截面图”窗口，单击左上角的“设置”按钮，打开参数设置面板，如图 2-43 所示。

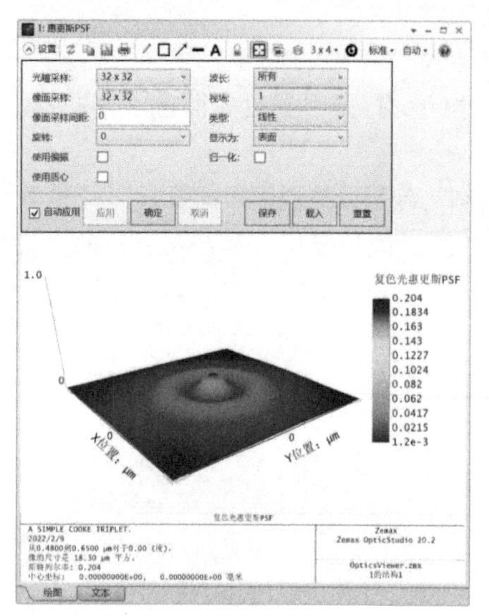

图 2-42　惠更斯 PSF 窗口

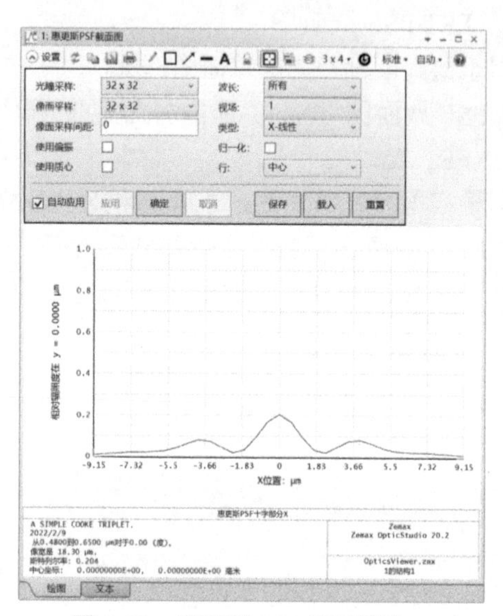

图 2-43　惠更斯 PSF 截面图窗口

2.2.5　MTF 曲线

MTF 曲线分析组用于对衍射调制传递函数的计算与分析，如图 2-44 所示，其中对比度损失图与波前分析组中对应的功能相同。

1. FFT MTF

使用 FFT 算法计算所有视场位置的衍射调制传递函数(MTF)数据。执行“MTF 曲线”组→“FFT MTF”命令，打开“FFT MTF”窗口，单击左上角的“设置”按钮，打开参数设置面板，如图 2-45 所示。“MTF 曲线组”部分选项介绍如下。

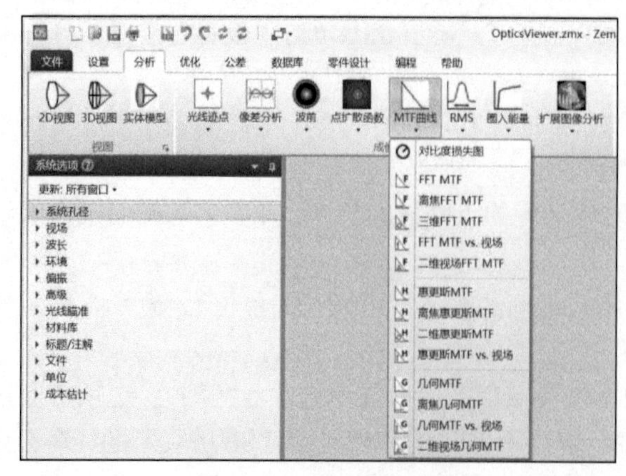

图 2-44　MTF 曲线分析组

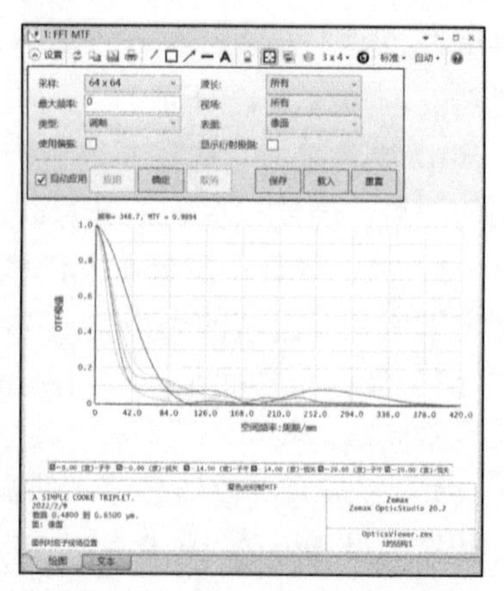

图 2-45　“FFT MTF”窗口

（1）“离焦 FFT MTF”用于计算指定频率下离焦变化的 FFT 调制传递函数数据，如图 2-46 所示。

（2）“三维 FFT MTF”以三维表面图、等高线图、灰度或伪色图显示 FFT MTF 数据，如图 2-47 所示，这有助于查看物方各个方向的 MTF 响应值，比弧矢或子午图更直观。

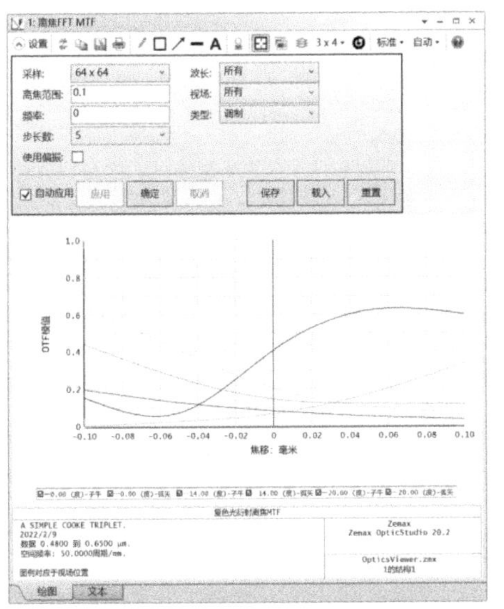

图 2-46 “离焦 FFT MTF”窗口

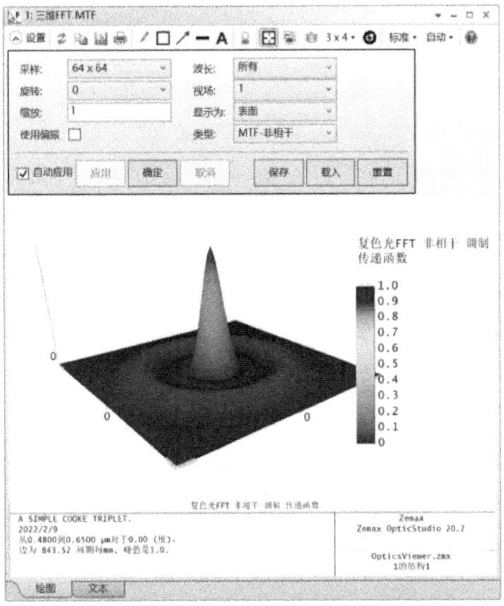

图 2-47 “三维 FFT MTF”窗口

（3）“FFT MTF vs.视场”用于计算随视场位置变化的 FFT MTF 数据，并使用图表显示，如图 2-48 所示。

（4）“二维视场 FFT MTF”用于计算随视场位置变化的 FFT MTF 数据，并在矩形视场区域上显示，如图 2-49 所示。

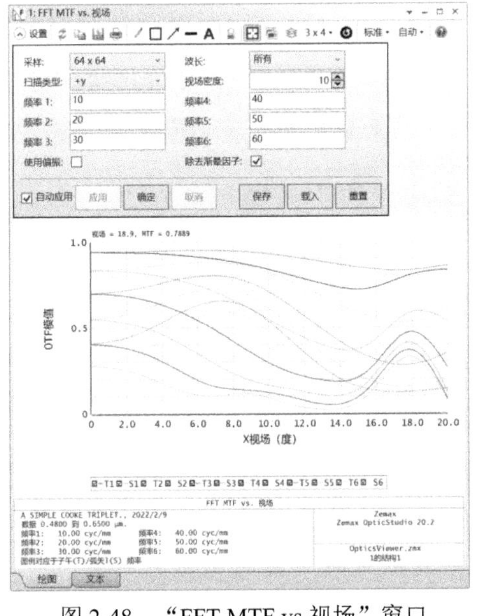

图 2-48 “FFT MTF vs.视场”窗口

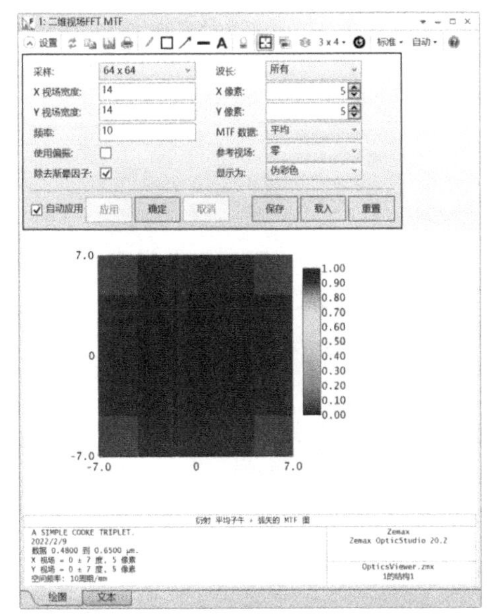

图 2-49 “二维视场 FFT MTF”窗口

2. 惠更斯 MTF

使用惠更斯直接积分算法计算衍射调制传递函数(MTF)数据并显示。执行“MTF 曲线”组→“惠更斯 MTF”命令，打开“惠更斯 MTF”窗口，单击左上角的“设置”按钮，打开参数设置面板，如图 2-50 所示。另外还有：

(1)“离焦惠更斯 MTF”使用惠更斯直接积分算法计算衍射调制传递函数(MTF)数据，并显示随离焦范围变化的数据，如图 2-51 所示。

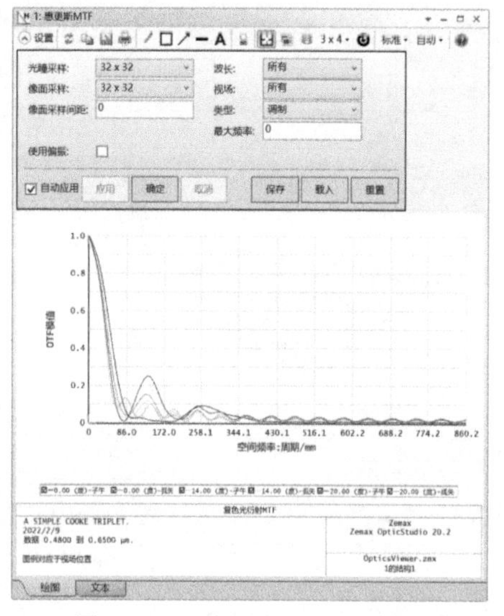

图 2-50 “惠更斯 MTF”窗口

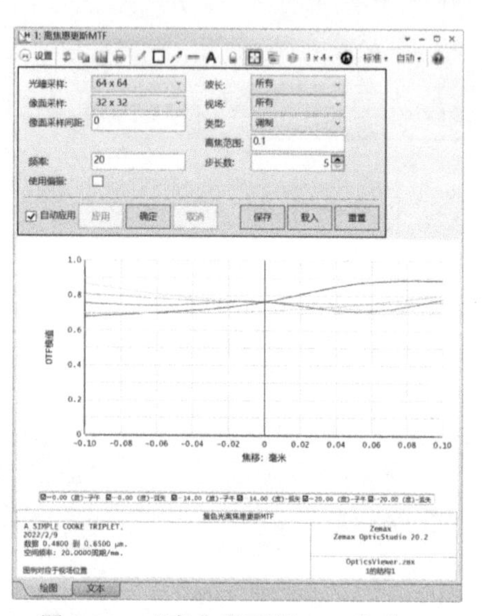

图 2-51 “离焦惠更斯 MTF”窗口

(2)“二维惠更斯 MTF”使用惠更斯直接积分算法计算衍射调制传递函数(MTF)数据，并以灰度或伪色图形式显示数据，如图 2-52 所示。

(3)“惠更斯 MTF vs.视场”用于计算惠更斯 MTF 数据随视场位置的变化关系，并以图表形式显示数据，如图 2-53 所示。

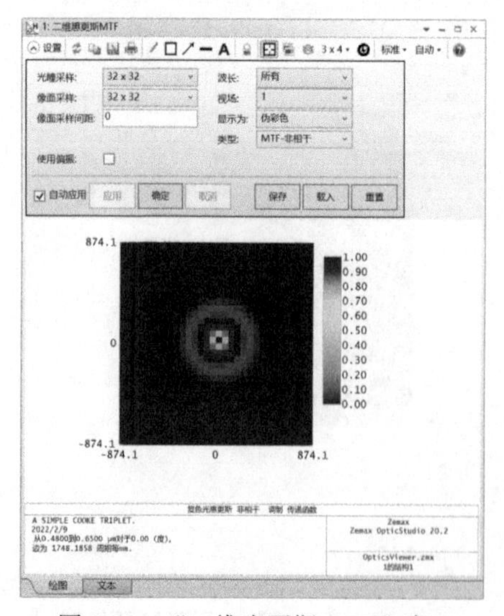

图 2-52 “二维惠更斯 MTF”窗口

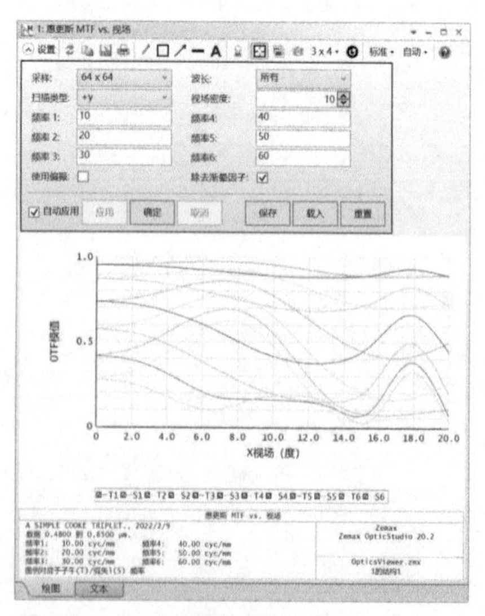

图 2-53 “惠更斯 MTF vs.视场”窗口

3. 几何 MTF

用于计算几何 MTF，即基于光线像差数据的衍射 MTF 近似值。执行“MTF 曲线”组→“几何 MTF”命令，打开“几何 MTF”窗口，单击左上角的“设置”按钮，打开参数设置面板，如图 2-54 所示。部分选项介绍如下。

（1）“离焦几何 MTF”用于计算指定空间频率下的离焦几何 MTF 数据，并显示随离焦范围变化的数据，如图 2-55 所示。

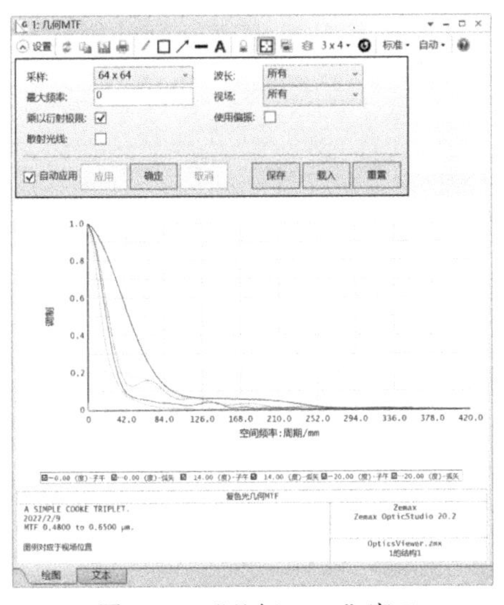

图 2-54 “几何 MTF”窗口

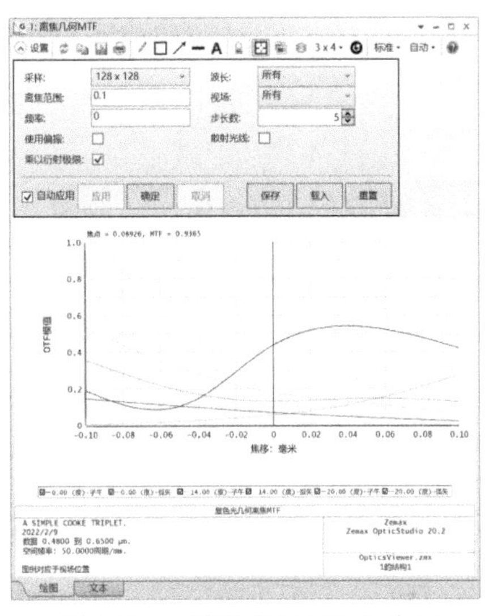

图 2-55 “离焦几何 MTF”窗口

（2）“二维视场几何 MTF”用于计算随视场位置变化的几何调制传递函数数据，并在矩形视场区域上显示这些数据，如图 2-56 所示。

（3）“几何 MTF vs.视场”用于计算随视场位置变化的几何调制传递函数数据，并以图表形式显示数据，如图 2-57 所示。

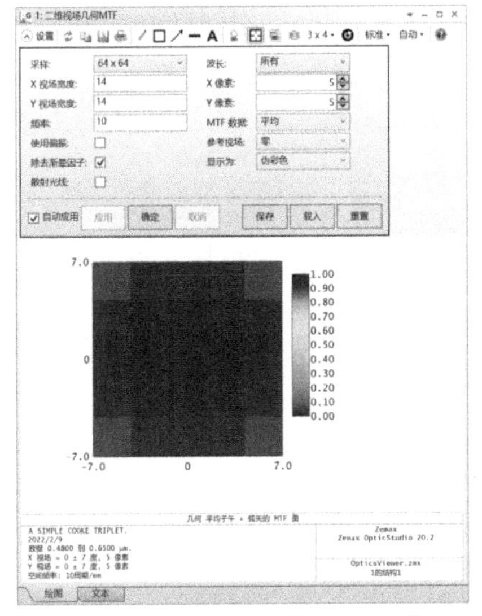

图 2-56 “二维视场几何 MTF”窗口

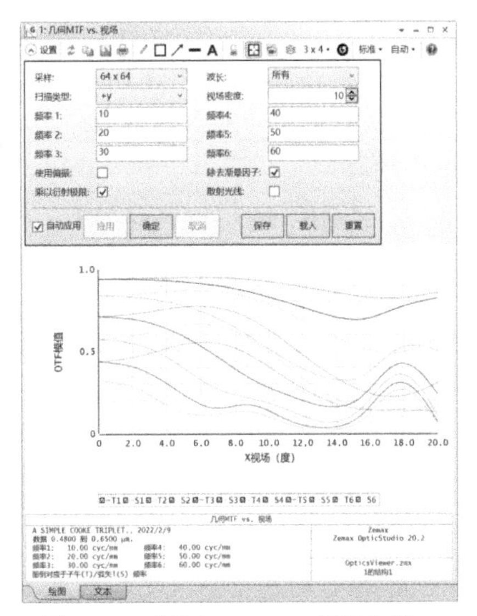

图 2-57 “几何 MTF vs.视场”窗口

2.2.6 均方根（RMS）

RMS 分析组用于显示随视场、波长、离焦等变化的均方根（RMS）函数图。RMS 分析组如图 2-58 所示。

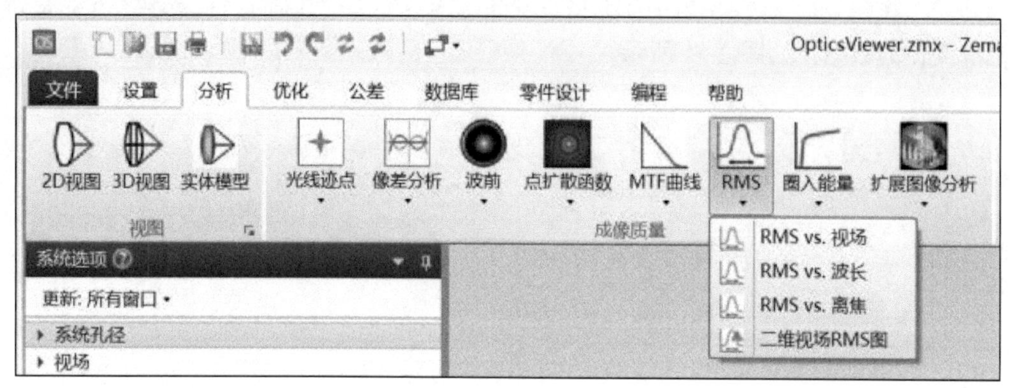

图 2-58 RMS 分析组

1. RMS vs. 视场

用于显示 RMS（径向、*X* 方向和 *Y* 方向）光斑半径、RMS 波前差或斯特列尔比随视场角度变化的函数图。执行“分析”选项卡”→“成像质量”面板→“RMS”组→“RMS vs.视场”命令，打开“RMS vs. 视场”窗口，单击左上角的“设置”按钮，打开参数设置面板，如图 2-59 所示。

（1）光线密度：若采样方法为高斯求积，则光密度将指定要追迹的径向光线的数目。追迹的光线越多，准确性越高，但是计算时间也会增加。光线密度最大值为 20，能够满足计算高达 40 阶的光瞳像差的需求。若采样方法为矩形阵列，则光密度将指定网格尺寸。环形入瞳之外的光线将被忽略。

（2）视场密度：视场密度是指零度和指定的最大视场角度（用来计算 RMS/斯特列尔比，通过插值计算中间值）之间的取点数量。最多允许 100 个视场点。

（3）方式：包括高斯求积(GQ)或矩形阵列(RA)两种计算方法可选。

（4）数据：包括波前差、光斑半径、X 光斑、Y 光斑或斯特列尔比，其中斯特列尔比仅适用于单色计算。

（5）参照：包括主光线或质心选项。对于单色计算，使用指定波长作为参考。对于复色光计算，使用主波长作为参考。两种参考都忽略了波前 piston 项。质心参考还减去了波前倾斜项，将得到较小的 RMS 值。

（6）方向：选择+*Y*、−*Y*、+*X* 或−*X* 视场方向。注意：数据只计算到选定方向上已定义的最大视场。

2. RMS vs. 波长

用于显示 RMS 光斑半径（径向、*X* 方向和 *Y* 方向）、RMS 波前差或斯特列尔比随波长变化的函数图。执行“RMS”组→“RMS vs. 波长”命令，弹出“RMS vs. 波长”窗口，单击左上角的“设置”按钮，打开参数设置面板，如图 2-60 所示。

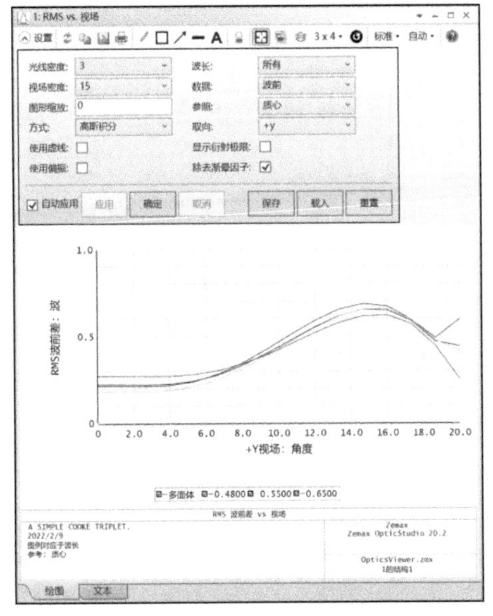

图 2-59　“RMS vs. 视场”窗口

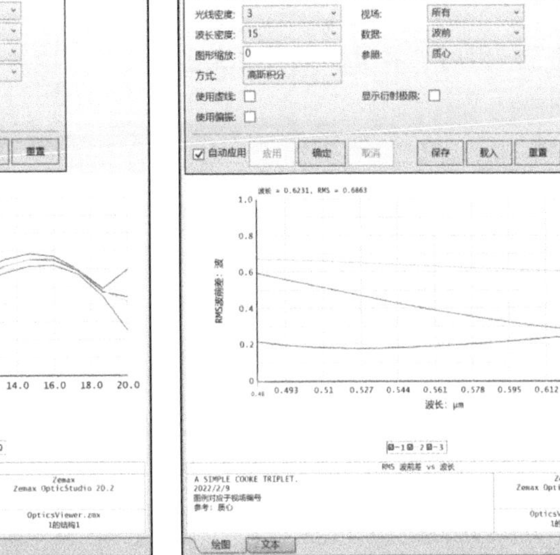

图 2-60　“RMS vs. 波长”窗口

3. RMS vs. 离焦

用于显示 RMS 光斑半径（径向、X 方向和 Y 方向）、RMS 波前差或斯特列尔比随焦点位置变化的函数图。执行“RMS”组→“RMS vs. 离焦”命令，打开“RMS vs. 离焦”窗口，单击左上角的“设置”按钮，打开参数设置面板，如图 2-61 所示。

4. 二维视场 RMS 图

用于显示 RMS 光斑半径（径向、X 方向和 Y 方向）、RMS 波前差或斯特列尔比随视场变化的函数图。执行“RMS”组→“二维视场 RMS 图”命令，打开“二维视场 RMS 图”窗口，单击左上角的“设置”按钮，打开参数设置面板，如图 2-62 所示。

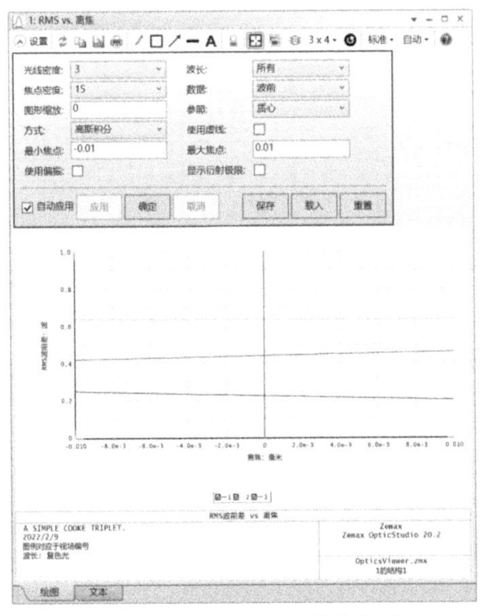

图 2-61　“RMS vs. 离焦”窗口

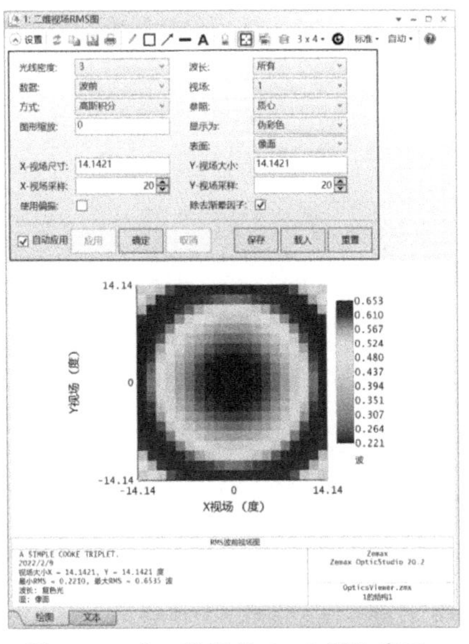

图 2-62　“二维视场 RMS 图”窗口

2.2.7　圈入能量

圈入能量分析组用于显示指定表面上包围在圆内或缝区域内的能量百分比，如图2-63所示。

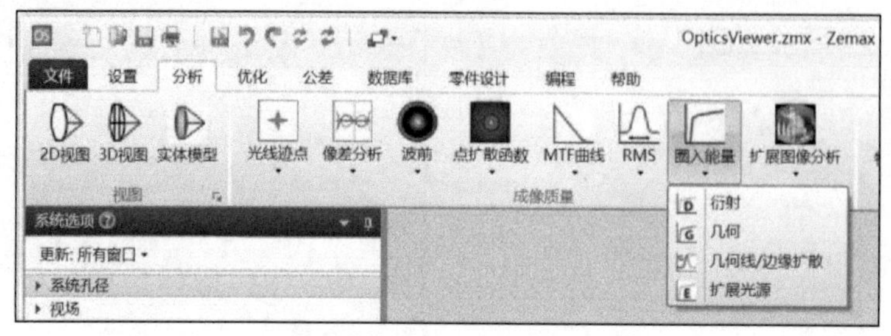

图2-63　圈入能量分析组

1. 衍射圈入能量

用于显示圈入能量图，圈入能量占总能量的百分比值是到主光线或像面质心距离的函数。执行“分析”选项卡”→“成像质量”面板→“圈入能量”组→“衍射”命令，打开“衍射圈入能量”窗口，单击左上角的“设置”按钮，打开参数设置面板，如图2-64所示。

当勾选“使用惠更斯PSF”复选框时，使用速度较慢但更准确的惠更斯PSF方法计算PSF。如果像面是倾斜的，或者主光线与像面法线不太接近，则始终勾选此复选框。

2. 几何圈入能量

用于显示圈入能量图，圈入能量使用光线与像面交点计算。执行“圈入能量”组→“几何”命令，打开“几何圈入能量”窗口，单击左上角的“设置”按钮，打开参数设置面板，如图2-65所示。

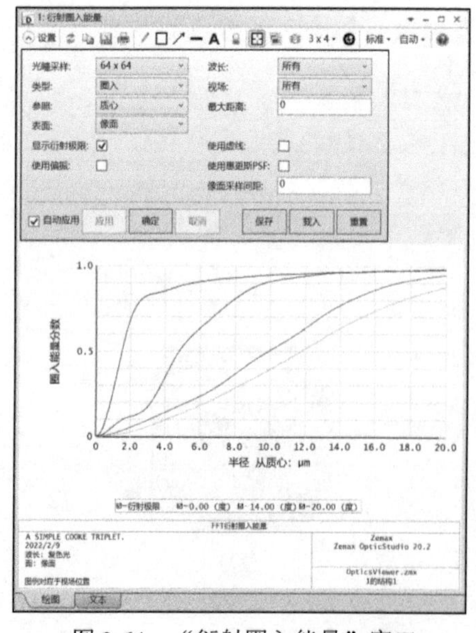

图2-64　“衍射圈入能量”窗口

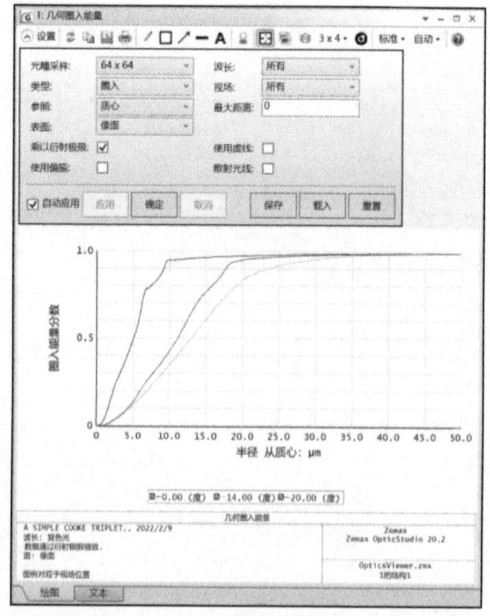

图2-65　“几何圈入能量”窗口

勾选“乘以衍射极限”复选框时，按照衍射极限曲线理论值（通过轴对称艾里斑计算得到）对几何数据进行缩放，从而估算衍射圈入能量的近似值。衍射极限近似法仅适用于具有未遮阑光瞳、像面合理旋转对称和视场角适中的系统，因为近似法会忽略视场 F/#变化。

> **提示**：执行精确的衍射计算是计算遮光或不对称的光瞳衍射极限函数的唯一方法，此时应使用衍射圈入能量工具。

3. 几何线/边缘扩散

用于计算线物体和边缘物体的几何响应。执行“圈入能量”组→“几何线/边缘扩散”命令，打开“线/边缘扩散”窗口，单击左上角的“设置”按钮，打开参数设置面板，如图 2-66 所示。

4. 扩展光源

使用扩展光源计算圈入能量，与几何图像分析功能相似。执行“圈入能量”组→“扩展光源”命令，打开 “扩展光源圈入能量”窗口，单击左上角的“设置”按钮，打开参数设置面板，如图 2-67 所示。

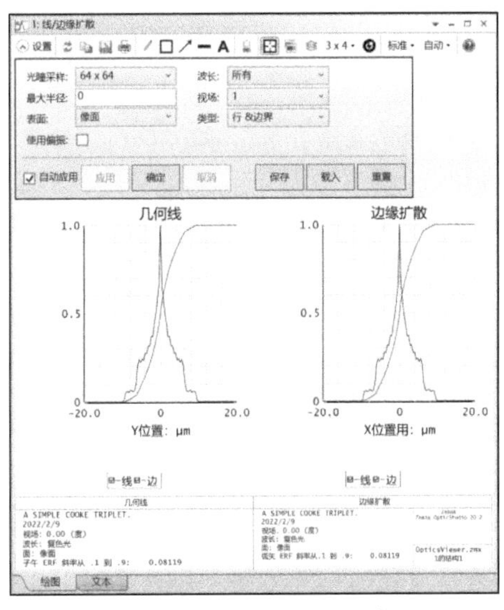

图 2-66 “线/边缘扩散”窗口

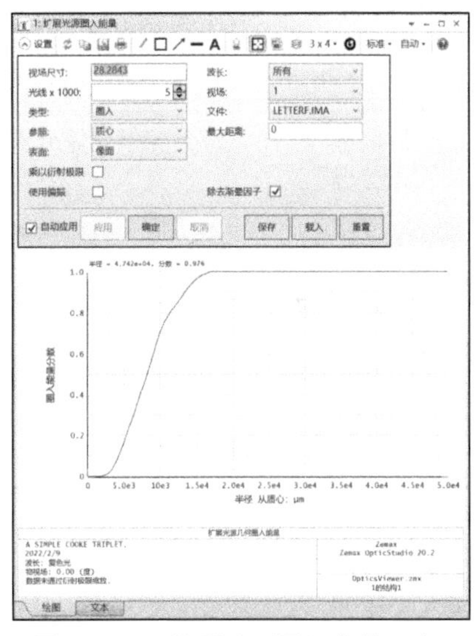

图 2-67 “扩展光源圈入能量”窗口

2.2.8 扩展图像分析

扩展图像分析组通过将二维图片放在物面上来评价光学系统像质，如图 2-68 所示。各命令功能如表 2-1 所示，限于篇幅，本部分内容不做详细介绍。

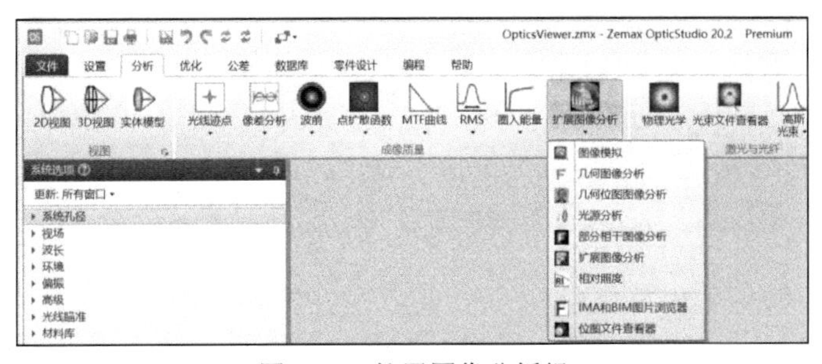

图 2-68 扩展图像分析组

表2-1 扩展图像分析命令功能

序号	命令	功能
1	图像模拟	通过卷积具有点扩散函数阵列的光源位图文件来模拟成像，考虑的效应包括衍射、像差、畸变、相对照度、图像方向和偏振，适合评估高分辨率的拍摄场景
2	几何图像分析	可用于对扩展光源建模、分析有效分辨率、表示成像物体的外观以及直观呈现图像的旋转，还可用于估算多模光纤耦合效率
3	几何位图图像分析	严格基于几何光线追迹，可使用RGB位图文件作为光源图像，根据光线追迹数据创建RGB彩色图像；可用于对扩展光源建模、分析有效分辨率、显示畸变、表示成像物体的外观、直观呈现图像旋转概念、显示光迹图、指定一些名称。使用标准BMP、JPG和PNG文件作为光源图像；当在远离图像的中间面上需要使用仿真图时，优于图像模拟
4	光源分析	严格基于几何光线追迹一系列光源发出的光线创建图像，这些光线由DAT或SDF光源文件（仅支持二进制格式光线文件）定义
5	部分相干图像分析	在计算图像外观时会考虑光学系统的衍射和像差，以及部分相干的照度；考虑有限通带以及真实光学系统在成像时会产生的其他衍射相关效应；可为位图像定义的场景计算相干、非相干或部分相干的衍射图像；此功能使用IMA/BIM文件描述需成像的物体
6	扩展衍射图像分析	与部分相干图像分析相似，不同的是光学传递函数(OTF)可能会随图像视场变化，并且照度必须是完全相干或非相干的
7	相对照度	相对照度分析可计算均匀朗伯场景的径向视场坐标变化的相对照度，还可以计算有效F/#
8	IMA和BIM图片浏览器	用于显示IMA/BIM文件
9	位图文件查看器	用于显示未经任何处理的JPG、BMP和PNG格式的图像文件

2.3 偏振与表面物理分析

在Zemax中可以实现光学系统或元件的偏振与表面物理分析，包括偏振、表面及膜层三个方面，下面分别进行介绍。

2.3.1 偏振

Zemax中的偏振功能位于“分析”选项卡”→“偏振与表面物理”面板→“偏振”组中，如图2-69所示。

图2-69 偏振分析组

1. 偏振光线追迹

通过生成的文本窗口显示单根光线的所有偏振数据。执行“偏振”组→“偏振光线追迹”命令，打开“偏振光线追迹”文本窗口，如图 2-70（a）所示，单击左上角的“设置”按钮，打开参数设置面板，如图 2-70 所示。

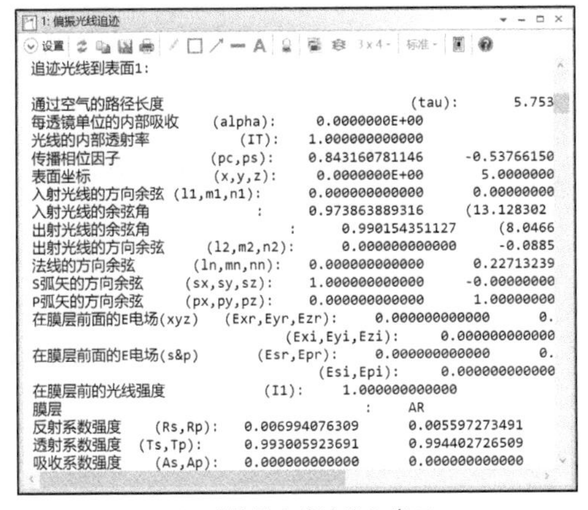

（a）“偏振光线追迹”窗口

（b）参数设置面板

图 2-70 偏振光线追迹

（1）Jx, Jy：琼斯电场。

（2）X,Y-相位：琼斯电场 X、 Y 分量的相位（以度为单位）。

（3）Hx、Hy：分别为归一化的 X、Y 视场坐标，值为−1～ 1。

（4）Px、Py：分别为归一化的 X、Y 光瞳坐标，值为−1～1。

2. 偏振光瞳图

用于生成偏振椭圆随光瞳位置变化的图表，可以帮助显示偏振随光瞳的变化，还可以计算使用其他结构（例如双折射偏振分束器和干涉仪）的干涉光程建模的系统的透射率。

执行“偏振”组→“偏振光瞳图”命令，打开“偏振光瞳图”窗口，如图 2-71（a）所示，单击左上角的“设置”按钮，打开参数设置面板，如图 2-71（b）所示。

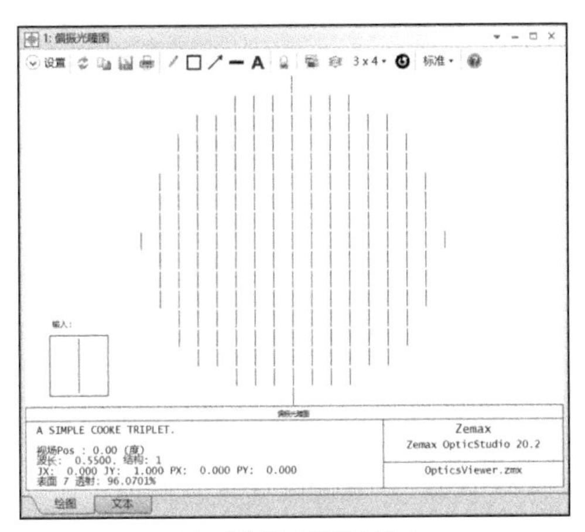

（a）“偏振光瞳图”窗口

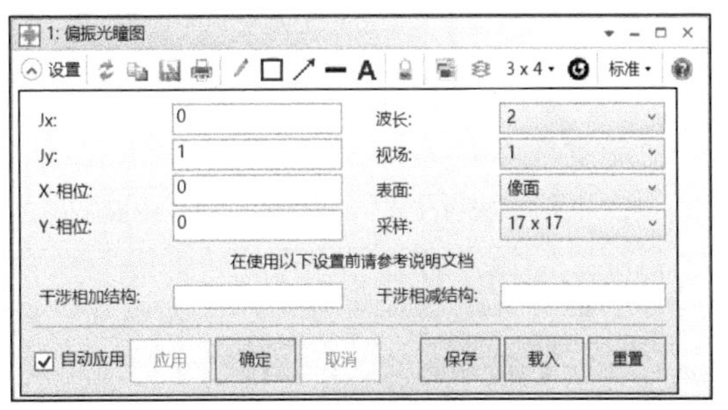

（b）参数设置面板

图 2-71 偏振光瞳图

偏振椭圆是当光波在一个周期内传播时根据电场强度追迹到的光线外形的表现形式。椭圆大小由光线透射率决定，通常随光瞳位置变化。

计算的数据文本文件中将列出 P_x、P_y、E_x、E_y、强度、相位和方向等值的大小，分别代表归一化光瞳的 X 坐标和 Y 坐标、电场 X 方向和 Y 方向分量大小、电场强度(E_x^2 + E_y^2)、E_x 和 E_y 相位之间的相位差（以度为单位）以及偏振椭圆主轴的方位角（以度为单位）。其中 E_x 和 E_y 都是复数，并且此处列出的值都是振幅量值或 sqrt(E*E)。

3. 透过率计算

用于在考虑偏振效应情况下，计算光学系统的综合透射率以及每个表面的透射率，可以确定严重表面损失出现的位置。执行“偏振”组→“透过率计算”命令，打开“透过率”窗口，如图 2-72 所示。

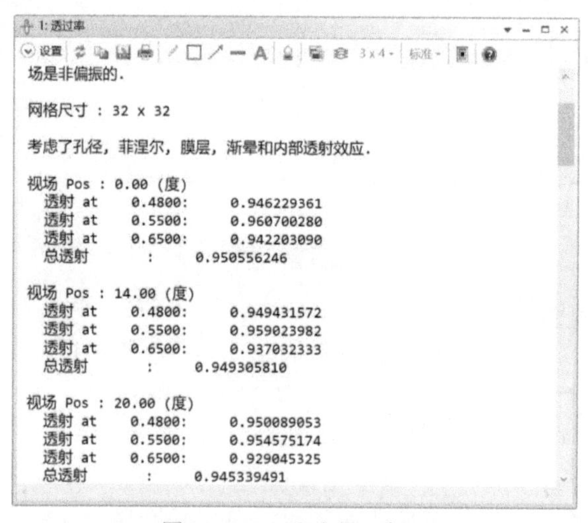

图 2-72　“透过率”窗口

该功能针对每个视场位置和波长将指定偏振的光学系统的综合透射率制作成表格。透射率将被计算为百分比数值，如果没有吸收、反射或渐晕损失，则使用 100%作为透射率。透射率计算考虑渐晕因子、因孔径或遮拦所导致的渐晕、因光线追迹错误所导致的光线剪裁、表面菲涅耳反射或膜层损失以及因吸收所导致的体内透射。

此外，针对每个视场和每个波长的制表也显示了主光线的相对透射率和总透射率。相对透射计算特定表面的透射率，而总透射率用于计算所有表面（包括特定表面）的透射率。

4. 偏振相位像差

用于计算光学系统的相位像差所导致的偏振。偏振相位像差是因为介质材料的折射效应，以及金属或介质反射的反射效应所导致的。该功能可针对指定视场位置和波长计算像方空间中电场强度的 X 方向和 Y 方向随入瞳坐标变化时的偏振相位像差。

执行“偏振”组→“偏振相位像差”命令，打开“相位像差”窗口，如图 2-73 所示。

像差被定义为随光瞳位置变化的单向（例如 X 或 Y）电场相位变化数据。例如，如果主光线 X 方向的电场是(−0.7+0.7i)（E 视场值为复数），并且在某些其他光瞳位置，X 方向的电场是(−0.7+0.7i)，则这两点之间的偏振相位像差是四分之一波长（E_x 相位从 45 度更改为 135 度，或者四分之一波长）。

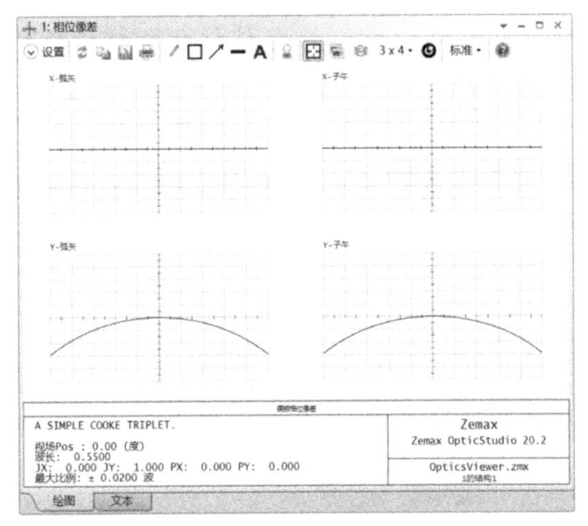

图 2-73　“相位像差”窗口

> **注意：**这与 E_x 和 E_y 视场之间的相位差完全不同，后者是描述偏振状态（例如线性或圆）。

与光程差图相同，偏振相位像差将参考主光线，但是也存在两个方向都无法确定主光线相位的情况。例如，在轴对称系统中，如果 Y 方向的入射光偏振是线性的，则主光线 X 方向的强度为零，因此 X 相位是不确定的。

对于光瞳中的其他光线，偏振通常会略微旋转，因此 X 方向的结果电场会生成一个有效的相位角。为了避免这种相位的不连续性，Zemax 将计算主光线任意一侧的两条光线的平均值，以便对主光线相位进行插值。在某些情况下，即使使用此平均法，仍会出现一些问题。在所有情况下，相位数据都有效，因为如果强度为零，相位像差不会影响像质分析。

5. 透射光扇图

用于生成每个视场和每个波长随子午或弧矢光扇变化的透射强度图，可确定随视场和波长变化的光瞳透射变化数据（透过率）。

执行“偏振”组→“透射光扇图”命令，打开“透射光扇图”窗口，如图 2-74 所示。

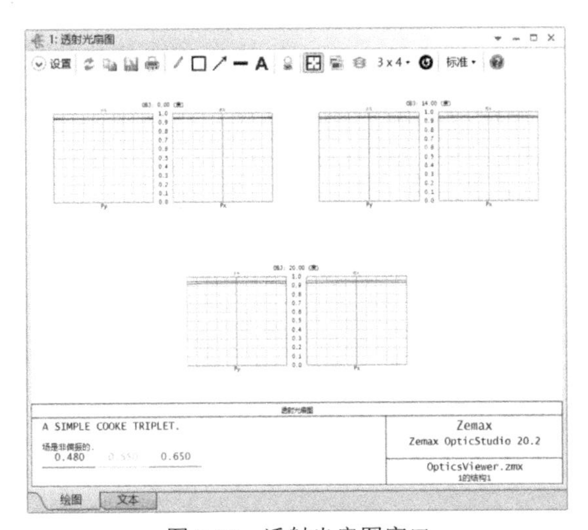

图 2-74　透射光扇图窗口

2.3.2　表面

表面分析组位于“分析”选项卡”→“偏振与表面物理”面板→“表面”选项组中，如图 2-75 所示，用于显示表面矢高图、相位图、曲率图等，各命令功能如表 2-2 所示，限于篇幅，本部分内容不做详细介绍。

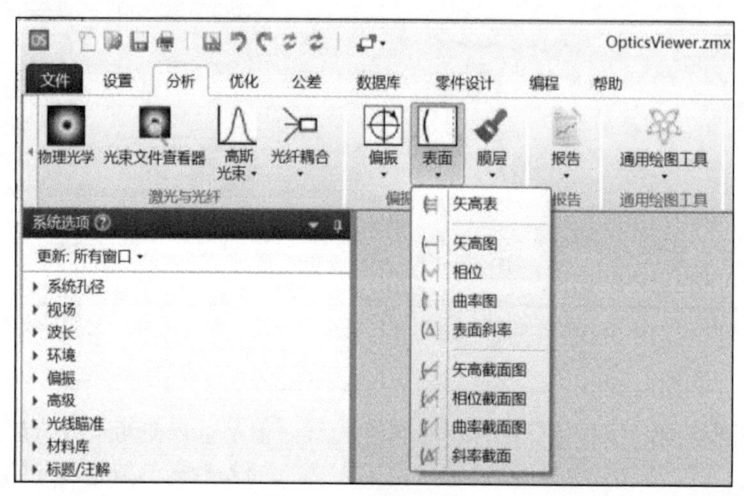

图 2-75　表面分析组

表 2-2　表面分析命令功能

序号	命令	功能
1	矢高表	以文本的形式给出表面矢高列表
2	矢高图	将表面矢高图显示为 2D 彩色或等高线图，或 3D 表面图
3	相位	将表面相位显示为 2D 彩色等高线图，或 3D 表面图
4	曲率图	将表面的子午、弧矢、x 曲率或 y 曲率显示为 2D 彩色或等高线图，或 3D 表面图
5	表面斜率	将表面斜率显示为 2D 彩色等高线图，或 3D 表面图
6	矢高截面图	将表面矢高图显示为截面
7	相位截面图	将表面相位图显示为截面
8	曲率截面图	将表面曲率图显示为截面
9	斜率截面	将表面斜率图显示为截面

2.3.3　膜层

表面分析组位于“分析”选项卡”→“偏振与表面物理”面板→“膜层”组中，如图 2-76 所示，用于多膜层进行分析，各命令功能如表 2-3 所示，限于篇幅，本部分内容不做详细介绍。

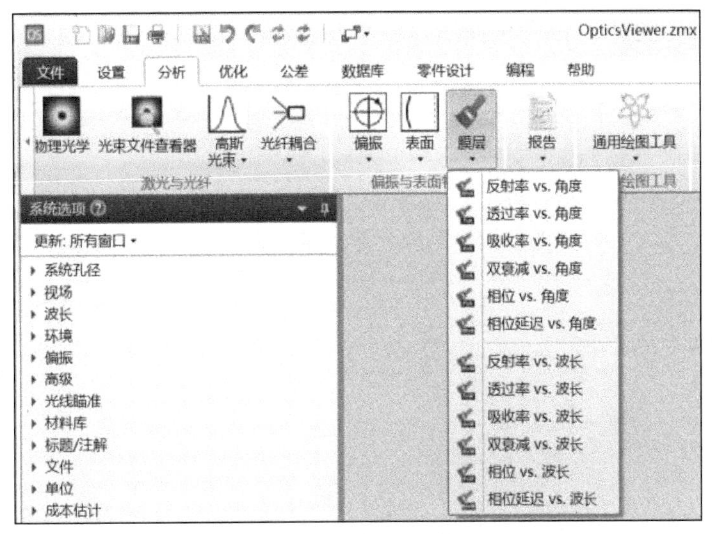

图 2-76 膜层分析组

表 2-3 膜层分析命令功能

序号	命令	功能
1	反射率 vs.角度	计算给定表面下，S、P 偏振光及平均偏振光的反射强度系数随入射角的变化关系
2	透过率 vs.角度	计算给定表面下，S、P 偏振光及平均偏振光的透射强度系数随入射光波长的变化关系
3	吸收率 vs.角度	计算给定表面下，S、P 偏振光及平均偏振光的吸收强度系数随入射角的变化关系
4	双衰减 vs.角度	计算给定表面下，反射双衰减及透射双衰减随入射角的变化关系
5	相位 vs.角度	对于序列面，计算 S 偏振光和 P 偏振光的反射相位（玻璃为镜面）或透射相位（玻璃为非镜面）随入射角的变化关系 对于非序列物体，此功能计算 S 偏振光和 P 偏振光的反射相位（材料为镜面）或透射相位（材料为非镜面）随入射角的变化关系
6	相位延迟 vs.角度	计算给定表面下，相位延迟随入射角的变化关系，入射角在指定表面之前的介质内进行测量
7	反射率 vs.波长	计算给定表面下，S、P 偏振光及平均偏振光的反射强度系数随波长的变化关系
8	透过率 vs.波长	计算给定表面下，S、P 偏振光及平均偏振光的透射强度系数随入射光波长的变化关系
9	吸收率 vs.波长	计算给定表面下，S、P 偏振光及平均偏振光的吸收强度系数随波长的变化关系
10	双衰减 vs.波长	计算给定表面下，反射双衰减及透射双衰减随波长的变化关系
11	相位 vs.波长	对于序列面，计算 S 偏振光和 P 偏振光的反射相位（玻璃为镜面）或透射相位（玻璃为非镜面）随波长的变化关系； 对于非序列物体，此功能计算 S 偏振光和 P 偏振光的反射相位（材料为镜面）或透射相位（材料为非镜面）随波长的变化关系
12	相位延迟 vs.波长	计算给定表面下，相位延迟随波长的变化关系

图 2-77 所示为反射率 vs.角度曲线，图 2-78 所示为双衰减 vs.角度曲线。

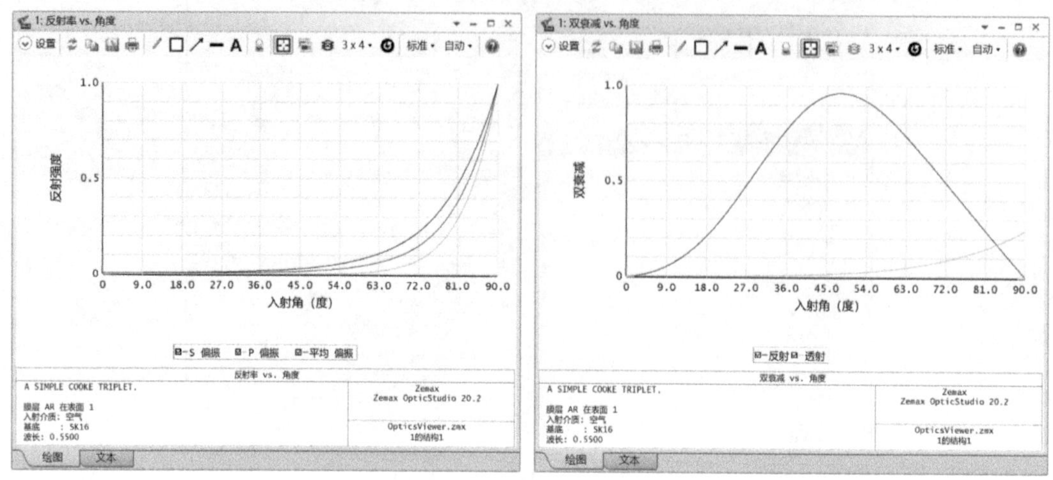

图 2-77 反射率 vs.角度曲线

图 2-78 双衰减 vs.角度曲线

2.4 材料分析

材料分析选项用于对材料进行分析，功能项位于“数据库”选项卡”→“光学材料”面板→“材料分析”组中，如图 2-79 所示。

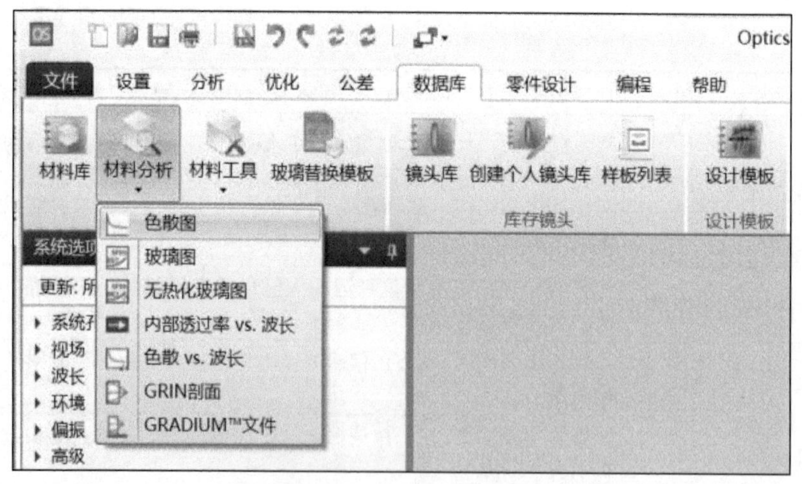

图 2-79 “材料分析”组

2.4.1 色散图

用于显示玻璃材料的折射率色散曲线，以便掌握光线在某个面的散射情况，每次可绘制四种。执行“数据库”选项卡”→“光学材料”面板→“材料分析”组→“色散图”命令，打开“色散图”窗口，如图 2-80（a）所示，单击左上角的“设置”按钮，打开参数设置面板，如图 2-80（b）所示。

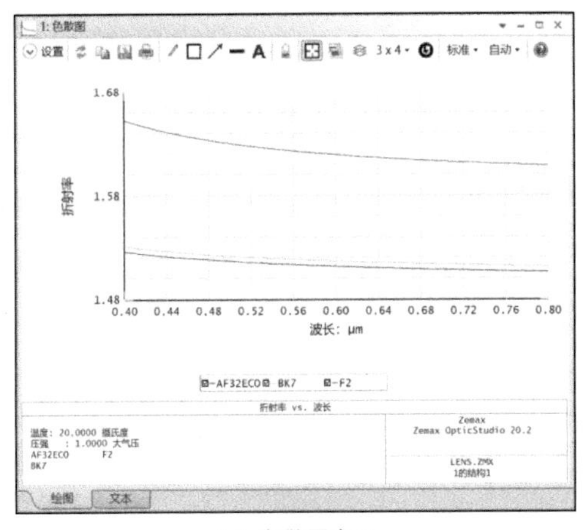

(a) 色散图窗口

(b) 参数设置面板

图 2-80 色散图

2.4.2 玻璃图

根据折射率和阿贝数画出的玻璃分布图，如图 2-81 所示。在玻璃图上按照符合折射率（d 光）和阿贝数要求显示所有的玻璃名称，其中折射率和阿贝数由材料库中的数据计算得到。当前所有加载的材料库都会被搜索，并且绘制出设置中指定的折射率和阿贝数边界范围内的所有玻璃材料。

该功能适用于具有特定折射率和色散特性的玻璃定位。通常，玻璃图的阿贝数从左到右是逐渐下降的，这可以解释最大和最小的阿贝数看上去恰巧相反的原因。

2.4.3 无热化玻璃图

显示符合色光焦和热光焦要求的所有玻璃，如图 2-82 所示，色光焦和热光焦可以基于当前定义的波长和材料库中的数据计算得到。所有当前加载的材料库都会被搜索，并且绘制出设置中指定的色光焦和热光焦边界范围内的所有玻璃材料。

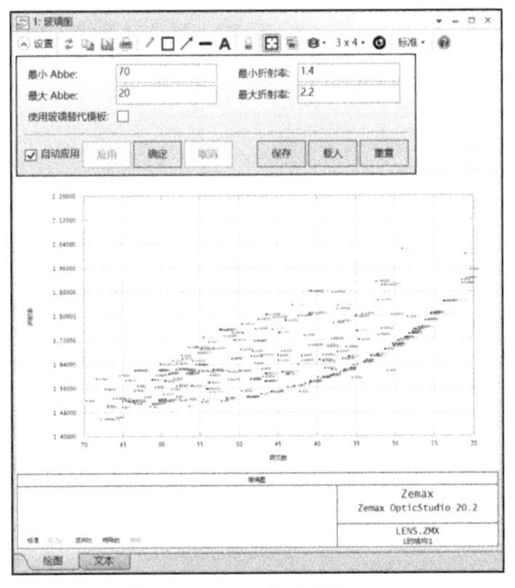

图 2-81 “玻璃图”窗口

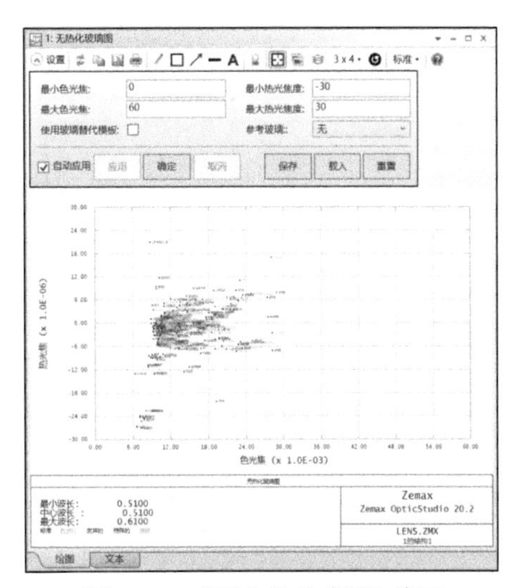

图 2-82 “无热化玻璃图”窗口

2.4.4　内部透过率 vs.波长

用于显示玻璃材料在给定厚度下，透过率随波长的变化曲线，每次可绘制 4 种玻璃。

如果最小和最大波长选项输入零，则图表 X 轴左侧将绘制为所要绘制的材料定义的波长中最小的波长值（即使其他材料在此波长处没有数据），并且图表 X 轴右侧将绘制为所要绘制的材料定义的波长中最大的波长值（即使其他材料在此波长处没有数据）。

执行“数据库”选项卡”→“光学材料”面板→“材料分析”组→“内部透过率 vs.波长”命令，打开“内透射”窗口，如图 2-83（a）所示，单击左上角的“设置”按钮，打开参数设置面板，如图 2-83（b）所示。

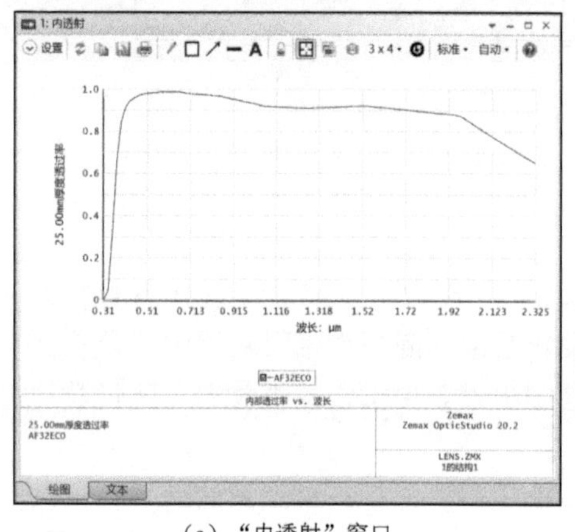

（a）“内透射”窗口

（b）参数设置面板

图 2-83　内透射

2.4.5　色散 vs.波长

绘制玻璃材料的色散随波长变化的曲线，每次可绘制 4 种。执行“数据库”选项卡”→“光学材料”面板→“材料分析”组→“色散 vs.波长”命令，打开“色散 vs.波长”窗口，如图 2-84（a）所示，单击左上角的“设置”按钮，打开参数设置面板，如图 2-84（b）所示。

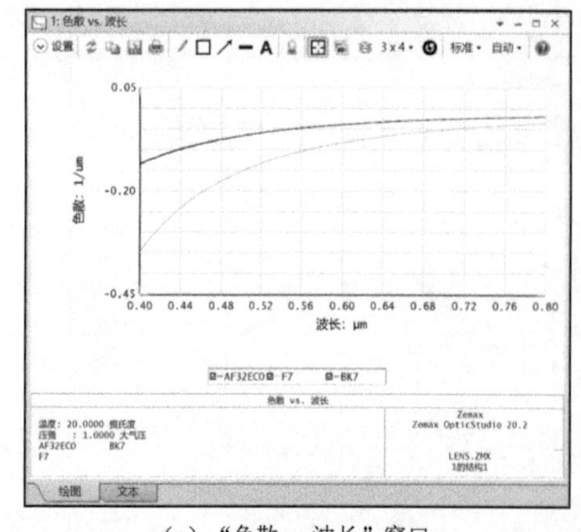

（a）“色散 vs.波长”窗口

（b）参数设置面板

图 2-84　色散 vs.波长

2.4.6 GRIN 剖面

用于显示渐变折射率（GRIN）材料沿某一坐标轴的折射率变化曲线，即在某个波长下，某个表面相对 x 或 y 的折射率曲线。

执行“数据库”选项卡”→“光学材料”面板→“材料分析”组→“GRIN 剖面”命令，弹出“GRIN 剖面”窗口，单击左上角的“设置”按钮，打开参数设置面板，如图 2-85 所示。

另外还有 Gradium™ 文件，用于显示 Gradium 材料轴向折射率变化曲线，即在某个波长下，不同位置的折射率曲线，如图 2-86 所示。

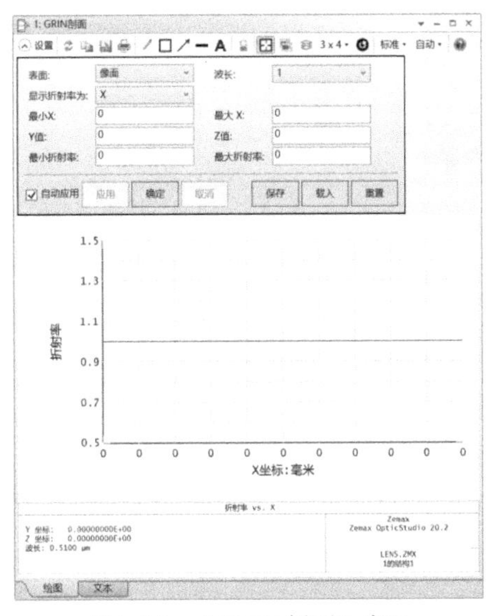

图 2-85 “GRIN 剖面”窗口

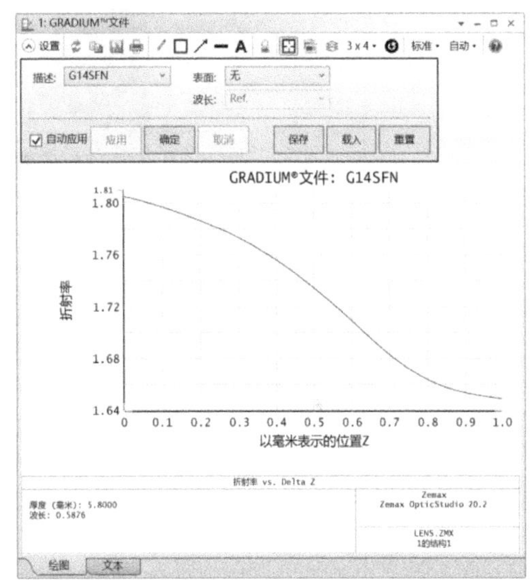

图 2-86 “Gradium™ 文件”窗口

2.5 其他分析

下面对激光与光纤、通用绘图工具、杂散光分析、双目镜分析等在 Zemax 中的表现方式进行简单阐述。

2.5.1 激光与光纤

激光与光纤分析组位于“分析”选项卡”→“激光与光纤”面板中，如图 2-87 所示，用于激光与光纤系统分析。

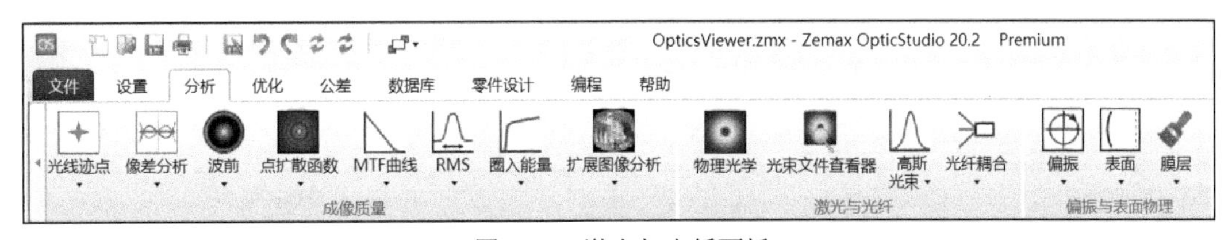

图 2-87 激光与光纤面板

1. 物理光学

用于将任意相干光束传播经过光学系统，提供高斯光束束腰图。执行“分析”选项卡→“激光与光纤”面板→“物理光学”命令，打开“物理光学”窗口，如图 2-88 所示。单击左上角的“设置”按钮，打开参数设置面板，如图 2-89（a）、（b）、（c）、（d）所示。限于篇幅，这里对各参数的含义不做详细解释。

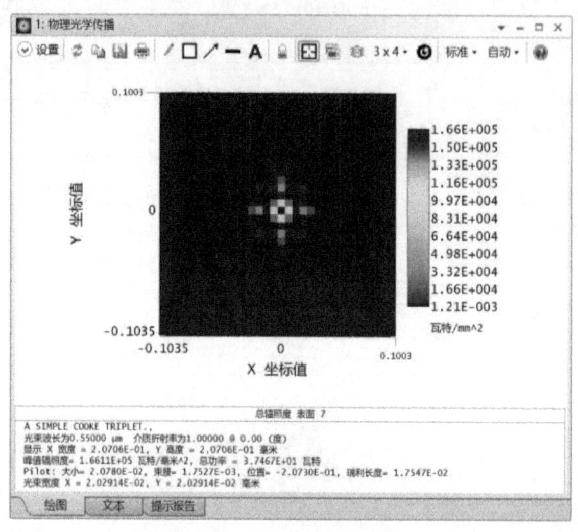

图 2-88　物理光学窗口

（a）常规选项卡　（b）光束定义选项卡

（c）显示选项卡　（d）光纤数据选项卡

图 2-89　参数设置面板

2. 光束文件查看器

用于查看和分析之前存储的 Zemax 光束文件（ZBF），这些文件可以是用户定义的，也可以是由物理光学传播分析生成的。利用该命令可以显示光斑束腰的大小和位置，如图 2-90 所示。

当光束一旦经过光学系统后进行传播，可以使用物理光学功能，对光束文件进行分析和查看，而不需要重新传播光束。每个表面的光束文件可以通过选择物理光学传播功能设置中的“保存所有面的光束”来生成。

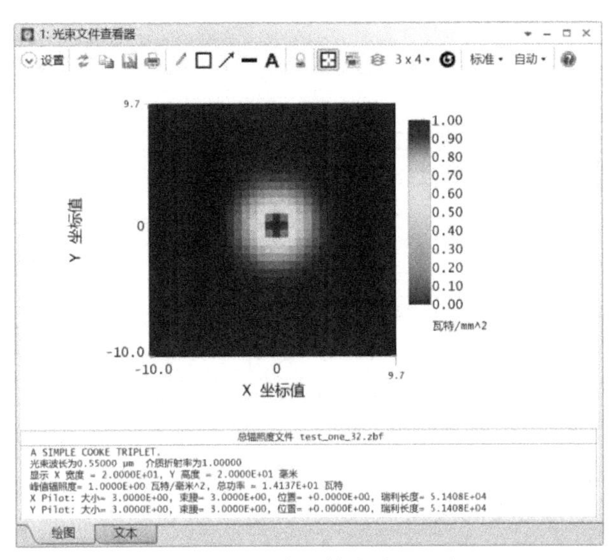

图 2-90 “光束文件查看器”窗口

3. 近轴高斯光束

用于计算近轴高斯光束参数。近轴高斯光束仅限于旋转对称系统的轴向分析。当给定的入射光束传播通过透镜系统时，可计算出理想的和包含 M2 混合模式的高斯光束数据，例如光束尺寸、发散角和束腰位置等。

注意：位置数据报告了相对于高斯光束束腰的表面位置，因此负数值表明光束束腰位置位于参考表面的右侧。

4. 倾斜高斯光束

用于计算倾斜高斯光束参数。倾斜光束可以从任意视场位置入射到光学系统的任意表面，可以离轴传播。倾斜高斯光束参数可以通过实际光线进行计算，并且需要考虑像散，但无须考虑高阶像差。

当给定的入射光束通过透镜系统传播时，可计算出理想倾斜高斯光束数据，例如光束尺寸、发散角和束腰位置。光束不仅限于旋转对称系统轴上的光束，对于任意角度的光束都可以追迹到光学系统中的任何位置。

5. 单模光纤耦合

用于计算单模光纤耦合系统的耦合效率。光纤耦合效率是基于双光纤模型或单光纤模型计算的。在双光纤模型中，来自源光纤的光线将充满或过度充满系统的入瞳。未被入瞳接收的能量会丢失，从而降低总体效率。如果需要，在单光纤模型中可以忽略源光纤此时将相对于进入入瞳的能量计算效率；效率进而随系统切趾变化。

6. 多模光纤耦合

通过使用几何图像分析功能的 NA 设置，可以计算指定 NA 和径向孔径的多模光纤的光学系统耦合效率。为了估算多模光纤的耦合效率，可以使用几何逼近。

将一个圆形孔径置于像面上或是像面前，且有适当的最大径向孔径表示纤芯尺寸。然后将 NA 设置为光纤可接受的最大 NA，并通过对在指定的 NA 中通过中心孔径的光线求和来计算百分比效率。

2.5.2　通用绘图工具

通用绘图工具包含“1-维”及“2-维”两个子命令，位于“分析”选项卡→“通用绘图工具”面板→“通用绘图工具”组中。

1. 1-维

用图表或文本形式列出某一个面的半径、厚度等参数与评价函数的关系，还可以描述光学系统的孔径、视场、波长与评价函数的关系。

通用绘图工具“新建”可以将任何一个优化用的操作数表示成为任何系统或面参数的函数，这种函数关系可以用曲线或文本列表的方式表达出来。由于本功能共有 300 个优化操作数和 200 个面参数，27 个系统参数，因此理论上本功能可以产生 60 000 种不同的曲线。

例如，假定弧矢 MTF，空间频率为 30 线对/mm，需要表达成为透镜组偏心的函数（适用于公差分析诊断）。由于操作数 MTFS 计算弧矢传递函数，因此万用图表将得出这种函数图形或数据列表。

一个透镜组的偏心是由相关的坐标间断面上的参数 1 和参数 2 定义的。面参数 1 和参数 2 两者均列在相应面的参数中。

由于本功能所能产生的各种图形的数目巨大，因此没有一种巧妙的默认设置能适用于独立变量或函数，这些值必须在对话框中逐个仔细设置。如果优化操作数不能计算，就会显示一个出错信息，图形就不会产生。

因为很多优化操作数采用 H_x 和 H_y 值来定义所计算的视场点，首先要求这些操作数视场数设定为 1，然后设定 H_x=0，H_y=1，最后选定 Y 视场 1 作为独立变量即可得出操作数与视场之间的函数关系。操作数与波长之间的函数关系也可采用类似方法得到。

若计算时间太长，按“Esc”键可以结束本功能的分析。

2. 2-维

与 1-维类似，区别是用图表或文本形式列出某两个面的半径、厚度等参数与评价函数的关系，还可以描述光学系统的孔径、视场、波长与评价函数的关系。

2.5.3　杂散光分析

杂散光是指远离吸收光的其他波长的入射光。由光源发出的光经过光学元件表面时会发生反射或散射，从而产生杂散光。杂散光分析位于“分析”选项卡”→“应用分析”面板中。

1. 鬼像分析

用于鬼像焦点分析。可生成衍生自当前镜头规格数据的镜头文件，生成的文件经设置可令指定表面反射光线，而非折射光线。新建反射面之前的光学系统部分为复制结果，以便光通过这部分光学系统继续传播。

执行“分析”选项卡”→“应用分析”面板→“杂散光分析”组下的“鬼像分析”命令，即可打开图 2-91 所示的“鬼像分析”对话框。单击“确定”按钮会打开图 2-92 所示的鬼像分析文本查看器窗口。

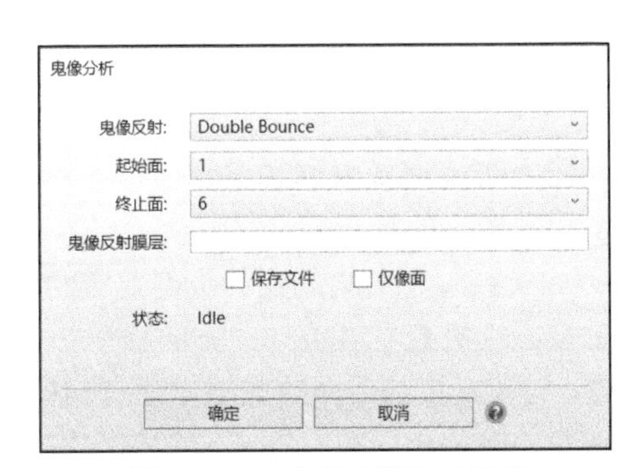

图 2-91 “鬼像分析”对话框

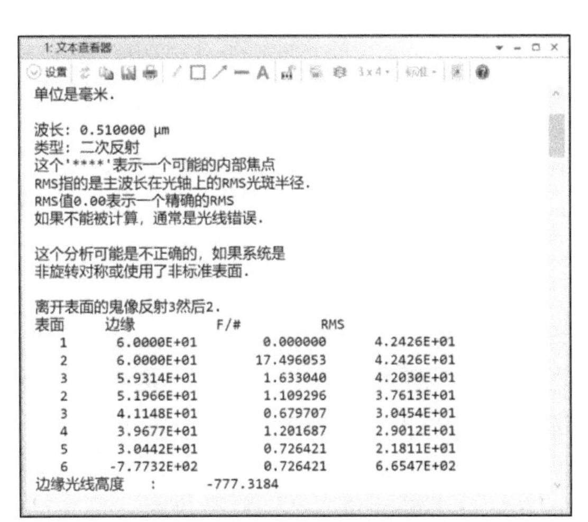

图 2-92 “文本查看器”窗口

该分析用于检查从任何光学面反射的光线是否会在其他组件上或焦平面附近形成“鬼像”像面。这些效应对高能激光系统的影响很大，其中聚焦反射会损坏光学系统。同时，鬼像像面也会降低对比度。该功能支持单次以及二次反射。

对于每个鬼像系统，将列出近轴边缘光线高度、近轴光线 F 数和轴上实际光线 RMS 光斑半径，还将指出可能发生内部聚焦的玻璃表面。对于像面，在进行二次反射鬼像分析时，还将提供近轴边缘光线和主光线高度、像面到鬼像的距离和鬼像系统的有效焦距（EFL）。

2. YNI 贡献

执行该命令，在弹出的文本窗口中可列出每一表面近轴 YNI 值，与该表面的 Narcissus 贡献成正比。在序列模式中，YNI 贡献分析和 YNIP 操作数可提供表面 Narcissus 贡献的一阶近似。

每个表面的 YNI 贡献为近轴边缘光线高度乘以折射率再乘以光线在表面入射角的积，通过 Surf 定义表面序号，Wave 定义波长序号。该量与指定表面的 Narcissus 贡献相关，值越大表示贡献量越多。

2.5.4 双目镜分析

双目镜系统是指双眼通过同一光学系统查看以便观察像面投影。双目镜分析位于“分析”选项卡”→“应用分析”面板中。双目镜分析包括“双目镜视场分析”及“双目镜水平/垂直视差分析”两项功能。

1. 双目镜视场分析

用于显示最多四个结构的视场。这里的视场表示从光阑面（而非物面）发射光线的角度，这些光线在传播到像面的过程中始终未发生渐晕。为实现该功能，需要做以下假设：

（1）视场可以用角度（单位为度）或方向余弦表示。角度/余弦是按照光阑上的主光线与局部 Z 轴的夹角测量得到的。忽略光阑面之前的表面。

（2）假设像面是眼睛看到的像所在的位置。每个选定结构都应表明一个眼球的位置（通常为偏心的）。

（3）应设置眼球位置为偏心，使像面 X、Y 坐标在所有结构中可以表示相同的像面光源点。例如，如果像面光源是 CRT，则像面坐标点(x=1,y=2)应在所有结构中，都对应于 CRT 上的同一物理位置。

（4）所有表面的孔径都应固定，以便渐晕视场以外的光线。

2. 双目镜水平/垂直视差分析

用于显示双目镜分析的水平以及垂直视差分析结果。当使用双眼通过双目透镜进行观察时，双眼观察同一像面点必须注视的方向之间通常存在较小的角向差。垂直（上/下）角被称为垂直视差角，水平（左-右）角被称为会聚角。如果查看者双眼凝视其头部前方的同一点，双眼位置的主光线将会聚，因为光线向面向透镜，远离查看者头部的方向移动。

如果随着光线向透镜方向传播，两条主光线发散，与观察头部后面的虚拟像面点相似，则此角被称为发散角。从计算角度看，会聚角和发散角实际是相同的。Zemax 默认会聚角为正，发散角为负。通常，会聚角比发散角的公差更大，且两个像差的规格要求可能不同。发散角和会聚角都以毫弧度为计量单位，视觉系统的典型极值要求是 1.0 毫弧度级。

通过在左眼结构中追迹参考光线，对视场内给定点的数据进行计算。然后在右眼结构中追迹相同角度的主光线。通常，右眼光线与左眼参考光线不会落在像面的同一 X、Y 坐标上。Zemax 将迭代追迹右眼光线，直至发现与左眼参考光线和像面交点坐标相同的主光线坐标。通常，得到的右眼主光线与左眼参考光线在垂直和水平方向都将形成某角度，这两个角度分别是发散角和会聚角。

> **注意：**左眼和右眼主光线必须在未出错且未产生渐晕的情况下通过所有表面，计算才有效。如果没有追迹这两条光线，则不会为该视场返回任何数据。两个结构之间的视场重叠有助于设置适当的最小/最大扫描值。

右眼结构要求的迭代追迹可能会失败，这是因为无解或者发散角/会聚角太大以致算法不稳定。迭代追迹失败一般表现为绘图出现缺口或不连续。

2.6　本章小结

本章详细介绍了 Zemax 中的分析功能，简单说明了各种外形图的显示，以及相关定义，分析了镜头数据的曲线和文本，通常包括像差、MTF、点列图以及其他计算结果等，还对偏振与表面物理分析、材料分析以及其他一些分析进行了讲解。

第3章　初级像差理论与像差校正

在进行成像光学系统设计之前，首先要了解一些基础知识，即基本的像差理论。掌握像差在光学系统中形成的原因，可以有效地帮助用户校正系统产生的像差，实现理想的像质。常见的初级像差有球差、彗差、像散、场曲、畸变、倍率色差、轴上色差等，本章将介绍这些知识在 Zemax 中的实现。

学习目标：

（1）了解像差产生的原因；

（2）掌握透镜的像差理论及校正方法；

（3）掌像差容限及其评价方法；

（4）掌握光学传递函数及评价方法。

3.1　初级像差理论

在讲解 Zemax 中的像差及其校正前，本节先对初级像差理论进行简单的介绍。

3.1.1　厚透镜初级像差

严格地说，任何光学透镜都具有一定的厚度，这是由于结构和机械强度的需要。对于正透镜，其边缘厚度一般不应小于 3mm；对于负透镜，中心厚度一般不应小于透镜孔径的 1/10～1/15，以防止安装和固定时变形。

除此之外，透镜的厚度还具有很多功能，其中主要有：

（1）透镜厚度作为光学结构参数的变量，其变化可以使透镜的焦距发生变化等。

（2）透镜厚度作为校正像差的变量，通过厚度的变化可以校正光学系统的像差，在双高斯型照相物镜中，是利用两块近乎对称的厚透镜来校正像差的。

如果透镜的厚度仅仅用于满足结构和机械强度的需要，而忽略它对光学系统参数和像差的影响，那么这种透镜叫作薄透镜。从光学设计的角度考虑，薄透镜实际上就是厚度为 0 的透镜。大多数透镜属于这一类型，因为把透镜看作薄透镜，会使计算和分析过程大大简化。

但是由于有些透镜的厚度不仅仅是为了满足机械结构和强度的要求，而且还是外形尺寸和像差校正的参数，这种透镜被称为厚透镜。

下面对厚透镜进行详细的介绍。

（1）主点和主面。

平行于光轴的入射光线（u_1=0）和透镜的出射光线的反向延长线的交点所构成的面，

叫作透镜的主面，位于光轴的交点叫作主点。透镜左侧的平行光线形成的主面叫作第二主面。p'点就是第二主点。以此类推，当平行光线从右向左进入光学系统时，自右至左追迹近轴光线可以得到第一主点。

（2）焦点和焦面。

自左至右传播的平行于光轴的一束平行光线（u_1=0），经过透镜后的出射光线会聚交光轴于 F'点，该点是透镜的第二焦点。相反，自右至左传播的平行光线形成第一焦点 F。经过焦点并垂直于光轴的平面叫作焦平面。

（3）焦距。

有效焦距（Effective Focal Length，EFL）：由光学系统的第二主面到第二焦点的距离叫作第二有效焦距，由第一主面到第一焦点的距离叫作第一有效焦距。当包围透镜的介质相同时（如空气），第一有效焦距和第二有效焦距相等，统称为有效焦距。

后焦距（Back Focal Length，BFL）：由透镜后表面顶点到第二焦点的距离叫作后焦距。

前焦距（Front Focal Length，FFL）：由透镜前表面顶点到第一焦点的距离叫作前焦距。

只有透镜对称时，透镜的前焦距和后焦距才相等，一般情况下，透镜的前、后焦距是不相等的。

3.1.2　薄透镜初级像差

如前所述，薄透镜是指厚度为 0 的透镜。对透镜做这样的近似处理基本上不会影响计算精度。薄透镜的概念广泛适用。在初始计算和分析中，绝大多数透镜都可看作薄透镜，这给分析和计算带来极大的方便。

在像差理论中，用幂级数的形式表示各项像差和物高 y（或视场角 w）、光束孔径 h（或孔径角 u）的关系。最低次幂对应的像差量被称为初级像差，而较高次幂对应的像差量被称为高级像差。初级像差理论忽略了 y 及 h 的高次项，在 y 及 h 均不大的情况下，初级像差理论能够很好地近似代表光学系统的像差性质，为研究和设计工作带来极大的方便。

如果一个透镜组的厚度与其焦距比较可以忽略，这样的透镜组被称为薄透镜组。由若干个薄透镜组组成的系统，称为薄透镜系统（透镜组间的间隔是可以任意的）。在初级像差的范围内，可以对这样的系统建立像差和系统结构参数之间的直接函数关系。

图 3-1 所示为一个简单的薄透镜系统示意图。

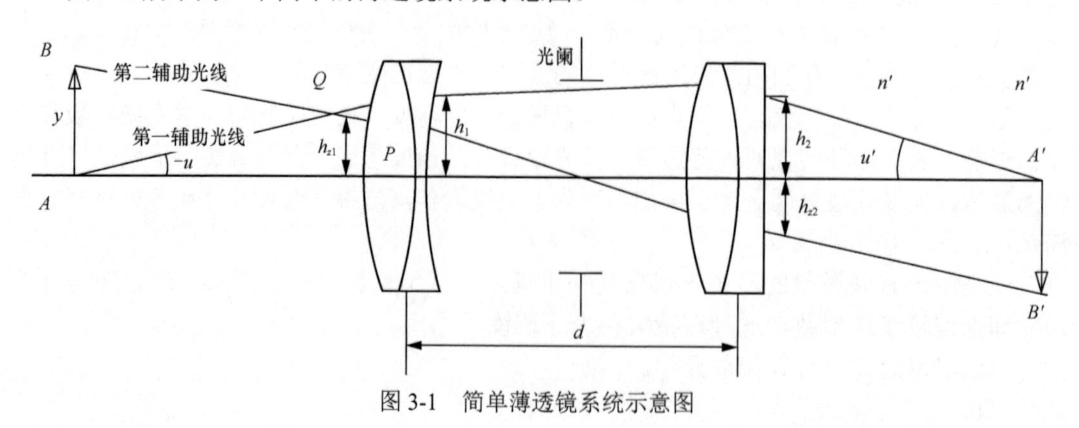

图 3-1　简单薄透镜系统示意图

取两条辅助光线：第一辅助光线是由轴上点发出的经过孔径边缘的光线，它在第 i 个透镜上的投射高为 h_i；第二辅助光线是轴外点发出的经过孔径中心的光线，它在第 i 个透镜上的投射高为 h_{zi}。而且第 i 个透镜的光焦度也是已知的，为φ_i。每个透镜组的 h_i、h_{zi} 和 φ_i 叫作透镜组的外部参数，都是已知的，与薄透镜组的具体结构无关；对应的，每个透镜组的 r_i、d_i、n_i 称为透镜组的内部结构参数。

像差既与外部结构参数有关，又与内部结构参数有关。薄透镜系统初级像差方程组的作用是把系统中各个薄透镜组已知的外部参数和未知的内部结构参数与像差的关系分离开来，便于研究。

3.1.3 像差校正与平衡

选择初始结构后，利用计算机进行光路计算，求出全部像差，并画出各种像差曲线。从像差曲线上可以分析得到主要是哪些像差影响光学系统的成像质量，从而找到改进方法，进行像差校正。像差须确定满足使用要求，又能使像差达到最佳校正的平衡方案。

一般高级像差是无法校正的，只能降低到允许的范围内，然后改变初级像差符号和数量，把初级像差和高级像差降到最小，使系统实现尽可能好的成像质量。

有些情况下某一像差无法校正，需要用其他像差来补偿，即像差平衡。像差平衡时，不需要将所有像差都校正到最小（相对于高斯像面），关键是各种像差的平衡：轴上点与轴外点的平衡、各个视场间像差的平衡、各种像差的正负号平衡。这样才能使所有像差对一个统一像面达到最小，整个系统具有最佳成像质量。

计算结果处理：可将高斯像面移动到这个新的像面上，称为“离焦”。有时为了改善轴外点成像质量，将拦截孔径边缘那部分像差较大的光线，称为“拦光”。

3.2 像差及其校正

实际上光学系统的成像是不完善的，光线经光学系统各表面传输会形成多种像差，使成像产生模糊、变形等缺陷。像差就是光学系统成像不完善程度的描述。光学系统设计的一项重要工作就是要校正这些像差，使成像质量达到技术要求。

光学系统的像差可以用几何像差来描述，常见的初级像差包括球差、彗差、像散、场曲和畸变 5 种单色像差，以及球色差和倍率色差 2 种色差。

3.2.1 球差

球差对成像光学系统设计有着重要的影响，进行光学设计需要详细地分析球差产生的原因，以及在 Zemax 中的表现形式和消除方法。

1. 球差的概念

球差也叫作球面像差，是指轴上物点发出的光束通过球面透镜时，透镜不同孔径区域的光束最后汇集在光轴的不同位置，在像面上形成圆形弥散，如图 3-2 所示。

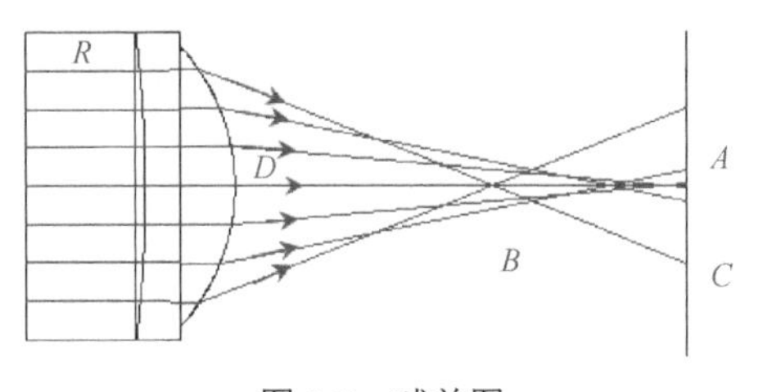

图 3-2 球差图

如果使用定量方法来计算，球差大小表示在不同光瞳区域中的光线入射到像面后，在像面上与光轴的垂直高度的大小。

由于绝大多数玻璃透镜元件都是球面，所以球差的存在是必然性。由于球差的存在，使球面透镜的成像不再具有完美性，球面单透镜的球差是不可消除的。

球差具有以下特点：当在轴上视场中产生时，是旋转对称的像差。

2. Zemax 中的球差描述

【例 3-1】设计一个简单的单透镜来介绍球差在 Zemax 软件中的描述方法。

最终文件：Char03\球差.zmx

Zemax 设计步骤如下。

步骤 1：在“镜头数据”编辑器中输入参数。

（1）单击“文件”选项卡→“镜头文件”→“新建”按钮，弹出镜头数据编辑器。

（2）在编辑器中，单击#面 2（像面）的“表面类型”栏，按“Insert”键插入 2 个面，并将#面 1（光阑面）厚度设置为 20。

（3）在#面 2 中输入曲率半径为 100、厚度为 10、材料为 BK7，如图 3-3 所示。

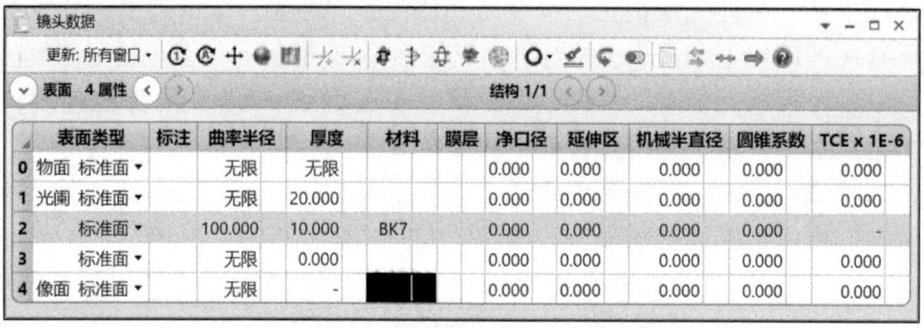
镜头数据
更新: 所有窗口
表面 4 属性
结构 1/1
表面类型 标注 曲率半径 厚度 材料 膜层 净口径 延伸区 机械半直径 圆锥系数 TCE x 1E-6
0 物面 标准面 无限 无限 0.000 0.000 0.000 0.000 0.000
1 光阑 标准面 无限 20.000 0.000 0.000 0.000 0.000 0.000
2 标准面 100.000 10.000 BK7 0.000 0.000 0.000 0.000 -
3 标准面 无限 0.000 0.000 0.000 0.000 0.000 0.000
4 像面 标准面 无限 - 0.000 0.000 0.000 0.000 0.000

图 3-3 “镜头数据”编辑器

步骤 2：设置入瞳直径大小为 50mm。

（1）在“系统选项”面板中单击“系统孔径”左侧的▸（展开）按钮，展开“系统孔径”选项。

（2）在“孔径类型”中选择“入瞳直径”，“孔径值”输入“50”，“切趾类型”选择“均匀”，如图 3-4 所示。

（3）镜头数据随之发生变化，如图 3-5 所示。

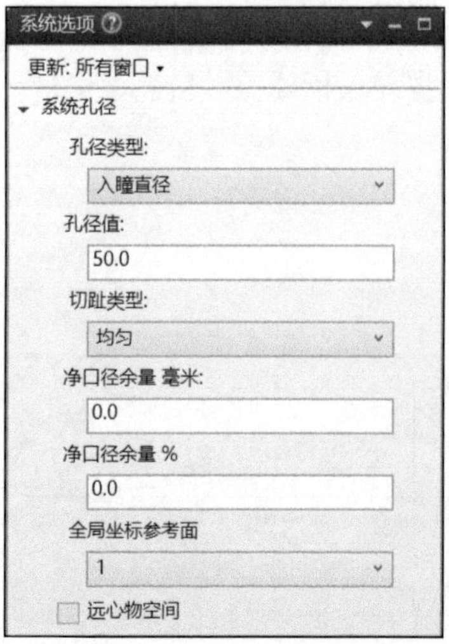
系统选项
更新: 所有窗口
系统孔径
孔径类型:
入瞳直径
孔径值:
50.0
切趾类型:
均匀
净口径余量 毫米:
0.0
净口径余量 %
0.0
全局坐标参考面
1
远心物空间

图 3-4 系统孔径设置

步骤 3：在透镜后表面的曲率半径上设置 F/#解为 1.5（f=D*F/#，所以焦距为 75mm）。

（1）在透镜后表面（#面 3）曲率半径后的曲率解栏中单击，弹出“在#面 3 上的曲率解”对话框。

（2）在该对话框中的“求解类型”栏选择“F 数”。

（3）在“F/#”栏中输入 1.5，如图 3-6 所示，单击空白处完成设置，此时编辑器中“曲率半径”值变为−61.464。

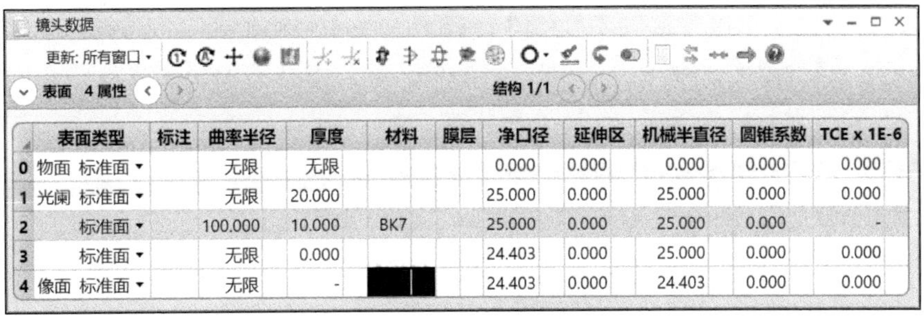

镜头数据

更新: 所有窗口 · 表面 4 属性 结构 1/1

	表面类型	标注	曲率半径	厚度	材料	膜层	净口径	延伸区	机械半直径	圆锥系数	TCE x 1E-6
0	物面 标准面 ▾		无限	无限			0.000	0.000	0.000	0.000	0.000
1	光阑 标准面 ▾		无限	20.000			25.000	0.000	25.000	0.000	0.000
2	标准面 ▾		100.000	10.000	BK7		25.000	0.000	25.000	0.000	-
3	标准面 ▾		无限	0.000			24.403	0.000	25.000	0.000	0.000
4	像面 标准面 ▾		无限	-			24.403	0.000	24.403	0.000	0.000

图 3-5 镜头数据变化

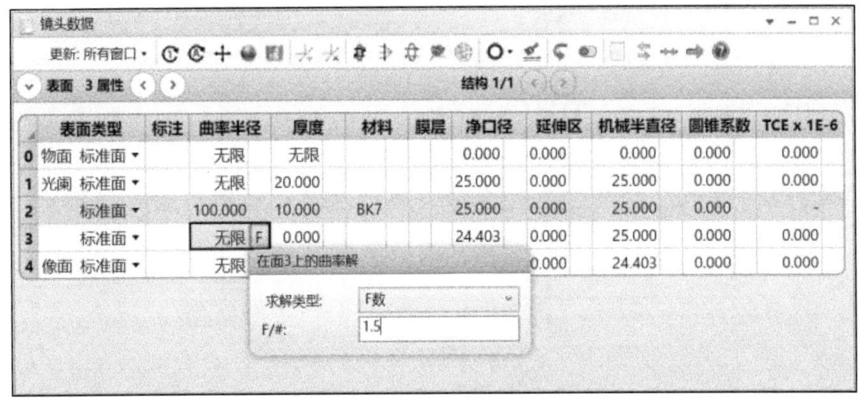

图 3-6 曲率半径求解设置

步骤 4： 在像面前的“厚度”栏中设置边缘光线高度解。

（1）在像面前的“厚度”栏中双击鼠标左键，弹出“在#面 3 上的厚度解”对话框。

（2）在该对话框的“求解类型”栏中选择“边缘光线高度”。

（3）保持“高度”与“光瞳”参数为默认设置，如图 3-7 所示，单击空白处完成设置，此时厚度值变为 72.439。

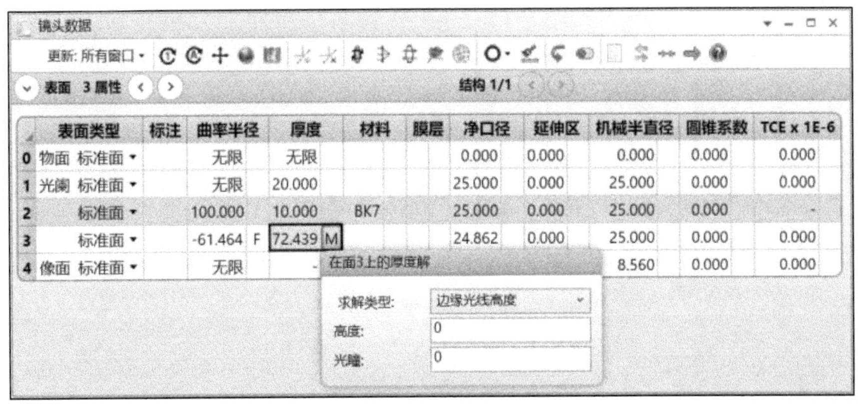

图 3-7 厚度求解设置

步骤 5： 完成简单的单透镜系统。

（1）单击“设置”或“分析”选项卡→“视图”面板→“3D 视图”按钮，打开“三维布局图”窗口显示光路结构图。

（2）在该窗口中可以观察到不同的孔径区域光线的聚焦位置不同（光线数采用默认值7），调整线宽（表面为细，光线为极细）后的单透镜光路结构图如图3-8所示。

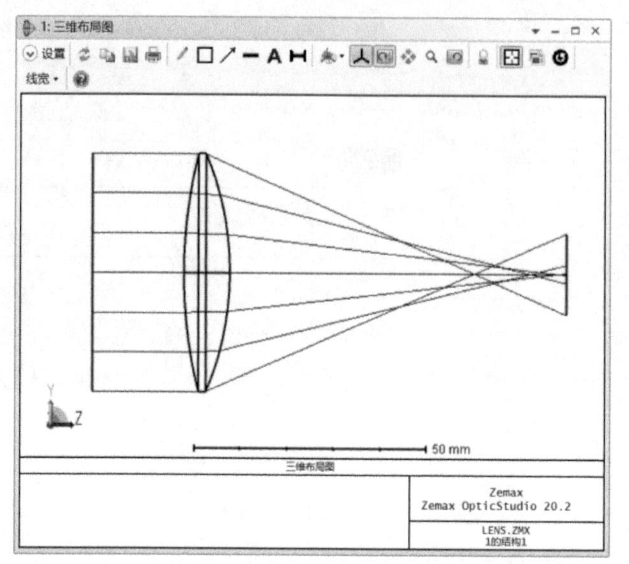

图3-8　单透镜光路结构图

（3）单击3D布局图左上角的“设置”按钮，在弹出的参数设置面板中将“光线数”设置为2，此时三维布局图如图3-9所示。

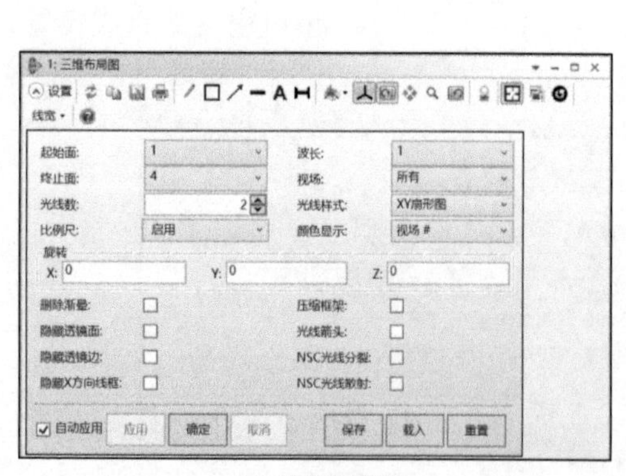

（a）设置光线数

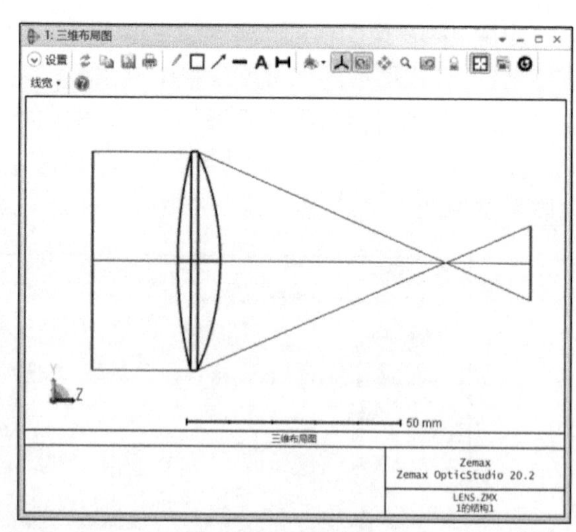

（b）“三维布局图”窗口

图3-9　三维布局图（光路图）

3. 球差在Zemax中的表示

（1）在Zemax的光线光扇图中可以定量分析不同孔径的球差大小。光线光扇图也叫作光线像差图，它描述的是在不同光瞳位置处光线的像面高度与主光线高度的差值。

执行“分析”选项卡→“成像质量”面板→“光线迹点”组→“光线像差图”命令，即可打开“光线光扇图”窗口显示光线光扇图，如图3-10所示。

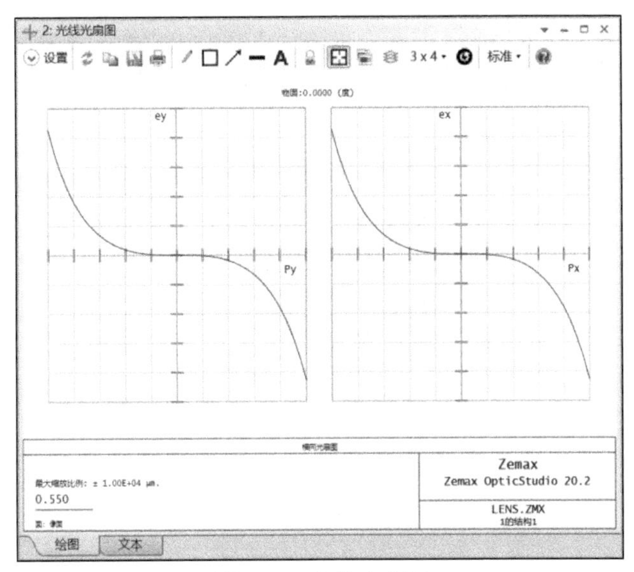

图 3-10　光线光扇图

光线光扇图显示该单透镜的光线差曲线，即球差曲线。当 P_y=1 时，光路图中的光线在像面上的高度对应光扇图的大小。

（2）从光线像差图中可以发现球差曲线具有旋转对称性。同样，从点列图（也称为光斑图）中也可以发现球差特点。

执行“分析”选项卡→“成像质量”面板→“光线迹点”组→“标准点列图”命令，即可打开“点列图”窗口显示光斑图。

单击左上角的“设置”按钮，在弹出的参数设置面板中将“光线密度”设置为 25，如图 3-11（a）所示，此时不同孔径区域形成的光斑点列图如图 3-11（b）所示。

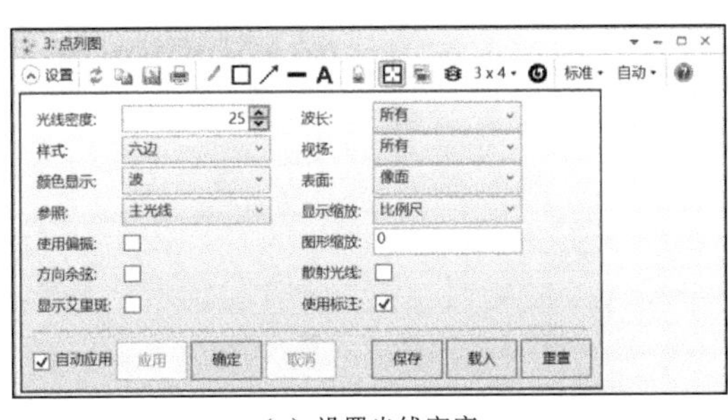

（a）设置光线密度

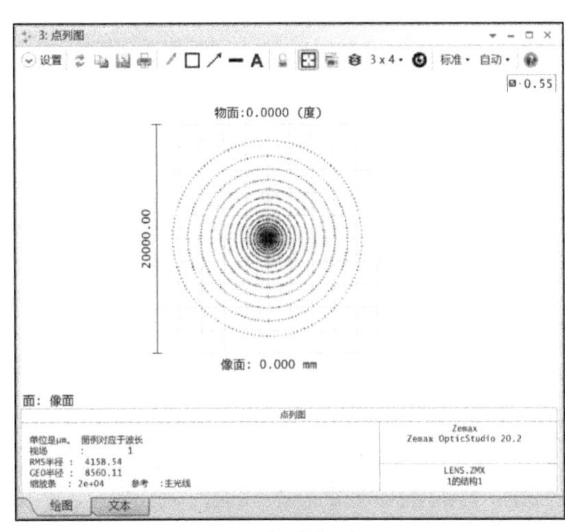

（b）“点列图”窗口

图 3-11　点列图（光斑图）

（3）从光程差角度进行分析，球差的产生是由于波前相位的移动，即在出瞳参考球面与实际球面波前的差异。

执行“分析”选项卡→“成像质量”面板→“波前”组→“波前图”命令，即可打开“波前图”窗口显示波前图。如图3-12所示为有球差时的波前图。

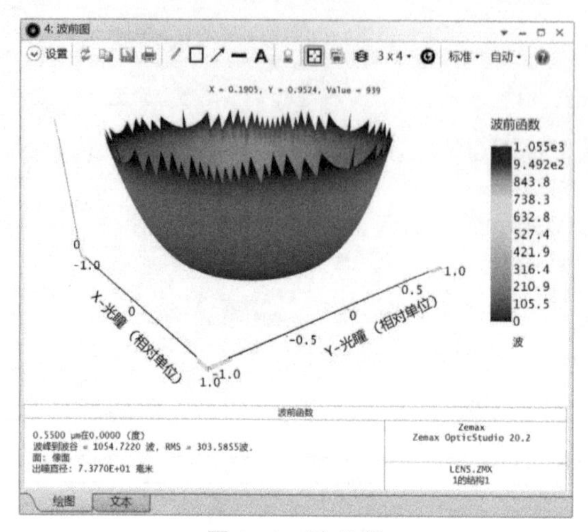

图3-12　波前图

（4）当实际波前与参考波前产生分离时，光程差不再相等，使物面同一束光经实际透镜和理想透镜后，产生牛顿干涉环，使用波前的干涉图分析功能可以得到牛顿干涉环。

单击“分析”选项卡→“成像质量”面板→“波前”组→“干涉图”命令，即可打开“波前图”窗口显示波前图。

单击左上角的“设置”选项卡，在弹出的参数设置面板中将“显示为”选项设置为“等高线”，在面板菜单栏中调整分辨率为“高”，最终显示的干涉图如图3-13所示。

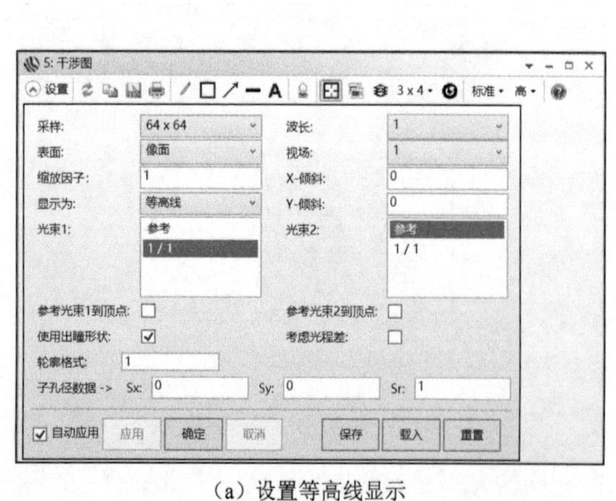

（a）设置等高线显示

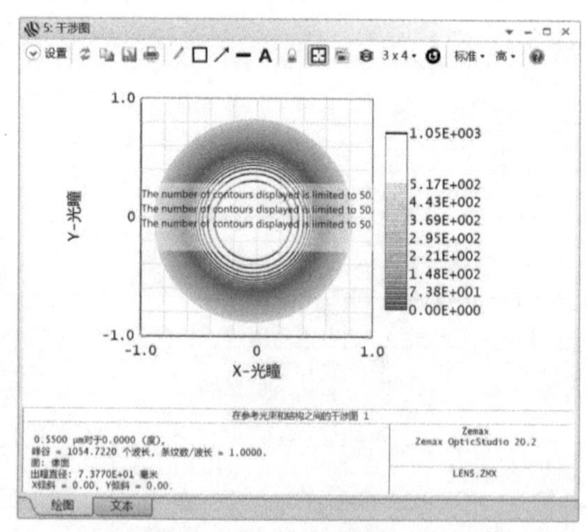

（b）干涉图

图3-13　干涉图

4. 球差定量分析

球差定量分析功能相互联系，理论结合实际。使用Zemax提供的赛德尔像差统计功能可以查看球差数据。

执行“分析”选项卡→“成像质量”面板→“像差分析”组→“赛德尔系数”命令，即可打开“赛德尔系数”文本窗口，如图 3-14 所示。

6: 赛德尔系数

设置 3x4 · 标准 ·

赛德尔像差系数:

表面	SPHA S1	COMA S2	ASTI S3	FCUR S4
光阑	-0.000000	-0.000000	-0.000000	-0.000000
2	0.087839	0.000000	0.000000	0.000000
3	3.528656	-0.000000	0.000000	0.000000
像面	0.000000	0.000000	0.000000	0.000000
累计	3.616494	0.000000	0.000000	0.000000

赛德尔像差系数（波长）：

表面	W040	W131	W222	W220P
光阑	-0.000000	-0.000000	-0.000000	-0.000000
2	19.963306	0.000000	0.000000	0.000000
3	801.967163	-0.000000	0.000000	0.000000
像面	0.000000	0.000000	0.000000	0.000000
累计	821.930470	0.000000	0.000000	0.000000

横向像差系数:

表面	TSPH	TSCO	TTCO	TAST
光阑	-0.000000	-0.000000	-0.000000	-0.000000
2	0.131758	0.000000	0.000000	0.000000

图 3-14 塞得尔系数窗口

5. 球差的校正方法

实际应用中主要使用两种方法校正球差：凹凸透镜补偿法和非球面校正球差。由于凸面（提供正的光焦度）始终提供正的球差，凹面始终提供负的球差，因此双凸单透镜不能消除球差。

采用增加透镜的方法，通过增加凹凸面，从而减小球差。另外，在不能增加透镜的情况下，常使用二次曲面来消除球差，即常说的 Conic 非球面。

下面继续以上文所述单透镜为例进行讲解。

步骤 1： 将#面 2 的圆锥系数设置为变量。

（1）在#面 3 的圆锥系数后面的列中单击鼠标左键，弹出“在#面 3 上的圆锥系数解”对话框。

（2）在该对话框中的“求解类型”栏中选择“变量”，如图 3-15 所示，单击空白处完成设置。

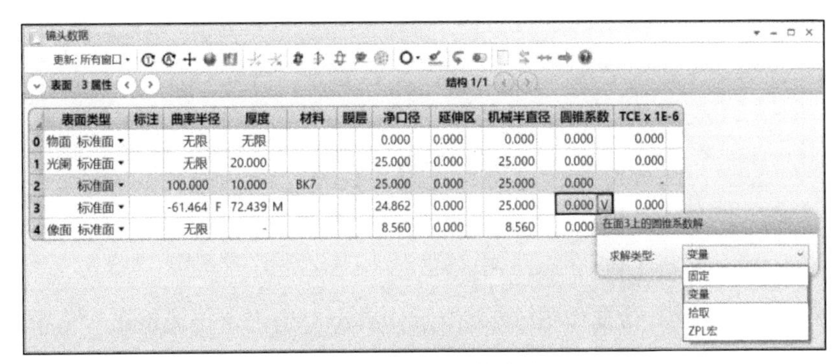

图 3-15 添加优化变量

步骤 2：利用优先向导进行优化设置。

（1）单击“优化”选项卡→“自动优化”面板→“优化向导”按钮，打开“优化向导”面板的“评价函数编辑器”窗口。

（2）设置“成像质量”为“点列图”，“X 权重”与“Y 权重”均为 0，“光瞳采样”组下选择“高斯求积”，并将环设置为 4，单击“应用”按钮即可添加优化目标函数，如图 3-16 所示。

（3）单击“关闭”按钮，退出评价函数编辑器。

图 3-16　评价函数编辑器

步骤 3：查看优化结果。

（1）单击“优化”选项卡→“自动优化”面板→“执行优化”按钮，打开图 3-17 所示的“局部优化”对话框，采用默认设置。

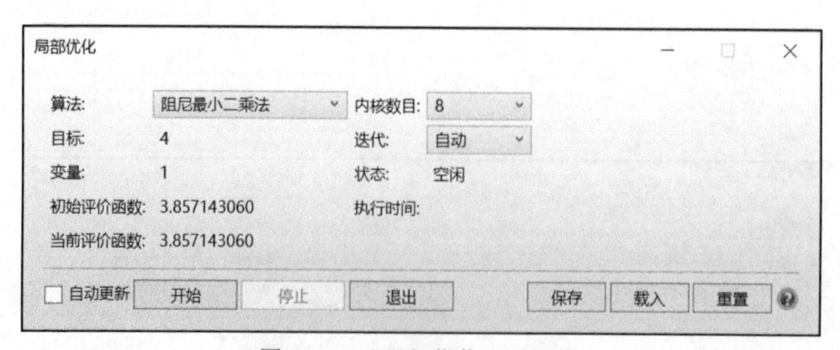

图 3-17　“局部优化”对话框

（2）单击“开始”按钮，开始优化操作。

（3）优化完成后，对话框如图 3-18 所示，单击“退出”按钮退出对话框，此时会发现#面 3 的圆锥系数发生了变化，由 0 变为−5.072。

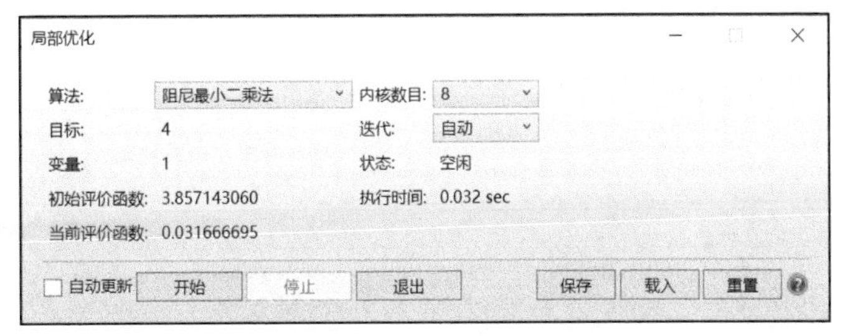

图 3-18 优化完成后的对话框

（4）将三维布局图置前，如图 3-19 所示，观察发现优化后光线焦距在一点上（肉眼看上去是）。光斑接近变为 0，球差基本消除，如图 3-20 所示。

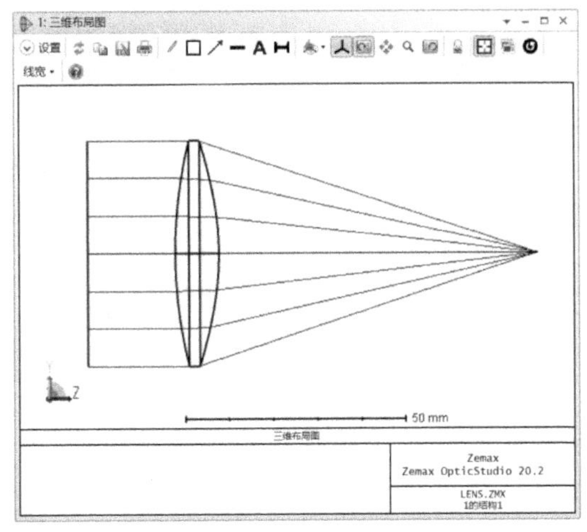

图 3-19 三维布局图

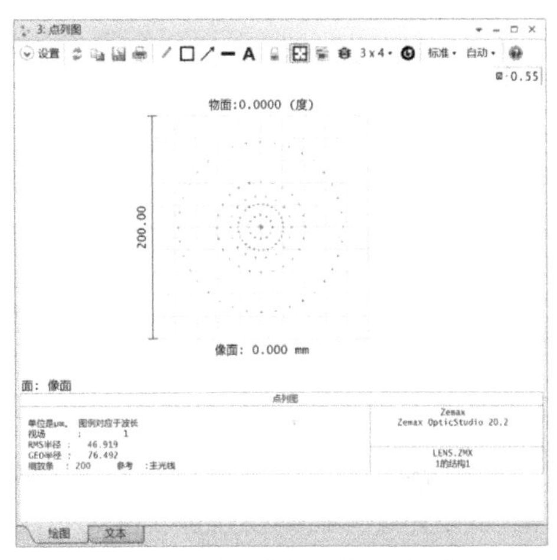

图 3-20 光斑图（球差基本消除）

（5）继续将#面 2 上的曲率半径设为变量，执行上述优化操作。优化后光线完全焦距在一点，此时光斑变为 0，球差完全消除，如图 3-21 所示。

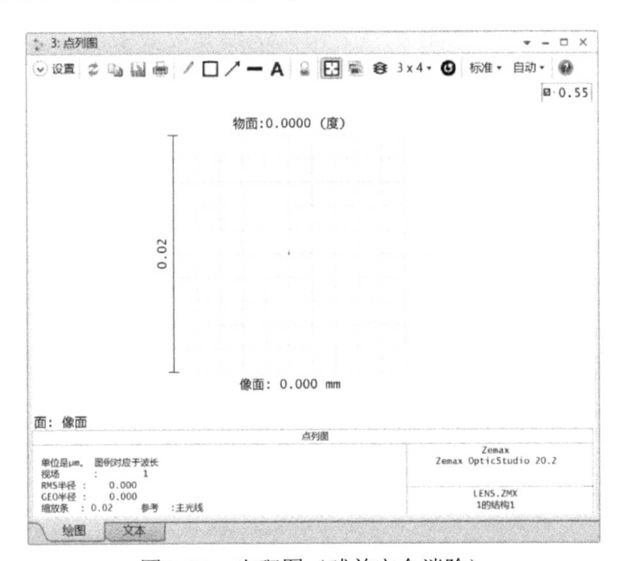

图 3-21 光斑图（球差完全消除）

（6）将镜头数据编辑器置前，最终镜头数据如图 3-22 所示。

可见使用非球面的方法效果显著，但是由于非球面加工成本较高，因此该方法未能广泛推广。

	表面类型	标注	曲率半径	厚度	材料	膜层	净口径	延伸区	机械半直径	圆锥系数	TCE x 1E-6
0	物面 标准面 ▾		无限	无限			0.000	0.000	0.000	0.000	0.000
1	光阑 标准面 ▾		无限	20.000			25.000	0.000	25.000	0.000	0.000
2	标准面 ▾		1.059E+10 V	10.000	BK7		25.000	0.000	25.000	0.000	-
3	标准面 ▾		-38.889 F	75.000 M			25.000	0.000	25.000	-2.306 V	0.000
4	像面 标准面 ▾		无限	-			5.807E-10	0.000	5.807E-10	0.000	0.000

图 3-22　最终镜头数据

3.2.2　彗差

通过 3.2.1 球差的介绍可知，在轴上视场产生的球差是旋转对称的像差。在进行光学系统设计时，同时需要保证轴上物点和轴外物点的成像质量。轴外物点成像时，会引入轴外像差，即轴外视场产生的彗差（Coma Aberration）。

1. 彗差概念

彗差，是指轴外物点（或称轴外视场点）所发出的锥形光束通过光学系统成像后，在理想像面不能成完美的像点，而是形成拖着尾巴的如彗星形状的光斑，因此光学系统的这种像差被称为彗差。

使用几何光学的方法描述彗差，它表示外视场不同孔径区域的光束聚焦在像面上的高度不同，是由于外视场不同孔径区域成像的放大率不同形成的。使用几何光斑的方法描述，即主光线光斑偏离整个视场光斑的中心。

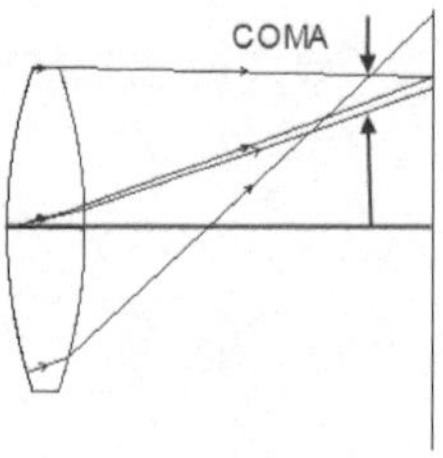

通常由于彗差的存在，外视场聚焦光斑变大，使图像外边缘像素拉伸，导致图像模糊不清。彗差只存在于外视场，它是非旋转对称的像差。不同光瞳区域的光线入射在像面的高度各不相同。

用轴外物点发出的锥形光束在像面的聚焦情况来形象描述彗差产生的原因，如图 3-23 所示。

图 3-23　彗差效果图

把外视场整个锥形光束分为 4 个光瞳区域，靠近主光线的光束区域（光瞳中心区域）成像在像面上的高度为 Zone1，边缘光线的光束区域（光瞳边缘）成像在像面上的高度为 Zone4，因此造成了在不同光瞳区域处成像高度的区别。

综上所述，物点在像面上的成像高度决定了系统的放大率，这也说明彗差是由于外视场不同光瞳区域成像放大率不同造成的。

2. Zemax 中的彗差描述

【例 3-2】 利用 Zemax 创建一个理想光学系统，并通过几何光线来描述彗差。

所谓的理想光学系统是指这个光学系统不会产生任何像差，其成像是“完美的”。Zemax 专门提供了一种理想系统供用户进行基础理论分析。

最终文件：Char03\彗差.zmx

Zemax 设计步骤如下。

步骤 1： 设置入瞳直径为 50mm。

（1）在“系统选项”面板中单击“系统孔径”左侧的▸（展开）按钮，展开“系统孔径”选项。

（2）将“孔径类型”设置为“入瞳直径”，“孔径值”设置为 50，“切趾类型”设置为“均匀”，如图 3-24 所示。

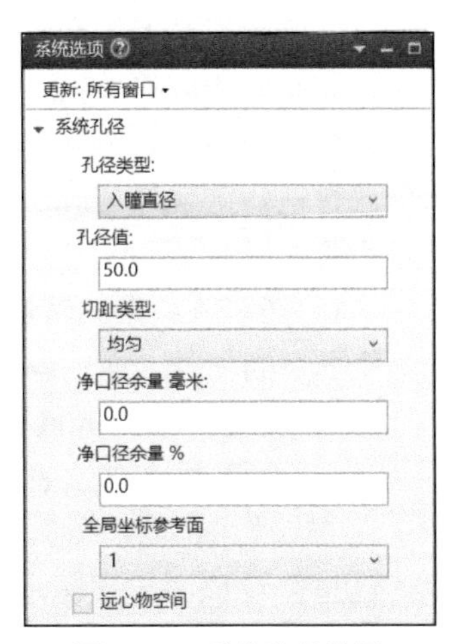

图 3-24 系统孔径设置

步骤 2： 输入视场 10 度。

（1）在“系统选项”面板中单击“视场”左侧的▸（展开）按钮，展开“视场”选项。

（2）单击“打开视场数据编辑器”按钮，打开视场数据编辑器，在“视场类型”选项卡中设置“类型”为“角度”。

（3）将电子表格的视场 1 中的“Y 角度”设置为 10，保持权重为 1，如图 3-25 所示。

（4）单击右上角的“关闭”按钮完成设置。

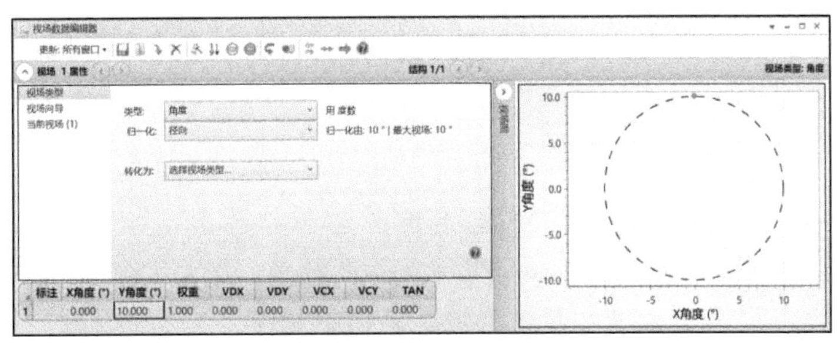

图 3-25 视场数据编辑器

步骤 3： 波长采用默认值。

步骤 4： 设置第 1 面表面类型为近轴面，即近轴理想透镜面型，不会产生任何像差。

（1）在镜头数据编辑器中双击#面 1 的“表面类型”栏，在弹出的参数设置面板中将#面 1 表面类型设置为“近轴面”。

（2）移动界面到“焦距”栏，透镜默认焦距为 100mm，如图 3-26 所示。

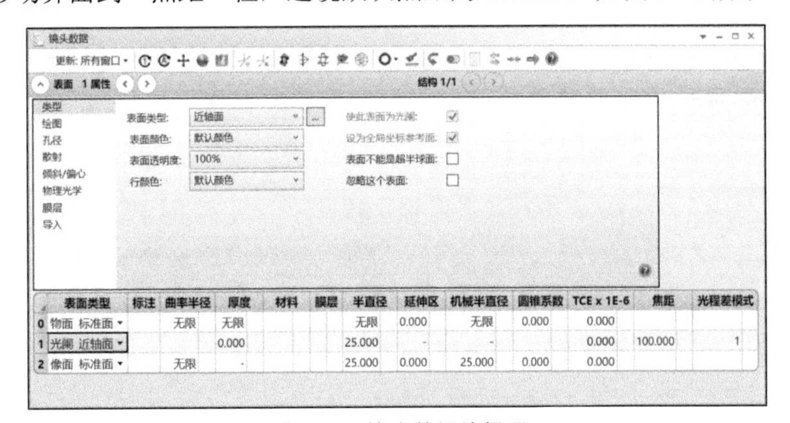

图 3-26 镜头数据编辑器

接下来模拟彗差的产生过程，使用 Zernik Fringe 相位面型可对任意系统的波前进行调制，得到想要的波前形状。

理想透镜聚焦时在像空间形成完美的球面波，通过对行的球面波重新调制，即可模拟出任意像差。这就是 Zernik Fringe 相位面的基本工作原理。

步骤 5：在像面前插入一个面，并设置表面类型为 Zernik Fringe 相位。

（1）在镜头数据编辑器#面 2（像面）的“表面类型”栏单击，然后按“Insert”键插入一个面，当前插入面的编号为 2。

（2）设置#面 1（光阑面）的“材料”为 BK7。

（3）设置#面 2 的“表面类型”为“Zernik Fringe 相位”，“厚度”为 100，“归一化半径”为 25，如图 3-27 所示。

这里假设该面与理想透镜紧密贴合在一起，表示直接对理想透镜的完美球面波进行调制。

镜头数据

更新: 所有窗口

表面 2 属性　　结构 1/1

	表面类型		标注	曲率半径	厚度	材料	膜层	净口径	延伸区	机械半直径	圆锥系数	TCE x 1E-6	衍射级次	外插	参数 2(未使用)	最大项数 #	归一化半径
0	物面	标准面 ▾		无限	无限			无限	0.000	无限	0.000	0.000					
1	光阑	近轴面 ▾			0.000	BK7		25.000	-	-		-		100.000	1		
2		Zernike Fringe相位 ▾		无限	100.000			25.000	0.000	25.000	0.000	0.000	1.000	0		9	25.000
3	像面	标准面 ▾		无限	-			20.012	0.000	20.012	0.000	0.000					

图 3-27　设置新插入面的面型

步骤 6：编辑 Zernike Fringe 相位面型数据。

前 9 项 Zernike（泽尼克）系数表示基本的三阶像差，前 9 个 Zernike（泽尼克）项与像差的对应关系如下，我们需要的彗差为第 7 项和第 8 项。

```
Zernike 1        平移
Zernike 2        x 轴倾斜
Zernike 3        y 轴倾斜
Zernike 4        离焦
Zernike 5        像散@0 度&离焦
Zernike 6        像散@45 度&离焦
Zernike 7        彗差& x 轴倾斜
Zernike 8        球差&离焦
```

（1）在镜头数据编辑器#面 2 的最大项数列中输入 9，随后会出现泽尼克系列。

（2）找到对应的“泽尼克 7”栏并输入“0.333”，在第 8 列“泽尼克 8”栏中输入“100”，如图 3-28 所示。

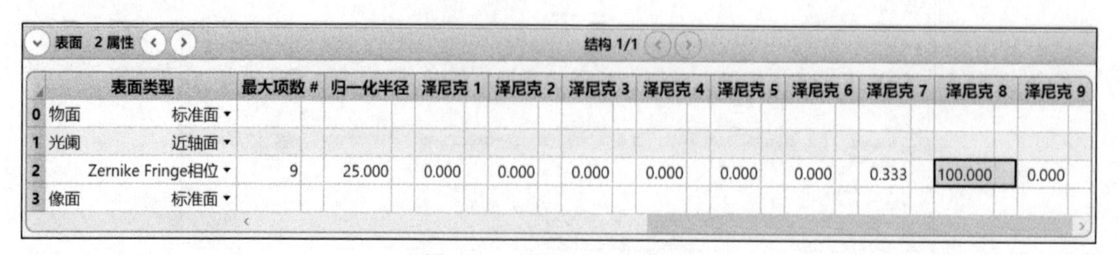

表面 2 属性　　结构 1/1

	表面类型		最大项数 #	归一化半径	泽尼克 1	泽尼克 2	泽尼克 3	泽尼克 4	泽尼克 5	泽尼克 6	泽尼克 7	泽尼克 8	泽尼克 9
0	物面	标准面 ▾											
1	光阑	近轴面 ▾											
2		Zernike Fringe相位 ▾	9	25.000	0.000	0.000	0.000	0.000	0.000	0.000	0.333	100.000	0.000
3	像面	标准面 ▾											

图 3-28　设置泽尼克系数

（3）单击“分析”选项卡→“视图”面板→“3D 视图”按钮，即可打开“三维布局图”窗口显示光线图，如图 3-29 所示。在焦点处放大即可看到彗差的几何光线形式。

3. *彗差表现形式*

（1）通过光线分布可以想象彗差的光斑形式。

（2）执行“分析”选项卡→“成像质量”面板→“光线迹点”组→“标准点列图”命令，即可打开“点列图”窗口显示光斑图，如图 3-30 所示。放大后可以清楚地显示彗差的光斑图案。

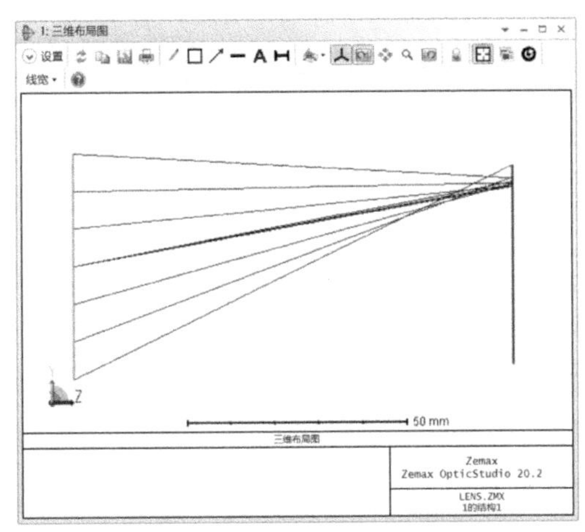

图 3-29 彗差的几何光线形式

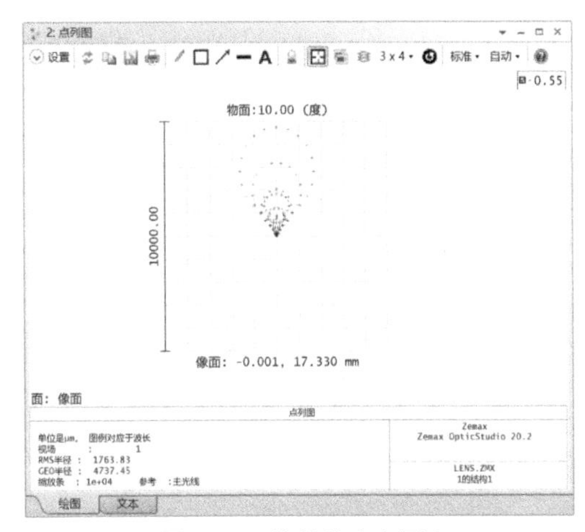

图 3-30 彗差的光斑图案

（3）光线光扇图也可以定量描述彗差曲线。彗差是由于不同孔径区域成像在像面上的高度不同形成的，即孔径边缘光线对与主光线的偏离，而这种光线对此时不再是旋转对称的。

执行“分析”选项卡→“成像质量”面板→“光线迹点”组→“光线像差图”命令，即可打开“光线光扇图”窗口显示光线光扇图，如图 3-31 所示。

（4）主光线同光斑质心的偏移使用波前来描述，即彗差的波前面将是一个倾斜的波面。

执行“分析”选项卡→“成像质量”面板→“波前”组→“波前图”命令，即可打开“波前”窗口显示彗差波前图，如图 3-32 所示。

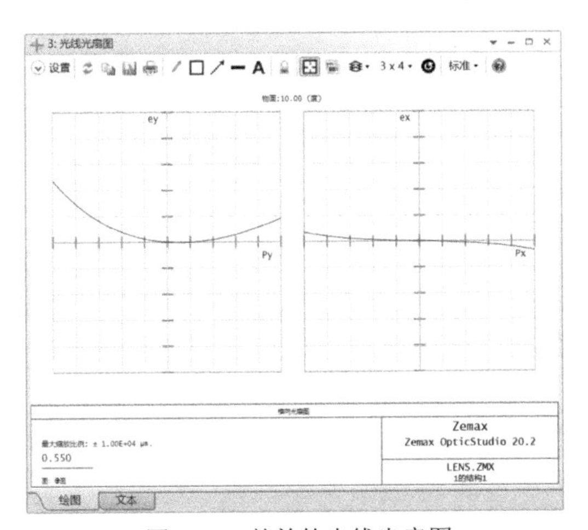

图 3-31 彗差的光线光扇图

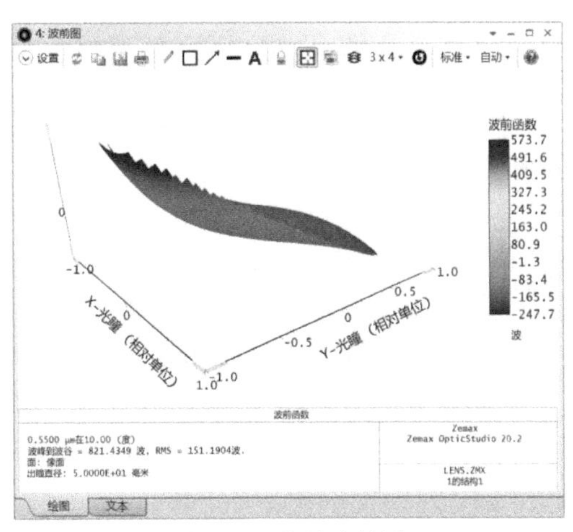

图 3-32 彗差波前图

（5）同样，使用干涉的方法测试彗差波面与理想波面间的光程差，可看到彗差产生时的干涉图。

执行“分析”选项卡→“成像质量”面板→“波前”组→“干涉图”命令，即可打开“干涉图”窗口显示彗差产生时的干涉图，如图3-33所示。

（6）在赛德尔系数窗口中可以查看彗差的详细数据。执行“分析”选项卡→“成像质量”面板→“像差分析”组→“赛德尔系数”命令，即可打开赛德尔系数窗口显示赛德尔系数，如图3-34所示。

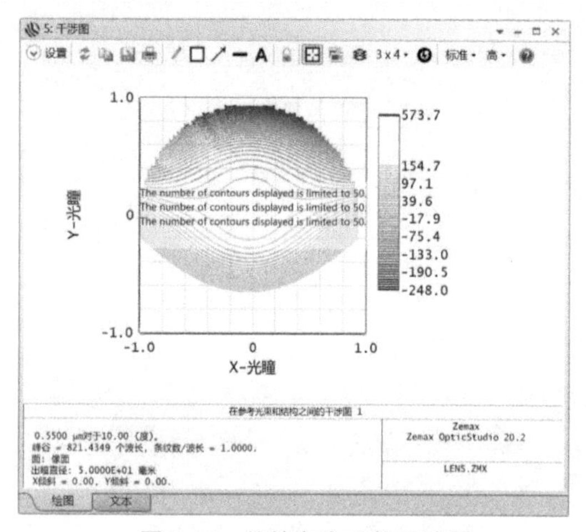

图3-33　彗差产生时的干涉图

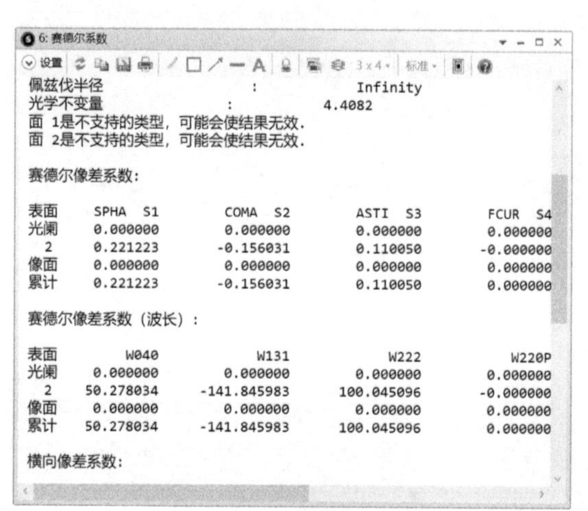

图3-34　彗差的赛德尔系数

4．彗差的优化方法

使用评价函数操作数 COMA 可以针对彗差进行优化。彗差是由外视场物点成像形成的，可以通过调整视场光阑的方法来减小彗差，即在优化时调整光阑与镜头的相对位置来优化彗差大小。Zemax 的优化方法将在后面的章节中进行介绍。

使用对称结构的光学系统可以十分有效地消除轴外视场的像差，如经典的库克三片物镜、双高斯照相物镜等，都是将视场光阑置于镜头组中间来实现光阑两侧对称的目标。这种结构不仅可以对彗差进行校正，对像散、场曲和畸变的校正作用也非常明显。

3.2.3　像散

前面介绍了光学设计基础像差中的球差和彗差，下面介绍像散的概念，以及在 Zemax 中的表现和消除方法。

1．像散概念

像散指轴外物点发出的锥形光束通过光学系统聚焦后，光斑在像面上子午方向与弧矢方向的不一致性。轴外视场光束通过光瞳后，在子午方向与弧矢方向的光程不相等，造成两个方向光斑分离所形成的弥散斑，称为光学系统的像散。

像散类似于日常提及的散光，比如人眼的散光，指的是人眼看上下方向与左右方向的景物时清晰度不同，主要原因是人眼角膜在上下方向与左右方向的弯曲程度不同，造成的屈光度不同。

前面提及的像差主要指使用透镜光学系统成像后，像面上光斑的分布情况。像散也是由于镜头系统在上下方向与左右方向的聚焦能力不同形成的。

由于像散的存在，在调整成像光斑时会存在始终寻找不到最佳焦点的情况，呈现为一定的弥散斑，光斑或者呈线条形式，或者呈弥散圆形式，或者呈椭圆形式。

像散的大小与视场及孔径值大小紧密相关，同时也要注意视场光阑的影响。

2. 像散描述

在 Zemax 应用中，我们需要了解子午面和弧矢面。物点发出的是锥形光束且充满整个光瞳面，为了方便几何光线追迹分析及采样，人们习惯将此锥形光束分为两个剖面，即子午面和弧矢面。凡是经过光瞳 Y 轴的所有光束剖面均称为子午面；凡是经过光瞳 X 轴的光束剖面均称为弧矢剖面。

【例 3-3】 以 Zemax 自带的库克 3 片式物镜为例，演示子午及弧矢面与像散的关系。

最终文件：Char03\像散.zmx

打开素材文件 Cooke 40 Degree fild.zmx（Samples\Sequential\Objectives\）。

（1）单击“分析”选项卡→“视图”面板→“3D 视图”按钮，即可打开“三维布局图”窗口显示光线图，如图 3-35 所示。在三维布局图中，当前 YZ 平面内看到的光线实际是经过光瞳 Y 轴的剖面，即子午面。

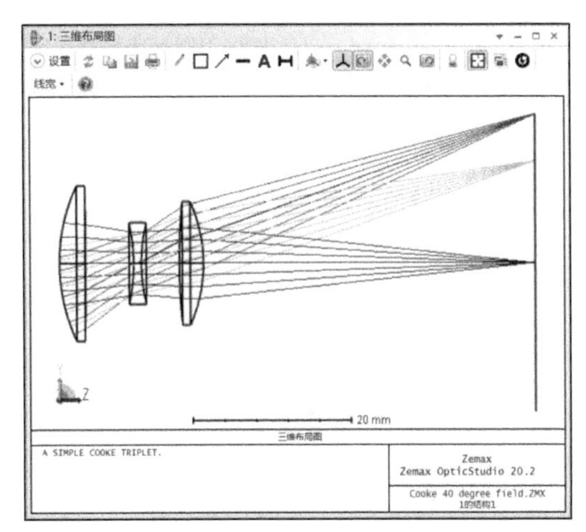

图 3-35　光线图（子午面）

默认视图显示的 XY 光扇是子午面与弧矢面的光扇，修改显示设置可以查看弧矢光扇，如图 3-36 所示。

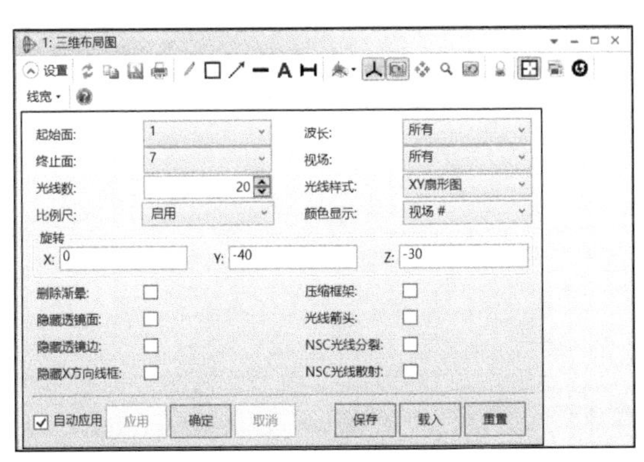

（a）参数设置

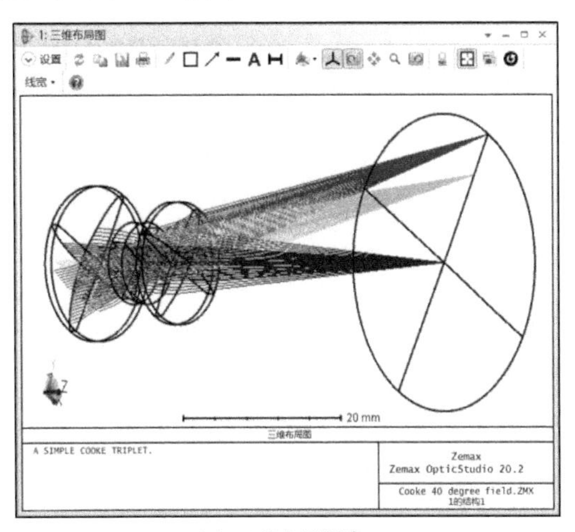

（b）三维布局图窗口

图 3-36　查看弧矢光扇

（2）下面具体分析在该系统中轴外视场如何表现两个方向光斑聚焦的不一致性。

执行“分析”选项卡→“成像质量”面板→“光线迹点”组→“标准点列图”命令，即可打开“点列图”窗口显示光斑图，如图3-37所示。

通过光斑可以发现，轴外视场表现出明显的非旋转对称性，特别是中间视场具有明显的椭圆特征，这是像散的主要表现形式。

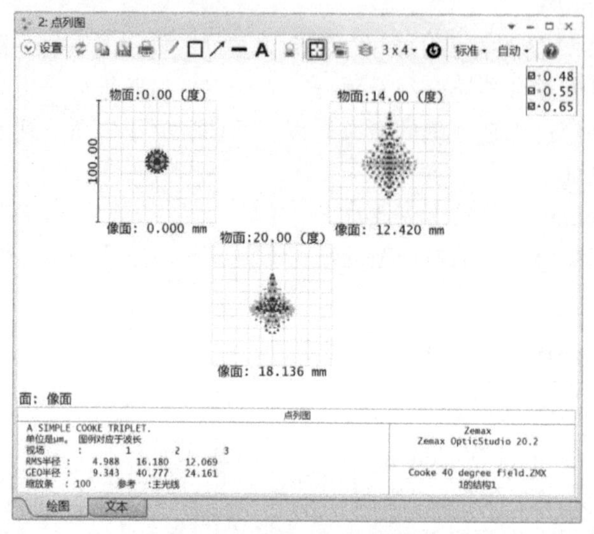

图3-37　点列图（光斑图）

（3）现在来重点分析第2个视场，观察像散是如何用几何光线表现出来的。

在三维布局图中只选择第2个视场的子午面，放大像面处的焦点，可以看到此时子午剖面光线处于未完全聚焦状态，如图3-38所示。使视图绕Z轴旋转90度，查看第2视场弧矢剖面光线聚焦，放大像面处的焦点，如图3-39所示。

通过上述子午剖面与弧矢剖面的光线聚焦情况对比，相信读者已经能够清楚地了解像散产生的原因。

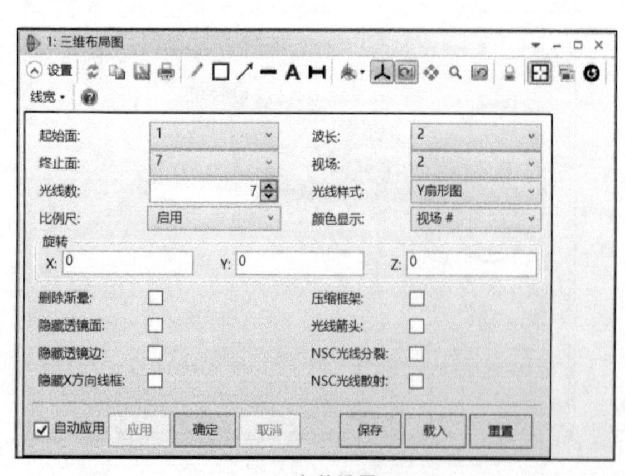

（a）参数设置

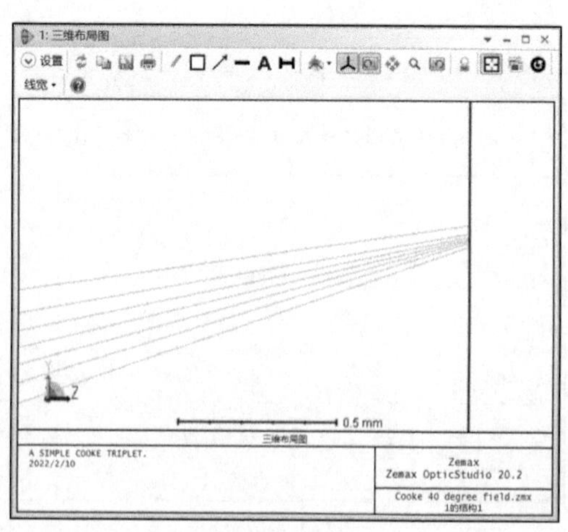

（b）三维布局图窗口

图3-38　三维布局图（放大焦点）

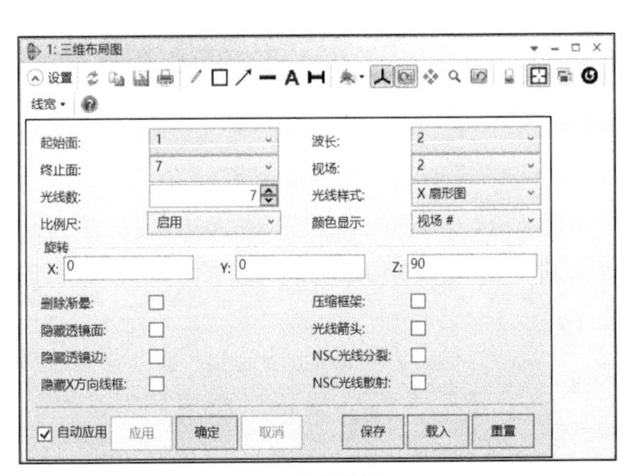

（a）参数设置

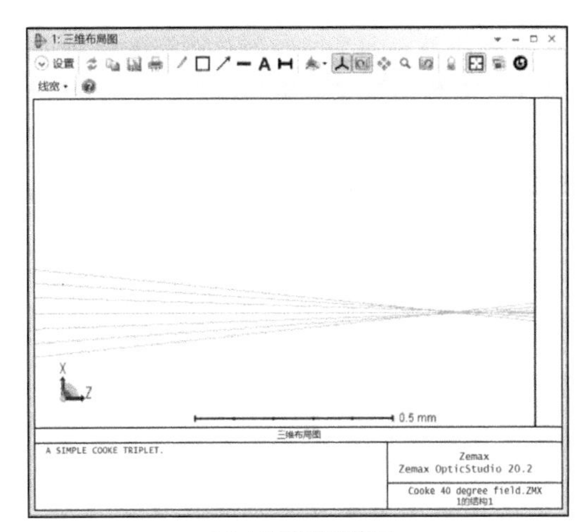

（b）三维布局图窗口

图 3-39　三维布局图（旋转焦点）

3. 像散表现形式

（1）使用离焦分析功能可以更直观地表示像散的光斑。如果把当前像面取在子午或弧矢面中任何一个焦点处，光斑都将是一条线。

执行“分析”选项卡→“成像质量”面板→“光线迹点”组→“离焦点列图”命令，即可打开“离焦点列图”窗口，设置“离焦范围”为 150，最终显示弧矢剖面聚焦排列如图 3-40 所示。

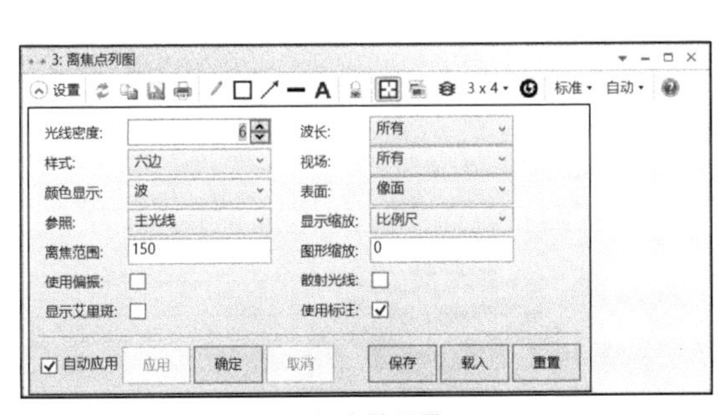

（a）参数设置

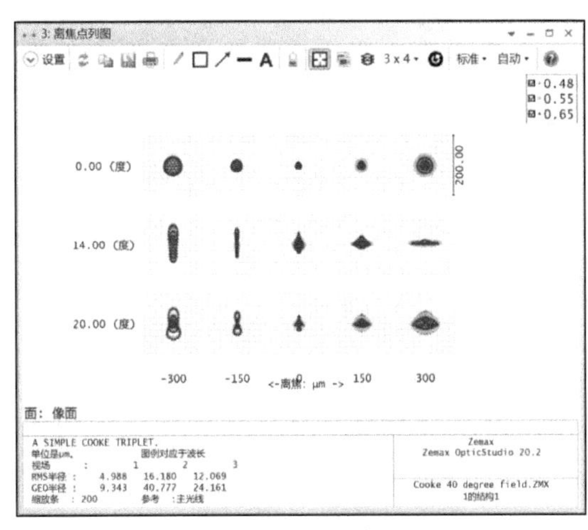

（b）离焦点列图窗口

图 3-40　显示离焦点列图

（2）由于子午与弧矢剖面几何光线聚焦（或光程）不同，在光线差图中可以理解像散曲线的描述方法，即光瞳 Py 像差大小与光瞳 Px 像差大小不相等。

执行“分析”选项卡→“成像质量”面板→“光线迹点”组→“光线像差图”命令，即可打开“光线光扇图”窗口显示光线光扇图，查看第 2 个视场的像差曲线，如图 3-41 所示，由此可以发现子午与弧矢像差不相同。

光线光扇图是像散最具特征的曲线表现形式，当其他系统表现出 Py 与 Px 像差曲线具有不一致性，即说明系统存在较大像散。

（a）参数设置

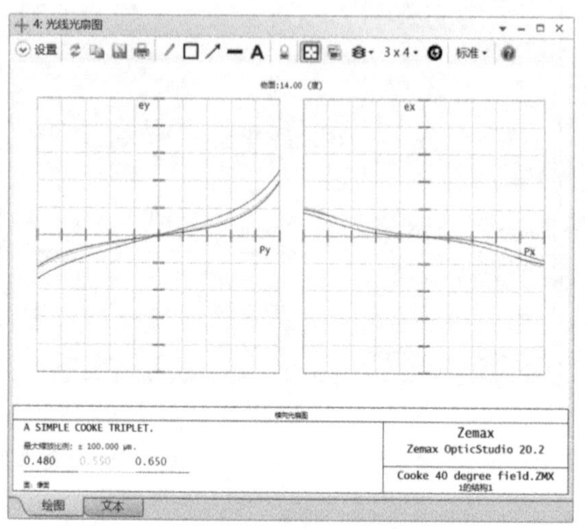

（b）“光线光扇图”窗口

图 3-41　光线光扇图

（3）同样，使用波前传播考虑像散形成，由于子午与弧矢面光束光程差不同，因此将形成类似于柱面的波前形状。

执行“分析”选项卡→“成像质量”面板→“波前”组→“波前图”命令，即可打开“波前”窗口显示波前图，选择第 2 个视场，查看像散产生的波前图，如图 3-42 所示。

（4）考虑有像散产生时的实际波前与理想球面波间的光程差干涉情况，可得到像散的干涉图。

执行“分析”选项卡→“成像质量”面板→“波前”组→“干涉图”命令，即可打开“干涉图”窗口，选择第 2 个视场，并将缩放因子调整为 2，查看像散的干涉图，如图 3-43 所示。

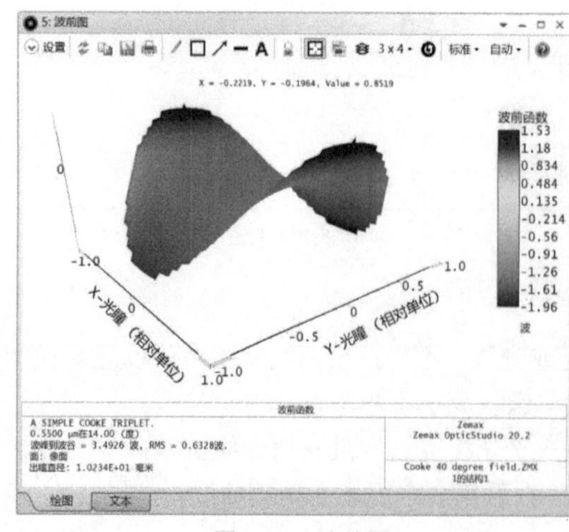

图 3-42　波前图

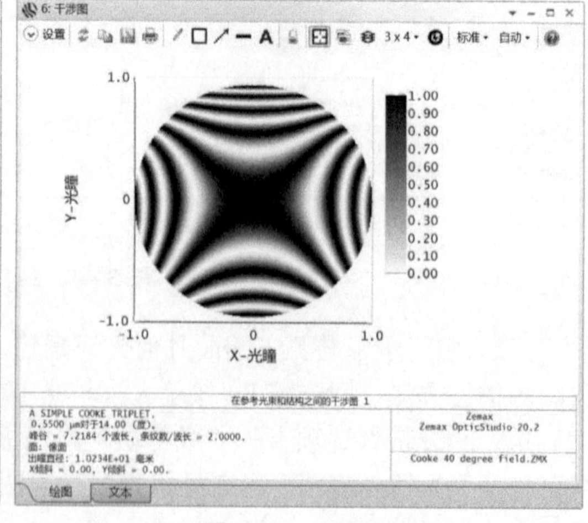

图 3-43　干涉图

（5）在赛德尔系数数据表中可查看像散的实际大小。

执行“分析”选项卡→“成像质量”面板→“像差分析”组→“赛德尔系数”命令，即可打开“赛德尔系数”窗口查看赛德尔系数，如图3-44所示。

7: 赛德尔系数

赛德尔像差系数:

表面	SPHA S1	COMA S2	ASTI S3	FCUR S4
1	0.013855	0.010591	0.008096	0.057727
2	0.011256	-0.035011	0.108897	0.002916
3	-0.052115	0.081389	-0.127106	-0.057268
光阑	-0.024135	-0.043874	-0.079756	-0.062690
5	0.004080	0.016132	0.063784	0.015948
6	0.054020	-0.030462	0.017178	0.069082
像面	0.000000	0.000000	0.000000	0.000000
累计	0.006960	-0.001235	-0.008907	0.025716

赛德尔像差系数（波长）：

表面	W040	W131	W222	W220P
1	3.148778	9.628231	7.360224	26.239714
2	2.558213	-31.828022	98.997135	1.325569
3	-11.844385	73.990008	-115.550978	-26.030777
光阑	-5.485224	-39.885294	-72.505553	-28.495517
5	0.927271	14.665402	57.985762	7.249049
6	12.277165	-27.692941	15.616370	31.400920
像面	0.000000	0.000000	0.000000	0.000000
累计	1.581817	-1.122617	-8.097039	11.688957

图3-44 塞得尔系数

4．像散消除方法

使用优化方法可以直接优化像散大小，其操作数为ASTI。

（1）执行“优化”选项卡→“自动优化”面板→“优化向导”命令，打开“评价函数编辑器”窗口。

（2）选择操作数ASTI，并设置优化参数，如图3-45所示，然后执行优化即可。

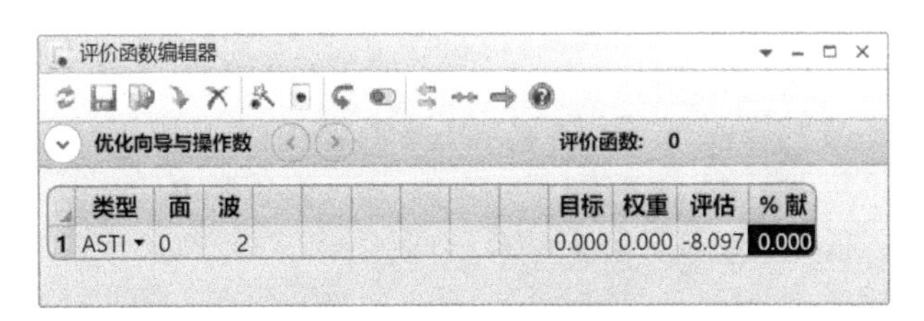

图3-45 评价函数编辑器

像散是由于轴外视场物点成像的不完美性造成的，通过调节视场光阑的位置可以减小像散影响。通常情况下，光视场光阑远离镜头组时像散会减小，最常见的是使用对称结构系统，与彗差消除方法相同，而且对称结构可以同时校正轴外像差。

另外，也可使用远离视场光阑的非球面透镜校正外视场像差，效果比较显著。

3.2.4 场曲

场曲是完全依赖于视场的像差，而彗差或像散是专门针对轴外某一物点聚焦后光斑的分析，所以不能使用分析彗差或者像散的方法来分析场曲。

1. 场曲概念

场曲也被称为“像场弯曲”，是指平面物体通过透镜系统后，所有平面物点聚焦后的像面与理想像平面不重合，而是呈现为一个弯曲的像面，也可以理解为视场聚焦后像面的弯曲。

虽然每个物点通过透镜系统后自身能够形成一个清晰的像点，但所有像点的集合却是一个曲面。像面通常为平面，这时无论将像面选取在任何位置，都不可能得到整个物体清晰的像，它是一个清晰度随像面位置渐变的像。这样对观察或成像都会造成极大困难。所以一般检测镜头或照相物镜都需要校正场曲，如观测用的显微镜都是平场物镜，即校正场曲。

注意： 场曲并不代表观察到的像是弯曲，而是实际物体成像后最佳焦点集合面是弯曲的。在像面为平面时，所呈现的像是一种清晰度渐变的效果，即某一区域很清晰，其他区域却很模糊。如果像面是弯曲的，便不是场曲造成的，而是畸变造成的，畸变将在3.2.5节中介绍。

2. 场曲描述

场曲是随视场变化的，所以不能用单一视场或某一物点成像光斑来描述场曲。此时的光斑图（点列图）、光线差图（光扇图）、波前图都失去了作用，因为这些分析功能都是只针对某一物点成像质量评价的。但它们又不是完全独立的，如在场曲较大时，不同视场的光斑图大小相差较大，或不同视场光线差相差较大，这都是场曲存在的标志。

【例3-4】 设计一个单透镜用于直观地描述场曲特征，透镜参数为：EFFL为100；F/#为5；FOV为20；材料为K9。

最终文件：Char03\场曲.zmx

Zemax设计步骤如下。

步骤1： 输入入瞳直径20mm（EPD=EFFL/F#，可知入瞳直径20mm）。

（1）在“系统选项”面板中单击“系统孔径”左侧的▸（展开）按钮，展开“系统孔径”选项。

（2）将“孔径类型”设置为“入瞳直径”，“孔径值”设置为20，“切趾类型”设置为“均匀”，如图3-46所示。

步骤2： 半视场FOV= 20度，输入3个视场。

（1）在“系统选项”面板中双击展开“视场”选项，并打开视场数据编辑器，在“视场类型”选项卡中可以看到“类型”为“近轴像高”。

（2）在下方的电子表格中单击“Insert”键两次，插入两行。

（3）在新添加的视场2、3的“Y(mm)”列中分别输入14、20，保持权重为1，如图3-47所示。

（4）单击面板右上角的“关闭”按钮完成设置，此时在“系统选项”的“视场”面板下方出现刚刚设置的3个视场，如图3-48所示。

步骤3： 在透镜数据编辑器内输入初始参数。

（1）将镜头数据编辑器置前，单击#面2（像面）的“表面类型”栏，按“Insert”键插入1个面。

（2）将#面 1（光阑面）的“厚度”设置为 10，“材料”设置为“H-K9L”，如图 3-49 所示。

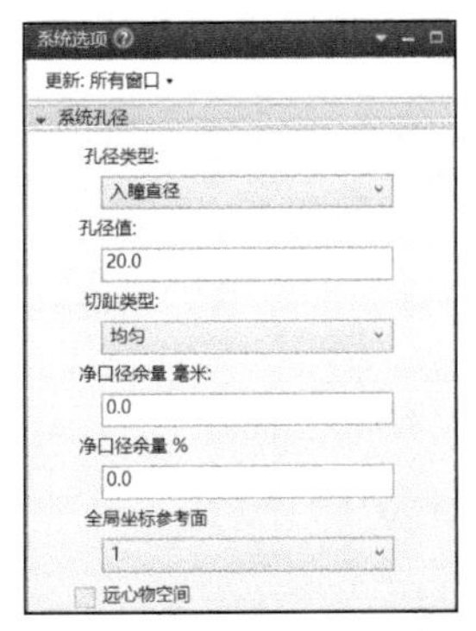

图 3-46 系统孔径设置

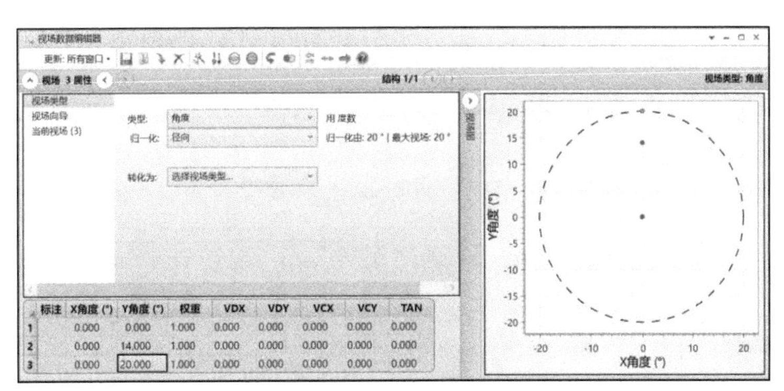

图 3-47 视场数据编辑器

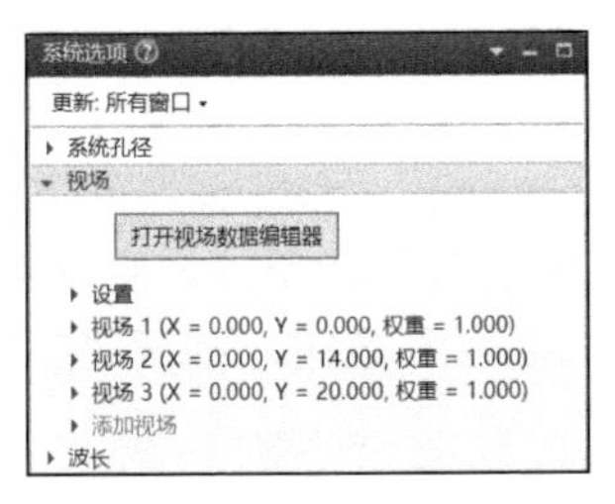

图 3-48 视场设置结果

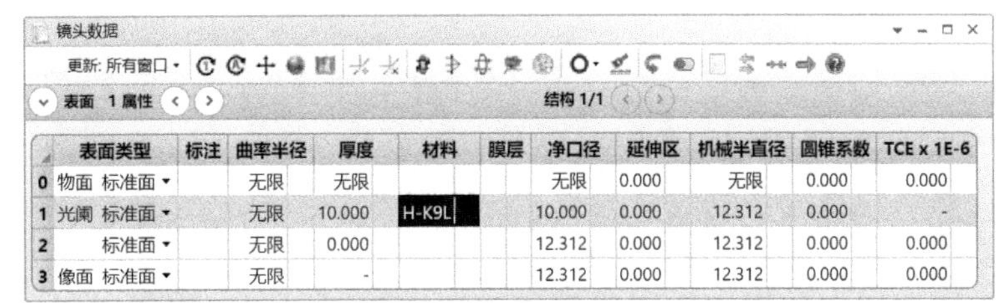

图 3-49 镜头数据编辑器

步骤 4： 设置后表面（#面 2）曲率半径为 F 数求解类型。

（1）在镜头数据编辑器#面 2 的“曲率半径”栏右侧的方格上单击，弹出“在#面 2 上的曲率解”对话框。

（2）将该对话框中的“求解类型”设置为“F 数”。

（3）将“F/#”设置为“5”，如图 3-50 所示。

（4）在编辑器的空白位置单击，接受设置。此时软件会自动计算出曲率半径为–51.852，使系统焦距为 100mm。

注意： 软件底部的状态栏包括 4 个参数：EFFL（有效焦距）、WFNO（工作 F 数）、ENPD（入瞳直径）、TOTR（系统总长）。

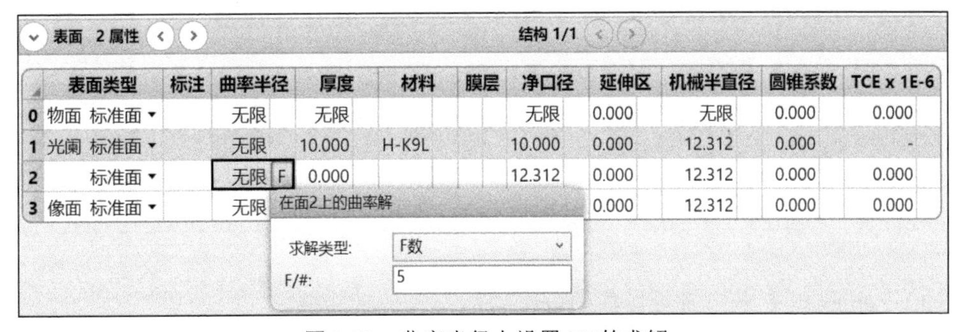

图 3-50 曲率半径上设置 F/#的求解

步骤 5：经过上述设置后，表面（#面 2）厚度为边缘光线高度求解，固定后焦面在近轴焦平面上。

（1）在镜头数据编辑器#面 2 中的“厚度”栏右侧方格单击，弹出“在#面 2 上的厚度解”对话框。

（2）将该对话框中的“求解类型”设置为“边缘光线高度”。保持默认设置，如图 3-51 所示。

（3）在编辑器的空白位置处单击，接受设置。此时软件会自动计算出厚度为 100。

	表面类型	标注	曲率半径		厚度		材料	膜层	净口径	延伸区	机械半直径	圆锥系数	TCE x 1E-6
0	物面 标准面 ▾		无限		无限				无限	0.000	无限	0.000	0.000
1	光阑 标准面 ▾		无限		10.000		H-K9L		10.000	0.000	11.987	0.000	-
2	标准面 ▾		-51.852	F	0.000	M			11.987	0.000	11.987	0.000	0.000
3	像面 标准面 ▾		无限		-						12.307	0.000	0.000

在面2上的厚度解

求解类型：边缘光线高度

高度：0

光瞳：0

图 3-51　厚度上设置边缘光线高度求解

步骤 6：查看光路结构图。

（1）单击“设置”或“分析”选项卡→“视图”面板→“3D 视图”按钮，打开“三维布局图”窗口显示光路结构图，如图 3-52 所示。

从图中可以发现，3 个视场的最佳焦点位于一个曲面上。对于单透镜系统，场曲是必然存在的，我们称其为匹兹万场曲。场曲曲面弯曲半径大小近似为透镜焦距的 2 倍，如图 3-53 所示。

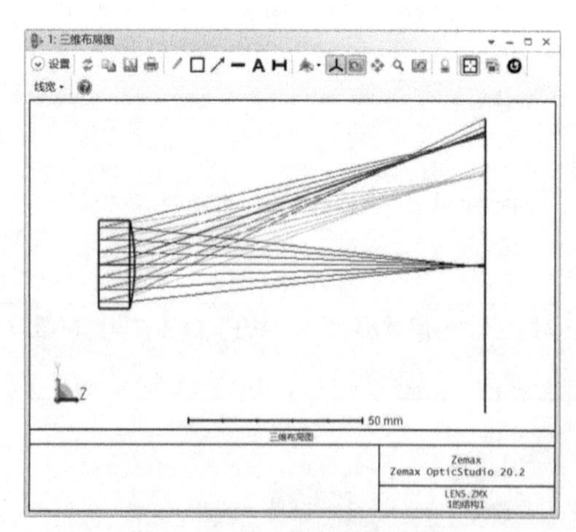

图 3-52　单透镜光路结构图

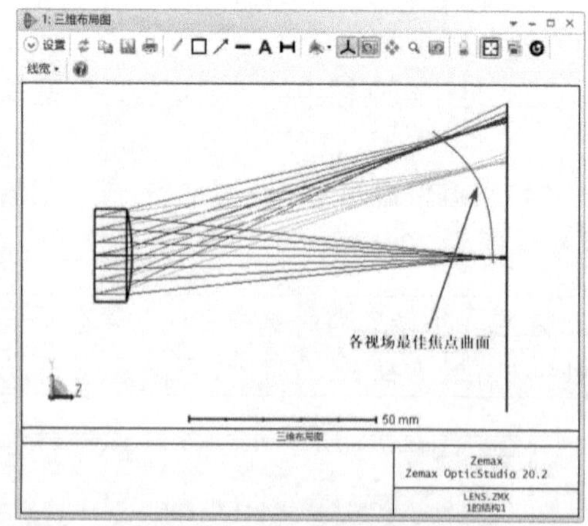

图 3-53　3 个视场最佳焦点图

（2）执行“分析”选项卡→“成像质量”面板→“光线迹点”组→“标准点列图”命令，即可打开“点列图”窗口显示光斑图，如图 3-54 所示。通过光斑的变化可以发现场曲的存在。

（3）Zemax 拥有专门查看场曲的分析功能。

执行“分析”选项卡→“成像质量”面板→“像差分析”组→“场曲/畸变”命令，即可打开“视场 场曲/畸变”窗口，如图 3-55 所示。图中左半部分表示系统场曲情况，可以确定子午方向与弧矢方向的场曲大小。

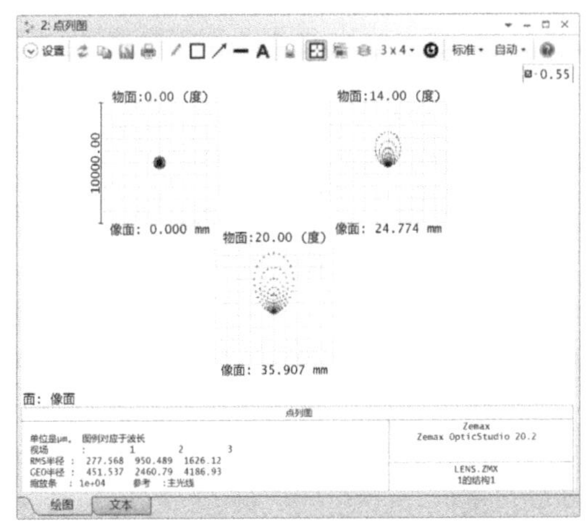

图 3-54 光斑图

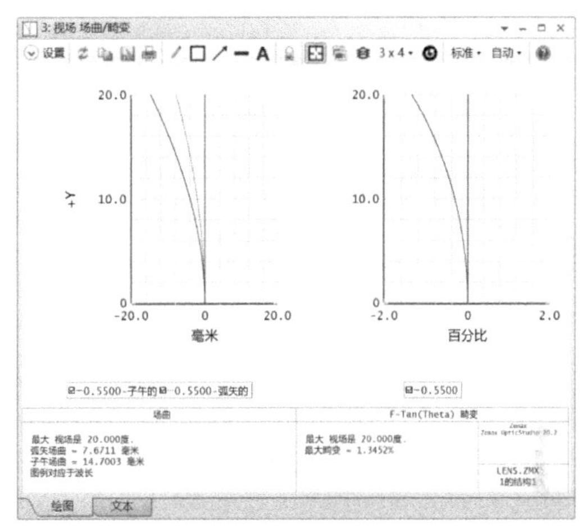

图 3-55 场曲和畸变

（4）通过像模拟功能，我们可以看到实际物面成像后的像面模糊情况。

执行“分析”选项卡→“成像质量”面板→“扩展图像分析”组→“图像模拟”命令，即可打开“图像模拟”窗口，在设置面板的“导入文件”选项中选择 Demo picture 文件，最终得到图像分析图如图 3-56 所示。

通过模拟后的图像可以发现场曲对像质的影响，由于像面位于近轴焦平面，所以模拟得到的图像中心区域非常清晰，边缘模糊。

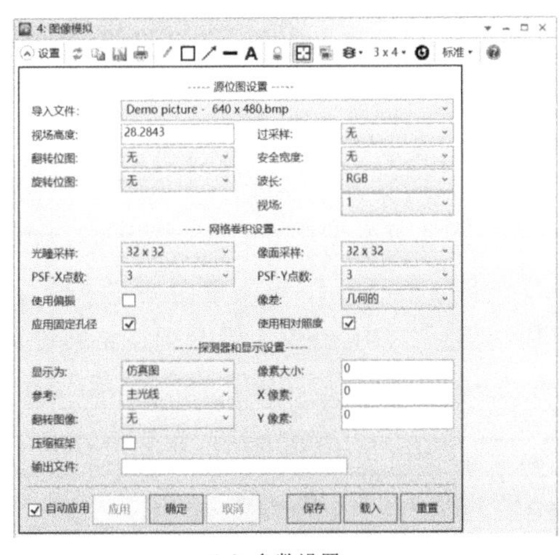

（a）参数设置

（b）图像模拟窗口

图 3-56 像分析图

如果将像面置于边缘视场焦点处，可得到图 3-57 所示图像。畸变效果如图 3-58 所示，边缘和中心都很清晰，因为畸变不影响成像的清晰度，只改变像的形状，所以可以判断不是场曲造成的。我们要区分这两种像差的不同。

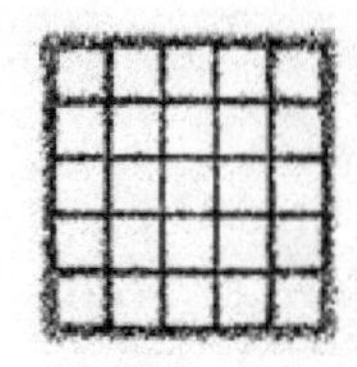

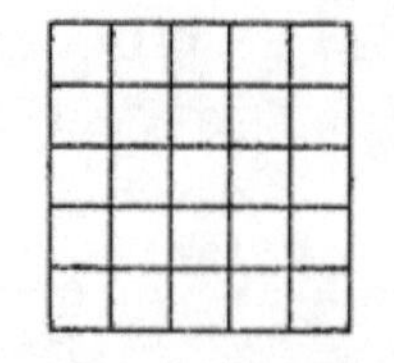

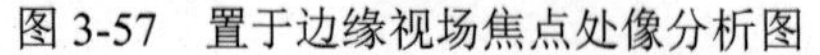

图 3-57　置于边缘视场焦点处像分析图　　　　图 3-58　畸变效果

3. 场曲校正方法（优化视场光阑）

我们知道场曲是由于视场因素造成的，可以通过优化视场光阑的位置来减小场曲。针对本示例，我们将在单透镜前插入一个虚拟面，将其作为光阑。设置厚度为变量，进行优化。

步骤 7：插入虚拟面并设置厚度为变量。

（1）将镜头数据编辑器置前，在#面 1（光阑面）上单击，然后按“Insert”键在该面前插入 1 个新的表面。

（2）在新表面（当前的#面 1）的“表面类型”栏中双击，打开表面属性面板，勾选“使此表面为光阑”复选框，将该表面设置为新的光阑面，如图 3-59 所示。

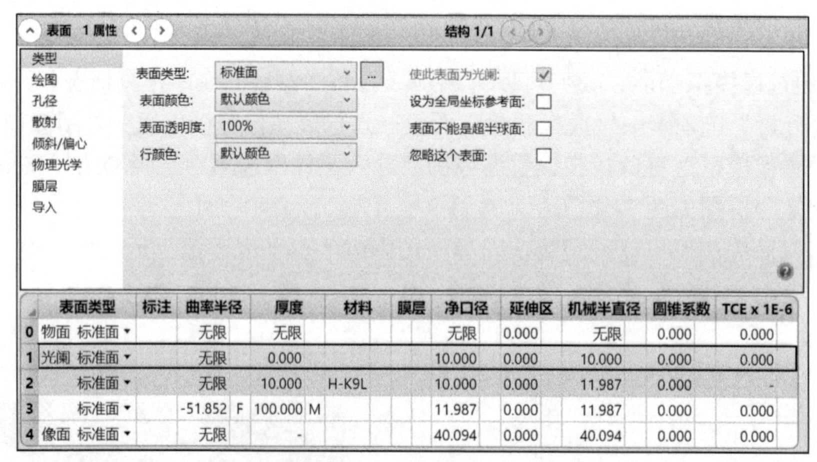

	表面类型	标注	曲率半径		厚度		材料	膜层	净口径	延伸区	机械半直径	圆锥系数	TCE x 1E-6
0	物面 标准面 ▾		无限		无限				无限	0.000	无限	0.000	0.000
1	光阑 标准面 ▾		无限		0.000				10.000	0.000	10.000	0.000	0.000
2	标准面 ▾		无限		10.000		H-K9L		10.000	0.000	11.987	0.000	-
3	标准面 ▾		-51.852	F	100.000	M			11.987	0.000	11.987	0.000	0.000
4	像面 标准面 ▾		无限		-				40.094	0.000	40.094	0.000	0.000

图 3-59　添加面并设置新的光阑面

（3）在#面 1 的“厚度”后面的厚度解栏上单击，打开“在面 1 上的厚度解”对话框。在该对话框中的“求解类型”选项栏中选择“变量”，如图 3-60 所示，单击空白处完成设置。

说明：也可以直接单击选择#面 1 的“厚度”栏，然后按“Ctrl+Z”组合键，将其设置为变量。

表面 1 属性　　结构 1/1

	表面类型	标注	曲率半径		厚度		材料	膜层	净口径	延伸区	机械半直径	圆锥系数	TCE x 1E-6
0	物面 标准面 ▾		无限		无限				无限	0.000	无限	0.000	0.000
1	光阑 标准面 ▾		无限		0.000	V			10.000	0.000	10.000	0.000	0.000
2	标准面 ▾		无限		10.000						11.987	0.000	-
3	标准面 ▾		-51.852	F	100.000						11.987	0.000	0.000
4	像面 标准面 ▾		无限		-						40.094	0.000	0.000

在面1上的厚度解
求解类型: 变量

图 3-60　设置#面 1 厚度为变量

（4）利用相同的方法将#面 3 的“厚度”栏设置为变量。设置结果如图 3-61 所示。

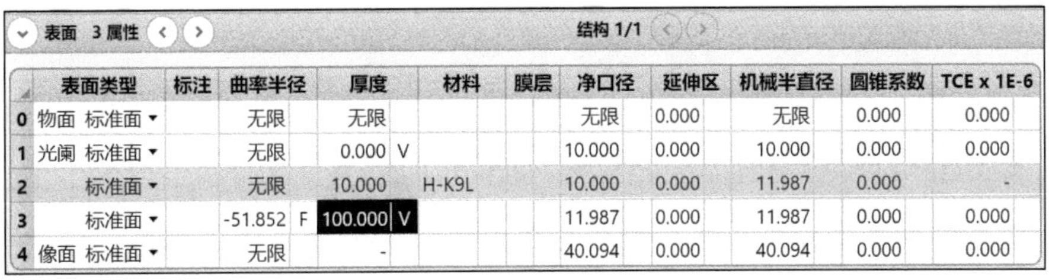

表面 3 属性
结构 1/1
表面类型 标注 曲率半径 厚度 材料 膜层 净口径 延伸区 机械半直径 圆锥系数 TCE x 1E-6
0 物面 标准面 无限 无限 无限 0.000 无限 0.000 0.000
1 光阑 标准面 无限 0.000 V 10.000 0.000 10.000 0.000 0.000
2 标准面 无限 10.000 H-K9L 10.000 0.000 11.987 0.000 -
3 标准面 -51.852 F 100.000 V 11.987 0.000 11.987 0.000 0.000
4 像面 标准面 无限 - 40.094 0.000 40.094 0.000 0.000

图 3-61 设置厚度为变量

步骤 8：利用优先向导进行优化设置。

（1）单击“优化”选项卡→“自动优化”面板→“优化向导”按钮，打开“优化向导”面板的“评价函数编辑器”窗口。

（2）设置“成像质量”为“点列图”，“X 权重”与“Y 权重”均设置为 0，在“光瞳采样”组中选择“高斯求积”，单击“应用”按钮即可添加优化目标函数，如图 3-62 所示。

（3）单击“关闭”按钮，退出评价函数编辑器。

评价函数编辑器
优化向导与操作数
评价函数: 0.897149411662144
优化向导
当前操作数 (1)
优化函数
成像质量: 点列图
空间频率: 30
X权重: 0
Y权重: 0
类型: RMS
参考: 质心
最大畸变(%): 1
忽略垂轴色差
光瞳采样
高斯求积
矩形阵列
环: 3
臂: 6
遮拦: 0
厚度边界
玻璃 最小: 0 最大: 1e+03 边缘厚度: 0
空气 最小: 0 最大: 1e+03 边缘厚度: 0
优化目标
最佳名义性能
提升生产良率
权重: 1
起始行: 1
权重缩放: 1
结构: 所有
视场: 所有
假设轴对称:
加入常用操作数:
确定 应用 关闭
保存设置 加载设置 重置设置
类型
1 DMFS
2 BLNK 序列评价函数: RMS 光斑半径: 质心参考高斯求积 3 环 6 臂
3 BLNK 无空气及玻璃约束.
4 BLNK 视场操作数 1.
5 TRAC 1 0.0... 0.0... 0.3... 0.0... 0.000 0.291 0.016 3.063E-03
6 TRAC 1 0.0... 0.0... 0.7... 0.0... 0.000 0.465 0.156 0.445
7 TRAC 1 0.0... 0.0... 0.9... 0.0... 0.000 0.291 0.375 1.619
8 BLNK 视场操作数 2.
9 TRAC 1 0.0... 0.7... 0.1... 0.2... 0.000 0.097 0.501 0.964
10 TRAC 1 0.0... 0.7... 0.3... 0.6... 0.000 0.155 0.596 2.176

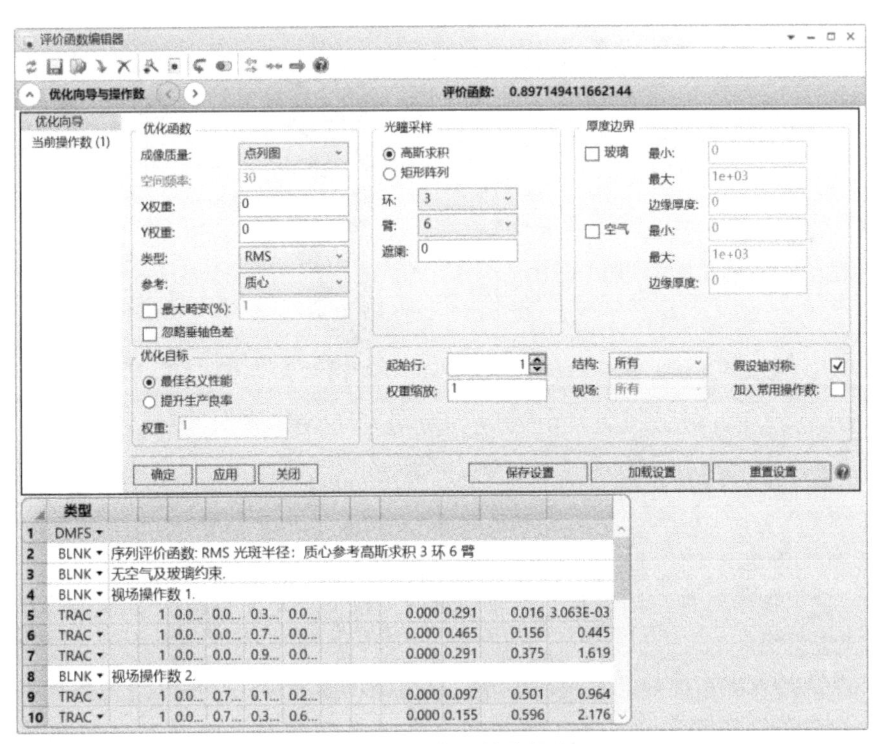

图 3-62 评价函数编辑器

步骤 9：查看优化结果。

（1）单击“优化”选项卡→“自动优化”面板→“执行优化”按钮，打开“局部优化”对话框，采用默认设置。

（2）单击“开始”按钮，开始优化操作。

（3）优化完成后，对话框如图 3-63 所示，单击“退出”按钮退出对话框，此时会发现#面 3 的圆锥系数由 0 变为−5.072。

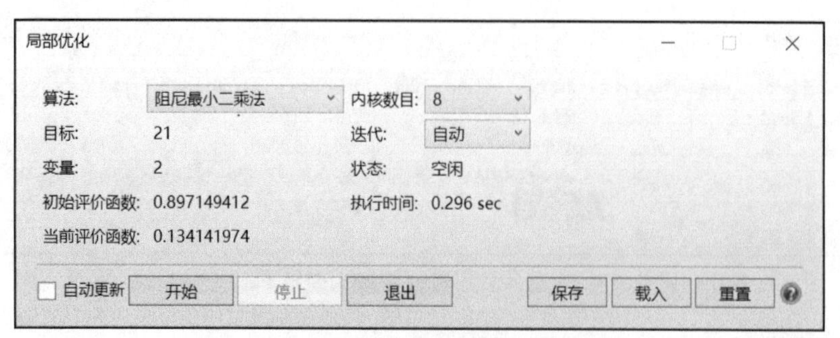

图 3-63　优化完成后的对话框

（4）将三维布局图窗口置前，并将起始面设置为 1，更新后显示光路结构如图 3-64 所示。可以发现，经过优化后场曲明显减小，效果十分理想。

（5）将“图像模拟”窗口置前，更新后的图像分析图如图 3-65 所示。此时我们看到的整张图片清晰度趋于一致，效果更好。

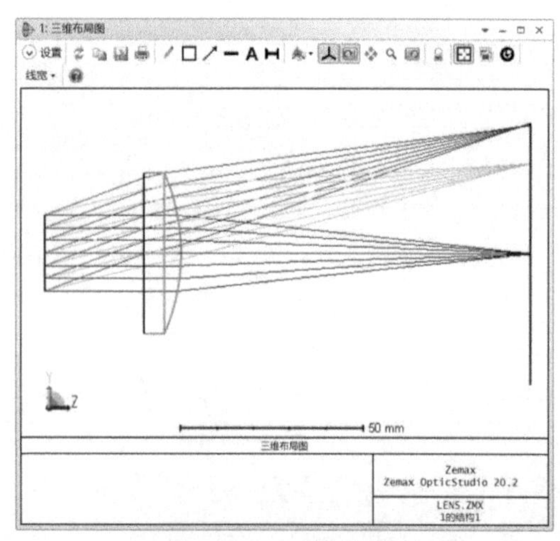

图 3-64　三维布局图

图 3-65　“图像模拟”窗口

4. 场曲校正方法（使用对称结构）

同样，也可使用对称结构来有效地减小场曲，例如在单透镜前面添加一个单透镜，设计为对称式透镜组。

（1）返回插入虚拟面前的状态。在镜头数据编辑器中输入对称式透镜数据参数（输入曲率半径及厚度），如图 3-66 所示。

表面 5 属性　　结构 1/1

	表面类型	标注	曲率半径	厚度	材料	膜层	净口径	延伸区	机械半直径	圆锥系数	TCE x 1E-6
0	物面 标准面 ▾		无限	无限			无限	0.000	无限	0.000	0.000
1	标准面 ▾		50.000	10.000	H-K9L		23.015	0.000	23.015	0.000	-
2	标准面 ▾		110.000	25.000			20.402	0.000	23.015	0.000	0.000
3	光阑 标准面 ▾		无限	25.000			8.021	0.000	8.021	0.000	0.000
4	标准面 ▾		-125.000	10.000	H-K9L		17.857	0.000	20.096	0.000	-
5	标准面 ▾		-50.000	60.000			20.096	0.000	20.096	0.000	0.000
6	像面 标准面 ▾		无限	-			36.755	0.000	36.755	0.000	0.000

图 3-66　透镜数据编辑器

（2）将三维布局图窗口置前，显示对称式透镜外形图如图 3-67 所示。

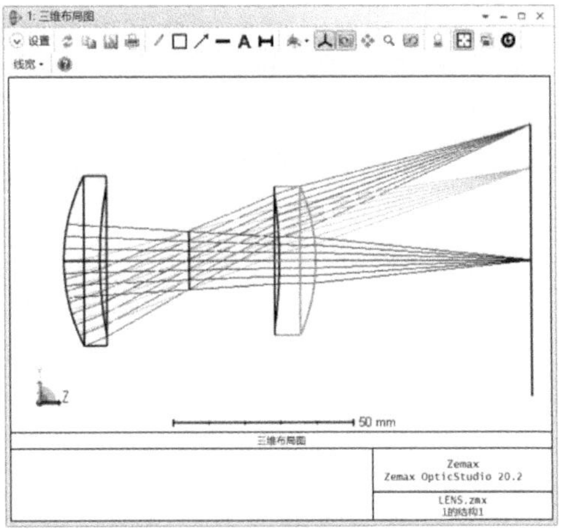

图 3-67　对称式透镜外形图

5. 场曲校正方法（使用匹兹万镜头）

使用匹兹万镜头形式也可以消除场曲，即将最后的透镜面设计为凹透镜，其目的就是校正场曲。例如，如图 3-68 所示的镜头，其结构效果如图 3-69 所示、场曲和畸变图如图 3-70 所示。

	表面类型		标注	曲率半径	厚度	材料	膜层	净口径	延伸区	机械半直径	圆锥系数	TCE x 1E-6
0	物面	标准面		无限	无限			无限	0.000	无限	0.000	0.000
1	(孔径)	标准面		91.669 V	21.676	BALKN3		28.000 U	0.000	28.000	0.000	-
2	(孔径)	标准面		-60.188 V	3.484	F4		28.000 U	0.000	28.000	0.000	-
3	光阑 (孔径)	标准面		3972.619 V	76.509			28.000 U	0.000	28.000	0.000	0.000
4	(孔径)	标准面		35.207 V	17.361	BK7		24.000 U	0.000	24.000	0.000	-
5	(孔径)	标准面		-58.825 V	3.484	F2		24.000 U	0.000	24.000	0.000	-
6	(孔径)	标准面		-166.141 V	19.400			24.000 U	0.000	24.000	0.000	0.000
7	(孔径)	标准面		-27.783 V	1.970	F2		16.000 U	0.000	16.000	0.000	-
8	(孔径)	标准面		1.112E+06 V	15.238 M			16.000 U	0.000	16.000	0.000	0.000
9	像面	标准面		无限	-			6.993	0.000	6.993	0.000	0.000

图 3-68　镜头数据编辑器

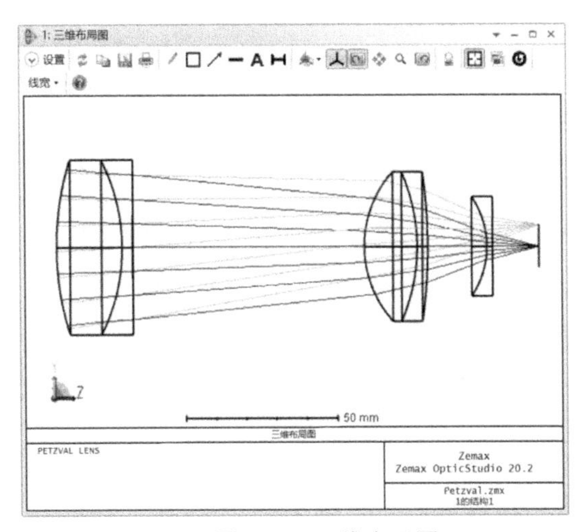

图 3-69　三维布局图

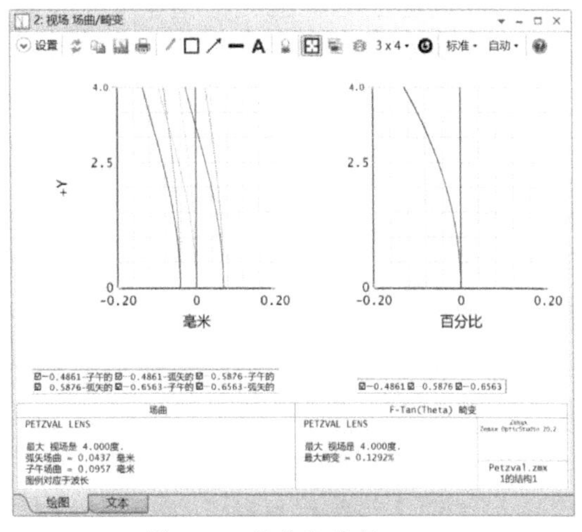

图 3-70　场曲和畸变

3.2.5　畸变

关于光学系统成像后产生的畸变（Distortion）问题，大家可能都不陌生。在设计实际成像系统时，大多数用户会对最大畸变量的大小进行限制。还有相当一部分激光镜头设计师在设计扫描镜头时会提到 F-Theta 畸变，甚至更严格的情况下，用户会提出两种畸变，其中包括 TV 畸变。

无论是哪种畸变情况，都反映了系统成像的缺陷或不完美性。我们在进行设计时应尽可能减少或避免，因为人眼对图像形变的响应能力高于对清晰度的响应。

本节将详细介绍畸变的概念、影响因素、在 Zemax 软件中的表现形式和查看方法，以及如何使用优化操作数来减小系统畸变量。

1. 畸变概念

畸变是指物体通过镜头成像时，实际像面与理想像面间产生的形变。或者说物体成像后，物体的像并非实际物体的等比缩放，由于局部放大率不同而使物体的像发生变形。

畸变分为正畸变和负畸变两种，即枕形畸变与桶形畸变，如图 3-71 和图 3-72 所示。

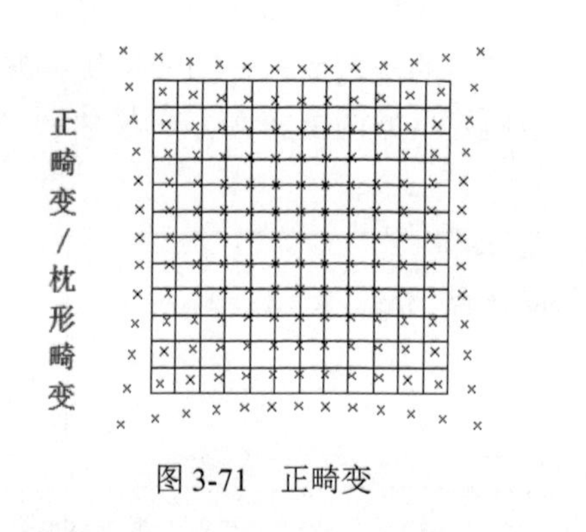

图 3-71　正畸变

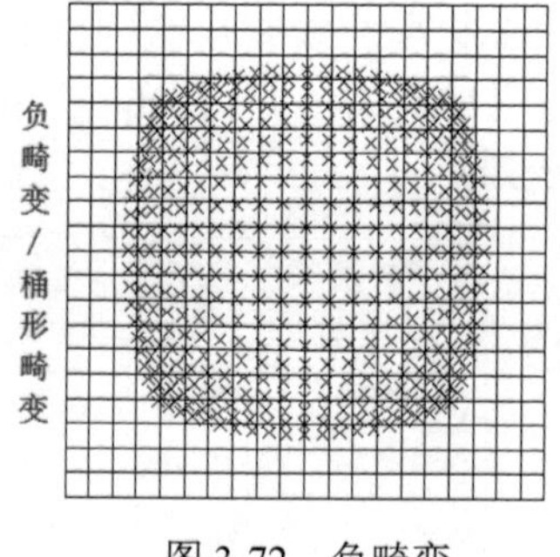

图 3-72　负畸变

畸变会造成像面与物面间不一致，甚至局部扭曲变形。特别是对于相机镜头，当畸变大于一定的百分比时，物体成像会发生明显变形，使用户难以接受。

畸变不同于前面所述的 4 种像差，像面的变形与成像的分辨率有本质的区别。畸变仅影响不同视场在像面上的放大率，即物点成像后的重新分布。物点在像面上的光斑大小是由其他像差控制的，如像散、彗差及场曲。

在进行畸变分析时，Zemax 需要提供专门的畸变分析功能来查看畸变量大小，不能使用几何光线来描述，也不能通过光斑图或波前图来预测畸变量。只能对所有物点进行光线追迹得到像面高度，作为最终评价畸变量的依据。

2. 畸变描述

常用的畸变计算公式如下：

$$\text{Distortion}=100\times(Y_{\text{chief}}-Y_{\text{ref}})/Y_{\text{ref}}$$

其中 Y_{chief} 指实际主光线在像面上的高度，Y_{ref} 指参考光线通过视场比例缩放后在像面上的高度。查看畸变的大小通常有 3 种方法：畸变曲线图、畸变网格图和畸变操作数。前面在介绍场曲时提到场曲曲线图是和畸变曲线图在同一图上。

【例 3-5】以超广角系统为例，演示光学系统成像后产生的畸变。

最终文件：Char03\畸变.zmx

打开素材文件 Wide angle lens 100 degree field.zmx（Samples\Sequential\Objectives\），这是一个 100 度视场的广角镜头，畸变程度可想而知。

（1）单击“设置”或“分析”选项卡→“视图”面板→“3D 视图”按钮，打开“三维布局图”窗口显示光路结构图，如图 3-73 所示。

（2）执行“分析”选项卡→“成像质量”面板→“像差分析”组→“场曲/畸变”命令，即可打开“视场 场曲/畸变”窗口，如图 3-74 所示。通过曲线可以看到这个系统的畸变大约为 45%。

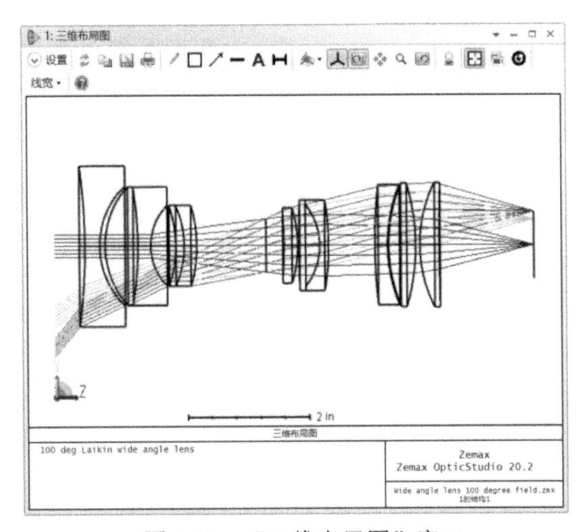

图 3-73 “三维布局图”窗口　　图 3-74 “视场 场曲和畸变”窗口

（3）使用网格畸变功能可直观观察畸变形状大小，也可用来查看 TV 畸变量。

（4）执行“分析”选项卡→“成像质量”面板→“像差分析”组→“网格畸变”命令，即可打开“网格畸变”窗口，如图 3-75 所示。

从图中可以看出，此系统为明显的负畸变（桶形畸变），单击窗口下方的“文本”标签可以打开畸变数据描述界面，定量查看具体每个视场点所对应的畸变大小，如图 3-76 所示。

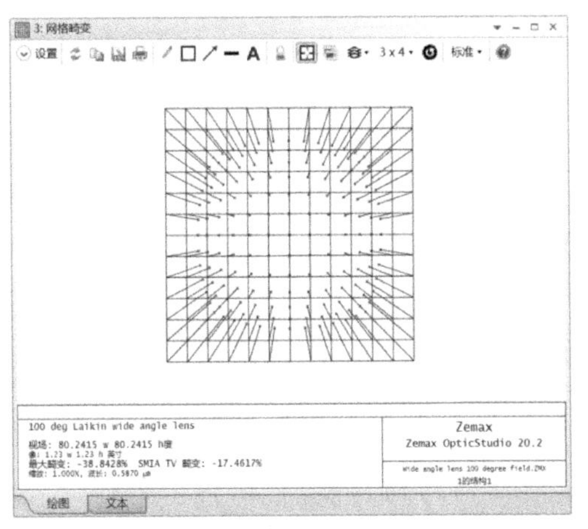

图 3-75 “网格畸变”窗口

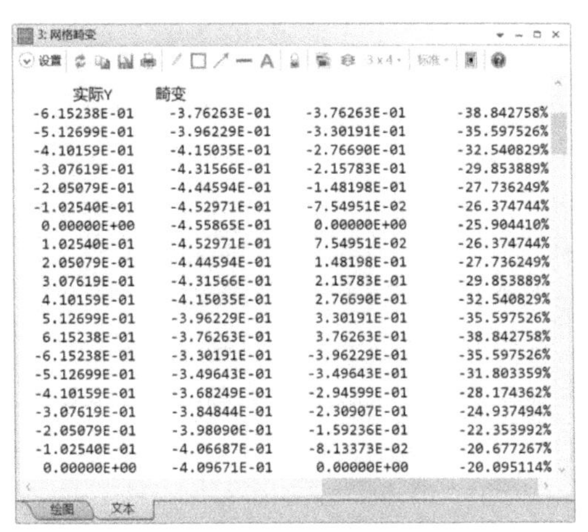

实际Y	畸变		
-6.15238E-01	-3.76263E-01	-3.76263E-01	-38.842758%
-5.12699E-01	-3.96229E-01	-3.30191E-01	-35.597526%
-4.10159E-01	-4.15035E-01	-2.76690E-01	-32.540829%
-3.07619E-01	-4.31566E-01	-2.15783E-01	-29.853889%
-2.05079E-01	-4.44594E-01	-1.48198E-01	-27.736249%
-1.02540E-01	-4.52971E-01	-7.54951E-02	-26.374744%
0.00000E+00	-4.55865E-01	0.00000E+00	-25.904410%
1.02540E-01	-4.52971E-01	7.54951E-02	-26.374744%
2.05079E-01	-4.44594E-01	1.48198E-01	-27.736249%
3.07619E-01	-4.31566E-01	2.15783E-01	-29.853889%
4.10159E-01	-4.15035E-01	2.76690E-01	-32.540829%
5.12699E-01	-3.96229E-01	3.30191E-01	-35.597526%
6.15238E-01	-3.76263E-01	3.76263E-01	-38.842758%
-6.15238E-01	-3.30191E-01	-3.96229E-01	-35.597526%
-5.12699E-01	-3.49643E-01	-3.49643E-01	-31.803359%
-4.10159E-01	-3.68249E-01	-2.94599E-01	-28.174362%
-3.07619E-01	-3.84844E-01	-2.30907E-01	-24.937494%
-2.05079E-01	-3.98090E-01	-1.59236E-01	-22.353992%
-1.02540E-01	-4.06687E-01	-8.13373E-02	-20.677267%
0.00000E+00	-4.09671E-01	0.00000E+00	-20.095114%

图 3-76 畸变数据描述界面

（5）使用像模拟功能来实际模拟成像效果，即放入一张图片来模拟成像结果。

执行“分析”选项卡→“成像质量”面板→“扩展图像分析”组→“图像模拟”命令，即可打开“图像模拟”窗口，在设置面板中的“导入文件”选项栏中选择 Demo picture 文件。

将“显示为”选项分别设置为“光源位图”及“仿真图”，最终得到畸变效果如图 3-77 所示。

（a）模拟前的效果

（b）模拟后的效果

图 3-77　畸变效果

同样，优化操作数 DIMX 也可以用来查看最大畸变量，如图 3-78 所示。

> **注意：** 通过以上 3 种方法查看畸变量，所得到的畸变数值大小完全相同，只是表现形式不同。

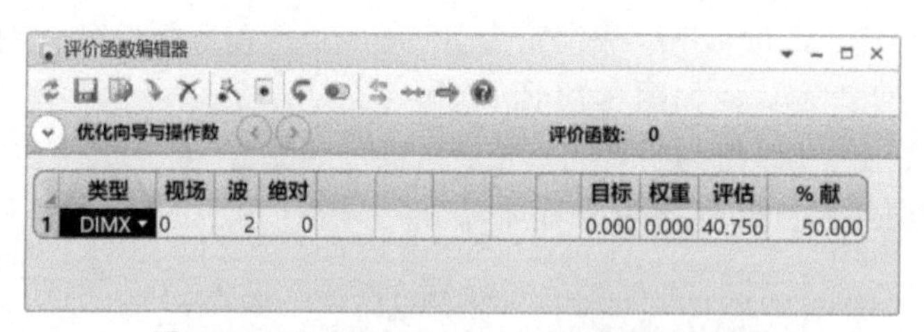

图 3-78　通过操作数 DIMX 查看最大畸变量

3. 畸变的优化

畸变是由于光线系统不同物点成像后放大率不同造成的像面形变，它是与视场紧密相关的。畸变曲线图等描述都是相对于视场扫描得到的，畸变不影响光斑大小，即我们在优化光学系统的成像质量及分辨率时，不需要考虑畸变的影响。

虽然优化几何光斑时畸变也在变化，但没有特定的控制条件。这就需要在评价函数中加入优化操作数，常用的是 DIMX。DIMX 表示系统的最大畸变量，也可指定在不同视场下的最大畸变量，在优化时它会控制系统当前畸变的最大值。

由于视场影响畸变大小，因此不同的视场光阑位置得到的畸变贡献都是不同的。通常对称结构贡献的畸变最小，如双高斯或库克三片对称结构。视场光阑在系统前或系统后都会引入较大畸变，如手机镜头的视场光阑一般位于第 1 面，所以手机镜头在设计时一般会产生较大畸变，需重点考虑。

有一点需要说明的就是扫描镜头，由于工作状态及要求不同，扫描镜头的设计要求是视场角度与像高成线性关系，以更好地校正 TV 畸变，因此优化时需要使用操作数 DISC，也就是优化 F-Theta 畸变。扫描镜头也被称为 F-Theta 镜头。

3.2.6 色差

由于多数成像镜头应用于可见光波段，波长为 400～700mm，因此会引入多色光情况下成像后的颜色分离，即色散现象。本节将详细介绍色差分类、色差形成原因，以及色差在 Zemax 中的分析和优化方法。

1. 色差概念

色差是指颜色像差，是透镜系统成像时的一种严重缺陷，由于同种材料对不同波长的光有不同的折射率，因此会造成多波长的光束通过透镜后传播方向分离，即色散现象。物点通过透镜聚焦于像面时，不同波长的光汇聚于不同的位置，形成一定大小的色斑。

简单理解，色差就是颜色分离带来的光学系统的像差。色差分为轴向色差和垂轴色差两种。

（1）轴向色差也叫作球色差或位置色差，指不同波长的光束通过透镜后焦点位于沿轴的不同位置，因为其形成原因同球差相似，所以也被称为球色差。由于多色光聚焦后沿轴形成多个焦点，因此无论将像面置于何处都无法看到清晰的光斑，看到的像点始终都是一个色斑或彩色晕圈。

（2）垂轴色差也叫作倍率色差，指轴外视场不同波长光束通过透镜聚焦后在像面上的高度各不相同，即每个波长成像后的放大率不同，因此被称为倍率色差。多个波长的焦点在像面高度方向依次排列，像面边缘将产生彩虹边缘带。

2. 色差描述

使用分析单色像差的方法可以在光线差图中得到色差的分布，Zemax 提供了色差曲线方便观察分析。

【例 3-6】以任意一个单透镜来说明色差，要求系统为多波长。通常可见光波段用 F, d, C 3 个波长来代替。

最终文件：Char03\色差.zmx

Zemax 设计步骤如下。

步骤 1：输入入瞳直径 20mm。

（1）在“系统选项”面板中单击“系统孔径”左侧的▸（展开）按钮，展开“系统孔径”选项。

（2）将“孔径类型”设置为“入瞳直径”，“孔径值”设置为 20，“切趾类型”设置为“均匀”，如图 3-79 所示。

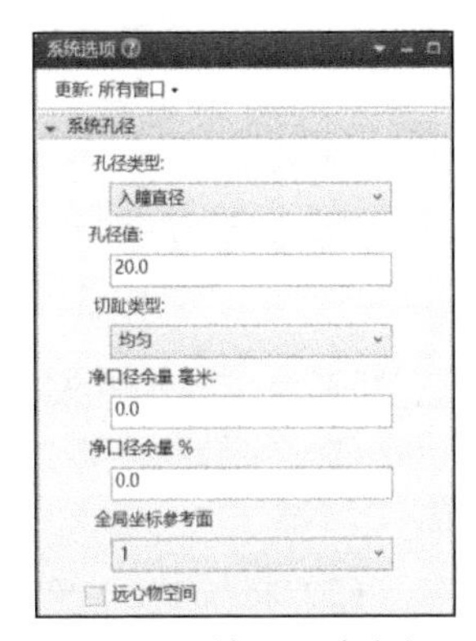

图 3-79 输入入瞳直径

步骤 2：输入视场。

（1）在“系统选项”面板中双击展开“视场”选项，并弹出视场数据编辑器，在视场类型选项卡中可以看到“类型”

为“近轴像高”。

（2）在下方的电子表格中单击“Insert”键两次，插入两行。

（3）在新添加的视场 2、3 的中“Y(mm)”列中分别输入 14、20，保持权重为 1，如图 3-80 所示。

（4）单击窗口右上角的“关闭”按钮完成设置，此时在“系统选项”的“视场”面板下方出现刚刚设置的 3 个视场，如图 3-81 所示。

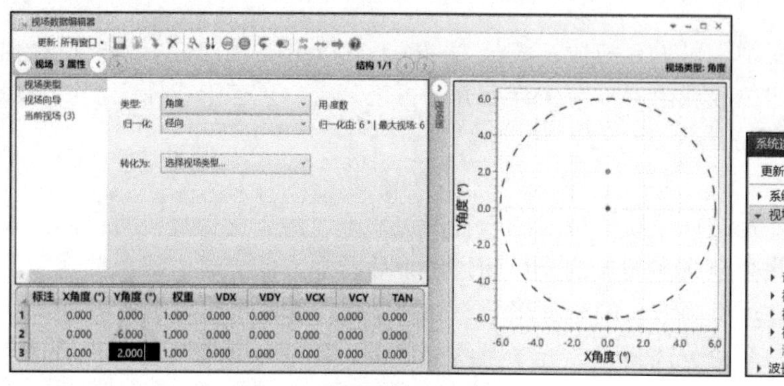

图 3-80　视场数据编辑器

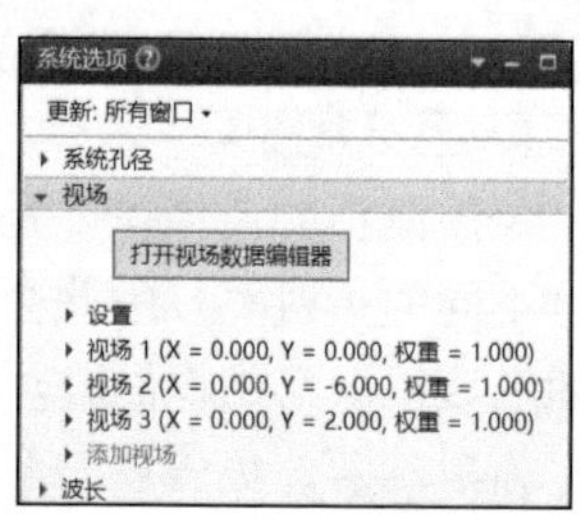

图 3-81　视场设置结果

步骤 3： 输入可见光的 3 个波长。

（1）在“系统选项”面板中单击“波长”左侧的▶（展开）按钮，展开“波长”选项。

（2）双击“设置”选项，弹出波长数据编辑器，在波长选择框中选择“F,d,c(可见)”，单击“选为当前”按钮，将“小数位”设置为 4，如图 3-82 所示。

（3）单击“关闭”按钮完成设置，此时在“系统选项”的“波长”面板下方出现刚刚设置的 3 个波长，如图 3-83 所示。

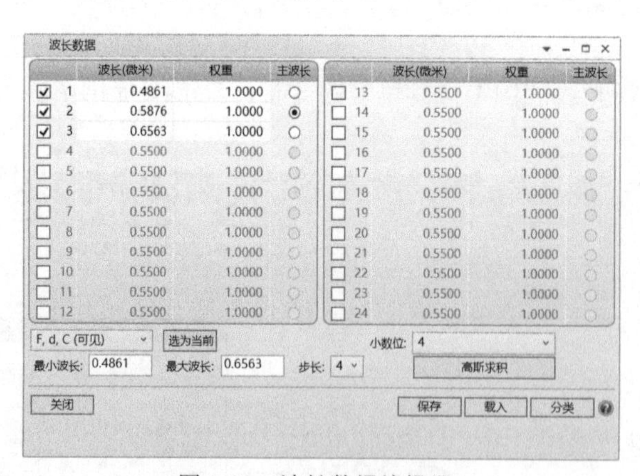

图 3-82　波长数据编辑器

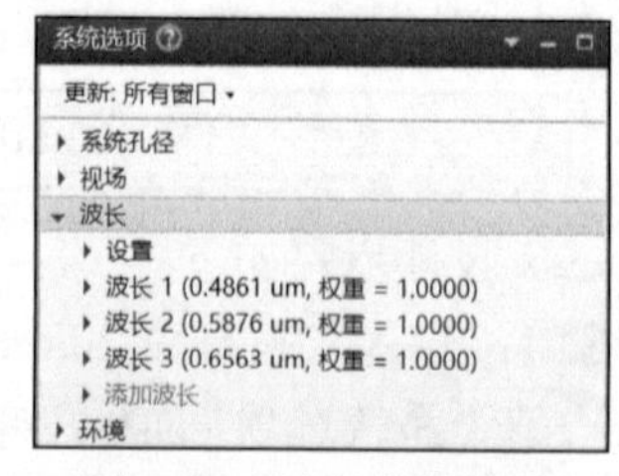

图 3-83　波长设置结果

步骤 4： 输入镜头参数。

（1）将镜头数据编辑器置前，单击#面 2（像面）的“表面类型”栏，按“Insert”键插入 1 个面。

（2）将#面 1（光阑面）的“曲率半径”设置为 100，“厚度”设置为 10，“材料”设为 BK7。

（3）将#面 2 的“曲率半径”设置为 1000，“厚度”设置为 205，如图 3-84 所示。

镜头数据

更新: 所有窗口

表面 2 属性　　结构 1/1

	表面类型	标注	曲率半径	厚度	材料	膜层	净口径	延伸区	机械半直径	圆锥系数	TCE x 1E-6
0	物面 标准面		无限	无限			无限	0.000	无限	0.000	0.000
1	光阑 标准面		100.000	10.000	BK7		10.053	0.000	10.382	0.000	-
2	标准面		1000.000	205.000			10.382	0.000	10.382	0.000	0.000
3	像面 标准面		无限	-			22.512	0.000	22.512	0.000	0.000

图 3-84　镜头数据编辑器

步骤 5： 打开三维布局图并查看色差。

（1）单击“设置”或“分析”选项卡→“视图”面板→“3D 视图”按钮，打开“三维布局图”窗口显示光路结构图，如图 3-85 所示。

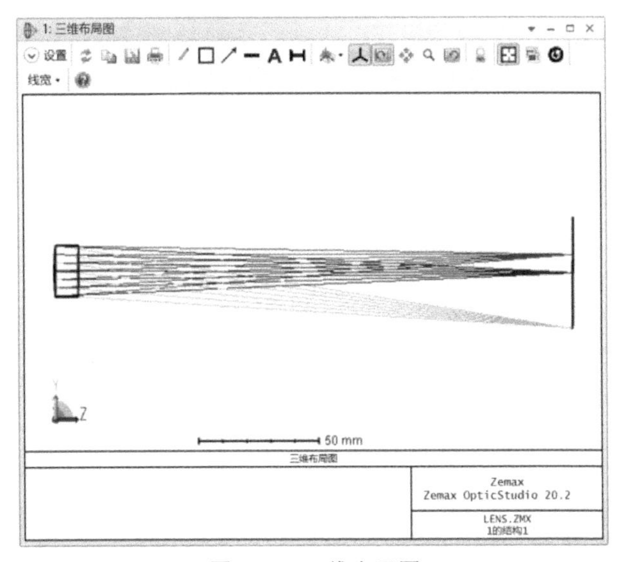

图 3-85　三维布局图

图中单透镜系统中使用 F,d,C 三个波长的光线，会产生较大色差，首先我们使用光线差曲线来分析两种色差的表现形式。

（2）执行“分析”选项卡→“成像质量”面板→“光线迹点”组→“光线像差图”命令，即可打开“光线光扇图”窗口显示光线光扇图，设置显示视场 3（轴上视场），如图 3-86 所示。

轴上视场产生球色差，即在同一孔径区域不同波长在轴上的焦点不同，以最大光瞳区域光线为例（Py=1），它们在“光线光扇图”上的纵坐标之差为沿轴的焦点距离，如图 3-86 所示。

（3）执行“分析”选项卡→“成像质量”面板→“光线迹点”组→“标准点列图”命令，即可打开“点列图”窗口显示点列图，设置显示视场 2（轴上视场），色差大小显示如图 3-87 所示。

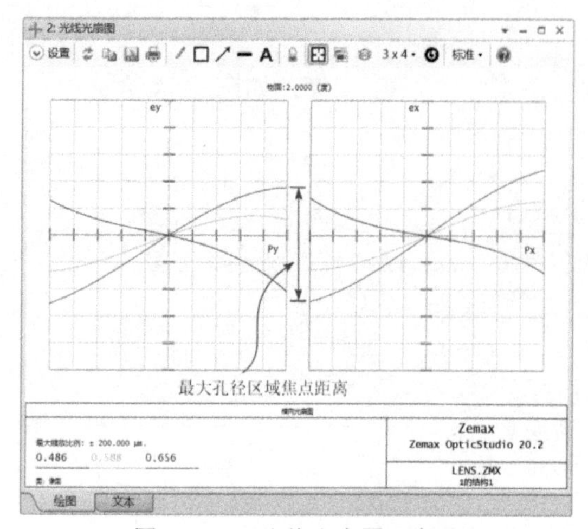

图 3-86　“光线光扇图”窗口

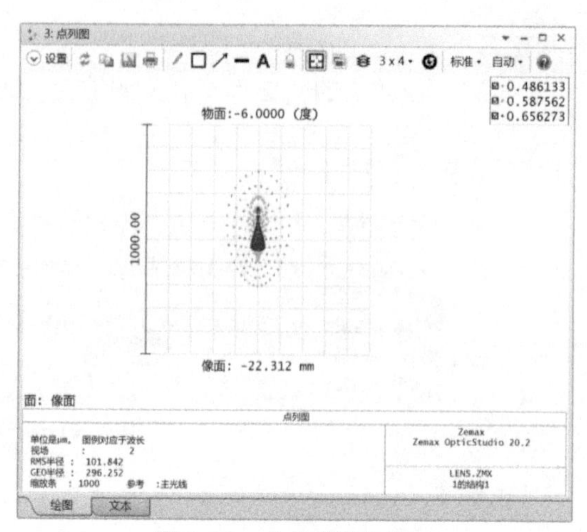

图 3-87　“点列图”窗口

（4）为了方便观察色差影响的真实效果，可以使用图像模拟功能对比模拟前和模拟后的图像效果。

执行“分析”选项卡→“成像质量”面板→“扩展图像分析”组→“图像模拟”命令，即可打开“图像模拟”窗口，在设置面板中的“导入文件”选项中选择 Demo picture 文件。

将“显示为”分别设置为“光源位图”及“仿真图”，“视场”设置为 2，最终得到图像模拟效果如图 3-88 所示。

（a）模拟前的效果

（b）模拟后的效果

图 3-88　色差效果

（5）利用 Zemax 的色差分析功能查看轴向色差。

执行“分析”选项卡→“成像质量”面板→“像差分析”组→“轴向像差”命令，即可打开“轴向像差”窗口，如图 3-89 所示。图中横坐标表示像面两边沿轴离焦距离，纵坐标为不同光瞳区域。

（6）查看垂轴色差大小。

执行“分析”选项卡→“成像质量”面板→“像差分析”组→“垂轴色差”命令，即可打开“垂轴色差”窗口，如图 3-90 所示。

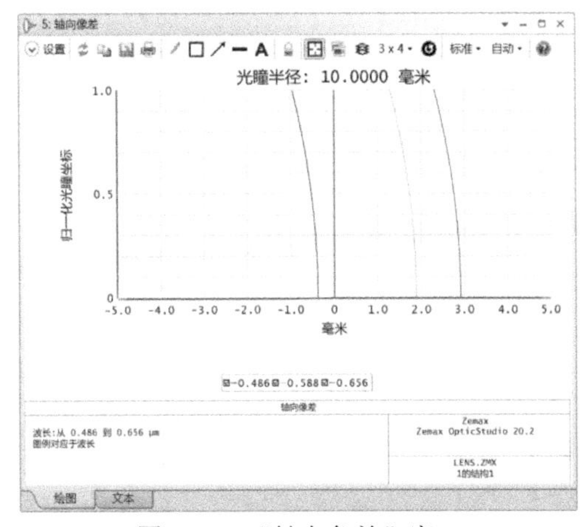

图 3-89 “轴向色差”窗口

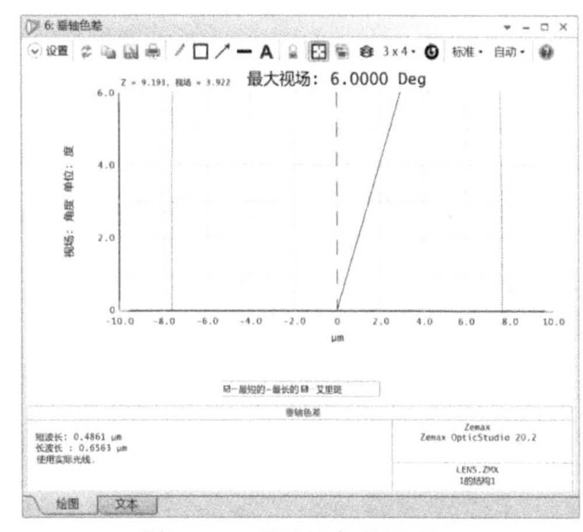

图 3-90 “垂轴色差”窗口

3. *色差校正方法*

色差的校正通常使用双胶合消色差透镜或三胶合复消色差透镜实现。

根据材料色散特性不同，材料分为冕玻璃和火石玻璃。冕玻璃通常用 K 命名，表示色散能力比较弱的材料。火石玻璃通常用 F 命名，表示色散能力比较强的材料。在光学系统设计中，我们可以使用这两种玻璃材料的组合对色差进行补偿。

由于材料在优化时离散取样，材料使用玻璃替代方法来选取。优化时软件会自动选取玻璃进行尝试，找到最佳材料组合，使色散最小。

步骤 6：优化变量设置。

（1）将镜头数据编辑器置前，在#面 1 的“材料”栏右侧方格中单击，在弹出的“#面 1 上的玻璃求解”面板中将“求解类型”设置为“替代”，如图 3-91 所示。

	表面类型		标注	曲率半径	厚度	材料	膜层	净口径	延伸区	机械半直径	圆锥系数	TCE x 1E-6
0	物面	标准面 ▾		无限	无限			无限	0.000	无限	0.000	0.000
1	光阑	标准面 ▾		100.000	10.000	BK7 S		10.053	0.000	10.382	0.000	-
2		标准面 ▾		1000.000	205.000						0.000	0.000
3	像面	标准面 ▾		无限	-						0.000	0.000

面1上的玻璃求解

求解类型：替代

分类：

固定
模型
拾取
替代
偏移

图 3-91 设置材料变量

对于高精密消色差要求的系统，或色差较大使用普通玻璃材料很难消除的情况，例如红外镜头系统，由于可选的材料极其有限，又要达到较高的像质要求，常使用二元衍射光学元件进行色差消除，即“二元#面 2”面型。使用衍射的方法可以在镜片较少材料有限的情况下达到较高的消色差水平。

（2）在镜头数据编辑器#面 1（光阑，单透镜前表面）中将“表面类型”设置为“二元#面 2”。在“曲率半径”栏单击，并按“Ctrl+Z”组合键，将其设置为变量。

继续在#面 2 中的“厚度”栏单击，并“Ctrl+Z”组合键，将其设置为变量，结果如图 3-92 所示。

（3）向后拖动滚动条，将#面 1（二元#面 2）的“归一化半径”栏设置为 10，“最大项数”栏设置为 4，“p^2 的系数”栏设置为变量，结果如图 3-93 所示。

	表面类型	标注	曲率半径	厚度	材料	膜层	净口径	延伸区	机械半直径	圆锥系数	TCE x 1E-6
0	物面　标准面 ▾		无限	无限			无限	0.000	无限	0.000	0.000
1	光阑　二元面2 ▾		100.000 V	10.000	BK7 S		10.053	0.000	10.362	0.000	-
2	标准面 ▾		-103.310 F	205.000 V			10.362	0.000	10.362	0.000	0.000
3	像面　标准面 ▾		无限	-			33.647	0.000	33.647	0.000	0.000

图 3-92　设置二元面及厚度变量

	表面类型	12阶项	14阶项	16阶项	最大项数 #	归一化半径	p^2的系数	p^4的系数	p^6的系数	p^8的系数
0	物面　标准面 ▾									
1	光阑　二元面2 ▾	0.000	0.000	0.000	4	10.000	0.000 V	0.000	0.000	0.000
2	标准面 ▾									
3	像面　标准面 ▾									

图 3-93　设置二元面变量

（4）将“光线光扇图”窗口置前，显示的光线光扇图如图 3-94 所示。将“图像模拟”窗口置前，图像的色斑色晕现象如图 3-95 所示。

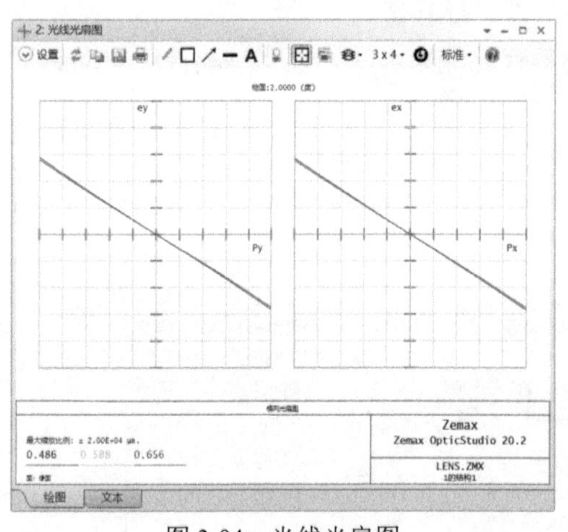

图 3-94　光线光扇图

图 3-95　图像模拟（优化前色斑色晕现象）

步骤 7： 利用优先向导进行优化设置。

（1）单击“优化”选项卡→“自动优化”面板→“优化向导”按钮，打开“优化向导”面板的“评价函数编辑器”窗口。

（2）设置“成像质量”为“波前图”，“光瞳采样”组选择“高斯求积”，单击“应用”按钮即可添加优化目标函数，如图 3-96 所示。

（3）单击“关闭”按钮，退出评价函数编辑器。

步骤 8： 查看优化结果。

（1）单击“优化”选项卡→“自动优化”面板→“执行优化”按钮，弹出“局部优化”对话框，采用默认设置。

（2）单击“开始”按钮，开始优化操作。

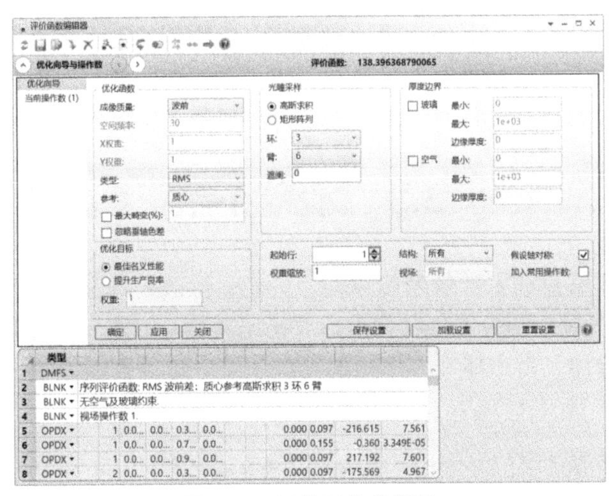

图 3-96　评价函数编辑器

（3）优化完成后的对话框如图 3-97 所示，单击“退出”按钮退出对话框，此时会发现#面 3 的圆锥系数发生了变化，由 0 变为−5.072。

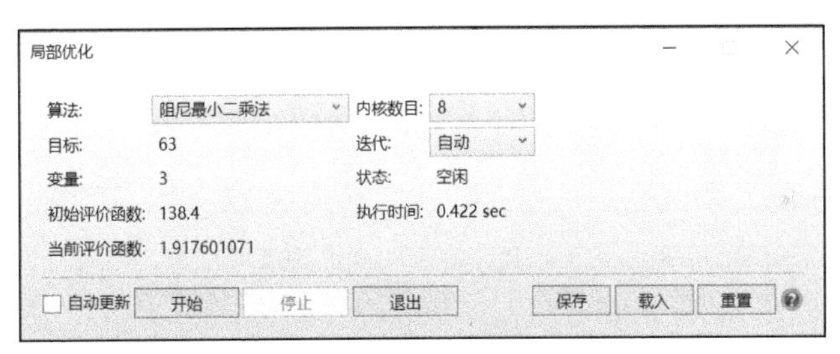

图 3-97　优化完成后的对话框

（4）将“图像模拟”窗口置前，更新后的图像分析图如图 3-98 所示。通过优化，色差会大幅度减小，效果较好。

（5）将“光线光扇图”窗口置前，利用显示的光线光扇图检查优化后的色差变化情况，如图 3-99 所示。色斑色晕现象消除，单色像差是产生像面模糊的主要原因。

图 3-98　“图像模拟”窗口（优化后色差减小）

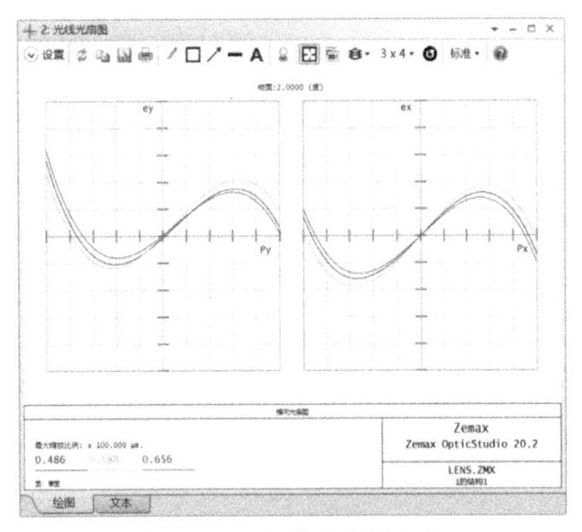

图 3-99　“光线光扇图”窗口

虽然使用二元光学面优化后的效果比较理想，但由于二元面型加工难度大，使用高阶相位系数时加工精度不能完全保证，另外加工成本较高，因此对一般的光学系统来说并不适用。在一些高端仪器及军用行业中，二元衍射面型越来越受到广泛的应用。

3.3　本章小结

本章主要介绍了常见的主要像差如球差、彗差、像散、场曲、畸变的产生原因，讲解了使用 Zemax 的光线像差图查看各种像差，并指出其特点，展示了布局图、点列图、各像差图以及其联系，阐述了薄透镜和厚透镜的初级像差理论以及像差的平衡和校正方法。

第 4 章　Zemax 的优化与评价功能

在一个含有多组镜片的复杂系统中，充足的变量赋予了系统足够的求解空间。有时可优化的系统数达百万甚至千万个，要想快速而又精确地找到理想的设计结构，就需要透彻了解 Zemax 的优化方法。本章将重点讨论 Zemax 的基本功能，包括优化功能、评价函数、多重结构、坐标间断等，其目的是帮助读者掌握并灵活利用主要功能完成光学系统设计。

学习目标：

（1）熟练掌握 3 种优化方法；

（2）熟练掌握评价函数并进行控制优化；

（3）熟练掌握多重结构的使用方法；

（4）熟练掌握坐标间断使用方法。

4.1　优化方法

Zemax 提供了优化功能来帮助设计者更加高效地实现更好的设计形式。本节主要介绍 Zemax 中的优化方法。

4.1.1　优化方法选择

Zemax 工作界面的“优化”选项卡中提供了“手动调整”“自动优化”“全局优化”方法，并提供了优化工具方便用户选用，如图 4-1 所示。

图 4-1　“优化”选项卡

其中“手动调整”优化方式强烈依赖初始结构，系统初始结构通常也称为系统的起点，在这一起点处优化驱使评价函数逐渐降低，直至最低点。

> **注意：** 这里的最低点是指继续优化评价函数会导致其上升，无须考虑是否优化到了最佳结构（软件认为的最佳结构指评价函数最小的结构）。

4.1.2　手动调整

1．快速聚焦

快速聚焦是通过调整后焦获得最佳焦面的位置，即通过调整像面之前最后一个表面的厚度，使得 RMS 像差最小。执行“优化”选项卡→“手动调整”面板→“快速聚焦”命令，即可弹出图 4-2 所示的“快速聚焦”对话框。

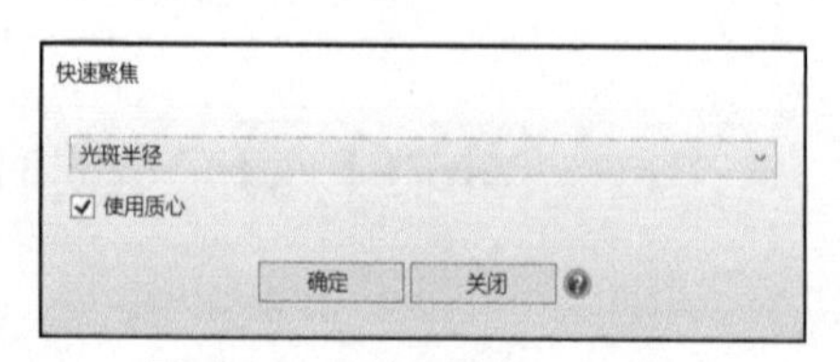

图 4-2　“快速聚焦”对话框

聚焦位置取决于选择的计算方法，RMS 一般通过定义视场、波长和权重计算整个视场的多色光的平均值。

- 光斑半径：聚焦到光斑均方根（RMS）半径最佳的像面上；
- 仅 X 方向光斑：聚焦到 X 方向光斑 RMS 半径最佳的像面上；
- 仅 Y 方向光斑：聚焦到 Y 方向光斑 RMS 半径最佳的像面上；
- 波前差：聚焦到波前差 RMS 最佳的像面上。

使用质心：所有计算参考图像质心，而不是主光线；该选项会使计算速度稍慢，非常适用于彗差是主要影响因素的系统。

2．快速调整

用于调整任何一个面的曲率或厚度以达到在后续任意面上最佳的垂轴或角光线聚焦，即通过调整任何一个面的半径或厚度，使任意后续面上的 RMS 像差最小。

RMS 一般通过定义视场、波长和权重计算整个视场的多色光的平均值。注意 RMS 角度数据是在折射到指定面后计算的。

当其他编辑或工作正在进行时，该工具可以时刻保持打开状态，随时通过单击“调整”按钮重新计算最佳聚焦数据。

执行“优化”选项卡→“手动调整”面板→“快速调整”命令，弹出图 4-3 所示的“快速调整”对话框。

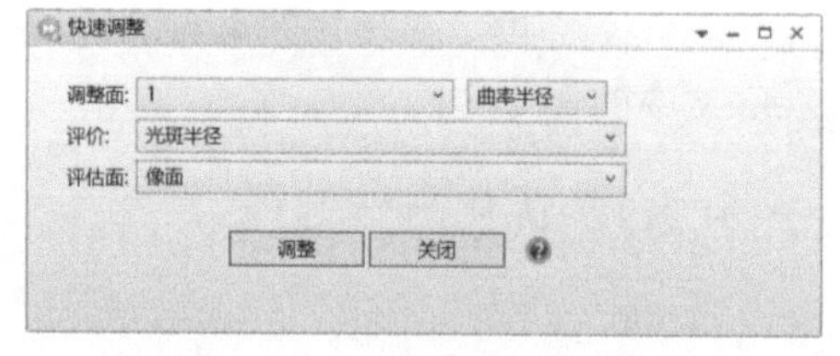

图 4-3　“快速调整”对话框

- 调整面：用于选择要调整的表面。
- 曲率半径/厚度：用于选择要调整的曲率半径或厚度。
- 评价：用于选择最佳聚焦标准，所有的标准都以像面质心为参考。
- 评估面：选择在哪个面上计算标准，注意角度标准是在折射到指定面后计算的。

3．滑块

滑块控件用于在浏览任何一个分析窗口时，交互式地调节任意系统和表面的参数，同时监视更改值如何影响任何打开的分析窗口或所有窗口中显示的数据。

执行“优化”选项卡→“手动调整”面板→“滑块”命令，弹出图 4-4 所示的“滑块”对话框。

类型：用于选择表面、系统和结构，或选择 NSC 数据组。

参数：选择要改变的数据。如果选择的是表面数据，参数包括半径、曲率、厚度、圆锥系数、参数及附加参数。如果选择的是系统参数，参数包括系统孔径、视场、波长数据、切趾因子、温度及压力。如果选择的是结构数据，参数包括所有多重结构操作数。如果选择的是 NSC 数据，参数包括物体的位置及其参数。

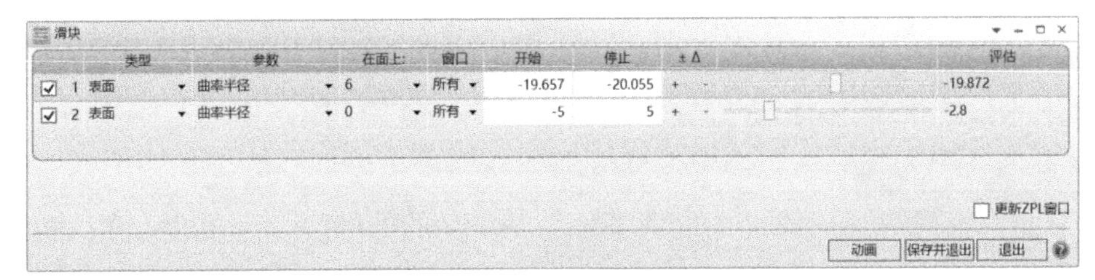

图 4-4 “滑块”对话框

表面序号：如果选择的是表面数据，是指表面编号数据。如果选择的是结构数据，是指结构编号。如果选择的是 NSC 数据，是指物体编号。

窗口：调节滑块后，选择“所有”或任何一个指定的分析窗口以将其更新。

4. 可视化优化器

可视化优化器是多个滑块控件的集合，可以同时调整多个选中的变量。可视化优化器支持同时运行 1～8 个滑块。每个滑块均可以交互式地修改对应的变量值。注意，在执行可视化之前必须先将对应的参数设置为变量。

执行“优化”选项卡→“手动调整”面板→“可视化优化器”命令，打开图 4-5 所示的“可视优化”对话框。

可视优化

	参数	窗口	开始	停止	± Δ	评估
1	表面 1 曲率	所有	0.036649	0.037049	+ -	0.036849
2	表面 1 厚度	所有	8.5916	8.6916	+ -	8.6416
3	表面 2 曲率	所有	-0.0067679	-0.0066679	+ -	-0.0067179
4	表面 2 厚度	所有	4.1543	4.2543	+ -	4.2043
5	表面 3 曲率	所有	-0.038397	-0.037997	+ -	-0.038197
6	表面 3 厚度	所有	3.6256	3.6656	+ -	3.6456
7	表面 4 曲率	所有	0.051379	0.052379	+ -	0.051879
8	表面 4 厚度	所有	3.435	3.475	+ -	3.455

更新ZPL窗口

动画 保存并退出 退出

图 4-5 “可视优化”对话框

在序列模式下，只要变量的值发生变化，则选中窗口或所有窗口也会随之更新。在非序列模式下，光线追迹时可以选择是否更新所有探测器查看器和实体模型。更新占用的时间由系统的复杂程度、打开的分析窗口类型和追迹的光线数量共同决定。

4.1.3 自动优化

1. 评价函数编辑器

评价函数编辑器用于定义、修改和检查系统的评价函数，评价函数用于系统的优化。操作数类选项允许更改操作数类型及其他数据。操作数是通过在第一列输入名称，然后填充其余的数据字段来设置的。定义一个操作数通常需要多个字段。

执行“优化”选项卡→“自动优化”面板→“评价函数编辑器”命令，弹出图4-6所示的“评价函数编辑器”窗口。

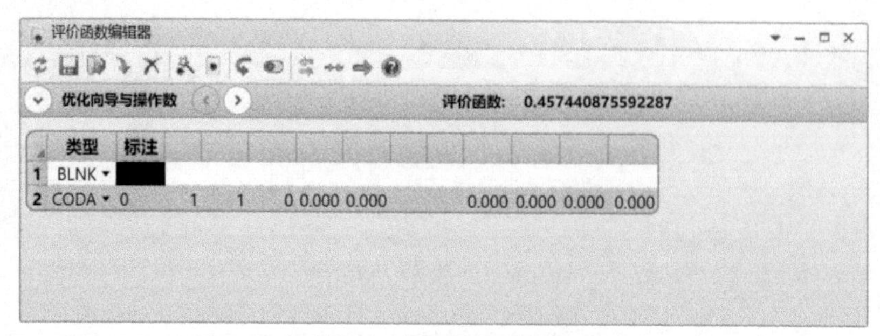

图4-6　评价函数编辑器

评价函数编辑器工具栏中部分按钮的含义如下。

（1）（更新）：用于重新计算评价函数。所有的操作数都参与计算并显示新的评价函数值。

（2）（保存优化函数）：将当前的评价函数保存在一个MF文件中。该步骤仅适用于将该评价函数加载并应用于另一镜头中的情况。当保存整个镜头文件时，OpticStudio将自动同时保存镜头与评价函数。

（3）（加载优化函数）：加载一个预先存储在MF文件或保存在ZMX文件中的评价函数。用户可以选择两者中的任何一个文件，仅将其中的评价函数部分加载到数据表中，而当前的评价函数将被消除。

（4）（插入优化函数）：插入一个预先存储在MF文件中的评价函数。用户需要指定插入在哪一行，以及插入的文件，现有的评价函数被保留。

（5）（删除所有操作数）：删除评价函数中的所有操作数。

（6）（优化向导）：打开“优化向导与操作数”面板建立常用的评价函数。建立之后可以进行编辑。

（7）（评价函数列表）：在单独的窗口中生成评价函数文字列表并分开显示用户添加的操作数（位于DMFS操作数之前的操作数）和默认评价函数（所有在DMFS操作数之后列出的操作数）。

（8）（转到操作数）：打开对话框查找并跳转到指定的操作数类型、注释、编号或标签。

2. 优化向导

用于显示选择评价函数类型和相对光线密度的参数设置面板，位于评价函数编辑器的上方，默认处于隐藏状态。

执行“优化”选项卡→“自动优化”面板→“优化向导”命令，弹出图4-7所示显示优化向导面板的“评价函数编辑器”窗口。

评价函数是对一个光学系统接近一组指定目标的程度的数值表示。Zemax使用一系列操作数分别表示系统不同的约束条件或目标。操作数可表示如成像质量、焦距、放大率等目标。

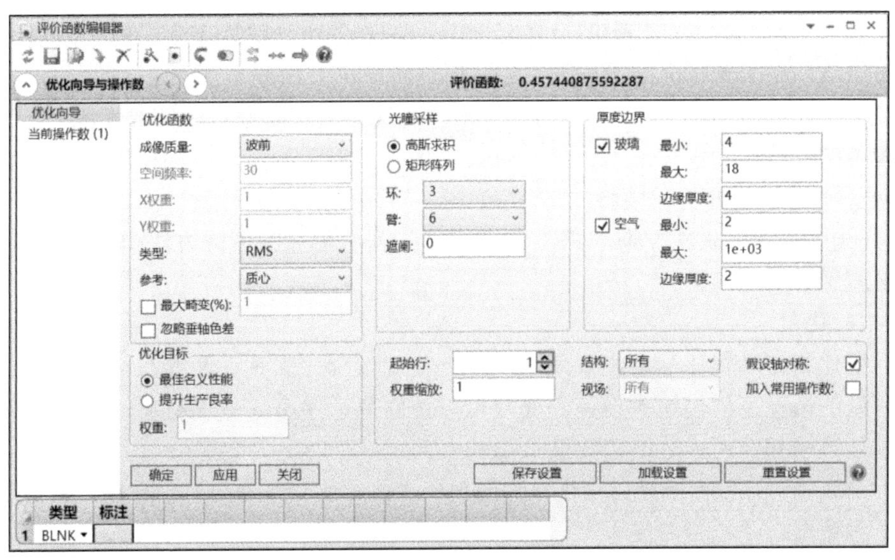

图 4-7 优化向导面板

评价函数与列表中每一个操作数的实际值与目标值之差的加权平方和的平方根成正比，其理想值为零。优化算法致力于使函数值尽可能小，因此评价函数应该表示的是用户对系统的期待。

在 Zemax 中，用户可以使用几种不同类型的评价函数。默认的评价函数由优化类型、评价标准、参考点和积分方法 4 个关键选项构成。

（1）类型，用于设置优化函数的类型。

RMS：所有独立误差的均方根，是目前普遍使用的类型。

PTV：是峰-谷值的简称，使峰谷值误差最小，但是评价函数值并不是实际的峰谷值误差。在极少数情况下，像差的最大程度比均方根误差重要时，PTV 可以更好地标识成像质量（如所有光线都必须到达探测器或光纤上的一个圆形区域内）。

（2）成像质量，用于设置优化函数标准。

波前：像差以波长为单位。

对比度：采用 Moore-Elliott 对比度方式优化系统 MTF，也称为对比度优化。

点列图：同时计算像空间中 X 方向与 Y 方向上的光线像差。X 和 Y 部分将分别考虑，再同时优化。像差的符号将保留，以得到更好的导数用于优化。相应的，如果 X 和 Y 方向的权重都设置为 0，则光斑尺寸将基于径向光线像差考虑。

角向：同时计算像空间中 X 方向与 Y 方向上的角向像差。X 和 Y 部分将分别考虑，再同时优化。像差的符号将保留，以得到更好的导数用于优化。

（3）参考，用于设置优化函数参考点。

质心：对数据的 RMS 或 PTV 的计算以该视场点所有数据的质心为参考。一般优化倾向于选择质心参考，特别是波像差优化。对波像差优化来说，以质心作为参考时将忽略整个光瞳上的平均波像差、波像差的 X 倾斜和 Y 倾斜，因为它们中的任何一个都不会使系统的成像质量下降。当存在彗差时，以质心为参考会产生更有意义的结果，因为彗差会使像的质心偏离主光线位置。

主光线：对数据的 RMS 或 PTV 的计算以主波长的主光线为参考。对于波前优化，参考主光线忽略了整个光瞳上的平均波前差，但是考虑了波像差的 X 倾斜和 Y 倾斜。需要注意 OPD 定义为 0 的点是被任意定义的，这是主光线参考忽略平均波前的原因。

未参考的：此选项仅在波前优化时有效。如果波前无参考点，则使用相对于主光线的 OPD 数据，考虑平均波前或倾斜。

（4）光瞳采样，采用高斯求积(GQ)和矩形阵列(RA)光瞳积分方法构造评价函数。GQ 算法几乎适用于所有情况。

3. 执行优化

执行优化将自动优化当前光学系统，是一种局部优化工具，能够在给定合理的起始点和一组变量的情况下优化镜头设计。变量可以是曲率、厚度、玻璃材料、圆锥系数、参数数据、额外数据和任何多重结构数值数据。

执行“优化”选项卡→“自动优化”面板→“执行优化”命令，打开图 4-8 所示的“局部优化”对话框。

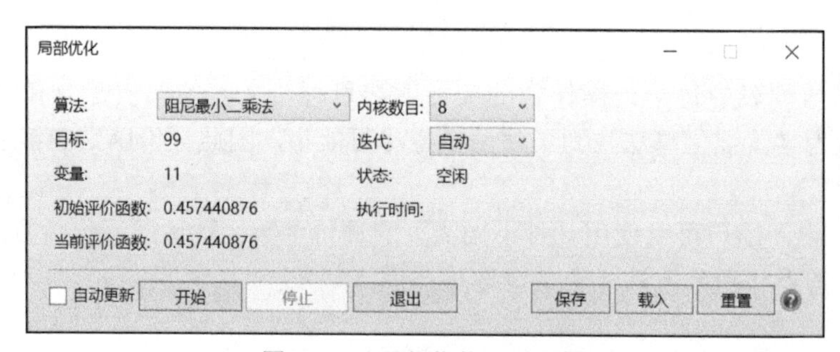

图 4-8 “局部优化”对话框

局部优化使用阻尼最小二乘法或正交下降法来改进或修改设计以满足特定条件。

（1）阻尼最小二乘法(DLS)：运用数值微分计算，在能够产生一个较小的评价函数设计的解空间里确定优化方向。这种梯度方法是针对光学系统的设计开发的，被推荐用于所有的优化情况。

（2）正交下降法(OD)：运用变量的正交化形式和解空间的离散采样来降低评价函数值。OD 算法不计算评价函数的数值微分。对评价函数存在原始噪声的系统而言，例如非序列系统，OD 通常比 DLS 算法更适用。

注意：此处执行的 DLS 和 OD 都是局部优化算法，它们的最终结果依赖于起始点。

4.1.4 全局优化

只要提供足够的优化时间，全局优化方法总能找到最佳结构。其中全局优化称为全局搜索，它使用多起点同时优化的算法，目的是找到系统所有的结构组合形式并判断哪个结构能够使评价函数值最小。

虽然锤形优化也属于全局优化类型，但它更倾向于局部优化，一旦使用全局搜索找到最佳结构组合，便可使用锤形优化来优化该结构。锤形优化引入了专家算法，可以按照有经验的设计师的设计方法处理系统结果。

1. 全局优化

用于启动对全局最优解的搜索，对于给定的评价函数和一组变量来说，得到最佳设计的可能性极高。全局优化中算法包括阻尼最小二乘法(DLS)或者正交下降法(OD)。在全局优化中，DLS 算法适用于大多数成像系统，而 OD 算法适用于有噪声的、低精度的评价函数，例如照明系统。

执行“优化”选项卡→“自动优化”面板→“全局优化”命令，打开图 4-9 所示的“全局优化”对话框。

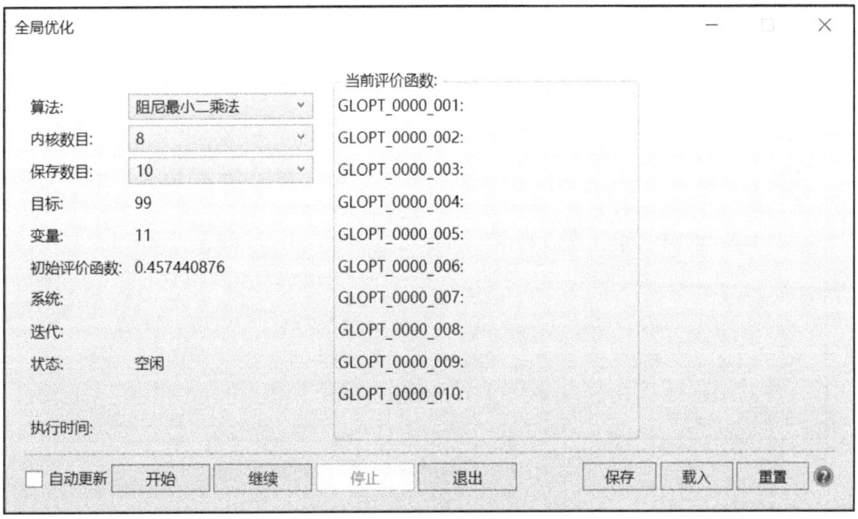

图 4-9 “全局优化”对话框

执行全局优化时，首先将初始文件复制到名为 GLOPT_xxxx_001.ZMX 至 GLOPT_xxxx_nnn.ZMX 的新 Zemax 格式文件中，其中 xxxx 是与 Zemax 实例关联的编号，nnn 是要保存的最大镜头数。

如果全局优化在 Zemax 的多个实例中同时运行，那么数字 xxxx 将用于区分从不同实例保存的文件。

然后 Zemax 将从所定义的范围中提取的各种镜头参数的组合中开始搜寻。优化将在新生成的镜头文件设计过程中进行，直到 Zemax 得到新镜头充分优化的结果。

当一个新镜头生成时，Zemax 将使用这个新镜头的评价函数与迄今为止发现的最佳镜头（评价函数值最低）的评价函数进行比较，并将其放入最佳镜头列表的正确位置，并根据需要重新命名其他的镜头文件。如果新镜头的评价函数值大于最佳列表中的所有值，则将其放弃。

该过程无限循环。每发现一个新的镜头比最佳镜头列表中的最差镜头要好时，将它替换至列表中的相应位置。更换几百个镜头之后（该过程中可能需要对几万个镜头进行评估），最后得到的镜头列表可能会包含非常好的设计方案，或至少有一些较好的形式。

全局优化对话框中会显示目前找到的十个最佳镜头的评价函数值。如果要保存的镜头数目比 10 大，这些文件将被保存在硬盘上，但是评价函数不会被显示。

这种算法也会周期性检查最佳的镜头列表内的文件，来判断它们是否能继续改善。有时一些镜头将在改进后被放回到该列表中。发生这种情况时，如果被取代的旧设计与新镜头的基本形式相同，则旧镜头将被丢弃。这是为了在最佳列表中保持一定的设计多样性，否则所有的镜头会有相似的形式。

2. 锤形优化

锤形优化可实现自动重复优化设计，以突破评价函数中的局部最小值。锤形优化窗口显示了初始评价函数值和迄今为止发现的最佳评价函数值。

尽管期待的结果可能在几分钟之内得到，但是仍应该使算法保持运行几小时。单击“停止”按钮终止搜索，然后单击“退出”按钮。如果 Zemax 异常终止，可以在临时文件中找到最后保存的锤形优化文件。该临时文件名源自起始镜头文件名。

执行“优化”选项卡→“自动优化”面板→“锤形优化”命令，打开图 4-10 所示的“锤形优化”对话框。

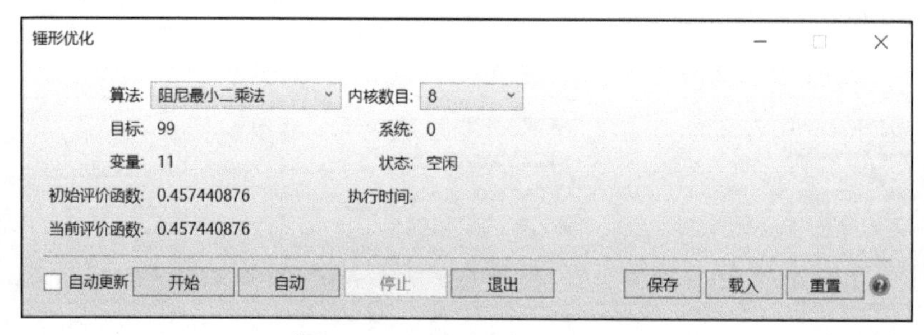

图 4-10　“锤形优化”对话框

说明：局部优化、全局优化及锤形优化 3 种优化方法中都使用 DLS 和 OD 这两种算法。

（1）DLS 算法。

DLS 算法（即阻尼最小二乘法）对参数连续取值，使评价函数的值如阻尼震荡般越来越小，直至找到最小的评价函数。这种算法适用于连续可变的变量参数，求解速度快，评价函数值为非连续或过于平缓时，优化将停滞。

（2）OD 算法。

OD 算法也被称为正交下降法，它可以很好地对评价函数非连续变化或评价函数平缓变化情况运行优化，所以 OD 算法尤其适用于非序列系统的优化。

3. 玻璃替换模板

当使用“锤形优化”和“全局优化”时，该功能会根据成本和其他限制来控制可接受的玻璃选择范围。

执行“优化”选项卡→“自动优化”面板→“玻璃替换模板”命令，打开图 4-11 所示的“玻璃对比”对话框。

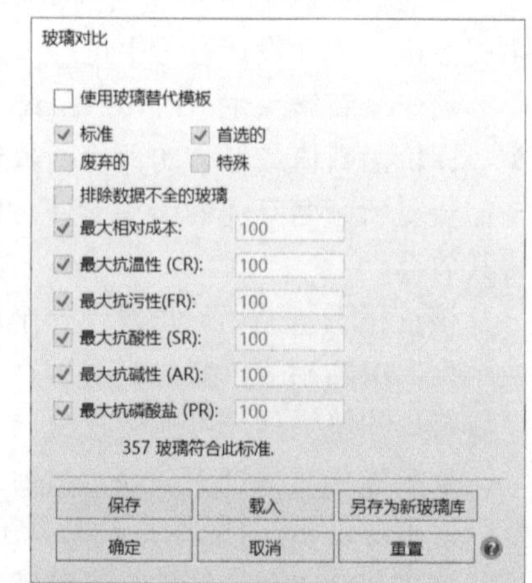

图 4-11　“玻璃对比”对话框

勾选“使用玻璃替代模板”复选框时，使用定义的参数来限制提供给全局优化替换的玻璃材料。未勾选，且没有明确排除玻璃，同时玻璃工作波长范围适合当前的镜头，则可以选择当前目录中定义的任何玻璃。

4.1.5 优化应用示例

局部优化与全局优化的关系如图 4-12 所示，下面通过实例演示的方式说明不同优化方法得到的结果。

对于简单系统和单透镜或双胶合，由于它们的变量有限，评价函数求解曲线本身可能只有一个单调区间，因此局部优化和全局优化都会找到同一解决方案。这种系统中全局优化的优势是无法体现出来的。下面通过稍微复杂的结构进行演示说明。

【例 4-1】尝试设计一个三片式物镜结构，其规格参数为：

相机底片为 35mm；焦距为 50mm；F/3.5；玻璃最小中心与边厚 4mm；最大中心厚 18mm；空间间隔最小 2mm；可见光波段 F，d，C；光阑位于中间位置；初始材料为 Sk4-F2-Sk4。

最终文件：Char04\三片式物镜.zmx

Zemax 设计步骤如下。

步骤 1：由 50mm 焦距及 F/3.5 可知，入瞳直径 $D=f/F\#=50/3.5=14.3$。

（1）在“系统选项”面板中单击“系统孔径”选项左侧的▸（展开）按钮，展开“系统孔径”选项。

（2）将“孔径类型”设置为“入瞳直径”，“孔径值”设置为 14.3，“切趾类型”设置为“均匀”，如图 4-13 所示。

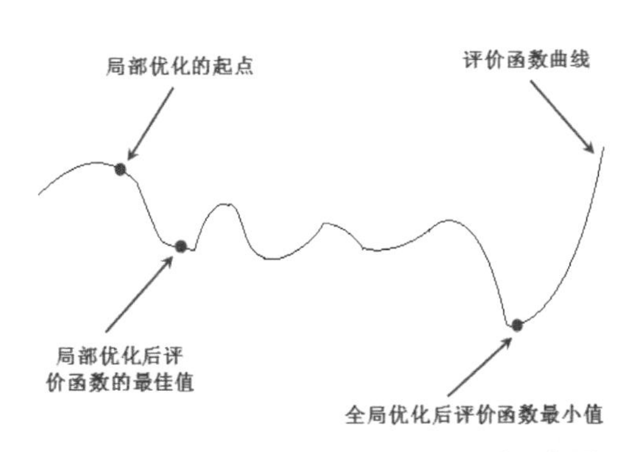

图 4-12　局部优化和全局优化关系示意图

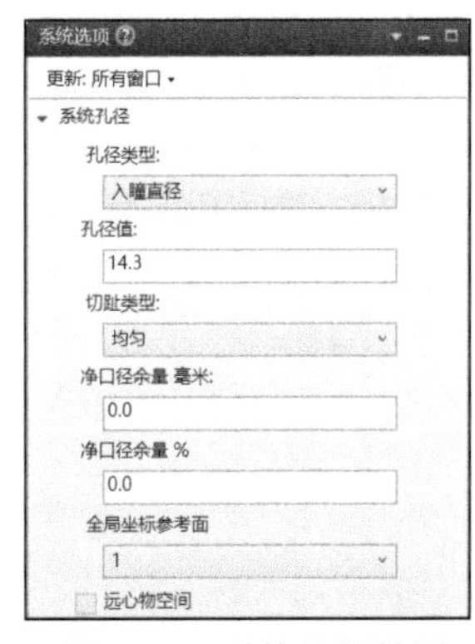

图 4-13　系统孔径设置

（3）镜头数据随之变化。

35mm 底片说明了该镜头的像面尺寸大小，35mm 矩形底片尺寸为 24mm×36mm，可计算矩形外接圆半径大小为 21mm。由此得到最大视场像高为 21mm，选用 3 个视场。

步骤 2：输入视场。

（1）在“系统选项”面板中单击“视场”选项左侧的▸（展开）按钮，展开“视场”选项。

（2）单击“打开视场数据编辑器”按钮，打开视场数据编辑器，在“视场类型”选项卡中设置“类型”为“近轴像高”。

（3）在下方的电子表格中单击“Insert”键两次，插入两行。

（4）在视场 1、2、3 的中“Y(mm)”列中分别输入 0、14.7、21，保持权重为 1，如图 4-14 所示。

（5）单击“关闭”按钮完成设置。

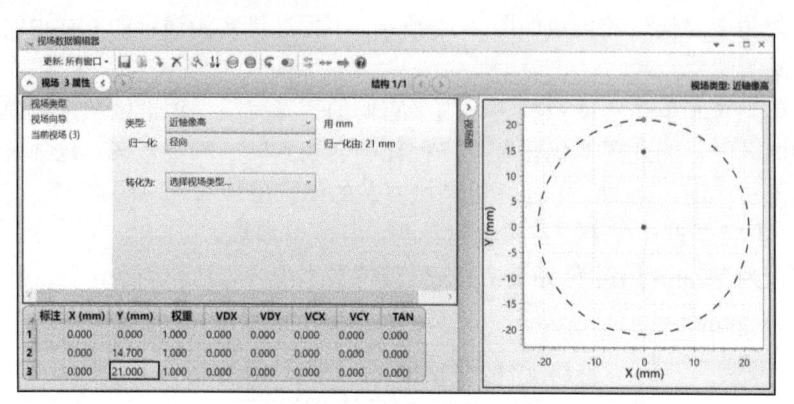

图 4-14　视场数据编辑器

注意：在没有输入透镜结构时，使用近轴像高视场类型会提示错误，直接忽略错误即可；也可以先把视场选为“角度”类型，透镜初始结构输入完毕后再将视场类型改为近轴像高。

步骤 3：波长使用 F,d,C。

（1）在“系统选项”面板中单击“波长”选项左侧的▸（展开）按钮，展开“波长”选项。

（2）双击“设置”选项，弹出波长数据编辑器，在波长选择框中选择“F,d,C(可见)”，单击“选为当前”按钮，如图 4-15 所示。

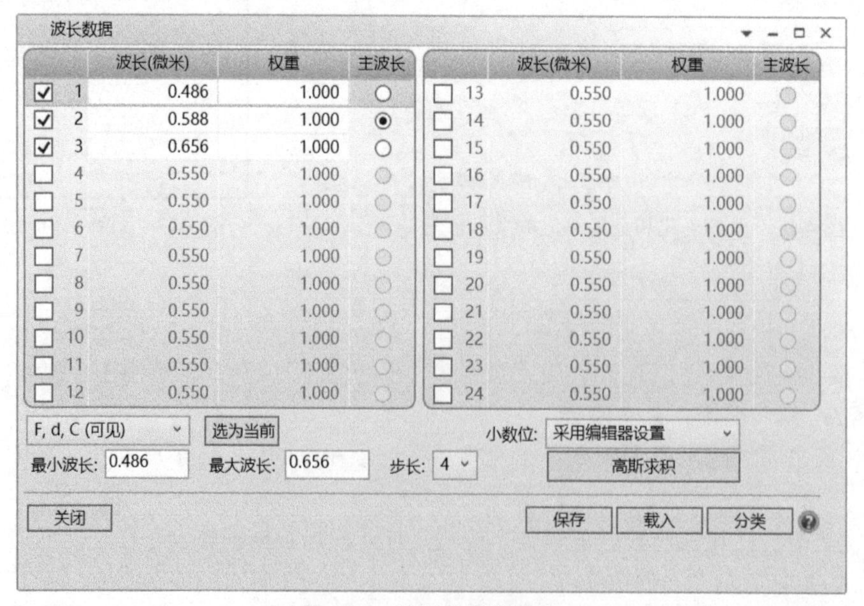

图 4-15　波长数据编辑器

也可以直接勾选 1、2、3，并将波长分别修改为 0.48613270、0.58756180、0.65627250。

（3）单击“关闭”按钮完成设置，此时在“系统选项”面板的波长选项下方出现刚刚设置的 3 个波长，如图 4-16 所示。

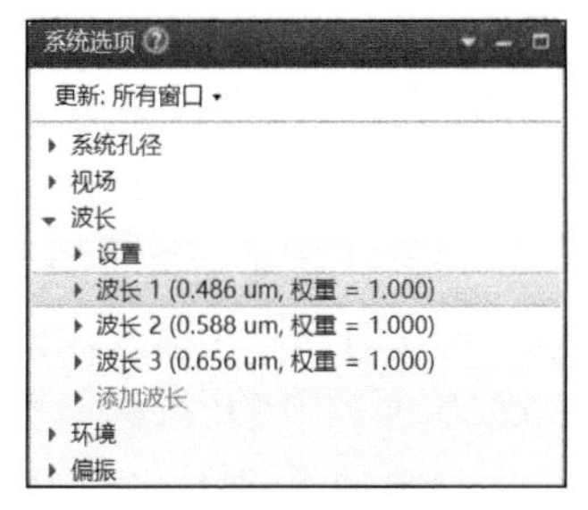

图 4-16 波长设置结果

在镜头数据编辑器中输入镜头初始结构，初始镜头由 3 片透镜组成，因此需要再插入 5 个面，输入指定材料，将光阑置于中间透镜面上。

步骤 4：在镜头数据编辑器内输入初始参数。

（1）单击“设置”选项卡→“编辑器”→“镜头数据”按钮，将“镜头数据”编辑器置前。

（2）将鼠标放置在镜头数据编辑器的“像面”栏，按“Insert”键 5 次插入 5 个面，面的编号分别为 2~6，如图 4-17 所示。

镜头数据

更新: 所有窗口

表面 2 属性　　结构 1/1

	表面类型	标注	曲率半径	厚度	材料	膜层	净口径	延伸区	机械半直径	圆锥系数	TCE x 1E-6
0	物面 标准面		无限	无限			无限	0.000	无限	0.000	0.000
1	光阑 标准面		无限	0.000			7.150	0.000	7.150	0.000	0.000
2	标准面		无限	0.000			0.000	0.000	0.000	0.000	0.000
3	标准面		无限	0.000			0.000	0.000	0.000	0.000	0.000
4	标准面		无限	0.000			0.000	0.000	0.000	0.000	0.000
5	标准面		无限	0.000			0.000	0.000	0.000	0.000	0.000
6	标准面		无限	0.000			0.000	0.000	0.000	0.000	0.000
7	像面 标准面		无限	-			7.150	0.000	7.150	0.000	0.000

图 4-17 镜头数据

（3）双击#面 4，展开“#面 4 属性”参数设置面板，勾选“使此表面为光阑”复选框。

（4）在“材料”栏输入相应材料，如图 4-18 所示。

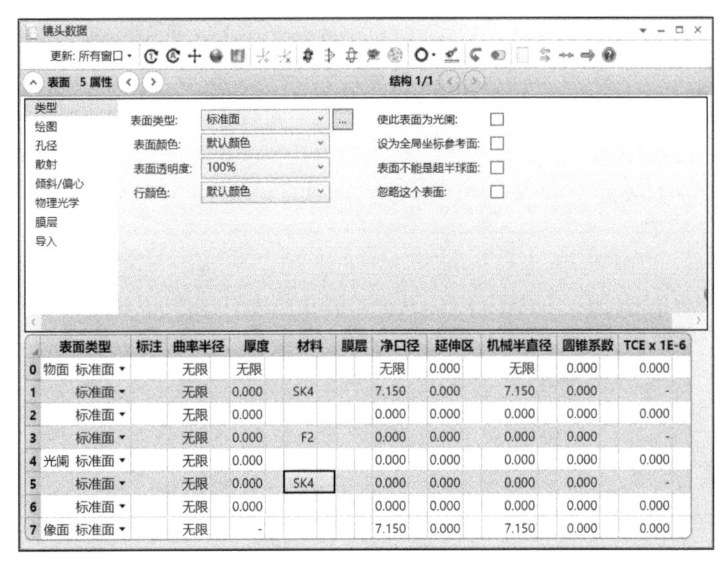

	表面类型	标注	曲率半径	厚度	材料	膜层	净口径	延伸区	机械半直径	圆锥系数	TCE x 1E-6
0	物面 标准面		无限	无限			无限	0.000	无限	0.000	0.000
1	标准面		无限	0.000	SK4		7.150	0.000	7.150	0.000	-
2	标准面		无限	0.000			0.000	0.000	0.000	0.000	0.000
3	标准面		无限	0.000	F2		0.000	0.000	0.000	0.000	-
4	光阑 标准面		无限	0.000			0.000	0.000	0.000	0.000	0.000
5	标准面		无限	0.000	SK4		0.000	0.000	0.000	0.000	-
6	标准面		无限	0.000			0.000	0.000	0.000	0.000	0.000
7	像面 标准面		无限	-			7.150	0.000	7.150	0.000	0.000

图 4-18 输入材料

步骤 5：在最后透镜表面的曲率半径上设置 F 数求解类型控制系统焦距，将剩余的所有曲率半径与厚度设置为变量。

（1）在#面 6 曲率半径后的曲率解栏上单击，打开“在面 6 上的曲率解”对话框。

（2）在该对话框中的“求解类型”栏选择“F 数”。

（3）“F/#”栏输入 3.5，如图 4-19 所示，单击空白处完成设置，此时曲率半径值变为 −30.667，净口径及机械半直径等也随之变化。

（4）利用同样的方法，将剩余的所有曲率半径与厚度设置为变量，如图 4-20 所示。

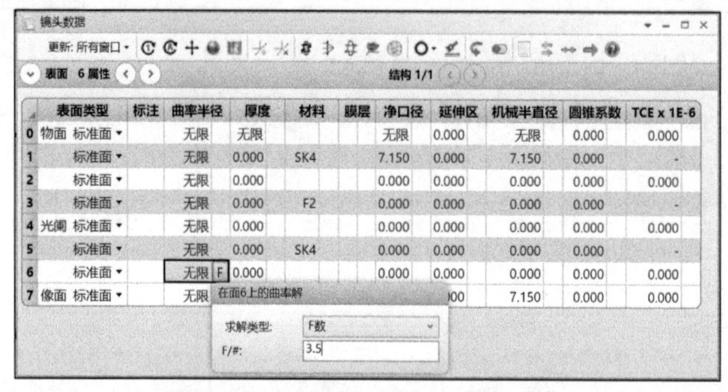

图 4-19　设置曲率半径的求解类型

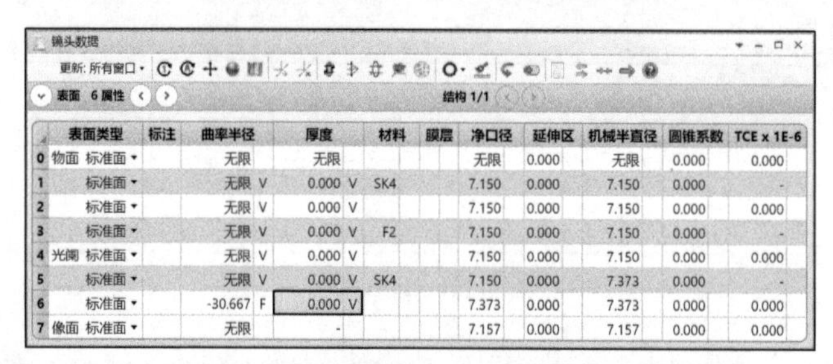

图 4-20　设置曲率半径和厚度为变量

步骤 6：设置评价函数。

（1）执行“优化”选项卡→“自动优化”面板→“优化向导”命令，打开“评价函数编辑器”窗口。

（2）在优化向导与操作数面板的“优化向导”面板中进行参数设置，如图 4-21 所示。

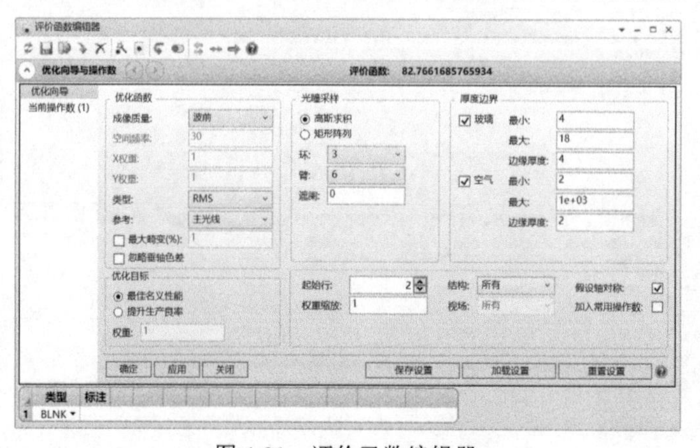

图 4-21　评价函数编辑器

（3）单击“应用”按钮，完成评价函数设置，结果如图 4-22 所示。

（4）单击 × （关闭）按钮退出编辑器。

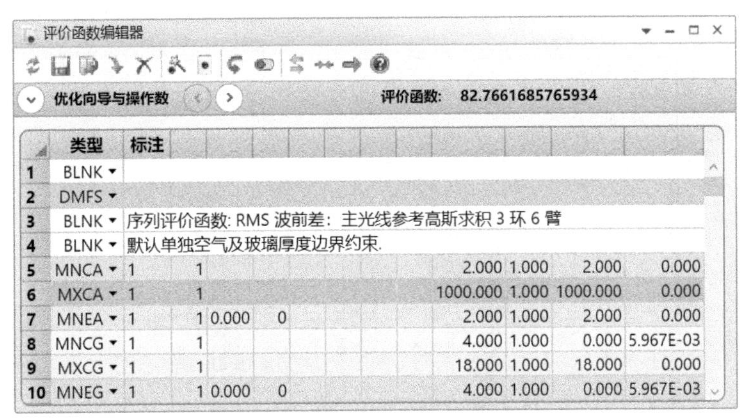

评价函数编辑器

优化向导与操作数　　评价函数: 82.7661685765934

	类型	标注							
1	BLNK								
2	DMFS								
3	BLNK	序列评价函数: RMS 波前差: 主光线参考高斯求积 3 环 6 臂							
4	BLNK	默认单独空气及玻璃厚度边界约束.							
5	MNCA	1	1			2.000	1.000	2.000	0.000
6	MXCA	1	1			1000.000	1.000	1000.000	0.000
7	MNEA	1	1	0.000	0	2.000	1.000	2.000	0.000
8	MNCG	1	1			4.000	1.000	0.000	5.967E-03
9	MXCG	1	1			18.000	1.000	18.000	0.000
10	MNEG	1	1	0.000	0	4.000	1.000	0.000	5.967E-03

图 4-22　自动生成评价函数

至此，系统的初始结构已经全部完成，下面尝试使用不同的优化方法来寻找最佳结构。

步骤 7：首先快速聚焦是通过调整后焦获得最佳焦面的位置，然后使用局部优化对系统进行优化。

（1）执行“优化”选项卡→“手动调整”面板→“快速聚焦”命令，打开图 4-23 所示的“快速聚焦”对话框。

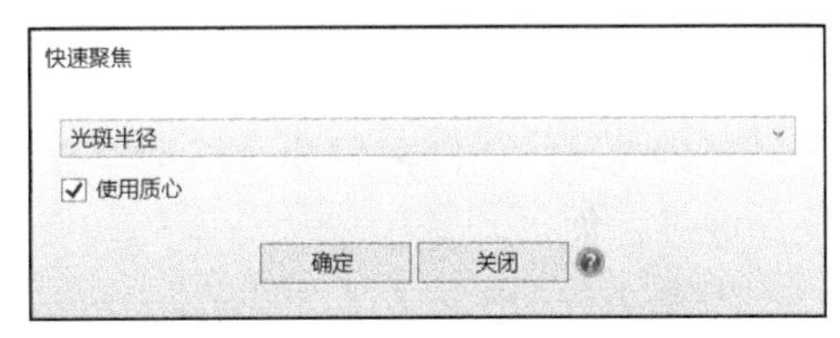

图 4-23　“快速聚焦”对话框

说明：使用快速聚焦功能可以为局部优化提供相对比较合理的起始点，以利于后续的局部优化操作。

（2）执行“优化”选项卡→“自动优化”面板→“执行优化”命令，打开“局部优化”对话框。

（3）在对话框中保持默认设置，单击“开始”按钮开始优化。

（4）经过数秒后优化停止，对比初始评价函数值和优化后的评价函数值可以发现系统像质得到改善，如图 4-24 所示。

再次单击“开始”按钮会发现优化不能继续进行，说明此时已经找到了评价函数的一个相对最佳值。

局部优化

算法: 阻尼最小二乘法　内核数目: 8

目标: 99　迭代: 自动

变量: 11　状态: 空闲

初始评价函数: 14.386038817　执行时间: 2.281 sec

当前评价函数: 0.910547280

自动更新　开始　停止　退出　保存　载入　重置

图 4-24　“局部优化”对话框

步骤 8：查看优化结果。

执行“分析”选项卡→“视图”面板→“3D 视图”命令，打开“三维布局图”窗口显示光路结构图，如图 4-25 所示。

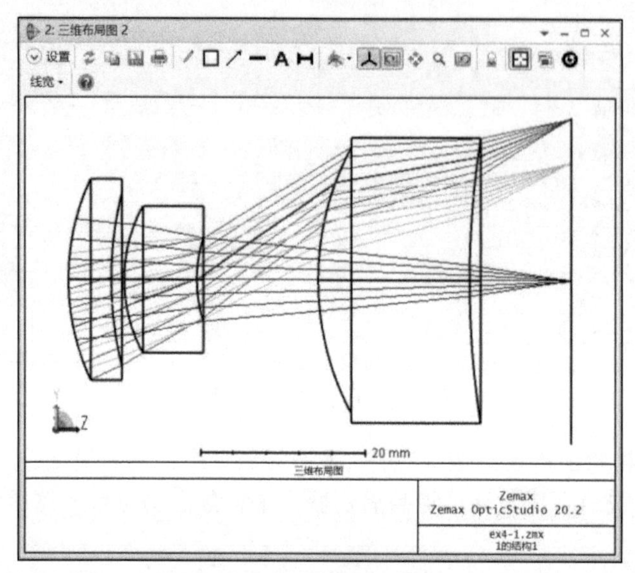

图 4-25 局部优化后的光路结构

观察光路结构图，发现该结构差强人意，并不是最好的组合结构。接下来使用全局优化功能进行优化。

步骤 9：使用全局搜索优化。

（1）返回进行局部优化之前的初始结构，保留评价函数操作数（也可以直接在上述优化基础上进行全局优化）。

（2）执行“优化”选项卡→“自动优化”面板→“全局优化”命令，在弹出的 Zemax Message 提示框中单击“是”按钮，关闭信息提示框，弹出图 4-26 所示的“全局优化”对话框。

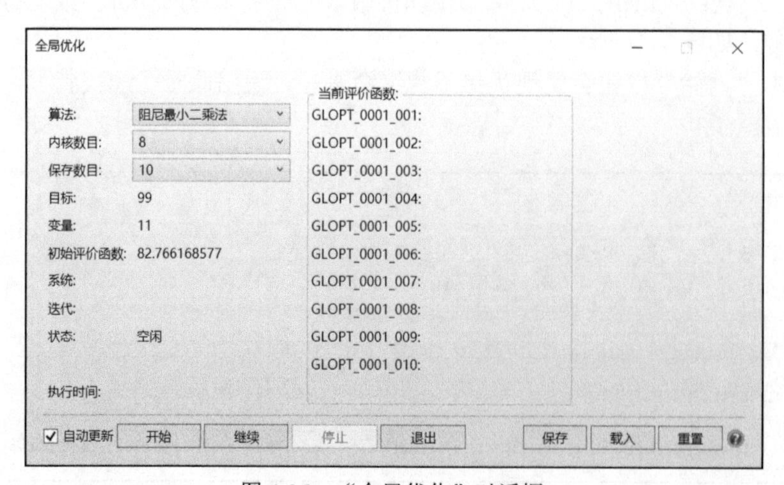

图 4-26 “全局优化”对话框

在“全局优化”对话框中，每次寻找多个起点并始终显示最好的 10 个结构保存在计算机中。

（3）保持默认设置，单击“开始”按钮，执行全局优化，当观察到当前评价函数值基本不再发生变化时，单击“停止”按钮完成优化，如图 4-27 所示。

勾选“自动更新”复选框并打开三维布局图，适时查看搜寻的结构。经过一分钟左右优化后，观察显示的 10 个结构评价函数值趋于一致并且长时间没有明显变化，此时说明系统可能已经寻找到最佳组合结构。

（4）单击“退出”按钮，退出全局优化对话框。

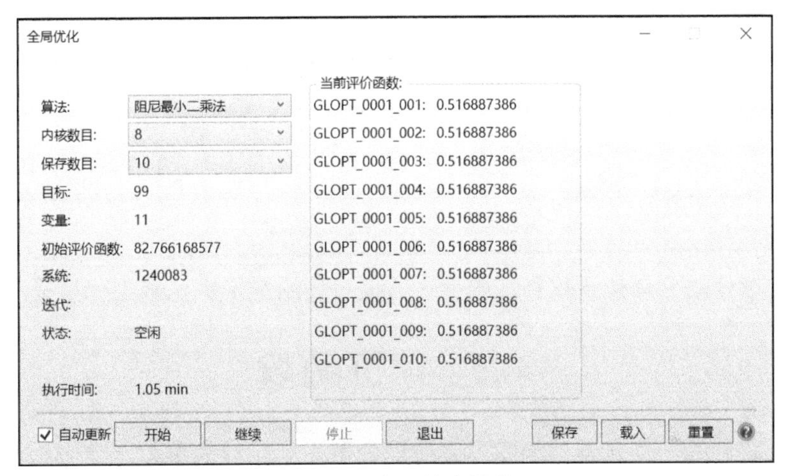

图 4-27 全局搜索结果

步骤 10：查看全局搜索结果。

（1）执行“分析”选项卡→“视图”面板→“3D 视图”命令，打开“三维布局图”窗口显示光路结构图，如图 4-28 所示。

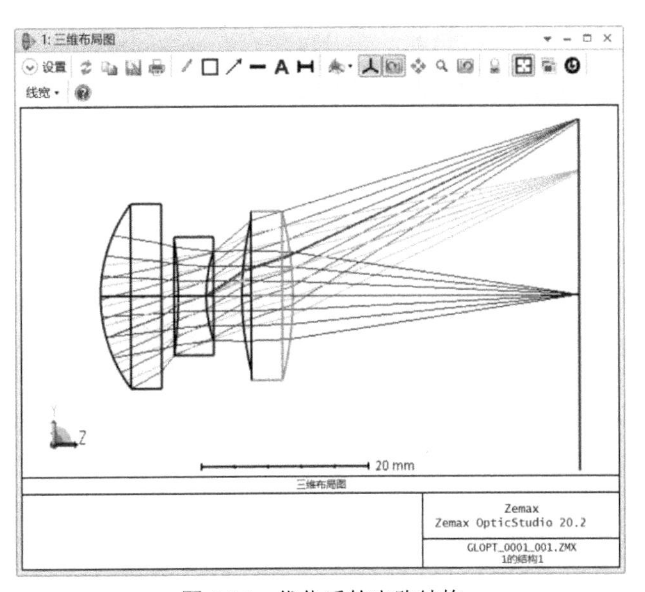

图 4-28 优化后的光路结构

从上面的视图中可以发现，全局搜索找到的结构具有完美的对称结构，从像差校正的角度来看，对称结构可以很好地矫正轴外视场产生的像差，使光斑聚焦最小化，所以这个结构正是我们需要的对称式结构。而之前局部优化在搜索这些结构形式时会显得无能为力。

（2）单击“设置”选项卡→“编辑器”→“镜头数据”按钮，将“镜头数据”编辑器窗口置前，可以发现镜头数据发生了变化，如图 4-29 所示。

	表面类型	标注	曲率半径	厚度	材料	膜层	净口径	延伸区	机械半直径	圆锥系数	TCE x 1E-6
0	物面 标准面 ▾		无限	无限			无限	0.000	无限	0.000	0.000
1	标准面 ▾		17.718 V	7.344 V	SK4		10.765	0.000	10.765	0.000	-
2	标准面 ▾		1.373E+04 V	2.047 V			8.766	0.000	10.765	0.000	0.000
3	标准面 ▾		-48.941 V	3.343 V	F2		6.927	0.000	6.927	0.000	-
4	光阑 标准面 ▾		15.945 V	4.287 V			5.215	0.000	6.927	0.000	0.000
5	标准面 ▾		36.620 V	6.096 V	SK4		8.802	0.000	9.867	0.000	-
6	标准面 ▾		-39.212 F	34.539 V			9.867	0.000	9.867	0.000	0.000
7	像面 标准面 ▾		无限	-			20.597	0.000	20.597	0.000	0.000

图 4-29　优化后的镜头数据

另外，继续使用全局搜索找到结构形式后便可使用锤形优化来进一步提高光斑效果。

4.2　评价函数

光学设计软件的一个重要功能就是系统地调节光学系统的参数，使光学系统最好地满足要求的性能目标，这个过程称为优化。优化也是客户使用光学设计软件模拟系统的主要原因。

4.2.1　优化术语

为了使一个光学系统实现既定目标，光学设计者必须完成两步初始操作：

（1）设计的基础系统必须有足够的变量以便更好地找到求解空间。

（2）设计的性能目标必须合理而且适合程序交流。

以上两步操作中的关键在于第二步，即设置系统的优化目标。如果说优化是软件的支柱，那么目标函数则是优化的灵魂。在 Zemax 中，用户可以通过设置目标操作数来实现优化目标。

优化系统中需要掌握的术语如下。

（1）参数：对任何系统元件的描述，如表面曲率、玻璃类型、Conic 常数等。

（2）变量：在优化时可调整的参数，也被称为“自由度”。

（3）目标值：为系统特性指定需要的值，如有效焦距 EFFL、F/#、球差、彗差大小等。

（4）边界限制：限制变量允许变化的范围，如最大中心厚度、最小边缘厚度、系统总长等。

（5）操作数：评价函数目标控制命令（指令），如 GBPS、REAY 等，操作数是 Zemax 可计算的数值。

4.2.2 评价函数方程

在 Zemax 中，目标函数也叫作评价函数，用来评价优化的最终目标。评价函数用不同的操作数来实现，Zemax 对各种参数设置了优化的操作代码，操作数由 4 个字母表示，Zemax 提供了几百个操作数。

几何光学或物理光学等光线追迹都需要靠操作数限制才能精确达到目标。几乎所有的评价函数操作数都存在 4 个共同参数，分别为目标、权重、评估（当前值）、%献（贡献值），如图 4-30 所示。

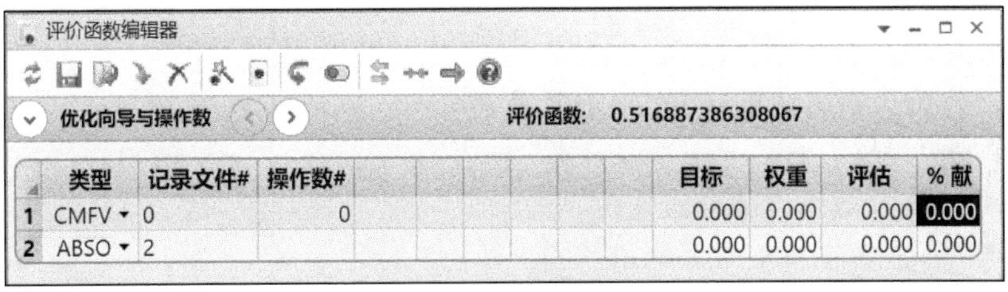

评价函数编辑器

优化向导与操作数　　评价函数: 0.516887386308067

	类型	记录文件#	操作数#						目标	权重	评估	% 献
1	CMFV	0	0						0.000	0.000	0.000	0.000
2	ABSO	2							0.000	0.000	0.000	0.000

图 4-30　评价函数编辑器

这 4 个参数中，目标值和当前值的关系为

$$\phi_i = v_i - t_i$$

其中，ϕ_i 表示目标值与当前实际值之间的偏差，v 为当前值，t 为目标值，表示该操作数在整个评价函数中所能贡献的偏差量。

由评价函数方程可以得到在整个函数操作数中的贡献百分比，用“%献”值表示出来。评价函数方程为

$$\varphi^2 = \frac{\omega_1\phi_1^2 + \omega_2\phi_1^2 + \cdots + \omega_m\phi_m^2}{\omega_1 + \omega_2 + \cdots + \omega_m} = \frac{\sum_{i=1}^{m}\omega_i\phi_i^2}{\sum_{i=1}^{m}\omega_i}$$

式中，ω 为权重值，表示这个操作数在整个评价函数中的比重大小，这是一个相对量，没有特定大小，但权重直接影响着这个操作的贡献量（%献的大小）。

很明显，操作数的贡献百分比越大，优化时其重要性也越容易体现出来，当设置的操作数的贡献很小而又计划重新优化它时，则需要提高这个操作数的权重。

在使用几何光线进行优化时，每条光线都必须依靠评价函数的操作数来进行约束，直到追迹到指定的目标面。虽然每条光线都需要约束，但是并不会使操作数输入变得更复杂。

Zemax 提供了一些常用的优化目标操作数设置，只需选择系统要达到的标准即可，这对初学者来说无非是最好的选择。当系统优化目标逐渐复杂时，软件自带的操作数无法完全满足用户需要，此时需要考虑自定义输入操作数。

下面通过一个简单的光学系统来学习默认评价函数的各种使用方法。

【例 4-2】 尝试设置一点光源发光，物空间 NA=0.3，物距为 10mm，经过材料为 BK7、厚度为 5mm 的单透镜，透镜后表面距像#面 40mm。

最终文件：Char04\评价函数应用.zmx

Zemax 设计步骤如下。

步骤 1： 设置入瞳直径。

（1）在“系统选项”面板中单击“系统孔径”选项左侧的▸（展开）按钮，展开“系统孔径”选项。

（2）将“孔径类型”设置为“物方空间 NA”，“孔径值”设置为“14.3”，“切趾类型”设置为“均匀”，如图 4-31 所示。

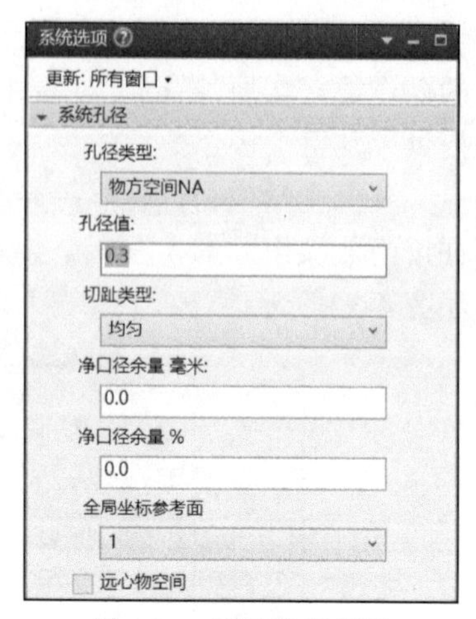

图 4-31　系统孔径设置

说明：在进行“孔径类型”设置时会弹出 Zemax 错误信息提示框，单击“确定”按钮忽略即可。

（3）镜头数据随之变化。

步骤 2： 在镜头数据编辑器中输入初始参数。

（1）单击“设置”选项卡→“编辑器”→“镜头数据”按钮，将“镜头数据”编辑器置前。

（2）将鼠标放置在镜头数据编辑器的“像面”栏，按“Insert”键插入 1 个面，面的编号为 2。

（3）在材料栏输入相应材料，在厚度栏输入相应的厚度值。如图 4-32 所示。

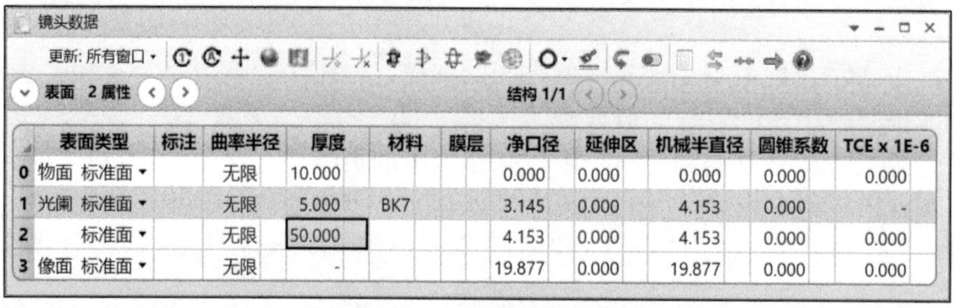

	表面类型	标注	曲率半径	厚度	材料	膜层	净口径	延伸区	机械半直径	圆锥系数	TCE x 1E-6
0	物面 标准面 ▾		无限	10.000			0.000	0.000	0.000	0.000	0.000
1	光阑 标准面 ▾		无限	5.000	BK7		3.145	0.000	4.153	0.000	-
2	标准面 ▾		无限	50.000			4.153	0.000	4.153	0.000	0.000
3	像面 标准面 ▾		无限	-			19.877	0.000	19.877	0.000	0.000

图 4-32　镜头数据编辑器

步骤 3： 将单透镜后表面（#面 2）的曲率半径和圆锥系数设置为变量（右侧显示为 V）。

（1）在#面 2 曲率半径后的曲率解栏上单击，打开“在#面 2 上的曲率解”对话框。在该对话框中的“求解类型”栏选择“变量”，如图 4-33 所示。

说明：也可以直接单击选择#面 2（单透镜后表面）曲率半径，按“Ctrl+Z”组合键，将其设置为变量。

（2）利用同样的方法将#面 2（单透镜后表面）的圆锥系数设置为变量。

说明：也可以直接单击选择#面 2（单透镜后表面）圆锥系数，按“Ctrl+Z”组合键，将其设置为变量。

	表面类型	标注	曲率半径	厚度	材料	膜层	净口径	延伸区	机械半直径	圆锥系数	TCE x 1E-6
0	物面 标准面 ▾		无限	10.000			0.000	0.000	0.000	0.000	0.000
1	光阑 标准面 ▾		无限	5.000	BK7		3.145	0.000	4.153	0.000	-
2	标准面 ▾		无限 V	50.000			4.153	0.000	4.153	0.000	0.000
3	像面 标准面 ▾		无限					0.000	19.877	0.000	0.000

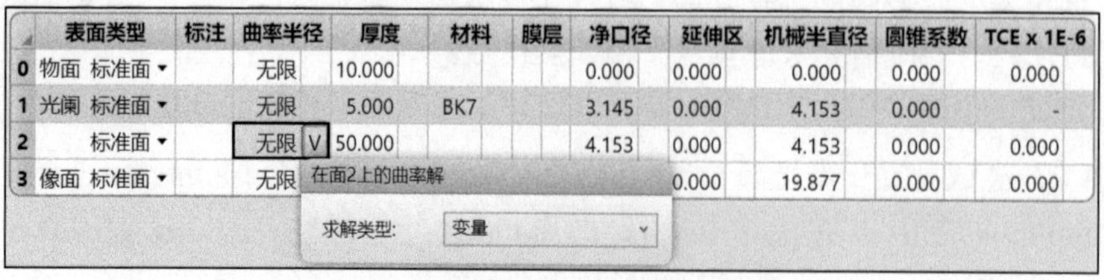

在面2上的曲率解

求解类型: 变量

图 4-33　设置曲率半径和圆锥系数为变量

步骤 4： 打开三维布局图查看光线输出情况。

执行“分析”选项卡→“视图”面板→“3D 视图”命令，打开“三维布局图”窗口显示光路结构图，如图 4-34 所示。

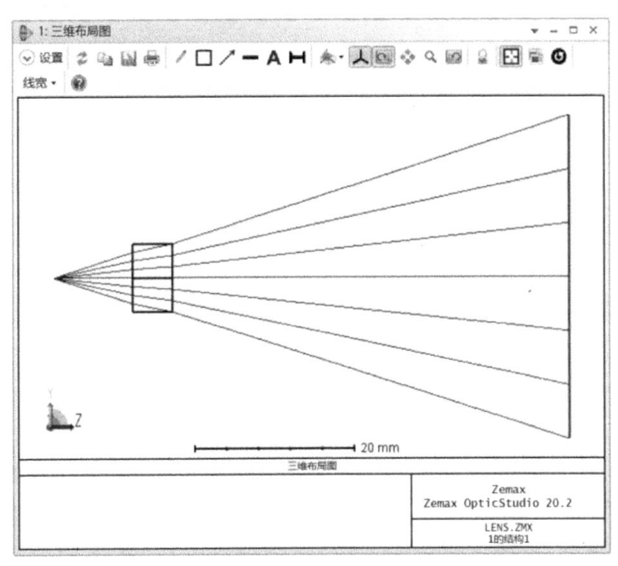

图 4-34　光路结构图

步骤 5： 设置评价函数。

（1）执行“优化”选项卡→“自动优化”面板→“优化向导”命令，打开“评价函数编辑器”窗口。

（2）在这个编辑器内输入所有操作数。在优化向导与操作数面板中的“优化向导”中进行参数设置（此处采用默认设置），如图 4-35 所示。

说明：通常使用默认的评价函数来创建目标即可。

（3）单击“应用”按钮，完成评价函数设置，结果如图 4-36 所示。

（4）单击 × （关闭）按钮退出编辑器。

图 4-35　评价函数编辑器

评价函数编辑器
优化向导与操作数
评价函数: 301.203101586797
类型
1 DMFS
2 BLNK 序列评价函数: RMS 波前差: 质心参考高斯求积 3 环 6 臂
3 BLNK 无空气及玻璃约束.
4 BLNK 视场操作数 1.
5 OPDX 1 0.000 0.000 0.336 0.000 0.000 0.873 405.654 50.384
6 OPDX 1 0.000 0.000 0.707 0.000 0.000 1.396 -1.943 1.849E-03
7 OPDX 1 0.000 0.000 0.942 0.000 0.000 0.873 -402.545 49.614

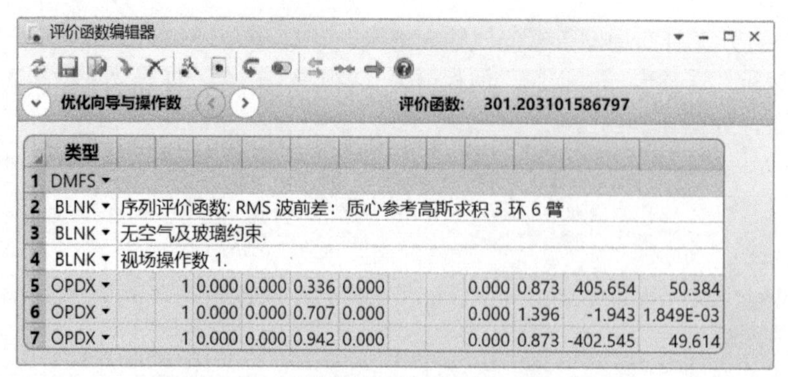

图 4-36　评价函数设置结果（波前操作数）

在默认评价函数中，软件提供了波前、对比度、点列图和角向 4 种成像质量优化目标，这几种目标一般都使用 RMS 均方根算法。

另外，优化函数的下方还需要选择该目标使用的参考方式，包括质心、主光线及未参考 3 种方式。

其中质心考虑的是光束在像面上形成的光斑的重心，无论主光线是否为光束的中心，它比主光线参考更精确，特别是当系统的主光线被遮拦时，如折返式望远镜系统，由于反射镜位于光路中心导致主光线被遮拦，此时优化目标光线只能使用质心参考。

4.2.3　波前优化

波前优化方法是以优化光线的光程差为目标，也被称为波相差优化。这是一种要求相对严格的优化方法，在系统像差较小的情况下优化效果才比较显著，对于大像差复杂系统（OPD 大于 50～100 个波长时），波前优化会显得微不足道。

将波前差作为系统的最终优化目标时，根据系统对称性要求，Zemax 将在评价函数编辑器中自动生成一系列 OPDX 操作数，如图 4-36 所示。

步骤 6：系统优化。

（1）执行“优化”选项卡→“自动优化”面板→“执行优化”命令，打开“局部优化”对话框。

（2）在对话框中保持默认设置，单击“开始”按钮开始优化。

（3）经过数秒后优化停止，评价函数值减小至近似于 0，如图 4-37 所示。

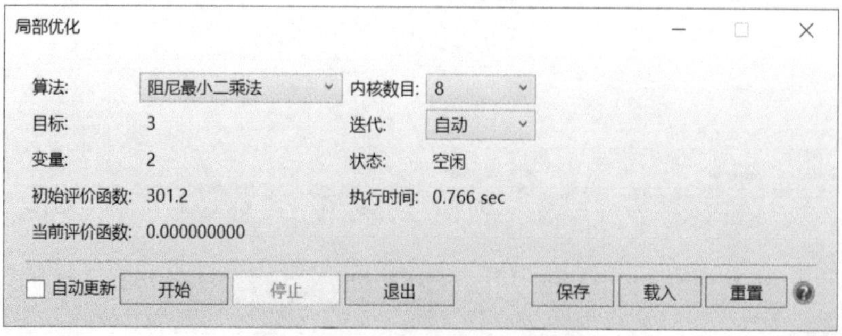

局部优化
算法: 阻尼最小二乘法
内核数目: 8
目标: 3
迭代: 自动
变量: 2
状态: 空闲
初始评价函数: 301.2
执行时间: 0.766 sec
当前评价函数: 0.000000000
自动更新
开始
停止
退出
保存
载入
重置

图 4-37　“局部优化”对话框

对于该单透镜简单系统，默认创建的评价函数操作数设置 OPDX 的目标值为 0，意味着经过透镜聚焦后光程差为 0。

（4）执行“分析”选项卡→“视图”面板→“3D 视图”命令，打开“三维布局图”窗口显示光路结构图，如图 4-38 所示。

作为光学设计者，从图聚焦情况看，需要思考优化波前差得到的这个结果是否唯一。

从几何光学理论角度考虑，我们知道所有光线的光程为 0 有两种情况：一是点光源发出的完美球面波在任一位置处球面上各点光程必然相同，光程差为 0。二是完美准直光束发射的平面波在任一位置处垂直光轴的平面光程相同，光程差也为 0。

所以使用波前差来优化这个单透镜系统，应该能够得到两种结果：经过透镜后变为平行光，或者聚焦，上图只是其中一种结果。

得不到另外一种结果的原因是 Zemax 软件在默认设置下为聚焦模式，即物方视场光束经过系统后都应该为聚焦趋势。该模式可以通过修改为准直模式实现。

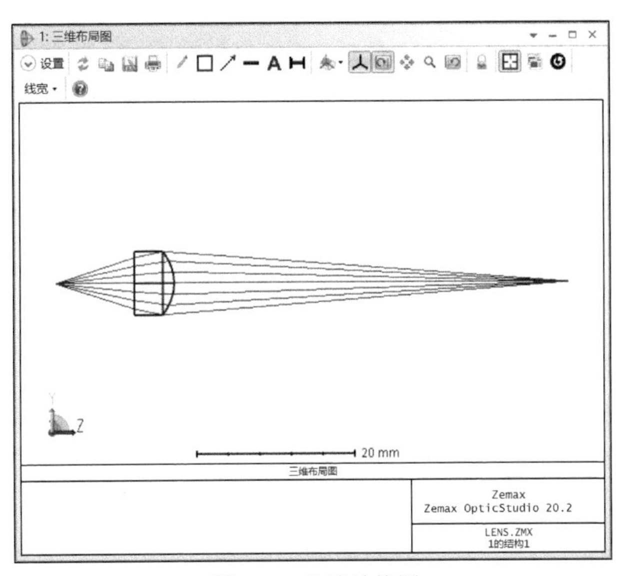

图 4-38 光路结构图

步骤 7：优化为平行光。

（1）在“系统选项”中单击“系统孔径”左侧的▸（展开）按钮，展开“系统孔径”选项。

（2）在“孔径类型”中勾选“无焦像空间”复选框，如图 4-39 所示。此时系统切换为无焦模式，无焦模式的优化以使物方光束到达像方时准直为目标。

（3）执行“优化”选项卡→“自动优化”面板→“执行优化”命令，打开“局部优化”对话框。

（4）在对话框中保持默认设置，单击“开始”按钮开始优化。经过很短时间后优化停止，评价函数值很快降为近似于 0。

（5）执行“分析”选项卡→“视图”面板→“3D 视图”命令，打开“三维布局图”窗口显示光路结构图，如图 4-40 所示。

系统选项
更新: 所有窗口
系统孔径
孔径类型:
物方空间NA
孔径值:
0.3
切趾类型:
均匀
净口径余量 毫米:
0.0
净口径余量 %
0.0
全局坐标参考面
1
远心物空间
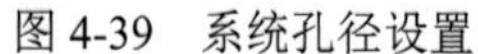
无焦像空间

图 4-39　系统孔径设置

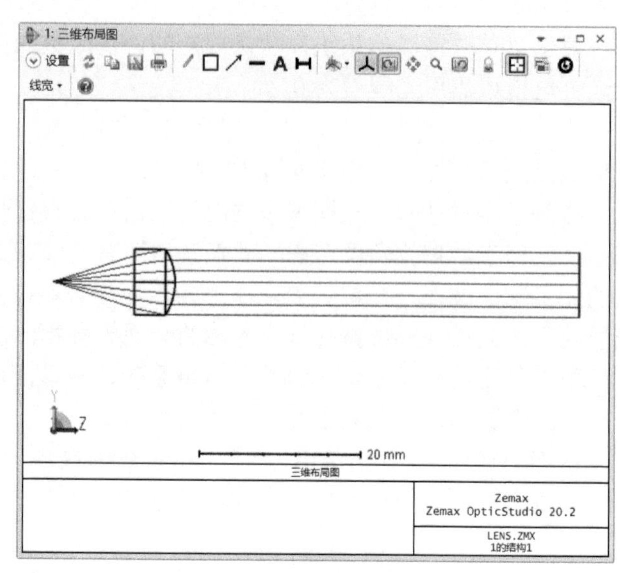

图 4-40　光路结构图（无焦像空间优化后）

4.2.4　点列图优化

点列图优化方法会同时计算像空间中 X 与 Y 方向上的光线像差。X 和 Y 部分将分别考虑，再同时优化。像差的符号将保留，以得到更好的导数用于优化。相应的，如果 X 和 Y 方向的权重都设为 0，则光斑尺寸将基于径向光线像差考虑。

点列图优化方法以优化物方视场光束在像面上的光斑最小为目标，该方法限定了优化的模式只能为聚焦模式而不考虑在系统孔径中的选择。绝大多数成像系统中都使用这种方法优化光斑大小，这也是在聚焦系统设计优化时的最好初始评价条件。

选择该优化目标值后，Zemax 将自动创建一系列 TRAC 操作数追迹光线，如图 4-41 所示。添加点列图操作数后进行优化，可以得到与波前差相同的聚焦效果，如图 4-42 所示。

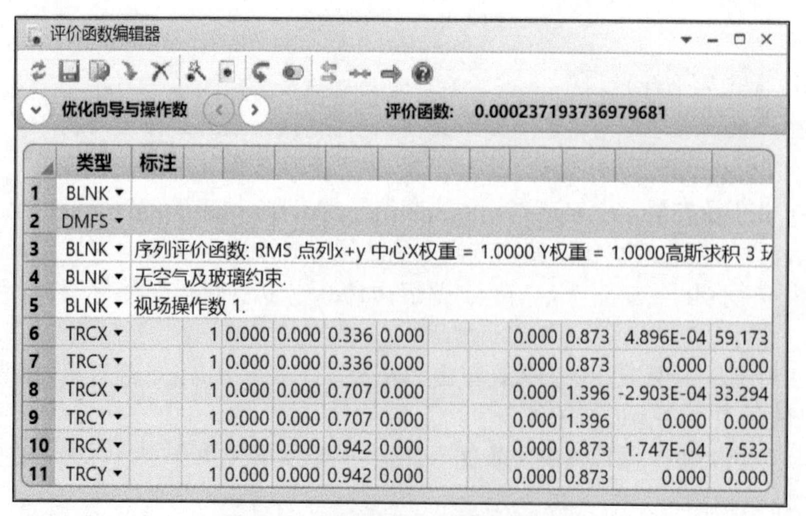
评价函数编辑器

优化向导与操作数　　评价函数: 0.000237193736979681

	类型	标注									
1	BLNK										
2	DMFS										
3	BLNK	序列评价函数: RMS 点列x+y 中心X权重 = 1.0000 Y权重 = 1.0000高斯求积 3 环									
4	BLNK	无空气及玻璃约束.									
5	BLNK	视场操作数 1.									
6	TRCX		1	0.000	0.000	0.336	0.000		0.000	0.873	4.896E-04	59.173
7	TRCY		1	0.000	0.000	0.336	0.000		0.000	0.873	0.000	0.000
8	TRCX		1	0.000	0.000	0.707	0.000		0.000	1.396	-2.903E-04	33.294
9	TRCY		1	0.000	0.000	0.707	0.000		0.000	1.396	0.000	0.000
10	TRCX		1	0.000	0.000	0.942	0.000		0.000	0.873	1.747E-04	7.532
11	TRCY		1	0.000	0.000	0.942	0.000		0.000	0.873	0.000	0.000

图 4-41　点列图优化产生的操作数

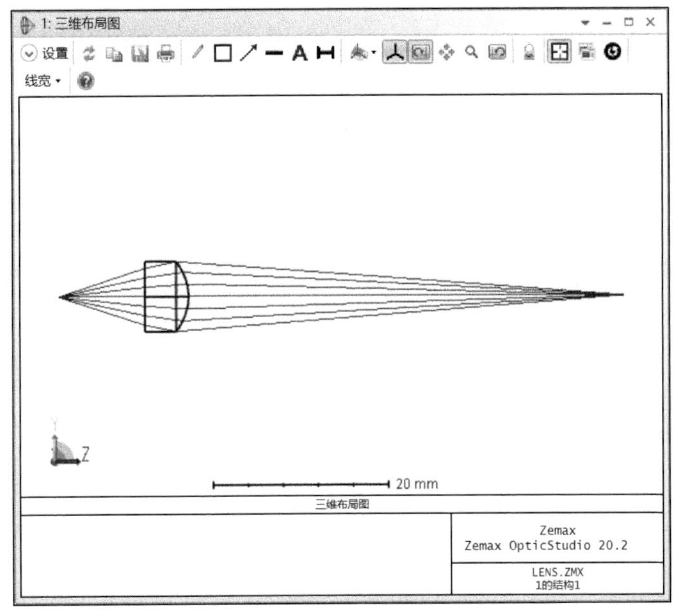

图 4-42 光路结构图

4.2.5 角向优化

角向优化方法用于优化物方视场光束传播至像空间时，边缘光线与主光线间的角度差最小化。由于所有光线间角度之差的均方根最小，因此会产生准直效果。该方法限定了优化的模式只能为无焦模式而不考虑在系统孔径中的选择。

使用角向优化作为评价目标时，Zemax 将自动创建 ANCX、ANCY 操作数，如图 4-43 所示，优化后得到与无焦模式下波前差优化相同的效果，如图 4-44 所示。

在设定评价函数目标后，一般可以得到用户需要的初始光学系统，这些评价目标都是对几何光线追迹进行约束限制的。有时除光线约束外，还有许多对元件大小、共轭长度、空气与镜片间距等其他的特殊目标要求。

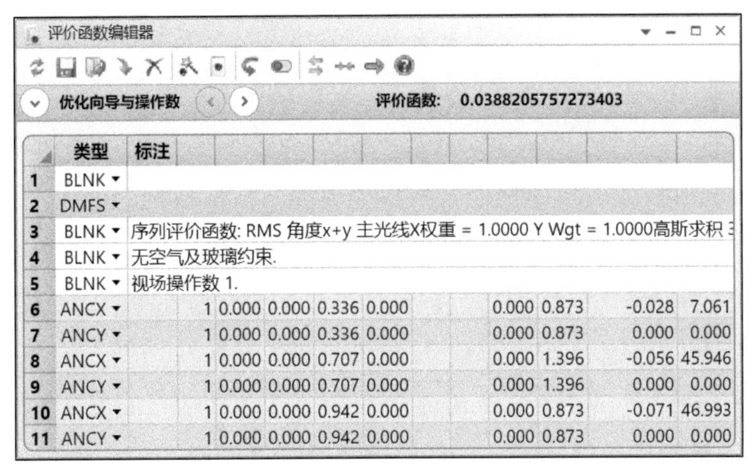

图 4-43 角向优化方法产生的操作数

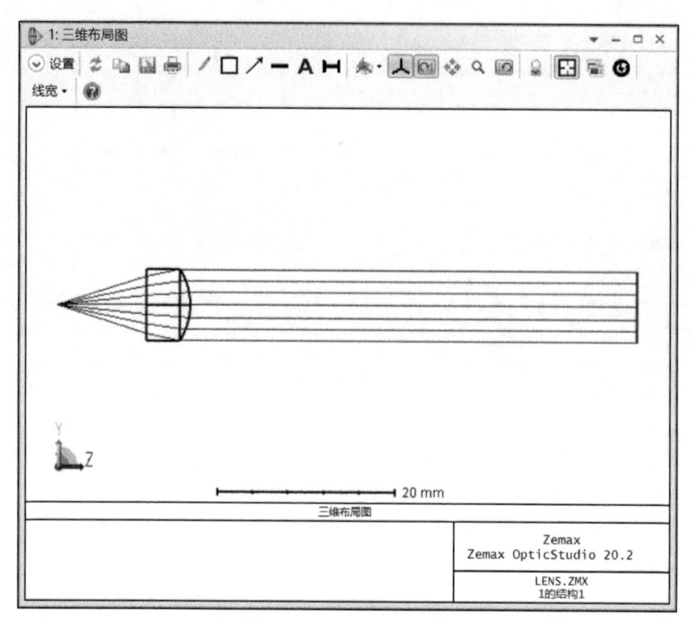

图 4-44　光路结构图

我们需要结合光线追迹操作数在评价函数编辑器中对光学系统进行约束。默认评价函数提供了通用的厚度边界限制条件。

在厚度边界条件约束中可以添加玻璃与空气的厚度限制，即玻璃材料的最小、最大中心厚度与边缘厚度，空气的最小、最大中心厚度和边缘厚度。选择时边界限制将与光线约束操作数一同添加到评价函数编辑器中，如图 4-45 所示。

厚度的约束控制还可以使用手动输入 TTHI 操作数控制，它通常用来控制系统中的共轭距大小。

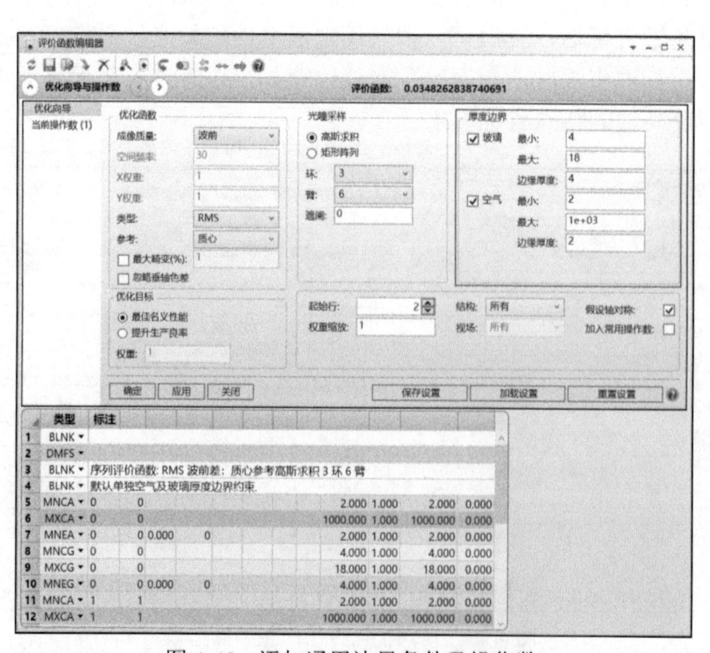

图 4-45　添加通用边界条件及操作数

除使用以上评定目标函数以外，还可以使用自定义操作数来灵活地控制光线。因此需要用户牢记一些常用的操作数，如焦距控制 EFFL、入射光线角度控制 RAID、出射光线角度控制 RAED、入瞳直径 EPDI、出瞳直径 EXPD、出瞳位置 EXPP、大于/小于 OPGT/OPLT 等，特别是光线追迹操作数和数学操作数。评价函数各操作数的分类如表 4-1 所示，有关它们的详细含义，可直接参考 Zemax 提供的帮助文件。

表 4-1 操作数分类表

序号	类别	相关的操作数
1	一阶光学性能	AMAG，ENPP，EFFL，EFLX，EFLY，EPDI，EXPD，EXPP，ISFN，ISNA，LINV，OBSN，PIMH，PMAG，POWF，POWP，POWR，SFNO，TFNO，WFNO
2	像差	ABCD，ANAC，ANAR，ANAX，ANAY，ANCX，ANCY，ASTI，AXCL，BIOC，BIOD，BSER，COMA，DIMX，DISA，DISC，DISG，DIST，FCGS，FCGT，FCUR，LACL，LONA，OPDC，OPDM，OPDX，OSCD，PETC，PETZ，RSCE，RSCH，RSRE，RSRH，RWCE，RWCH，RWRE，RWRH，SMIA，SPCH，SPHA，TRAC，TRAD，TRAE，TRAI，TRAR，TRAX，TRAY，TRCX，TRCY，ZERN
3	MTF 数据	GMTA，GMTN，GMTS，GMTT，GMTX，MSWA，MSWN，MSWS，MSWT，MTFA，MSWX，MTFN，MTFS，MTFT，MTFX，MTHA，MTHN，MTHS，MTHT，MTHX，MECA，MECS，MECT
4	PSF/斯特列尔比值	STRH
5	圈入能量	DENC，DENF，ERFP，GENC，GENF，XENC，XENF
6	镜头参数约束	COGT，COLT，COVA，CTGT，CTLT，CTVA，CVGT，CVLT，CVVA，BLTH，DMGT，DMLT，DMVA，ETGT，ETLT，ETVA，FTGT，FTLT，MNCA，MNCG，MNCT，MNCV，MNEA，MNEG，MNET，MNPD，MXCA，MXCG，MXCT，MXCV，MXEA，MXEG，MXET，MNSD，MXSD，OMMI，OMMX，OMSD，TGTH，TTGT，TTHI，TTLT，TTVA，XNEA，XNET，XNEG，XXEA，XXEG，XXET，ZTHI
7	镜头属性约束	CVOL，MNDT，MXDT，SAGX，SAGY，SSAG，STHI，TMAS，TOTR，VOLU，NORX，NORY，NORZ，NORD，SCUR，SDRV
8	参数数据约束	PMGT，PMLT，PMVA
9	附加数据约束	XDGT，XDLT，XDVA
10	玻璃数据约束	GCOS，GTCE，INDX，MNAB，MNIN，MNPD，MXAB，MXIN，MXPD，RGLA
11	近轴光线数据约束	PANA，PANB，PANC，PARA，PARB，PARC，PARR，PARX，PARY，PARZ，PATX，PATY，YNIP
12	实际光线数据约束	CEHX，CEHY，CENX，CENY，CNAX，CNAY，CNPX，CNPY，DXDX，DXDY，DYDX，DYDY，HHCN，IMAE，MNRE，MNRI，MXRE，MXRI，OPTH，PLEN，RAED，RAEN，RAGA，RAGB，RAGC，RAGX，RAGY，RAGZ，RAID，RAIN，RANG，REAA，REAB，REAC，REAR，REAX，REAY，REAZ，RENA，RENB，RENC，RETX，RETY
13	组件位置约束	GLCA，GLCB，GLCC，GLCR，GLCX，GLCY，GLCZ
14	系统数据变化	CONF，IMSF，PRIM，SVIG，WLEN，CVIG，FDMO，FDRE
15	常用数学运算	ABSO，ACOS，ASIN，ATAN，CONS，COSI，DIFF，DIVB，DIVI，EQUA，LOGE，LOGT，MAXX，MINN，OPGT，OPLT，OPVA，OSUM，PROB，PROD，QSUM，RECI，SQRT，SUMM，SINE，TANG，ABGT，ABLT

续表

序号	类别	相关的操作数
16	多重结构（变焦）数据	CONF，MCOL，MCOG，MCOV，ZTHI
17	高斯光束数据	GBPD，GBPP，GBPR，GBPS，GBPW，GBPZ，GBSD，GBSP，GBSR，GBSS，GBSW
18	梯度折射率控制操作数	DLTN，GRMN，GRMX，InGT，InLT，InVA，LPTD
19	傅科分析	FOUC
20	鬼像聚焦控制	GPIM，GPRT，GPRX，GPRY，GPSX，GPSY
21	光纤耦合操作数	FICL，FICP，POPD
22	相对照度操作数	RELI，EFNO
23	使用 ZPL 宏优化	ZPLM
24	用户自定义操作数	UDOC，UDOP
25	控制评价函数的操作数	BLNK，DMFS，ENDX，GOTO，OOFF，SKIN，SKIS，USYM
26	非序列物体数据约束	FREZ，NPGT，NPLT，NPVA，NPXG，NPXL，NPXV，NPYG，NPYL，NPYV，NPZG，NPZL，NPZV，NSRM，NTXG，NTXL，NTXV，NTYG，NTYL，NTYV，NTZG，NTZL，NTZV
27	非序列光线追迹和探测器操作数	NSDC，NSDD，NSDE，NSDP，NSLT，NSRA，NSRM，NSRW，NSST，NSTR，NSTW，REVR，NSRD
28	光学制造全息图光学构造约束	CMFV
29	光学膜层和偏振光线追迹数据约束	CMGT，CMLT，CMVA，CODA，CEGT，CELT，CEVA，CIGT，CILT，CIVA
30	物理光学传播	POPD，POPI
31	最佳拟合球面数据	BFSD
32	灵敏度公差数据	TOLR
33	热膨胀系数数据	TCGT，TCLT，TCVA

4.3 多重结构

Zemax 支持在多重结构下定义、分析和优化光学系统，常用于设计变焦镜头、扫描镜头、优化镜头测试的多光路干涉系统和使用多波长多参数的结构。多重结构处理起来并不复杂，但多重结构下的公差分析需要耐心和细心。

Zemax 使用一个子程序来定义多重结构，即单独的一个多重结构编辑器，用于调整系统中的某一参数为不同的数值。例如，在变焦系统中设置的不同元件间的空气间隔变化，设置的每个值的变化都使用多重结构编辑器进行统一管理。

执行“设置”选项卡→“编辑器”面板→“多重结构编辑器”命令，或执行“设置”选项卡→“结构”面板→“编辑器”命令，打开多重结构编辑器，如图 4-46 所示。

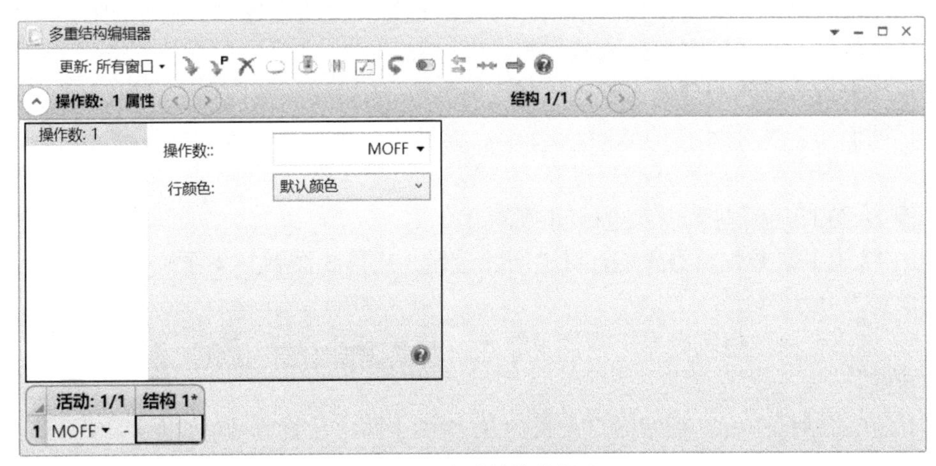

图 4-46 多重结构编辑器

使用多重结构进行系统设计，最重要的第一步是先定义一个结构，即在 Zemax 的正常模式下定义一个系统。这一般是复杂多重结构系统一个好的初始结构，如果所有结构都有相同的元件数，则可以挑选其中任意一个作为初始结构。

定义好基础结构后，需要将该结构变换为新的结构状态。初始结构无须急于优化，因为可以在最后对所有结构进行统一优化。

多重组构参数变化的前提是必须将这个要变化的参数提取到多重结构编辑器中，这个参数变化多少个数值就表示系统有多少个状态，即有多少个结构。

参数的提取需要多重结构操作数来完成，与优化的评价函数操作数类似，多重结构操作数也是由 4 个字母组成，一般采用参数的名称或几个相关单词的首字母。多重结构操作数不能够通过键盘输入，只能选择。

为了使读者更深入地了解多重结构设计的方法，下面通过 3 个简单的示例进行演示说明。

4.3.1 元件变化模拟

当设计好一个系统时，为了查看某个参数的变化对整个系统的影响，常使用多重结构将这些参数提取到多重结构编辑器中，使其按要求变化，该过程可以看作一种简单的公差分析。

【例 4-3】使用 Zemax 自带的库克三片物镜，模拟中间镜片产生倾斜后的效果。

最终文件：Char04\模拟元件.zmx

Zemax 操作步骤如下。

步骤 1：打开 Zemax 自带的库克三片物镜。

（1）打开...\Samples\ Sequential\Objectives\Cooke 40 degree field.zmx 文件。

（2）执行“分析”选项卡→“视图”面板→“3D 视图”命令，打开“三维布局图”窗口，显示光路结构图，如图 4-47 所示。

如果需要模拟中间凹透镜绕 x 轴在倾斜 10 度、5 度、0 度 3 种状态下的情况，首先要能挑选出任意一个状态并将其模拟出来。即在进行多重结构设置时，要先能找到影响不同结构变化的参数，并使用多重结构操作数提取出来。

这里尚未设置影响凹透镜倾斜角度变化的参数，所以初始结构首先需要添加旋转参数。使用坐标间断可以实现元件的倾斜，Zemax 提供了一个快捷功能来实现快速旋转或偏心元件。

步骤 2：在凹透镜前后插入坐标间断面。

（1）将镜头数据编辑器置前，对中间凹透镜（从第 3 面到第 4 面）进行旋转，旋转角度默认设置为 0。

（2）单击镜头数据编辑器工具栏中的 ✢（旋转/偏心元件）按钮，打开“倾斜/偏心元件”对话框。

（3）在对话框中将“起始面”设置为 3，“终止面”设置为 4，如图 4-48 所示。

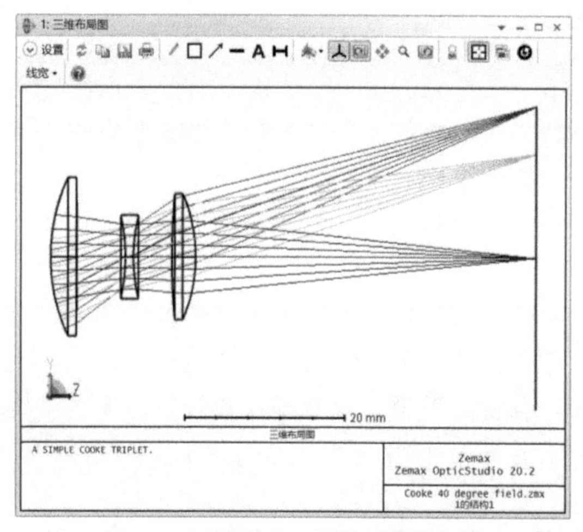

图 4-47　库克三片物镜光路结构图

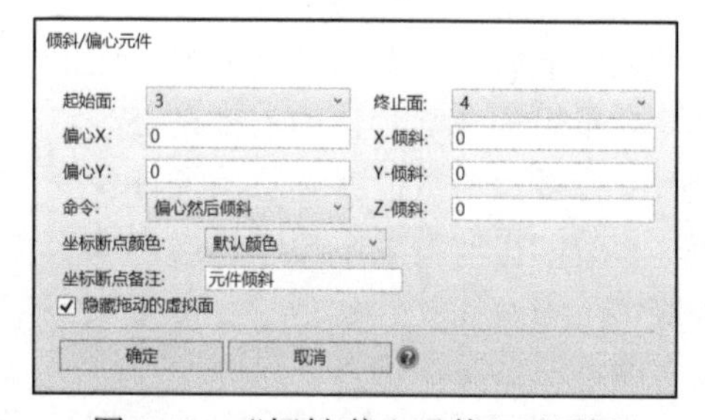

图 4-48　“倾斜/偏心元件”对话框

（4）单击“确定”按钮完成设置。设置完成后，Zemax 自动在凹透镜前后插入坐标间断面，实现元件的倾斜和偏心，如图 4-49 所示。

镜头数据

更新: 所有窗口 · 表面 1 属性 · 结构 1/1

	表面类型		标注	曲率半径		厚度		材料	膜层	净口径		延伸区	机械半直径	圆锥系数	TCE x 1E-6
0	物面	标准面 ▾		无限		无限				无限		0.000	无限	0.000	0.000
1	(孔径)	标准面 ▾		22.014	V	3.259	V	SK16	AR	9.500	U	0.000	9.500	0.000	-
2	(孔径)	标准面 ▾		-435.760	V	6.008	V		AR	9.500	U	0.000	9.500	0.000	0.000
3		坐标间断 ▾	元件倾斜			0.000		-		0.000		-	-		-
4	(孔径)	标准面 ▾		-22.213	V	1.000	V	F2	AR	5.000	U	0.000	5.000	0.000	-
5	光阑 (孔径)	标准面 ▾		20.292	V	-1.000	T		AR	5.000	U	0.000	5.000	0.000	0.000
6		坐标间断 ▾	元件倾斜：返回			1.000	P	-		0.000		-	-		-
7		标准面 ▾	虚	无限		4.750	V	P		3.835		0.000	3.835	0.000	0.000
8	(孔径)	标准面 ▾		79.684	V	2.952	V	SK16	AR	7.500	U	0.000	7.500	0.000	-
9	(孔径)	标准面 ▾		-18.395	M	42.208	V		AR	7.500	U	0.000	7.500	0.000	0.000
10	像面	标准面 ▾		无限		-				18.173		0.000	18.173	0.000	0.000

图 4-49　凹透镜前后插入坐标间断面

在该模式下，凹透镜元件的旋转由第 3 个面（坐标间断面）上的“倾斜 X”参数决定，如将其设置为 10 度后，更新三维布局图。

步骤 3： 设置倾斜 X 参数。

（1）单击 Zemax 主界面上方的 （撤销）按钮返回未插入坐标间断面时的状态。

（2）单击镜头数据编辑器工具栏中的 （旋转/偏心元件）按钮，打开“倾斜/偏心元件”对话框。

（3）在对话框中将“起始面”设置为 3，“终止面”设置为 4，“X-倾斜”设置为 10，如图 4-50 所示。

（4）单击“确定”按钮完成设置。

（5）执行“分析”选项卡→“视图”面板→“3D 视图”命令，打开“三维布局图”窗口，显示光路结构图，如图 4-51 所示。

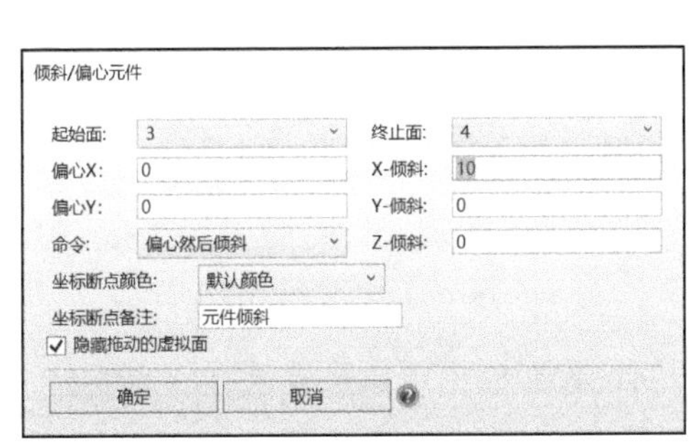

图 4-50　设置 X-倾斜参数

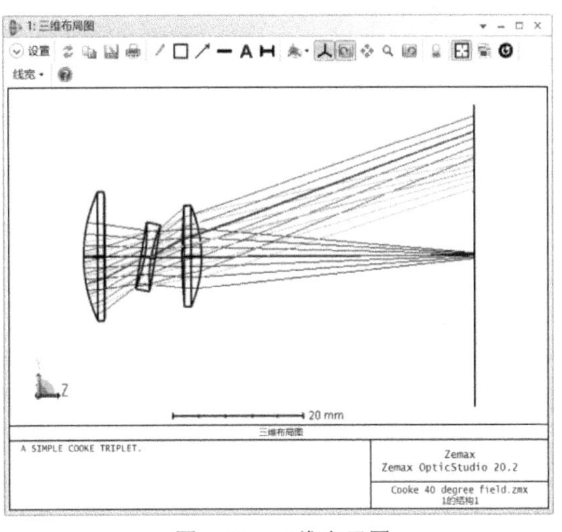

图 4-51　三维布局图

由此，把第 3 个面上的倾斜 X 参数提取到多重结构编辑器中进行设置即可。

步骤 4： 编辑多重结构。

该示例需要 3 个角度变化值，所以应该有 3 个组态结构。只有一个参数在变化，所以应该只有一个多重结构操作数。

（1）执行“设置”选项卡→“结构”面板→“编辑器”命令，打开多重结构编辑器。

（2）单击编辑器工具栏中的 （插入结构）按钮，或在数据栏中按“Ctrl+Shift+Insert”组合键插入 2 个新组态，如图 4-52 所示。

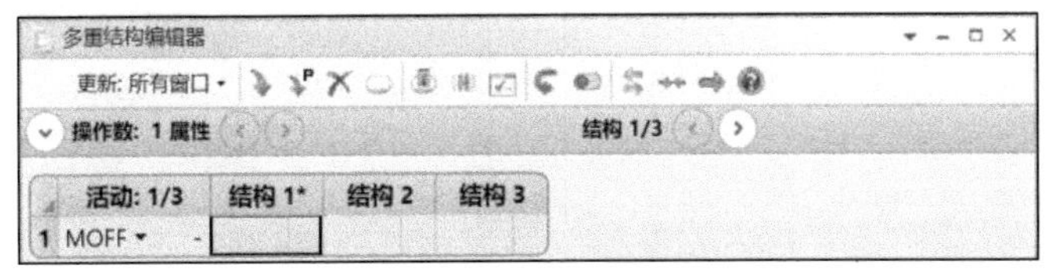

图 4-52　插入新组态

（3）双击“MOFF”打开“操作数:1 属性”参数设置面板。将面板中的“操作数”设置为“PAR3”，“表面”设置为“3-元件倾斜”。

（4）在数据列输入 3 个角度值：0、5、10，如图 4-53 所示。至此，多重结构状态设置完成。

步骤 5： 显示多重结构。

（1）执行“分析”选项卡→“视图”面板→“3D 视图”命令，打开“三维布局图”窗口，显示光路结构图，如图 4-54 所示。

> **注意：** 图中结构 1 右上角的星号表示当前系统处于第一个状态下，所有分析数据都是该状态下的结果。同样，查看三维布局图时，默认显示为当前状态。使用“Ctrl+A”组合键可进行不同状态的切换。

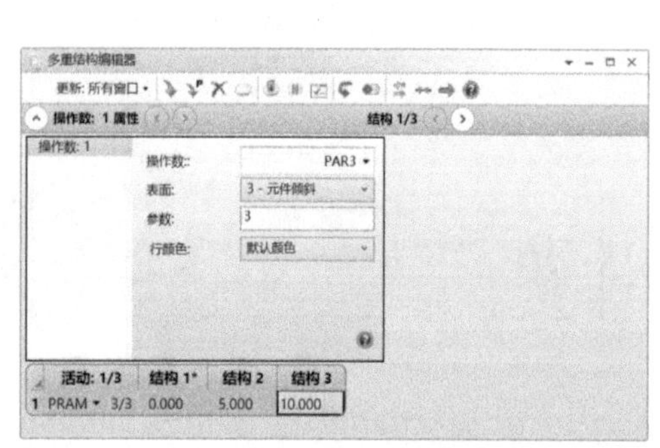

图 4-53　选择多重结构操作数并输入 3 个角度值

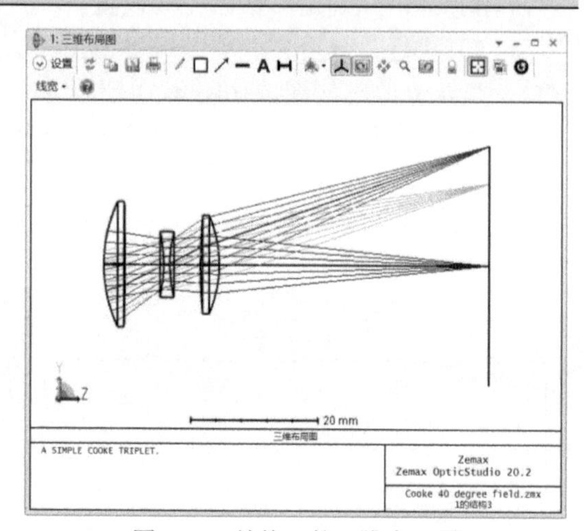

图 4-54　结构 1 的三维布局图

（2）在三维布局图上单击鼠标右键，在打开的设置面板中可以设置所有状态的显示，如图 4-55 所示。

> **注意：** 图 4-55 中偏移 Y 选项表示显示的所有组态在 Y 方向上有 25mm 的错位，可以在一个视图上同时看到 3 个状态结果，如图 4-56 所示。

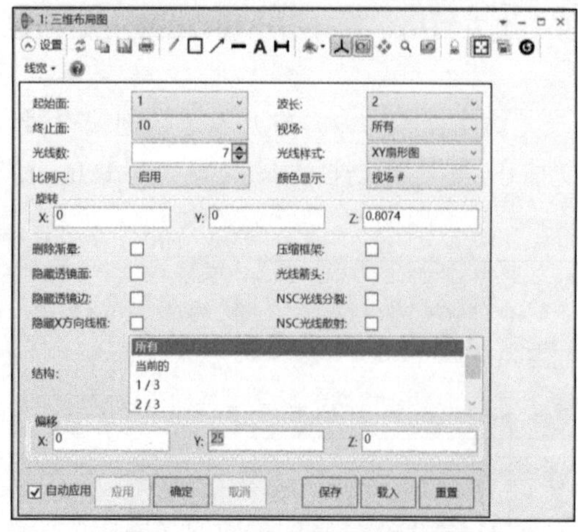

图 4-55　三维布局图参数设置

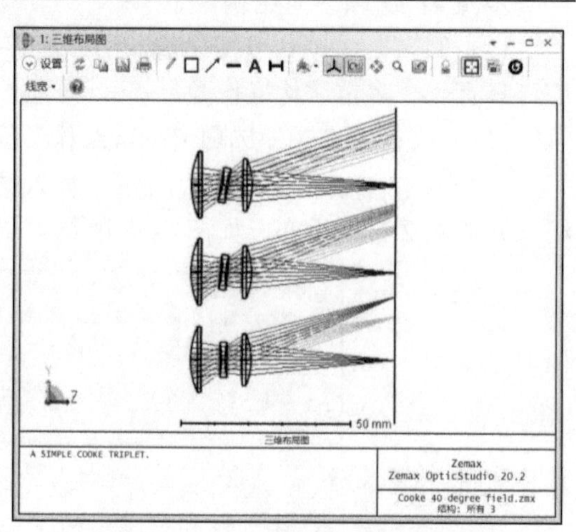

图 4-56　3 个组态的三维布局图

4.3.2　显示衍射级次

当一束光照射到衍射元件后，经衍射后会产生多束光，即不同衍射级次上会有不同能量的光射出。而在 Zemax 几何光路模拟中，每次只能模拟其中的一个级次，若要同时看到所有级次的光，需要使用多重结构功能，用不同的状态代表不同的级次。

【例 4-4】尝试设计一个衍射光栅，EPD=20mm，衍射面型选择衍射光栅，光栅频率 0.5（表示每毫米刻 500 线）。

最终文件：Char04\衍射级次.zmx

Zemax 设计步骤如下。

步骤 1：输入入瞳直径 20mm。

（1）在“系统选项”中单击“系统孔径”左侧的▸（展开）按钮，展开“系统孔径”选项。

（2）将“孔径类型”设置为“入瞳直径”，“孔径值”设置为“20”，“切趾类型”设置为“均匀”，如图 4-57 所示。

（3）镜头数据随之变化。

步骤 2：在镜头数据编辑器内输入参数。

（1）单击“设置”选项卡→“编辑器”→“镜头数据”按钮，将“镜头数据”编辑器置前。

（2）将鼠标放置在镜头数据编辑器的“像面”栏，按“Insert”键插入 1 个面，面的编号为 2。

（3）双击新插入的#面 2，展开“#面 2 属性”参数设置面板，将“类型”选项卡中的“表面类型”设置为“衍射光栅”。

（4）将面 1 的厚度设置为 50，将#面 2 的厚度设置为 100、光栅刻线设置为 0.5（频率参数），如图 4-58 所示。

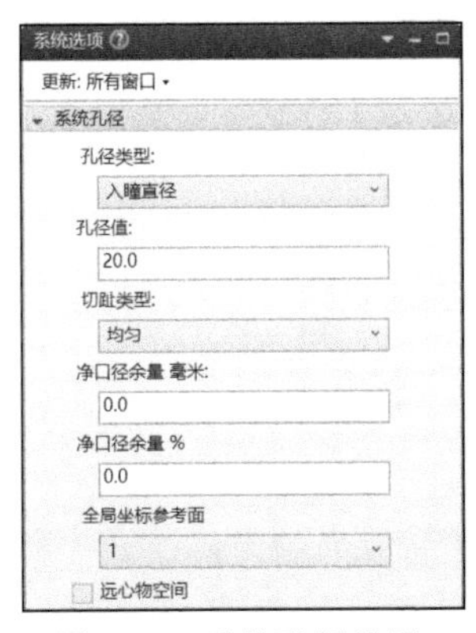

图 4-57　系统孔径设置

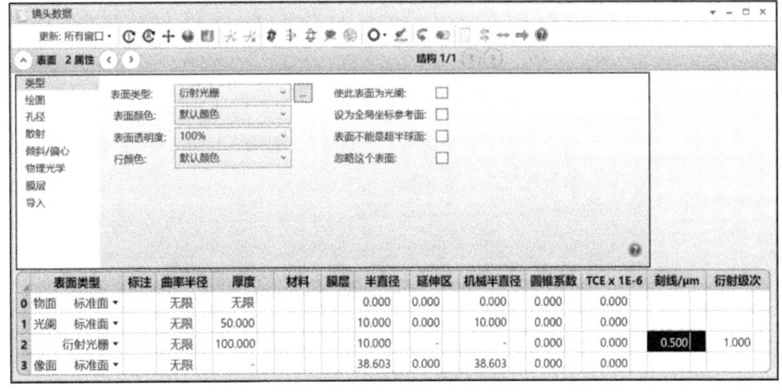

图 4-58　透镜数据编辑器

步骤 3：打开第一级次三维布局图。

执行“分析”选项卡→“视图”面板→“3D 视图”命令，打开“三维布局图”窗口显示光路结构图，如图 4-59 所示。

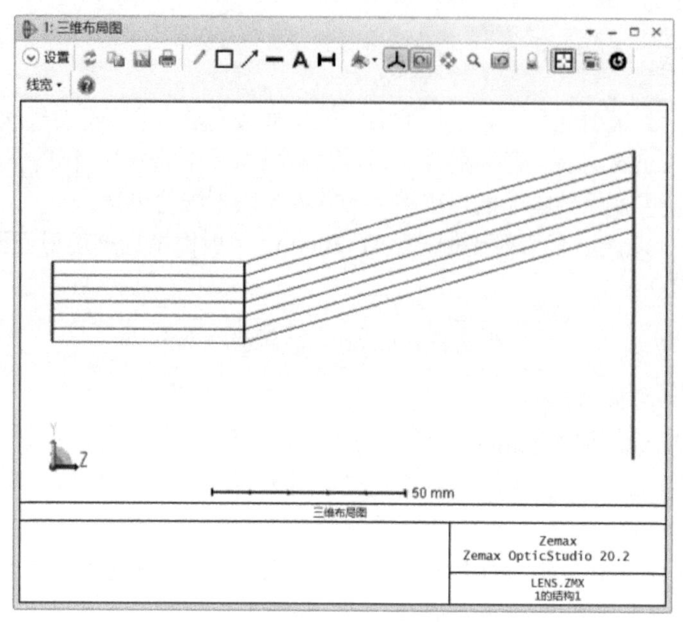

图 4-59　三维布局图

修改级次后可显示其他级次下的效果，但在正常模式下每次只能显示一个级次。当使用多重结构功能时，可以将级次参数提取出来，使其在多重结构编辑器中单独变化。在多重结构编辑器中，再插入 4 个组态，用来模拟 2、1、0、–1，–2 这 5 个级次下的光线输出。

在镜头数据编辑器中可以发现级次参数为第 2 个表面的第 2 个参数，在多重结构编辑器下选择操作数 Par2/2。

步骤 4： 设置多重结构。

（1）执行“设置”选项卡→“结构”面板→“编辑器”命令，打开多重结构编辑器。

（2）单击编辑器工具栏中的 （插入结构）按钮，或按“Ctrl+Shift+Insert”组合键在数据栏中插入 4 个新组态，如图 4-60 所示。

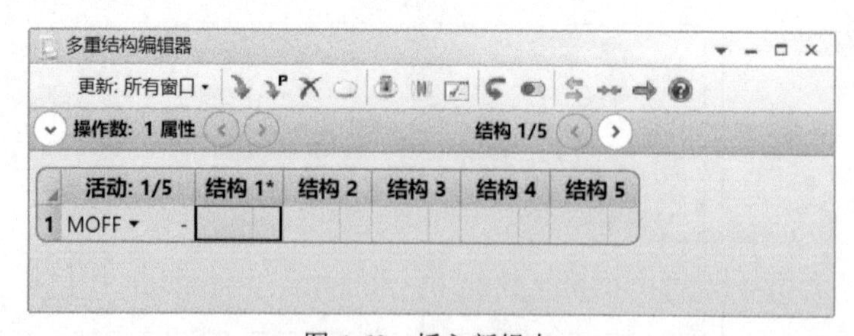

图 4-60　插入新组态

（3）双击“MOFF”打开“操作数:1 属性”参数设置面板。在面板中的“操作数”栏选择“PAR2”，“表面”栏选择“2”。

（4）在数据列输入 5 个级次：2、1、0、−1、−2，如图 4-61 所示，多重结构状态便设置完成。

（5）执行“分析”选项卡→“视图”面板→“3D 视图”命令，打开“三维布局图”窗口显示光路结构图，如图 4-62 所示。

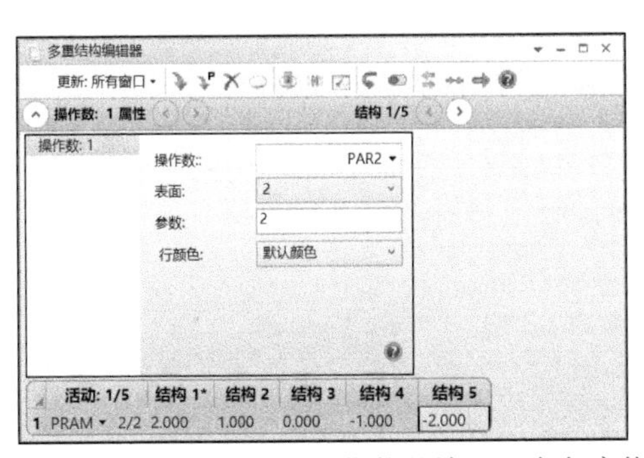

图 4-61 选择多重结构操作数并输入 3 个角度值

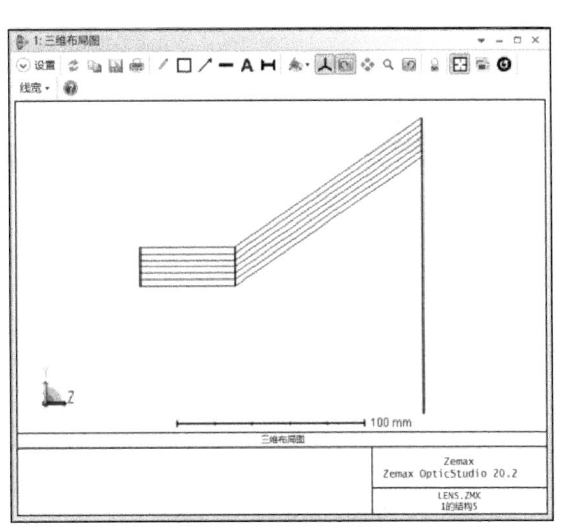

图 4-62 三维布局图

在三维布局图窗口中利用“Ctrl+A”组合键可以动态切换组态查看三维布局图，也可以将所有级次全部显示出来。

（6）打开视图设置面板，将“颜色显示”设置为“结构#”,“结构”设置为“所有”。通过“颜色显示”选项可以设置视图中光线的显示颜色，这里选择以组态结构来区分，表示不同组态，如图 4-63 设置。

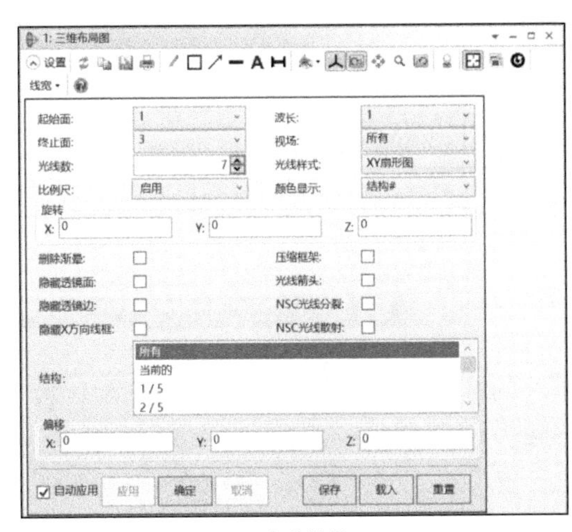

（a）参数设置

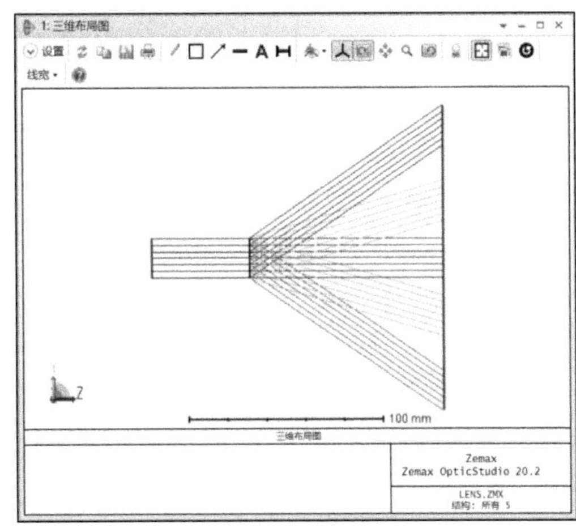

（b）三维布局图窗口

图 4-63 5 组态三维布局图

4.3.3 分光板模拟

在前面的实例中可以清晰地看到多重结构的使用场合，但示例中仅使用了一个参数的变化。复杂系统中通常会有多个不同的参数在变化，比如多光路干涉系统、分光系统等，这就要求我们必须有足够的耐心和细心来找到是哪些参数的变化引起结构的变化。

【例 4-5】马赫—曾德干涉系统光路如图 4-64 所示，由同一光源发出的一束光经过不同的传播路径最后汇聚于同一像面。要实现两束光两个路径，必须使用多重结构才能完成。

系统模型为 Mach Zender Interferometer.zmx（\Samples\Sequential\Optical testing\）。

为了简化该系统，本实例中只设计一个倾斜分光板，使用多重结构来实现分光，设计目标如图 4-65 所示。

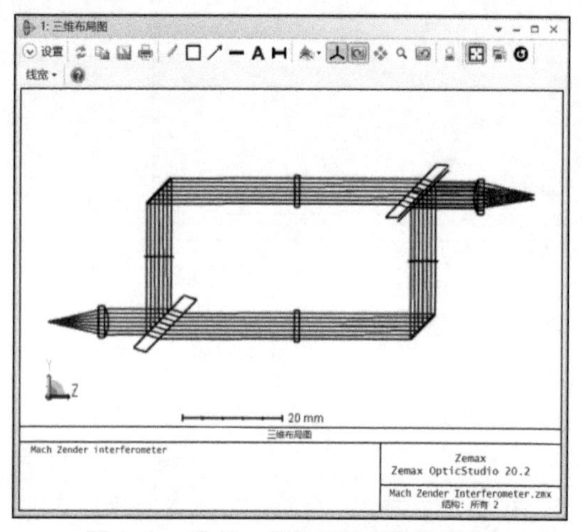

图 4-64　马赫—曾德干涉系统光路图

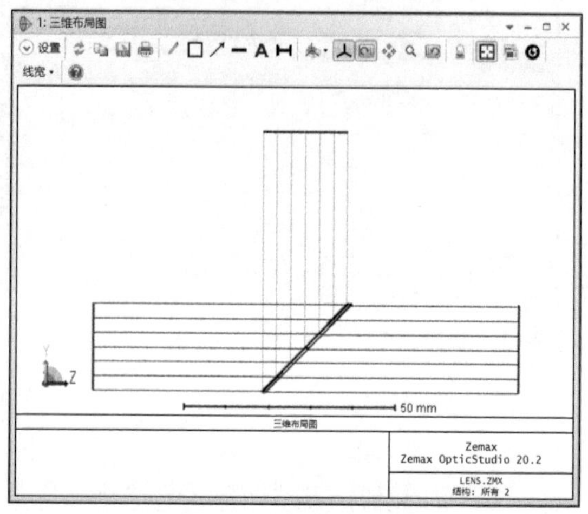

图 4-65　倾斜分光板

要实现分光效果，先来设计正常传播的一束光经过倾斜板，假设 EPD=20，传播距离 50mm，分光板材料为 BK7，其前表面镀有半透半反膜层实现分光。首先来设计透射光路。

最终文件：Char04\分光板.zmx

Zemax 设计步骤如下。

步骤 1：输入入瞳直径 20mm。

（1）在“系统选项”面板中单击“系统孔径”左侧的▸（展开）按钮，展开“系统孔径”选项。

（2）将“孔径类型”设置为“入瞳直径”，“孔径值”设置为“20”，“切趾类型”设置为“均匀”，如图 4-66 所示。

（3）镜头数据随之变化。

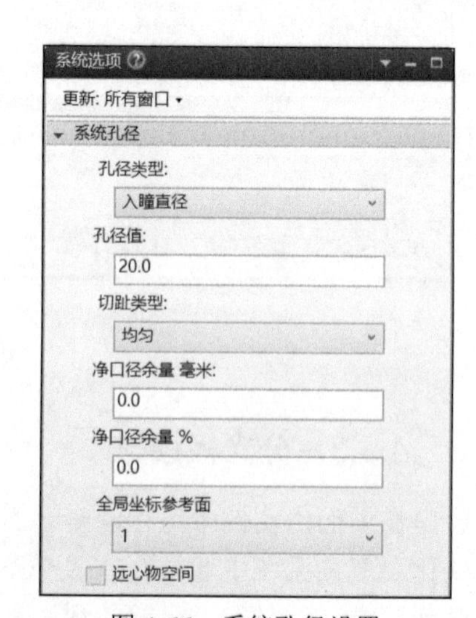

图 4-66　系统孔径设置

步骤 2：在透镜数据编辑器内输入参数。

（1）单击“设置”选项卡→“编辑器”→“镜头数据”按钮，将“镜头数据”编辑器置前。

（2）将光标放置在镜头数据编辑器的“像面”栏，按“Insert”键插入 2 个面，面的编号为 2 和 3。

（3）将#面 1、2、3 的厚度分别设置为 50、1、50，#面 2 材料设置为 BK7，如图 4-67 所示。

	表面类型	标注	曲率半径	厚度	材料	膜层	净口径	延伸区	机械半直径	圆锥系数	TCE x 1E-6
0	物面 标准面 ▾		无限	无限			0.000	0.000	0.000	0.000	0.000
1	光阑 标准面 ▾		无限	50.000			10.000	0.000	10.000	0.000	0.000
2	标准面 ▾		无限	1.000	BK7		10.000	0.000	10.000	0.000	-
3	标准面 ▾		无限	50.000			10.000	0.000	10.000	0.000	0.000
4	像面 标准面 ▾		无限	-			10.000	0.000	10.000	0.000	0.000

图 4-67 输入透镜数据

（4）执行“分析”选项卡→“视图”面板→“3D 视图”命令，打开“三维布局图”窗口，显示光路结构图，如图 4-68 所示。

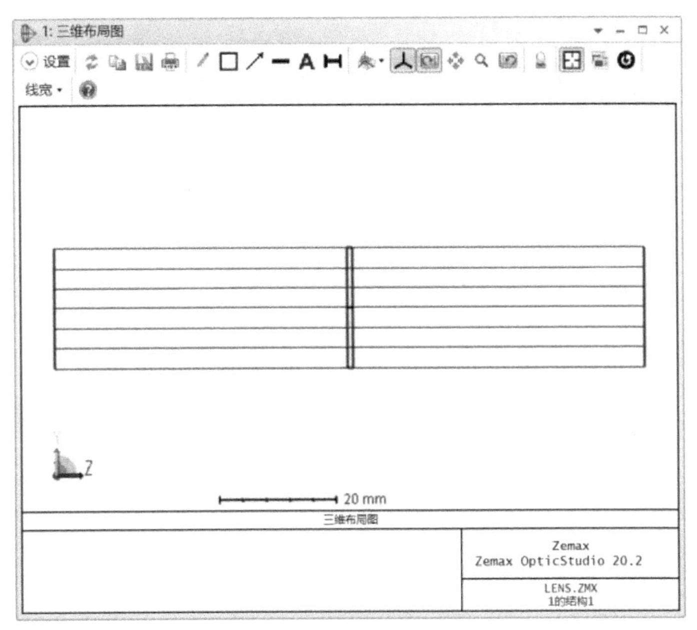

图 4-68 三维布局图

图 4-68 中需要先将平板倾斜 45 度，倾斜的方法有很多种，可以使用坐标间断面倾斜，也可以使用表面自带的倾斜选项，此处我们使用倾斜面。

此种面型上有 2 个旋转参数：X 正切和 Y 正切，即表面与 X 或 Y 方向的正切值表示面的倾斜状态。将#面 2 和 3 修改为倾斜面类型并设置 Y 正切为 1（tan45° =1）。

步骤 3：设置平板倾斜 45 度。

（1）在镜头数据编辑器中双击#面 2，弹出“#面 2 属性”参数设置面板。

（2）在“类型”选项卡中设置“表面类型”为“倾斜面”。使用同样的方法，将#面 3 的表面类型也设置为“倾斜面”。

（3）将#面 2 和 3 的“Y 正切”设置为 1，如图 4-69 所示。

（4）执行“分析”选项卡→“视图”面板→“3D 视图”命令，打开“三维布局图”窗口显示光路结构图，如图 4-70 所示。

至此，第一个透射结构完成，在该结构的基础上可以通过使用多重结构来设置反射的光路。

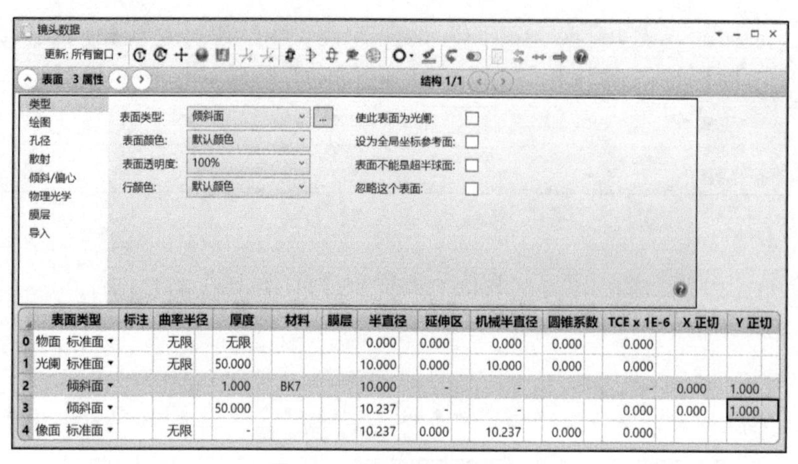

图 4-69　透镜数据编辑器

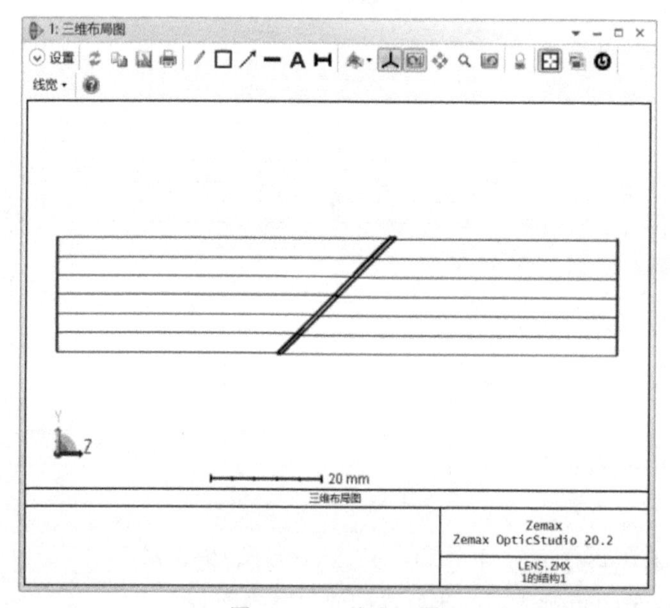

图 4-70　三维布局图

因为需要两个光路，所以应该有两个结构状态，反射光路在平板的前表面发生反射，对于模拟来说需要设置该表面的材料为 Mirror，此时需要使用材料的多重结构操作数 GLSS。

步骤 4：使用多重结构设置反射光路。

（1）执行“设置”选项卡→“结构”面板→“编辑器”命令，打开多重结构编辑器。

（2）单击编辑器工具栏中的 （插入结构）按钮，或按“Ctrl+Shift+Insert”组合键在数据栏中插入 1 个新组态，如图 4-71 所示。

（3）双击“MOFF”弹出“操作数:1 属性”参数设置面板，将“操作数”设置为“GLSS”，“表面”设置为 2。

（4）在数据列“结构 2”栏输入“MIRROR”，如图 4-72 所示。至此多重结构状态设置完成。

图 4-71 插入新组态

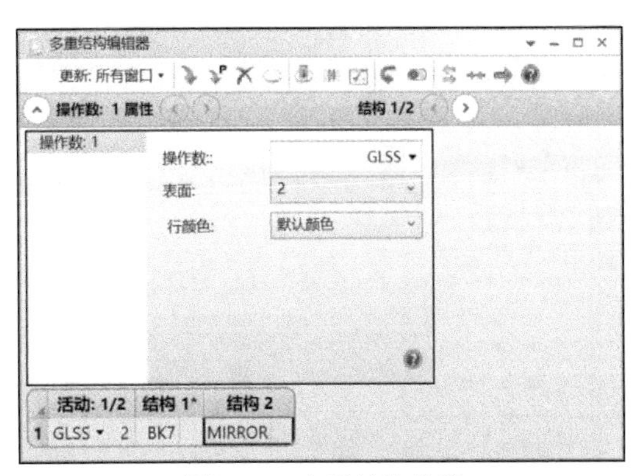

图 4-72 多重结构设置

接下来我们分析被反射后的光路，反射后光路被转折了 90 度，而且透镜板消失（由于反射后光线不再经过平板玻璃材料），在加入反射镜后光路传播的厚度也要乘以–1，这时应首先考虑如何使反射后光路转折–90 度。通过在玻璃板前表面后面插入一个坐标间断面，并使用坐标间断实现旋转。

步骤 5：插入坐标间断面。

（1）将光标放置在#面 3 上，按“Insert”键插入 1 个新面。

（2）设置新插入的面为坐标间断面，如图 4-73 所示，并在该面的“倾斜 X”栏输入 90。

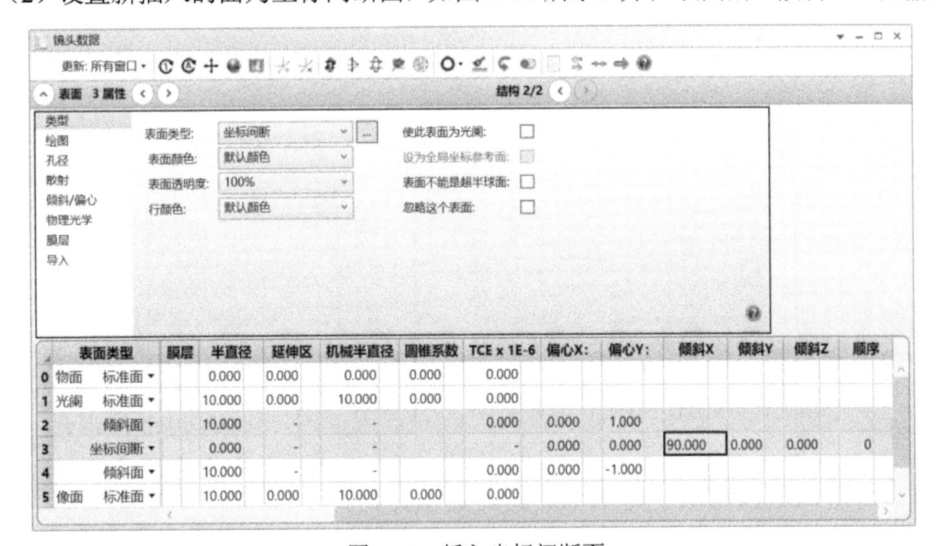

图 4-73 插入坐标间断面

插入 4 个多重结构操作数，选择厚度操作数控制第 2 个表面与第 4 个表面的厚度，参数操作数控制旋转角度（坐标间断控制系统转折 90 度，第 4 个表面 Y 正切也应旋转到与第 2 个表面方向一致的方向）。

步骤 6：编辑多重结构操作数。

（1）将多重结构编辑器置前，按“Insert”键插入 4 个多重结构操作数。

（2）双击“MOFF”打开“操作数:1 属性”参数设置面板。将面板中的“操作数”设置为“THIC”，“表面”设置为“2”，如图 4-74（a）所示。

（3）同理，设置后面的 3 个操作数并输入相应数值，如图 4-74（b）所示。

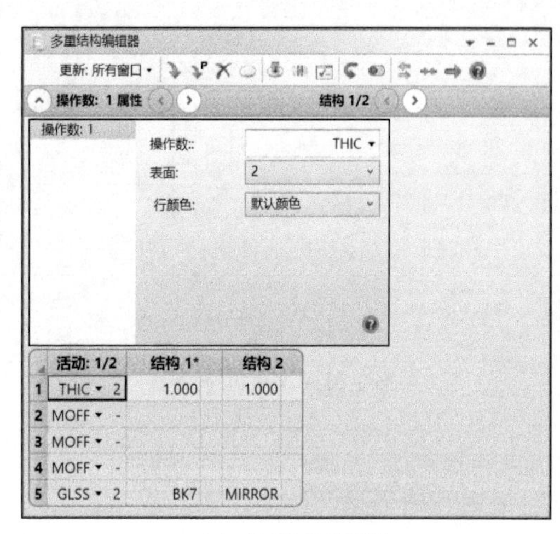

（a）多重结构编辑器

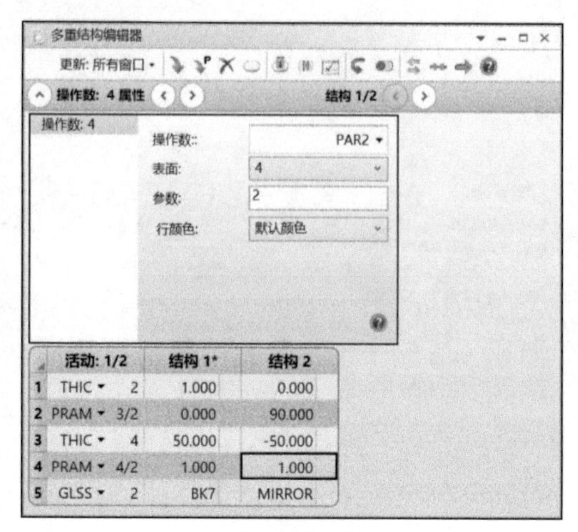

（b）操作数参数设置

图 4-74　第 2 个面厚度操作数

（4）执行“分析”选项卡→“视图”面板→“3D 视图”命令，打开“三维布局图”窗口，显示光路结构图。

（5）按“Ctrl+A”组合键切换到第 2 个组态，观察第 2 个组态光线的输出情况，如图 4-75 所示。

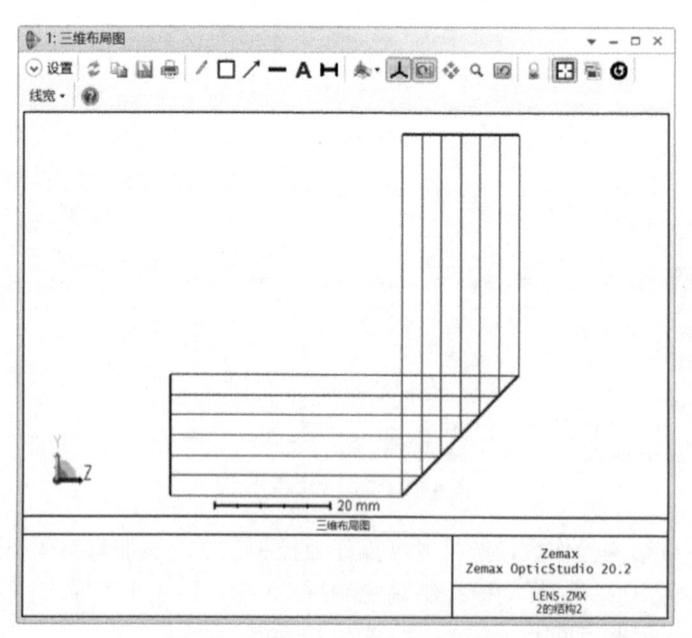

图 4-75　第 2 个组态光线输出情况

步骤 7：将两个光路同时显示在视图中。

打开视图设置面板，将“颜色显示”设置为“结构#”，“结构”设置为“所有”，更新后的三维布局图如图 4-76 所示。

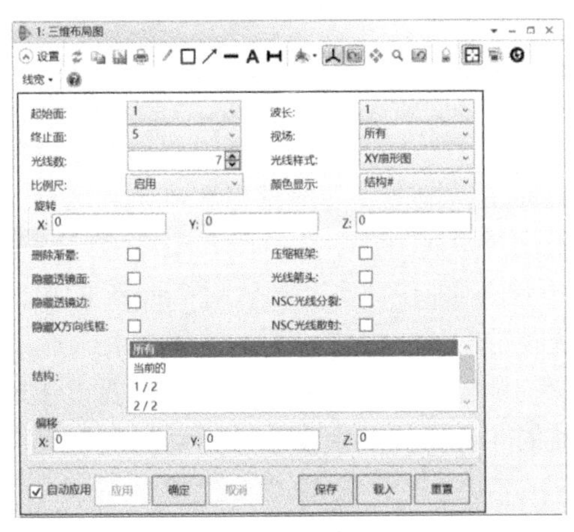

（a）参数设置

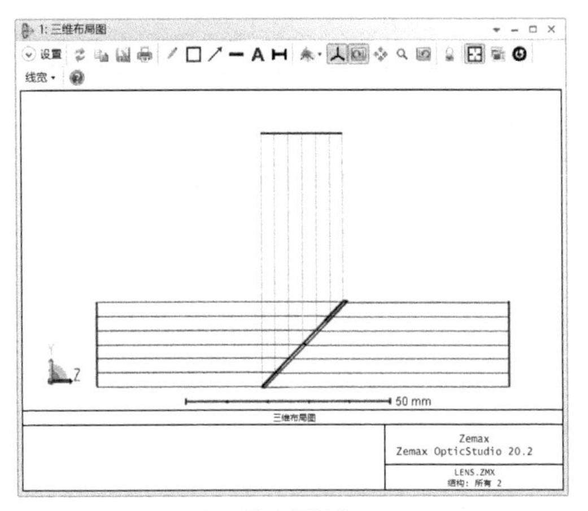

（b）三维布局图窗口

图 4-76　三维布局图

至此，一个简单的分光系统已经完成，在这样的系统中要充分发挥多重结构的使用方法。只有深刻理解多重结构的含意，才能在设计这种复杂系统时得心应手。

4.4　坐标间断

坐标间断是 Zemax 成像光路设计中对坐标的一种操作方法。在 Zemax 的序列光学设计模式下，使用的坐标系都是局部坐标系，即每个表面都参考它前面的表面顶点坐标系，每个表面的厚度决定下个表面的位置，理解 Zemax 序列模式下的坐标定义可以帮助我们处理复杂的光路模型。

4.4.1　Zemax 坐标系

在理解坐标间断定义前，首先需要理解 Zemax 的坐标系，Zemax 使用的是右手坐标系。右手坐标系指我们伸出右手，大拇指所指方向为坐标系的 Z 轴，四指指向为坐标的 Y 轴，四指弯曲后指向手心向内为 X 轴正方向。

选择的参考面用于确定全局坐标系的原点位置和方向，也用于定义三维布局图上多个变焦位置的重叠点。

在 Zemax 的三维布局图中显示的是系统的视图窗口，该窗口显示的是全局坐标，坐标原点由用户指定，默认情况下是以第 1 个表面中心为全局坐标参考（即视图的原点）。用户也可以修改全局坐标参考，修改是在镜头数据编辑器中进行的，方法如下。

在镜头数据编辑器中，直接在需要作为全局坐标参考的表面上双击，打开表面属性设置面板，勾选“设为全局坐标参考面”复选框即可将系统的全局视图修改到指定的表面上，如图 4-77 所示。

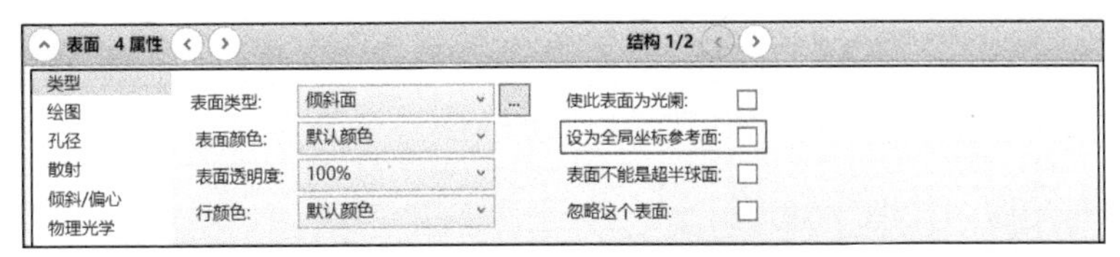

图 4-77　第 2 个组态光线输出图

注意：当物体在无穷远时，不能将#面 0 作为参考面；当无法将坐标间断面设置为全局坐标参考面时，该面也不能作为参考面。

修改全局坐标参考后，视图上所有元件的坐标便以指定点为原点重新排布，这种视图变化并不影响整个系统的性能，只影响坐标统计数据和视图显示。

由于 Zemax 序列模式下这种面与面的位置依赖关系，使许多初学者对 Zemax 的局部坐标转折甚是迷茫，在设计非旋转对称的离轴系统时常常陷入困境，不知从何入手。

虽然坐标转折确实比较抽象，但并没有想象的那样复杂，读者在学习时只要记住一个规则：只要坐标在某个位置发生转折，那么下面的元件位置一定要按转折后的局部坐标系统右手定则放置。

为了说明该规则，我们来详细分析 Zemax 中的常用坐标转折方法实现的离轴操作。这种离轴设置统称为坐标间断，是指将当前面的坐标打断，实现新的坐标设置。

我们知道坐标系有 3 个方法（XYZ），那么就有 5 种操作方式，分别为 *X*、*Y* 方向的偏移和 *X*、*Y*、*Z* 方向的旋转（*Z* 方向的偏移是由厚度决定的，所以不需设置）。

打断坐标的方法有两种：一是使用表面上自带的坐标间断设置，二是插入坐标间断面。

4.4.2　自带坐标间断

在镜头数据编辑器中的任何一个表面上双击都可以打开该表面的参数设置面板，单击面板左侧的“倾斜/偏心”标签，“倾斜/偏心”功能相当于在一个面前后添加两个坐标间断面，设置参数如图 4-78 所示，可实现单个面旋转 10 度而保持其他元件不变。

	表面类型		标注	曲率半径	厚度		材料	膜层	净口径	延伸区	机械半直径	圆锥系数	TCE x 1E-6
0	物面	标准面 ▾		无限	无限				0.000	0.000	0.000	0.000	0.000
1	光阑	标准面 ▾		无限	50.000				10.000	0.000	10.000	0.000	0.000
2	(倾斜/偏心)	标准面 ▾		无限	25.000				11.547	0.000	11.547	0.000	0.000
3	(孔径)	标准面 ▾		无限	10.000		BK7		25.000 U	0.000	25.000 U	0.000	-
4		标准面 ▾		无限	-10.000	T			10.000	0.000	25.000	0.000	0.000
5		标准面 ▾		无限	50.000			P	10.000	0.000	10.000	0.000	0.000
6	像面	标准面 ▾		无限	-				10.000	0.000	10.000	0.000	0.000

图 4-78　表面属性参数设置

打开三维布局图，如图 4-79 所示。

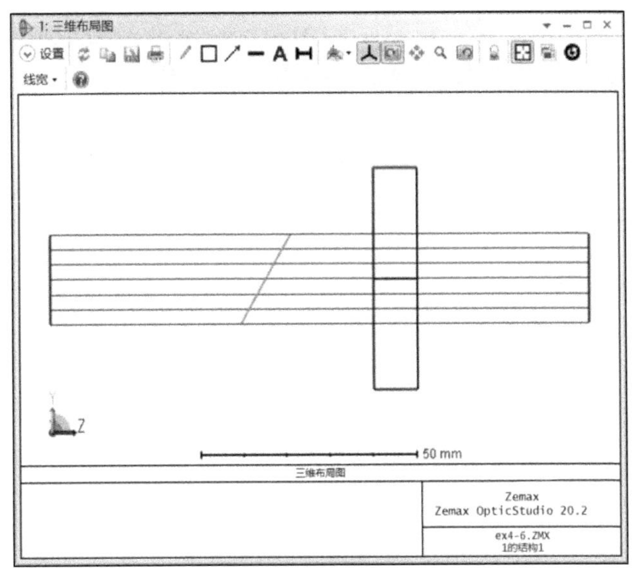

图 4-79 面旋转 10 度

4.4.3 坐标间断面

使用坐标间断面来实现坐标打断，即在需要坐标转折的元件前或后插入一个坐标间断面，利用该面上的“偏心”“倾斜”参数实现坐标打断，如图 4-80 所示。

设置坐标间断面是一种更加灵活且功能强大的局部坐标设置方法。例如，旋转多组元件、旋转指定旋转轴、返回特定坐标系、追踪系统主光线等。

镜头数据

更新: 所有窗口 · 表面 2 属性 · 结构 1/1

	表面类型		半直径	延伸区	机械半直径	圆锥系数	TCE x 1E-6	偏心X:	偏心Y:	倾斜X	倾斜Y	倾斜Z	顺序
0	物面	标准面 ▾	0.000	0.000	0.000	0.000	0.000						
1	光阑	标准面 ▾	10.000	0.000	10.000	0.000	0.000						
2		坐标间断 ▾	0.000	-	-		-	0.000	0.000	0.000 V	0.000	0.000	0
3	(孔径)	标准面 ▾	25.000 U	0.000	25.000 U	0.000	-						
4		标准面 ▾	10.000	0.000	25.000	0.000	0.000						
5		坐标间断 ▾	0.000	-	-		-	0.000 P	0.000 P	0.000 P	0.000 P	0.000 P	1
6		标准面 ▾	10.000	0.000	10.000	0.000	0.000						
7	像面	标准面 ▾	10.000	0.000	10.000	0.000	0.000						

图 4-80 插入坐标间断面

比较以上两种断点的方法，第一种设置方法相对简洁，不会增加多余的坐标间断面，但参数设置好后不能进行自动优化调整。第二种方法会在镜头数据编辑器中增加较多的间断面，看起来较为复杂，但其所有参数都可以进行优化，这也是使用坐标间断面的最大优势。

4.4.4 旋转角度优化示例

下面就以平行光经过一个玻璃板为例介绍旋转角度的优化方法。

最终文件：Char04\旋转角度.zmx

【例 4-6】如图 4-81 所示为一束平行光经过一个玻璃板，尝试通过旋转玻璃板，使光束向 Y 方向偏移 2mm，请使用坐标间断参数优化旋转角度。

Zemax 设计步骤。

步骤 1：输入入瞳直径 20mm。

（1）在“系统选项”面板中单击“系统孔径”左侧的▸（展开）按钮，展开“系统孔径”选项。

（2）将“孔径类型”设置为“入瞳直径”，“孔径值”设置为“20”，“切趾类型”设置为“均匀”，如图 4-82 所示。

（3）镜头数据随之变化。

步骤 2：在透镜数据编辑器内输入参数。

（1）单击“设置”选项卡→“编辑器”→“镜头数据”按钮，将“镜头数据”编辑器置前。

（2）将光标放置在镜头数据编辑器的“像面”栏，按“Insert”键插入 2 个面，面的编号为 2、3。

（3）将#面 1、#面 2、#面 3 的厚度分别设置为 50、10、50，修改#面 2 的机械半直径为 25、并将材料设置为 BK7，如图 4-83 所示。

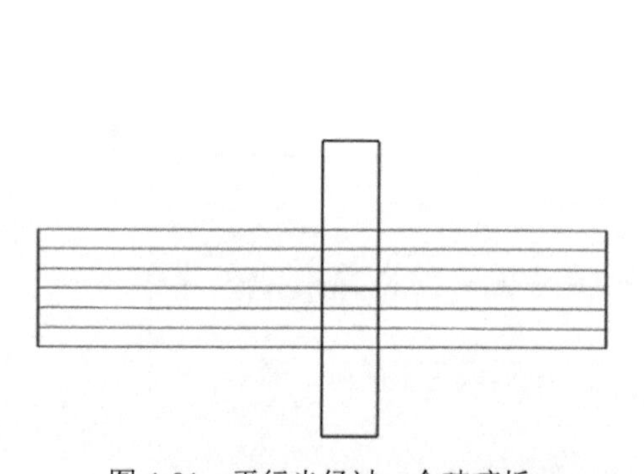

图 4-81　平行光经过一个玻璃板

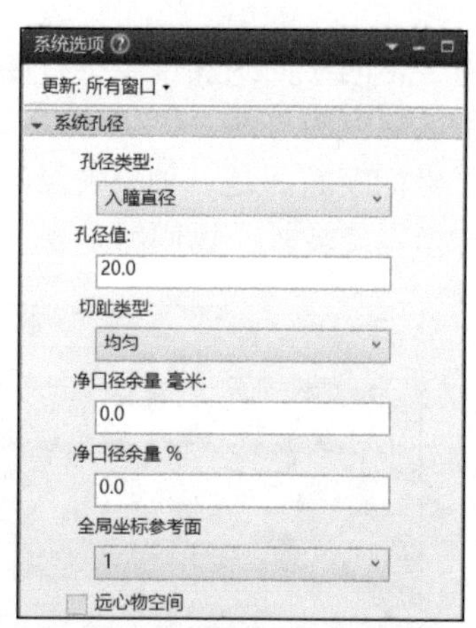

图 4-82　系统孔径设置

镜头数据

更新: 所有窗口

表面 2 属性　　结构 1/1

	表面类型		标注	曲率半径	厚度	材料	膜层	净口径	延伸区	机械半直径	圆锥系数	TCE x 1E-6
0	物面	标准面		无限	无限			0.000	0.000	0.000	0.000	0.000
1	光阑	标准面		无限	50.000			10.000	0.000	10.000	0.000	0.000
2		标准面		无限	10.000	BK7		10.000	0.000	25.000 U	0.000	-
3		标准面		无限	50.000			10.000	0.000	25.000	0.000	0.000
4	像面	标准面		无限	-			10.000	0.000	10.000	0.000	0.000

图 4-83　透镜数据编辑

步骤 3：打开初始结构三维布局图。

执行“分析”选项卡→“视图”面板→“3D 视图”命令，打开“三维布局图”窗口，显示光路结构图，如图 4-84 所示。

步骤 4：编辑坐标间断旋转。

（1）将镜头数据编辑器置前，对中间凹透镜（从第 3 面到第 4 面）进行旋转，旋转角度默认设置为 0。

（2）单击镜头数据编辑器工具栏中的✢（旋转/偏心元件）按钮，打开“倾斜/偏心元件”对话框。

（3）在对话框中将“起始面”设置为 3，“终止面”设置为 4，如图 4-85 所示。

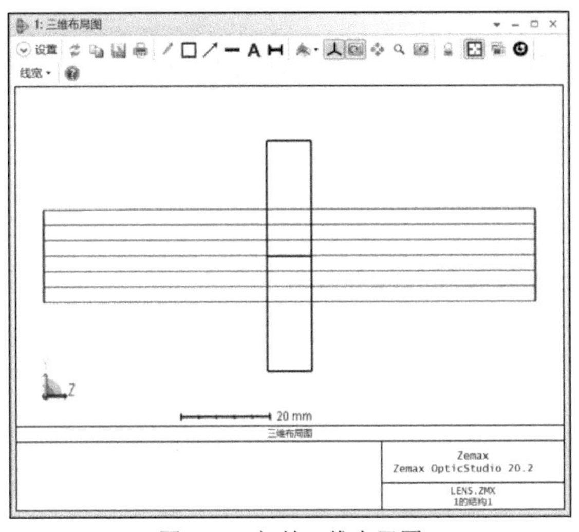

图 4-84　初始三维布局图

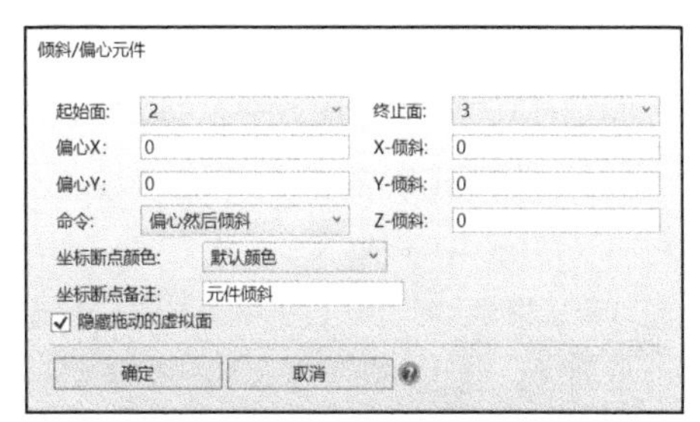

图 4-85　快速旋转或偏心对话框

（4）单击“确定”按钮完成设置。设置完成后，Zemax 自动在凹透镜前后插入坐标间断面，实现元件的倾斜和偏心，如图 4-86 所示。

镜头数据

更新: 所有窗口

表面 2 属性　　结构 1/1

	表面类型	标注	曲率半径	厚度	材料	膜层	半直径	延伸区	机械半直径	圆锥系数	TCE x 1E-6
0	物面 标准面		无限	无限			0.000	0.000	0.000	0.000	0.000
1	光阑 标准面		无限	50.000			10.000	0.000	10.000	0.000	0.000
2	坐标间断	元件倾斜		0.000	-		0.000	-	-		-
3	标准面		无限	10.000	BK7		10.000	0.000	25.000 U	0.000	-
4	标准面		无限	-10.000 T			10.000	0.000	25.000	0.000	0.000
5	坐标间断	元件倾斜：返回		10.000 P	-		0.000	-	-		-
6	标准面	虚	无限	50.000	P		10.000	0.000	10.000	0.000	0.000
7	像面 标准面		无限	-			10.000	0.000	10.000	0.000	0.000

图 4-86　凹透镜前后插入坐标间断面

只要让玻璃板绕 X 轴旋转一定的角度，就有可能使光束在 Y 方向向上或向下偏移，所以将第 1 个坐标间断的倾斜 X 参数上设置为变量即可。

（5）在第 1 个坐标间断面（#面 2）的倾斜 X 参数上按“Ctrl+Z”组合键，添加变量。如图 4-87 所示。

	表面类型		延伸区	机械半直径	圆锥系数	TCE x 1E-6	偏心X:	偏心Y:	倾斜X	倾斜Y	倾斜Z	顺序
0	物面	标准面 ▾	0.000	0.000	0.000	0.000						
1	光阑	标准面 ▾	0.000	10.000	0.000	0.000						
2		坐标间断 ▾	-	-		-	0.000	0.000	0.000 V	0.000	0.000	0
3	(孔径)	标准面 ▾	0.000	25.000 U	0.000	-						
4		标准面 ▾	0.000	25.000	0.000	0.000						
5		坐标间断 ▾	-	-		-	0.000 P	0.000 P	0.000 P	0.000 P	0.000 P	1
6		标准面 ▾	0.000	10.000	0.000	0.000						
7	像面	标准面 ▾	0.000	10.000	0.000	0.000						

图 4-87　倾斜 X 参数添加变量

要实现光束偏移 2mm，可以直接使用光线高度操作数 REAY，指定主光线在像面处高度为 2。

步骤 5： 编辑光线高度操作数。

（1）执行“优化”选项卡→“自动优化”面板→“评价函数编辑器”命令，打开“评价函数编辑器”窗口。

（2）双击评价函数编辑栏中的 BLNK，在弹出的优化向导与操作数面板中的“优化向导”选项卡中进行参数设置，“操作数”设置为“REAY”，界面随之改变。

（3）将新出现的参数“面”设置为 7，“目标”设置为 2，“波”设置为 1。“权重”设置为 1，如图 4-88 所示。

（4）单击 × （关闭）按钮退出编辑器。

步骤 6： 优化。

（1）执行“优化”选项卡→“自动优化”面板→“执行优化”命令，打开“局部优化”对话框。

（2）在对话框中保持默认设置，单击“开始”按钮开始优化。

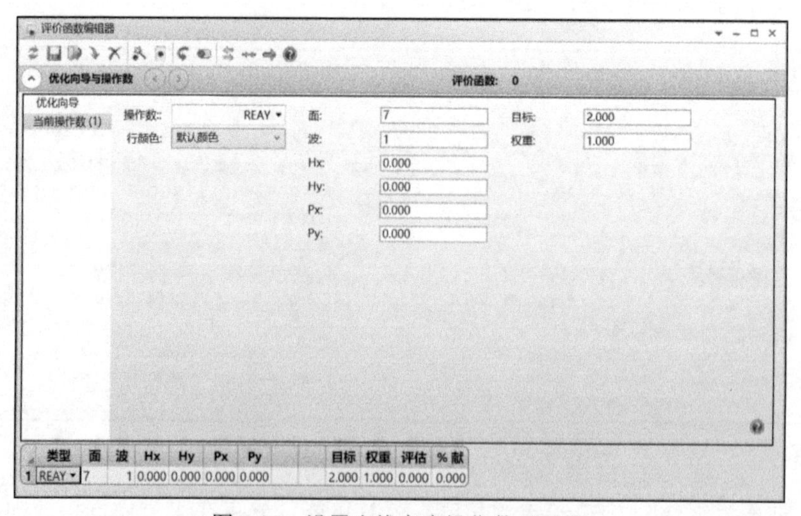

图 4-88　设置光线高度操作数对话框

（3）经过数秒后优化停止，评价函数值很快减小至近似于 0，如图 4-89 所示。

对于该单透镜简单系统，默认创建的评价函数操作数设置 OPDX 的目标值为 0，意味着经过透镜聚焦后光程差为 0。

（4）执行“分析”选项卡→“视图”面板→“3D 视图”命令，打开“三维布局图”窗口，显示光路结构图，如图 4-90 所示。

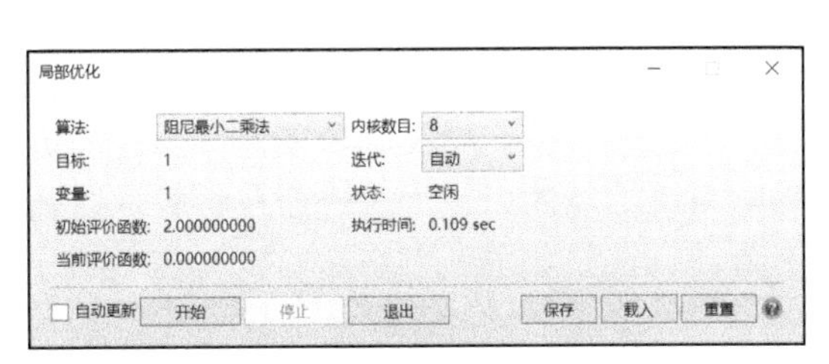

图 4-89　“局部优化”对话框

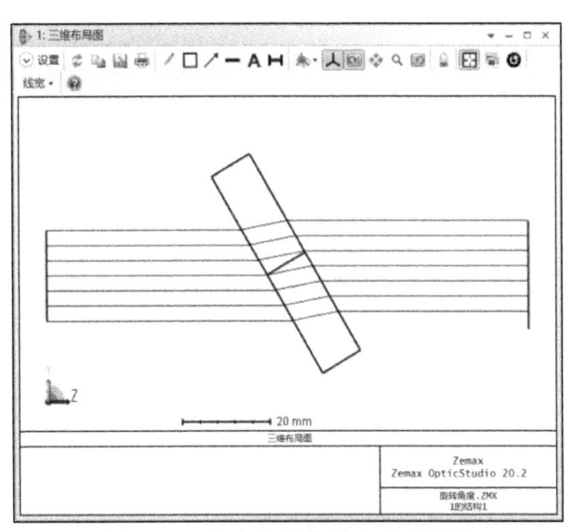

图 4-90　光束整体偏移光路结构图

4.5　本章小结

本章主要介绍了全局优化的使用环境和特点，以及如何使用全局优化去找理想的初始结构，介绍了局部优化，探讨了有关 Zemax 优化函数的定义、操作数的通用参数描述，通过实例展示了波前优化、光斑（点列图）优化的应用环境，使读者对 Zemax 软件的核心优化技术有了更深刻的认识。

第5章　公差分析

公差分析用于系统地分析微扰动或色差对光学设计性能的影响。公差分析的目的在于定义误差的类型及大小，并将其引入光学系统中，分析系统性能是否符合需求。Zemax 拥有灵活且功能强大的公差分析工具，可以帮助设计者在光学设计中控制公差值。公差分析可以通过简易的设置分析在公差范围内，参数影响系统性能的严重性，进而在将成本控制在合理范围内的前提下实现组装工艺和性能的平衡。

学习目标：

（1）了解公差设置；

（2）掌握各公差的操作数；

（3）掌握公差的分析方法；

（4）在优化过程中考虑公差。

5.1　公差

公差值是一个将系统性能量化的估算。公差分析使设计者能够预测其设计在组装后的性能极限。设置公差分析时，设计者必须熟悉如下要点。

（1）选取合适的性能规格。

（2）定义最低的性能容忍极限。

（3）计算所有可能的误差来源（如单独的组件、组件群、机械组装等）。

（4）指定每一个制造和组装可允许的公差极限。

5.1.1　公差分析概述

Zemax 提供了灵活且强大的公差推导和灵敏度分析能力，可以分析的公差包括结构参数变量，例如曲率、厚度、位置、折射率、阿贝数、非球面系数等。

Zemax 还支持分析表面和镜头组的偏心、表面和镜头组绕任意点的倾斜、面型不规则度，以及其他参数或附加数据值的偏差。由于参数和附加数据可以用于描述非球面系数、梯度折射率系数等，因此这些值也可以进行公差分析。不同的公差组合可有效地评估系统在装配和加工过程中产生的误差对性能的影响。

在公差分析中，Zemax 总是使用实际光线追迹来进行分析；Zemax 的公差算法中不存在任何一阶近似或插值。

公差使用操作数进行定义，如操作数 TRAD 用于定义曲率半径的公差。公差操作数会自动保存在镜头文件中。公差操作数在公差数据编辑器中进行编辑，在设置选项卡中的编辑器组或公差选项卡的公差分析组中可以打开该编辑器。

有多种不同的评价标准可以对公差进行评估，其中包括 RMS 点列图半径、RMS 波前差、MTF 响应、瞄准误差、用户自定义评价函数，或定义了复杂校准和评估过程的公差脚本，也可以定义补偿器来模拟镜头加工后可以做出的调整。Zemax 可以对补偿器的补偿值加以限制。

5.1.2 公差分析向导

用户可以在“公差数据编辑器”（TDE）中设置公差操作数，并对操作数参数进行设置。下面两种方法可以打开“公差数据编辑器”窗口。

（1）执行“公差”选项卡→“公差分析”面板→“公差数据编辑器”命令，直接打开“公差数据编辑器”窗口；

（2）执行“公差”选项卡→“公差分析”面板→“公差分析向导”命令，打开包含“公差分析向导”面板的“公差数据编辑器”窗口。

“公差数据编辑器”窗口集成了“公差分析向导”面板，如图 5-1 所示。在公差分析向导中可以定义默认公差。

图 5-1 公差分析向导

1. *表面公差*

（1）曲率半径：勾选该复选框，表面公差将包括默认的半径公差。默认的公差可以由一个以镜头长度单位表示的固定距离或者由测试波长处的厚度光圈（由操作数 TWAV 定义）来指定。该公差仅仅添加至有光学功能的表面，以排除两侧有相同折射率的虚拟表面。如果表面是一个平面，则默认的公差值被指定作为一个以光圈表示的变量，无论是否选择了其他选项。

（2）厚度：勾选该复选框，将在每个顶点间隔上指定一个厚度公差。Zemax 假设所有的厚度变化只影响当前表面以及与特定元件相接触的其他表面，因此，在这个厚度后面的第一个空气间隔被用作一个补偿。

（3）偏心 X/Y：勾选该复选框，偏心公差将被添加至每个独立的镜头表面中。公差被定义为一个以镜头长度单位表示的固定偏心数量。Zemax 使用 TSDX 和 TSDY 来表示标准表面的偏心，使用 TEDX 和 TEDY 来表示非标准表面的偏心。

（4）倾斜 X/Y：勾选该复选框，则一个以镜头长度单位或者度表示的倾斜或者“全反射”公差将被应用于每个镜头表面。Zemax 使用 TSTX 和 TSTY 来表示以度为单位的标准表面倾斜，使用 TETX 和 TETY 来表示以度为单位的非标准表面倾斜。如果选择使用镜头单位且需要使用操作数 TSTX/TSTY 或 TETX/TETY，Zemax 会自动将定义的尺寸转换为倾斜角度。

以镜头单位表示的总偏转距离使用以下公式转换为倾斜角度：

$$\theta_x = \arctan\left(\frac{\Delta y}{2S}\right)$$

其中，S 是表面的通光半口径或半直径，Δy 为总偏转，θ_y 表达式与之类似。

（5）S+A 不规则度：勾选该复选框，将在每个标准表面上添加球差和像散叠加的不规则度公差。可参考 TIRR 描述。

（6）Zenicke 不规则度：勾选该复选框，将在每个标准表面上指定一个泽尼克多项式表示的不规则度公差。可参考 TEZI 描述。

2. 元件公差

（1）偏心 X/Y：勾选该复选框，则偏心公差将被添加到在每个镜头组。公差可以被定义为一个以镜头长度单位表示的固定偏心数量。

（2）倾斜 X/Y：勾选该复选框，则一个以度表示的倾斜公差将被添加到每个镜头组和表面。注意，系统默认镜头组以这个镜头组的第一个表面为顶点发生倾斜。

3. 折射率公差

（1）折射率：操作数 TIND 用于模拟折射率的改变量，单位为相对折射率的改变量。

（2）Abbe%：操作数 TABB 用于模拟阿贝数的改变量，单位为阿贝数数值的百分比。

4. 选项

（1）起始行：用于控制默认公差在公差数据编辑器中的位置。如果行号大于 1，那么从指定的行号开始添加新的默认公差；如果行号为−1，则默认公差将添加到当前列表的末尾。

（2）测试波长：用于定义光焦度或不规则度中光圈的测试波长（以微米为单位）。

（3）起始面/终止面：该选项用来定义默认公差分析的表面范围。

（4）使用后焦补偿：勾选该选项，则会定义后焦距系统中最后一个面与像面之间的厚度作为默认补偿器。使用补偿器可以在很大程度上放宽对特定公差的要求，但是补偿器的设置需要考虑具体的设计要求。系统中也可以定义其他类型的补偿器。

说明：默认情况下，Zemax 执行的蒙特卡罗分析会根据高斯“正态”分布产生随机值。当默认公差定义完成后，它们会自动保存在镜头文件中。如果在镜头数据编辑器中插入了新的表面，则默认公差会自动进行重新编号。

5.1.3 公差操作数

公差也可以使用简单的操作数来定义，每个公差操作数都有一个 4 个字母的记忆码，如 TRAD 代表半径公差。3 个整数值，简称为 Int1、Int2 和 Int3，是联合记忆码来识别公差适用的表面或透镜的表面。有些公差操作数使用这些整数值，其目的不仅仅是定义表面编号。

每个公差操作数都有一个最小值和最大值，这两个值指定了名义值的最大可接受变化值。每个操作数都有一个空白栏作为用户可以任意填写的注释栏，使公差设置更容易阅读。

表 5-1 列出了分析用到的公差操作数：

表 5-1 公差操作数

名称	Int1	Int2	Int2	说明
				表面公差
TRAD	表面编号	—		曲率半径的公差，以镜头长度单位表示
TCUR	表面编号	—		曲率的公差，以镜头长度单位的倒数表示
TFRN	表面编号	—		曲率半径的公差，以光圈表示
TTHI	表面编号	补偿表面编号		厚度或位置的公差，以镜头长度单位表示
TCON	表面编号	—		圆锥常数的公差（无单位量）
TSDI	表面编号	—		通光半直径或半直径公差，以镜头单位表示
TSDX	表面编号	—		标准表面的 *X* 偏心的公差，以镜头长度单位表示
TSDY	表面编号	—		标准表面的 *Y* 偏心的公差，以镜头长度单位表示
TSTX	表面编号	—		标准表面的 *X* 倾斜的公差，以度表示
TSTY	表面编号	—		标准表面的 *Y* 倾斜的公差，以度表示
TIRX	表面编号	—		标准表面的 *X* 倾斜的公差，以镜头长度单位表示
TIRY	表面编号	—		标准表面的 *Y* 倾斜的公差，以镜头长度单位表示
TIRR	表面编号	—		标准表面不规则性的公差
TEXI	表面编号	最大数	最小数	使用泽尼克 Fringe 多项式的表面不规则度公差
TEZI	表面编号	最大数	最小数	使用泽尼克 Standard 多项式的表面不规则度公差
TPAI	表面编号	参数数目		表面参数数值的倒数公差
TPAR	表面编号	参数数目		表面参数数值的公差
TEDV	表面编号	特殊数据编号		表面特殊数据值（附件数据值）的公差
TIND	表面编号	—		在 *d* 光处的折射率的公差
TABB	表面编号	—		阿贝常数值的公差
TCMU	表面编号	图层		膜层缩放公差
TCIO	表面编号	图层		膜层折射率偏移公差
TCEO	表面编号	图层		膜层消光偏移公差

续表

名称	Int1	Int2	Int2	说明
元件公差				
TEDX	第 1 表面	最后表面		元件的 X 偏心的公差，以镜头长度单位表示
TEDY	第 1 表面	最后表面		元件的 Y 偏心的公差，以镜头长度单位表示
TETX	第 1 表面	最后表面		元件的 X 倾斜的公差，以度表示
TETY	第 1 表面	最后表面		元件的 Y 倾斜的公差，以度表示
TETZ	第 1 表面	最后表面		元件的 Z 倾斜的公差，以度表示
用户自定义的公差				
TUDX	表面编号	—		用户自定义的 X 偏心的公差
TUDY	表面编号	—		用户自定义的 Y 偏心的公差
TUTX	表面编号	—		用户自定义的 X 倾斜的公差
TUTY	表面编号	—		用户自定义的 Y 倾斜的公差
TUTZ	表面编号	—		用户自定义的 Z 倾斜的公差
非序列元件公差				
TNMA	表面编号	物体	数据	NSC 材料 Nd 和 Vd 的公差。Nd 和 Vd 的数据代码分别是 1 和 2
TNPS	表面编号	物体	数据	NSC 物体位置公差。x、y、z、x 方向倾斜、y 方向倾斜、z 方向倾斜的数据代码分别为 1、2、3、4、5 和 6
TNPA	表面编号	物体	参数	NSC 物体参数公差

5.1.4 公差控制操作数

用户还可以在公差数据编辑器中输入一些公差控制操作数。这些操作数不是用来定义数据的公差，而是用于定义补偿器、保存中间结果用于进一步的评估、定义统计概率属性，以及用于定义光圈公差的测试波长。

分析中用到的公差控制操作数如表 5-2 所示。

表 5-2 公差控制操作数

名称	Int1	Int2	说明
CEDV	表面编号	附加数据编号	将附加数据设为补偿器
CMCO	操作数编号	结构编号	将一个多重结构操作数的值设置为补偿器
CNPA	物体编号	参数编号	将一个非序列参数设为补偿器。Int3 为表面编号，非序列模式下为 1
CNPS	物体编号	代码	将非序列物体的位置设定为补偿器。x、y、z 位置和 x、y、z 倾斜的代码分别是 1-6。Int3 为表面编号，非序列模式下为 1
COMM	—	—	该操作数用于在公差分析报告中打印注释，如果未定义任何注释，则打印空白行

续表

名称	Int1	Int2	说明
COMP	表面编号	代码	将表面设置为补偿器。代码 0 表示厚度，代码 1 表示曲率曲率半径的倒数，代码 2 表示圆锥系数
CPAR	表面编号	参数编号	将表面参数设置为补偿器
SAVE	文件编号	—	将当前编辑器中用于评估公差的文件保存
SEED	种子编号	—	设置蒙特卡罗分析中随机数生成器的种子数据。使用值 0 随机选择种子数据
STAT	类型	标准偏差的数量	设置蒙特卡罗参数分析中随机选择的统计分布类型
TWAV	—	—	该操作数用于设置测试波长。“最小值”一列用于编辑和显示测试波长

5.2 公差分析法则

当所有公差操作数和补偿器定义完成之后，即可执行公差分析操作。公差分析包括灵敏度分析、反灵敏度分析及蒙特卡罗分析模拟 3 种分析方法。

（1）灵敏度分析（Sensitivity Analysis）：对于给定的多个公差，计算出各评价标准的变化，也可以单独对各个视场和结构进行计算。

（2）反灵敏度分析（Inverse Sensitivity Analysis）：用于限制公差参数的范围以控制系统性能的最大降幅。

灵敏度分析和反灵敏度分析分别考虑每个公差对系统性能的影响。总体性能可由平方根计算来估计。

（3）蒙特卡罗分析（Monte Carlo Analysis）：是评估公差的总体影响。模拟过程中，它会产生一系列的随机镜头元件，它们满足指定的公差，然后再按标准评估。用户可以用均匀分布、正态分布和抛物线分布的统计方法产生任何数量的设计。

5.2.1 灵敏度分析

对于灵敏度分析，将使用下面的法则对每个公差进行独立求值评估：

（1）恢复临时镜头。

（2）将公差分析评估的参数调整到极小值。例如，如果被评估的公差是 TRAD，其名义值为 100mm，有一个为–0.1 的最小公差值，则这个半径被设置为 99.9。如果是倾斜或者偏心公差，则要按要求插入虚拟坐标间断来模拟这个扰动。

（3）对于表面倾斜和偏心，如 TSDX、TSDY、TSTX、TSTY、TIRX 或者 TIRY，如果表面是标准类型，将使用不规则表面类型调整补偿。使用的方法依赖于快速模式是否被打开。

（4）调整补偿器。

（5）最后的评价函数将以报告形式打印出来。

（6）对于最大公差值重复这个过程。

（7）对于每个公差操作数，重复这一基本算法。

灵敏度分析的评价是在增加评价函数值方面，太宽松的公差通常比其他公差有更大的贡献。这个技巧能够帮助设计者识别对于某些误差，如倾斜或者偏心，有高灵敏度的表面。通常，对于不同的误差，不同的表面将有不同的灵敏度。

灵敏度分析有助于识别需要被加紧或者需要被放松的公差，这对于寻找最佳（和最小）的补偿数量和调整的要求范围也是有利的。实际上，这个特性有更多的应用，如设计装配镜头来优化补偿杠杆。

通常，在所有可能的公差范围内，公差灵敏度的变化是非常大的。“显示最差”控制通常用于总结最差的事故，因为它可以根据对评价函数的贡献将公差分类，并以递减的次序打印出来。如果只关心最差的事故，则“隐藏除最差外的其他所有”可以控制打印内容的范围。

在计算完所有单独的公差以后，Zemax 将计算统计的变化，其中最重要的是在评价函数标准中可估计的变化和相应的可估计的结果。对于结果中可估计的变化的计算，Zemax 采用了一个平方根的和的平方（RSS）的假设。

对于每个公差，结果相对于名义值的变化被平方，然后在最小和最大公差值之间取它们的平均值。然后将所有公差被平均的平方值加起来，再取这个结果的平方根。采用最小和最大公差值的平均值是因为最小和最大公差值不能同时出现，因此平方值的总和将导致一个意外报警。RSS 是结果的可估计变化。

5.2.2　反灵敏度分析

如果进行反灵敏度分析，将以与灵敏度分析所采用的相同的方法来计算公差。然而，对最小和最大公差值的计算会在一个循环中迭代进行，在循环计算中不断调整最小和最大公差值。在反极值模式中，公差项会一直调整，直到最后的评价标准值近似等于最大标准值。在反增量模式中，公差项会一直调整，直到最后的评价标准值的改变量与增量值近似相等。例如：

（1）如果公差分析为反极值模式，评价标准为 RMS 光斑半径，评价标准的值为 0.035，最大标准值为 0.050，则 Zemax 将调整公差，直到评价标准的值达到 0.050。

（2）如果公差分析为反增量模式，评价标准为 RMS 光斑半径，评价标准的值为 0.035，并且增量是 0.010，则 Zemax 将调整公差，直到评价标准的值达到 0.045。

对于反极值模式，除 MTF 评价标准外，最大标准值必须大于评价标准的值；而在 MTF 评价标准中，最大标准值必须小于评价标准的值，否则会产生错误消息并终止公差分析。对于反向增量模式，增量必须为正值。

反灵敏度的迭代算法会使公差向所需的值收敛，评价标准的改变必须平滑且单调，尤其是对于 RMS 光斑半径类型的评价标准。然而对于一些评价标准，当公差值改变时评价标准的值会出现多个峰谷值，其中最显著的是与 MTF 相关的公差标准。这通常是由于起始的公差项过于宽松导致的。如果反灵敏度迭代算法无法获得所需的公差，则需要降低起始公差的公差范围并重新分析。

（1）未勾选“不同的视场/结构”复选框，Zemax 用来执行反灵敏度分析的标准为总体的评价标准，该标准为所有视场和结构的平均结果。使用平均结果的问题在于，有些视场或结构的性能可能由于公差导致明显的降低；而其他视场和结构却不会，即平均结果可能不会表现为个别视场或结构上性能的降低。

（2）勾选“不同的视场/结构”复选框，Zemax 会单独计算每个结构中每个视场的评价标准的值，以确认每个视场和结构的评价标准值都满足最大标准值或增量值。在反向增量模式中，Zemax 将计算每个视场位置性能的名义值，然后降低公差范围直到每个视场上的评价标准值不超过所定义的增量值。

如果起始公差值的评价标准值优于所定义的最大标准值或增量值，则当前的公差项将不再被调整。这意味着在反灵敏度的分析过程中，公差的范围不会被放宽，只可能被限制为收紧。例如，如果评价标准值为 0.035，最大标准值为 0.050 起始的公差项得到的评价标准值为 0.040，即起始公差的范围不会增加。为了准确计算极值，首先必须在公差数据编辑器中放宽公差，然后重复反灵敏度分析目的是防止所需的公差范围比起始的公差范围还要宽松。通常情况下当公差范围宽松到一定程度时，继续增加公差范围不会降低制造成本。

性能改变量的计算方法与灵敏度分析相同，区别在于反灵敏度算法使用新调整的公差范围进行计算。反灵敏度分析为限制个别的公差提供了帮助，因此可以避免其中一个缺陷对整体性能下降造成过大影响。

注意：反灵敏度单独计算每项公差。总体性能下降的评估由所有独立公差的 RSS 给出。个别公差操作数可以勾选“不在反向公差时调整”选项，防止反向公差算法过分限制公差范围，即使评估的性能已经符合指定要求。该选项位于公差数据编辑器的操作数属性对话框中。

5.2.3 蒙特卡罗分析

与灵敏度分析和反灵敏度分析不同，蒙特卡罗分析将同时模拟所有波动的效果。对于每个蒙特卡罗分析循环，所有已指定公差的参数都可以由其定义的参数范围和该参数对于整个指定范围的分布统计模式来随机设定。系统默认假设所有公差都遵循相同的正态分布，最大和最小允许极值之间有一个 4 倍标准偏离大小的总宽度。

例如，公差为+4.0/–0.0mm、值为 100mm 的半径将被赋予一个 100.00mm 与 104.00mm 之间的随机值，一个居中的在 102.00mm 处的名义贡献和一个 1.0mm 的标准偏离。

用户可以使用 STAT 命令来改变这个默认的模式。每个公差操作数对于统计分布可以有一个独立的定义，或者有相同统计分布形式的操作数可以被分成一组。所有包含 STAT 命令的公差操作数将使用由该 STAT 命令定义的统计分布。用户可以在公差数据编辑界面中放置和任意数量的 STAT 命令。

STAT 命令采用两个自变量，Int1 和 Int2。Int1 将被设置为：0 代表正态；1 代表均匀；2 代表抛物线；3 代表用户自定义统计。仅仅对于正态统计，Int2 值将被设置为参数的平均值和极值之间的标准偏离值。

有效的统计分布介绍如下。

（1）正态统计分布。

默认的分布类型是一个可修改的高斯“正态”分布，其形式为：

$$p(x)=\frac{1}{\sqrt{2\pi}\sigma}\exp\left(\frac{-x^2}{2\sigma^2}\right), \quad -n\sigma\leqslant x\leqslant n\sigma$$

这个修正是随机选择的值 x（由到两个极值公差值之间的中点的一个偏移来测定）被限制在“n”个为零标准偏离之内。默认的“n”只为2，然而“n”可以使用前面定义的STAT命令的Int2自变量来改变。

这样做是为了确保选择的值不会超出指定的公差。标准被设置为“n”的倒数乘以公差的最大范围的$\frac{1}{2}$。例如，如果“n”为2，厚度的名义值为100mm，公差为+3和–1mm，则应该从一个平均值为101mm、范围为±2mm，标准偏离为1.0mm的正态分布中选择值。

如果“n”为5，则标准偏离为0.4。“n”越大，选择的值靠近公差极值的平均值的可能性就越大。“n”越小，正态分布看起来越像均匀分布。

（2）均匀统计分布。

均匀分布的形式为：

$$p(x)=\frac{1}{2\Delta}, \quad -\Delta\leqslant x\leqslant\Delta$$

Δ值为最小和最大公差值之间的差值的$\frac{1}{2}$。

注意： 随机选择的值将以相同的概率分布在指定的公差极值之间的任意位置。

（3）抛物线统计分布。

抛物线分布的形式为：

$$p(x)=\left(\frac{3x^2}{2\Delta^3}\right), \quad (-\Delta\leqslant x\leqslant\Delta)$$

Δ的定义与均匀分布完全相同。抛物线分布产生的选择值看起来更像在公差范围的极值处得到的，而不是像正态分布一样在中值附近。

（4）用户自定义统计分布。

用户自定义统计分布是由一个包含分布数据表格的ASCII码文件来定义的。一个普通的概率函数可以被定义为：

$$p(x_i)=T_i, \quad 0.0\leqslant x\leqslant 1.0$$

T 值相对于离散的 x 值被列成表格。这个普通的分布可以在数学上被结合起来，从这些表格值的整体来说，一个可估计的 x 值可以与表格分布相匹配的统计形式随机产生。这个文件的格式是两栏数据，如下：

```
X1 T1
X2 T2
X3 T3
……
```

X 值是 0.0 和 1.0 之间的单调递增的浮点数（包括 0.0 和 1.0），T 值是对应于 X 值得到的概率。

> **注意：**Zemax 使用了一个覆盖从 0.0 到 1.0 范围的一个概率分布，因此第一个定义的 X1 值必须等于 0.0（它可以有任意的概率 T1，包括 0），最后一个定义的值必须是值为 1.0 的 Xn。最多可以使用 200 个点来定义 X=0.0 和 X=1.0 之间的分布。如果列出了太多的点，将出现一个警告。

对于后面定义的每个公差操作数（直到到达另一个 STAT 命令），最小和最大公差值将决定随机变量 X 的实际范围。例如，如果一个为 100.0 的值有一个–0.0 和+2.0 的公差，则这个概率分布将扩展到 100.0 到 102.0 的范围。

一旦在一个文件中定义数据，则这个文件必须被存放在与 Zemax 程序相同的目录中，这个文件名（以及扩展名）必须被存放在公差数据编辑界面中与 STAT 命令同行的注释栏中。这个 STAT 类型必须被设置为“3”。

该文件名（以及扩展名）必须被存放在公差数据编辑器中与 STAT 命令同行的注释栏中。例如一个可能的分布为：

```
0.0  0.0
0.1  0.5
0.2  1.0
0.3  0.5
0.4  0.0
0.5  0.5
0.8  4.0
1.0  5.0
```

> **注意：**X 数据值不需要被均匀分隔开，在概率快速变化的区域内可以使用更精密的间隔。该分布有两个波峰，较高的波峰高度倾斜向分布的最大值一边。

用户自定义统计分布是非常灵活的，可以被用来模拟任意一种概率分布，包括歪斜的、多个波峰、或者被测量的统计概率数据。用户可以在一个相同的公差分析中定义和使用多个分布。

> **注意：**从正态分布到均匀分布再到抛物线分布，将连续产生一个更精细的分析，因此将产生更保守的公差。对于每个循环，将调整补偿，然后将评价函数和补偿的数值打印出来。在完成所有的蒙特卡罗分析（Monte Carlo）试验之后，将提供一个统计概要。

蒙特卡罗分析（Monte Carlo）分析的值将同时考虑所有的公差来估计镜头的性能。与在系统中指定“最差事故”的灵敏度分析不同，蒙特卡罗分析（Monte Carlo）将估计一个系统符合指定公差的真实结果。提供的统计概要将影响大量生产的镜头系统。

对于同样性质的镜头，由于不合理的采样，则不会遵循这些统计。然而，蒙特卡罗分析（Monte Carlo）的作用不可忽视，因为它指出了一个单一镜头符合规格要求的概率。

5.3　公差分析过程

5.3.1　公差分析步骤

对镜头进行公差分析时，需要执行以下几个步骤的操作。

（1）为镜头定义一组适当的公差。通常使用“公差”选项卡→“公差分析”面板→“公差分析向导”中的默认公差生成功能。公差的定义和修正是在“公差”选项卡→“公差分析”面板→“公差数据编辑器”中进行的。

（2）修改默认公差或加入新的公差以满足系统需求。

（3）添加补偿器，并设定允许的补偿范围。默认的补偿器为后焦距，它可以控制像面的位置，也可以定义其他补偿器，例如像面倾斜。定义补偿器的数量不受限制。

（4）选择适当的评价标准，例如RMS光斑半径、波前差、MTF或瞄准误差。更复杂的评价标准可以使用自定义的评价函数，或者更灵活的公差脚本来定义。

（5）选择所需要的分析模式，包括灵敏度分析、反灵敏度分析或蒙特卡罗分析3种。对于反灵敏度分析，选择评价标准的极值或增量，计算所有视场的平均值或单独计算每一个视场。

（6）执行公差分析。

（7）检查公差分析产生的数据，并考虑该公差的加工预算。如有需要可以修改公差并重复分析。

5.3.2　执行公差分析

当所有公差操作数和补偿器定义完成之后，即可执行公差分析，执行“公差”选项卡→“公差分析”面板→“公差分析”命令，打开图5-2所示的“公差”对话框。对话框中各选项的含义说明如下：

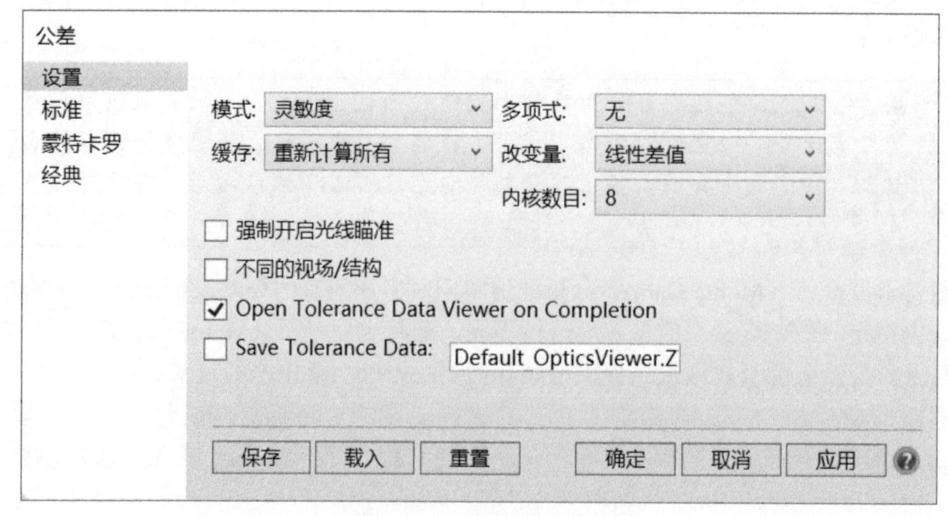

图5-2　“公差”对话框

1. “设置”选项卡

（1）模式：公差计算模式，支持灵敏度、反极值、反增量和跳过灵敏度四种模式。

■ 灵敏度模式：计算每项公差的极值对评价标准的影响。

■ 反极值模式：当评价标准与极值参数给定的值相同时，计算所需要的每项公差的公差限。极值参数仅支持反极值模式。反极值模式将更改公差操作数的最小值和最大值。

■ 反增量模式：当评价标准的改变量与增量参数给定的值相同时，计算所需要的每项公差的公差限。增量参数仅支持反增量模式。反增量模式将更改公差操作数的最小值和最大值。

■ 跳过灵敏度模式将跳过灵敏度分析，直接进行蒙特卡罗分析。

（2）多项式：包含无、3-项和 5-项三个选项，当选择“3-项”或“5-项”时，公差灵敏度会分别通过 4 个或 6 个点确定，并以公差扰动函数的形式计算并显示公差扰动范围和评价标准的多项式拟合过程。其中，5-项的多项式为

$$P = A + B\delta + C\delta^2 + D\delta^3 + E\delta^4$$

其中，δ 是公差扰动值，P 是所得到的评价标准。3-项多项式会忽略 D 项和 E 项。由于多项式拟合需要评估多个点的评估标准和补偿器，因此选择此选项会增加计算时间。但是，系统会将多项式的拟合值存储在缓存中，只要完成多项式拟合值的计算，并对公差参数进行修改后，重新运行公差分析时会极大地加快运行速度。

（3）缓存：可以极大加快灵敏度和反灵敏度公差分析的运行速度，但是要谨慎使用。在第一次运行公差分析时，所有公差、扰动标准和多项式拟合数据（如果存在）都将保存在内存中。该缓存数据可以用来再次快速地生成公差分析。

（4）改变量：改变量用来定义评价标准及预测性能的改变量的计算方式。

■ 设置为“线性差值”则公差引入的改变量的计算方法为

$$\Delta = P - N$$

其中，P 为扰动标准，N 为名义标准。

■ 设置为“RSS 差值”则改变量的计算方法为：

$$\Delta = S(P - N)\sqrt{|P^2 - N^2|}$$

其中，当 $x \geqslant 0$ 或 $\leqslant -1$ 时，函数 $S(x)$ 返回+1。

2. “标准”选项卡（如图 5-3 所示）

（1）标准：用来指定用于公差分析的评价标准，选项如下。

■ RMS 光斑半径（光斑半径、x 向半径或 y 向半径）：对于没有达到衍射极限的系统，例如系统波前差大于一个波长的情况，RMS 半径是最佳选择。该选项的计算速度最快。

■ RMS 波前：对于成像质量贴近衍射极限的系统，例如系统波前差小于一个波长，RMS 波前是最佳选择。该选项的计算速度与 RMS 光斑半径基本相当。

■ 评价函数：使用镜头定义的任意评价函数，适用于自定义的公差分析评价标准。对于包含非对称视场或表面孔径显著遮挡光线的系统，都需要使用用户自定义的评价函数。

■ 几何或衍射 MTF（平均、子午或弧矢）：对于要求 MTF 指标的系统来说，几何或衍射 MTF 是最佳选择。如果选择“平均”，则会使用子午和弧矢响应的平均值。如果公差过于宽松，则基于衍射 MTF 的公差分析会出现问题，因为在光程差过大的情况下，衍射

MTF 可能无法计算或计算结果没有意义。特别是在评价的空间频率较高且系统性能较低时，MTF 会在未达到所要分析的空间频率时变为零。

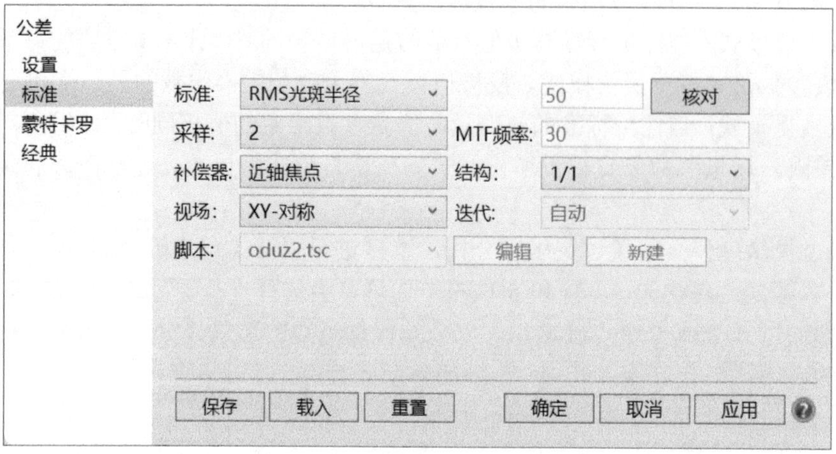

图 5-3　“标准”选项卡

■ 瞄准误差：瞄准误差定义为追迹轴上视场时主光线的径向坐标除以系统的有效焦距，该评价标准描述了像面的角度偏差。OpticStudio 只使用一个操作数 BSER 模拟瞄准误差。任何元件或表面的偏心或倾斜都会使光线产生偏离，并增加操作数 BSER 的返回值。瞄准误差（以弧度为单位）通常是基于主波长计算的，而且仅适用于径向对称系统。

■ RMS 角半径（角半径、x 向角半径或 y 向角半径）：对于无焦系统来说，角半径标准是最佳选择。角像差基于输出光线的方向余弦进行计算。

■ 自定义脚本：自定义脚本是类似于宏的命令文件，它定义了公差分析时用于校准和评估镜头的过程。自定义脚本不支持单独分析一个视场/结构。

（2）MTF 频率：用于定义 MTF 的频率。当使用 MTF 作为评价时，激活选项。MTF 频率以 MTF 的单位进行测量。

（3）补偿器：用于定义如何对补偿器进行评估。选择“全部优化”选项时会使用 Zemax 的优化功能确定所有定义的补偿器的最佳值。虽然优化更加准确，但是其执行时间也更长。

■ 全部优化（DLS）：Zemax 会执行正交下降算法，然后执行阻尼最小二乘算法。

■ 全部优化（OD）：Zemax 只执行正交下降算法。

■ 近轴焦点：只将近轴后焦点误差的变化作为补偿器，并忽略所有其他的补偿器。使用近轴焦点对于粗略的公差分析十分有用，并且其计算速度明显高于“全部优化”。

■ 无：不执行任何补偿，所有定义的补偿器都会被忽略。

3. “蒙特卡罗”选项卡（如图 5-4 所示）

（1）蒙特卡罗运行数：用来指定执行蒙特卡罗模拟的数量。默认为 20，即生成 20 个满足指定公差范围的随机镜头。设置为 0 表示总结报告忽略蒙特卡罗分析。

（2）蒙特卡罗保存数：用于指定蒙特卡罗分析生成的镜头文件的保存数量。如选择 20，则生成第一个蒙特卡罗镜头文件会保存在 MC_T0001.ZMX 文件中。随后生成第二个蒙特卡罗镜头文件并保存为 MC_T0002.ZMX，以此类推。

（3）统计分布：仅用于蒙特卡罗分析，包括正态分布、均匀或抛物线三个选项。

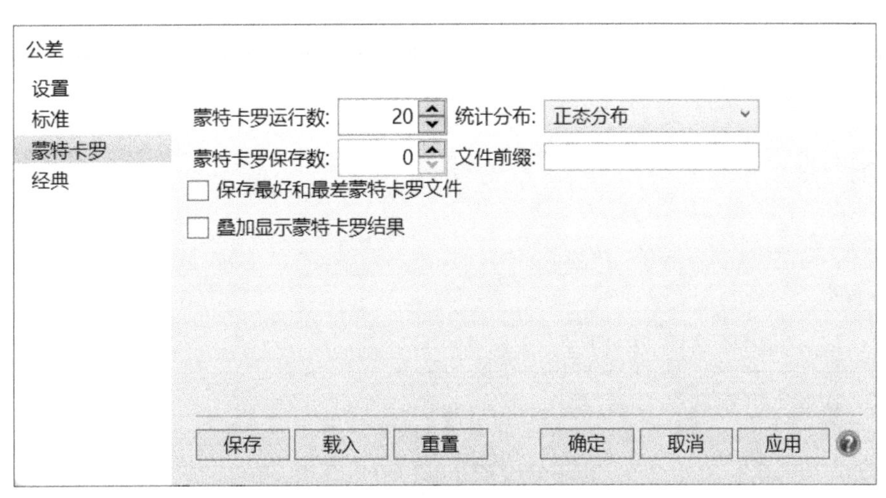

图 5-4 “蒙特卡罗”选项卡

（4）叠加显示蒙特卡罗结果：勾选该选项，则每生成一个蒙特卡罗镜头文件时，每个分析图表窗口（如光扇图或 MTF 分析图）都会更新并将新生成的蒙特卡罗镜头文件的分析结果与之前的结果叠加。所得图表适用于显示模拟镜头的总性能范围。

4. “经典”选项卡（如图 5-5 所示）

（1）显示处理数据：勾选该选项，则分析报告中会详细说明每个公差运算符的意义，否则分析报告只会列出公差运算符的缩写。

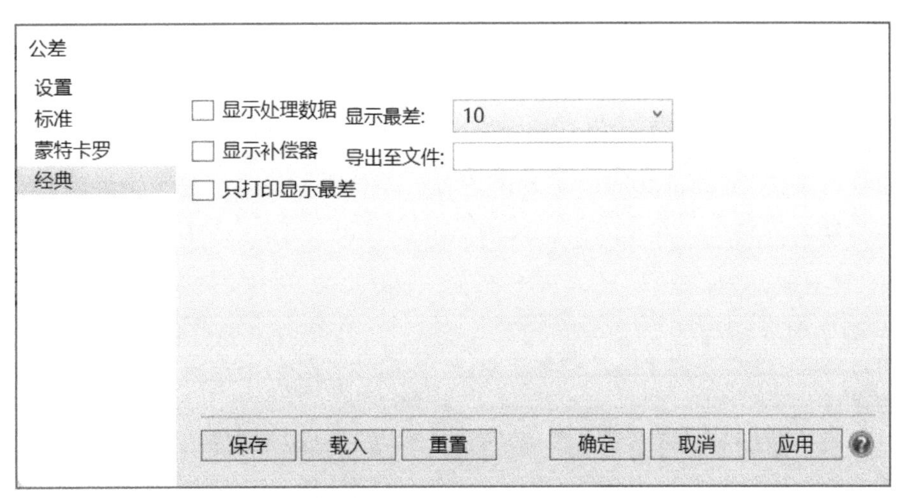

图 5-5 “经典”选项卡

（2）显示补偿器：默认情况下，在进行灵敏度分析时，补偿器的值不会打印在分析报告中。如果勾选该选项，则每项公差对评价的改变量和对应的每个补偿器的值会一起打印在分析报告中。

（3）只打印显示最差：勾选该选项，所有灵敏度数据将不会打印。该选项适用于缩短分析报告的长度。

（4）显示最差：该选项可以用来设置只保存并显示特定数量的公差操作数；使分析报告只打印影响最严重的公差项，公差分析结果的最坏偏离描述如图 5-6 所示。

如果“改变”值为 0 表示此公差对整体的像质没有影响，相应数字表示其对整体像质的影响状况。“最坏偏离”以“改变”值的递减顺序排列。

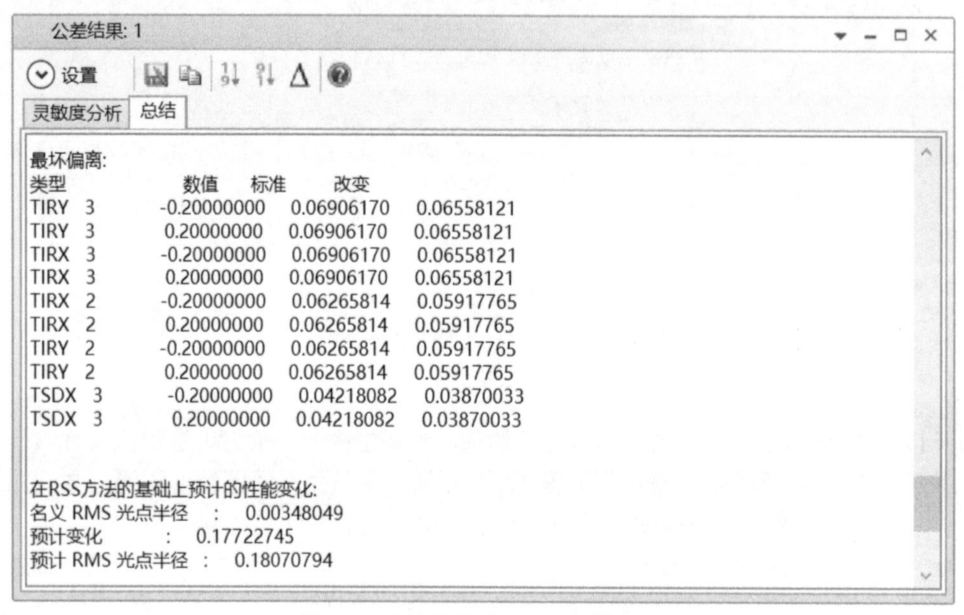

图 5-6　公差报告显示“最坏偏离”

公差过程是一个简单的宏，可以理解为一个命令文件，它定义了一个过程，在公差规定过程中来评估一个镜头的性能。过程允许模拟一个镜头的复杂校准和评估过程。

5.3.3　双透镜的公差分析

使用素材文件 Tutorial tolerance.zmx 进行公差分析，该系统是一个近轴的双透镜设计。下面将建立该系统的公差分析。镜头数据如图 5-7 所示，透镜性能组合图如图 5-8 所示。

镜头数据

更新: 所有窗口 · 表面 5 属性 · 结构 1/1

	表面类型	标注	曲率半径	厚度	材料	膜层	净口径	延伸区	机械半直径	圆锥系数	TCE x 1E-6
0	物面 标准面 ▾		无限	无限			0.000	0.000	0.000	0.000	0.000
1	光阑 标准面 ▾		58.750	8.000	BAK1		14.300	0.000	14.300	0.000	-
2	标准面 ▾		-45.700	0.000			13.933	0.000	14.300	0.000	0.000
3	标准面 ▾		-45.720	3.500	SF5		13.933	0.000	13.933	0.000	-
4	标准面 ▾		-270.578	93.453			13.586	0.000	13.933	0.000	0.000
5	像面 标准面 ▾		无限	-			0.012	0.000	0.012	0.000	0.000

图 5-7　双透镜参数

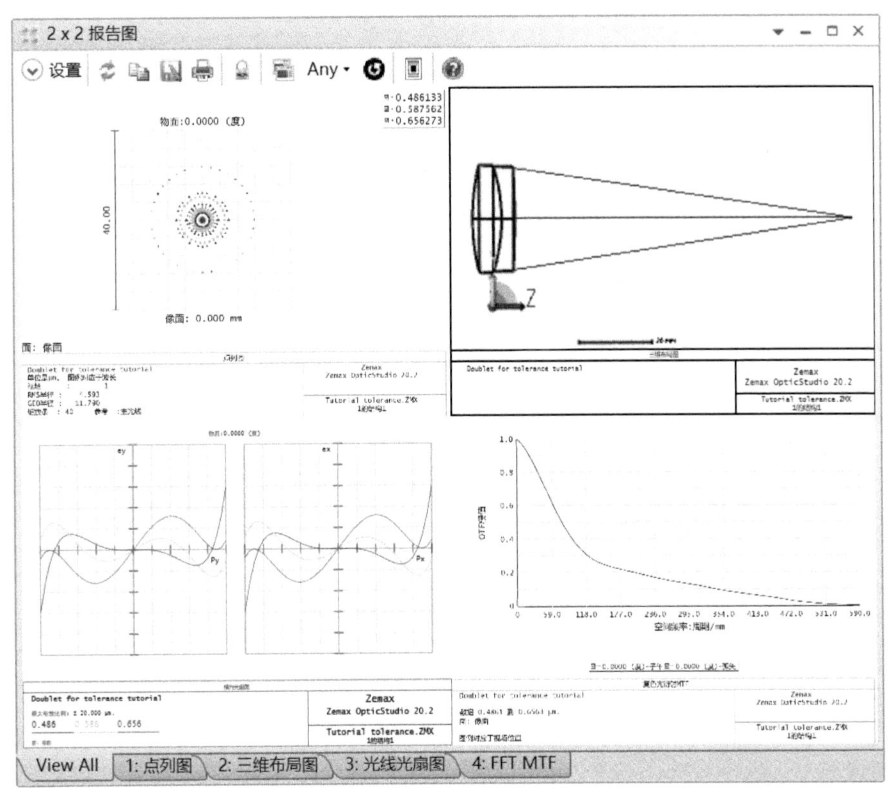

图 5-8　透镜性能组合图

1．制造与组装公差

在开始本设计的公差分析之前，首先需要定义所有可能的误差来源。

（1）单击“公差”选项卡→“公差分析”面板→“公差数据编辑器”按钮，打开“公差数据编辑器”窗口。

（2）在“公差数据编辑器”窗口中的工具栏中，单击 （公差分析向导）按钮，如图 5-9 所示，打开“公差分析向导”面板，如图 5-10 所示。

说明：单击“公差”选项卡→“公差分析”面板→“公差分析向导”按钮也直接打开“公差分析向导”面板。

图 5-9　执行公差分析操作

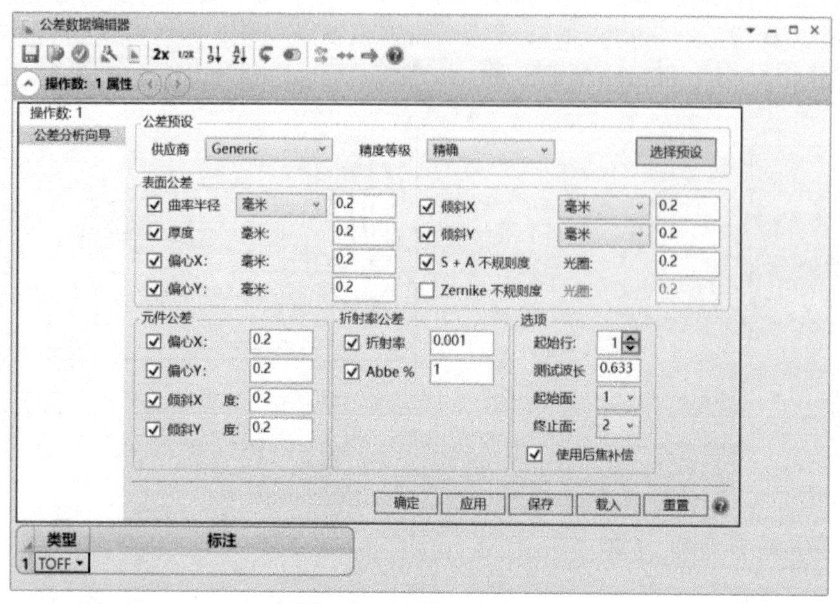

图 5-10 公差分析向导

（3）保持默认设置，单击“确定”按钮生成默认的公差操作数，接受默认的公差容忍度。后焦距离是默认的补偿部分。生成的公差操作数如图 5-11 所示。

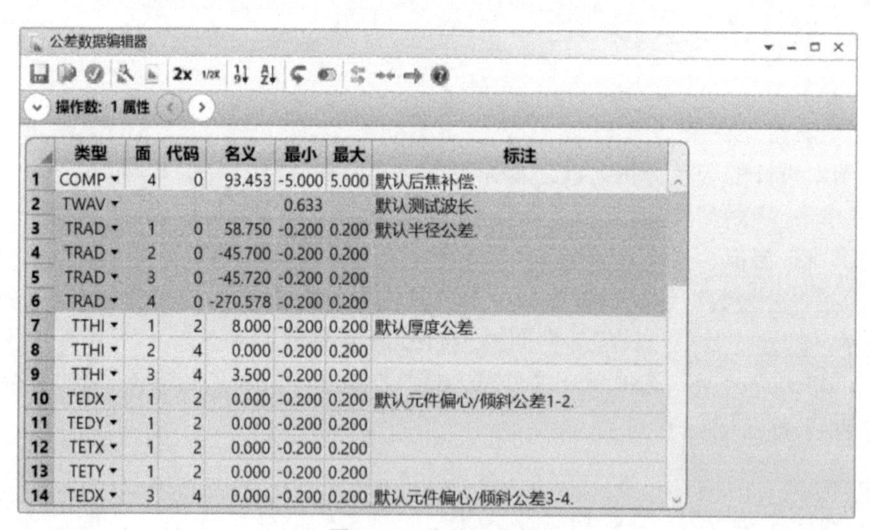

	类型	面	代码	名义	最小	最大	标注
1	COMP	4	0	93.453	-5.000	5.000	默认后焦补偿.
2	TWAV				0.633		默认测试波长.
3	TRAD	1	0	58.750	-0.200	0.200	默认半径公差.
4	TRAD	2	0	-45.700	-0.200	0.200	
5	TRAD	3	0	-45.720	-0.200	0.200	
6	TRAD	4	0	-270.578	-0.200	0.200	
7	TTHI	1	2	8.000	-0.200	0.200	默认厚度公差.
8	TTHI	2	4	0.000	-0.200	0.200	
9	TTHI	3	4	3.500	-0.200	0.200	
10	TEDX	1	2	0.000	-0.200	0.200	默认元件偏心/倾斜公差1-2.
11	TEDY	1	2	0.000	-0.200	0.200	
12	TETX	1	2	0.000	-0.200	0.200	
13	TETY	1	2	0.000	-0.200	0.200	
14	TEDX	3	4	0.000	-0.200	0.200	默认元件偏心/倾斜公差3-4.

图 5-11 公差操作数

2. 误差描述

“公差数据编辑器”中包括 41 个项目。第 1 个操作数“COMP”定义#面 4 的厚度作为补偿部分。“TWAV”操作数是针对任何条纹误差的测试波长。其他的操作数分别用于定义下列误差：

- 4 个面的曲率半径。
- 4 个面的不平整度。
- 2 个组件和一个间隙的厚度误差。

- 2 个玻璃的折射率或阿贝数的误差。
- 4 个面皆有两个方向的离轴和倾斜。针对球面，公差分析仅有楔形或离轴。
- 2 个组件皆有两个方向的离轴和倾斜。

以上包括所有设计过程中可能涉及的制造和组装的公差。

3. *灵敏度分析*

灵敏度分析定义各个缺陷对系统性能的影响。这些影响根据统计总和以估算出系统性能。根据给定公差的范围，可以了解哪些参数会造成系统性能的改变。

一系列独立的公差估计包括：

- 半径的改变。
- 厚度的改变。
- 倾斜或离轴的改变。

对于每一个操作数，补偿部分会修正标准值至最小。默认操作数除了一个参数，还暗含两个组件间的距离。

虽然设置两者的间距为“0”，是以顶点为测量的基准，公差的范围最小为“0”，最大为“0.2”，以确保第 2 面不会进入第 1 面。

4. *初步公差分析*

在默认公差范围内完成灵敏度分析后，开始公差分析。在开启的文件中减小 RMS 光斑的大小将会使缺陷凸显。

单击“公差”选项卡→“公差分析”面板→“公差分析”按钮（或按“Ctrl+T”组合键），弹出“公差”分析对话框，进行如下设置。

（1）在“设置”选项卡中设置“模式”为“灵敏度”，即公差分析的方式采用灵敏度法，此处采用默认设置，如图 5-12 所示。

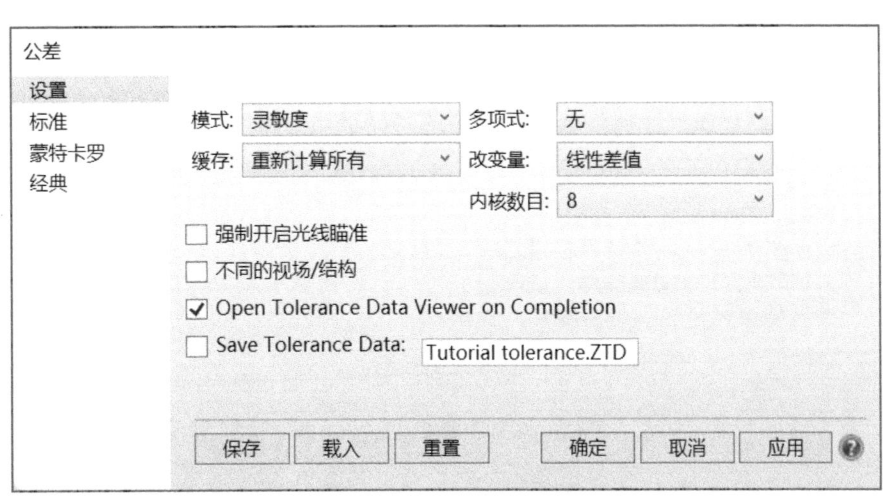

图 5-12 “设置”选项卡

（2）在“标准”选项卡中设置“标准”为“RMS 光斑半径”，即使用 RMS 光斑半径作为公差分析的标准；“补偿器”设置为“近轴焦点”，以实现利用近轴焦点的修正来重新定义成像面的位置，如图 5-13 所示。

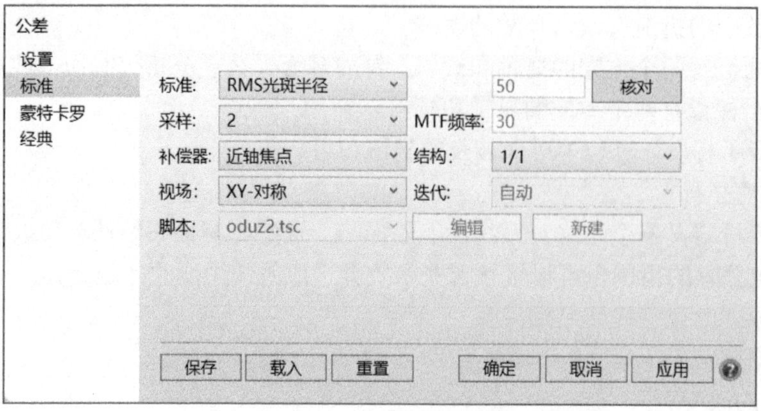

图 5-13 “标准”选项卡

（3）在“蒙特卡罗”选项卡中设置“蒙特卡罗运行数”为 0，如图 5-14 所示。

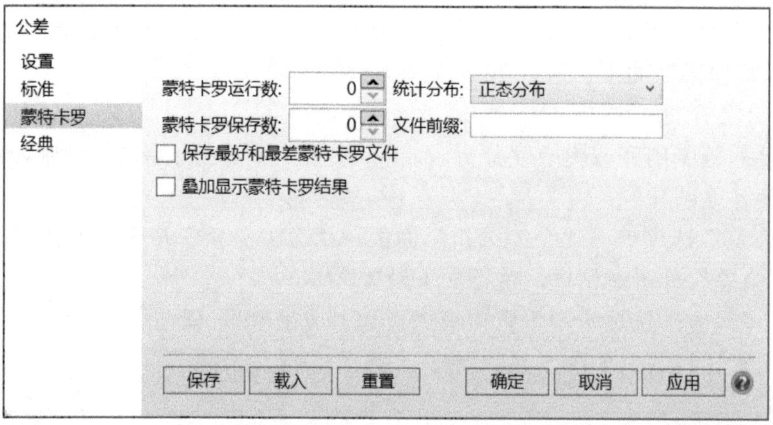

图 5-14 “蒙特卡罗”选项卡

（4）根据需要，在“经典”选项卡中勾选“显示补偿器”复选框，如图 5-15 所示。

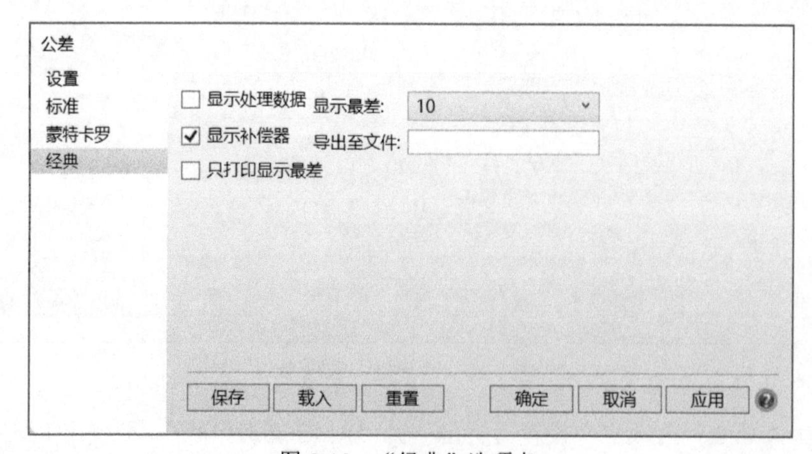

图 5-15 “经典”选项卡

设置完成后，单击“确定”按钮，进行公差分析。

5. 公差分析结果

运算完成后，会弹出图 5-16 所示的“公差结果”文本浏览器，该文本浏览器中列出了公差分析的结果。第一部分描述所有的公差操作数，第二部分为公差分析总结。

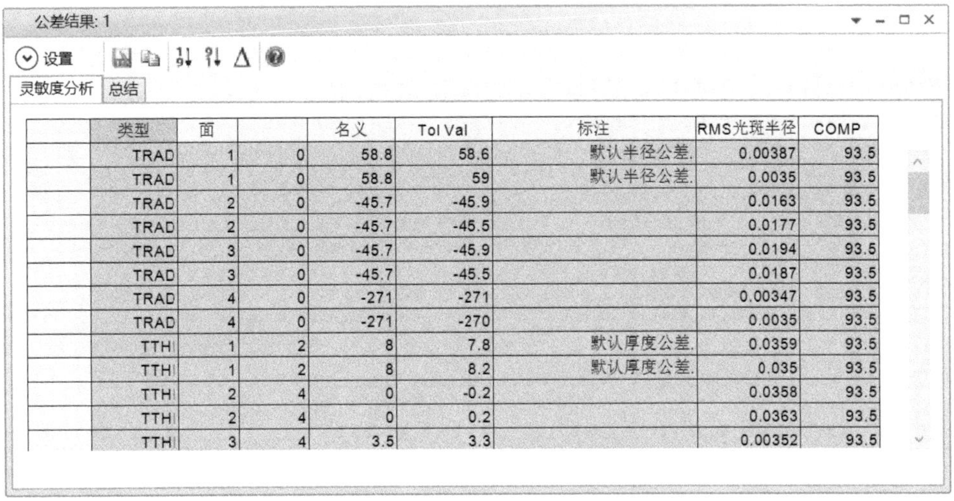

公差结果: 1

设置

灵敏度分析 | 总结

	类型	面		名义	Tol Val	标注	RMS光斑半径	COMP
	TRAD	1	0	58.8	58.6	默认半径公差.	0.00387	93.5
	TRAD	1	0	58.8	59	默认半径公差.	0.0035	93.5
	TRAD	2	0	-45.7	-45.9		0.0163	93.5
	TRAD	2	0	-45.7	-45.5		0.0177	93.5
	TRAD	3	0	-45.7	-45.9		0.0194	93.5
	TRAD	3	0	-45.7	-45.5		0.0187	93.5
	TRAD	4	0	-271	-271		0.00347	93.5
	TRAD	4	0	-271	-270		0.0035	93.5
	TTHI	1	2	8	7.8	默认厚度公差.	0.0359	93.5
	TTHI	1	2	8	8.2	默认厚度公差.	0.035	93.5
	TTHI	2	4	0	-0.2		0.0358	93.5
	TTHI	2	4	0	0.2		0.0363	93.5
	TTHI	3	4	3.5	3.3		0.00352	93.5

图 5-16 公差分析结果

分析总结是依据每个操作数独立进行公差分析的结果，包括参数的改变量、标准值的结果、标准值改变量与微小值的关系、焦点补偿的改变量。公差分析总结如下：

```
公差分析

单位是 毫米.
所有的变化是通过使用线性差分计算而得的.
仅用近轴焦点补偿.
警告：公差分析前应取消求解拾取，并固定半直径.
警告：光线瞄准关闭. 太宽松的公差未必能精确计算.
警告：将会忽略补偿器上的边界约束.

判据          : 毫米中的 RMS 光点半径
模式          : 敏感度
采样          : 2
名义标准      : 0.00348049
测试波长      : 0.6328

视场: XY 对称 角(度)
 #     X-视场       Y-视场       权重     VDX     VDY     VCX     VCY
 1    0.000E+00    0.000E+00    1.000E+00  0.000   0.000   0.000   0.000

灵敏度分析:
              |----------- 最小 ----------| |--------- 最大---------|
类型                    值          标准          改变          值          标准          改变
TRAD   1  0   -0.20000000  0.00386959  0.00038911  0.20000000  0.00349640  1.5908E-05
 焦点变化     :   -0.332433              0.332362
```

```
TRAD  2  0   -0.20000000 0.01634825 0.01286776 0.20000000 0.01772785 0.01424736
 焦点变化       :   0.496626        -0.495820
TRAD  3  0   -0.20000000 0.01943635 0.01595586 0.20000000 0.01868820 0.01520772
 焦点变化   :  -0.576526              0.588722
TRAD  4  0   -0.20000000 0.00346775 -1.2736E-05 0.20000000 0.00349548 1.4991E-05
 焦点变化      :   0.016067           -0.016085
TTHI  1  2   -0.20000000 0.03590412 0.03242364 0.20000000 0.03504778 0.03156729
 焦点变化      :  -0.814739            0.822075
TTHI  2  4   -0.20000000 0.03579825 0.03231776 0.20000000 0.03632409 0.03284360
 焦点变化      :   0.744380           -0.734485
TTHI  3  4   -0.20000000 0.00352450 4.4007E-05 0.20000000 0.00345298 -2.7504E-05
 焦点变化      :  -0.129590            0.129558
TEDX  1  2   -0.20000000 0.04107127 0.03759078 0.20000000 0.04107127 0.03759078
 焦点变化      :  -0.000000           -0.000000
TEDY  1  2   -0.20000000 0.04107127 0.03759078 0.20000000 0.04107127 0.03759078
 焦点变化      :  -0.000000           -0.000000
TETX  1  2   -0.20000000 0.02255432 0.01907383 0.20000000 0.02255432 0.01907383
 焦点变化      :  -0.000000           -0.000000
TETY  1  2   -0.20000000 0.02255432 0.01907383 0.20000000 0.02255432 0.01907383
 焦点变化      :  -0.000000           -0.000000
TEDX  3  4   -0.20000000 0.04114393 0.03766344 0.20000000 0.04114393 0.03766344
 焦点变化      :   0.000000            0.000000
TEDY  3  4   -0.20000000 0.04114393 0.03766344 0.20000000 0.04114393 0.03766344
 焦点变化      :   0.000000            0.000000
TETX  3  4   -0.20000000 0.02898380 0.02550331 0.20000000 0.02898380 0.02550331
 焦点变化      :   0.000000            0.000000
TETY  3  4   -0.20000000 0.02898380 0.02550331 0.20000000 0.02898380 0.02550331
 焦点变化      :   0.000000            0.000000
TSDX  1      -0.20000000 0.00461412 0.00113363 0.20000000 0.00461412 0.00113363
 焦点变化      :   0.000000            0.000000
TSDY  1      -0.20000000 0.00461412 0.00113363 0.20000000 0.00461412 0.00113363
 焦点变化      :   0.000000            0.000000
TIRX  1      -0.20000000 0.00714228 0.00366179 0.20000000 0.00714228 0.00366179
 焦点变化      :   0.000000            0.000000
TIRY  1      -0.20000000 0.00714228 0.00366179 0.20000000 0.00714228 0.00366179
 焦点变化      :   0.000000            0.000000
TSDX  2      -0.20000000 0.03828552 0.03480504 0.20000000 0.03828552 0.03480504
 焦点变化      :   0.000000            0.000000
TSDY  2      -0.20000000 0.03828552 0.03480504 0.20000000 0.03828552 0.03480504
 焦点变化      :   0.000000            0.000000
TIRX  2      -0.20000000 0.06265814 0.05917765 0.20000000 0.06265814 0.05917765
 焦点变化      :   0.000000            0.000000
TIRY  2      -0.20000000 0.06265814 0.05917765 0.20000000 0.06265814 0.05917765
 焦点变化      :   0.000000            0.000000
TSDX  3      -0.20000000 0.04218082 0.03870033 0.20000000 0.04218082 0.03870033
 焦点变化      :   0.000000            0.000000
TSDY  3      -0.20000000 0.04218082 0.03870033 0.20000000 0.04218082 0.03870033
 焦点变化      :   0.000000            0.000000
TIRX  3      -0.20000000 0.06906170 0.06558121 0.20000000 0.06906170 0.06558121
 焦点变化      :   0.000000            0.000000
```

```
TIRY  3      -0.20000000 0.06906170 0.06558121 0.20000000 0.06906170 0.06558121
 焦点变化      :   0.000000             0.000000
TSDX  4      -0.20000000 0.00367056 0.00019007 0.20000000 0.00367056 0.00019007
 焦点变化      :   0.000000             0.000000
TSDY  4      -0.20000000 0.00367056 0.00019007 0.20000000 0.00367056 0.00019007
 焦点变化      :   0.000000             0.000000
TIRX  4      -0.20000000 0.01215536 0.00867487 0.20000000 0.01215536 0.00867487
 焦点变化      :   0.000000             0.000000
TIRY  4      -0.20000000 0.01215536 0.00867487 0.20000000 0.01215536 0.00867487
 焦点变化      :   0.000000             0.000000
TIRR  1      -0.20000000 0.00345475 -2.5742E-05 0.20000000 0.00353981 5.9317E-05
 焦点变化      :   0.000000             0.000000
TIRR  2      -0.20000000 0.00355679 7.6302E-05 0.20000000 0.00344807 -3.2421E-05
 焦点变化      :   0.000000             0.000000
TIRR  3      -0.20000000 0.00344777 -3.2720E-05 0.20000000 0.00357269 9.2205E-05
 焦点变化      :   0.000000             0.000000
TIRR  4      -0.20000000 0.00355921 7.8718E-05 0.20000000 0.00345156 -2.8927E-05
 焦点变化      :   0.000000             0.000000
TIND  1      -0.00100000 0.00382272 0.00034223 0.00100000 0.00445708 0.00097659
 焦点变化      :   0.366928            -0.364146
TIND  3      -0.00100000 0.00422858 0.00074809 0.00100000 0.00367566 0.00019518
 焦点变化      :  -0.166094             0.166658
TABB  1      -0.57549310 0.00391866 0.00043818 0.57549310 0.00387149 0.00039100
 焦点变化      :  -0.000007             0.000007
TABB  3      -0.32209847 0.00389584 0.00041535 0.32209847 0.00388947 0.00040899
 焦点变化      :   0.000007            -0.000006

最坏偏离:
类型               数值          标准          改变
TIRY   3        -0.20000000    0.06906170    0.06558121
TIRY   3         0.20000000    0.06906170    0.06558121
TIRX   3        -0.20000000    0.06906170    0.06558121
TIRX   3         0.20000000    0.06906170    0.06558121
TIRX   2        -0.20000000    0.06265814    0.05917765
TIRX   2         0.20000000    0.06265814    0.05917765
TIRY   2        -0.20000000    0.06265814    0.05917765
TIRY   2         0.20000000    0.06265814    0.05917765
TSDX   3        -0.20000000    0.04218082    0.03870033
TSDX   3         0.20000000    0.04218082    0.03870033

在 RSS 方法的基础上预计的性能变化:
名义 RMS 光点半径      :     0.00348049
预计变化              :     0.17722745
预计 RMS 光点半径      :     0.18070794

补偿器统计:
后焦点变化:
最小           :       -0.814739
最大           :        0.822075
平均             :          0.000429
```

```
标准偏差 :          0.231558

运行终止.
```

6. 公差报告

单击“公差”选项卡→“公差分析”面板→“公差报告”按钮，即可打开公差报告窗口，内容如下。

公差数据概要

文件 : C:\Users\RSAOE\Documents\Zemax\Autosave\Recovered\Tutorial tolerance.ZMX

题目: Doublet for tolerance tutorial

半径和厚度数据以毫米为单位.

光焦和不规则度是通过双通干涉测量，测量波长: 0.6328μm

仅球差和象散不规则公差列在表面中心公差中;

Zernike 不规则公差列在其他公差中.

表面全跳动公差（TIR）单位是: 毫米.

折射率和阿贝公差是无量纲的

表面和元件偏心单位: 毫米.

表面和元件倾斜单位: 角度.

表面中心公差:

表面	半径	最小公差	最大公差	光焦度	不规则	厚度	最小公差	最大公差
1	58.75	-0.2	0.2	-	0.2	8	-0.2	0.2
2	-45.7	-0.2	0.2	-	0.2	0	-0.2	0.2
3	-45.72	-0.2	0.2	-	0.2	3.5	-0.2	0.2
4	-270.58	-0.2	0.2	-	0.2	93.453	-	-
5	无限	-	-	-	-	0	-	-

表面偏心/倾斜公差:

表面	偏心 X	偏心 Y	倾斜 X	倾斜 Y	不规则 X	不规则 Y
1	0.2	0.2	-	-	0.2	0.2
2	0.2	0.2	-	-	0.2	0.2
3	0.2	0.2	-	-	0.2	0.2
4	0.2	0.2	-	-	0.2	0.2
5	-	-	-	-	-	-

玻璃公差:

表面	玻璃	折射率公差	阿贝数公差
1	BAK1	0.001	0.57549
3	SF5	0.001	0.3221

元件公差:

元件#	Srf1	Srf2	偏心 X	偏心 Y	倾斜 X	倾斜 Y
1	1	2	0.2	0.2	0.2	0.2
2	3	4	0.2	0.2	0.2	0.2

5.4 本章小结

评价设计的一个标准是能否在现实条件下实现，并尽量满足设计要求。在完成光学系统的设计之后，执行公差分析是非常重要的环节。因为没有光学组件具有绝对光滑的表面，工程师也不能绝对精确地组装系统，因此设计好的光学系统需要进行公差分析才算真正完成。

光学设计时需要在制造误差的范围内满足要求，公差分析是将各种扰动或像差引入光学系统中，观察系统在实际制造各种误差范围内的成像效果。即在满足设计要求的情况下，系统中各个量允许的最大偏差。Zemax 包括一个广泛的、完整的公差分析算法，允许设计者自由尝试任何光学设计的公差。

第 6 章　非序列模式设计

在尝试设计一个非序列光学系统之前，需要清楚地了解序列和非序列模式在 Zemax 中的主要区别。本章将详细叙述如何在 Zemax 中生成并分析一个简单的非序列系统，如何在非序列模式下进行光线追迹并分配结果，如何在非序列模式下建立光学系统等。

学习目标：

（1）了解非序列系统模型；

（2）掌握创建非序列系统模型的方法；

（3）掌握序列面变为非序列物体的方法。

6.1　切换到非序列模式

Zemax 中有两种截然不同的光线追迹模式：序列（SC）和非序列（NSC）。在默认情况下运行 Zemax 软件，Zemax 启动的是序列模式。用户可以采用下面的方式切换成非序列模式。

6.1.1　启动非序列模式

执行“设置”选项卡→“模式”面板→“非序列”命令，打开图 6-1 所示的“替换程序模式？”提示框，单击“是”按钮，打开图 6-2 所示的“保存文件？”提示框，提示是否保存当前文件，单击“否”按钮，即可切换到非序列模式。

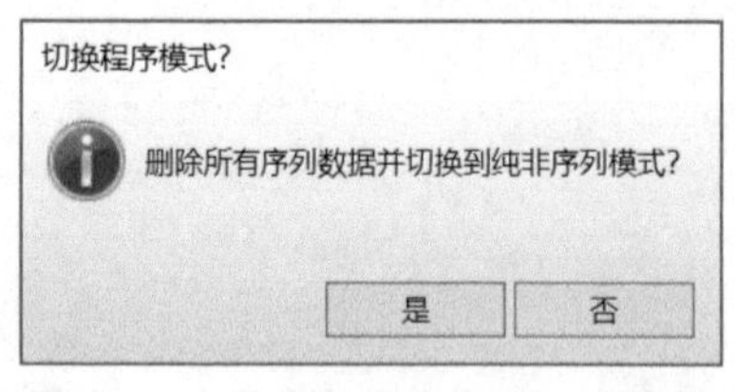

图 6-1　“替换程序模式？”提示框

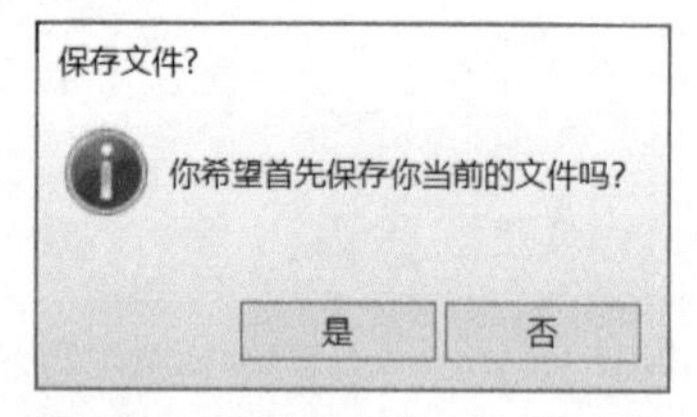

图 6-2　“保存文件？”提示框

进入非序列模式后，打开图 6-3 所示的“非序列元件编辑器”窗口，利用该窗口进行非序列元件设计，同时 Zemax 主界面的选项卡进入非序列模式。

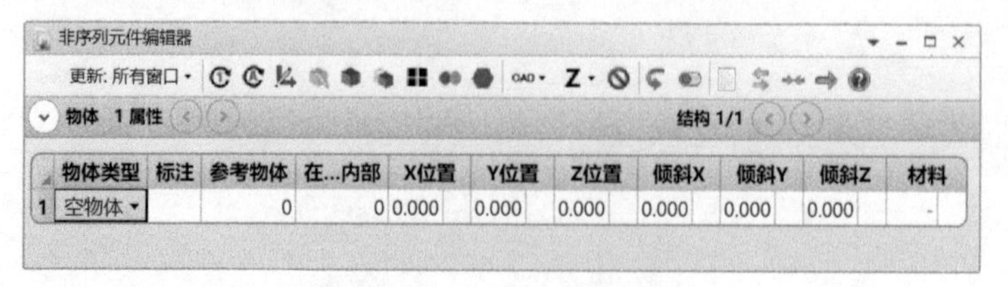

图 6-3　非序列元件编辑器

在非序列模式下，Zemax 主界面中的每个选项卡的面板选项都有所不同，例如非序列模式下的“分析”选项卡如图 6-4 所示。

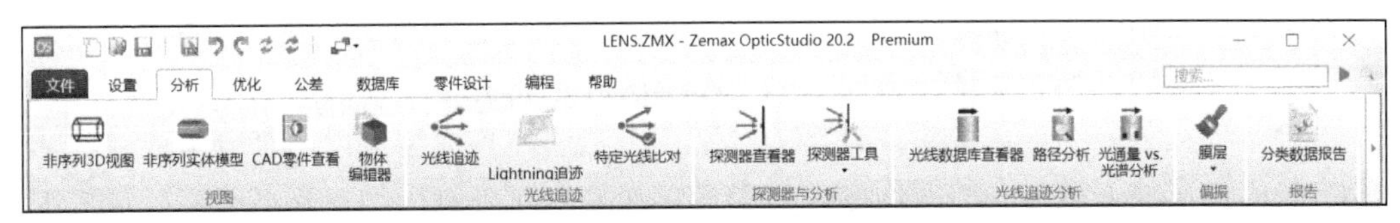

图 6-4　非序列模式下的“分析”选项卡

6.1.2　序列和非序列模式的区别

序列和非序列模式的主要区别如下。

1．序列模式

（1）主要用来设计成像和离焦系统。

（2）面型在“镜头数据编辑器”中定义。

（3）光线只能与每个面相交一次，而且要遵循一定的序列次序（即顺序的#面 0，然后#1，#2…），这也是名字序列光线追迹的由来。

（4）光线只在材料是反射镜的表面上发生反射。在折射表面发生部分反射（菲涅耳反射），这部分只会在计算折射能量（考虑介质和金属镜面效应）时涉及。

（5）每个面有自身的局部坐标系。沿着光轴的每个面的位置参考前一个面的位置。换句话说，在“镜头数据编辑器”中的“厚度”栏指的是从当前面出发的距离，而不是从一个全局参考点出发的距离。

2．非序列模式

（1）主要作为非成像应用，如照明系统、杂散光分析。

（2）面物体或体物体在“非序列元件编辑器”（NSCE）中定义。

（3）结构元件可以从 CAD 程序中轻松导入，因此可以进行完全的光结构分析。

（4）一条光线可以与同一物体相交不止一次，也可以任意顺序与多个物体相交，因此得名非序列模式。

（5）每个物体都是以全局坐标系作为参考，除非特殊说明。

（6）除追迹折射光线外，一个折射面可以产生并追迹部分反射光线，又被称作光线分束，则反射与折射光线都能被追迹。

（7）成像系统的光学特性参数，如孔径光阑的位置、入瞳和出瞳、视场、系统光阑等在序列系统中存在的参数，在非序列系统中是无意义的。

（8）非序列系统模型的主要分析手段是探测器光线追迹，它给出了相干或非相干光线的位置空间数据和角空间数据。

另外，杂交模型（“带端口的非序列模型”或是“混合模型”）存在于同一个系统中，既使用了序列光线追迹也使用了非序列光线追迹。

6.2　非序列模型介绍

在 Zemax 的序列模型中，所有光线传播发生在特定局部坐标系中的光学面。在非序列模型中，光学元件全部使用三维物体来模拟，要么是光学表面，要么是固体物体。所有物体放置在一个全局的坐标系中，x、y、z 三个独立的坐标轴方向也是独立定义。

在 Zemax 中，非序列光线追迹的能力不受序列光线追迹时所受的限制。由于光线可以以任意顺序传播通过光学元件，因此可以考虑全反射光线轨迹。

与序列模型只能用于成像系统分析的区别在于，非序列模型可以用来分析成像和非成像系统的杂散光线、散射和照明问题。只要一个光学系统可以用光线来追迹，它就可以在 Zemax 中用非序列分析来追迹。

6.2.1 模型类别

有许多光学元件并不能在简单的序列表面中被模拟出来，而需要用真实的 3D 物体来模拟。需要非序列光线追迹的物体包括：复杂的棱镜、角锥棱镜、光管、面元物体以及在 CAD 中制作的物体和嵌入式物体（嵌装在其他物体内部的物体）等。

在 Zemax 中，非序列光线追迹可以使用以下两种模型之一来进行：

（1）纯非序列光线追迹。

（2）混合序列/非序列光线追迹。

当使用纯非序列光线追迹时，所有被追迹的光学元件被设置在单一的非序列组中，并且光源和探测器也设置在组内分别用来发出光线和接收光线。在 Zemax 中，完全非序列模型中的光源模型的功能要比序列模型强大得多。

在序列模型中，只能模拟物面的点光源。使用序列模型的图像分析能力，可以模拟处于物面上的扩展平面光源。

使用完全非序列光线追迹，光源可以被放置在非序列组的任何位置，朝向任何方向。甚至可以嵌装在其他物体内部。

光源可以是从简单的点光源（例如在序列模型中用到的）到复杂的三维光分布。Zemax 甚至可以导入 ProSource 和 Luca Raymaker（Opsira）程序中的实光源引进经过测量的光源数据。

当非序列光线探测器上的辐射度数据和光线数据文件储存完成后，分析功能的选项才可用。探测器可以模拟为平面表面、曲面甚至是三维物体。非序列探测器支持一系列类型数据的显示，包括：非相干辐射、相干辐射、相干相位、辐射强度和辐射角度。

光线数据库文件存储每条光线的追迹历史。光线轨迹可以经过过滤后保留入射到特定光学元件上的光线。经过过滤的光线数据将显示在 Layout 图和探测器上。以上特性使完全非序列光线追迹对一系列照明应用以及微量分析、偏离光线分析非常有用。

当使用混合序列 / 非序列光线追迹（也称为合并或混合模型光线追迹）时，所有非序列光学物体被放置于一个非序列组中。这个非序列组是一个更大的序列系统的一部分。序列光线追迹通过一个入口进入非序列组，并且通过一个出口离开非序列组继续在序列系统中传播。

在序列系统中可以定义多个序列组，并且每个非序列组中可以放置任意数目的物体。这使得非序列光学元件，如多面镜、屋脊棱镜、CAD 物体可以出现在序列设计中。

6.2.2 面元反射镜

下面通过示例详细说明用序列 / 非序列混合光线追迹的方法，在该方法中非序列元件和序列元件将混合使用。

（1）打开素材文件 Toroidal faceted reflector.zmx（Samples\Non-sequential\Reflectors\），透镜数据编辑、非序列元件编辑器以及部分分析窗口将一起出现在屏幕上。

（2）执行“设置”\“分析”选项卡→“视图”面板→“3D 视图”命令，打开“三维布局图”窗口，该布局图显示在整张图中部偏右的位置物表面的点光源发出光线的追迹，如图 6-5 所示。

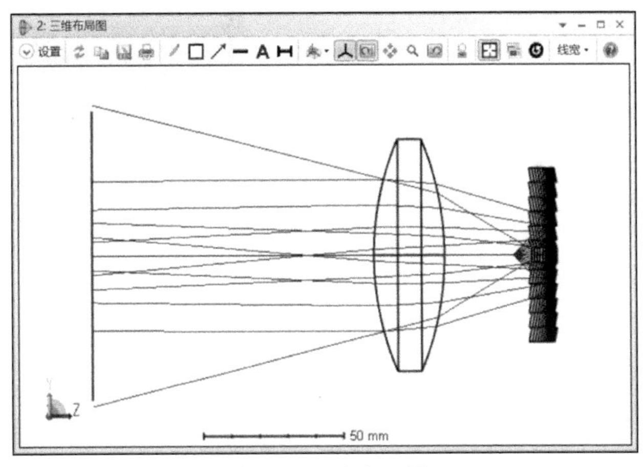

图 6-5 三维布局图

（3）在布局图窗口中，单击左上角的“设置”按钮，在出现的设置面板中勾选“光线箭头”复选框，此时光线上会出现箭头来代表光线的传播方向，如图 6-6 所示。在许多光线路径非常复杂的非序列系统中，这一选项将发挥巨大作用。

光线从左向右传播进入一个非序列元件组并入射到一个多面镜上（物体 1 在非序列元件编辑器中），然后向左反射，再从非序列组出射并入射到在序列组内定义的透镜上（#面 3 和#面 4 在镜头数据编辑器中）。

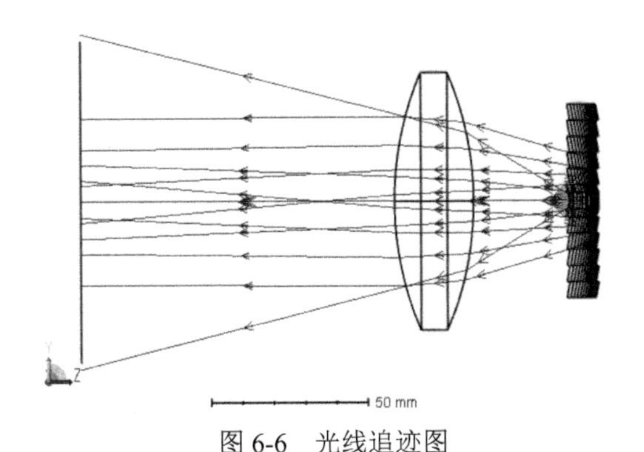

图 6-6 光线追迹图

（4）现在查看反射镜的单独的面元。在 Zemax 非序列模式中可以模拟很多类型的面元物体，包括环形面、径向多项式非球面和菲涅耳透镜等。

执行“分析”选项卡→“成像质量”面板→“几何图像分析”命令，在打开的“几何图像分析”窗口进行参数设置如图 6-7（a）所示，最终显示在透镜左边像面上独特且复杂的光线分布如图 6-7（b）所示。

1: 几何图像分析
设置　3x5　标准

视场尺寸:	0.1	波长:	所有
像面尺寸:	100	视场:	1
文件:	LETTERF.IMA		
旋转:	0	编辑 IMA 文件	
光线 x 1000:	1000	表面:	像面
显示:	伪彩色		
光源:	均匀	像素数:	100
		NA	0
使用偏振	☐	总功率W:	1
除去渐晕因子	☑	图形缩放:	0
散射光线	☐	图像翻转:	正
删除渐晕	☐		
使用像素插值	☐	参考:	主波长主光线
保存为BIM文件:	ImageAnalysis.JPG		

☑ 自动应用　应用　确定　取消　保存　载入　重置

（a）参数设置

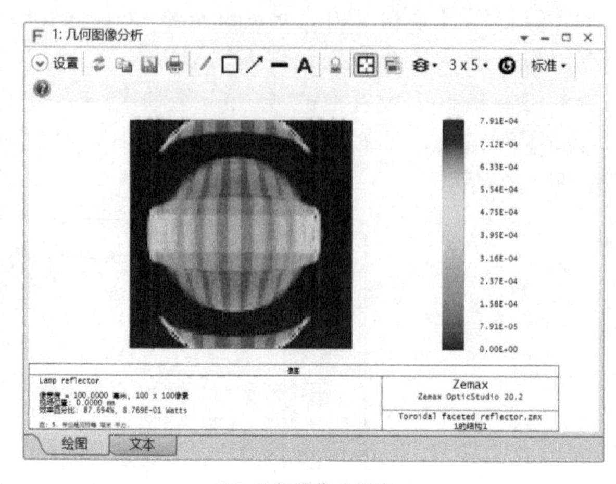

（b）几何图像分析窗口

图 6-7　几何图像分析

6.2.3　光源分布

下面通过示例来演示 Zemax 中的非序列光线追迹。

（1）打开素材文件 3 helical lamps with reflectors.zmx（Samples\Non-sequential\Reflectors\）。

（2）执行“设置”/“分析”选项卡→“视图”面板→“非序列 3D 视图”命令，打开“非序列三维布局图”窗口。文件显示了从 3 个光源发出的光线到达 3 个探测器的光线追迹，如图 6-8 所示（调整显示视角）。

在非序列三维布局图中对焦于其中一个光源发出的光线，将会显示被模拟光源的螺旋结构。在示例中，每一个被仿真的光源都是用“光源灯丝”NSC 的物体类型，这些都是盘旋螺旋体。光线从沿着螺旋线的任一点发出然后经围绕螺旋线的多面反射镜反射，如图 6-9 所示。

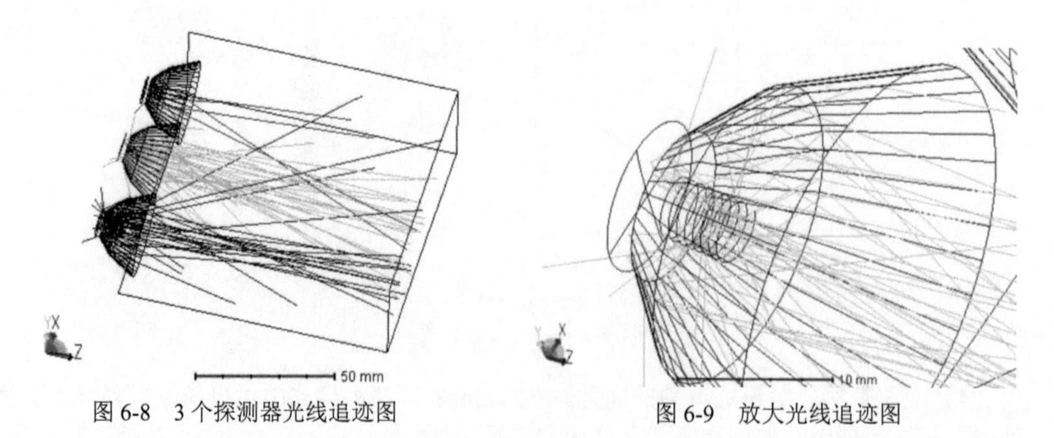

图 6-8　3 个探测器光线追迹图　　图 6-9　放大光线追迹图

（3）执行“分析”选项卡→“光线追迹”选项卡→“光线追迹”命令，弹出图 6-10 所示的“光线追迹控制”对话框，该对话框是用来追迹分析光线的。

（4）单击“清除并追迹”按钮，探测器将被清零。继续单击“追迹”按钮，将追迹一束到达探测器的新的任意分析光线。光线追迹一旦完成，单击“退出”按钮。

（5）查看光线追迹的结果。执行“分析”选项卡→“探测器与分析”选项卡→“探测器查看器”命令，打开图 6-11 所示的“探测器查看器”窗口，“探测器查看器”将默认选择非序列元件编辑器中的第 1 个探测器，即第 10 个物体。

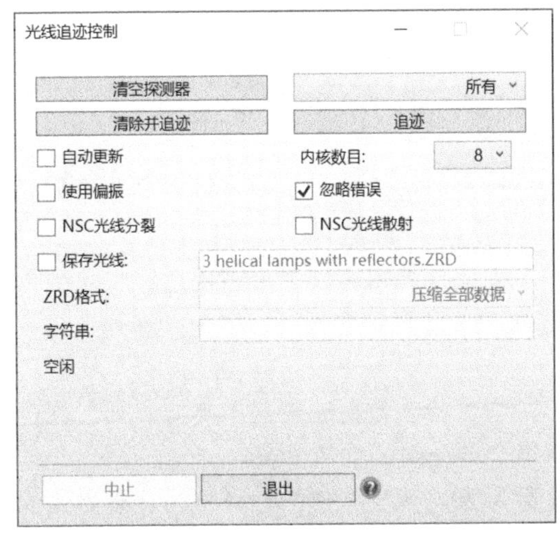

图 6-10 “光线追迹控制”对话框

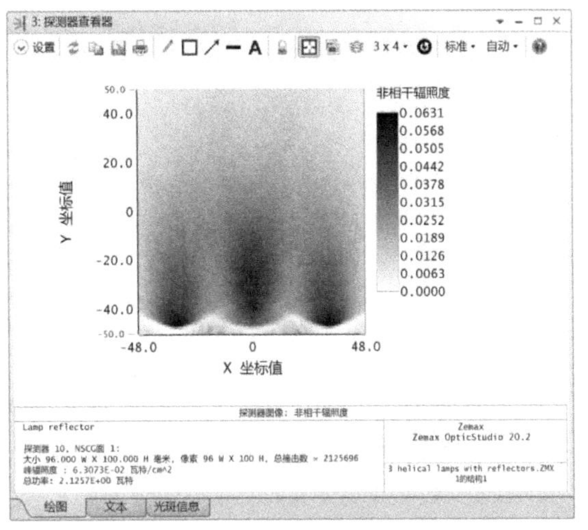

图 6-11 “探测器查看器”窗口

（6）单击“探测器查看器”窗口左上角的“设置”按钮，在出现的参数设置面板中可以更改探测器视图，例如将“探测器”的设置从“10：矩形探测器”更改为另一个探测器物体，如图 6-12 所示，然后单击“确定”按钮。

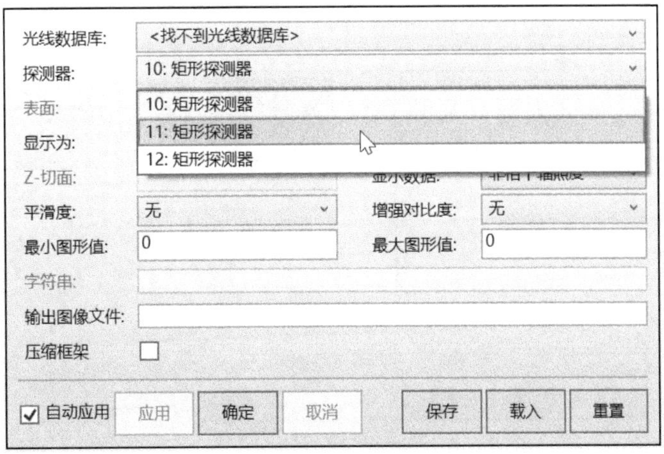

图 6-12 修改探测器物体

提示：单击“非序列元件编辑器”中探测器对应行的任意位置，可以查看探测器的位置和朝向。相应探测器即可在非序列三维布局图窗口中用矩形框标出（如图 6-13 所示）。图 6-14 所示是当选择#物体 11 后，三维布局图窗口的非序列显示界面。

	物体类型	标注	参考物体	在...内部	X位置	Y位置	Z位置
1	鳞甲径向 ▾	ZONE3.TOB	0	0	-32.000	0.000	-15.000
2	标准面 ▾		1	0	0.000	0.000	3.000
3	灯丝光源 ▾		1	0	0.000	0.000	5.000
4	鳞甲径向 ▾	ZONE3.TOB	0	0	0.000	5.000	-15.000
5	标准面 ▾		4	0	0.000	0.000	3.000
6	灯丝光源 ▾		4	0	0.000	0.000	5.000
7	鳞甲径向 ▾	ZONE3.TOB	0	0	32.000	0.000	-15.000
8	标准面 ▾		7	0	0.000	0.000	3.000
9	灯丝光源 ▾		7	0	0.000	0.000	5.000
10	矩形探测器 ▾		0	0	0.000	-16.000	50.000
11	矩形探测器 ▾		0	0	48.000	0.000	50.000
12	矩形探测器 ▾		0	0	0.000	0.000	100.000

图 6-13　选择#物体 11

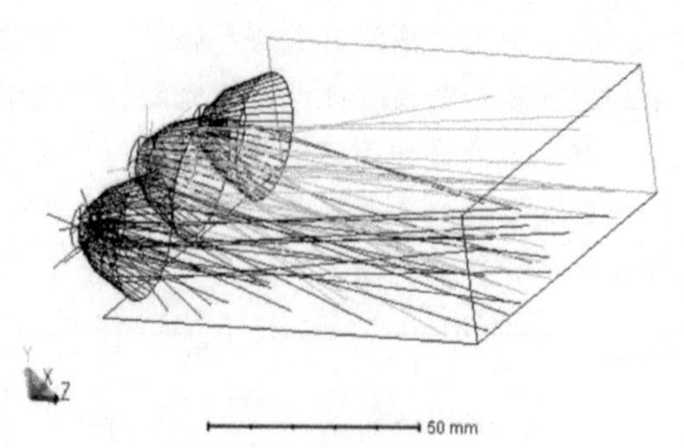

图 6-14　非序列显示图

在该示例中，每次将有从光源发出的一万条分析光线被追迹。用户可以在“非序列元件编辑器”中对每个光源分别设置探测器分析所需的追迹光线数目。

当需要知道光线数目的定义时，只需在“非序列元件编辑器”中单击任意线状光源物体（例如#物体 3、#物体 9）的一行，然后用右方向键移动直到看到列标题为“陈列光线条数#”的一栏。

“非序列元件编辑器”有“动态的”列名称，与“镜头数据编辑器”类似。列名称会根据选择的物体类型发生改变，方便设计者了解每个单元中的数值含义。

（7）将每个光源的“陈列光线条数#”均设置为 20。陈列光线的数目是与分析光线的数目分开设置的，因此当数以千计的光线被追迹时视图窗口中显示的内容不会太杂乱。

“非序列三维布局图”窗口可以显示分析追迹的结果，该选项可以通过“非序列实体模型”窗口的设置“探测器”选项来控制。如果设置为“像素颜色由最后一次追迹结果决定”，则视图窗口中的探测器物体将根据最后一次分析追迹结果来绘制，如图 6-15 所示。

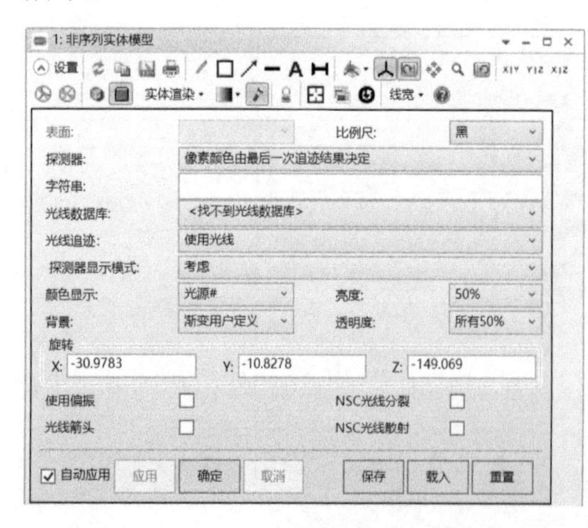

（a）参数设置

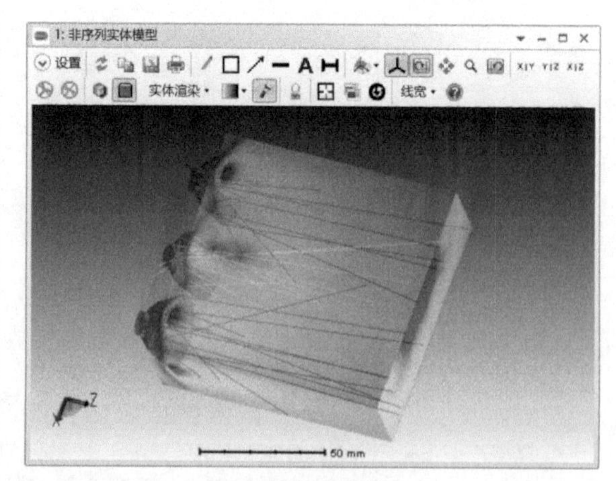

（b）非序列实体模型窗口

图 6-15　非序列实体模型

6.2.4　棱镜

（1）打开素材文件 Half penta prisms and amici roof.zmx（Samples\Non- sequential\Prisms\）。

这也是一个混合序列 / 非序列光线追迹的示例。

（2）执行“设置”/“分析”选项卡→“视图”面板→“3D 视图”命令，打开“三维布局视图”窗口。通过三维布局图可知，光线从无限远序列物体表面经追迹，通过位于第 1 个表面的孔径光阑，然后通过非序列棱镜系统，最后到达序列像面，如图 6-16 所示。

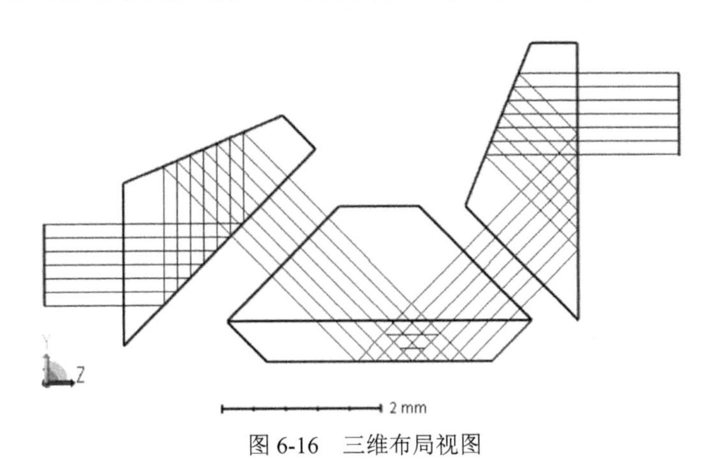

图 6-16 三维布局视图

（3）执行“设置”/“分析”选项卡→“视图”面板→“实体模型”命令，打开“实体模型”窗口。实体模型图显示，在中心棱镜上有一个脊，朝向屏幕的外面。

这个脊是由两个互成 90°角的面组成的，盖在棱镜上面。脊的作用与平面反射镜类似，它能增加光线经过的路径长度，并能将到达其中一个脊面的光线反射到对应另一个面，使像面关于整个脊轴翻转。

对焦于阴影模型图，可以更清楚地看到这 3 个棱镜，单击键盘中的“PgDn”键旋转视图的角度，如图 6-17 所示。

（4）执行“分析”选项卡→“偏振与表面物理”面板→“偏振”组下的“偏振光瞳图”命令，打开“偏振光瞳图”窗口，该窗口显示了屋脊对序列追迹光线偏振态的影响，如图 6-18 所示。

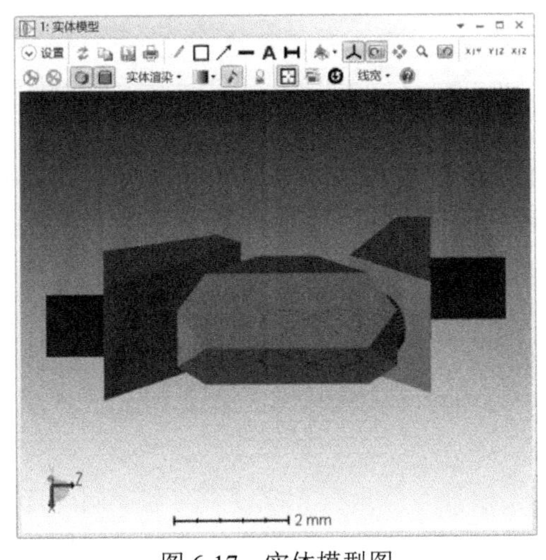

图 6-17 实体模型图

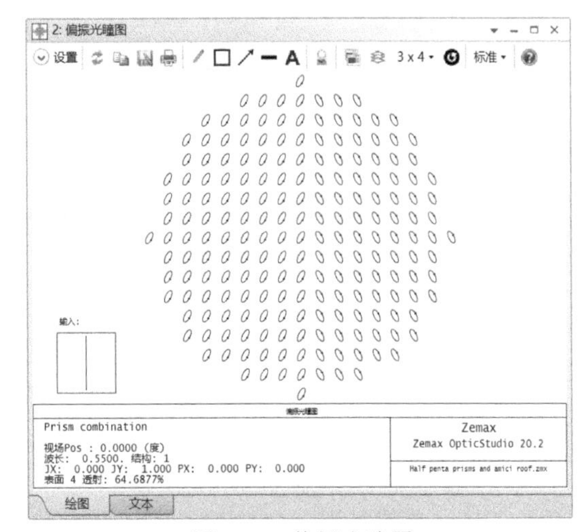

图 6-18 偏振光瞳图

Zemax 中包含许多不同的棱镜，棱镜可以在给出顶点 x、y、z 坐标的文件中定义，这些文件被称为多面体物体。棱镜和面元物体同样可以作为 STL（被很多 CAD 程序支持的文件类型）文件导入。

注意：在 Zemax 中，POB 和 STL 物体是真实的面元物体。

6.2.5　光线分束

下面通过示例来观察 Zemax 中纯非序列模型的光线分束能力。

（1）打开素材文件 Beam splitter.zmx（Samples\Non-sequential\Ray splitting\），实体模型如图 6-19 所示。

该示例演示了使用两个相同直角棱镜（用多面体类型来模拟）来模拟一个立方体光束分束。默认情况下，入射光束会穿透多面体。通过应用一个半透半反膜，即可产生反射和透射光路。

（2）双击“非序列元件编辑器”窗口中#物体 3 的“物体类型”栏，单击窗口左上角的☉（展开）按钮，在左侧单击“膜层/散射”标签，在该标签下为物体设置膜层特性，如图 6-20 所示。

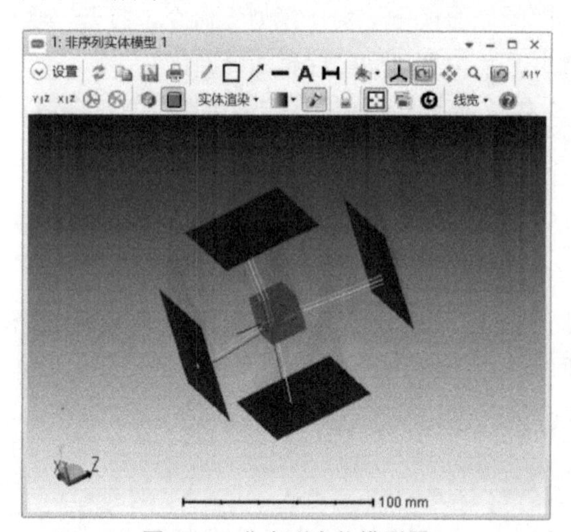

图 6-19　非序列实体模型图

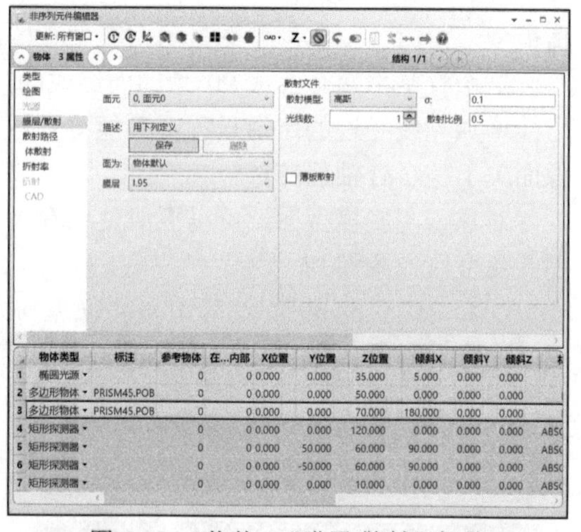

图 6-20　#物体 3“膜层/散射”标签

在该示例中，用于光束分束的立方体的每个面都镀有膜层。每个外表面均镀有增透膜，内部的分束表面则镀有 50/50 的反射 / 透射膜。非序列三维布局图窗口中将显示光线分束。

（3）执行“设置”/“分析”选项卡→“视图”面板→“非序列 3D 视图”命令，打开“非序列三维布局图”窗口，单击窗口左上角的“设置”按钮，展开设置面板，勾选“光线箭头”和“使用偏振”复选框，同时勾选“NSC 光线分裂”复选框，如图 6-21 所示。

在 Zemax 中，偏振计算是光线进行分束的前提条件，要查看光线分束，需要同时选中两个选项。若不是同时选中这两个选项，光线将不会发生分束，单根光线透过立方体的两部分透射出去，如图 6-22 所示。

（4）在分析追迹时光线同样能分束。执行“分析”选项卡→“光线追迹”面板→“光线追迹”命令，在弹出的“光线追迹控制”对话框中同时勾选“使用偏振”和“NSC 光线分裂”复选框，如图 6-23 所示。

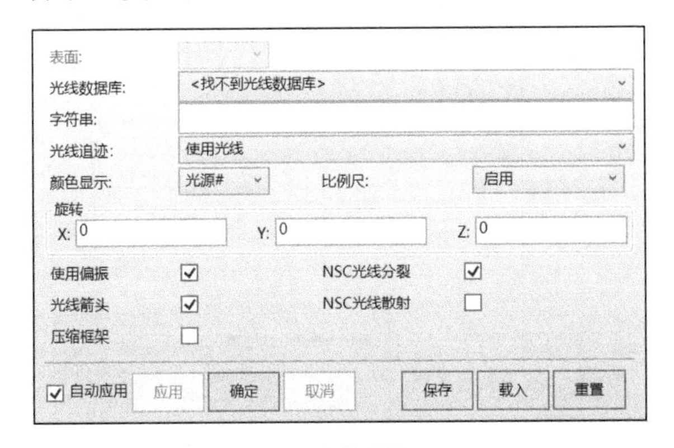

（a）参数设置

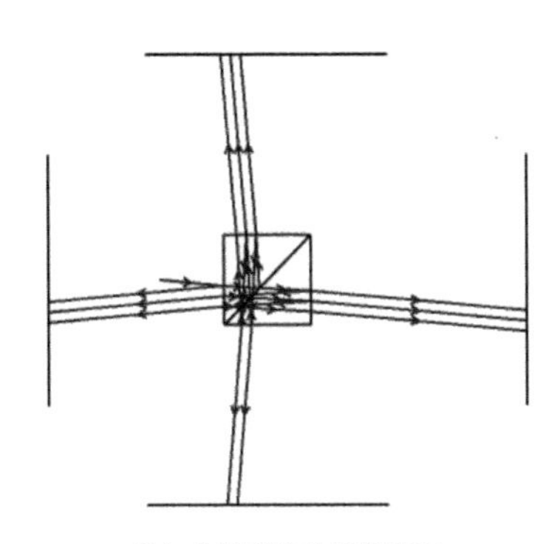

（b）非序列实体模型窗口

图 6-21　光线分束

提示：Zemax 还支持一个称为“简单光线分束”的功能，即在每一个分束面上只追迹反射光线和透射光线的其中之一，而不是两个同时追迹。追迹（反射 / 透射）哪一路光线是随机的，且可能性与分束光线中的反射 / 透射光线的相对成分成正比。在许多光学系统中，使用该功能可以提高光线追迹的速度。

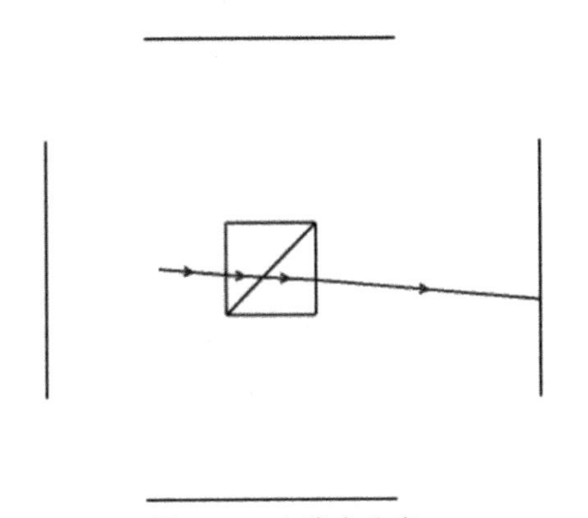

图 6-22　光线未分束

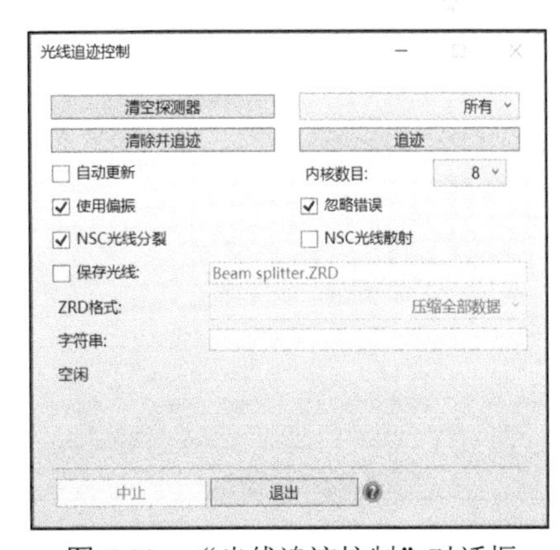

图 6-23　“光线追迹控制”对话框

6.2.6 散射

下面通过示例展示非序列模型的散射和光线分束功能。

（1）打开素材文件 ABg Scarterina Surface.zmx（Samples\Non-sequential\Scattering\）。

（2）在设置“非序列三维布局图”时勾选“NSC 光线散射”复选框，此时“非序列三维布局图”显示出在物#面 2（矩形平面反射镜）的散射光线。

> **注意：**分束光线在该图中被屏蔽，因此对于每条特定的入射光线，将在反射过程中得到一条对应散射光线，如图 6-24 所示。

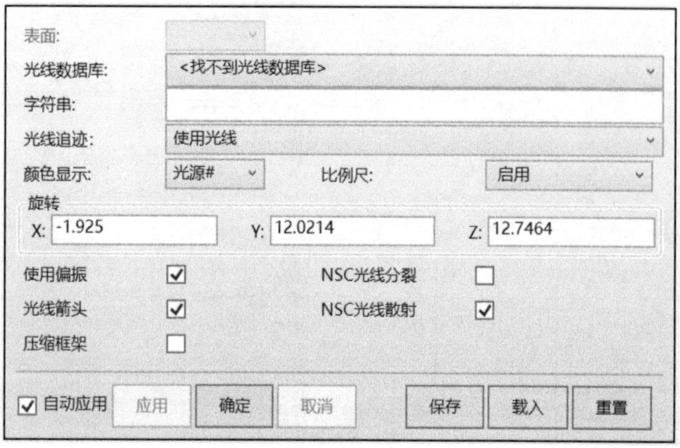

表面:
光线数据库: <找不到光线数据库>
字符串:
光线追迹: 使用光线
颜色显示: 光源#　比例尺: 启用
旋转
X: -1.925　Y: 12.0214　Z: 12.7464
使用偏振 ☑　NSC光线分裂 ☐
光线箭头 ☑　NSC光线散射 ☑
压缩框架 ☐
☑ 自动应用　应用　确定　取消　保存　载入　重置

（a）参数设置

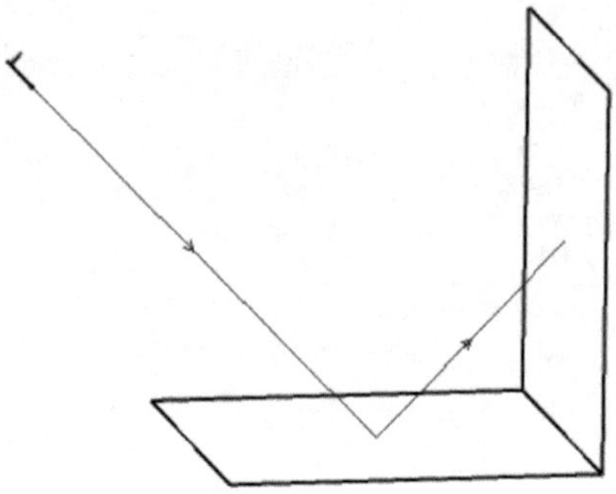

（b）非序列三维布局图窗口

图 6-24　三维布局图

（3）“非序列实体模型”图中同时显示散射光线和分束光线，是由于“NSC 光线分裂”和“NSC 光线散射”复选框同时被勾选，如图 6-25 所示。

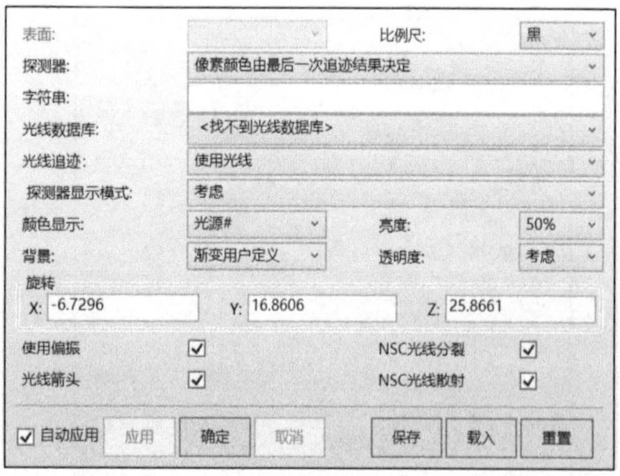

表面:　比例尺: 黑
探测器: 像素颜色由最后一次追迹结果决定
字符串:
光线数据库: <找不到光线数据库>
光线追迹: 使用光线
探测器显示模式: 考虑
颜色显示: 光源#　亮度: 50%
背景: 渐变用户定义　透明度: 考虑
旋转
X: -6.7296　Y: 16.8606　Z: 25.8661
使用偏振 ☑　NSC光线分裂 ☑
光线箭头 ☑　NSC光线散射 ☑
☑ 自动应用　应用　确定　取消　保存　载入　重置

（a）参数设置

（b）非序列实体模型窗口

图 6-25　实体模型图

当在散射系统中考虑光线分束时，Zemax 将根据散射物体 / 表面的“物体属性”中的“膜层/散射”标签中“光线数”的设置产生多条分束散射光线。

打开#物体 2 的“膜层/散射”标签，可以看到我们要求 Zemax 对每条指定的入射光线产生 5 条散射光线，如图 6-26 所示。

Zemax 支持郎伯（Lambertian）、高斯（Gaussian）、ABg 和用户定义的散射模式。从#物体 2 的“膜层/散射”标签可以看出显示的是 ABg 散射的“ABG-EXAMPLE”。

图 6-26 物体光线及散射模型设置

（4）执行“数据库”选项卡→“散射”面板→“散射函数查看器”命令，打开“散射函数查看器”窗口，单击左上角的“设置”按钮，打开参数设置面板。在“散射模型”中可以查看并设置散射模型，如图 6-27 所示。

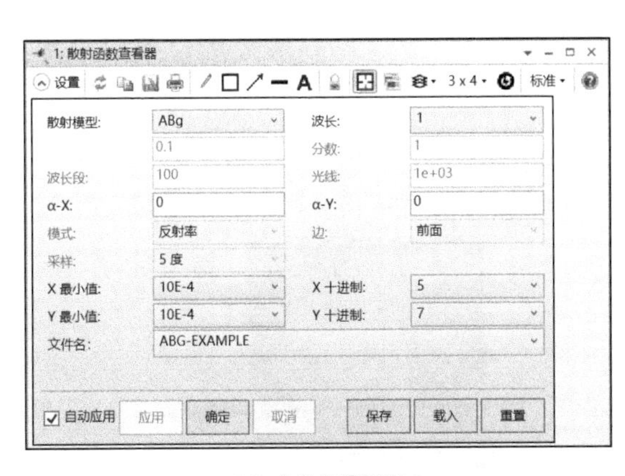

（a）参数设置面板

（b）散射函数查看器窗口

图 6-27 散射模型图形显示

（5）散射掉的能量由 ABg 模型的函数选择的一个参数决定。

执行“数据库”选项卡→“散射”面板→“Abg 散射数据库”命令，打开图 6-28 所示的“散射库”对话框，其中“命名”为使用的散射模型，散射模型的参数在该对话框中进行设置。

散射库

文件: ABGDATA.DAT　　命名: ABG-EXAMPLE　　波长: 0

	角度	A	B	g	TIS
☑	0	0.01	0.015	2	?
☑	45	0.01	0.00552	2	?
☑	70	0.01	0.001	2	?

保存　退出　插入　删除　另存为　重新载入　分类　报告　重命名

图 6-28　“散射库”对话框

（6）在该示例中，一个很小的探测器（#物体 3）特意被放置在较大的探测器（#物体 4）中间来收集特殊光线的能量。对视图窗口进行近距离放大，可以在视图中看到这个小的探测器。

示例中大的探测器用于收集散射光线的能量。

执行“分析”选项卡→“探测器与分析”面板→“探测器查看器”命令，打开“探测器查看器”窗口，可以查看散射光线的能量。设置“探测器”为探测器#物体 4，如图 6-29（a）所示，设置完成，刷新探测器查看器，结果如图 6-29（b）所示。

> **提示：** 散射和非散射能量也能使用 Zemax 的过滤字符功能在单个探测器上分离开来。

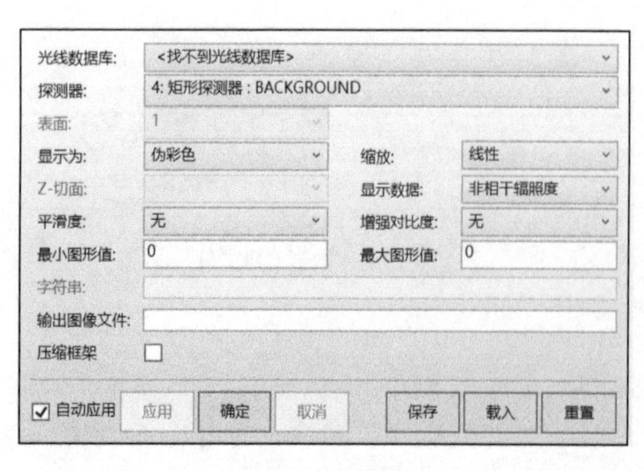

（a）参数设置面板

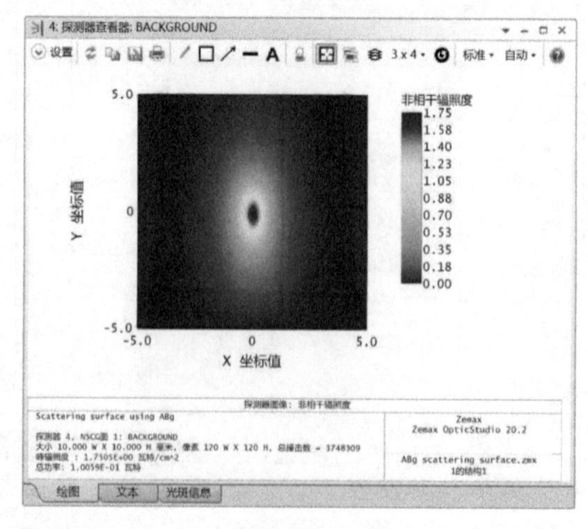

（b）散射函数查看器窗口

图 6-29　散射模型图形显示

6.2.7 衍射光学元件

虽然在 Zemax 软件的序列和非序列模式下都可以模拟衍射光学元件，但是对于衍射模型来说，非序列模式下的光线分裂能力更具优势。

（1）打开素材文件 Diffraction grating multiple orders.zmx（Samples\ Non-sequential\ Diffractives\），“非序列 3D 视图”如图 6-30 所示，“探测器查看器”如图 6-31 所示。

注意：在物#面 2 上单根光线被分散成 5 根光线。

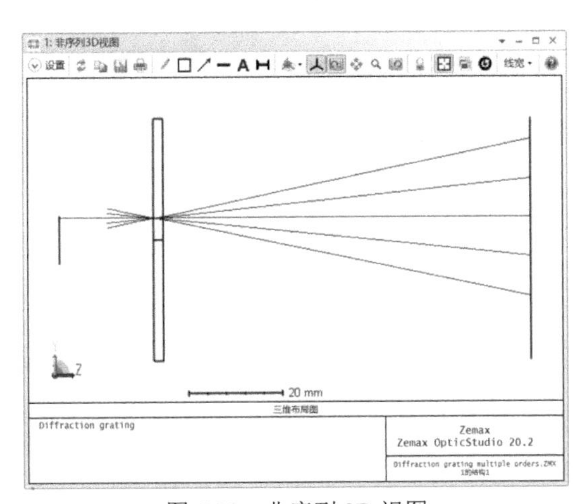

图 6-30 非序列 3D 视图

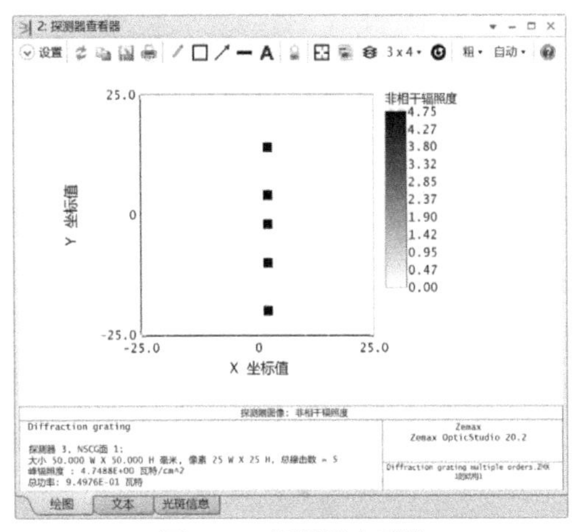

图 6-31 探测器查看器

在本例中，光线分束不是镀膜或散射设置的结果。相反，我们可以发现能量通过透射式衍射光阑（#物体 2）被分散到不同的衍射级次上。该光阑的基本属性（即光阑频率，用每微米刻线数表示）在物体的参数栏中定义。

注意：衍射光阑物体的参数与一个标准镜头的物体参数加一个衍射光阑频率参数（即每微米刻线）相同。如图 6-32 所示。

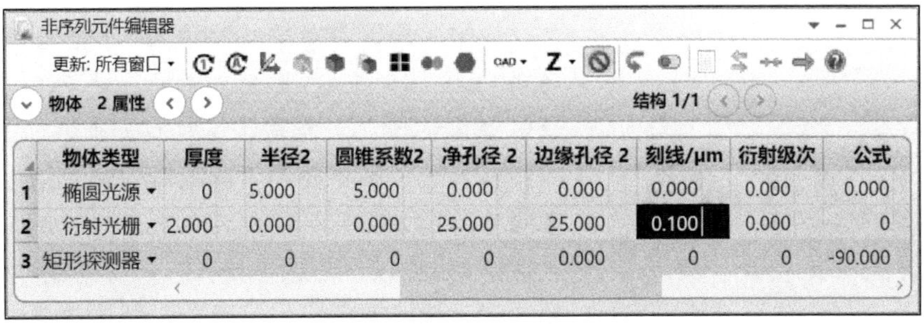

非序列元件编辑器

更新: 所有窗口 · 物体 2 属性 · 结构 1/1

	物体类型	厚度	半径2	圆锥系数2	净孔径 2	边缘孔径 2	刻线/μm	衍射级次	公式
1	椭圆光源	0	5.000	5.000	0.000	0.000	0.000	0.000	0.000
2	衍射光栅	2.000	0.000	0.000	25.000	25.000	0.100	0.000	0
3	矩形探测器	0	0	0	0	0.000	0	0	-90.000

图 6-32 非序列元件编辑器

（2）通过在“物体属性”面板→“衍射”标签中设置“分光”参数，可以对该物体的光线分束进行设置，如图 6-33 所示。

在该标签中，被分散到不同（衍射）级的相关数量的能量需要用户自行指定。

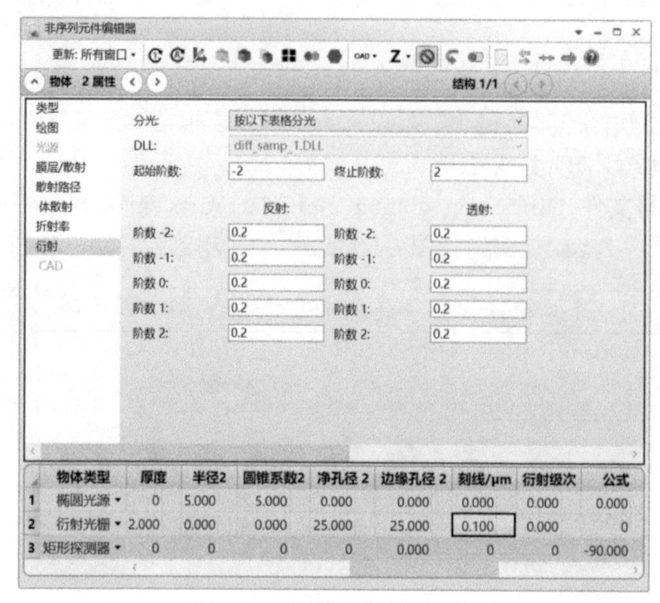

图 6-33　设置“分光”参数

提示： Zemax 还允许用户自定义 DLL 衍射级次，在 DLL 中任意级次的分束光线均可以被任意指定。这些 DLL 还可以用来清楚地规定衍射光线的所有性质，包括相对能量、方向余弦、电场方向和磁场等。

6.2.8　相干模拟

下面通过另外一个纯非序列文件，演示非序列模式的相干模拟能力。

（1）打开素材文件 Interferometer.zmx（Samples\Non-sequential\Coherence Interference and Diffraction\）。

该文件用于模拟一个干涉仪。从位于视图左上角的矩形光源发出的光线被#物体 2 的一个位于多面体前表面的 50/50 的膜层分束，然后光线沿着干涉仪的两臂到达右下方的探测器（#物体 6、#物体 7）。

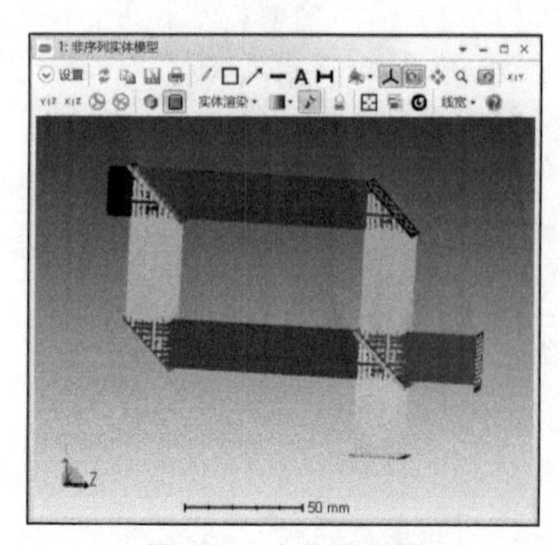

图 6-34　实体模型图

两束光线再通过第 2 个镀有 50/50 膜层的多面体（#物体 5）在到达探测器前混合。处于干涉仪左臂的反射镜（#物体 3）相对于 x 轴有一个附加的 0.005 度的倾斜。这个倾斜使到达探测器的两光路光程不等，如图 6-34 所示。

（2）因为具有相干探测能力，Zemax 可以根据探测到的光线的振幅和相位来补偿到达探测器的相干光线的能量。这使 Zemax 可以定量地仿真一些效果，比如干涉条纹。

要达到这一效果，“探测器查看器”中的“显示数据”必须设置为“相干辐照度”或“相干相位”。

执行“分析”选项卡→“探测器与分析”选项卡→“探测器查看器”命令，打开“探测器查看器”窗口，单击左上角的“设置”按钮，在展开的参数设置面板中，将“探测器”设置为“6:矩形探测器”，“显示数据”设置为“相干辐照度”，如图 6-35（a）所示，单击“确定”按钮完成设置。

在反射镜（#物体 3）上观察由附加的 0.005°产生的倾斜条纹，如图 6-35（b）所示。

（a）参数设置面板

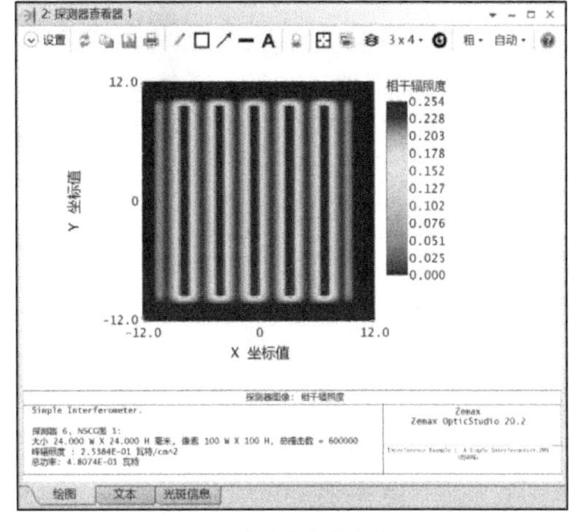

（b）产生的倾斜条纹

图 6-35　“探测器查看器”窗口

（3）重新打开“探测器查看器”，设置“显示数据”为“非相干辐照度”。可以发现看不到任何条纹，这是因为探测器视图不再是在相干条件下，如图 6-36 所示。

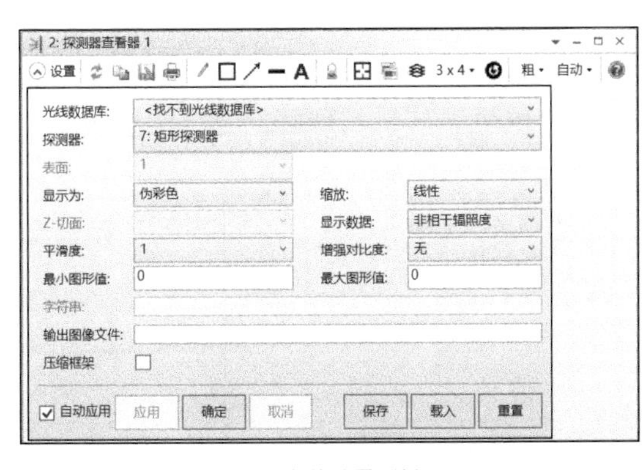

（a）参数设置面板

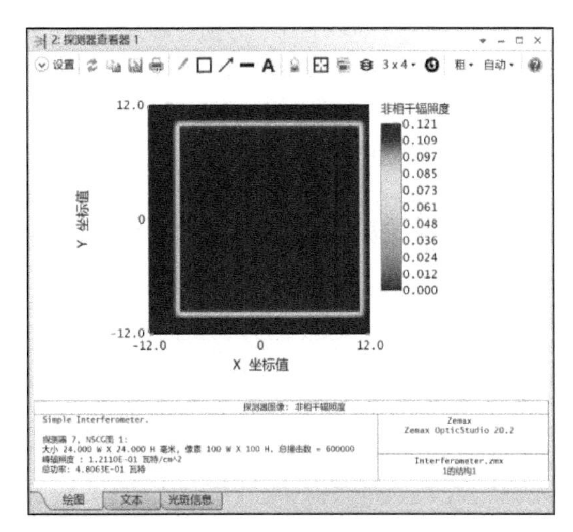

（b）无倾斜条纹

图 6-36　“探测器查看器”窗口

提示：在非序列模式下，还可以看到不同衍射级别的干涉。打开素材文件 Diffracting grating fringes.zmx（Samples\Non-sequential\Diffractive\），如图 6-37 所示。

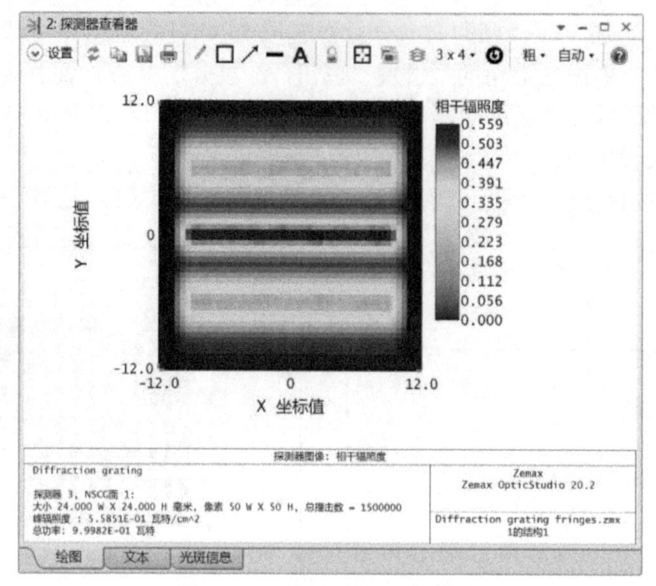

图 6-37　不同衍射级别的干涉

6.2.9　复杂几何物体创建

现在来了解 Zemax 非序列模式的复杂几何物体创造能力。在 Zemax 中，有不同类型的物体可以被用来模拟不同种类的几何结构。但是有时用户想要构造的几何物体在 Zemax 中没有完全相同的物体模型可用。

传统方法是在 CAD 程序中先构建好需要的结构，然后再将 CAD 物体导入 Zemax 中。在 Zemax 中也可以使用“原生布尔”操作实现。

该布尔物体可以通过各种布尔操作将至多 10 个非序列物体组合起来。该组合物体与用来生成它的父物体有相同的参数。因此，占导入的 CAD 物体不同，布尔物体的结构参数能够被完全仿真和接受。

（1）打开素材文件 Lens mount.zmx（Samples\Non-sequential\Geometry Creation\），非序列元件编辑器如图 6-38 所示，下面展示如何使用“原生布尔”实现复杂物体的模拟。

非序列元件编辑器

更新: 所有窗口 · 物体 5 属性 · 结构 1/1

	物体类型	参数 2(未使用)	参数 3(未使用)	参数 4(未使用)	物体A	物体B	物体C	物体D	物体E	物体F
1	矩形体	10.000	4.000	10.000	10.000	0.000	0.000	0.000	0.000	
2	圆柱体	4.000	8.000							
3	圆柱体	6.000	6.000							
4	圆柱体	10.000	0.500							
5	原生布尔				1	2	3	4	0	0
6	空物体									

图 6-38　布尔物体参数

在“非序列元件编辑器”窗口中可以看到定义的 4 个物体（3 个圆柱体和 1 个长方体），另外还定义了 1 个原生布尔物体。选中原生布尔物体，向右拖动窗口底部的滑块直到能看到“物体 A”“物体 B”等栏标题，这时将可以使用的操作应用到物体中。

将长方体（#物体 1）分配给物体 A，3 个圆柱体（#物体 2～4）各自分配给物体 B、C 和 D。

（2）将“非序列元件编辑器”窗口底部的滑块向左拖动，在原生布尔物体的“标注”栏设置布尔操作，如图 6-39 所示。

非序列元件编辑器

更新: 所有窗口 · 物体 5 属性 · 结构 1/1

	物体类型	标注	参考物体	在...内部	X位置	Y位置	Z位置	倾斜X	倾斜Y	倾斜Z	材料
1	矩形体	mount	0	0	0.000	0.000	0.000	0.000	0.000	0.000	
2	圆柱体	lens recess	0	0	0.000	0.000	1.000	0.000	0.000	0.000	
3	圆柱体	hole	0	0	0.000	0.000	-0.500	0.000	0.000	0.000	
4	圆柱体		0	0	0.000	-2.000	2.000	90.000	0.000	0.000	
5	原生布尔	a-b-c-d	0	0	25.000	0.000	0.000	0.000	0.000	0.000	
6	空物体		0	0	0.000	0.000	0.000	0.000	0.000	0.000	-

图 6-39　原生布尔物体“标注”栏参数

（3）由于“标注”中设置了“a-b-c-d”，这代表从物体 A 中除去物体 B、C 和 D，代表从长方体中挖去 3 个圆柱体，产生 1 个简单的透镜支架结构。4 个父物体和 1 个布尔物体并排显示在示例中的实体模型图中，如图 6-40 所示。

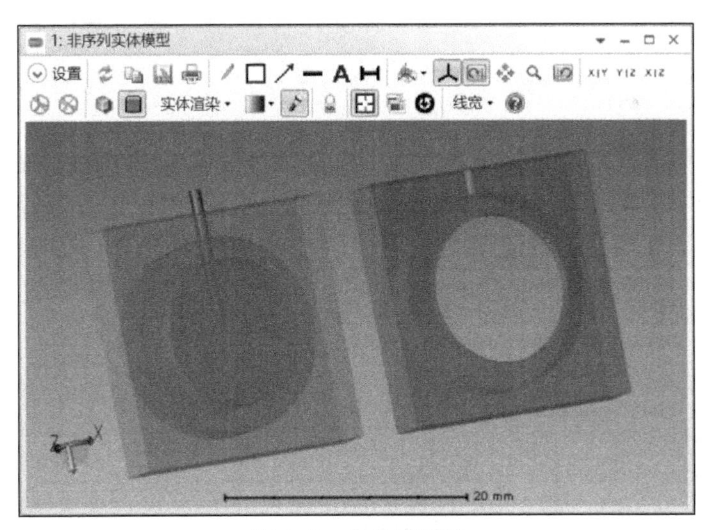

图 6-40　实体模型图

该示例展示了用原生布尔物体进行物体相减，物体同样可以通过相与（AND）、或（OR）、异或（XOR）等操作组合生成模型。

6.2.10　吸收分析

前面介绍的非序列示例中所使用的探测器是“矩形探测器”物体，属于平面探测器。Zemax 还可以模拟更复杂的探测器，如曲面探测器和体探测器。

（1）打开素材文件 Voxel detector for flash lamp pumping.zmx（Samples\ Non-sequential\ Miscellaneous\），非序列三维布局图如图 6-41 所示。

该示例将展示体探测器物体在简单的激光泵浦模型中的应用。腔体在每一侧用一个旋转反射面（#物体 3 和#物体 4）来模拟。腔体中间有 1 个圆柱体（#物体 6）用来仿真激光晶体。

（2）打开非序列实体模型图，可以清晰地观察一个体探测器（#物体 5）与圆柱体重叠，如图 6-42 所示。

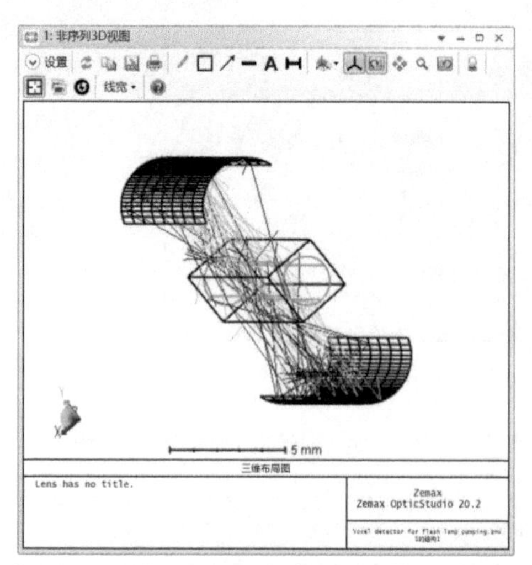

图 6-41　非序列 3D 视图

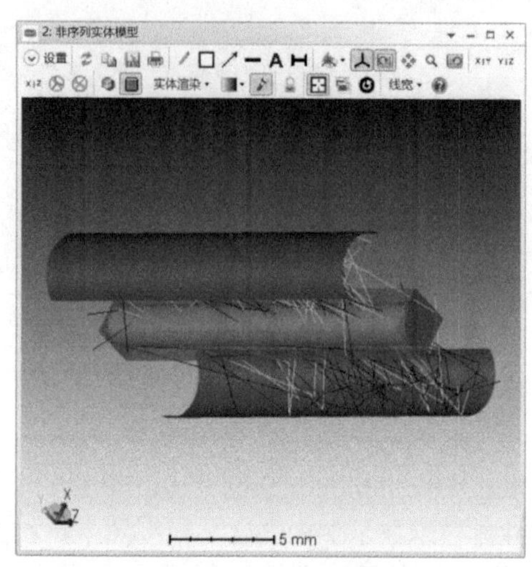

图 6-42　非序列实体模型图

该体探测器是一个包含称为体像素的三维像素点的长方体。Zemax 可以记录入射到每一个像元的光通量。

另外，如果体探测器与另外一个定义了透过率数据的体物体重叠，Zemax 中的体探测器可以记录下每个体像素吸收的通量。在该示例中，重叠的圆柱体由 BK7 材料制成，透过率数据已经在“材料库”对话框中定义。

在“非序列元件编辑器”中#物体 5 所在行的任一位置单击并向右拖动，观察体探测器参数。可以发现 X 方向和 Y 方向各有 101 个像素点，Z 方向有 25 个像素点。如图 6-43 所示。

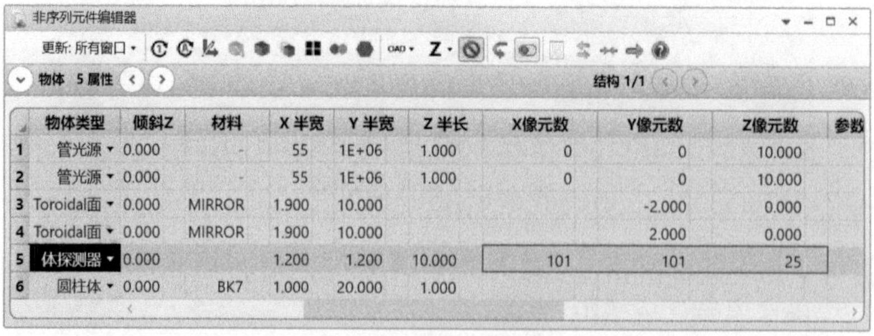

非序列元件编辑器

更新: 所有窗口　物体 5 属性　结构 1/1

	物体类型	倾斜Z	材料	X半宽	Y半宽	Z半长	X像元数	Y像元数	Z像元数	参数
1	管光源	0.000	-	55	1E+06	1.000	0	0	10.000	
2	管光源	0.000	-	55	1E+06	1.000	0	0	10.000	
3	Toroidal面	0.000	MIRROR	1.900	10.000			-2.000	0.000	
4	Toroidal面	0.000	MIRROR	1.900	10.000			2.000	0.000	
5	体探测器	0.000		1.200	1.200	10.000	101	101	25	
6	圆柱体	0.000	BK7	1.000	20.000	1.000				

图 6-43　探测器参数

通过打开的“探测器查看器”可以发现其界面中显示的是体探测器上的吸收光通量，还可以发现在体探测器的底部有一个“Z 切面”。探测器视图只能显示二维数据，因此设计者每次只能看到一个平面或者是体探测器内的体像素的一个切面。

通过设置 Z 切面参数，设计者可以查看 X 像素、Y 像素对应哪一个 Z 像素（在该示例中，Z 像素的范围是 1～25），如图 6-44 所示。

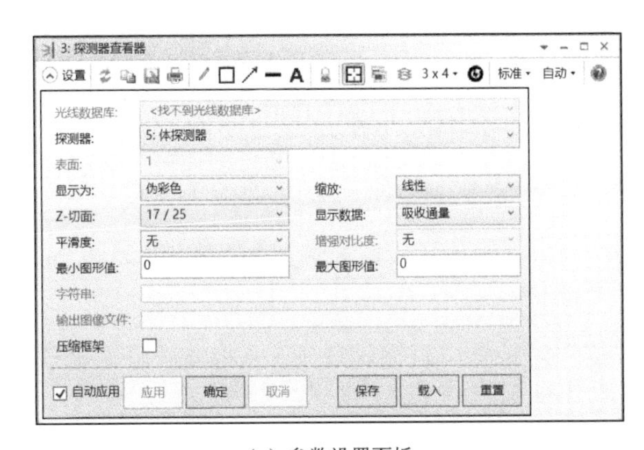

（a）参数设置面板

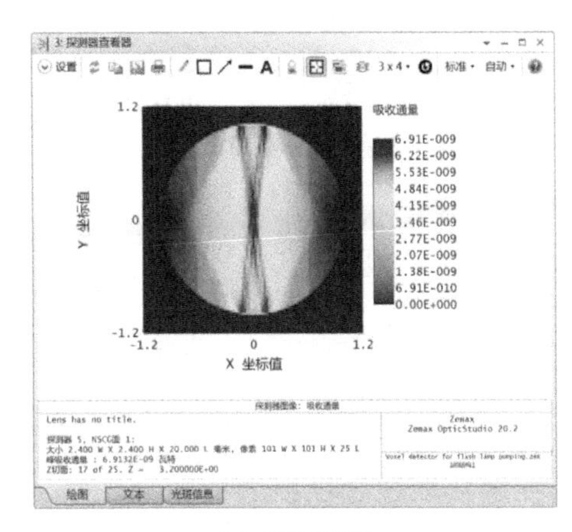

（b）吸收光通量

图 6-44 探测器查看器

在“探测器查看器”中，可以通过设置改变 Z 切面，或者使用左、右方向键来拖动切面。

提示：在 Zemax 中，许多物体类型可以应用到探测器中，使许多复杂面型 / 壳型探测器的模拟更容易实现。

6.3 创建非序列光学系统

本节将设计一个包含点光源的非序列系统，该系统采用抛物面型反射镜和一个平凸透镜的镜头耦合成一个长方形光管灯。

Zemax 将针对该系统跟踪分析射线探测器获得光学系统中各点的照度分布。设计的最终结果如图 6-45 所示。本示例中还会通过追迹到达探测器的分析光线来得到光学系统中不同点的非相干辐射分布。

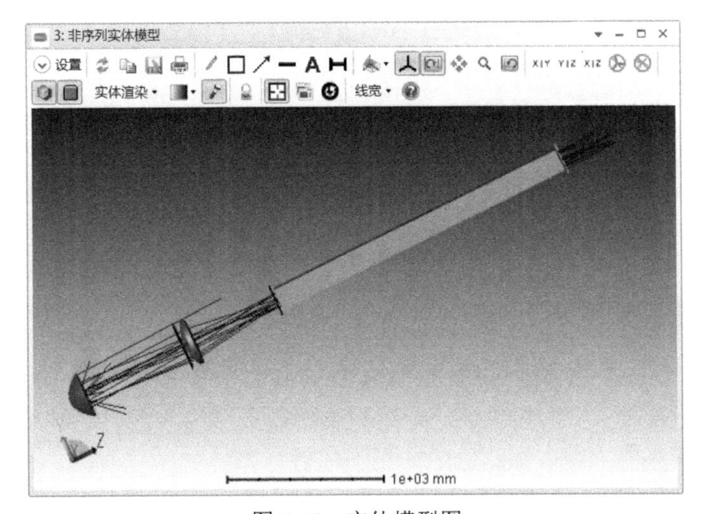

图 6-45 实体模型图

下面我们开始创建这个简单的非序列光学系统。

最终文件：Char06\非序列光学系统.zmx

6.3.1　建立基本系统特性

Zemax 操作步骤。

步骤 1： 设置系统波长为 0.587μm。

（1）在“系统选项”面板中单击“波长”选项左侧的▸（展开）按钮，展开“波长”选项。

（2）双击“设置”选项，打开“波长数据”对话框，直接勾选 1，并将波长分别修改为 0.587，如图 6-46 所示。

（3）单击“关闭”按钮，退出对话框。

说明：也可以直接双击“波长”，在弹出的“波长数据”对话框中进行数据设置。

步骤 2： 设置单位。

（1）双击“系统选项”窗口中的“单位”选项，将其展开。

（2）在“镜头单位”栏选择“毫米”（默认），如图 6-47 所示。

（3）双击“系统选项”窗口中的“单位”选项，将其收起。

辐射度量中的非相干辐射度量单位默认为 Watt.cm^{-2}（瓦特 / 平方厘米），用户也可以自行定义光学度量和能量度量单位，如 Lumen.cm^{-2}（流明 / 平方厘米）或 Joule.cm^{-2}（焦耳 / 平方厘米）。这里选择默认辐射度量单位。

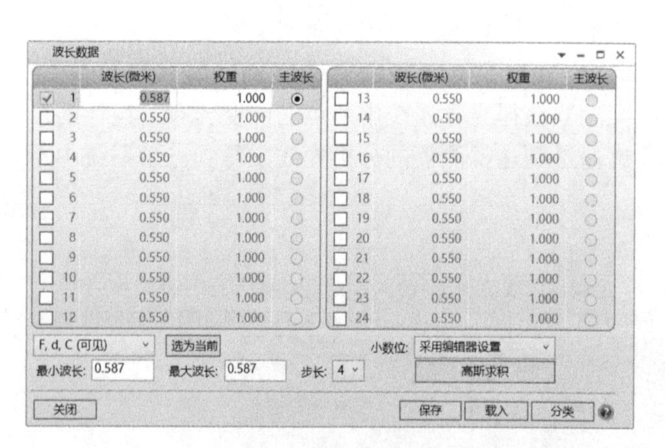

图 6-46　设置系统波长

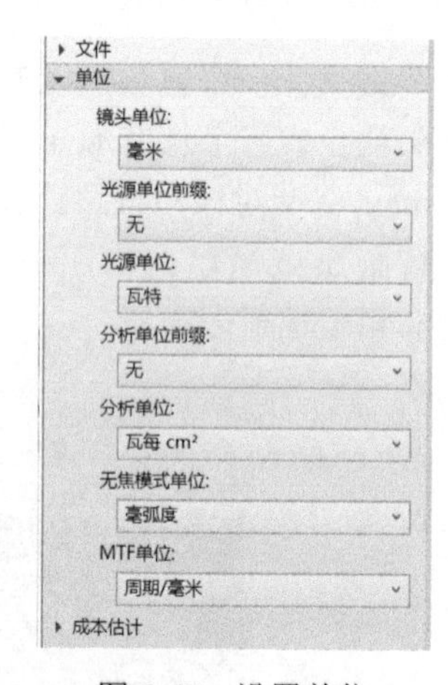

图 6-47　设置单位

6.3.2　创建反射镜

步骤 3： 建立第一个物体通过抛物面反射镜。

在设计的第一部分，我们先生成一个用抛物面型反射镜准直的灯丝光源。然后在+Z 轴一定距离处放置探测器，观察探测器的非相干辐射分布。

（1）在“非序列元件编辑器”中按“Insert”键插入两行。

（2）在#物体 1 的“物体类型”栏双击，即可打开“#物体 1 属性”面板，将“类型”标签→“常规”选项组中的“类型”设置为“标准面”，如图 6-48 所示。

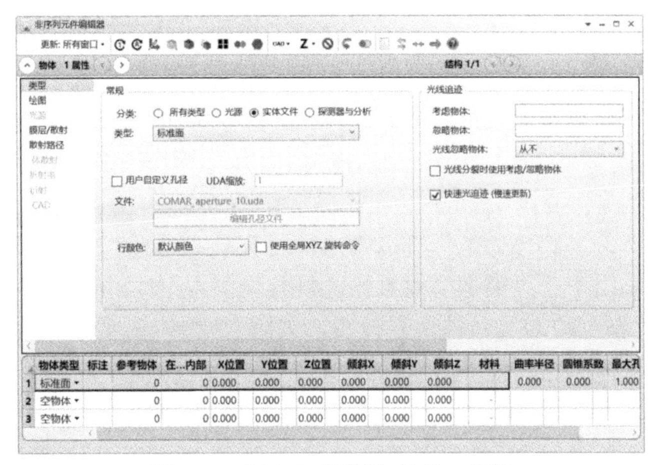

图 6-48 插入行并设置#物体 1 属性

（3）单击窗口左上角的 （关闭）按钮，关闭“#物体 1 属性”面板。

（4）在标准#面 1 物体相应栏中输入以下参数，如图 6-49 所示。

说明：有时需要将编辑器窗口底部的滑块向右拖动，才能显示需要设置的参数名称。

- 材料：MIRROR
- 曲率半径：100
- 圆锥系数：-1（抛物线）
- 最大孔径：150
- 最小孔径：20（在反射中心孔）
- 所有其他参数设置为默认值。

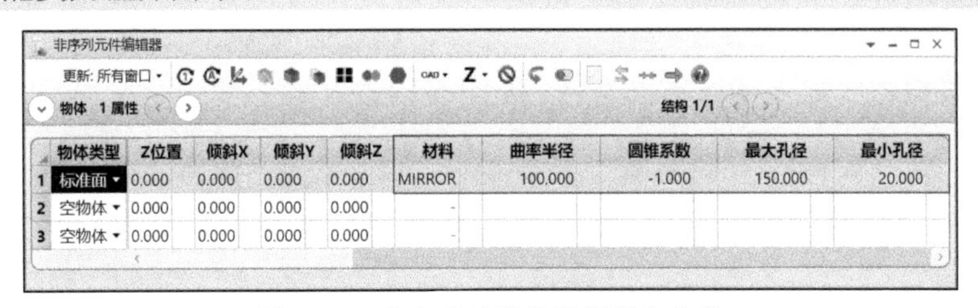

图 6-49 非序列元件编辑栏输入参数

（5）执行“设置”/“分析”选项卡→“视图”面板→“非序列 3D 视图”命令，打开“非序列三维布局图”窗口，查看反射镜的形状。如图 6-50 所示。

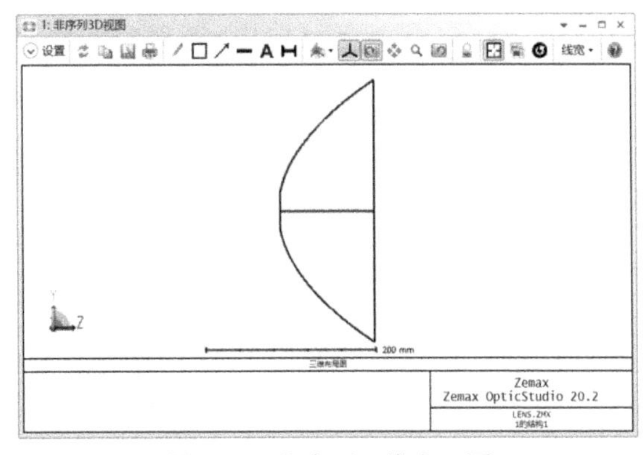

图 6-50 非序列三维布局图

6.3.3 光源建模

在非序列元件编辑器中重复前述步骤，并在“物体属性”面板中修改#物体 2 的类型为“灯丝光源”。

步骤 4： 建立光源模型。

（1）在#物体 2 的“物体类型”栏双击，即可打开“#物体 2 属性”面板，将“类型”标签→“常规”选项组中的“类型”设置为“灯丝光源”，如图 6-51 所示。

（2）单击窗口左上角的 （关闭）按钮，关闭“#物体 2 属性”面板。

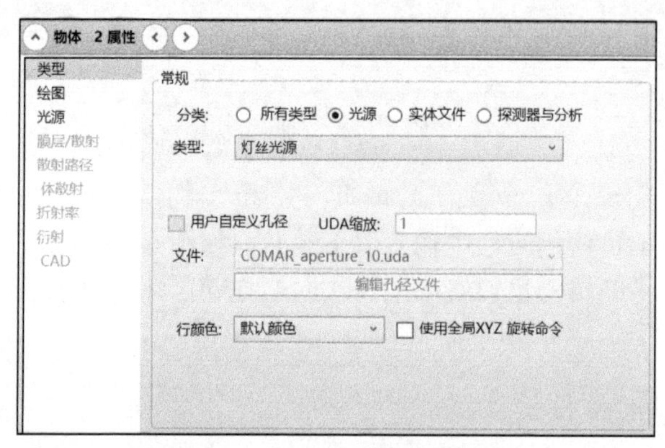

图 6-51　“#物体 2 属性”参数设置

将线光源放在抛物反射面的焦点处使光束准直平行。灯丝线圈有 10 匝，全长为 20mm，转弯半径为 5mm。

（3）在编辑器中输入灯丝光源参数，如图 6-52 所示。

- Z 位置：50（抛物面反射器的焦点）
- 陈列光线条数#：20
- 分析光线条数#：5000000
- 能量（瓦特）：1
- 长度：20
- 曲率半径：5
- 圈数：10

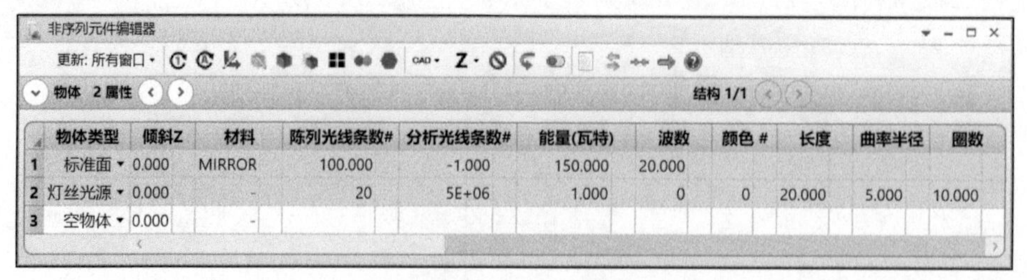

	物体类型	倾斜Z	材料	陈列光线条数#	分析光线条数#	能量(瓦特)	波数	颜色 #	长度	曲率半径	圈数
1	标准面	0.000	MIRROR	100.000	-1.000	150.000	20.000				
2	灯丝光源	0.000	-	20	5E+06	1.000	0	0	20.000	5.000	10.000
3	空物体	0.000	-								

图 6-52　灯丝光源参数

（4）在“非序列三维布局图”窗口中单击 （更新）按钮，更新三维布局图，结果如图 6-53 所示。视图中显示从灯丝光源产生的 20 条射线，与在“陈列光线条数#”选项中设置的参数值相符。

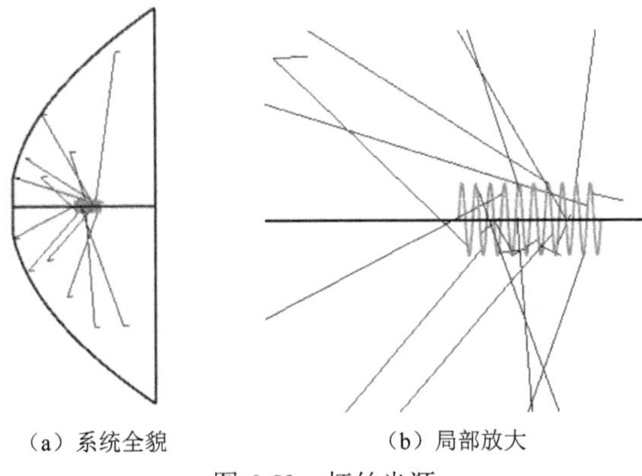

（a）系统全貌　　（b）局部放大

图 6-53 灯丝光源

6.3.4 旋转光源

光源是沿 z 轴定向的，但是如果想要将它的方向变成沿 x 轴，需要将光源物体绕 y 轴旋转 90 度。

步骤 5： 旋转光源。

（1）在“灯丝光源”栏中的“倾斜 Y”参数栏中输入“90”，如图 6-54 所示。默认的 YZ 平面视图显示灯丝光源是沿 x 轴方向的，但是 XZ 平面视图显示灯丝光源向+x 轴方向延伸。如图 6-55 所示。

非序列元件编辑器

更新: 所有窗口

物体 2 属性　　结构 1/1

	物体类型	标注	参考物体	在...内部	X位置	Y位置	Z位置	倾斜X	倾斜Y	倾斜Z	材料	陈列光线条数#
1	标准面		0	0	0.000	0.000	0.000	0.000	0.000	0.000	MIRROR	100.000
2	灯丝光源		0	0	0.000	0.000	50.000	0.000	90.000	0.000	-	20
3	空物体		0	0	0.000	0.000	0.000	0.000	0.000	0.000	-	

图 6-54 输入倾斜 Y 参数

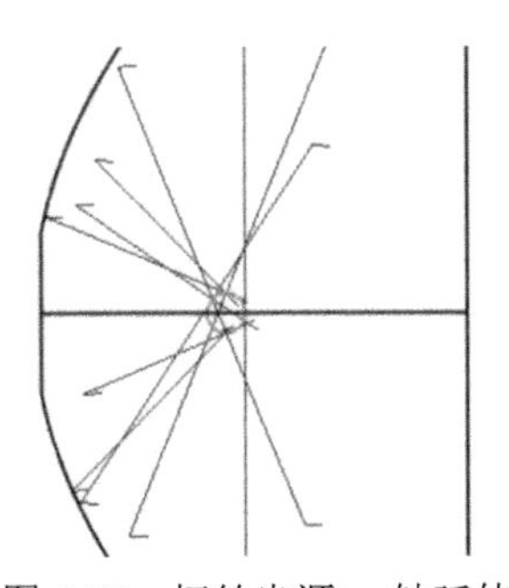

图 6-55 灯丝光源+x 轴延伸

为了旋转视图，在非序列三维布局图窗口中改变视图显示角度。用户也可以按键盘中的上、下、左、右方向键或“PgUp”和“PgDn”键来旋转视图。

（2）在“非序列三维布局图”窗口左上角单击“设置”按钮，在弹出的参数设置面板中进行设置，如图 6-56 所示。

（3）更新三维布局图，结果如图 6-57 所示。

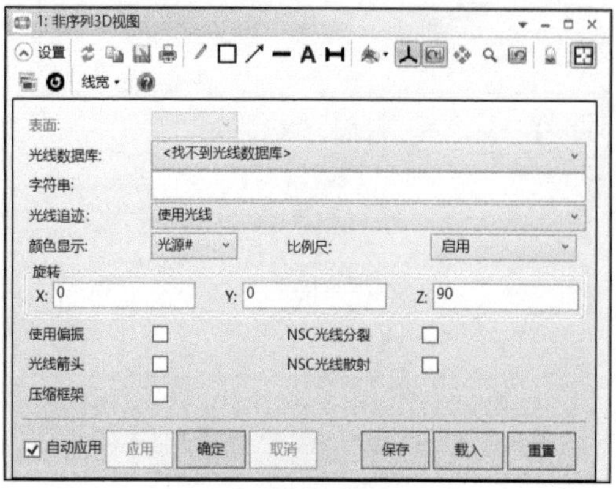

图 6-56　参数设置

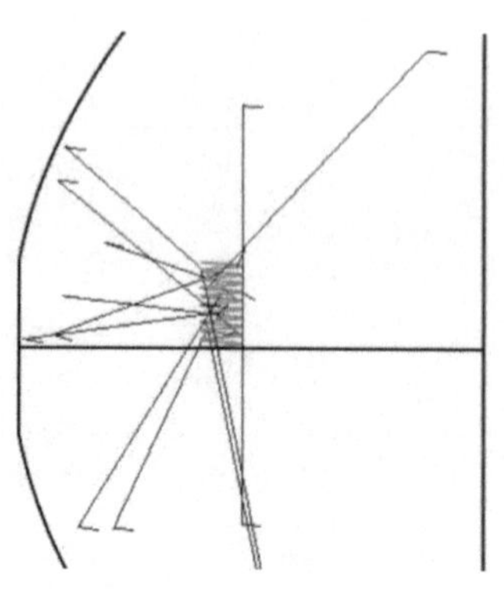

图 6-57　改变视图显示角度

（4）离心的原因是灯源丝的旋转轴不是在物体的中心而是在物体的底部。为了使灯丝中心在 x 轴上，在“X 位置”栏中输入“−10”，如图 6-58 所示。

（5）更新三维布局图，现在它显示需要的光源位置和方向，如图 6-59 所示。

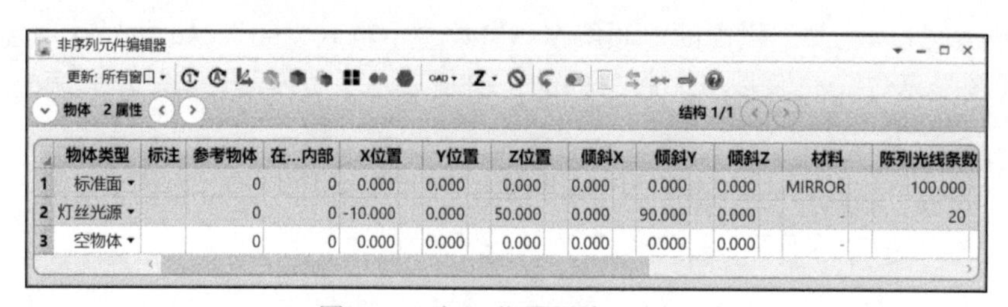

	物体类型	标注	参考物体	在...内部	X位置	Y位置	Z位置	倾斜X	倾斜Y	倾斜Z	材料	陈列光线条数
1	标准面		0	0	0.000	0.000	0.000	0.000	0.000	0.000	MIRROR	100.000
2	灯丝光源		0	0	-10.000	0.000	50.000	0.000	90.000	0.000	-	20
3	空物体		0	0	0.000	0.000	0.000	0.000	0.000	0.000	-	

图 6-58　在 X 位置栏输入参数

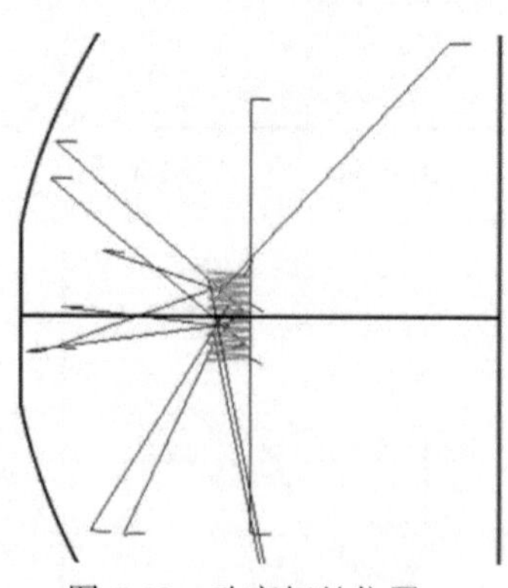

图 6-59　改变灯丝位置

6.3.5　放置探测器

下一步操作是在离光源一定距离处放置探测器，以研究光照在该位置的辐射分布。

步骤 6：放置探测器。

（1）在#物体 2 的“物体类型”栏双击，即可打开“#物体 3 属性”面板，将“类型”标签→“常规”选项组中的“类型”设置为“矩形探测器”，如图 6-60 所示。

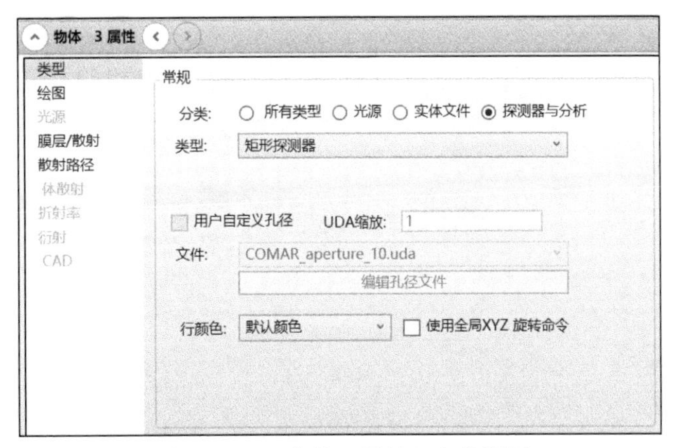

图 6-60 “#物体 3 属性”参数设置

（2）在#物体 3 的编辑栏中输入以下参数，如图 6-61 所示。

- Z 位置：800
- 材料：空（不要输入，空置即可）
- X 半宽：150
- Y 半宽：150
- X 像元数：150
- Y 像元数：150
- 颜色：1（探测器显示反转灰度）
- 所有其他参数为默认值

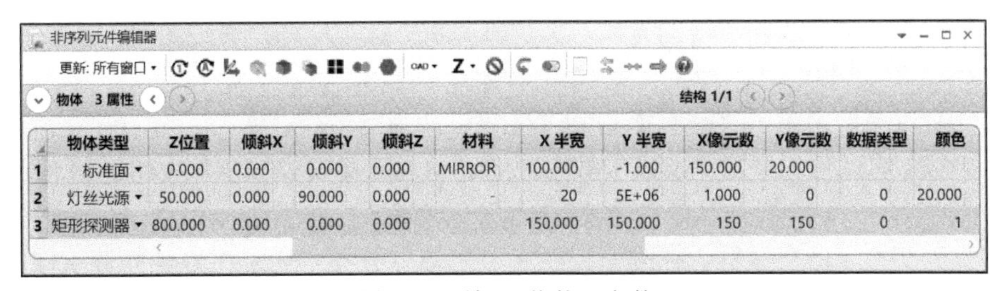

	物体类型	Z位置	倾斜X	倾斜Y	倾斜Z	材料	X 半宽	Y 半宽	X像元数	Y像元数	数据类型	颜色
1	标准面	0.000	0.000	0.000	0.000	MIRROR	100.000	-1.000	150.000	20.000		
2	灯丝光源	50.000	0.000	90.000	0.000	-	20	5E+06	1.000	0	0	20.000
3	矩形探测器	800.000	0.000	0.000	0.000		150.000	150.000	150	150	0	1

图 6-61 输入#物体 3 参数

（3）更新三维布局图，打开 YZ 平面视图，如图 6-62 所示。观察三维布局图可以发现光线通过探测器。由于材料是空气（编辑器中的探测器材料未设置），因此探测器是完全透明的。

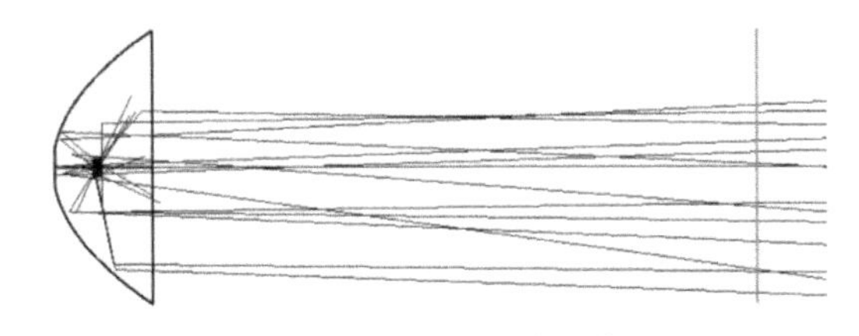

图 6-62 YZ 平面视图

6.3.6 跟踪分析光线探测器

为了观察探测器的光强，需要打开探测器查看器。

步骤 7：分析光线探测器。

（1）执行“分析”选项卡→“探测器与分析”面板→“探测器查看器”命令，打开“探测器查看器”窗口，如图 6-63 所示。

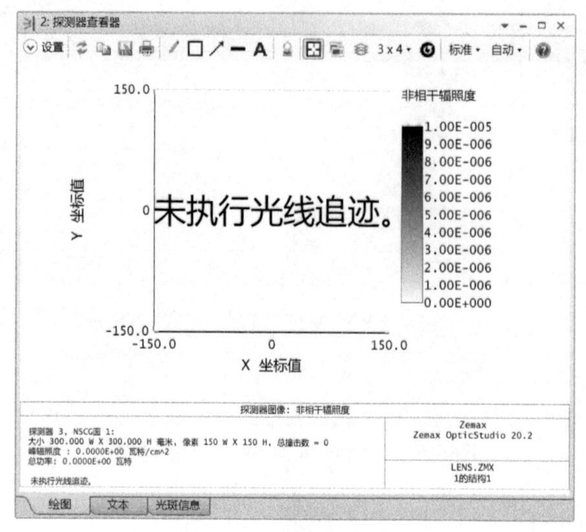

图 6-63　检测器查看器

尽管在三维布局图中可以看到光线到达探测器，但是会发现探测器视图的总功率为 0，并显示“未执行光线追迹”，这是因为三维布局图和探测器的光线追踪是分开的。

我们需要追迹分析光线到探测器上以得到结果。追迹到探测器中的光线数由光源编辑器中参数列“分析光线条数#”指定，通常是一个很大的数字，此处为 500.00 万。

注意：三维布局图中的光线不影响探测器浏览器的结果，只有分析光线才影响。

（2）为了追迹到达探测器的光线，执行“分析”选项卡→“光线追迹”面板→“光线追迹”命令，打开图 6-64 所示的“光线追迹控制”对话框。

（3）在对话框中单击“清空探测器”按钮将探测器清零。

（4）清除完成后，单击“追迹”按钮，追迹完成后单击“退出”按钮退出对话框，完成操作。

（5）更新探测器查看器。探测器视图将显示辐射分布，展示由灯丝光源引起的热点，如图 6-65 所示。

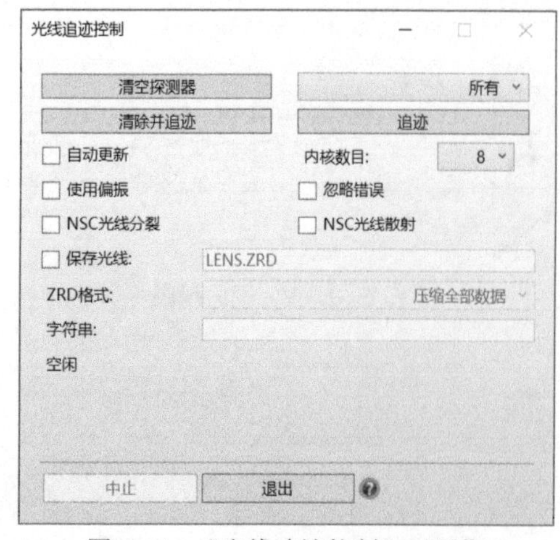

图 6-64　“光线追迹控制”对话框

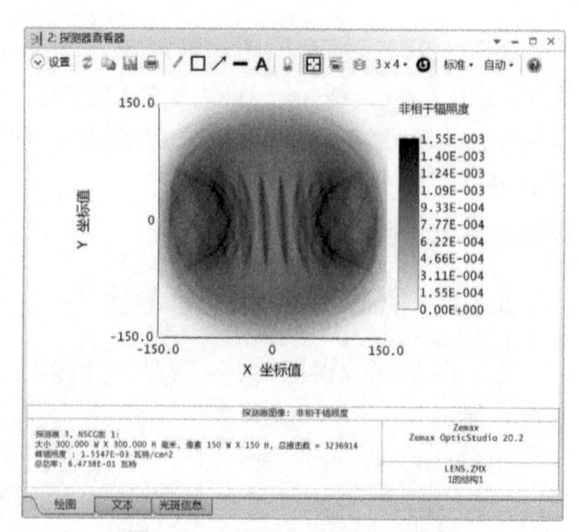

图 6-65　灯丝光源引起的热点

如果“探测器查看器”界面显示的内容不同，打开探测器视图设置窗口，根据图 6-66 所示的参数进行设置即可。

图 6-66 探测器视图设置窗口

用户也可以在“非序列实体模型”窗口的设置中，通过设置“探测器”为“像素颜色由最后一次追迹结果决定”选项，查看探测结果，如图 6-67 所示。

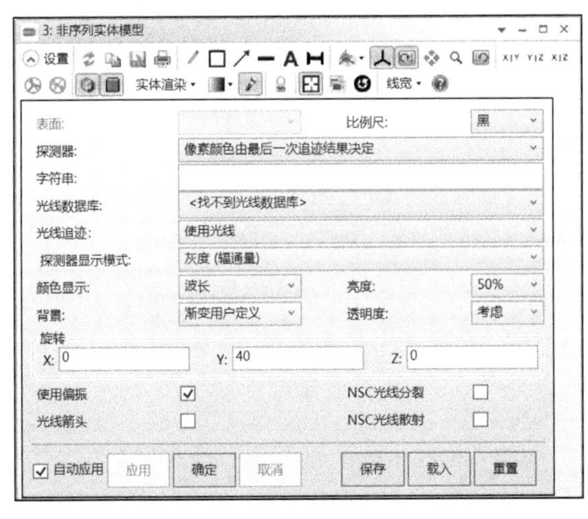

（a）参数设置面板

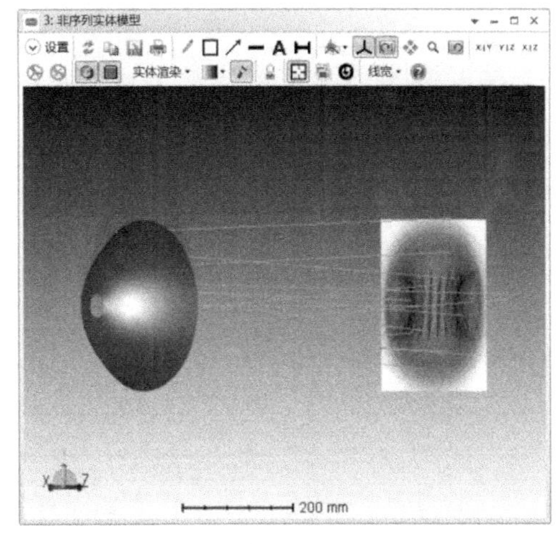

（b）模型图形显示

图 6-67 实体模型

6.3.7 增加凸透镜

现在已经有 1 个光源和 1 个反射镜，下面在探测器右侧（+Z 轴上）10mm 处再增加 1 个折射普莱诺——凸透镜镜头。

步骤 8：增加折射凸透镜。

（1）将“非序列元件编辑器”置前，按“Ctrl+Insert”组合键，在探测器后面插入 1 行。

（2）在新插入的#物体 4 的“物体类型”栏双击，即可打开“#物体 4 属性”面板，将“类型”标签→“常规”选项组中的“类型”设置为“标准透镜”，如图 6-68 所示。

物体　4 属性

类型
绘图
光源
膜层/散射
散射路径
体散射
折射率
衍射
CAD

常规

分类：○ 所有类型 ○ 光源 ◉ 实体文件 ○ 探测器与分析

类型：标准透镜

☐ 用户自定义孔径　UDA缩放：1

文件：COMAR_aperture_10.uda

编辑孔径文件

行颜色：默认颜色　☐ 使用全局XYZ 旋转命令

图 6-68　#物体 4 的属性对话框

（3）在#物体 4（标准透镜）的编辑栏中输入以下参数（如图 6-69 所示）：

■ 参考物体：3
■ Z 位置：10
■ 材料：N-BK7
■ 半径 1：300
■ 净孔径 1：150
■ 边缘孔径 1：150
■ 厚度：70
■ 净孔径 2：150
■ 边缘孔径 2：150

非序列元件编辑器

更新：所有窗口

物体　4 属性　　结构 1/1

	物体类型	半径 1	圆锥系数1	净孔径 1	边缘孔径 1	厚度	半径2	圆锥系数2	净孔径 2	边缘孔径 2
1	标准面	100.000	-1.000	150.000	20.000					
2	灯丝光源	20	5E+06	1.000	0	0	20.000	5.000	10.000	
3	矩形探测器	150.000	150.000	150	150	0	1	0	0	0.000
4	标准透镜	300.000	0.000	150.000	150.000	70.000	0.000	0.000	150.000	150.000

图 6-69　输入#物体 4 参数

（4）更新三维布局图，结果如图 6-70 所示。

注意：我们引用探测器镜头的位置是通过设置的“参考物体”列的值 3，并规定 Z 位置的值为 10 实现的，而不是参照全局顶点（“参考物体”为 0），并指定 Z 位置参数 810 毫米实现的。

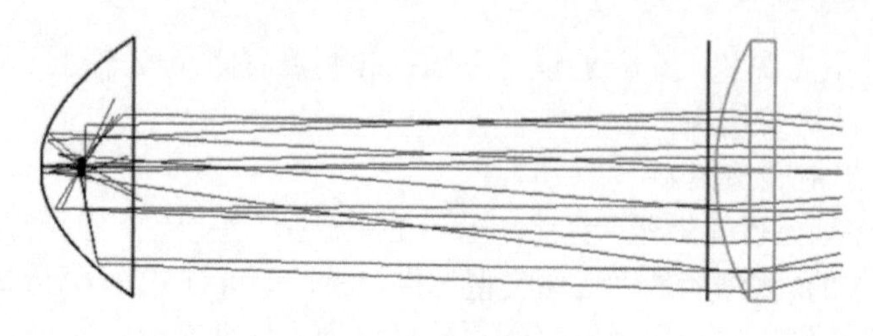

图 6-70　三维布局图

以探测器为参照定位镜头，镜头将永远位于探测器的右方 10 毫米处（+Z），不论探测器的位置如何变化，即在非连续模式中指定相对的物体位置。

步骤 9： 另设探测器在标准镜头右方 650 毫米处（+Z）。

（1）按“Ctrl+Insert”组合键，在编辑器中插入#物体 5。

（2）将#物体 5 的“物体类型”设置为“矩形探测器”。

（3）在第 2 个探测器（#物体 5）编辑栏中输入以下参数，如图 6-71 所示。

- 参考物体：4
- Z 位置：650
- 材料：空（不要输入，空置即可）
- X 半宽：100
- Y 半宽：100
- X 像元数：150
- Y 像元数：150
- 颜色：1
- 所有其他参数默认

（4）更新三维布局图，结果如图 6-72 所示。

非序列元件编辑器

更新: 所有窗口 · 物体 5 属性 · 结构 1/1

	物体类型	Z位置	倾斜X	倾斜Y	倾斜Z	材料	X 半宽	Y 半宽	X像元数	Y像元数	数据类型	颜色
1	标准面	0.000	0.000	0.000	0.000	MIRROR	100.000	-1.000	150.000	20.000		
2	灯丝光源	50.000	0.000	90.000	0.000	-	20	5E+06	1.000	0	0	20.000
3	矩形探测器	800.000	0.000	0.000	0.000		150.000	150.000	150	150	0	1
4	标准透镜	10.000	0.000	0.000	0.000	N-BK7	300.000	0.000	150.000	150.000	70.000	0.000
5	矩形探测器	650.000	0.000	0.000	0.000		100.000	100.000	150	150	0	1

图 6-71　输入第 2 个探测器参数

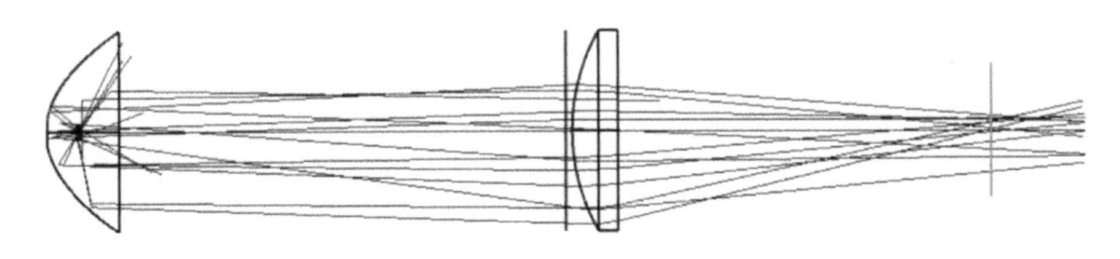

图 6-72　三维布局图

6.3.8　光线跟踪分析和偏振损耗

步骤 10： 光线追迹分析。

（1）执行“分析”选项卡→“探测器与分析”面板→“探测器查看器”命令，打开第 2 个“探测器查看器”窗口，并进行设置，如图 6-73 所示。

现在，我们已经准备好跟踪分析光线探测器。由于 N-BK7 镜头没有镀膜，因此需要考虑它的反射损失（菲涅耳反射），通过在“光线追迹控制”窗口中选择“使用偏振”选项实现。

（a）参数设置　　　　　　　　（b）探测器查看器

图 6-73　第二个探测器查看窗口

注意：我们无法在这时将光线进行分束，所以考虑了反射损失，但是反射的能量没有得到传播。勾选“NSC 光线分裂”将创建子射线带走反射的能量。

（2）执行“分析”选项卡→“光线追迹”面板→“光线追迹”命令，打开“光线追迹控制”对话框，勾选“使用偏振”复选框，如图 6-74 所示。

（3）在对话框中，单击“清空探测器”按钮将探测器清零。

（4）清除完成后，单击“追迹”按钮，追迹完成后单击“退出”按钮退出对话框，完成操作。

（5）更新探测器查看器。在探测器查看器报告中的总功率说明镜头的反射损失和大量的体吸收，如图 6-75 所示。

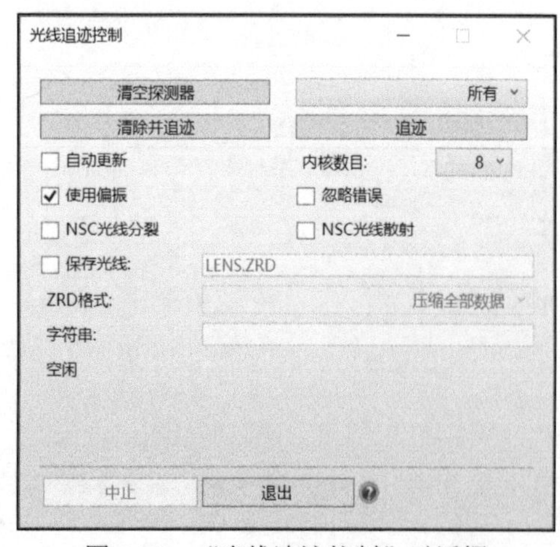

图 6-74　“光线追迹控制”对话框

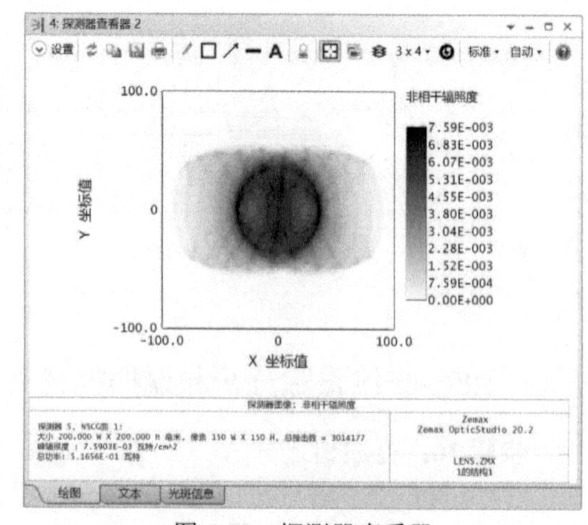

图 6-75　探测器查看器

6.3.9　增加矩形 ADAT 光纤

最后，我们将在第 5 个面（探测器）的右方（+Z）20 毫米处增加 1 个矩形 ADAT 光纤。

步骤 11： 增加矩形 ADAT 光纤。

（1）将"非序列元件编辑器"置前，按"Ctrl+Insert"组合键，插入#物体 6。

（2）将新插入的#物体 6 的"物体类型"栏设置为"矩形体"。

（3）在#物体 6 的编辑栏中输入以下参数，如图 6-76 所示。

- 参考物体：-1
- Z 位置：20
- 材料：Acrylic
- X1 半宽：70
- Y1 半宽：70
- Z 长度：2000
- X2 半宽：70
- Y2 半宽：70
- 所有其他参数设为默认。

非序列元件编辑器

更新: 所有窗口 ·

物体 6 属性　　结构 1/1

	物体类型	倾斜Y	倾斜Z	材料	X1 半宽	Y1 半宽	Z长度	X2 半宽	Y2 半宽
1	标准面 ▾	0.000	0.000	MIRROR	100.000	-1.000	150.000	20.000	
2	灯丝光源 ▾	90.000	0.000	-	20	5E+06	1.000	0	0
3	矩形探测器 ▾	0.000	0.000		150.000	150.000	150	150	0
4	标准透镜 ▾	0.000	0.000	N-BK7	300.000	0.000	150.000	150.000	70.000
5	矩形探测器 ▾	0.000	0.000		100.000	100.000	150	150	0
6	矩形体 ▾	0.000	0.000	ACRYLIC	70.000	70.000	2000.000	70.000	70.000

图 6-76　输入#物体 6 参数

当输入 Acrylic（压克力）材料类型时，可能会弹出如下信息。单击"是"按钮，Zemax 将添加 MISC（丙烯酸材料库）到玻璃目录，如图 6-77 所示。

图 6-77　弹出信息

此处，我们确定参考物体的参数为"–1"，代表编辑器前一个物体（比如#物体 5），与输入参数 5 等效。在编辑器中对同一个或不同非序列执行复制或粘贴操作时，用负数指定相对参考物体非常方便。

（4）更新三维布局图，结果如图 6-78 所示。

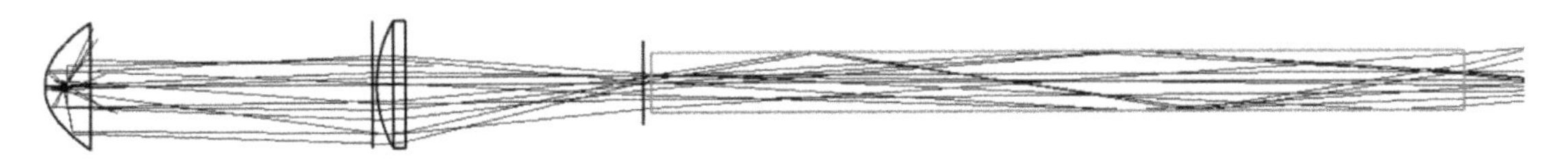

图 6-78　三维布局图

步骤 12：增加探测器#物体 7。

（1）将“非序列元件编辑器”置前，按“Ctrl+Insert”组合键插入#物体 7。

（2）将新插入的#物体 7 的“物体类型”栏设置为“矩形探测器”。

（3）在第 3 个探测器（#物体 7）编辑栏中输入以下参数，如图 6-79 所示。

- 参考物体：-1（使用相对物体“矩形体”作为参考）
- Z 位置：0（这个量以后再赋值）
- 材料：空（不要输入，空置即可）
- X 半宽：100
- Y 半宽：100
- X 像元数：150
- Y 像元数：150
- 颜色：1
- 所有其他参数默认

非序列元件编辑器

更新: 所有窗口　物体 7 属性　结构 1/1

	物体类型	倾斜Z	材料	X 半宽	Y 半宽	X像元数	Y像元数	数据类型	颜色
1	标准面	0.000	MIRROR	100.000	-1.000	150.000	20.000		
2	灯丝光源	0.000	-	20	5E+06	1.000	0	0	20.000
3	矩形探测器	0.000		150.000	150.000	150	150	0	1
4	标准透镜	0.000	N-BK7	300.000	0.000	150.000	150.000	70.000	0.000
5	矩形探测器	0.000		100.000	100.000	150	150	0	1
6	矩形体	0.000	ACRYLIC	70.000	70.000	2000.000	70.000	70.000	0.000
7	矩形探测器	0.000		100.000	100.000	150	150	0	1

图 6-79　输入#物体 7 参数

（4）更新三维布局图，结果如图 6-80 所示。三维布局图中不能显示图形，这是因为探测器位于矩形 ADAT 光纤上。

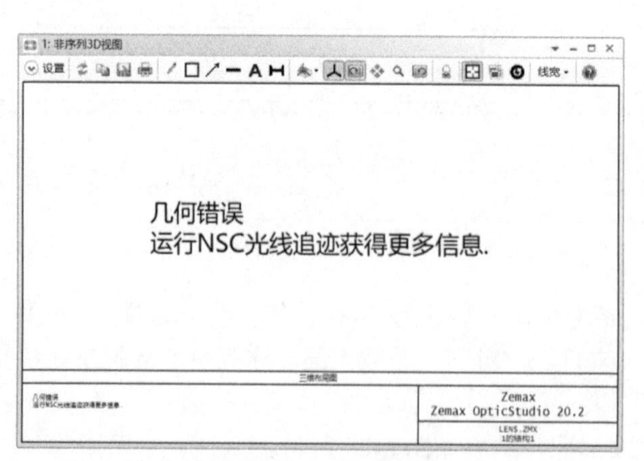

图 6-80　三维布局图

6.3.10　使用跟随解定位探测器

由于我们引用的检测器#7 以“矩形体”#6 作为参考，并设置 Z 位置为 0，因此该探测器是位于矩形光管的前表面。我们希望把这个探测器放置在矩形光管右方 10 毫米处，因此

Z 位置值应取 2010 毫米（矩形右方 10mm）。如果改变矩形光管“矩形体”厚度为不同的值，探测器#7 的 Z 位置也应有所改变。

为了简化操作，我们将为探测器的 Z 位置设置为“拾取”，无论物体#6 的厚度为何值，物体#7 的 Z 位置值会自动相对于#6 加 10。

（1）将光标放置在编辑器物体#7 的“Z 位置”栏右侧空白处单击，打开“在物体#7 上的 Z 位置求解”对话框。

（2）在该对话框中设置“求解类型”为“拾取”，如图 6-81 所示。在弹出的参数设置面板中，“从物体”设置为“6”，“偏移”设置为“10”，“从列”设置为“Z 长度”。

	物体类型	X位置	Y位置	Z位置	倾斜X	倾斜Y	倾斜Z	材料	X 半宽	Y 半宽	X像元数
1	标准面	.000	0.000	0.000	0.000	0.000	0.000	MIRROR	100.000	-1.000	150.000
2	灯丝光源	.000	0.000	50.000	0.000	90.000	0.000	-	20	5E+06	1.000
3	矩形探测器	.000	0.000	800.000	0.000	0.000	0.000		150.000	150.000	150
4	标准透镜	.000	0.000	10.000	0.000	0.000	0.000	N-BK7	300.000	0.000	150.000
5	矩形探测器	.000	0.000	650.000	0.000	0.000	0.000		100.000	100.000	150
6	矩形体	.000	0.000	20.000	0.000	0.000	0.000	ACRYLIC	70.000	70.000	2000.000
7	矩形探测器	.000	0.000	0.000 P	0.000	0.000	0.000		100.000	100.000	150

在物体7上的Z位置求解

求解类型: 拾取
从物体: 6
缩放因子:: 1
偏移: 10
从列: Z长度

图 6-81 #物体 7 解对话框

（3）操作完成后，Z 位置数据为“2010”，同时编辑框右侧出现“P”，表示设置了跟随解，如图 6-82 所示。

非序列元件编辑器

更新: 所有窗口 ·

物体 7 属性　　结构 1/1

	物体类型	X位置	Y位置	Z位置	倾斜X	倾斜Y	倾斜Z	材料	X 半宽	Y 半宽	X像元数
1	标准面	.000	0.000	0.000	0.000	0.000	0.000	MIRROR	100.000	-1.000	150.000
2	灯丝光源	.000	0.000	50.000	0.000	90.000	0.000	-	20	5E+06	1.000
3	矩形探测器	.000	0.000	800.000	0.000	0.000	0.000		150.000	150.000	150
4	标准透镜	.000	0.000	10.000	0.000	0.000	0.000	N-BK7	300.000	0.000	150.000
5	矩形探测器	.000	0.000	650.000	0.000	0.000	0.000		100.000	100.000	150
6	矩形体	.000	0.000	20.000	0.000	0.000	0.000	ACRYLIC	70.000	70.000	2000.000
7	矩形探测器	.000	0.000	2010.000 P	0.000	0.000	0.000		100.000	100.000	150

图 6-82 #物体 7 设置了跟随解

（4）更新三维布局图，结果如图 6-83 所示。

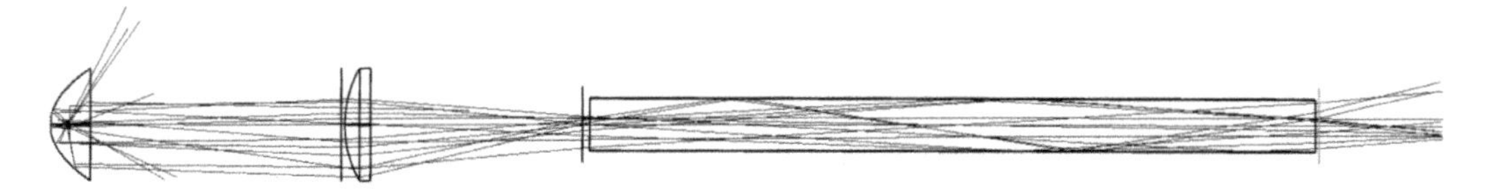

图 6-83 三维布局图

6.3.11　光线追迹整个系统

步骤 13： 光线追迹整个系统。

（1）执行“分析”选项卡→“光线追迹”面板→“光线追迹”命令，打开“光线追迹控制”对话框，勾选“使用偏振”复选框，如图 6-84 所示。

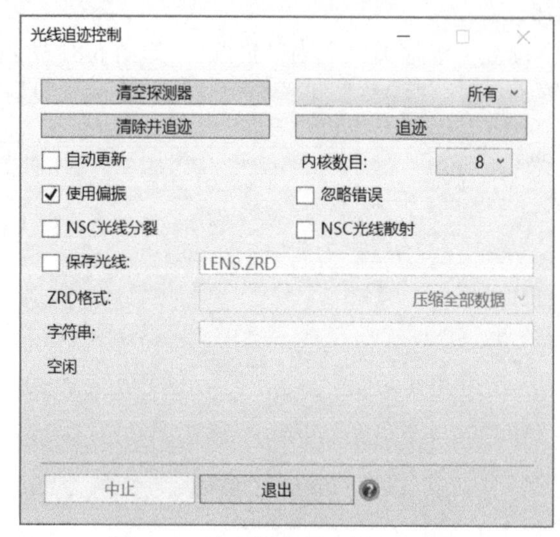

图 6-84　“光线追迹控制”对话框

（2）在对话框中，单击“清空探测器”按钮将探测器清零。

（3）清除完成后，单击“追迹”按钮，追迹完成后单击“退出”按钮退出对话框，完成操作。

（4）执行“分析”选项卡→“探测器与分析”面板→“探测器查看器”命令，打开第 2 个“探测器查看器”窗口，并进行设置，如图 6-85 所示。探测器视图显示光管有效去除了热点，使非相干辐射分布更均匀。

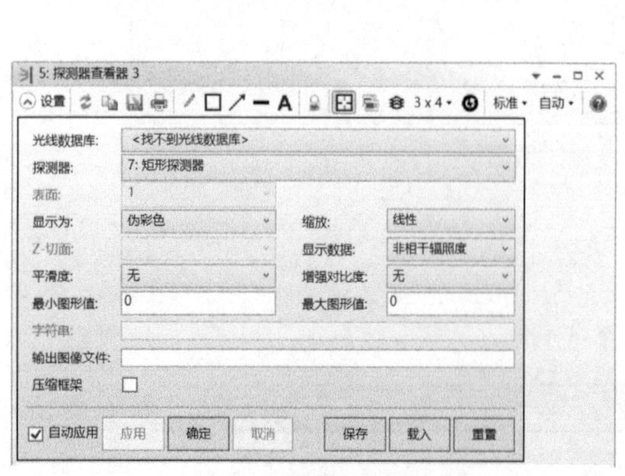

（a）探测器参数设置

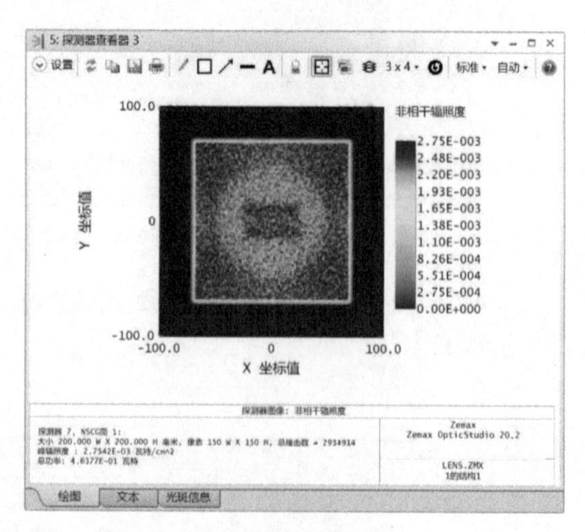

（b）探测器查看器窗口

图 6-85　#物体 7 探测器检测器

（5）更新非序列实体模型图，如图 6-86 所示。模型可以显示检测跟踪结果。对于实体模型图，Zemax 软件多重配置能力用来显示相同的视图中包含或不包含探测器的结果（这里不讨论如何实现）。

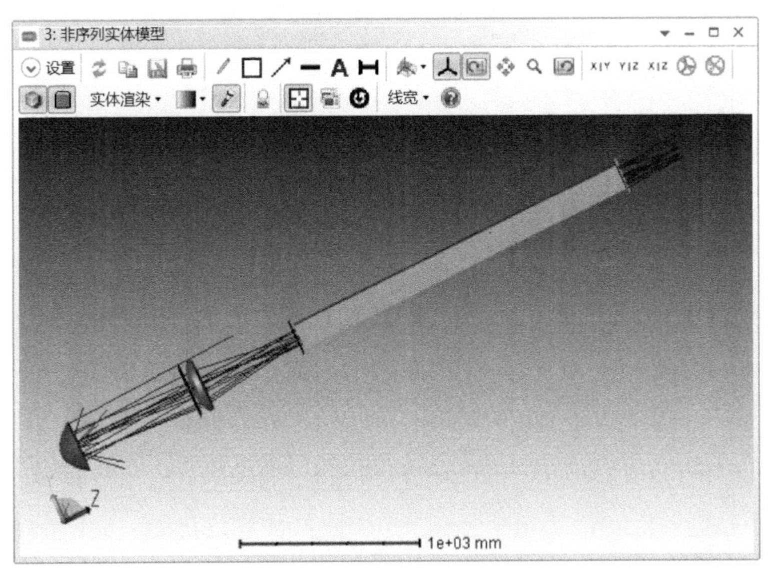

图 6-86　实体模型图

最后保存文件为“非序列光学系统.zmx”。

6.4　将序列面改成非序列物体

在对一个序列光学系统进行优化、分析和公差分析后，通常需要将它转换成一个非序列系统，特别在需要详细观察光学结构杂散光的问题中，这种需求更为明显。

6.4.1　转变 NSC 的工具

在序列 Zemax 中有一个非常方便的工具，利用该工具可以自动将一系列表面转换成非序列系统中对应的物体。最常用的表面类型，如标准面、表面孔径、坐标轴断点等都可以转换成非序列元件组。

当序列表面不存在对应的非序列等价物时，则无法转换；也存在一些结构无法转换，或者是 Zemax 暂不支持，因此在使用这个工具时一定要仔细检查转换透镜。

一旦透镜成功转换，即可增加 CAD 模拟的物体来代表底座、挡板、孔径光阑等，也可以仔细观察系统的光学元件和结构元件的相互作用。

接下来我们将使用 Cooke Triplet 样例文件来演示这个过程，说明如何实现转换功能。

最终文件：Char06\序列改成非序列.zmx

Zemax 设计步骤。

步骤 1： 打开文件。

（1）打开素材文件 Cooke 40 degree field.zmx（Samples\Sequentia\Objectives\）。

（2）执行“设置”/“分析”选项卡→“视图”面板→“2D 视图”命令，打开“布局图”窗口，如图 6-87 所示。

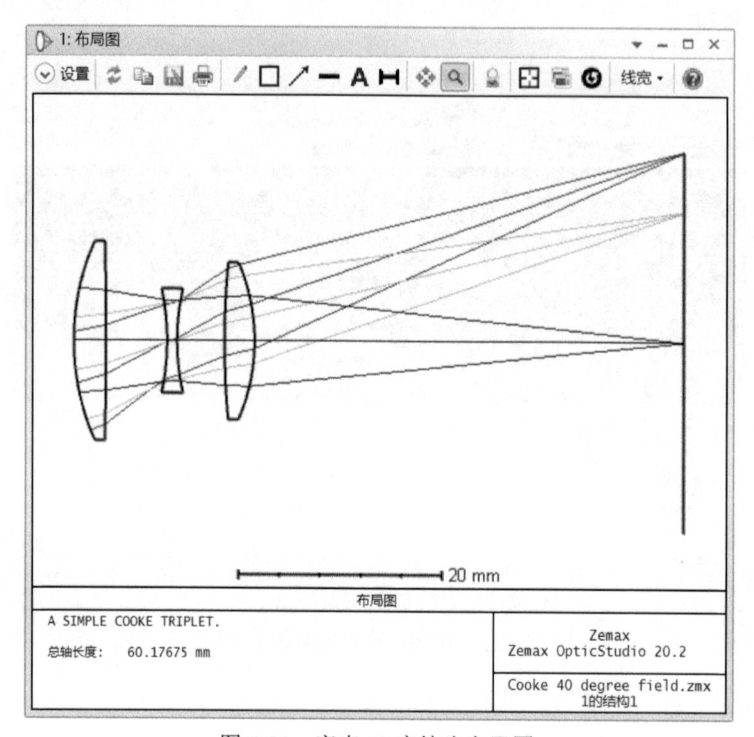

图 6-87　库克 40 度镜头布局图

6.4.2　初始结构

该练习的目标是将#面 1 到#面 6 转换为对应的非序列元件，并在当前像面（#面 7）的位置放置一个非序列探测器。为确保系统能够正常工作，同样需要放置一个非序列光源来代替物空间的轴上光束。

完成转换之后，Zemax 将在“镜头数据编辑器”中建立一个“非序列表面”，该表面将包含所有非序列元件，使系统成为“混合模式”（带端口的非序列系统）。在一个混合模式系统中，非序列组之外（即非序列表面类型之外）的光线按序列追迹，而在内部是非序列追迹。

“孔径光阑表面”的概念只适用于序列光线追迹。这是因为在序列光线追迹中，光线最初是入射到入瞳（孔径光阑的像面）或者是孔径光阑自身的，只有序列表面可以设置为系统的孔径光阑。孔径光阑表面必须处于光学设计的非序列部分的前面。

在示例中，孔径光阑表面也包含在系统中，因此，必须将当前孔径光阑的位置移至第一个想要转换的透镜之前的模拟靶位置。

同样，在转换成非序列设计之前，所有的半径要被固定（在半径后设置“U”）。在该示例中半径的值是默认固定的。

步骤 2： 编辑参数。

（1）将镜头数据编辑器置前，在#面 1 上按“Insert”键，在当前#面 1 之前插入一个模拟靶。如图 6-88 所示。

	表面类型		标注	曲率半径	厚度	材料	膜层	净口径	延伸区	机械半直径	圆锥系数	TCE x 1E-6
0	物面	标准面 ▾		无限	无限			无限	0.000	无限	0.000	0.000
1		标准面 ▾		无限	0.000			9.190	0.000	9.190	0.000	0.000
2	(孔径)	标准面 ▾		22.014 V	3.259 V	SK16	AR	9.500 U	0.000	9.500	0.000	-
3	(孔径)	标准面 ▾		-435.760 V	6.008 V		AR	9.500 U	0.000	9.500	0.000	0.000
4	(孔径)	标准面 ▾		-22.213 V	1.000 V	F2	AR	5.000 U	0.000	5.000	0.000	-
5	光阑 (孔径)	标准面 ▾		20.292 V	4.750 V		AR	5.000 U	0.000	5.000	0.000	0.000
6	(孔径)	标准面 ▾		79.684 V	2.952 V	SK16	AR	7.500 U	0.000	7.500	0.000	-
7	(孔径)	标准面 ▾		-18.395 M	42.208 V		AR	7.500 U	0.000	7.500	0.000	0.000
8	像面	标准面 ▾		无限	-			18.173	0.000	18.173	0.000	0.000

图 6-88　插入一个模拟靶

（2）双击模拟靶表面的“表面类型”栏展开“#面 1 属性”面板，勾选“使此表面为光阑”复选框，将该表面设置为孔径光阑。如图 6-89 所示。

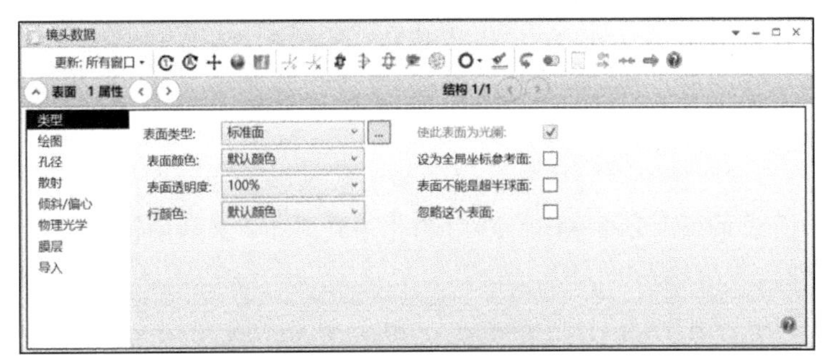

图 6-89　将模拟靶设置为孔径光阑

（3）镜头数据编辑器将在模拟靶表面旁边显示“光阑”，表示该表面是一个孔径光阑，原来的孔径光阑面变成普通的标准面。如图 6-90 所示。

说明：设置#面 1#为光阑面是转换为混合模式系统需要，否则序列模式不能转换为混合模式系统。

	表面类型		标注	曲率半径	厚度	材料	膜层	净口径	延伸区	机械半直径	圆锥系数	TCE x 1E-6
0	物面	标准面 ▾		无限	无限			无限	0.000	无限	0.000	0.000
1	光阑	标准面 ▾		无限	0.000			5.000	0.000	5.000	0.000	0.000
2	(孔径)	标准面 ▾		22.014 V	3.259 V	SK16	AR	9.500 U	0.000	9.500	0.000	-
3	(孔径)	标准面 ▾		-435.760 V	6.008 V		AR	9.500 U	0.000	9.500	0.000	0.000
4	(孔径)	标准面 ▾		-22.213 V	1.000 V	F2	AR	5.000 U	0.000	5.000	0.000	-
5	(孔径)	标准面 ▾		20.292 V	4.750 V		AR	5.000 U	0.000	5.000	0.000	0.000
6	(孔径)	标准面 ▾		79.684 V	2.952 V	SK16	AR	7.500 U	0.000	7.500	0.000	-
7	(孔径)	标准面 ▾		-18.395 M	42.208 V		AR	7.500 U	0.000	7.500	0.000	0.000
8	像面	标准面 ▾		无限	-			18.922	0.000	18.922	0.000	0.000

图 6-90　模拟靶旁边显示“光阑”

6.4.3　间接转换方式

步骤 3：转换系统。

（1）执行“文件”选项卡→“转换文件”面板→“转换为 NSC 组”命令，在打开的 Zemax Message 提示框中，单击“否”按钮，打开图 6-91 所示的“转换为 NSC 组”对话框。

（2）在该对话框中进行设置，取消勾选“添加光源及探测器”复选框，然后设置“起始面”为 2，“终止面”为 8，如图 6-92 所示。

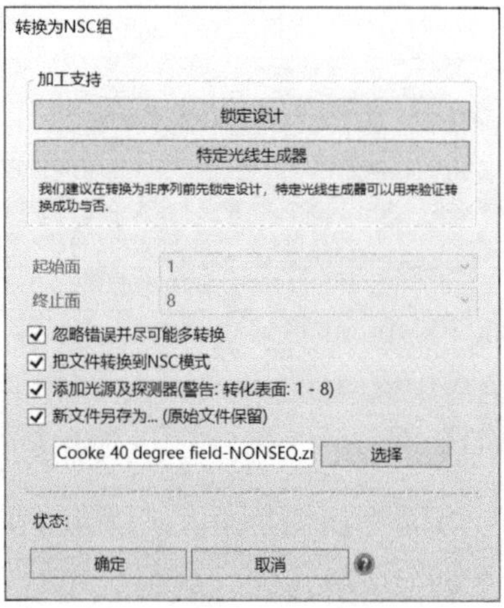

图 6-91　“转换为 NSC 组”对话框

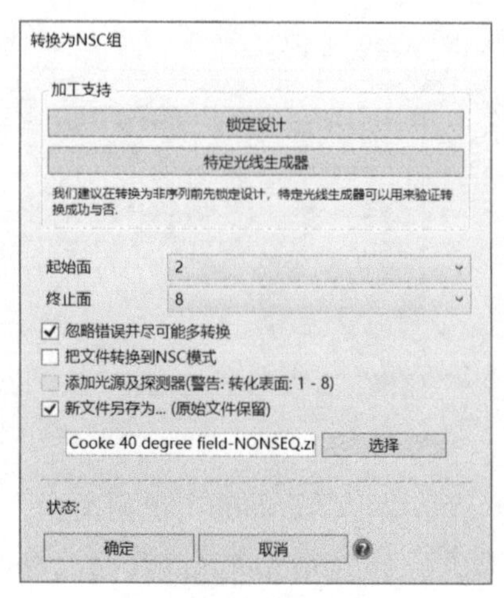

图 6-92　设定#面 2 到#面 7

说明：如果取消勾选“把文件转换到 NSC 模式”复选框，则转换为混合模式系统，后面再做详细介绍。

（3）单击“确定”按钮，完成转换后的镜头数据编辑器如图 6-93 所示。此时，系统转换为一个混合模式系统，或者称作带端口的非序列系统，这是由镜头数据编辑器中的“非序列组件”决定的。

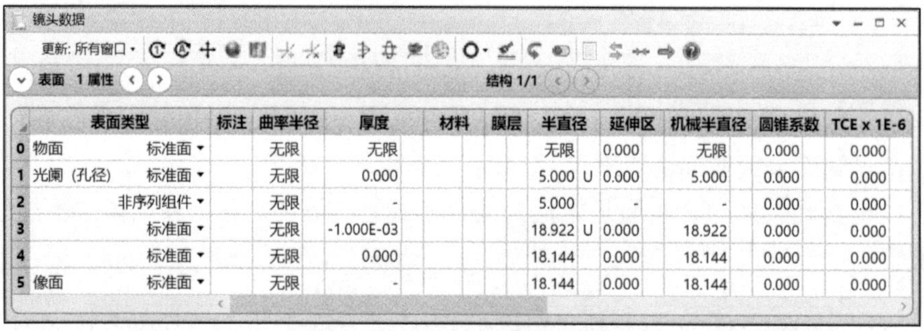

镜头数据

更新: 所有窗口 · 表面 1 属性 · 结构 1/1

	表面类型		标注	曲率半径	厚度	材料	膜层	半直径		延伸区	机械半直径	圆锥系数	TCE x 1E-6
0	物面	标准面 ▾		无限	无限			无限		0.000	无限	0.000	0.000
1	光阑（孔径）	标准面 ▾		无限	0.000			5.000	U	0.000	5.000	0.000	0.000
2		非序列组件 ▾		无限	-			5.000		-	-	0.000	0.000
3		标准面 ▾		无限	-1.000E-03			18.922	U	0.000	18.922	0.000	0.000
4		标准面 ▾		无限	0.000			18.144		0.000	18.144	0.000	0.000
5	像面	标准面 ▾		无限	-			18.144		0.000	18.144	0.000	0.000

图 6-93　转换成混合模式

接下来，我们将该系统转换为一个纯净的非序列系统。

（4）执行“设置”选项卡→“模式”面板→“非序列”命令，打开图 6-94 所示的“贴换程序模式？”提示框，单击“是”按钮，打开图 6-95 所示的“保存文件？”提示框，单击“否”按钮，即可进入纯非序列模式。

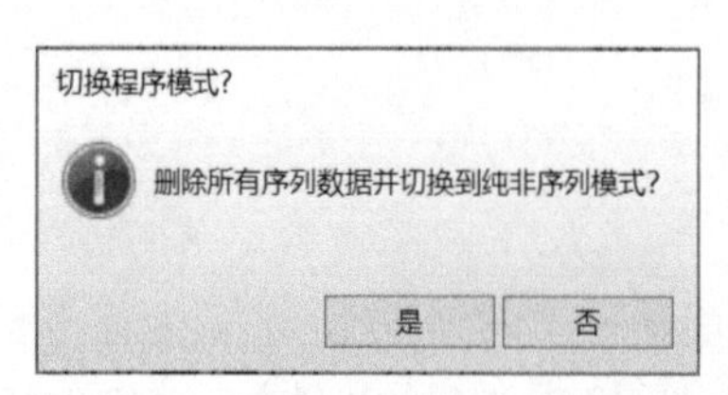

图 6-94　“贴换程序模式？”提示框

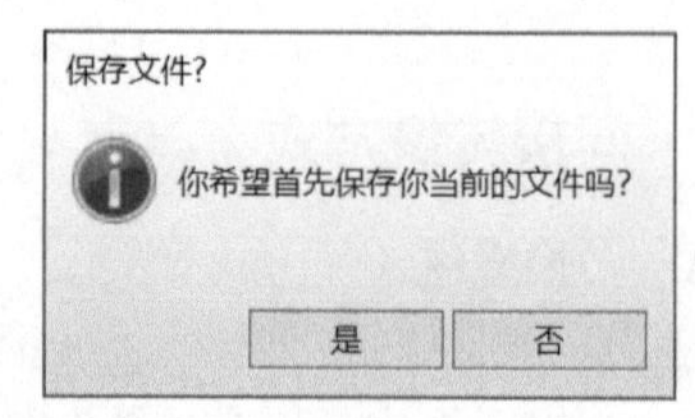

图 6-95　“保存文件？”提示框

（5）完成转换后，打开“非序列元件编辑器”窗口，如图 6-96 所示。

非序列元件编辑器

	物体类型	标注	参考物体	在...内部	X位置	Y位置	Z位置	倾斜X	倾斜Y	倾斜Z	材料	半径 1	圆锥系数1
1	标准透镜	表面 2-3	0	0	0.000	0.000	0.000	0.000	0.000	0.000	SK16	22.014	0.000
2	标准透镜	表面 4-5	0	0	0.000	0.000	9.267	0.000	0.000	0.000	F2	-22.213	0.000
3	标准透镜	表面 6-7	0	0	0.000	0.000	15.017	0.000	0.000	0.000	SK16	79.684	0.000

图 6-96　转换成纯净的非序列系统

（6）执行“设置”/“分析”选项卡→“视图”面板→“非序列 3D 视图”命令，打开“非序列三维布局图”窗口，3D 外形图如图 6-97 所示，可以发现透镜转换正确。

步骤 2、步骤 3 也可以不添加光阑#面 1，直接转换为纯净的非序列系统。

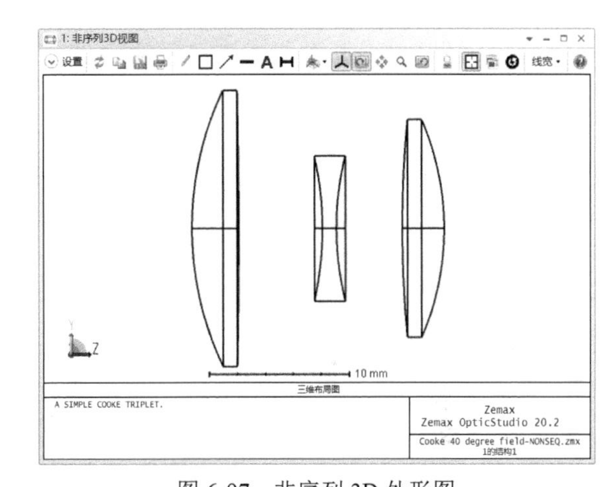

图 6-97　非序列 3D 外形图

6.4.4　直接转换方式

步骤 1： 打开文件。

直接打开素材文件 Cooke 40 degree field.zmx（Samples\Sequentia\Objectives\）。

步骤 2： 跳过。

步骤 3： 转换系统。

（1）执行“文件”选项卡→“转换文件”面板→“转换为 NSC 组”命令，打开图 6-98 所示的“转换为 NSC 组”对话框。

（2）在该对话框中进行设置，取消勾选“添加光源及探测器”复选框，如图 6-99 所示。

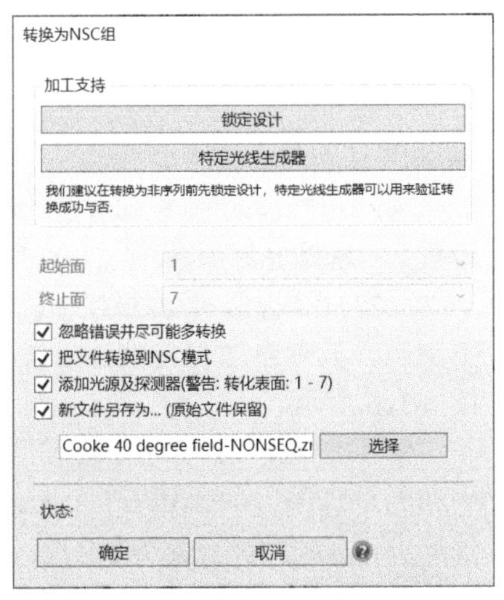

图 6-98　“转换为 NSC 组”对话框

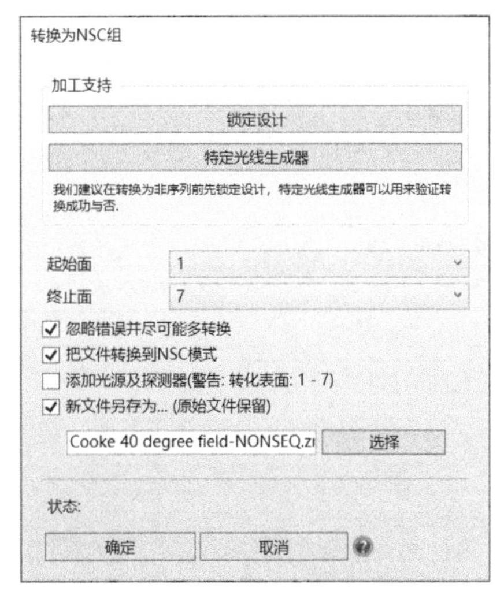

图 6-99　设置#面 2 到#面 7

（3）单击“确定”按钮，完成转换后打开“非序列元件编辑器”窗口，如图 6-100 所示。

非序列元件编辑器

更新: 所有窗口 ▾

物体 1 属性　　　　　　　　　　　结构 1/1

	物体类型	标注	参考物体	在...内部	X位置	Y位置	Z位置	倾斜X	倾斜Y	倾斜Z	材料	半径 1	圆锥系数1	净孔径 1
1	标准透镜 ▾	表面 1-2	0	0	0.000	0.000	0.000	0.000	0.000	0.000	SK16	22.014	0.000	9.500
2	标准透镜 ▾	表面 3-4	0	0	0.000	0.000	9.267	0.000	0.000	0.000	F2	-22.213	0.000	5.000
3	标准透镜 ▾	表面 5-6	0	0	0.000	0.000	15.017	0.000	0.000	0.000	SK16	79.684	0.000	7.500

图 6-100　转换成混合模式

（4）执行“设置”/“分析”选项卡→“视图”面板→“非序列 3D 视图”命令，打开“非序列三维布局图”窗口，非序列 3D 外形图如图 6-101 所示，可以发现透镜转换正确。

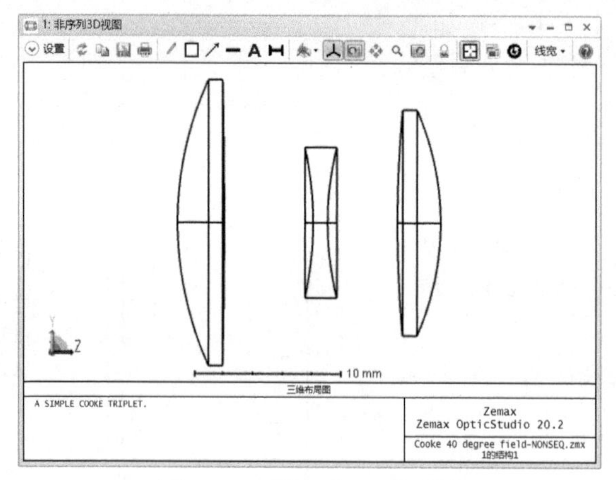

图 6-101　非序列 3D 外形图

由此可见两种转换方式都能得到相同的结果。

6.4.5　插入非序列光源

序列系统中有一个直径为 10 个透镜单位的入瞳。要产生同样的轴上入射光束，需要在第一透镜左边放置一个同样大小的经过准直的、圆形的非序列光源。

步骤 4：插入非序列光源。

（1）将“非序列元件编辑器”置前，按“Ctrl+Insert”组合键，插入#物体 4。

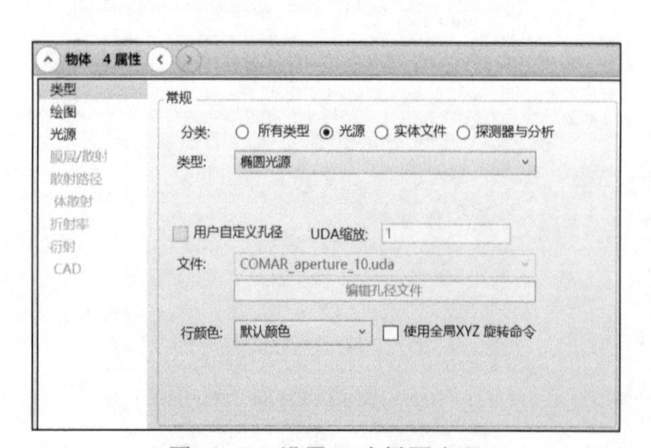

图 6-102　设置#4 为椭圆光源

（2）将新插入的#物体 4 的“类型”设置为“椭圆光源”，如图 6-102 所示。

（3）在#物体 4 编辑栏中输入以下参数，其他参数保持默认设置，如图 6-103 所示。

- Z 位置：−10（由于经过准直，因此只要在第一块透镜左侧的任何位置均可）
- 陈列光线条数#：10
- 分析光线条数#：100000
- X 半宽：5

■ Y 半宽：5

■ 其他参数保持默认设置

非序列元件编辑器

更新: 所有窗口 ▾

物体 4 属性　　　　结构 1/1

	物体类型	倾斜Y	倾斜Z	材料	陈列光线条数#	分析光线条数#	能量(瓦特)	波数	颜色 #	X 半宽	Y 半宽	光源距离
1	标准透镜 ▾	0.000	0.000	SK16	22.014	0.000	9.500	9.500	3.259	-435.760	0.000	9.500
2	标准透镜 ▾	0.000	0.000	F2	-22.213	0.000	5.000	5.000	1.000	20.292	0.000	5.000
3	标准透镜 ▾	0.000	0.000	SK16	79.684	0.000	7.500	7.500	2.952	-18.395	0.000	7.500
4	椭圆光源 ▾	0.000	0.000	-	10	1E+05	1.000	0	0	5.000	5.000	0.000

图 6-103　设置#物体 4 参数

（4）更新三维布局图，结果如图 6-104 所示。图中显示光源发出 10 条分析光线，说明光线追迹正确。

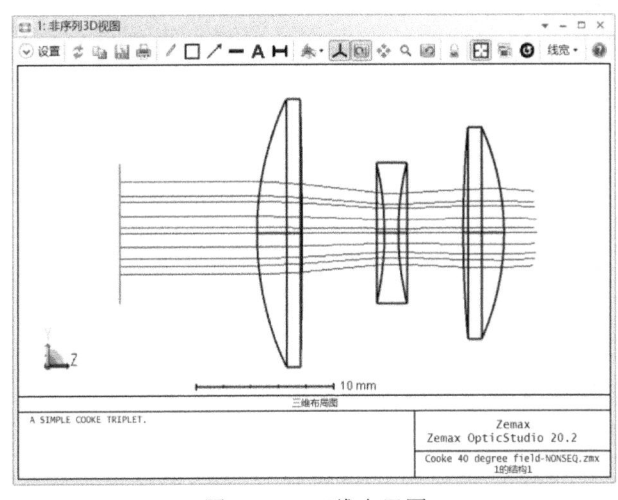

图 6-104　三维布局图

6.4.6　插入探测器物体

现在需要在系列像面的同样位置放置一个探测器。在镜头数据编辑器中可以看出，序列像面位于第 1 个表面的右侧 60.177 距离处。

由于在非序列系统中，第 1 块透镜（物镜#1）在全局坐标原点处（也就是 Z 坐标参数为 0），因此需要在 Z 位置坐标+60.177 处放置探测器。

步骤 5： 放置探测器物体。

（1）将“非序列元件编辑器”置前，按“Ctrl+Insert”组合键，插入#物体 5。

（2）将新插入的#物体 5 的“物体类型”栏设置为“矩形探测器”。

（3）在#物体 5 编辑栏中输入以下参数，设置矩形探测器参数（如图 6-105 所示）。

■ Z 位置：60.177

■ 材料：空（不要输入，空置即可）

■ X 半宽：0.01

■ Y 半宽：0.01
■ X 像元数：100
■ Y 像元数：100
■ 其他参数为默认值

非序列元件编辑器

更新: 所有窗口 · 物体 5 属性 · 结构 1/1

	物体类型	Y位置	Z位置	倾斜X	倾斜Y	倾斜Z	材料	X 半宽	Y 半宽	X像元数	Y像元数	数据类型
1	标准透镜	0.000	0.000	0.000	0.000	0.000	SK16	22.014	0.000	9.500	9.500	3.259
2	标准透镜	0.000	9.267	0.000	0.000	0.000	F2	-22.213	0.000	5.000	5.000	1.000
3	标准透镜	0.000	15.017	0.000	0.000	0.000	SK16	79.684	0.000	7.500	7.500	2.952
4	椭圆光源	0.000	-10.000	0.000	0.000	0.000	-	10	1E+05	1.000	0	0
5	矩形探测器	0.000	60.177	0.000	0.000	0.000		1.000E-02	1.000E-02	100	100	0

图 6-105　设置矩形探测器参数

（4）更新三维布局图，结果如图 6-106 所示。

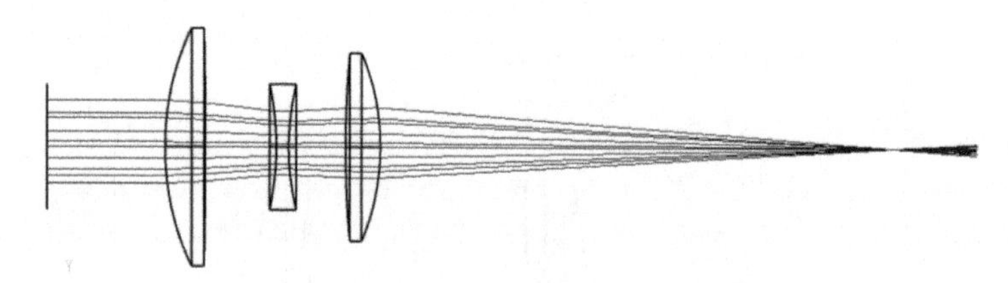

图 6-106　三维布局图

步骤 6： 光线几何分析。

（1）执行“分析”选项卡→“探测器与分析”面板→“探测器查看器”命令，打开“探测器查看器”窗口，如图 6-107 所示。

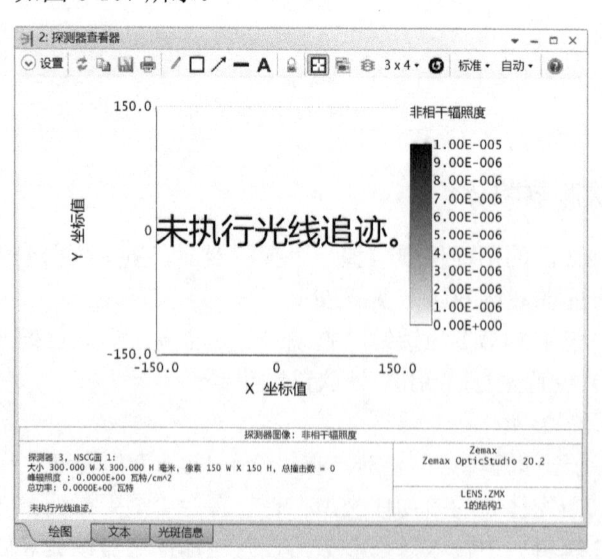

图 6-107　检测器查看器

我们需要追迹到达探测器的分析光线来了解到达探测器的光能量。Zemax 将追迹 100000 条光线，该数量在非序列元件编辑器中的“分析光线条数#”参数中进行设置。

（2）执行“分析”选项卡→“光线追迹”面板→“光线追迹”命令，打开图 6-108 所示的“光线追迹控制”对话框。

（3）在对话框中，单击“清空探测器”按钮将探测器清零。

（4）清除完成后，单击“追迹”按钮，追迹完成后单击“退出”按钮退出对话框，完成操作。

（5）更新探测器查看器。探测器视图将显示非相干辐射分布，如图 6-109 所示。

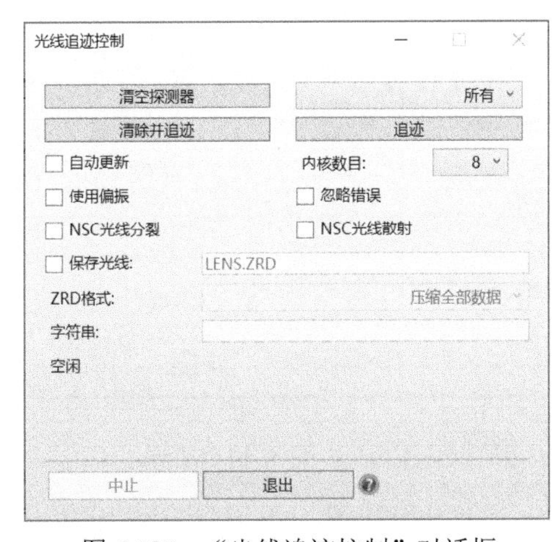

图 6-108 “光线追迹控制”对话框

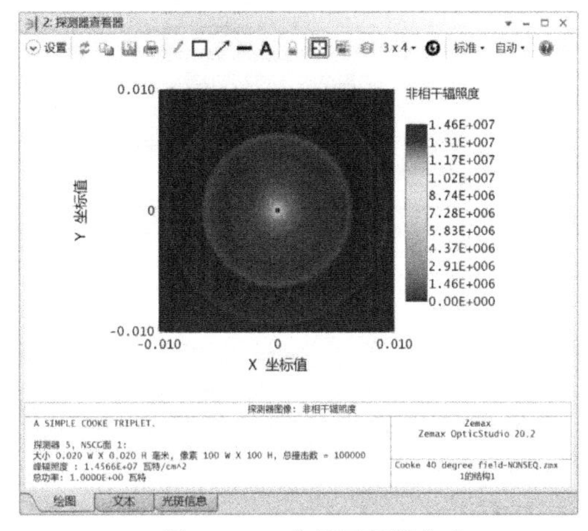

图 6-109 非相干辐射分布

如果没有看到同样的输出结果，可以查看“探测器查看器”的设置与图 6-110 是否相同。

在“探测器查看器”中显示的分布是相应序列轴上的几何点列图。通过在 Zemax 序列模式下打开点列图比较结果，如图 6-111 所示。

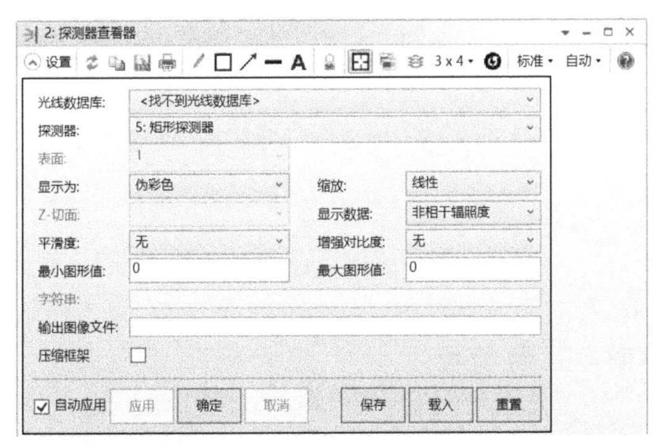

图 6-110 设置非相干辐射分布

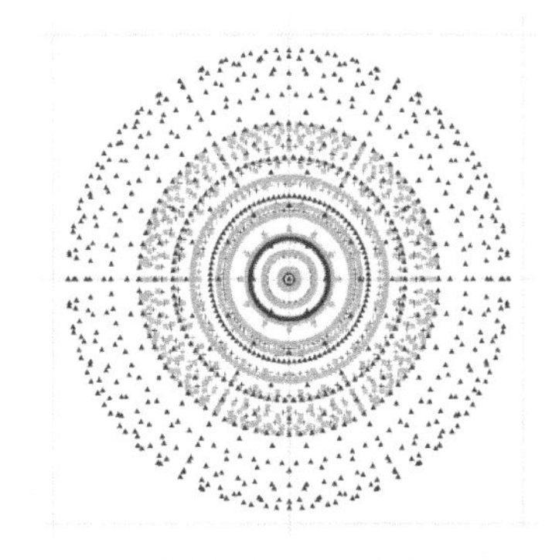

图 6-111 点列图

到目前为止，我们已经在系列和非序列系统中比较了几何光线追迹的结果，同样可以进行衍射计算的比较，特别是使用 Huygen's 点扩散函数计算。

步骤 7： 衍射分析。

（1）修改光源参数“分析光线条数#”为“3000”，减少光线数目可以增加探测器追迹速度，如图 6-112 所示。

（2）修改矩形探测器参数“数据类型”为“1”，“PSF 模式波长”为“2”，如图 6-113 所示。

	物体类型	倾斜X	倾斜Y	倾斜Z	材料	陈列光线条数#	分析光线条数#	能量(瓦特)	波数	颜色 #	X 半宽
1	标准透镜 ▾	0.000	0.000	0.000	SK16	22.014	0.000	9.500	9.500	3.259	-435.760
2	标准透镜 ▾	0.000	0.000	0.000	F2	-22.213	0.000	5.000	5.000	1.000	20.292
3	标准透镜 ▾	0.000	0.000	0.000	SK16	79.684	0.000	7.500	7.500	2.952	-18.395
4	椭圆光源 ▾	0.000	0.000	0.000	-	10	3000	1.000	0	0	5.000
5	矩形探测器 ▾	0.000	0.000	0.000		1.000E-02	1.000E-02	100	100	1	0

图 6-112　修改光源参数

	物体类型	Y 半宽	X像元数	Y像元数	数据类型	颜色	平滑	缩放	图形尺寸	仅在前	PSF模式波长
1	标准透镜 ▾	0.000	9.500	9.500	3.259	-435.760	0.000	9.500	9.500		
2	标准透镜 ▾	0.000	5.000	5.000	1.000	20.292	0.000	5.000	5.000		
3	标准透镜 ▾	0.000	7.500	7.500	2.952	-18.395	0.000	7.500	7.500		
4	椭圆光源 ▾	3000	1.000	0	0	5.000	5.000	0.000	0.000	0.000	0.000
5	矩形探测器 ▾	1.000E-02	100	100	1	0	0	0	0.000	0	2

图 6-113　修改矩形探测器参数

（3）设置“探测器查看器”中的“显示数据”为“相干辐照度”，如图 6-114 所示。

（4）参考前面的操作步骤，执行“分析”选项卡→“光线追迹”面板→“光线追迹”命令后，更新探测器视图，显示 Huygen's 衍射的点扩散函数，如图 6-115 所示。

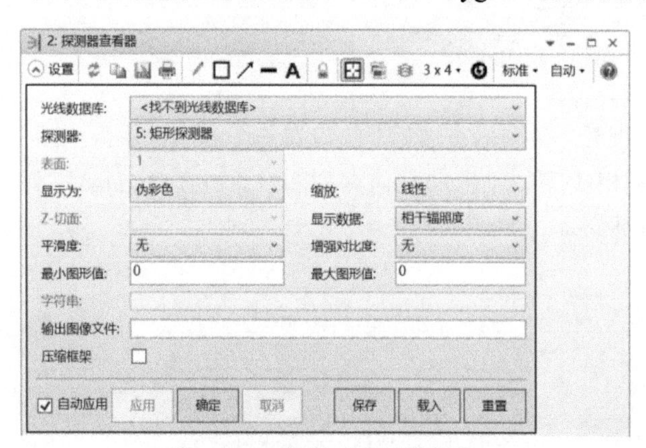

图 6-114　设置“显示数据”

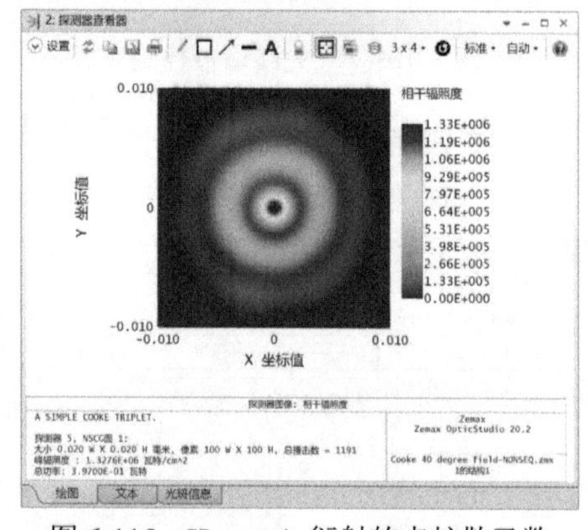

图 6-115　Huygen's 衍射的点扩散函数

在“探测器查看器”中显示的分布是相应序列轴上的惠更斯点扩散函数。

（5）在 Zemax 序列模式下执行“分析”选项卡→“成像质量”面板→“点扩散函数”下的“惠更斯 PSF”命令，打开“惠更斯 PSF”窗口比较结果，如图 6-116 所示。

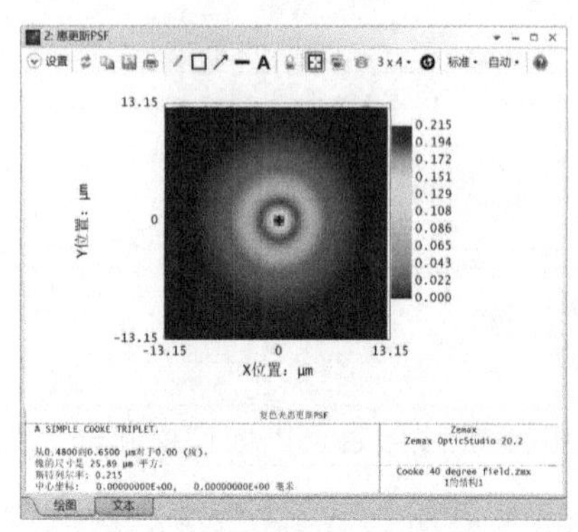

图 6-116　惠更斯点扩散函数

序列和非序列分析显示为几乎相同的结果。第二环能量的微小差异源于追迹光线数目的不同。现在我们已经比较熟悉转换过程，接下来可以在非序列模式下做进一步模拟。

6.5 混合模式系统模拟

Zemax 支持两种不同的光线追迹模式（序列和非序列），但大多数情况下需要结合使用两种模式。如果一个设计同时使用了两种光线追迹模式，通常称之为“混合模式”系统、带有端口的非序列光线追迹或者是序列 / 非序列模式。

6.5.1 序列/非序列模式

混合模式系统是指在一个序列系统中包含一个或一个以上非序列物体（称为 NSC 组）。在混合模式系统的设计中，系统使用序列模式中所定义的系统孔径与场。光线从每个被定义的场点射向系统孔径，并且穿越非序列表面前的所有序列表面。

随后光线进入非序列模式的入口端口，并开始在非序列物体群中传播，当光线离开出口后，将继续追迹剩余的序列表面，直至成像面。

图 6-117 突出演示了光线在混合模式设计中的传播。平行光通过入口进入，在光纤中多次全内反射，出射后进入棱镜后出射。

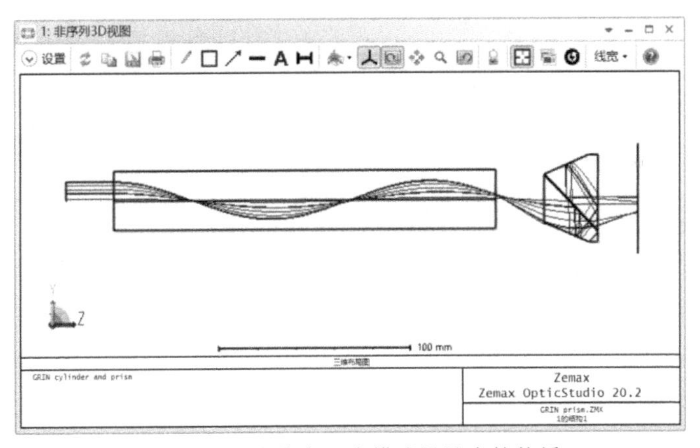

图 6-117 光线在混合模式设计中的传播

非序列物体群可通过多个非序列表面进行定义。混合模式系统通常被用来仿真不易建立于序列模式的光学组件。

下面介绍的建立混合模式系统将着重于多焦透镜：曲率半径为孔径位置的函数光学组件，该透镜将有 4 个不同的局部。

最终文件：Char06\混合模式系统.zmx

Zemax 设计步骤。

步骤 1： 设置通用数据。

（1）在“系统选项”面板中双击展开“系统孔径”选项。

（2）将“孔径类型”设置为“入瞳直径”，“孔径值”设置为“38”，“切趾类型”设置为“均匀”，如图 6-118 所示。

（3）视场和波长保持默认值，如图 6-119 所示。镜头数据随之变化。

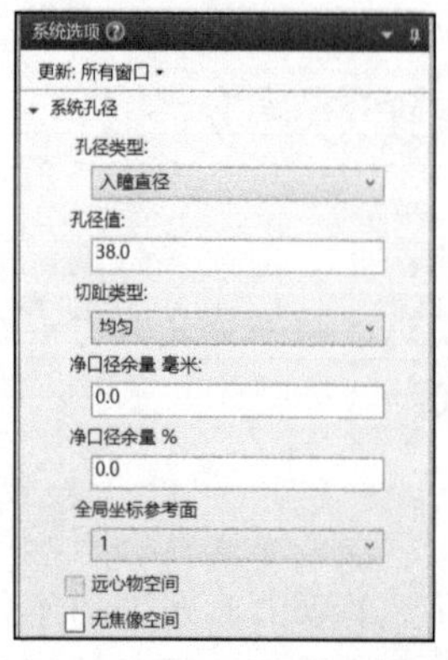

图 6-118　系统孔径设置

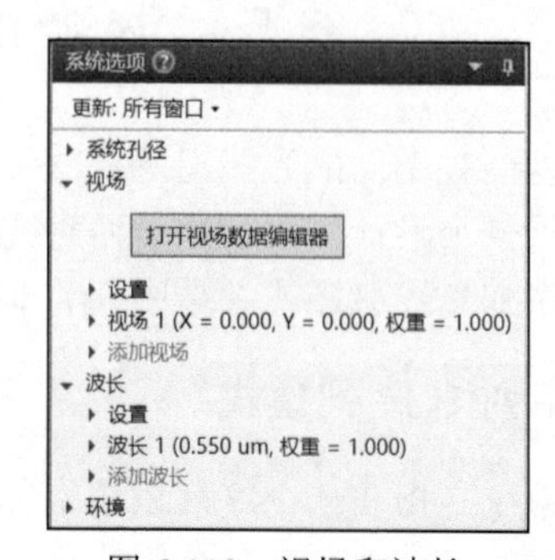

图 6-119　视场和波长

步骤 2：在透镜数据编辑器中输入参数。

（1）单击“设置”选项卡→“编辑器”→“镜头数据”按钮，将“镜头数据”编辑器置前。

（2）将鼠标放置在镜头数据编辑器的“像面”栏，按“Insert”键插入 1 个面，面的编号为 2，该面用于定义非序列模式的出口端口尺寸，如图 6-120 所示。

镜头数据

更新: 所有窗口

表面 2 属性　　结构 1/1

	表面类型	标注	曲率半径	厚度	材料	膜层	净口径	延伸区	机械半直径	圆锥系数	TCE x 1E-6
0	物面 标准面		无限	无限			0.000	0.000	0.000	0.000	0.000
1	光阑 标准面		无限	0.000			19.000	0.000	19.000	0.000	0.000
2	标准面		无限	0.000			19.000	0.000	19.000	0.000	0.000
3	像面 标准面		无限	-			19.000	0.000	19.000	0.000	0.000

图 6-120　镜头数据编辑器插入面

（3）双击光阑面的“表面类型”栏展开“#面 1 属性”参数设置面板。在该面板中设置光阑面类型为“非序列性组件”，镜头数据编辑器数据区随之变化，如图 6-121 所示。

说明：“系统选项”面板中将出现“非序列”项，双击可以查看非序列的相关参数，本示例“最大嵌套/接触物体数目”选项采用默认设置 10 即可，如图 6-122 所示。

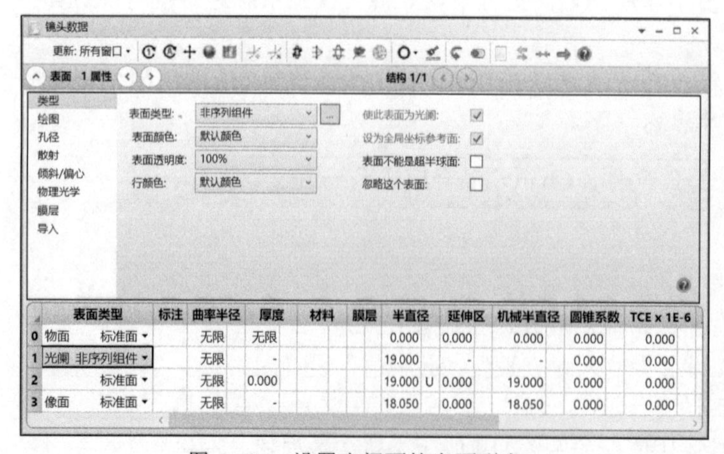

	表面类型	标注	曲率半径	厚度	材料	膜层	半直径	延伸区	机械半直径	圆锥系数	TCE x 1E-6
0	物面 标准面		无限	无限			0.000	0.000	0.000	0.000	0.000
1	光阑 非序列组件		无限	-			19.000	-	-	0.000	0.000
2	标准面		无限	0.000			19.000 U	0.000	19.000	0.000	0.000
3	像面 标准面		无限	-			18.050	0.000	18.050	0.000	0.000

图 6-121　设置光阑面的表面型态

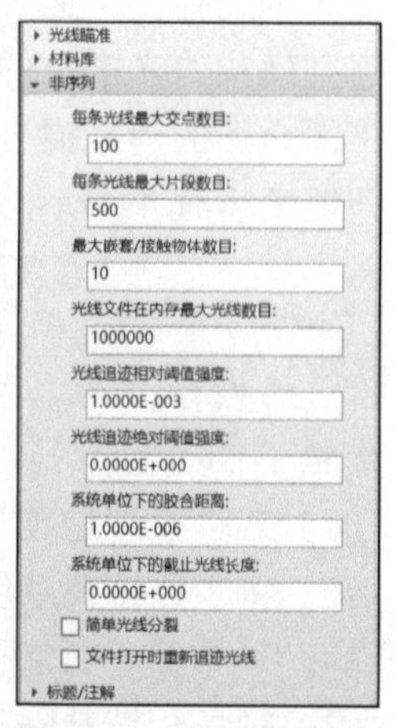

图 6-122　非序列选项

（4）在非序列组件的编辑栏中输入如下参数（如图 6-123 所示）。

■ 显示接口：3（在视图中画出入口与出口，默认 0 将不画出）。

■ 输出口 Z：25。

	表面类型		圆锥系数	TCE x 1E-6	显示接口	输出口 X	输出口Y	输出口Z	输出口X-倾斜	输出口Y-倾斜
0	物面	标准面 ▾	0.000	0.000						
1	光阑	非序列组件 ▾	0.000	0.000	3	0.000	0.000	25.000	0.000	0.000
2		标准面 ▾	0.000	0.000						
3	像面	标准面 ▾	0.000	0.000						

图 6-123　输入#面 1 初始参数

（5）在#面 2 编辑栏输入如下参数（如图 6-124 所示）。

■ 厚度：80mm

■ 净孔径：25mm

	表面类型		标注	曲率半径	厚度	材料	膜层	净口径		延伸区	机械半直径	圆锥系数	TCE x 1E-6
0	物面	标准面 ▾		无限	无限			0.000		0.000	0.000	0.000	0.000
1	光阑	非序列组件 ▾		无限	-			19.000		-	-	0.000	0.000
2		标准面 ▾		无限	80.000			25.000	U	0.000	25.000	0.000	0.000
3	像面	标准面 ▾		无限	-			19.000		0.000	19.000	0.000	0.000

图 6-124　输入#面 2 初始参数

步骤 3：查看光线输出效果。

执行“分析”选项卡→“视图”面板→“3D 视图”命令，打开“三维布局图”窗口，显示光路结构图，如图 6-125 所示。

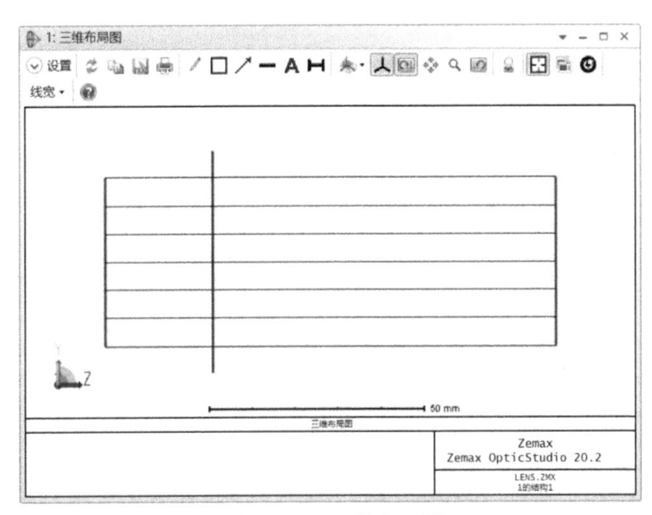

图 6-125　三维布局图

6.5.2　建立非序列组件

通过置入不同曲率半径与边缘直径的实体透镜物体可以设置多焦透镜。物体将通过非序列元件编辑器（NSCE）进行定义，在 NSCE 中设置物体对象有如下限制。

（1）多重对象中，重叠体积的属性由 NSCE 中最后一个物体定义，这意味要从最外层开始定义透镜对象至最内层。

（2）每个物体的物体类型为“标准透镜”。

步骤 4： 建立非序列组件。

（1）执行“设置”选项卡→“编辑器”面板→“非序列”命令，打开非序列元件编辑器 NSCE，按“Insert”键在 NSCE 中插入 2 列，如图 6-126 所示。

非序列元件编辑器: 元件组在表面 1

	物体类型	标注	参考物体	在...内部	X位置	Y位置	Z位置	倾斜X	倾斜Y	倾斜Z	材料
1	空物体 ▾		0	0	0.000	0.000	0.000	0.000	0.000	0.000	-
2	空物体 ▾		0	0	0.000	0.000	0.000	0.000	0.000	0.000	-
3	空物体 ▾		0	0	0.000	0.000	0.000	0.000	0.000	0.000	-

图 6-126　非序列编辑栏插入 2 列

（2）在 NSCE 的#物体 1 的“物体类型”栏上双击，展开“#物体 1 属性”面板，设置#物体 1 的“类型”为“标准透镜”，如图 6-127 所示。

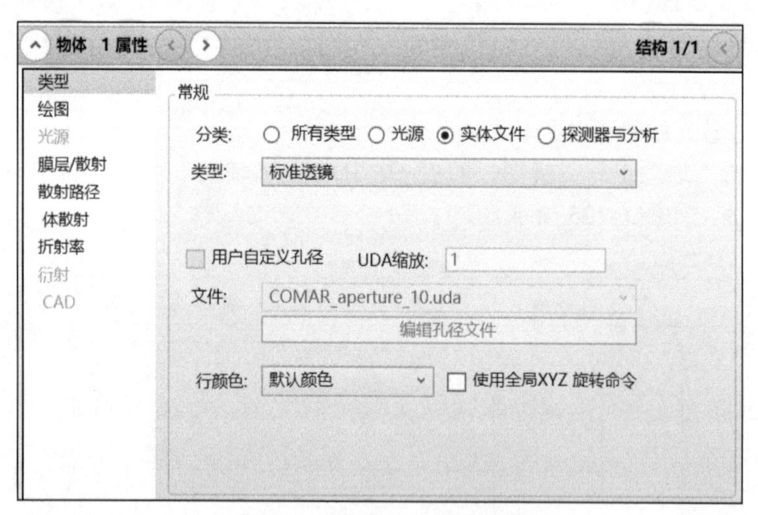

图 6-127　设置#1 为标准透镜

（3）在 NSCE 内的透镜栏输入如下参数，如图 6-128 所示。

- Z 位置：5mm
- 材料：BK7
- 半径 1：50mm
- 净孔径 1/边缘孔径 1：20mm（忽略错误信息）
- 厚度：10mm
- 净孔径 2/边缘孔径 2：20mm
- 其他所有参数为默认值。

（4）透镜对象外部的参数已定义，打开三维布局图（设置如图 6-129（a）所示只显示#面 1、#面 2，光线数目为 7），显示设计图如图 6-129（b）所示。

	物体类型	材料	半径 1	圆锥系数1	净孔径 1	边缘孔径 1	厚度	半径2	圆锥系数2	净孔径 2	边缘孔径 2
1	标准透镜 ▾	BK7	50.000	0.000	20.000	20.000	10.000	0.000	0.000	20.000	20.000
2	空物体 ▾	-									
3	空物体 ▾	-									

图 6-128 透镜参数

1: 三维布局图

设置 线宽 ▾

起始面: 1　波长: 1
终止面: 2　视场: 所有
光线数: 7　光线样式: XY扇形图
比例尺: 启用　颜色显示: 视场 #
旋转 X: 0 Y: 0 Z: 0
删除渐晕: □　压缩框架: □
隐藏透镜面: □　光线箭头: □
隐藏透镜边: □　NSC光线分裂: □
隐藏X方向线框: □　NSC光线散射: □
☑ 自动应用　应用　确定　取消　保存　载入　重置

(a) 参数设置

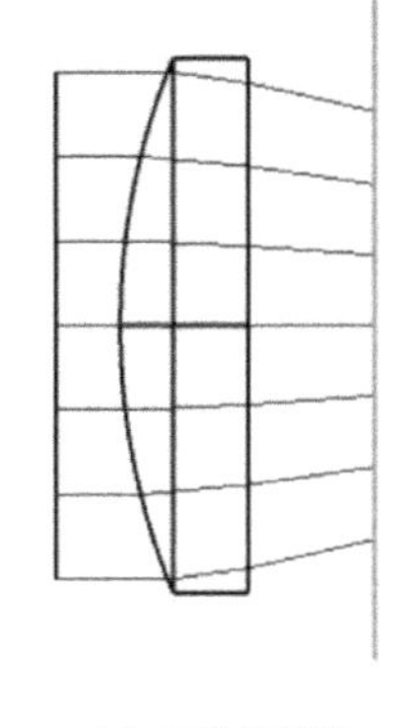

(b) 三维布局图

图 6-129 三维设计图

6.5.3 定义多焦透镜

系统中的其他物体与#物体 1 相似，因此可以直接复制 6 个透镜。

步骤 5： 复制物体。

（1）将光标放置在 NSCE 中#物体 1 上，按“Shift+→”组合键，选中#1 所有参数。

（2）使用“Ctrl+C”组合键复制所有参数，再按“Ctrl+V”组合键粘贴 6 个透镜，如图 6-130 所示。

	物体类型	标注	参考物体	在...内部	X位置	Y位置	Z位置	倾斜X	倾斜Y	倾斜Z	材料	半径 1
1	标准透镜 ▾		0	0	0.000	0.000	5.000	0.000	0.000	0.000	BK7	50.000
2	标准透镜 ▾		0	0	0.000	0.000	5.000	0.000	0.000	0.000	BK7	50.000
3	标准透镜 ▾		0	0	0.000	0.000	5.000	0.000	0.000	0.000	BK7	50.000
4	标准透镜 ▾		0	0	0.000	0.000	5.000	0.000	0.000	0.000	BK7	50.000
5	标准透镜 ▾		0	0	0.000	0.000	5.000	0.000	0.000	0.000	BK7	50.000
6	标准透镜 ▾		0	0	0.000	0.000	5.000	0.000	0.000	0.000	BK7	50.000
7	标准透镜 ▾		0	0	0.000	0.000	5.000	0.000	0.000	0.000	BK7	50.000
8	空物体 ▾		0	0	0.000	0.000	0.000	0.000	0.000	0.000	-	
9	空物体 ▾		0	0	0.000	0.000	0.000	0.000	0.000	0.000	-	

图 6-130 复制 6 个透镜

步骤 6： 定义多焦透镜。

将#物体 3、#5、#7 透镜嵌入#物体 1，透镜的净孔径/边缘孔径分别设置为 25mm、15mm、5mm。

（1）改变#物体 3、#5、#7 透镜的净孔径 1/边缘孔径 1 参数为 15mm、10mm 以及 5mm。

（2）修改#物体 3、#5、#7 透镜的净孔径 2/边缘孔径 2 参数为 15mm、10mm 以及 5mm。如图 6-131 所示。

如果透镜各有不同的曲率半径，会影响光线的透镜和折射。在 Zemax 中，透镜可以被嵌入或相互重叠，但是当各个透镜有不同曲率时，光线在到达内部实际组件前将被外部材料所影响并被折射。因此从物理角度讲我们要设计实现的物体将无法被仿真。

	物体类型	材料	半径 1	圆锥系数1	净孔径 1	边缘孔径 1	厚度	半径2	圆锥系数2	净孔径 2	边缘孔径 2
1	标准透镜 ▾	BK7	50.000	0.000	20.000	20.000	10.000	0.000	0.000	20.000	20.000
2	标准透镜 ▾	BK7	50.000	0.000	20.000	20.000	10.000	0.000	0.000	20.000	20.000
3	标准透镜 ▾	BK7	50.000	0.000	15.000	15.000	10.000	0.000	0.000	15.000	15.000
4	标准透镜 ▾	BK7	50.000	0.000	20.000	20.000	10.000	0.000	0.000	20.000	20.000
5	标准透镜 ▾	BK7	50.000	0.000	10.000	10.000	10.000	0.000	0.000	10.000	10.000
6	标准透镜 ▾	BK7	50.000	0.000	20.000	20.000	10.000	0.000	0.000	20.000	20.000
7	标准透镜 ▾	BK7	50.000	0.000	5.000	5.000	10.000	0.000	0.000	5.000	5.000
8	空物体 ▾	-									
9	空物体 ▾	-									

图 6-131　改变#物体 3、#5、#7 参数

为了预防该状况发生，需要将内部部分局部设置为空气，#物体 2、#物体 4 及#物体 6 将实现这部分功能。如果透镜内部没有设置空气区域，光线将在到达内部透镜前在外面被折射（内部局部透镜半径为 40mm），如图 6-132 所示。

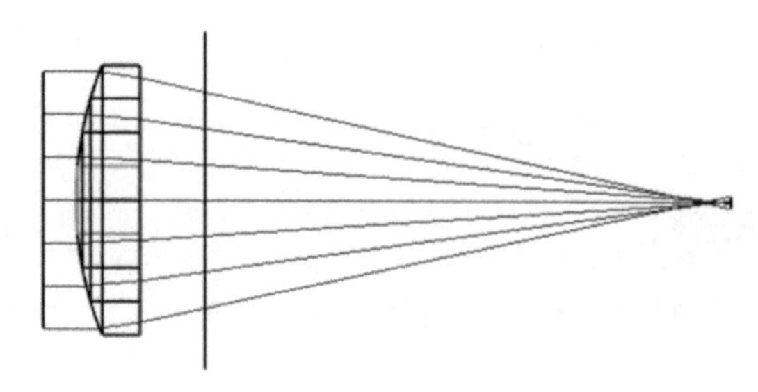

图 6-132　外部折射光线

在透镜内部设置空气区域后，光线在到达内部区域前不会被其他表面折射。

步骤 7：空气透镜。

（1）移除#物体 2、#4、#6 的材料。

（2）修改#物体 2、#4、#6 的“净孔径”与“边缘孔径”尺寸分别为 15mm、10mm 以及 5mm。如图 6-133 所示。

	物体类型	材料	半径 1	圆锥系数1	净孔径 1	边缘孔径 1	厚度	半径2	圆锥系数2	净孔径 2	边缘孔径 2
1	标准透镜 ▾	BK7	50.000	0.000	20.000	20.000	10.000	0.000	0.000	20.000	20.000
2	标准透镜 ▾		50.000	0.000	15.000	15.000	10.000	0.000	0.000	15.000	15.000
3	标准透镜 ▾	BK7	50.000	0.000	15.000	15.000	10.000	0.000	0.000	15.000	15.000
4	标准透镜 ▾		50.000	0.000	10.000	20.000	10.000	0.000	0.000	10.000	10.000
5	标准透镜 ▾	BK7	50.000	0.000	10.000	10.000	10.000	0.000	0.000	10.000	10.000
6	标准透镜 ▾		50.000	0.000	5.000	5.000	10.000	0.000	0.000	5.000	5.000
7	标准透镜 ▾	BK7	50.000	0.000	5.000	5.000	10.000	0.000	0.000	5.000	5.000
8	空物体 ▾	-									
9	空物体 ▾	-									

图 6-133　修改#物体 2、#4、#6 参数

步骤 8：调整焦距参数，通过改变内部组件的半径来定义多焦透镜。

（1）修改#物体 3 的“半径 1”为 45mm。

（2）修改#物体 5 的“半径 1”为 35mm。

（3）修改#物体 7 的“半径 1”为 25mm。如图 6-134 所示。

	物体类型	材料	半径 1	圆锥系数1	净孔径 1	边缘孔径 1	厚度	半径2	圆锥系数2	净孔径 2	边缘孔径 2
1	标准透镜 ▾	BK7	50.000	0.000	20.000	20.000	10.000	0.000	0.000	20.000	20.000
2	标准透镜 ▾		50.000	0.000	15.000	15.000	10.000	0.000	0.000	15.000	15.000
3	标准透镜 ▾	BK7	45.000	0.000	15.000	15.000	10.000	0.000	0.000	15.000	15.000
4	标准透镜 ▾		50.000	0.000	10.000	10.000	10.000	0.000	0.000	10.000	10.000
5	标准透镜 ▾	BK7	35.000	0.000	10.000	10.000	10.000	0.000	0.000	10.000	10.000
6	标准透镜 ▾		50.000	0.000	5.000	5.000	10.000	0.000	0.000	5.000	5.000
7	标准透镜 ▾	BK7	25.000	0.000	5.000	5.000	10.000	0.000	0.000	5.000	5.000
8	空物体 ▾	-									
9	空物体 ▾	-									

图 6-134 修改参数

步骤 9： 打开三维设计图。

（1）将“三维布局图”窗口置前，并设置“光线数”为 35，刷新显示三维布局图，如图 6-135 所示。

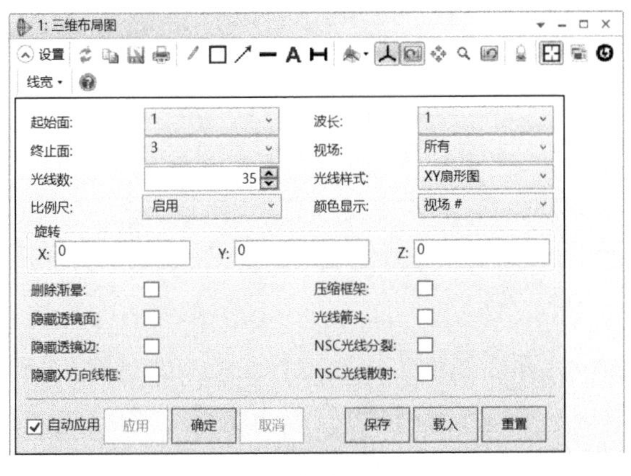

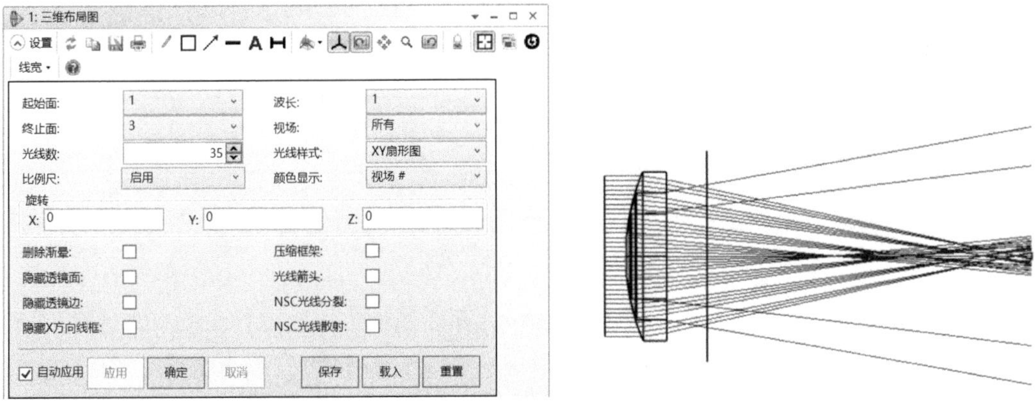

（a）参数设置　　（b）设计图

图 6-135 三维布局图

（2）透镜的每个局部具有不同的光焦、聚焦位置。在许多混合模式的系统中，优化无法使用标准评价函数，且光瞳图不能正常显示，此时可以查看光线光扇图。

执行“分析”选项卡→“成像质量”面板→“光线迹点”组→“光线像差图”命令，打开图 6-136 所示的“光线像差图”窗口。

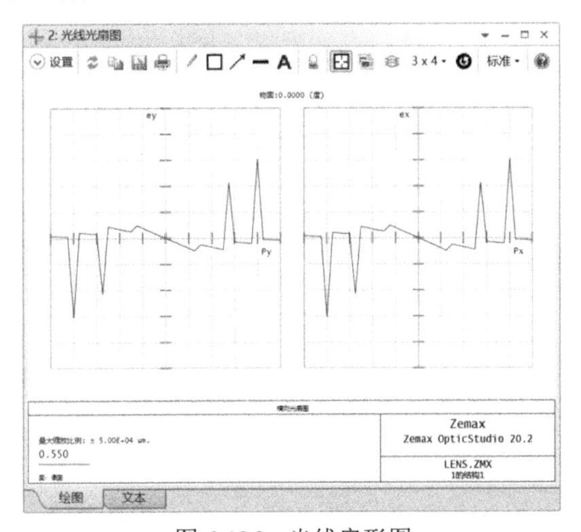

图 6-136 光线扇形图

6.5.4　带状优化

优化将根据使用者自定的评价函数进行。我们希望透镜的每个局部将能量聚集至成像面上的特定局部。首先，定义局部的表面孔径。

步骤 10： 定义局部的表面孔径。

（1）在镜头数据编辑器（LDE）中插入新的#面 3、#面 4、#面 5（此时像面变为#面 6），如图 6-137 所示。

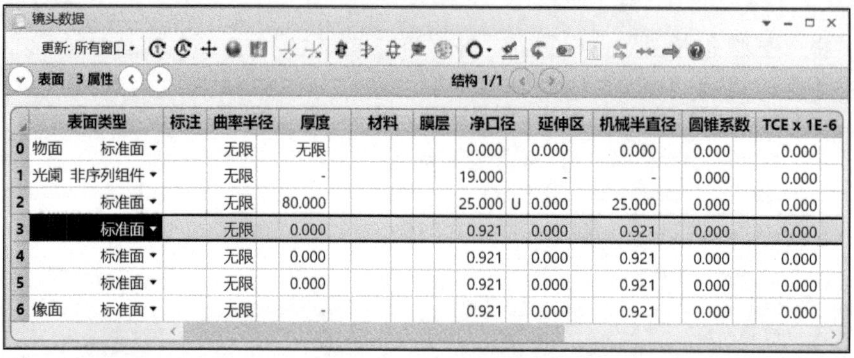

	表面类型		标注	曲率半径	厚度	材料	膜层	净口径	延伸区	机械半直径	圆锥系数	TCE x 1E-6
0	物面	标准面		无限	无限			0.000	0.000	0.000	0.000	0.000
1	光阑	非序列组件		无限	-			19.000	-	-	0.000	0.000
2		标准面		无限	80.000			25.000 U	0.000	25.000	0.000	0.000
3		标准面		无限	0.000			0.921	0.000	0.921	0.000	0.000
4		标准面		无限	0.000			0.921	0.000	0.921	0.000	0.000
5		标准面		无限	0.000			0.921	0.000	0.921	0.000	0.000
6	像面	标准面		无限	-			0.921	0.000	0.921	0.000	0.000

图 6-137　插入新的面

（2）在#面 3 的“表面类型”栏双击，展开“#面 3 属性”参数设置面板，选择“孔径”标签页。设置“孔径类型”为“圆形遮光”，“最小半径”为 0.15mm，“最大半径”为 0.35mm。即不允许离轴高度为 0.15mm～0.35mm 的光线通过，如图 6-138 所示。

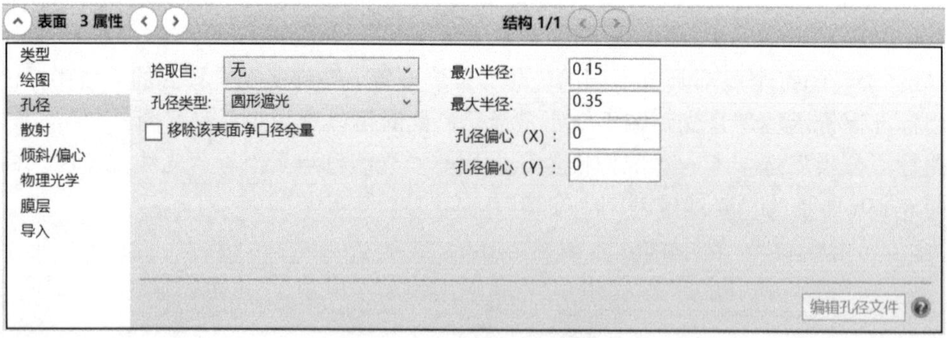

图 6-138　设置#面 3 参数

（3）同样，将#面 4 的“孔径类型”设置为“圆形遮光”，“最小半径”为 0.50mm，“最大半径”为 0.70mm。

（4）继续将#面 5 的“孔径类型”设置为“圆形遮光”，“最小半径”设置为 0.85mm，“最大半径”设置为 1.05mm。

（5）最后将#面 6 的“孔径类型”设置为“圆形孔径”，“最小半径”设置为 0.00mm，“最大半径”设置为 1.20mm。

（6）将非序列元件编辑器中的#物体 1~#物体 7 的半径修改为 70，如图 6-139 所示。

	物体类型	标注	参考物体	在...内部	X位置	Y位置	Z位置	倾斜X	倾斜Y	倾斜Z	材料	半径 1	圆锥系数1
1	标准透镜 ▾		0	0	0.000	0.000	5.000	0.000	0.000	0.000	BK7	70.000	0.000
2	标准透镜 ▾		0	0	0.000	0.000	5.000	0.000	0.000	0.000		70.000	0.000
3	标准透镜 ▾		0	0	0.000	0.000	5.000	0.000	0.000	0.000	BK7	70.000	0.000
4	标准透镜 ▾		0	0	0.000	0.000	5.000	0.000	0.000	0.000		70.000	0.000
5	标准透镜 ▾		0	0	0.000	0.000	5.000	0.000	0.000	0.000	BK7	70.000	0.000
6	标准透镜 ▾		0	0	0.000	0.000	5.000	0.000	0.000	0.000		70.000	0.000
7	标准透镜 ▾		0	0	0.000	0.000	5.000	0.000	0.000	0.000	BK7	70.000	0.000
8	空物体 ▾		0	0	0.000	0.000	0.000	0.000	0.000	0.000	-		
9	空物体 ▾		0	0	0.000	0.000	0.000	0.000	0.000	0.000	-		

图 6-139 修改半径

（7）执行“分析”选项卡→“成像质量”面板→“扩展图像分析”组下的“几何图像分析”命令，打开“几何图像分析”属性对话框进行设置，如图 6-140（a）所示，可以观察到非常少的光线到达成像面。如图 6-140（b）所示。

该分析是基于蒙特卡罗分布进行仿真，结果非常不明显。

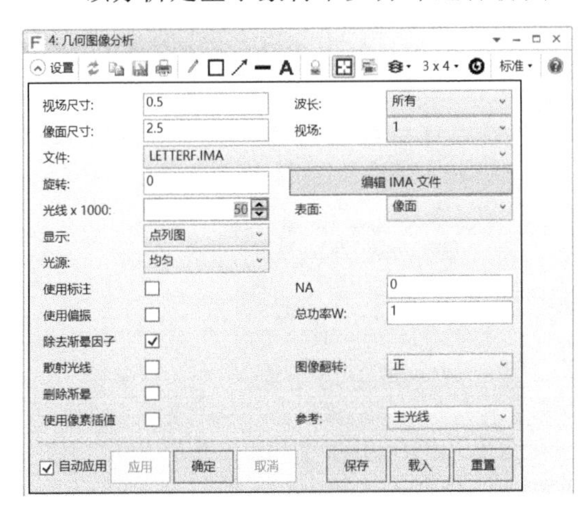

（a）参数设置

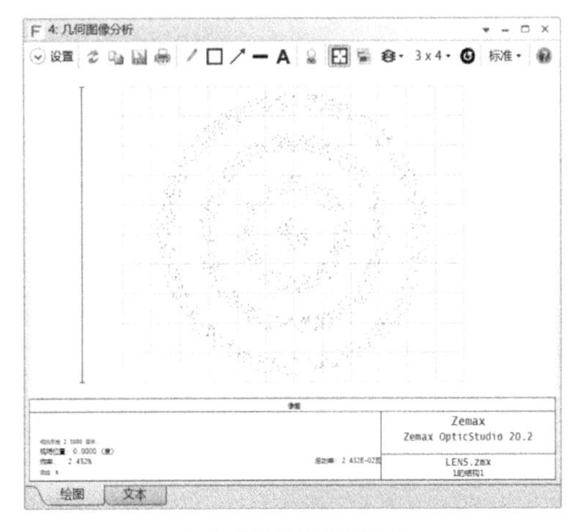

（b）几何图像分析窗口

图 6-140 几何图像分析

6.5.5 目标局部

局部开启可以尽可能使成像面得到更多的能量。在 Zemax 中，有许多方案可以实现允许大量能量通过开放局部的目的，我们使用其中一个使穿越任一开放局部的能量到达对应的成像面局部。

通过在评价函数中新增目标设置限制条件，可以从每个透镜局部的入瞳中心追迹光线至成像面上相对应局部的中心。

（1）执行“优化”选项卡→“自动优化”面板→“优化向导”命令，弹出“评价函数编辑器”窗口。

（2）这里使用操作数 REAR 进行控制。在上方参数设置栏中选择“当前操作数”标签，将“操作数”设置为 REAR，“面”设置为 6，在“Py”栏中输入光线在瞳孔的归一化高度，第 1 个局部 2.5/19 = 0.13，在“目标”栏中输入成像面理想的光线高度，“权重”设置为 1。如图 6-141 所示。

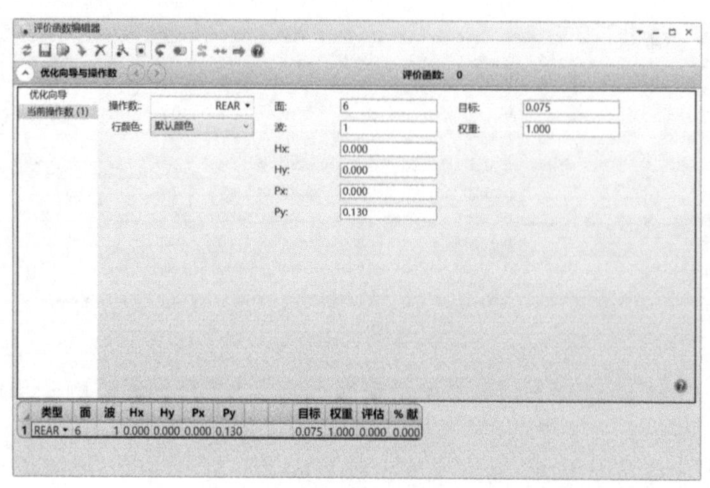

图 6-141　设置评价函数操作数

（3）在参数表中单击左侧的行号 1 选中该行数据，按“Ctrl+C”组合键拷贝数据，然后连续按 3 次“Ctrl+V”组合键插入操作数。

（4）单击要设置的操作数，对这些操作数的参数进行设置，设置完成后的操作数如图 6-142 所示。

	类型	面	波	Hx	Hy	Px	Py		目标	权重	评估	% 献
1	REAR	6	1	0.000	0.000	0.000	0.130		0.075	1.000	0.000	0.000
2	REAR	6	1	0.000	0.000	0.000	0.390		0.425	1.000	0.000	0.000
3	REAR	6	1	0.000	0.000	0.000	0.660		0.775	1.000	0.000	0.000
4	REAR	6	1	0.000	0.000	0.000	0.920		1.125	1.000	0.000	0.000

图 6-142　设置操作数

6.5.6　优化分析

加入操作数可以控制到达侦察器的最大能量。加入 IMAE 操作数，可以控制光学系统的光线到达特定表面（该示例是指成像面）的百分比。

（1）通过该操作数可以控制想要得到的能量。设置大于光线目标（被选取需解的局部）的权值，操作数可以被插入 MFE 的任意位置。此处目标值设置为 1.0，权值设置为 10，如图 6-143 所示。

评价函数编辑器

优化向导与操作数　　评价函数: 1.5501246303688

	类型	面	视场	视场大小	数据	波			目标	权重	评估	% 献
1	IMAE	0	0	0.000	0	0			1.000	10.000	0.022	28.405
2	REAR	6	1	0.000	0.000	0.000	0.130		0.075	1.000	0.702	1.170
3	REAR	6	1	0.000	0.000	0.000	0.390		0.425	1.000	2.095	8.293
4	REAR	6	1	0.000	0.000	0.000	0.660		0.775	1.000	3.503	22.127
5	REAR	6	1	0.000	0.000	0.000	0.920		1.125	1.000	4.794	40.005

图 6-143　操作数列表

优化使用的变量为透镜的曲率半径。成像面的位置也可以作为变量使用，我们将得到位置为远离出瞳 100mm。此外需要新增“空气”透镜的曲率半径为“拾取”的解，以限制数值与目前外部局部的曲率一致。

（2）在非序列元件编辑器中，设置#物体 1、#物体 3、#物体 5、#物体 7 的半径为变量，所有局部的初始半径设置为 70mm。#物体 2、#物体 4、#物体 6 的半径为拾取到#物体 1，如图 6-144 所示。

	物体类型	Z	材料	半径 1	圆锥系数1	净孔径 1	边缘孔径 1	厚度	半径2	圆锥系数2	净孔径 2	边缘孔径 2
1	标准透镜 ▾		BK7	70.000 V	0.000	20.000	20.000	10.000	0.000	0.000	20.000	20.000
2	标准透镜 ▾			70.000 P	0.000	15.000	15.000	10.000	0.000	0.000	15.000	15.000
3	标准透镜 ▾		BK7	70.000 V	0.000	15.000	15.000	10.000	0.000	0.000	15.000	15.000
4	标准透镜 ▾			70.000 P	0.000	10.000	10.000	10.000	0.000	0.000	10.000	10.000
5	标准透镜 ▾		BK7	70.000 V	0.000	10.000	10.000	10.000	0.000	0.000	10.000	10.000
6	标准透镜 ▾			70.000 P	0.000	5.000	5.000	10.000	0.000	0.000	5.000	5.000
7	标准透镜 ▾		BK7	70.000 V	0.000	5.000	5.000	10.000	0.000	0.000	5.000	5.000
8	空物体 ▾		-									
9	空物体 ▾		-									

图 6-144 设置#物体 1、#物体 3、#物体 5、#物体 7 的半径为变量

（3）在镜头数据编辑器中，设置#面 2 的厚度为变量，如图 6-145 所示。

	表面类型		标注	曲率半径	厚度	材料	膜层	净口径	延伸区	机械半直径	圆锥系数	TCE x 1E-6
0	物面	标准面 ▾		无限	无限			0.000	0.000	0.000	0.000	0.000
1	光阑	非序列组件 ▾		无限	-			19.000	-	-	0.000	0.000
2		标准面 ▾		无限	80.000 V			25.000 U	0.000	25.000	0.000	0.000
3	(孔径)	标准面 ▾		无限	0.000			5.173	0.000	5.173	0.000	0.000
4	(孔径)	标准面 ▾		无限	0.000			5.173	0.000	5.173	0.000	0.000
5	(孔径)	标准面 ▾		无限	0.000			5.173	0.000	5.173	0.000	0.000
6	像面 (孔径)	标准面 ▾		无限	-			5.173	0.000	1.200	0.000	0.000

图 6-145 设置#面 2 的厚度

用户可以通过自定义的评价函数来寻找最佳设计。评价函数将追寻几何影像分析中设置对话框的最大光线数目。使用自定义的评价函数将比使用标准默认评价函数花费更多的时间。

（4）单击“优化”选项卡→“自动优化”面板→“执行优化”命令，打开“局部优化”对话框。

（5）保持默认设置，在对话框中单击“开始”按钮开始优化，优化完成后的对话框如图 6-146 所示。单击“退出”按钮退出优化对话框。

优化运算法则将持续计算，直至多次循环没有明显的变化为止（小数点后第八位）。

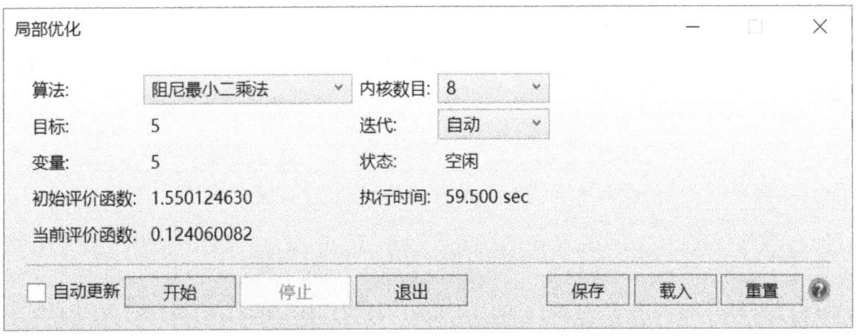

局部优化

算法: 阻尼最小二乘法　内核数目: 8
目标: 5　迭代: 自动
变量: 5　状态: 空闲
初始评价函数: 1.550124630　执行时间: 59.500 sec
当前评价函数: 0.124060082

☐ 自动更新　开始　停止　退出　保存　载入　重置

图 6-146 “局部优化”对话框

6.5.7 优化结果

下面查看最终设计结果。

（1）将镜头数据编辑器及非序列元件编辑器置前，得到此时的镜头数据如图 6-147 所示。

	物体类型	材料	半径 1		圆锥系数1	净孔径 1	边缘孔径 1	厚度	半径2	圆锥系数2	净孔径 2	边缘孔径 2
1	标准透镜 ▾	BK7	57.981	V	0.000	20.000	20.000	10.000	0.000	0.000	20.000	20.000
2	标准透镜 ▾		57.981	P	0.000	15.000	15.000	10.000	0.000	0.000	15.000	15.000
3	标准透镜 ▾	BK7	57.104	V	0.000	15.000	15.000	10.000	0.000	0.000	15.000	15.000
4	标准透镜 ▾		57.981	P	0.000	10.000	10.000	10.000	0.000	0.000	10.000	10.000
5	标准透镜 ▾	BK7	56.134	V	0.000	10.000	10.000	10.000	0.000	0.000	10.000	10.000
6	标准透镜 ▾		57.981	P	0.000	5.000	5.000	10.000	0.000	0.000	5.000	5.000
7	标准透镜 ▾	BK7	51.471	V	0.000	5.000	5.000	10.000	0.000	0.000	5.000	5.000
8	空物体 ▾	-										
9	空物体 ▾	-										

（a）镜头数据编辑器数据

	表面类型		标注	曲率半径	厚度		材料	膜层	半直径		延伸区	机械半直径	圆锥系数	TCE x 1E-6
0	物面	标准面 ▾		无限	无限				0.000		0.000	0.000	0.000	0.000
1	光阑	非序列组件 ▾		无限	-				19.000		-	-	0.000	0.000
2		标准面 ▾		无限	85.335	V			25.000	U	0.000	25.000	0.000	0.000
3	(孔径)	标准面 ▾		无限	0.000				1.132		0.000	1.132	0.000	0.000
4	(孔径)	标准面 ▾		无限	0.000				1.132		0.000	1.132	0.000	0.000
5	(孔径)	标准面 ▾		无限	0.000				1.132		0.000	1.132	0.000	0.000
6	像面 (孔径)	标准面 ▾		无限	-				1.132		0.000	1.200	0.000	0.000

（b）非序列元件编辑器数据

图 6-147 镜头数据

（2）将三维布局图窗口置前，光路图如图 6-148 所示。

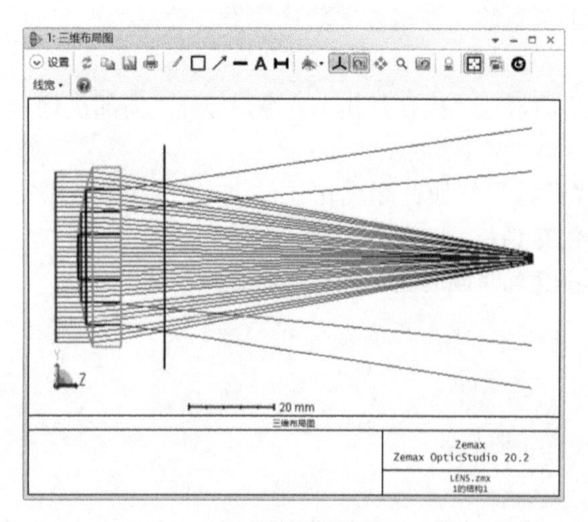

（a）三维布局图窗口　　（b）像面放大与调整视角

图 6-148 三维布局图

（3）执行“分析”选项卡→“成像质量”面板→“扩展图像分析”组下的“几何图像

分析”命令，打开几何图像分析属性对话框，进行设置，如图 6-149（a）所示，可观察到非常少的光线到达成像面，如图 6-149（b）所示。

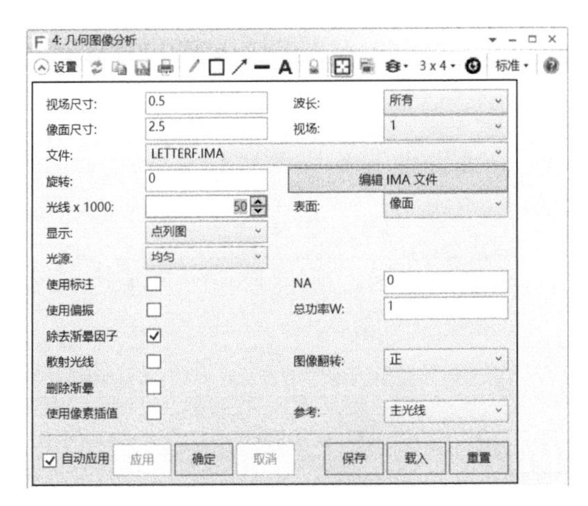

（a）参数设置

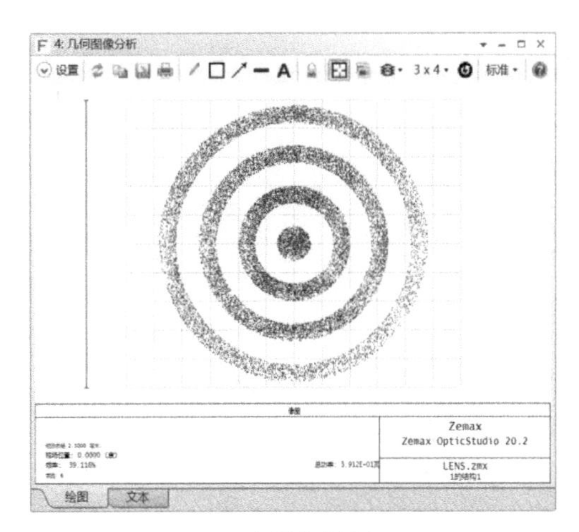

（b）几何图像分析窗口

图 6-149 几何图像分析

6.6 本章小结

本章介绍了序列与非序列模型间的切换方式、非序列光学系统的设计方法、非序列物体在 Zemax 中的表现形式，详细讲解了创建复杂非序列光学物体的方法等，还介绍了混合非序列模式的模拟方法。通过本章的学习，读者可以掌握非序列光学在 Zemax 的实现方法。

第二部分

Zemax 的应用

第 7 章　基础设计示例

本章通过详细的步骤操作，展示成像光学系统的设计流程，使初学者快速领略 Zemax 光学设计的风采。单透镜的设计过程可以帮助读者学习掌握 Zemax 的建模方法，视场、波长、变量、评价函数等的设置方法，系统的优化方法，像的分析方法及提高像质量的像差平衡方法等。

学习目标：

（1）掌握常见光学系统参数的输入方法；

（2）掌握常规优化方法；

（3）掌握坐标间断、多重结构功能的应用方法；

（4）掌握透镜、望远镜、变焦镜头、扫描系统的设计方法。

7.1　单透镜设计

在成像光学系统设计中，主要是指透镜系统设计，以及反射系统或棱镜系统。在透镜系统设计中，最基础、最简单的是单透镜设计。下面介绍单透镜的设计方法。

7.1.1　单透镜系统参数

任何镜头设计都必须有特定要求，如焦距、相对孔径、视场、波长、材料、分辨率、渐晕、MTF 等。单透镜是最简单的系统，本示例要求的规格参数如下。

- 入瞳直径（EPD）：20mm
- F/#：10
- 全视场（FFOV）：10°
- 波长：0.587 μm
- 材料：BK7
- 优化方向：最佳均方根（RMS）光斑半径

首先需要把已知镜头的系统参数输入 Zemax 中，系统参数包括 3 部分：光束孔径大小、视场类型及大小、波长。

单透镜的规格参数中，入瞳直径（EPD）为 20mm，全视场（FFOV）为 10°，波长 0.587μm。

最终文件：Char07\单透镜.zmx

Zemax 设计步骤。

步骤 1： 输入入瞳直径 20mm。

（1）在“系统选项”面板中双击展开“系统孔径”选项。

（2）将“孔径类型”设置为“入瞳直径”，“孔径值”设置为 20，“切趾类型”设置为“均匀”，如图 7-1 所示。镜头数据随之变化，如图 7-2 所示。

在 Zemax 中，孔径类型包括以下几种。

入瞳直径：用于直接确定进入系统光束直径的大小，适用于大多数无限共轭系统。孔径类型还有其他几种光束孔径定义类型。

像空间 F/#：用于直接确定像空间的 F 数值，在系统焦距已知的情况下，可与入瞳直径相互转换。

物方空间 NA：常用于有限共轭系统、如显微系统、投影系统、测量镜头等，通过直接定义物点发光角度来约束进入系统的光束大小。

光阑尺寸浮动：常用于系统中孔径光阑为固定值的情况，如某些系统光阑大小为固定值，可使用这种类型来计算入瞳的大小。

本例中只需将“系统孔径”设置为“入瞳直径”，大小为 20mm。

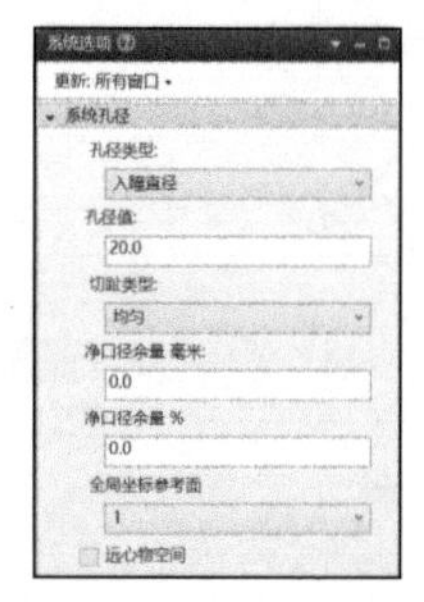

图 7-1　系统孔径设置

	表面类型	标注	曲率半径	厚度	材料	膜层	净口径	延伸区	机械半直径	圆锥系数	TCE x 1E-6
0	物面 标准面 ▾		无限	无限			0.000	0.000	0.000	0.000	0.000
1	光阑 标准面 ▾		无限	0.000			10.000	0.000	10.000	0.000	0.000
2	像面 标准面 ▾		无限	-			10.000	0.000	10.000	0.000	0.000

图 7-2　镜头数据变化

步骤 2：输入视场。

（1）在“系统选项”面板中单击“视场”选项左侧的▸（展开）按钮，展开“视场”选项。

（2）单击“打开视场数据编辑器”按钮，打开视场数据编辑器，在“视场类型”选项卡中设置“类型”为“角度”。

（3）在下方的电子表格中按“Insert”键两次，插入两行。

（4）在视场 1、2、3 中的“Y 角度(°)”列分别输入 0、3.5、5，保持权重为 1，如图 7-3 所示。

（5）单击窗口右上角的“关闭”按钮完成设置。

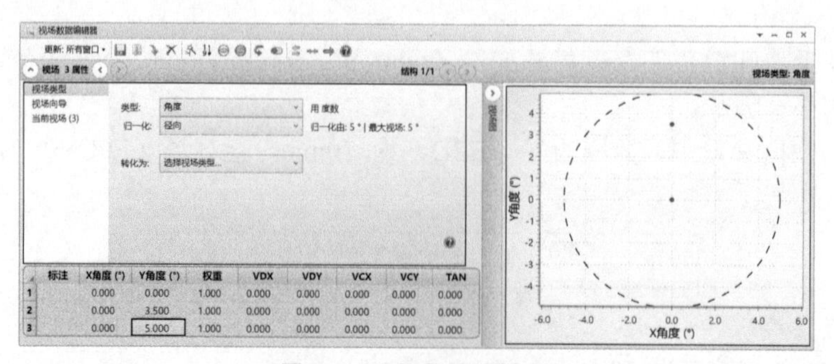

图 7-3　视场数据编辑器

在 Zemax 中，视场分为角度、物高、近轴像高、实际像高和经纬角 5 种类型。根据不同系统提供的规格要求，可灵活选择适当的视场类型。

角度：直接设定物方视场光束主光线与光轴的角度，多用于无限共轭平行光条件下（物处于无限远处）。

物高：设定被成像物体的尺寸大小，系统必须为有限共轭时才可用（物距非无限远）。大多数有限远物体成像系统常采用这种视场类型。

近轴像高：使用近轴光束定义系统成像的像面大小，当设计的系统有固定的像面尺寸时使用此类型，如常见的 CCD 或 COMS 成像。由于接收面尺寸固定，可直接使用近轴像高来确定像面大小，软件会自动计算视场角度。近轴像高使用近轴方法计算，忽略系统畸变影响，适用于视场角度较小的系统。

实际像高：与近轴像高类似，区别在于实际像高使用实际光线计算像面尺寸，考虑畸变大小，适用于大视场广角系统。

经纬角：方位角 θ 和仰角 φ 极角以度为单位，这些角度通常用于测量和天文学。经纬角(θ, φ)和矩形角(θ_x, θ_y)之间的关系为

$$\theta_x = -1.0\theta$$

$$\theta_y = \arctan\frac{\tan(-1.0\varphi)}{\cos(-1.0\theta)}$$

示例中单透镜要求 10° 全视场，只需使用 5° 半视场，采样 3 个视场点：0、3.5、5。

步骤 3： 输入波长 0.587μm。

（1）在“系统选项”面板中单击“波长”选项左侧的▸（展开）按钮，展开“波长”选项。

（2）双击“设置”选项，弹出波长数据编辑器，直接勾选 1，并将波长修改为 0.587，如图 7-4 所示。

说明：也可以展开“波长”选项，在“波长”文本框中直接输入 0.587。

（3）单击“关闭”按钮完成设置，此时“系统选项”面板的“波长”选项中出现刚刚设置的 3 个波长，如图 7-5 所示。

图 7-4　波长数据编辑器

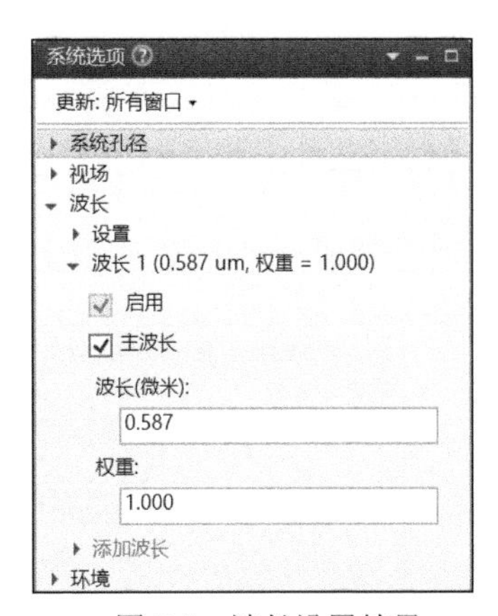

图 7-5　波长设置结果

至此，单透镜的系统参数设置完成。

7.1.2　单透镜初始结构

接下来创建透镜的初始结构，单透镜由 2 个面组成，需要在镜头数据编辑器（LDE）中插入 1 个表面。

步骤 4： 在透镜数据编辑器内输入参数。

（1）将镜头数据编辑器置前，在像面上单击，然后按“Insert”键在像面前插入 1 个表面。

说明：如果镜头数据编辑器未显示，可执行“设置”选项卡→“编辑器”面板→“镜头数据”命令，将“镜头数据”编辑器置前。

（2）在第一个面（#面 1）的“材料”栏输入透镜材料“BK7”，表示当前面和相邻面之间的材料为 BK7。Zemax 中设置材料的表面会默认为淡蓝色。

（3）设置完成后的镜头数据编辑器如图 7-6 所示

	表面类型	标注	曲率半径	厚度	材料	膜层	净口径	延伸区	机械半直径	圆锥系数	TCE x 1E-6
0	物面 标准面 ▾		无限	无限			无限	0.000	无限	0.000	0.000
1	光阑 标准面 ▾		无限	0.000	BK7		10.000	0.000	10.000	0.000	-
2	标准面 ▾		无限	0.000			10.000	0.000	10.000	0.000	0.000
3	像面 标准面 ▾		无限	-			10.000	0.000	10.000	0.000	0.000

图 7-6　镜头数据

系统要求的透镜 F/#=10，表示焦距与入瞳直径的比值为 10，这也是间接控制焦距的方法。通常直接在最后一个光学面的曲率半径上设置 F/#的求解类型，在透镜后表面曲率半径上单击鼠标右键，选择 F/#=10。

步骤 5： 在最后一个光学面的曲率半径上设置 F/#的求解。

（1）在镜头数据编辑器#面 2 中的“曲率半径”栏右侧的方格中单击，弹出“在#面 2 上的曲率解”对话框。

（2）将该对话框中的“求解类型”设置为“F 数”。

（3）将“F/#”设置为 10，如图 7-7 所示。

（4）在编辑器空白位置单击，接受设置。

此时软件会自动计算曲率半径为–103.365，使系统焦距为 200mm。

> **注意：** 窗口底部的状态栏包含 4 个参数：EFFL（有效焦距）、WFNO（工作 F 数）、ENPD（入瞳直径）、TOTR（系统总长）。

	表面类型	标注	曲率半径	厚度	材料	膜层	净口径	延伸区	机械半直径	圆锥系数	TCE x 1E-6
0	物面 标准面 ▾		无限	无限			无限	0.000	无限	0.000	0.000
1	光阑 标准面 ▾		无限	0.000	BK7		10.000	0.000	10.000	0.000	-
2	标准面 ▾		无限 F	0.000			10.000	0.000	10.000	0.000	0.000
3	像面 标准面 ▾		无限					.000	10.000	0.000	0.000

在面2上的曲率解
求解类型: F数
F/#: 10

图 7-7　曲率半径上设置 F/#的求解

在初始结构中，透镜的曲率半径和厚度未知，这些参数需要由软件自动优化得到，但可以使用透镜后表面上边缘厚度解得到近轴焦平面的位置。

在透镜后表面的厚度上单击鼠标右键，选择边缘光线高度求解类型，它表示近轴边缘光线会自动在下一个表面上聚焦并确定距离值。

步骤 6：在透镜后表面厚度上选择边缘光线高度求解类型。

（1）在镜头数据编辑器#面 2 中的“厚度”栏右侧方格中单击，弹出“在#面 2 上的厚度解”对话框。

（2）将对话框中的“求解类型”设置为“边缘光线高度”，如图 7-8 所示。

（3）在编辑器空白位置单击，接受设置，此时发现厚度变为 200。

	表面类型	标注	曲率半径	厚度	材料	膜层	净口径	延伸区	机械半直径	圆锥系数	TCE x 1E-6
0	物面 标准面 ▾		无限	无限			无限	0.000	无限	0.000	0.000
1	光阑 标准面 ▾		无限	0.000	BK7		10.000	0.000	10.028	0.000	-
2	标准面 ▾		-103.365 F	0.000 M			10.028	0.000	10.028	0.000	0.000
3	像面 标准面 ▾		无限	-					9.990	0.000	0.000

在面2上的厚度解

求解类型: 边缘光线高度

高度: 0

光瞳: 0

图 7-8 边缘光线高度求解

步骤 7：查看单透镜结构光路图与像差畸变图。

（1）执行“分析”选项卡→“视图”面板→“3D 视图”命令，打开“三维布局图”窗口显示光路结构图，如图 7-9 所示。

（2）执行“分析”选项卡→“成像质量”面板→“像差分析”组→“光线像差图”命令，打开“光线光扇图”窗口显示光扇图，如图 7-10 所示。

通过以上操作可以生成初始光线系统，虽然无法显示透镜形状，但是可以显示系统目前的聚焦状态。

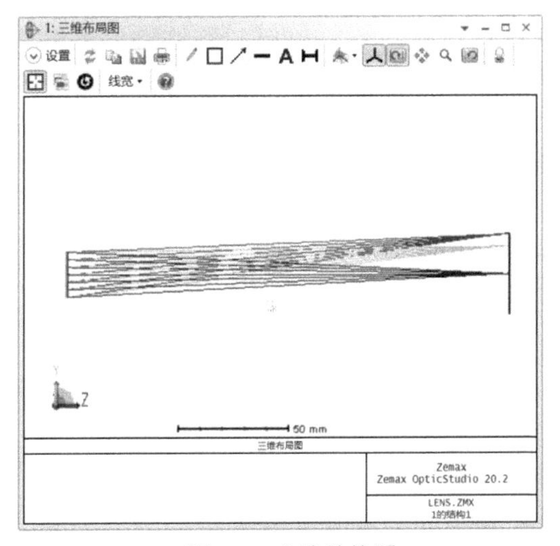

图 7-9 光路结构图

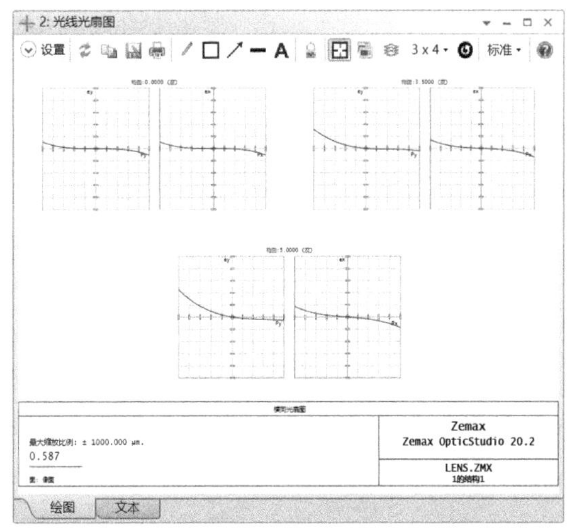

图 7-10 光扇图

7.1.3　单透镜的变量与优化目标

初始结构设置完成后，为找到最佳曲率半径值，下一步设置透镜需要优化的参数，即设置透镜的优化变量。单击需要优化的参数栏并按“Ctrl+Z”组合键，可将该参数设置为变量，参数右边会出现V标识。

步骤8：将单透镜的前表面曲率半径与透镜厚度设置为变量。

（1）单击镜头数据编辑器#面1（光阑）中的“曲率半径”栏，并按“Ctrl+Z”组合键，将其设置为变量。

（2）继续单击#面1（光阑）中的“厚度”栏，并按“Ctrl+Z”组合键，将其设置为变量，结果如图7-11所示。

	表面类型	标注	曲率半径		厚度		材料	膜层	净口径	延伸区	机械半直径	圆锥系数	TCE x 1E-6
0	物面 标准面 ▾		无限		无限				无限	0.000	无限	0.000	0.000
1	光阑 标准面 ▾		无限	V	0.000	V	BK7		10.000	0.000	10.028	0.000	-
2	标准面 ▾		-103.365	F	200.000	M			10.028	0.000	10.028	0.000	0.000
3	像面 标准面 ▾		无限		-				17.953	0.000	17.953	0.000	0.000

图7-11　快捷键设置变量

说明：执行变量设置操作时，也可以在镜头数据编辑器对应面中的相应栏右侧方格中单击，在弹出的“在面 *n* 上的……解”对话框中设置“求解类型”为“变量”即可，如图7-12所示。

	表面类型	标注	曲率半径		厚度		材料	膜层	净口径	延伸区	机械半直径	圆锥系数	TCE x 1E-6
0	物面 标准面 ▾		无限		无限				无限	0.000	无限	0.000	0.000
1	光阑 标准面 ▾		无限	V	0.000	V	BK7		10.000	0.000	10.028	0.000	-
2	标准面 ▾		-103.365	F	200.000						10.028	0.000	0.000
3	像面 标准面 ▾		无限		-						17.953	0.000	0.000

在面1上的厚度解

求解类型：变量

图7-12　对话框设置变量

变量设置完成后，下一步需要在软件中设置评价函数。评价函数用来评价系统优化目标的好坏，在该单透镜中只需要优化得到最小的光斑即可。

步骤9：优化单透镜。

（1）执行“优化”选项卡→“自动优化”面板→“优化向导”命令，打开“评价函数编辑器”窗口。

在优化向导面板中可以进行优化函数、光瞳采样、厚度边界等参数组的设置。

优化函数：是设计的核心，是优化需要得到的结果。以成像质量为目标，可以是波前、对比度、点列图、角向。通常优化镜头的分辨率是以光斑最小为标准。

光瞳采样：即优化时的光线采样，包括高斯求积和矩形阵列采样。当系统为旋转对称结构且不存在渐晕的情况下，使用高斯求积，追迹最少的光线数能够得到较高的优化效率。当系统存在渐晕时，只能使用矩形阵列采样，需要追迹大量光线才能得到精确结果。

厚度边界：用来控制优化过程中镜片与空间间隔大小，保证得到的镜片不会太厚或太薄，空气厚度不至于优化为负值等。

（2）在优化向导与操作数面板中的“优化向导”选项卡中进行参数设置，如图7-13

所示，设置“成像质量”为“点列图”，“X 权重”“Y 权重”为 0。

（3）单击“应用”按钮，完成评价函数设置，结果如图 7-14 所示，单击窗口右上角的 × （关闭）按钮退出编辑器。

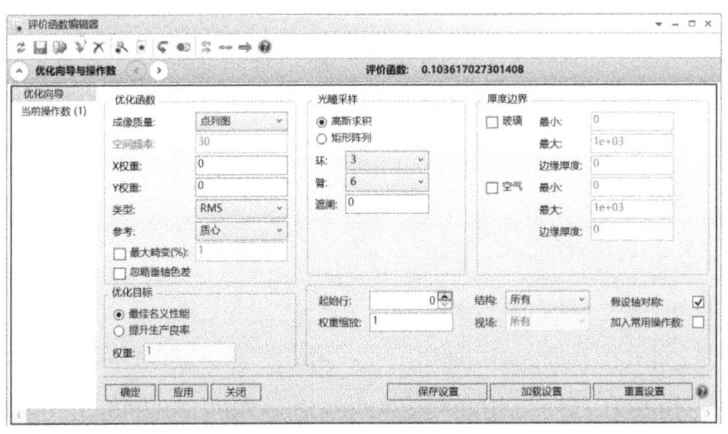

图 7-13 优化向导参数设置

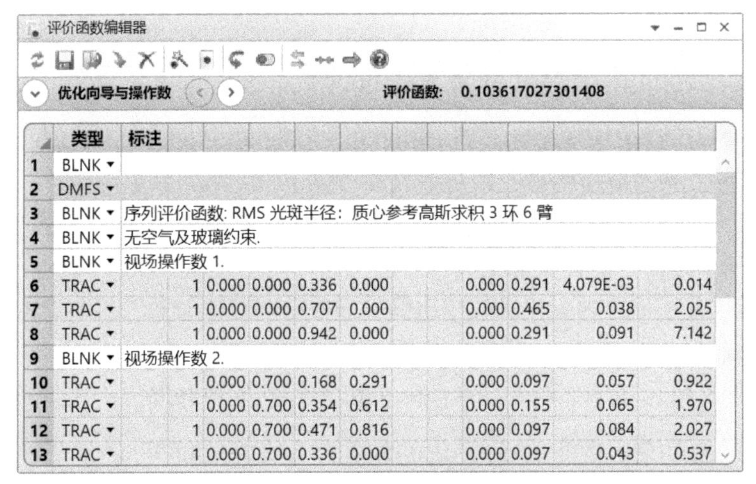

	类型	标注										
1	BLNK											
2	DMFS											
3	BLNK	序列评价函数: RMS 光斑半径: 质心参考高斯求积 3 环 6 臂										
4	BLNK	无空气及玻璃约束.										
5	BLNK	视场操作数 1.										
6	TRAC		1	0.000	0.000	0.336	0.000		0.000	0.291	4.079E-03	0.014
7	TRAC		1	0.000	0.000	0.707	0.000		0.000	0.465	0.038	2.025
8	TRAC		1	0.000	0.000	0.942	0.000		0.000	0.291	0.091	7.142
9	BLNK	视场操作数 2.										
10	TRAC		1	0.000	0.700	0.168	0.291		0.000	0.097	0.057	0.922
11	TRAC		1	0.000	0.700	0.354	0.612		0.000	0.155	0.065	1.970
12	TRAC		1	0.000	0.700	0.471	0.816		0.000	0.097	0.084	2.027
13	TRAC		1	0.000	0.700	0.336	0.000		0.000	0.097	0.043	0.537

图 7-14 生成的评价目标操作数

此时，即可进行单透镜优化。

（4）执行“优化”选项卡→“自动优化”面板→“执行优化”命令，打开“局部优化”对话框，如图 7-15 所示。

图 7-15 “局部优化”对话框

注意：对话框中显示优化目标操作数为21个，优化变量为2个，初始评价函数值为0.103617027。这个优化称为局部优化，使用阻尼最小二乘法（DLS）优化到评价函数数值最小，它依赖于系统的初始结构。

（5）采用默认设置，在对话框中单击“开始”按钮开始优化，对话框显示优化时间为0.578s，当前评价函数变为0.032967548，如图7-16所示。

（6）单击“退出”按钮，退出对话框。

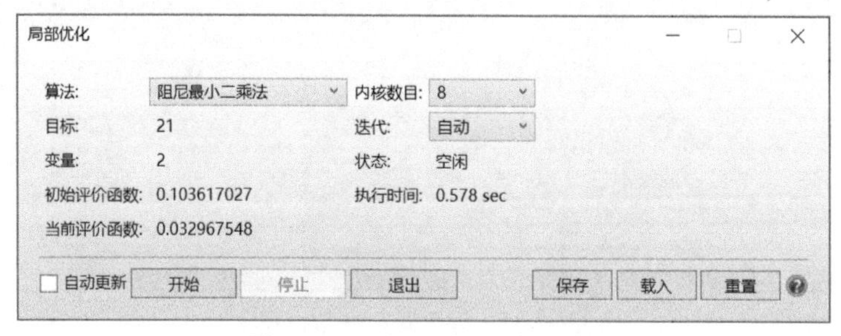

图7-16 优化完成后的对话框

7.1.4 单透镜优化结果分析与改进设计

下面来查看优化好的透镜结构是否合理。

步骤10：查看单透镜结构光路图与像差畸变图。

（1）执行“分析”选项卡→“视图”面板→“3D视图”命令，打开“三维布局图”窗口，显示光路结构图，如图7-17所示。

（2）执行“分析”选项卡→“成像质量”面板→“像差分析”组→“光线像差图”命令，打开“光线光扇图”窗口，显示光扇图，如图7-18所示。

通过以上操作可以生成初始光线系统，虽然无法显示透镜形状，但是可以显示系统目前的聚焦状态。

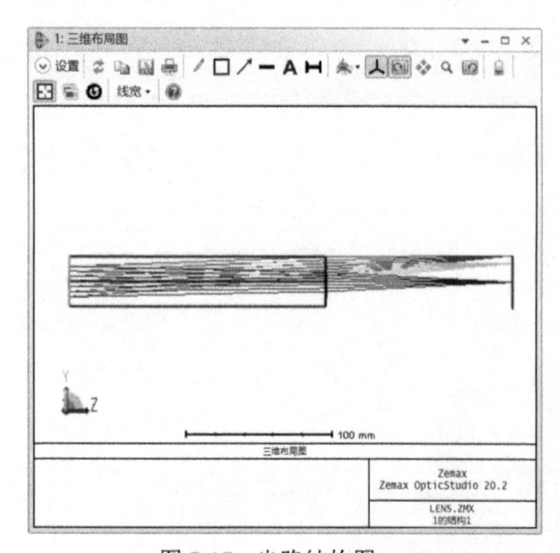

图7-17 光路结构图

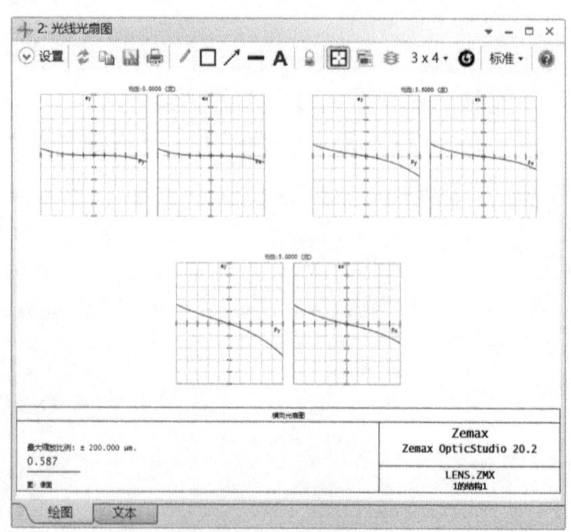

图7-18 光扇图

从图中可以明显看出，优化后的透镜非常厚，已经成为了一个圆柱形，这对实际加工来说是不合理的，说明我们在设置优化目标时没有对透镜的厚度进行限制，导致镜片厚度不符合实际应用。

下面来修正评价目标，将透镜厚度边界条件加入评价函数中。设置透镜最小中心和边缘厚度为 2mm，最大中心厚度为 10mm。

步骤 11：重新优化单透镜。

（1）将评价函数编辑器置前，展开“优化向导和操作数”参数设置面板。

（2）在“优化向导”标签→“厚度边界”参数组中勾选“玻璃”复选框。

（3）在“最小”栏输入“2”，“最大”栏输入“10”，“边缘厚度”栏输入“2”，如图 7-19 所示。

（4）单击“应用”按钮，完成评价函数设置，结果如图 7-20 所示。单击窗口右上角的 × （关闭）按钮退出编辑器。

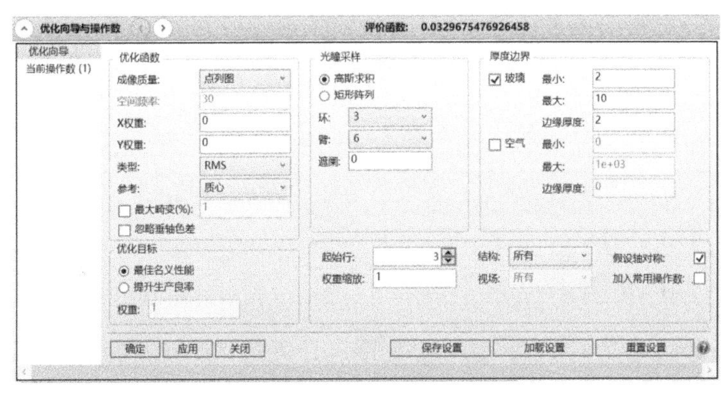

图 7-19　设置优化目标

	类型	标注											
1	BLNK ▾												
2	DMFS ▾												
3	BLNK ▾	序列评价函数: RMS 光斑半径: 质心参考高斯求积 3 环 6 臂											
4	BLNK ▾	默认单独玻璃厚度边界约束，无空气约束.											
5	MNCG ▾	1	1							2.000	1.000	2.000	0.000
6	MXCG ▾	1	1							10.000	1.000	175.321	100.000
7	MNEG ▾	1	1	0.000	0					2.000	1.000	2.000	0.000
8	MNCG ▾	2	2							2.000	1.000	2.000	0.000
9	MXCG ▾	2	2							10.000	1.000	10.000	0.000
10	MNEG ▾	2	2	0.000	0					2.000	1.000	2.000	0.000
11	BLNK ▾	视场操作数 1.											
12	TRAC ▾		1	0.000	0.000	0.336	0.000			0.000	0.291	8.255E-04	7.252E-10
13	TRAC ▾		1	0.000	0.000	0.707	0.000			0.000	0.465	7.730E-03	1.017E-07
14	TRAC ▾		1	0.000	0.000	0.942	0.000			0.000	0.291	0.018	3.568E-07
15	BLNK ▾	视场操作数 2.											
16	TRAC ▾		1	0.000	0.700	0.168	0.291			0.000	0.097	7.376E-03	1.930E-08

图 7-20　生成的评价目标操作数

（5）执行“优化”选项卡→“自动优化”面板→“执行优化”命令，打开“局部优化”对话框。

（6）采用默认设置，在对话框中单击“开始”按钮开始优化。优化完成后单击“退出”按钮，退出对话框。

步骤 12：重新优化后，查看单透镜结构光路图与像差畸变图。

（1）执行“分析”选项卡→“视图”面板→“3D 视图”命令，打开“三维布局图”窗口，显示光路结构图，如图 7-21 所示。

（2）执行“分析”选项卡→“成像质量”面板→“光线迹点”组→“标准点列图”命令，打开“点列图”窗口，显示点列图，如图 7-22 所示。

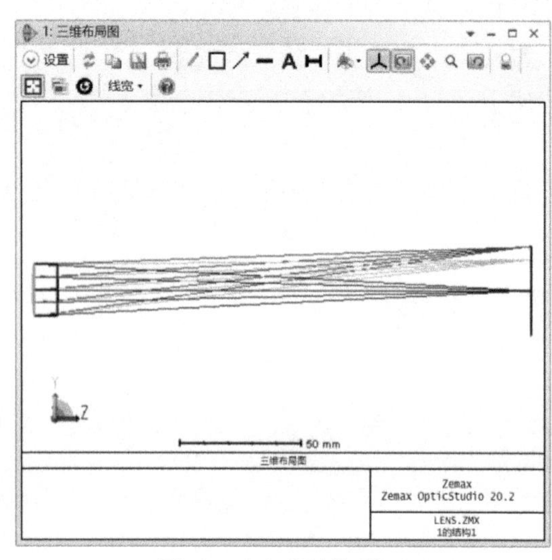

图 7-21　光路结构图

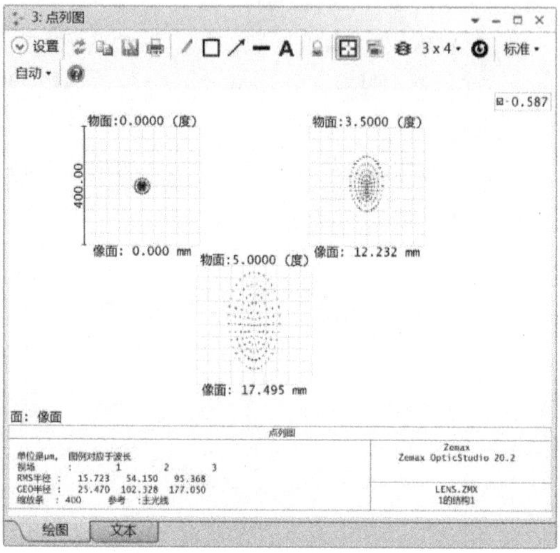

图 7-22　点列图

设计生成合理的透镜结构后，通过点列图（光斑图）可以观察成像效果，由图可知 3 个视场的 RMS 光斑分别为 15μm、54μm、95μm，从光斑逐渐变大的趋势来看，可以推理出像面位置应该处于第一个视场聚焦点，由于场曲存在，使第二、第三视场的光斑越来越大。

为了改善这种情况，通过分析该系统，在设置初始结构时，系统使用了一个边缘光线高度求解类型，该操作限制了像面位置只能在近轴焦平面处，所以极大地限制了光斑优化，需要进一步进行优化。

（3）将镜头数据编辑器置前，单击#面 2 中的“厚度”栏，按“Ctrl+Z”组合键，将求解类型调整为变量，如图 7-23 所示。

	表面类型	标注	曲率半径	厚度	材料	膜层	净口径	延伸区	机械半直径	圆锥系数	TCE x 1E-6
0	物面 标准面 ▾		无限	无限			无限	0.000	无限	0.000	0.000
1	光阑 标准面 ▾		123.581 V	10.000 V	BK7		10.036	0.000	10.317	0.000	-
2	标准面 ▾		-614.434 F	194.486 V			10.317	0.000	10.317	0.000	0.000
3	像面 标准面 ▾		无限	-			17.672	0.000	17.672	0.000	0.000

图 7-23　第 2 表面厚度设置变量

（4）执行“优化”选项卡→“自动优化”面板→“执行优化”命令，打开“局部优化”对话框。保持默认设置，单击“开始”按钮开始优化。优化完成后单击“退出”按钮退出对话框。

（5）将“点列图”窗口置前，可以发现光斑变为 35μm、15μm、49μm，有明显改善，如图 7-24 所示。

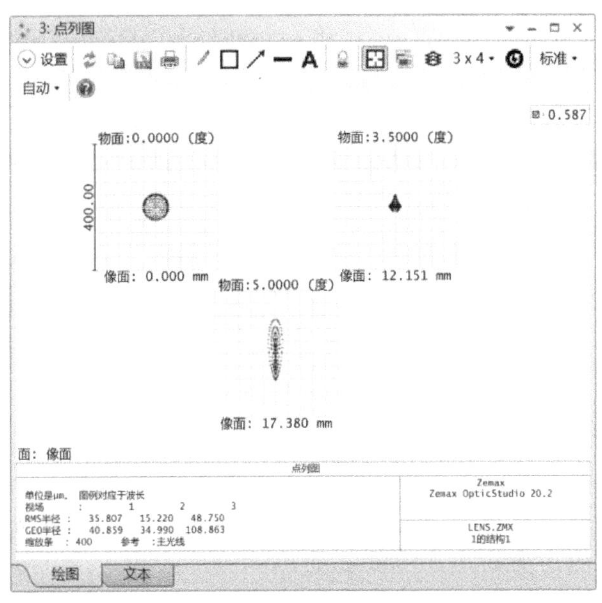

图 7-24　光斑改善

前面的章节中已经介绍过光学设计基础像差的表示形式及解决办法。通过上面的光斑图中可以发现，该单透镜系统具有两种主导性像差：像散和场曲（提示：第 3 视场光斑椭圆形状，3 个视场光斑大小差距）。

这种情况下系统像质是否能够继续提高，需要根据占主导的像差来分析确定。如果要继续提高单透镜的成像光斑效果，需要减小系统的像散和场曲。像散和场曲与视场相关，在该单透镜的初始结构中，默认的光阑位于透镜的前表面。

我们可以通过改变视场来改变外视场的像差，虽然系统设定的视场角度是不能改变的，但是可以通过改变光阑的位置来改变不同视场的光线与透镜的高度。

步骤 13：通过改变视场来改变外视场的像差。

（1）将镜头数据编辑器置前，在#面 1（光阑面）上单击，然后按“Insert”键在该面的前面插入 1 个新的表面。

（2）在新表面（当前的#面 1）的“表面类型”栏中双击，展开表面属性面板，勾选“使此表面为光阑”复选框，将该表面设置为新的光阑面。

（3）将该表面的“厚度”栏设置为变量，如图 7-25 所示。

	表面类型		标注	曲率半径		厚度		材料	膜层	净口径	延伸区	机械半直径	圆锥系数	TCE x 1E-6
0	物面	标准面 ▾		无限		无限				无限	0.000	无限	0.000	0.000
1	光阑	标准面 ▾		无限		0.000	V			10.000	0.000	10.000	0.000	0.000
2		标准面 ▾		123.099	V	10.000	V	BK7		10.036	0.000	10.316	0.000	-
3		标准面 ▾		-626.935	F	193.143	V			10.316	0.000	10.316	0.000	0.000
4	像面	标准面 ▾		无限		-				17.490	0.000	17.490	0.000	0.000

图 7-25　设置新的光阑面并将厚度设为变量

上述操作将视场光阑移至镜片的外部，通过再次优化，不同视场在透镜上的高度被重新分配，从而可以更好地校正轴外视场的像差。

（4）执行“优化”选项卡→“自动优化”面板→“执行优化”命令，打开“局部优化”

对话框，单击“开始”按钮开始优化。优化完成后单击“退出”按钮，退出对话框。

（5）将“三维布局图”窗口置前，显示光路结构图如图 7-26 所示。

（6）将“点列图”窗口置前，可以发现优化后 3 个视场的光斑大小变为：16μm、14μm、24μm、相比之前的 35μm、15μm、49μm 有明显改善，如图 7-27 所示。

经过上述操作，透镜孔径变大。另外，光阑远离透镜还会引入较大的畸变，目前系统优化前后的畸变相差 10 倍左右。

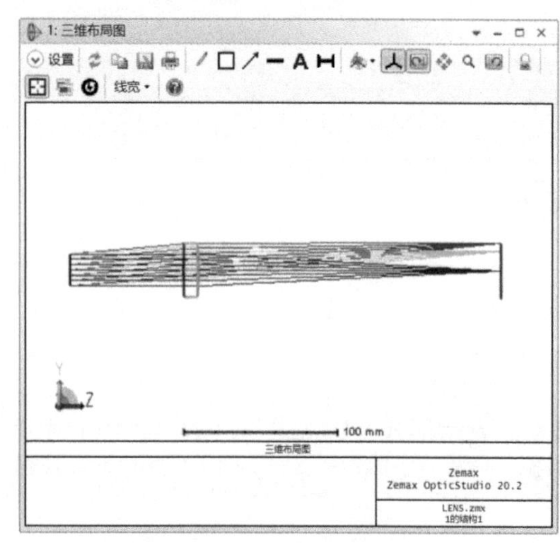

图 7-26　光阑移动至镜片外部

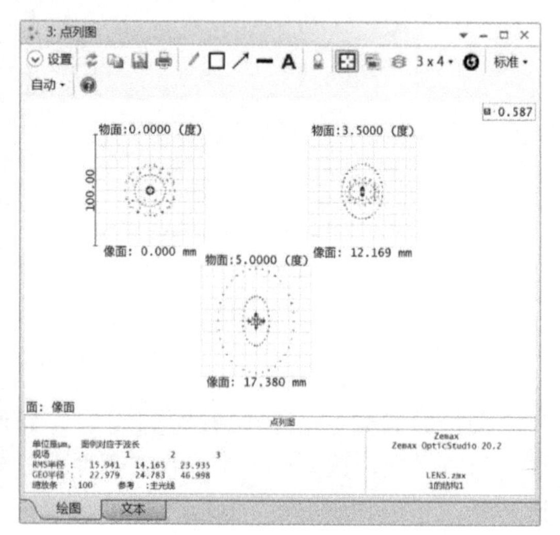

图 7-27　光斑变小

步骤 14：使用像模拟功能展示透镜成像效果。

（1）执行“优化”选项卡→“成像质量”面板→“扩展图像分析”组→“图像模拟”命令，打开“图像模拟”窗口。

（2）在该窗口中设置“导入文件”为“Demo picture”，如图 7-28（a）所示，显示的图像如图 7-28（b）所示。

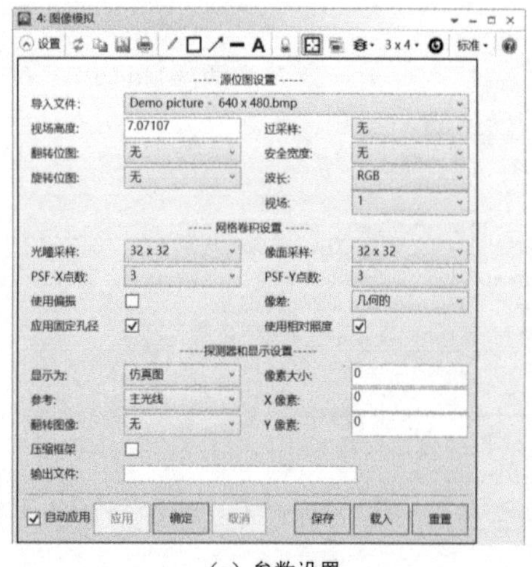

（a）参数设置

（b）显示效果

图 7-28　图像模拟窗口

使用像模拟功能展示光阑在透镜面上与光阑在透镜外的两种成像效果，请读者仔细分辨两幅图的区别（请在软件中进行，由于印刷原因，本书不展示效果图）。

通过两种成像结果可以观察到，光阑位于单透镜前表面时成像稍微模糊，但是几乎没有畸变。光阑位于透镜外部时成像清晰，但是边缘畸变明显。

由于单透镜可优化的变量有限，仅有一个有效的曲率半径和一个光阑位置变量难以实现更高的成像效果。透镜厚度变量是一个弱变量，在优化时不能有效改变评价函数的结果。所以单透镜的设计到这里就介绍完了。为了进一步提高像质，可增加镜片或使用非球面，这些将在后面的章节中进行讲解。

7.2 双胶合消色差透镜设计

7.1 节详细地介绍了最简单的光学系统——单透镜的完整设计流程，同样它也代表了其他复杂光学系统的设计过程：系统参数输入→初始结构创建→优化变量设置→评价目标函数设置→优化→像质分析→系统改进提高→再优化。

这一系列的设计步骤贯穿于整个系统设计，掌握其中的所有环节，对以后的设计及提高都有很大帮助。为了进一步提高初学者的设计水平，增加 Zemax 设计的实用性，我们将逐步深入讲解复杂系统的优化和分析。

本节将详细介绍双胶合消色差透镜的设计过程，帮助读者掌握使用 Zemax 替换材料优化色差的方法，找到最佳材料组合。

7.2.1 规格参数及系统参数输入

双胶合消色差透镜详细的设计参数输入（设计规格）如下：

- 入瞳直径（EPD）：50mm
- F/#：8
- 全视场（FFOV）：10°
- 波长：F,d,C
- 材料：自选
- 边界限制：最小中心和边厚 4mm，最大 18mm
- 优化方向：最佳均方根（RMS）光斑半径，最小色差

从规格参数中可以获取系统参数信息：即光束孔径大小、视场类型及大小、波长。很明显这些在规格参数中都已经给出了，只需按照单透镜设计时的步骤，逐个输入软件中即可。

最终文件：Char07\双胶合透镜.zmx

Zemax 设计步骤如下。

步骤 1：输入入瞳直径 50mm。

（1）在“系统选项”面板中双击展开“系统孔径”选项。

（2）将“孔径类型”设置为“入瞳直径”，“孔径值”设置为“50”，“切趾类型”设置为“均匀”，如图 7-29 所示。

（3）镜头数据随之变化，如图 7-30 所示。

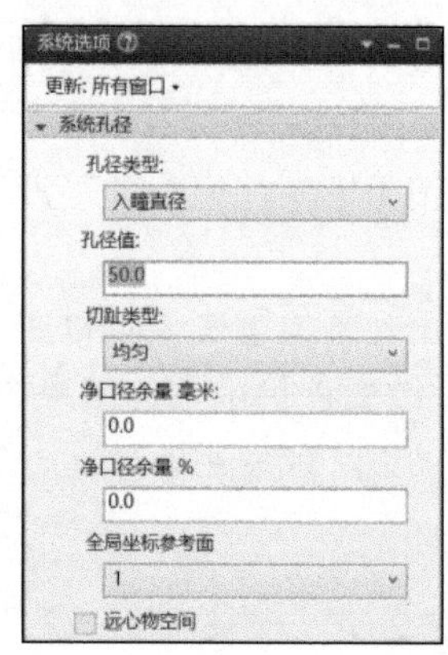

图 7-29　系统孔径设置

	表面类型	标注	曲率半径	厚度	材料	膜层	净口径	延伸区	机械半直径	圆锥系数	TCE x 1E-6
0	物面 标准面 ▾		无限	无限			0.000	0.000	0.000	0.000	0.000
1	光阑 标准面 ▾		无限	0.000			25.000	0.000	25.000	0.000	0.000
2	像面 标准面 ▾		无限	-			25.000	0.000	25.000	0.000	0.000

图 7-30　镜头数据变化

步骤 2：输入视场。

（1）在“系统选项”面板中单击“视场”选项左侧的▸（展开）按钮，展开“视场”选项。

（2）单击“打开视场数据编辑器”按钮，打开视场数据编辑器，在视场类型选项卡中设置“类型”为“角度”。

（3）在下方的电子表格中单击“Insert”键两次，插入两行。

（4）在视场 1、2、3 的中“Y 角度(°)”列中分别输入 0、3.5、5，保持权重为 1，如图 7-31 所示。

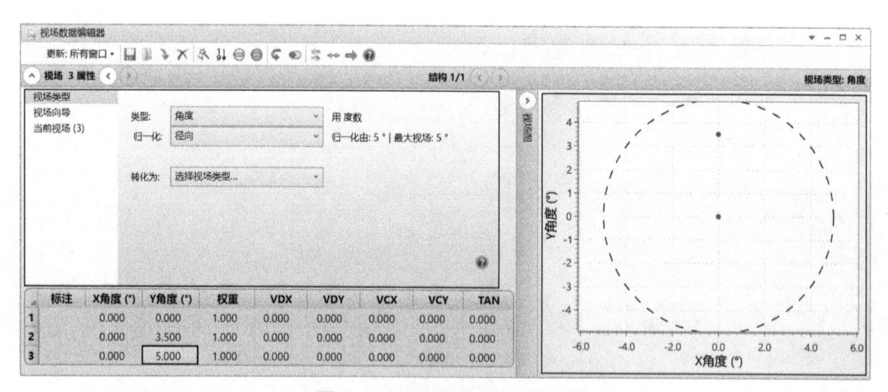

图 7-31　视场数据编辑器

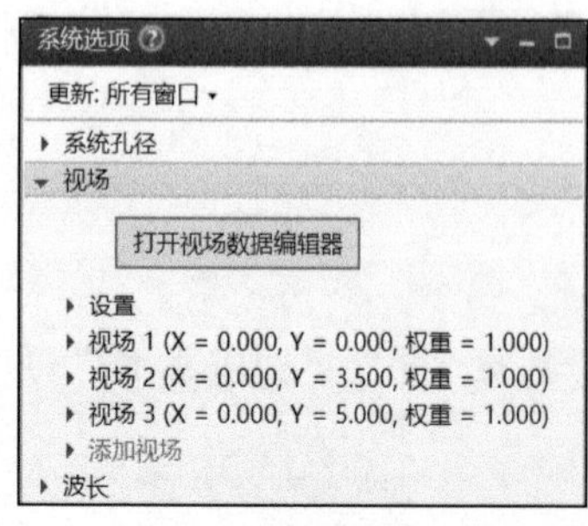

图 7-32　视场设置结果

（5）单击右上角的“关闭”按钮完成设置，此时在“系统选项”面板的“视场”选项中出现刚刚设置的 3 个视场，如图 7-32 所示。

步骤 3：输入波长。

（1）在“系统选项”面板中双击展开“波长”选项，并弹出“波长数据”编辑器。

（2）在左下角波长选择框中选择“F,d,c(可见)”，单击“选为当前”按钮，如图 7-33 所示。

（3）单击“关闭”按钮完成设置，此时在“系统选项”面板的“波长”选项中出现刚刚设置的 3 个波长，如图 7-34 所示。

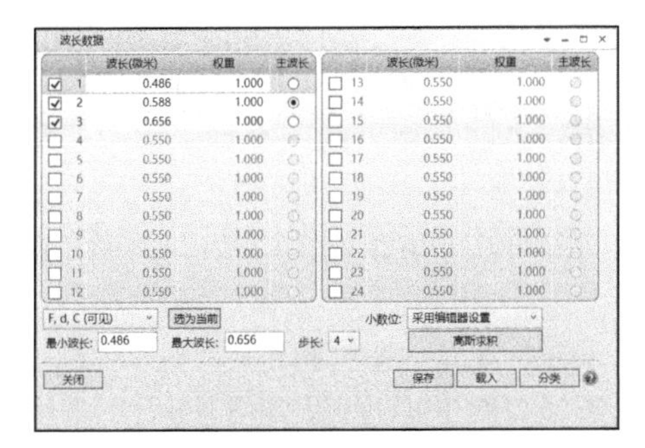

图 7-33　波长数据编辑器

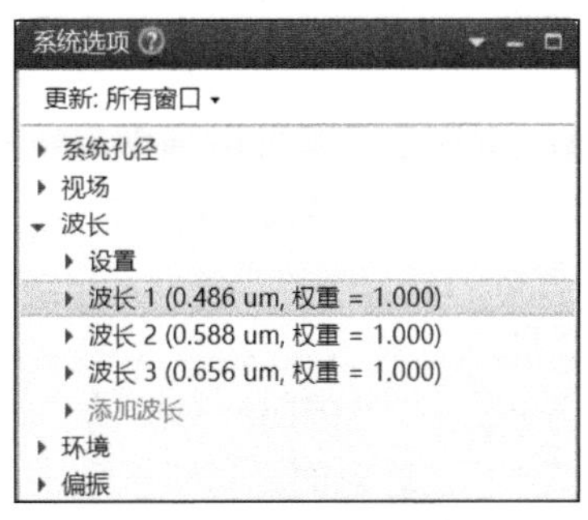

图 7-34　波长设置结果

7.2.2　双胶合透镜初始结构

单透镜由两个表面加中间材料构成，而双胶合透镜在设计时增加了一种材料，相当于两种材料的两个单透镜贴合在一起，但由于胶合连接部分是一个表面，所以双胶合透镜由 3 个面组成。

假设现在光阑面位于透镜的前表面处，不需要更改。选取材料时需要了解阿贝数的概念：即表示玻璃色散强弱的一个系数。阿贝数英文为 Abber，用字母 V 来表示。

通常计算色散系数时用中间波长 d 光作为参数，用 V_d 表示玻璃色散强弱，公式如下：

$$V_d=(N_d-1)/(N_f-N_c)$$

上面的公式表示不同波长的光通过材料后最短波长与最长波长的分离情况。从公式中可以发现，色散能力越强的材料 N_f-N_c 值越大，而这个值作为 V_d 的分母使 V_d 越小。所以得到一个结论：V_d 越小色散越强，V_d 越大色散越弱。

通常 V_d 值以 50 为界线，V_d 大于 50 表示低色散材料，常指冕玻璃类型，名称多用 K 表示。V_d 小于表示强色散材料，常指火石玻璃，名称多用 F 表示。

执行“数据库”选项卡→“光学材料”面板→“材料库”命令，可以打开“材料库”对话框查看玻璃特性，如图 7-35 所示。

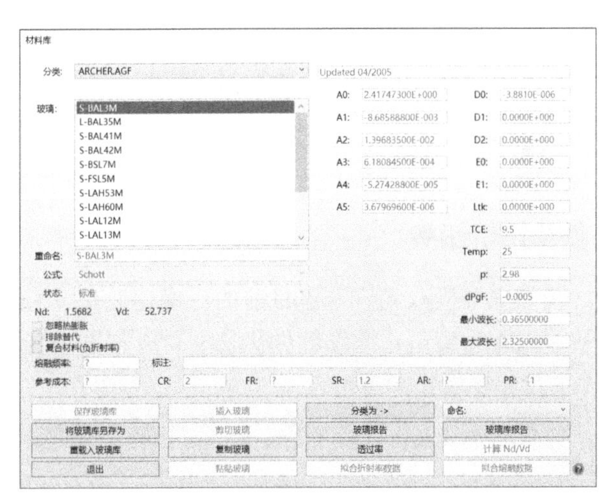

图 7-35　材料库

双胶合透镜消色差的原理是通过强色散玻璃与弱色散玻璃组合，使色散相互补偿，达到消色差目的。

在本示例中，初始结构中可任选两种组合，可以使用国内玻璃库成都光明材料（CDGM）或肖特玻璃（Schott），设计时通常先选择价格较低的常用材料。本例中使用 BK7 和 F2。

步骤 4： 在镜头数据编辑器栏内输入参数。

（1）将镜头数据编辑器置前，在#面 2（像面）上单击，然后按“Insert”键在像面前插入 2 个表面。

（2）在#面 1（光阑面）对应的“材料”栏中输入透镜材料 BK7。

（3）在#面 2 对应的“材料”栏中输入透镜材料 F2，如图 7-36 所示。

	表面类型	标注	曲率半径	厚度	材料	膜层	净口径	延伸区	机械半直径	圆锥系数	TCE x 1E-6
0	物面 标准面 ▾		无限	无限			0.000	0.000	0.000	0.000	0.000
1	光阑 标准面 ▾		无限	0.000	BK7		25.000	0.000	25.000	0.000	-
2	标准面 ▾		无限	0.000	F2		25.000	0.000	25.000	0.000	-
3	标准面 ▾		无限	0.000			25.000	0.000	25.000	0.000	0.000
4	像面 标准面 ▾		无限	-			25.000	0.000	25.000	0.000	0.000

图 7-36　初始参数

在最后的光学面的曲率半径上设置“求解类型”为“F 数”，输入“F/#”为 8，即可确定双胶合透镜的焦距为 400mm。

步骤 5： 在最后光学面的曲率半径上设置 F/#的求解。

（1）在镜头数据编辑器#面 3“曲率半径”栏后的曲率解栏中单击，打开“在#面 6 上的曲率解”对话框。

（2）在该对话框中的“求解类型”栏中选择“F 数”，“F/#”栏输入 8，如图 7-37 所示。

（3）单击空白处完成设置，此时曲率半径值变为-248.016，净口径及机械半直径等也随之变化。

	表面类型	标注	曲率半径	厚度	材料	膜层	净口径	延伸区	机械半直径	圆锥系数	TCE x 1E-6
0	物面 标准面 ▾		无限	无限			0.000	0.000	0.000	0.000	0.000
1	光阑 标准面 ▾		无限	0.000	BK7		25.000	0.000	25.000	0.000	-
2	标准面 ▾		无限	0.000	F2		25.000	0.000	25.000	0.000	-
3	标准面 ▾		无限 F	0.000			25.000	0.000	25.000	0.000	0.000
4	像面 标准面 ▾		无限					.000	25.000	0.000	0.000

在面3上的曲率解
求解类型: F数
F/#: 8

图 7-37　在#面 3 的曲率半径上设置求解类型

7.2.3　设置变量及评价函数

初始结构完成后，我们来分析双胶合透镜目前的可优化变量：2 个曲率半径和 3 个厚度值。将这些未知参数都设置为变量，通过软件优化后可以得到最佳值。

步骤 6： 设置曲率半径和厚度值变量。

（1）在镜头数据编辑器#面 1（光阑）中的“曲率半径”栏单击，并按“Ctrl+Z”组合键，将其设置为变量。

（2）继续在#面 1（光阑）中的“厚度”栏单击，并按“Ctrl+Z”组合键，将其设置为变量，结果如图 7-38 所示。

	表面类型		标注	曲率半径	厚度	材料	膜层	净口径	延伸区	机械半直径	圆锥系数	TCE x 1E-6
0	物面	标准面 ▾		无限	无限			无限	0.000	无限	0.000	0.000
1	光阑	标准面 ▾		无限 V	0.000 V	BK7		25.000	0.000	25.069	0.000	-
2		标准面 ▾		无限	0.000	F2		25.000	0.000	25.069	0.000	-
3		标准面 ▾		-248.016 F	0.000			25.069	0.000	25.069	0.000	0.000
4	像面	标准面 ▾		无限	-			24.964	0.000	24.964	0.000	0.000

图 7-38 快捷键设置变量

（3）利用同样的方法，将#面 2 对应的“曲率半径”和“厚度”，#面 3 对应的 “厚度”设置为变量。如图 7-39 所示。

	表面类型		标注	曲率半径	厚度	材料	膜层	净口径	延伸区	机械半直径	圆锥系数	TCE x 1E-6
0	物面	标准面 ▾		无限	无限			无限	0.000	无限	0.000	0.000
1	光阑	标准面 ▾		无限 V	0.000 V	BK7		25.000	0.000	25.069	0.000	-
2		标准面 ▾		无限 V	0.000 V	F2		25.000	0.000	25.069	0.000	-
3		标准面 ▾		-248.016 F	0.000 V			25.069	0.000	25.069	0.000	0.000
4	像面	标准面 ▾		无限	-			24.964	0.000	24.964	0.000	0.000

图 7-39 设置变量

接下来设置优化目标：评价函数。选择默认评价函数，我们要求最小最佳均方根（RMS）光斑半径，且玻璃和空气的厚度边界条件已知。

步骤 7：设置评价函数。

（1）执行“优化”选项卡→“自动优化”面板→“优化向导”命令，打开“评价函数编辑器”窗口。

（2）在优化向导与操作数面板中的“优化向导”选项卡中进行参数设置，如图 7-40 所示，将“成像质量”设置为“点列图”，“X 权重”“Y 权重”设置为 0。

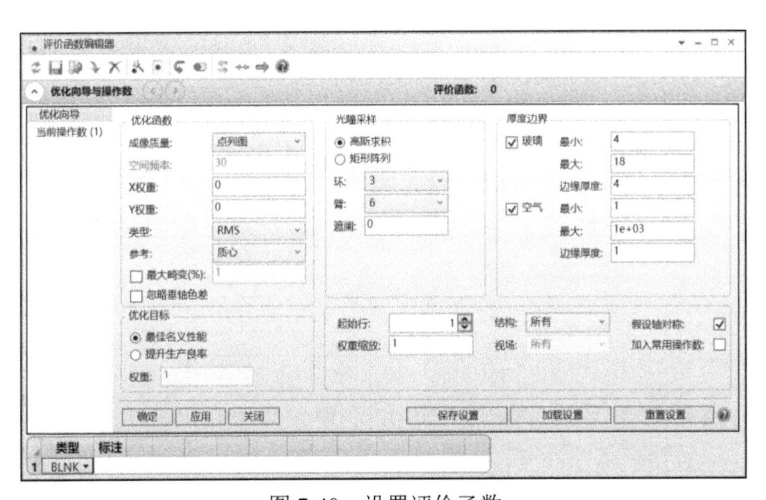

图 7-40 设置评价函数

（3）在“厚度边界”参数组中勾选“玻璃”复选框，在“最小”栏中输入“4”，“最大”栏中输入“18”，“边缘厚度”栏中输入“4”。

（4）继续勾选“空气”复选框，在“最小”栏中输入“1”，“最大”栏中输入“1000”，“边缘厚度”栏中输入“1”。

（5）单击“应用”按钮，完成评价函数设置，结果如图 7-41 所示。单击 ✕（关闭）按钮退出编辑器。

由于没有其他特殊要求，因此目前不需要手动输入自定义的操作数。

评价函数编辑器

优化向导与操作数　　评价函数：7.06184668700308

	类型												
1	DMFS												
2	BLNK	序列评价函数: RMS 光斑半径：质心参考高斯求积 3 环 6 臂											
3	BLNK	默认单独空气及玻璃厚度边界约束.											
4	MNCA	1	1							1.000	1.000	1.000	0.000
5	MXCA	1	1							1000.000	1.000	1000.000	0.000
6	MNEA	1	1	0.000	0					1.000	1.000	1.000	0.000
7	MNCG	1	1							4.000	1.000	0.000	1.518
8	MXCG	1	1							18.000	1.000	18.000	0.000
9	MNEG	1	1	0.000	0					4.000	1.000	0.000	1.518
10	MNCA	2	2							1.000	1.000	1.000	0.000
11	MXCA	2	2							1000.000	1.000	1000.000	0.000
12	MNEA	2	2	0.000	0					1.000	1.000	1.000	0.000
13	MNCG	2	2							4.000	1.000	0.000	1.518
14	MXCG	2	2							18.000	1.000	18.000	0.000
15	MNEG	2	2	0.000	0					4.000	1.000	-1.270	2.634
16	MNCA	3	3							1.000	1.000	0.000	0.095
17	MXCA	3	3							1000.000	1.000	1000.000	0.000
18	MNEA	3	3	0.000	0					1.000	1.000	1.000	0.000
19	MNCG	3	3							4.000	1.000	4.000	0.000
20	MXCG	3	3							18.000	1.000	18.000	0.000
21	MNEG	3	3	0.000	0					4.000	1.000	4.000	0.000
22	BLNK	视场操作数 1.											
23	TRAC		1	0.000	0.000	0.336	0.000			0.000	0.097	8.390	0.647
24	TRAC		1	0.000	0.000	0.707	0.000			0.000	0.155	17.649	4.583

图 7-41　生成的评价目标操作数

7.2.4　优化及像质评价

步骤 8： 优化双胶合单透镜。

（1）执行“优化”选项卡→“自动优化”面板→“执行优化”命令，打开“局部优化”对话框，如图 7-42 所示。

（2）采用默认设置，在对话框中单击“开始”按钮开始优化，对话框显示优化时间为 0.718s，如图 7-43 所示。

（3）单击“退出”按钮，退出对话框。

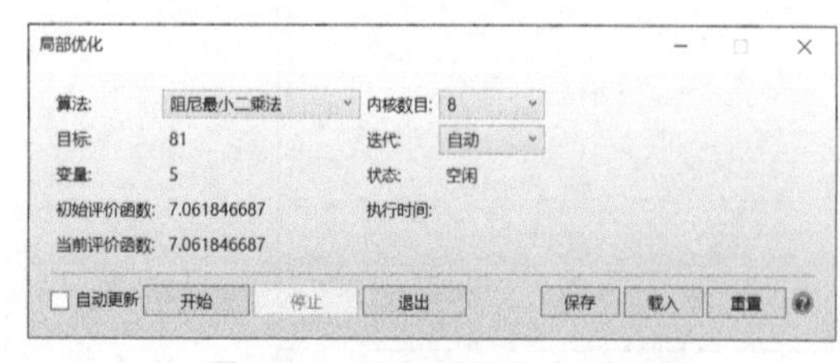

图 7-42　“局部优化”对话框

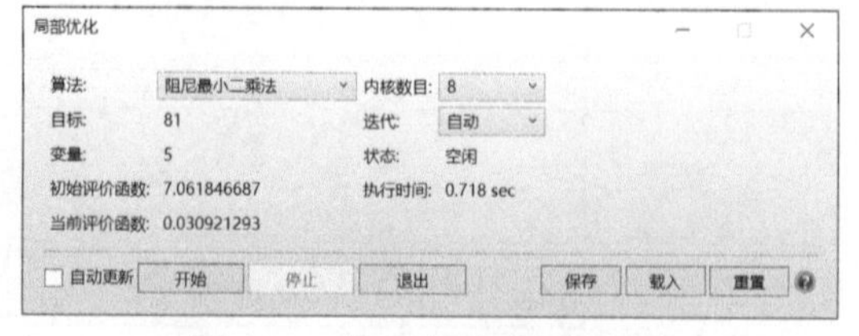

图 7-43　优化完成后的对话框

步骤 9： 查看双胶合透镜结构光路图与像差畸变图。

（1）执行“分析”选项卡→“视图”面板→“3D 视图”命令，打开“三维布局图”窗口显示光路结构图，如图 7-44 所示。

（2）执行“分析”选项卡→“成像质量”面板→“光线迹点”组→“标准点列图”命

令，打开“点列图”窗口，显示点列图，如图 7-45 所示。

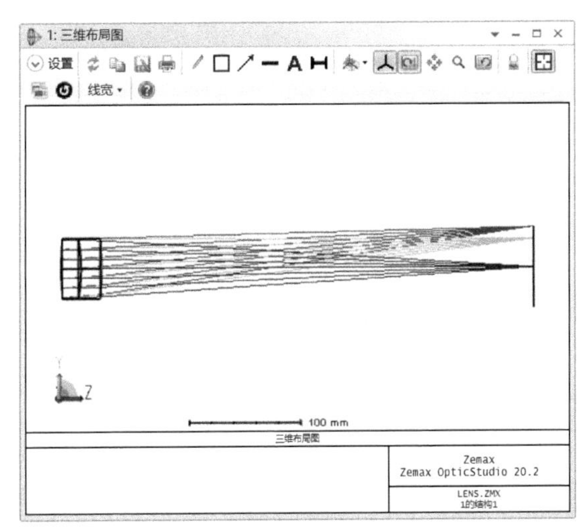

图 7-44 光路结构图

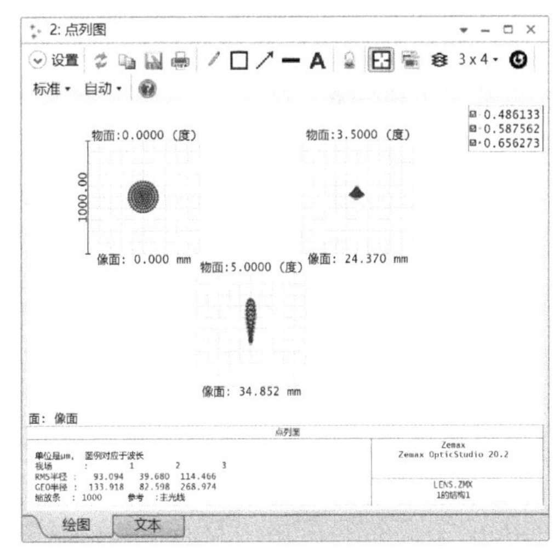

图 7-45 光斑图

（3）执行“分析”选项卡→“成像质量”面板→“像差分析”组→“光线像差图”命令，打开“光线光扇图”窗口，如图 7-46 所示。

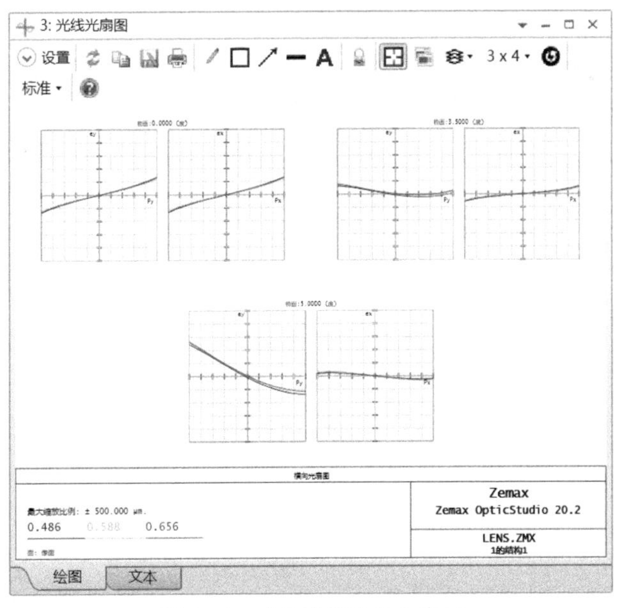

图 7-46 “光线光扇图”窗口

可以发现光路结构较为合理。从光斑图中可明显看出外视场像散及场曲是目前系统的主要像差，“光线像差图”也可以验证光斑图的显示，像散非常明显。

若要进一步提高系统的成像质量，需减小系统的像散。与单透镜分析相似，像散作为轴外视场的像差，由视场决定。

目前视场光阑位于胶合透镜的前表面，为了调节像散需将光阑从透镜上移出，操作方法与单透镜相似：在第 1 面前插入 1 个新的虚拟面，将该虚拟面设置为光阑即可。优化时将虚拟面的厚度设置为变量。

步骤 10：重新优化双胶合透镜。

（1）将镜头数据编辑器置前，在#面 1（光阑面）上单击，然后按“Insert”键在光阑面前插入 1 个表面。

（2）在新表面（当前的#面 1）的“表面类型”栏中双击，展开表面属性面板，勾选“使此表面为光阑”复选框，将该表面设置为新的光阑面。

（3）将该表面的“厚度”栏设置为变量，如图 7-47 所示。

	表面类型	标注	曲率半径	厚度	材料	膜层	净口径	延伸区	机械半直径	圆锥系数	TCE x 1E-6
0	物面 标准面 ▾		无限	无限			无限	0.000	无限	0.000	0.000
1	光阑 标准面 ▾		无限	0.000 V			25.000	0.000	25.000	0.000	0.000
2	标准面 ▾		288.581 V	18.000 V	BK7		25.096	0.000	26.246	0.000	-
3	标准面 ▾		-132.214 V	18.000 V	F2		25.496	0.000	26.246	0.000	-
4	标准面 ▾		-407.072 F	385.418 V			26.246	0.000	26.246	0.000	0.000
5	像面 标准面 ▾		无限	-			35.121	0.000	35.121	0.000	0.000

图 7-47　设置新的光阑面并将厚度设为变量

这样做可以把视场光阑移至镜片的外部，通过再次优化，不同视场在透镜上的高度被重新分配，从而可以较好地校正轴外视场的像差。

（4）执行“优化”选项卡→“自动优化”面板→“执行优化”命令，打开“局部优化”对话框，采用默认设置。

（5）在对话框中单击“开始”按钮开始优化，对话框中显示优化时间为 1.344s，如图 7-48 所示。单击“退出”按钮，退出对话框。

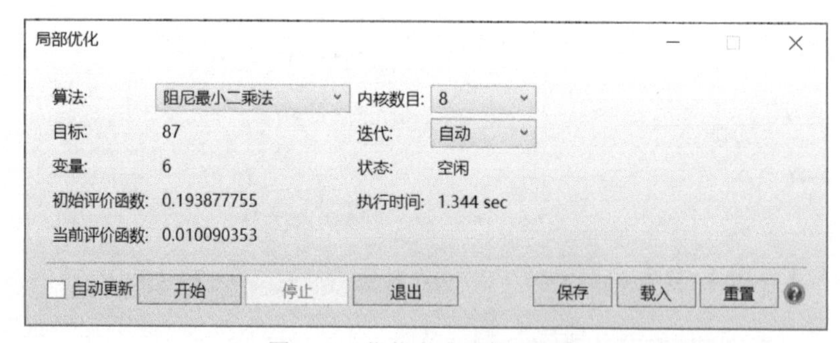

图 7-48　优化完成后的对话框

重新运行优化后，评价函数降低为 0.010，光斑将会减小 3 倍左右。

步骤 11：查看重新优化后的效果。

（1）将“点列图”窗口置前，可以发现优化后 3 个视场的光斑大小发生变化，相比之前有了较大的提高，如图 7-49 所示。

（2）将“光线光扇图”窗口置前，图形显示如图 7-50 所示。

根据目前的光斑图和光扇图分析系统的主导像差：可以从光斑图的第 3 个视场中明显看出 3 种波长光斑分离，在光扇图的第 3 个视场中可以明显看出 3 个波长的像差曲率分离程度，这都说明了当前系统的主导像差从之前的像散转化为现在的像差。为进一步提高像质，下面需要重点校正系统的色差。

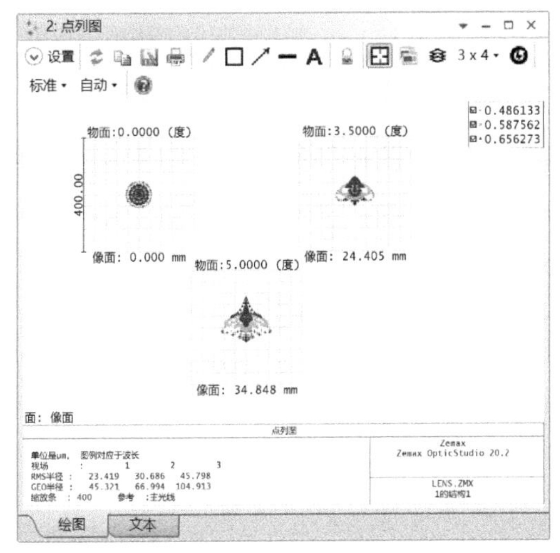

图 7-49 光斑图

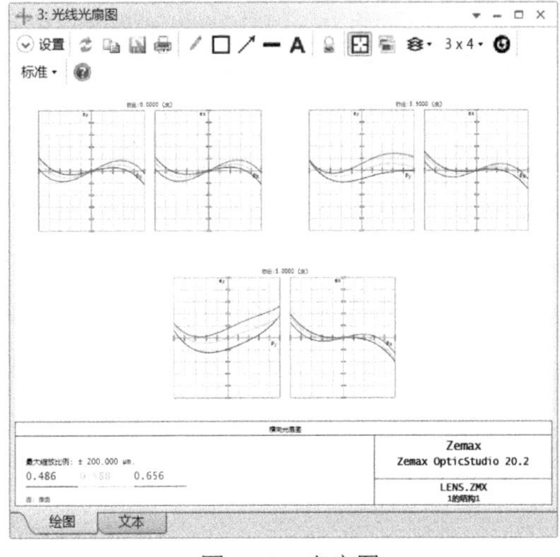

图 7-50 光扇图

7.2.5 玻璃优化——校正色差

在优化前，需要了解系统主导像差是如何转变的，即由之前的像散变为色差的原因。当把光阑从透镜上移出后，轴外视场像差（像散、场曲、彗差）都会得到较大的改善，而色差和畸变会相应增加，但总体光斑是变小的，这就是像差平衡方法。

如果想进一步提高系统光斑，需要减小主导像差：色差。色差大小受视场光阑和材料影响，这里只能通过改变材料来尝试改善。

这里选取了 BK7 和 F2 两种材料组合，但并不一定是最佳材料组合，我们可以在 Zemax 中替换这两种材料，找到其他的最佳组合形式，这就是玻璃的优化。

在玻璃材料栏上单击鼠标右键可打开玻璃求解类型，其中有一个“替代”选项，称为玻璃替代，在优化时软件会自动从当前玻璃库中提取材料对当前材料进行替换，然后优化得到一个结果，然后再替代其他玻璃进行优化。

这里将两种材料都设置为“替代”求解类型，需要注意的是：玻璃的替代是一种离散取值方法，不能采用局部连续优化，需要采用锤形优化。

步骤 12： 优化玻璃。

（1）将镜头数据编辑器置前，在#面 2 中的“材料”栏右侧方格中单击，在打开的“#面 2 上的玻璃求解”对话框中设置“求解类型”为“替代”即可，如图 7-51 所示。

	表面类型	标注	曲率半径		厚度		材料	膜层	净口径	延伸区	机械半直径	圆锥系数	TCE x 1E-6
0	物面 标准面 ▾		无限		无限				无限	0.000	无限	0.000	0.000
1	光阑 标准面 ▾		无限		274.601	V			25.000	0.000	25.000	0.000	0.000
2	标准面 ▾		599.989	V	18.000	V	BK7		49.201	0.000	50.735	0.000	-
3	标准面 ▾		-114.210	V	18.000	V	F2				35	0.000	-
4	标准面 ▾		-242.339	F	394.948	V					35	0.000	0.000
5	像面 标准面 ▾		无限		-						53	0.000	0.000

面2上的玻璃求解

求解类型: 固定

固定
模型
拾取
替代
偏移

图 7-51 设置材料的求解类型

（2）同样的将#面 2 中的“材料”栏的“求解类型”设置为“替代”，设置完成后在材料旁边会出现符号 S，如图 7-52 所示。

	表面类型	标注	曲率半径	厚度	材料	膜层	净口径	延伸区	机械半直径	圆锥系数	TCE x 1E-6
0	物面 标准面 ▾		无限	无限			无限	0.000	无限	0.000	0.000
1	光阑 标准面 ▾		无限	274.601 V			25.000	0.000	25.000	0.000	0.000
2	标准面 ▾		599.989 V	18.000 V	BK7 S		49.201	0.000	50.735	0.000	-
3	标准面 ▾		-114.210 V	18.000 V	F2 S		49.342	0.000	50.735	0.000	-
4	标准面 ▾		-242.339 F	394.948 V			50.735	0.000	50.735	0.000	0.000
5	像面 标准面 ▾		无限	-			34.953	0.000	34.953	0.000	0.000

图 7-52　玻璃替代设置

（3）单击“优化”选项卡→“全局优化”面板→“锤形优化”按钮，打开“锤形优化”对话框，采用默认设置，如图 7-53 所示。

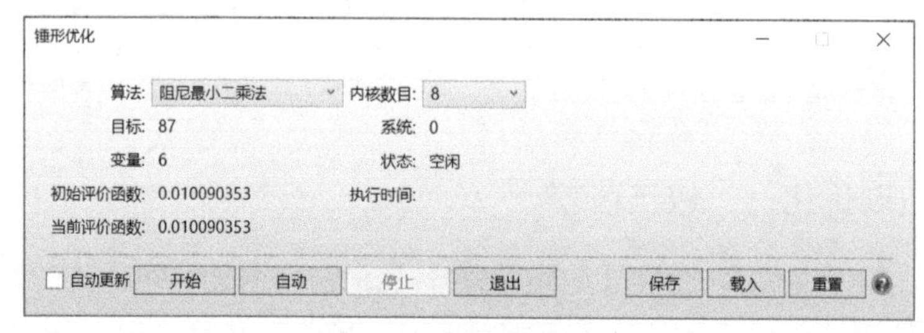

图 7-53　锤形优化窗口

（4）单击“开始”按钮开始优化，执行约 5min 后，单击“停止”按钮停止优化，此时的对话框界面如图 7-54 所示。

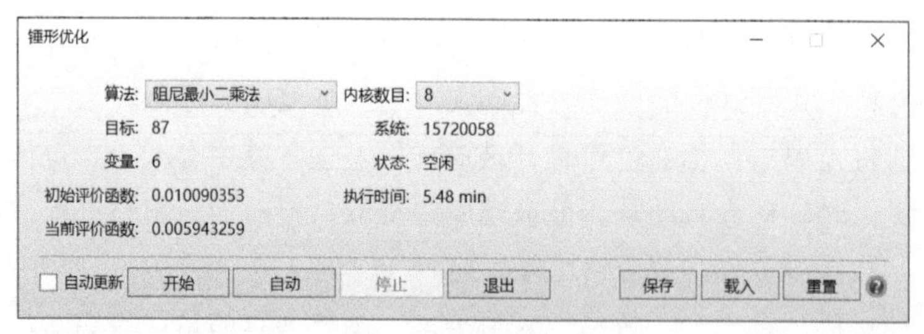

图 7-54　停止优化

该优化方法会比局部优化占用更多的时间，对于复杂系统的优化可能需要几个小时甚至几天的时间。经过一段时间的优化，用户可手动停止优化来查看优化后的结果。

步骤 13： 打开优化效果。

（1）将镜头数据编辑器置前，显示优化后的镜头数据，如图 7-55 所示，可以发现材料发生了变化。

	表面类型	标注	曲率半径	厚度	材料	膜层	净口径	延伸区	机械半直径	圆锥系数	TCE x 1E-6
0	物面 标准面 ▾		无限	无限			无限	0.000	无限	0.000	0.000
1	光阑 标准面 ▾		无限	355.385 V			25.000	0.000	25.000	0.000	0.000
2	标准面 ▾		480.479 V	18.000 V	N-PSK57 S		56.383	0.000	56.881	0.000	-
3	标准面 ▾		-154.390 V	4.355 V	LAFN7 S		56.425	0.000	56.881	0.000	-
4	标准面 ▾		-325.323 F	393.227 V			56.881	0.000	56.881	0.000	0.000
5	像面 标准面 ▾		无限	-			34.878	0.000	34.878	0.000	0.000

图 7-55　优化后的镜头数据

（2）将“三维布局图”窗口置前，显示优化后的光路结构图，如图 7-56 所示。

（3）将“点列图”窗口置前，显示优化后的光斑图如图 7-57 所示。

（4）将“光线光扇图”窗口置前，显示优化后的光扇图如图 7-58 所示。

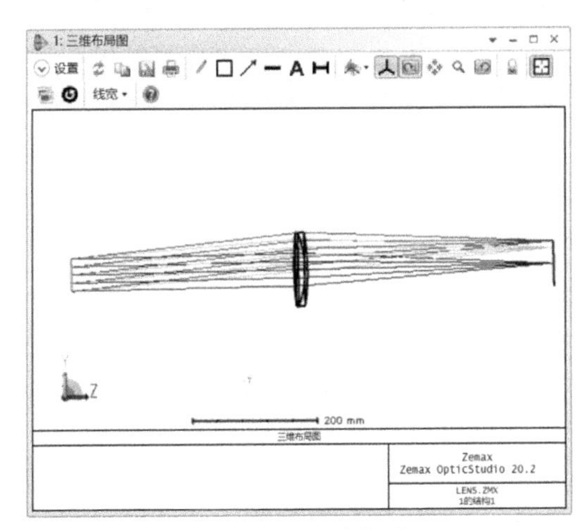

图 7-56　光路结构图

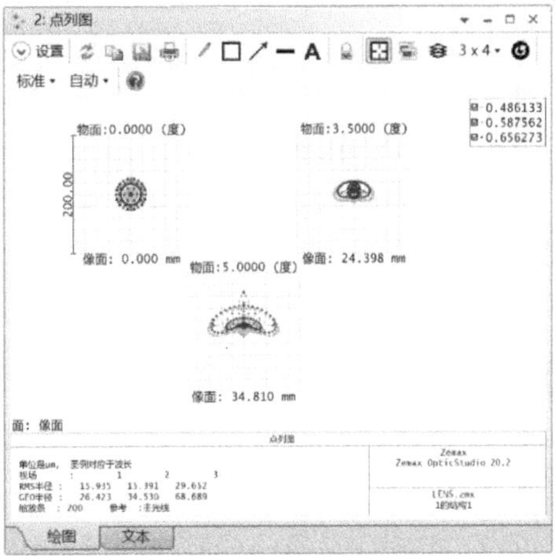

图 7-57　光斑图

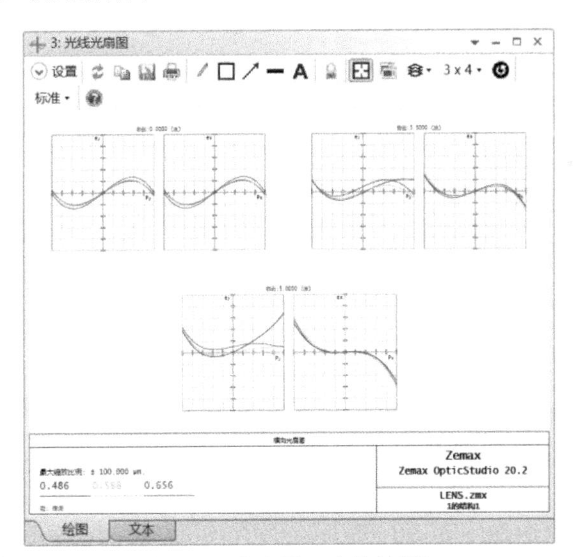

图 7-58　光扇图（光线差图）

7.3　牛顿望远镜设计

在成像光学系统设计中，常用到透镜折射成像原理。另外还有相当一部分系统是靠反射成像，即使用反射光焦元件进行光路传播。

大多数天文望远镜系统都是反射系统，使用有光焦的折叠反射镜来达到成像目的，如哈勃太空望远镜。其中最简单的反射式望远系统是牛顿望远系统，它仅由一个抛物面反射镜和平面反射镜组成。下面通过介绍牛顿望远系统的设计过程，帮助读者掌握 Zemax 中反射系统的设计以及元件孔径形状的确定方法。

7.3.1　牛顿望远镜来源简介及设计规格

早在 1670 年，英国数学家、物理学家牛顿就制成了反射望远镜，其原理是使用一个弯曲的镜面将光线反射到一个焦点上。这种设计方法比使用透镜将物体放大的倍数高出数倍。

牛顿反射望远镜采用抛物面镜作为主镜，光进入镜筒的底端，然后折回开口处的第二反射镜（平面的对角反射镜），再次改变方向进入目镜焦平面。为便于观察，目镜被安置在靠近望远镜镜筒顶部的侧方。

牛顿反射望远镜使用平面镜代替昂贵笨重的透镜收集和聚焦光线，有效地节约了成本，并获得了较好的放大效果。

根据反射系统成像原理，接下来使用 Zemax 设计一个如下规格的牛顿望远镜：

- 入瞳直径（EPD）：100mm
- 焦距：800mm
- 全视场（FFOV）：4°
- 波长：可见光范围

根据上述规格参数进行详细设计，虽然是反射系统，但其设计流程与透镜设计相似，并遵循同样的原则。

首先进行 3 个系统参数的输入：光束孔径大小、视场大小、波段范围。

最终文件：Char07\牛顿望远镜.zmx

Zemax 设计步骤。

步骤 1： 输入入瞳直径 100mm。

（1）在“系统选项”面板中双击展开“系统孔径”选项。

（2）将“孔径类型”设置为“入瞳直径”，“孔径值”设置为“100”，“切趾类型”设置为“均匀”，如图 7-59 所示。

（3）镜头数据随之变化，如图 7-60 所示。

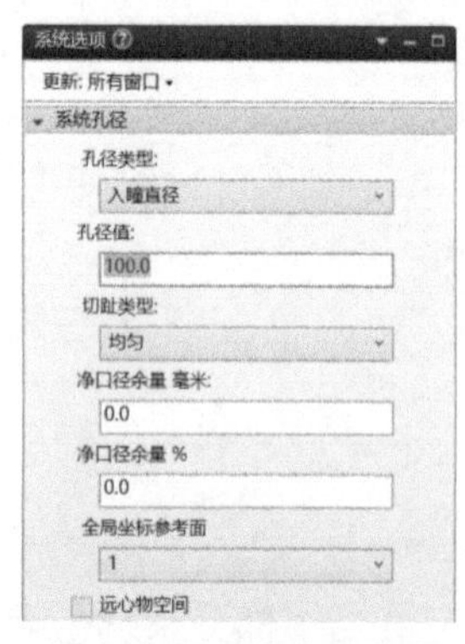

图 7-59　系统孔径设置

	表面类型	标注	曲率半径	厚度	材料	膜层	净口径	延伸区	机械半直径	圆锥系数	TCE x 1E-6
0	物面 标准面		无限	无限			0.000	0.000	0.000	0.000	0.000
1	光阑 标准面		无限	0.000			50.000	0.000	50.000	0.000	0.000
2	像面 标准面		无限	-			50.000	0.000	50.000	0.000	0.000

图 7-60　镜头数据变化

步骤 2： 输入视场。

（1）在“系统选项”面板中单击“视场”选项左侧的▸（展开）按钮，展开“视场”选项。

（2）单击“打开视场数据编辑器”按钮，打开视场数据编辑器，在视场类型选项卡中设置“类型”为“角度”。

（3）在下方的电子表格中单击“Insert”键两次，插入两行。

（4）在视场 1、2、3 中的“Y 角度(°)”列中分别输入 0、1.4、2，保持权重为 1，如图 7-61 所示。

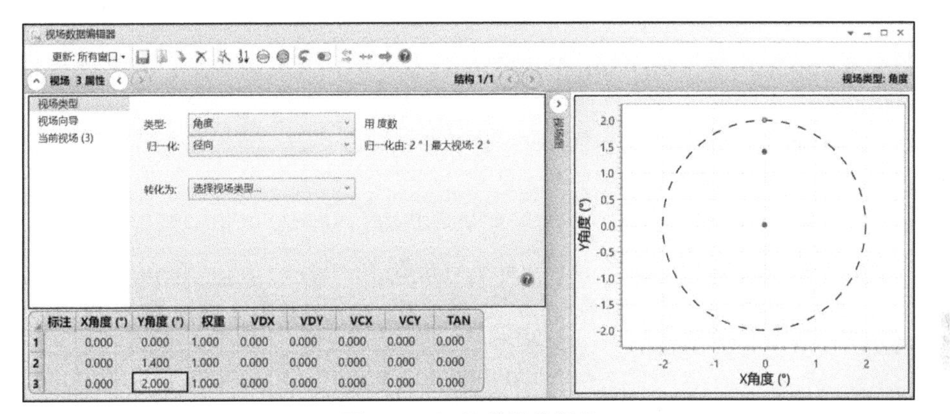

图 7-61 视场数据编辑器

（5）单击右上角的“关闭”按钮完成设置，此时在“系统选项”面板的“视场”选项中出现刚刚设置的 3 个视场，如图 7-62 所示。

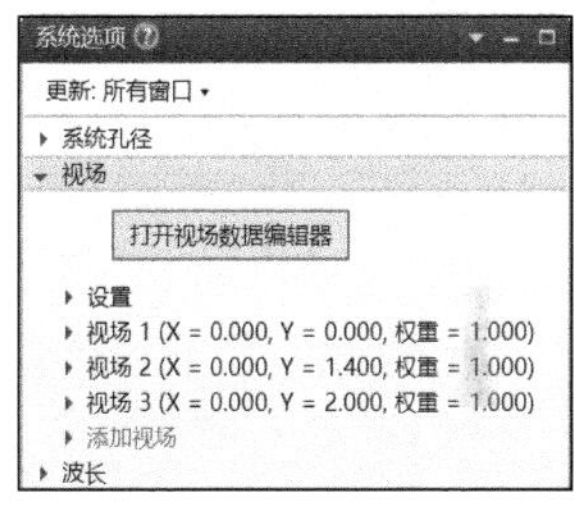

图 7-62 视场设置结果

步骤 3： 输入波长。

（1）在“系统选项”面板中双击展开“波长”选项，并打开“波长数据”编辑器。

（2）在左下角波长选择框中选择“F,d,c(可见)”，单击“选为当前”按钮，如图 7-63 所示。

（3）单击“关闭”按钮完成设置，此时在“系统选项”面板的“波长”选项中出现刚刚设置的 3 个波长，如图 7-64 所示。

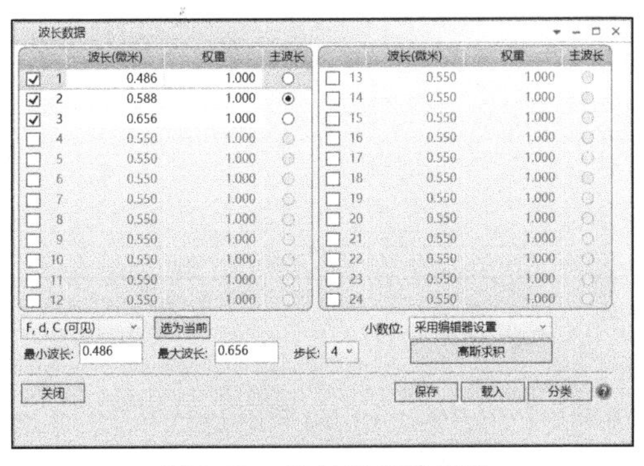

图 7-63 波长数据编辑器

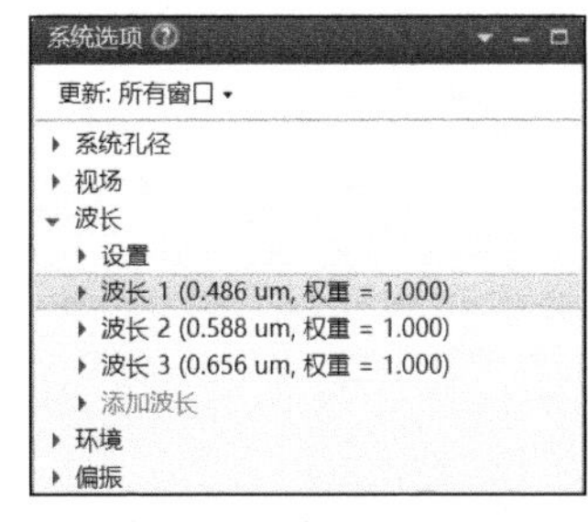

图 7-64 波长设置结果

7.3.2 牛顿望远镜初始结构

由原理图可知，牛顿望远镜中真正对光线起聚焦作用的是一个抛物面反射镜，平面镜起转折光路方向作用。另外，反射镜与透镜的区别在于，透镜由两个折射面组成，而反射镜仅由一个虚拟面组成。因此在不考虑平面反射的初始结构中，只需要一个反射面即可完成这个系统。

在镜头数据编辑器#面 1 的“材料”栏输入“MIRROR”，将该面设置为反射镜类型。Zemax 默认的反射面颜色为灰色。我们知道该面是一个抛物面，抛物面的特性是平行于抛物面光轴入射的光线经反射后汇聚于抛物面焦点处，且没有任何像差。抛物面的“圆锥系数”为定值–1。

另外，反射曲面的曲率半径和焦距的关系始终满足 R=2f。本例中要求焦距为 800mm，可知抛物面曲率半径 R= –1600。

Zemax 光路传播遇到反射面时遵循厚度符号规则：N 个反射镜，厚度符号（–1）^n，本例中焦距 800 即平行光被反射并传播– 800 后将聚于一点。

综上分析，将曲率半径（–1600）、厚度（–800）、圆锥系数（–1）输入 Zemax 中。

步骤 4：在镜头数据编辑器内输入参数。

将镜头数据编辑器置前，在#面 1（光阑面）中的“曲率半径”栏中输入–1600、“厚度”栏中输入– 800、“圆锥系数”栏中输入–1，“材料”栏中输入 MIRROR，如图 7-65 所示。

	表面类型	标注	曲率半径	厚度	材料	膜层	净口径	延伸区	机械半直径	圆锥系数	TCE x 1E-6
0	物面 标准面 ▾		无限	无限			无限	0.000	无限	0.000	0.000
1	光阑 标准面 ▾		-1600.000	-800.000	MIRROR		50.027	0.000	50.027	-1.000	0.000
2	像面 标准面 ▾		无限	-			28.080	0.000	28.080	0.000	0.000

图 7-65　初始参数

步骤 5：打开牛顿望远镜结构光路图与像差畸变图。

（1）执行“分析”选项卡→“视图”面板→“3D 视图”命令，打开“三维布局图”窗口，显示光路结构图，如图 7-66 所示。

（2）执行“分析”选项卡→“成像质量”面板→“光线迹点”组→“标准点列图”命令，可以打开“点列图”窗口显示点列图（光斑图），如图 7-67 所示。

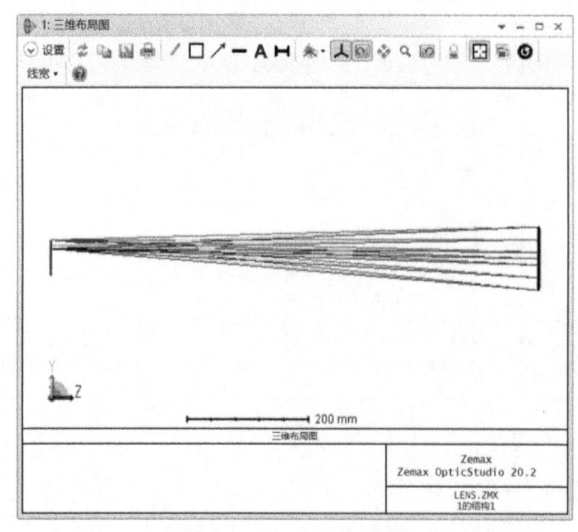

图 7-66　光路结构图

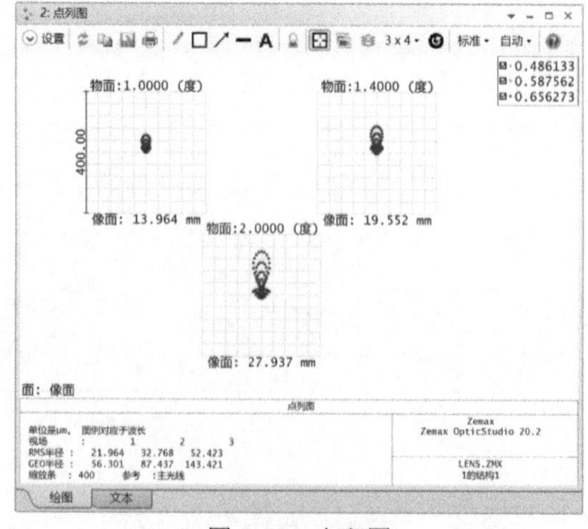

图 7-67　光斑图

（3）执行“分析”选项卡→“成像质量”面板→“像差分析”组→“光线像差图”命

令，打开“光线光扇图”窗口，显示光扇图，如图 7-68 所示。

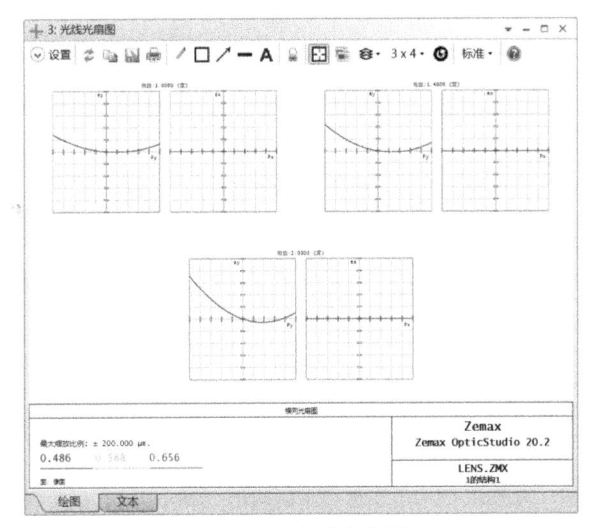

图 7-68 光线光扇图

三维视图中 3 个视场的光线聚焦在像平面处，光阑位于抛物面反射镜上，反射镜的大小将直接决定入瞳直径的大小。

光斑图和光线光扇图可以很好地验证抛物面反射系统特征：沿轴光束聚焦没有像差，离轴的轴外光束产生较大的像散和彗差。就目前该成像系统来看，我们不需要进行任何优化，但是其成像视场也不可能太大（此时 2 度的半视场轴外得到的光斑很大）。

至此初始结构第一步已经设计完成，但是需要继续完善使它更接近实际的望远镜，因为目前需要使用平面反射镜将像面折到上侧或下侧来观察。

7.3.3 添加反射镜及遮拦孔径

使用平面反射镜将像面折到侧面可以方便观察。这时需要在聚焦的光路上放置一面反射镜，反射镜的位置和大小与像面偏离光轴的高度相关，反射镜越远离抛物面，像面被折出的高度越小，但是反射镜越小遮拦光线影响也越小；反射镜越靠近抛物面，像面偏离出的高度越大，但是反射镜越大遮光越严重。

我们选择一个较为适中的距离，假设像面与反射镜中心距离 100mm，先在镜头数据编辑器中插入一个新的虚拟面，将厚度分为两部分：–700 和–100。

步骤 6：添加反射镜及遮拦孔径。

（1）在镜头数据编辑器中，在#面 2（像面）中处单击，然后按“Insert”键插入 1 个面。

（2）在#面 1（光阑面）的“厚度”栏中输入–700，在#面 2（新插入面）的“厚度”栏中输入–100，可将厚度分为 –700 和 –100 两部分，如图 7-69 所示。

	表面类型	标注	曲率半径	厚度	材料	膜层	净口径	延伸区	机械半直径	圆锥系数	TCE x 1E-6
0	物面 标准面 ▾		无限	无限			无限	0.000	无限	0.000	0.000
1	光阑 标准面 ▾		-1600.000	-700.000	MIRROR		50.027	0.000	50.027	-1.000	0.000
2	标准面 ▾		无限	-100.000			30.712	0.000	30.712	0.000	0.000
3	像面 标准面 ▾		无限	-			28.080	0.000	28.080	0.000	0.000

图 7-69 输入参数

将#面 2（虚拟面）设置为反射镜，通过手动插入坐标间断的方法可以完成操作。在本示例中，我们使用软件自带的快捷操作方式，快速插入折叠反射镜。

（3）单击镜头数据编辑器工具栏中的 （添加转折反射镜）按钮，打开“添加转折反射镜”对话框。

（4）在对话框中将“转折面”栏设置为 2，“倾斜类型”设置为“X 倾斜”，“反射镜”设置为 90，如图 7-70 所示。

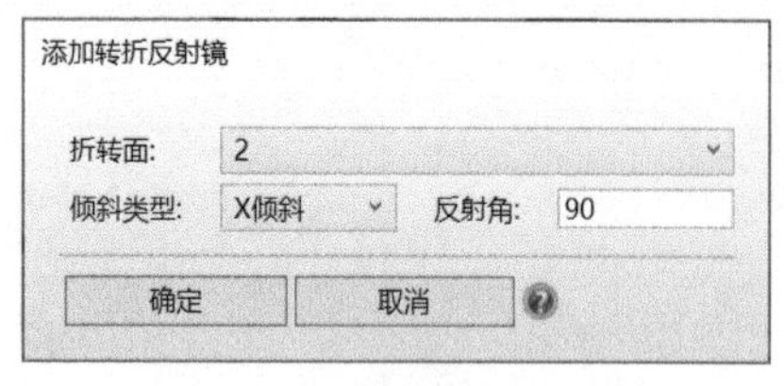

图 7-70　添加转折反射镜

说明：顺时针旋转为正，逆时针为负，90 度表示将像面旋转到正下方来观察。

（5）单击“确定”按钮完成设置。设置完成后，Zemax 自动在#面 2 前后插入坐标间断面，将自动把该虚拟面设置为 Mirror 面，如图 7-71 所示。

	表面类型		标注	曲率半径	厚度	材料	膜层	净口径	延伸区	机械半直径	圆锥系数	TCE x 1E-6	参数
0	物面	标准面 ▾		无限	无限			无限	0.000	无限	0.000	0.000	
1	光阑	标准面 ▾		-1600.000	-700.000	MIRROR		50.027	0.000	50.027	-1.000	0.000	
2		坐标间断 ▾			0.000	-		0.000	-	-		-	
3		标准面 ▾		无限	0.000	MIRROR		44.664	0.000	44.664	0.000	0.000	
4		坐标间断 ▾			100.000	-		0.000	-	-		-	
5	像面	标准面 ▾		无限	-			28.080	0.000	28.080	0.000	0.000	

图 7-71　凹透镜前后插入坐标间断面

（6）将“三维布局图”窗口置前，显示添加反射镜后像面将旋转到正下方，如图 7-72 所示。

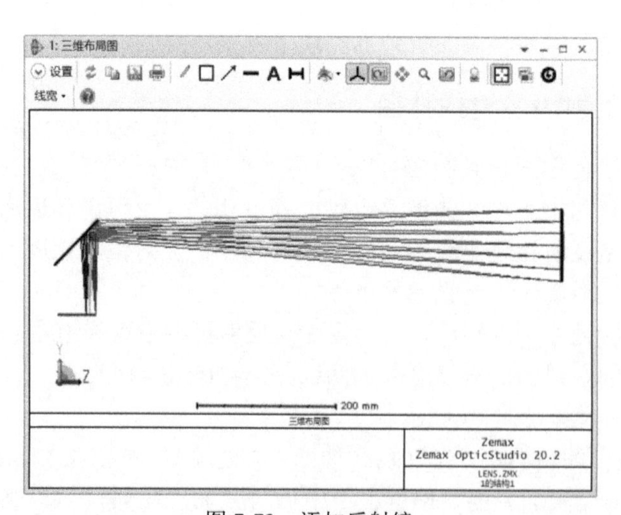

图 7-72　添加反射镜

此时光路图显示并无异常，但是我们忽略了很重要的一点，即加入反射镜以后，入射方向上的光束被反射镜遮拦了一部分，造成像面接收到的光线比我们目前看到的光少，接收面照度降低。

我们将入射光束绘制出来即可观察到拦光效果，在第 1 面前插入一个新的虚拟面，设置厚度为 800。

（7）在镜头数据编辑器中，在#面 1（光阑）处单击，然后按“Insert”键插入 1 个面，并设置其“厚度”为 800，如图 7-73 所示。

	表面类型		标注	曲率半径	厚度	材料	膜层	净口径	延伸区	机械半直径	圆锥系数	TCE x 1E-6	参数
0	物面	标准面 ▾		无限	无限			无限	0.000	无限	0.000	0.000	
1		标准面 ▾		无限	800.000			77.937	0.000	77.937	0.000	0.000	
2	光阑	标准面 ▾		-1600.000	-700.000	MIRROR		50.027	0.000	50.027	-1.000	0.000	
3		坐标间断 ▾			0.000	-		0.000	-	-		-	
4		标准面 ▾		无限	0.000	MIRROR		44.664	0.000	44.664	0.000	0.000	
5		坐标间断 ▾			100.000	-		0.000	-	-		-	
6	像面	标准面 ▾		无限	-			28.080	0.000	28.080	0.000	0.000	

图 7-73　插入一个新虚拟面

为了区分显示新插入面及入射光线，需要在三维布局图上打开设置面板进行设置。

步骤 7：查看结构光路图。

（1）将“三维布局图”窗口置前，单击左上角的“设置”按钮，弹出参数设置面板，在该面板中进行参数设置。

（2）参数设置如图 7-74（a）所示，更新三维布局图，如图 7-74（b）所示。

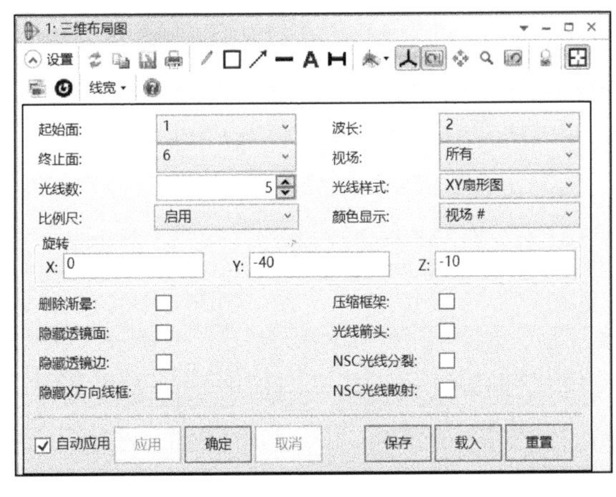

（a）参数设置　　（b）观察插入面及入射光线

图 7-74　三维布局图

我们在单透镜设计示例中介绍过 Zemax 的序列光学设计特点，即光线按照指定的表面顺序列传播，不考虑元件空间摆放位置。例如，本例中反射镜虽然位于入射光线面和抛物面之间，本来入射光线应该先传播至反射镜再向后传播至抛物面，但是抛物面表面序号在编辑器中位于反射镜表面前，所以入射光线直接传播至抛物面而忽略了反射镜的影响。

软件在处理这些问题时欠妥，需要人为参与调整。将三维布局图旋转到 XY 平面可以查看反射镜在入射平面上的投影，即遮光范围。

（3）在“三维布局图窗口”中展开参数设置面板，将“旋转”组中的“Y”设置为“90”，“Z”设置为“0”，更新三维布局图，如图 7-75 所示。

从图中估算出椭圆遮光区域大小（X 半长大约为 44.5，Y 半长大约为 32.5），由于 Zemax 中的所有元件在默认情况下孔径都为圆形，因此需要在入射面上考虑到椭圆部分的遮光区域，即在第一个面上设置椭圆的遮光孔径。

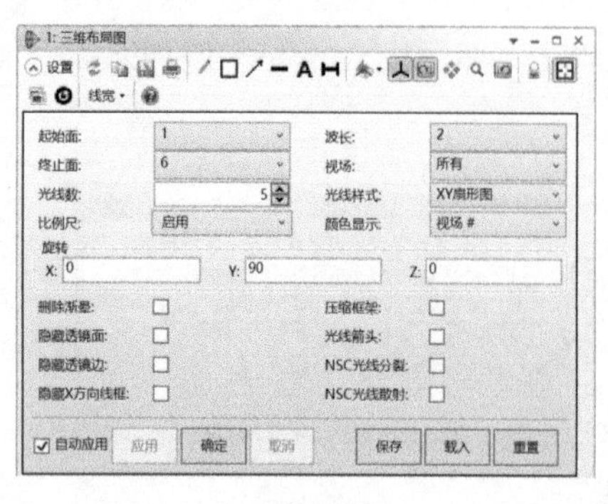

（a）参数设置

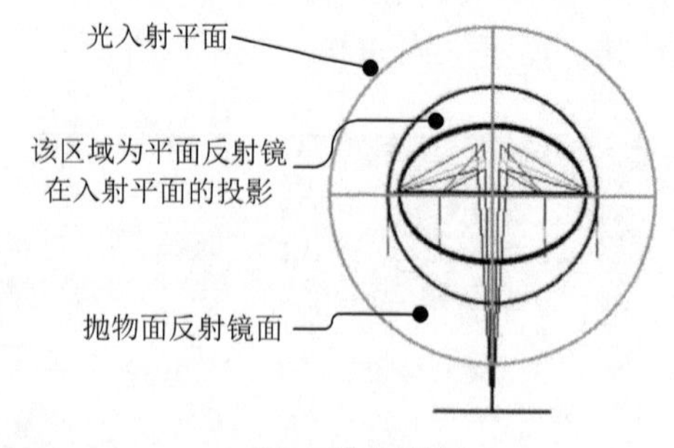

（b）三维布局图

图 7-75 三维布局图窗口

（4）在#面 1 的“表面类型”栏双击，展开#面 1 属性参数设置面板，在左侧单击“孔径”标签，将“孔径类型”设置为“椭圆遮光”。

（5）将新出现的“X-半宽”设置为 44.5，“Y-半宽”设置为 32.5，如图 7-76 所示。

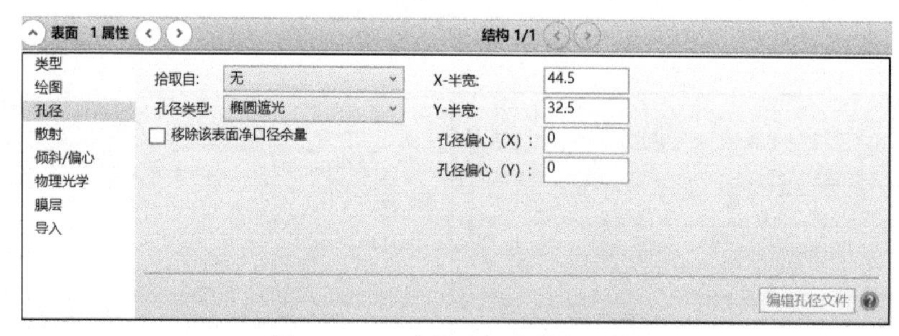

图 7-76 “孔径”标签参数设置

（6）在“三维布局图窗口”展开参数设置面板，将“旋转”组中的“Y”设置为“90”，“Z”设置为“0”，更新三维布局图，可以观察到添加椭圆遮栏后反射镜的实际遮光效果，如图 7-77 所示。

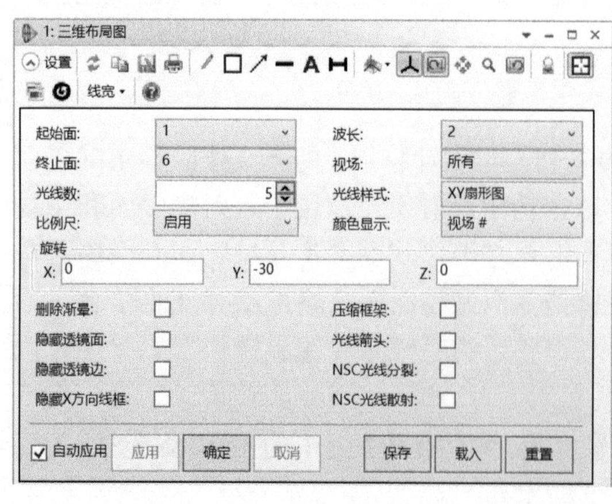

（a）参数设置

（b）观察插入面及入射光线

图 7-77 三维布局图

上面的三维布局中显示了拦光后的实际效果，用户也可以使用 Zemax 的光迹图来查看光线落在表面 1 或#面 2 上的足迹。

步骤 8： 查看光迹图。

（1）执行“分析”选项卡→“成像质量”面板→“光线迹点”组→“光迹图”命令，打开“光迹图”窗口，显示光迹图（光斑图）。

（2）单击左上角的“设置”按钮，展开参数设置面板。

（3）在面板中完成参数设置，更新光线足迹图，如图 7-78 所示。

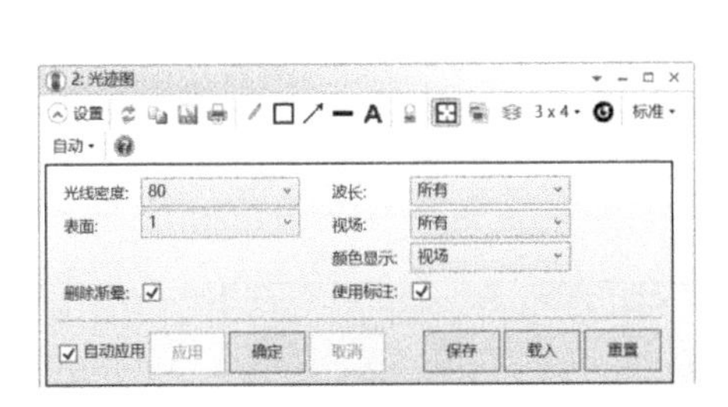

（a）参数设置

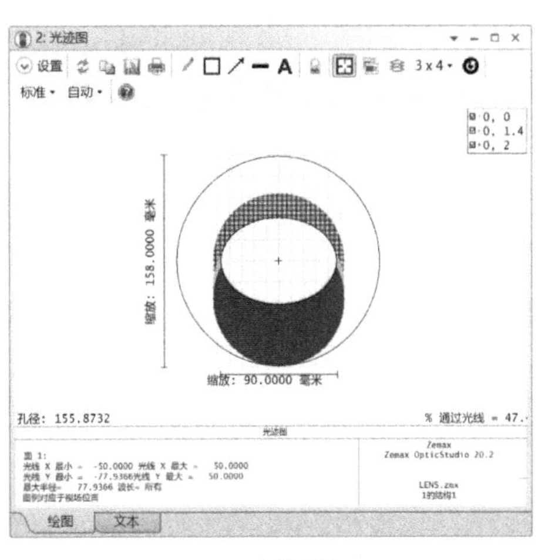

（b）光线足迹

图 7-78 选择#面 1 的光线足迹

（4）执行“分析”选项卡→“成像质量”面板→“MTF 曲线”组→“FFT MTF”命令，打开“FFT MTF”窗口，单击左上角的设置选项，在弹出的参数设置面板中进行参数设置，MTF 曲线如图 7-79（b）所示。

进行上述修改后，系统的 MTF 相比之前有所降低，对比如下：图 7-79（a）所示为孔径修改前的 MTF 图，图 7-79（b）所示为孔径修改后的 MTF 图。

由于受到遮拦的影响，实际系统的光斑和 MTF 都发生变化。

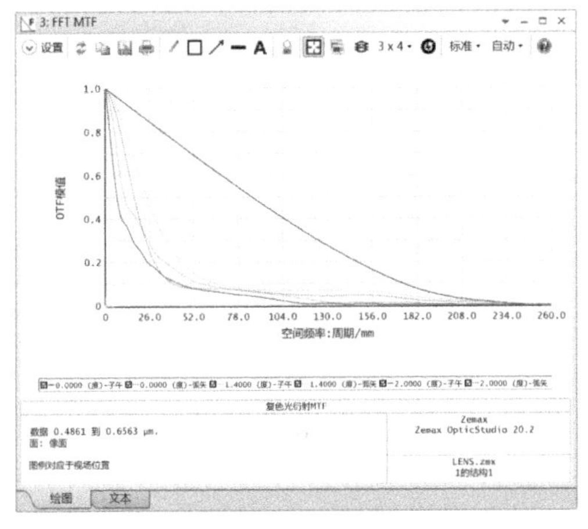

（a）修改前 MTF 曲线图

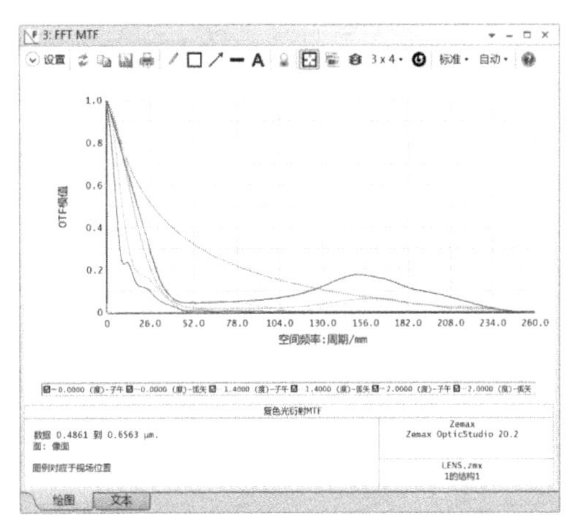

（b）修改后 MTF 曲线图

图 7-79 MTF 曲线图

7.3.4　修改反射镜以提高 MTF

提高 MTF 对比度，即在当前设计中提高像面的接收光强，需要减小反射镜的遮光比。遮光比是指反射镜遮光面积与入射光瞳面积的比值。

圆形的平面反射镜并不是最佳选择，反射镜的选取标准是在保证所有视场光线通过的前提下，找到最小的通光区域，即可降低遮光比。

使用光迹图功能可以查看光线在平面反射镜上留下的印迹。为了保证所有视场光线都能通过，需再增加 X 和 Y 方向的边缘视场。

步骤 9：修改反射镜提高 MTF。

（1）在“系统选项”面板中双击“视场”选项，打开“视场数据编辑器”窗口。

（2）在窗口下方的电子表格中的最后一行单击，然后按“Ctrl+Insert”键三次，插入 3 行。

（3）在视场 4、5、6 的中“X 角度(°)”列中分别输入 0、2、−2，“Y 角度(°)”列中分别输入−2、0、0，保持权重为 1，如图 4-14 所示。

（4）单击右上角的“关闭”按钮完成设置，此时在“系统选项”面板的“视场”选项中出现刚刚设置的 3 个视场，如图 7-80 所示。

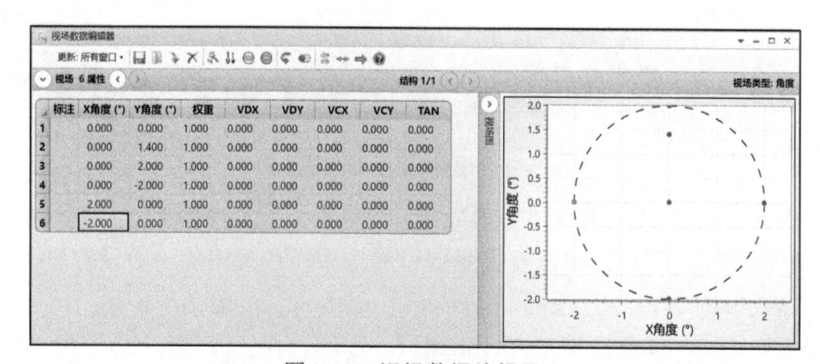

	标注	X角度 (°)	Y角度 (°)	权重	VDX	VDY	VCX	VCY	TAN
1		0.000	0.000	1.000	0.000	0.000	0.000	0.000	0.000
2		0.000	1.400	1.000	0.000	0.000	0.000	0.000	0.000
3		0.000	2.000	1.000	0.000	0.000	0.000	0.000	0.000
4		0.000	-2.000	1.000	0.000	0.000	0.000	0.000	0.000
5		2.000	0.000	1.000	0.000	0.000	0.000	0.000	0.000
6		-2.000	0.000	1.000	0.000	0.000	0.000	0.000	0.000

图 7-80　视场数据编辑器

（5）打开光线足迹图，选择平面反射镜#面 4，可以看到所有边缘视场光线入射到平面镜的区域，参数设置及更新的光线足迹如图 7-81 所示。

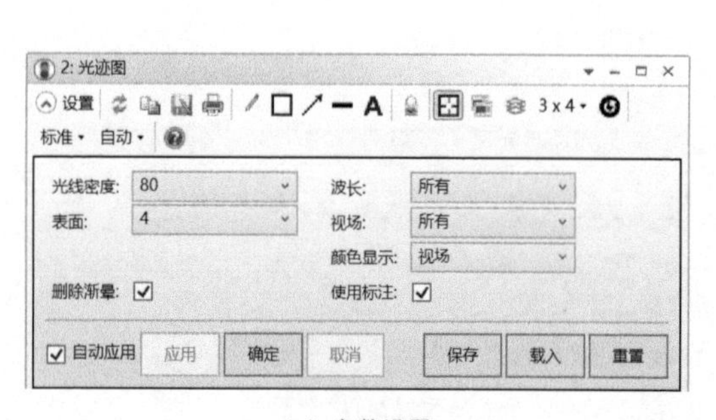

（a）参数设置

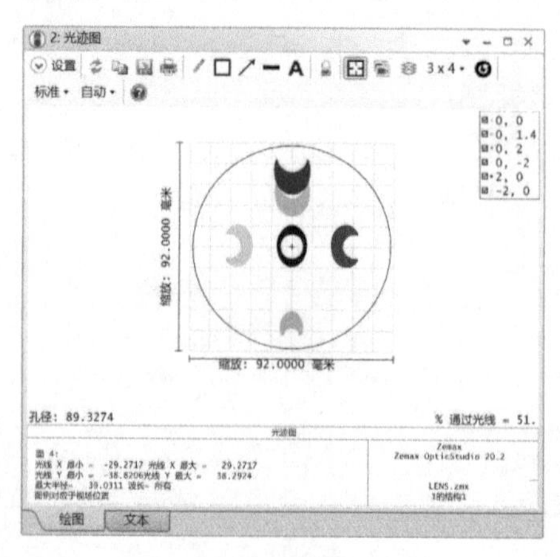

（b）光线足迹

图 7-81　选择反射镜#面 4 的光线足迹

可以发现，整个视场的光束并未完全利用到所有平面镜区域，而是一个椭圆区域，此时我们可以估算出椭圆区域的大小（X 半长 26.5，Y 半长 35.5），然后将这个平面反射镜的通光孔径设置为椭圆。

注意：通光孔径是指光束能够通过的孔径大小，而遮光孔径指光被遮挡的孔径大小。

（6）在镜头数据编辑器中#面 4 的“表面类型”栏双击，展开“#面 4 属性”并选择“孔径”标签。将“孔径类型”设置为“椭圆孔径”，“X-半宽”设置为 26.5，“Y-半宽”设置为 35.5。如图 7-82 所示。

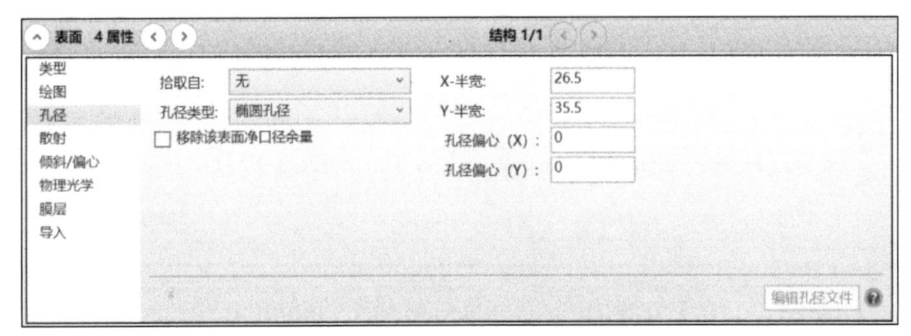

图 7-82 #面 4 属性

（7）更新光线足迹图，如图 7-83 所示，从图中可以看出平面镜的口径被修改为椭圆。

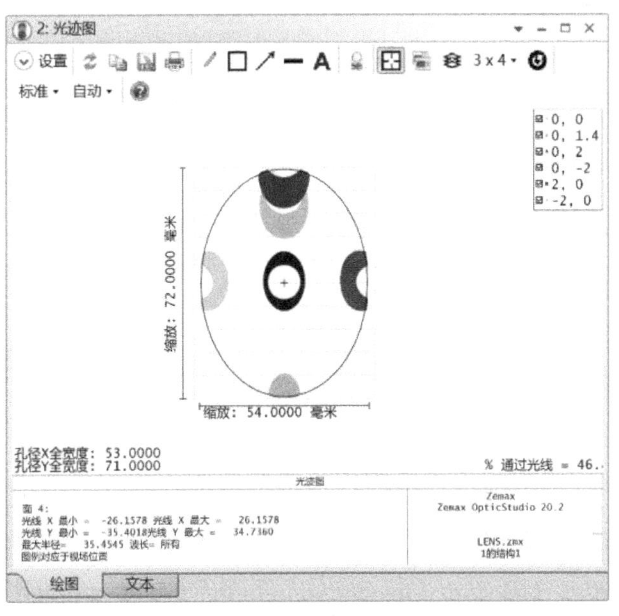

图 7-83 光线足迹图

修改反射镜的孔径大小后重复之前的操作，即可查看反射镜在 XY 平面的投影，重新设置第 1 面的遮光区域。

（8）在“三维布局图窗口”展开参数设置面板，将“旋转”组中的“Y”设置为“90”，“Z”设置为“0”，更新三维布局图，如图 7-84 所示。

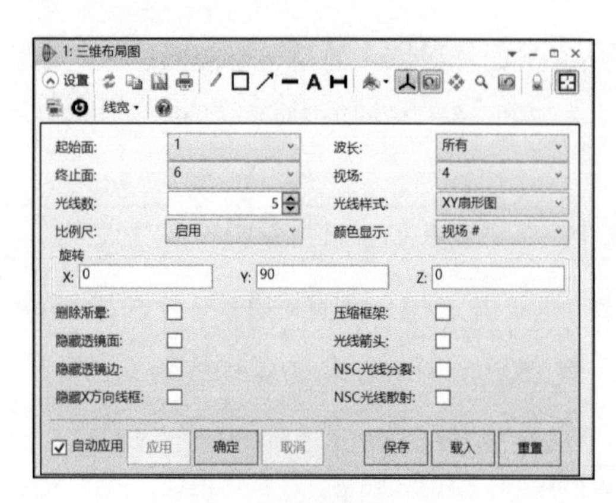

（a）参数设置

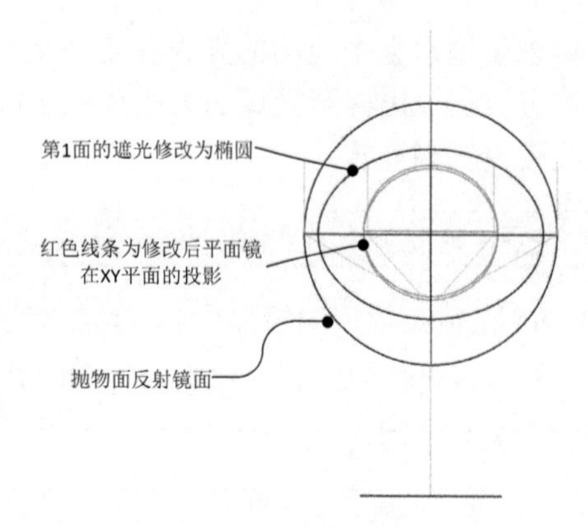

（b）三维布局图

图 7-84　三维布局图窗口

（9）在镜头数据编辑器中修改第 1 面遮光参数，如图 7-85 所示。

表面 1 属性　结构 1/1
类型
绘图
孔径
散射
倾斜/偏心
物理光学
膜层
导入
拾取自: 无
孔径类型: 圆形孔径
移除该表面净口径余量
最小半径: 0
最大半径: 25
孔径偏心（X）: 0
孔径偏心（Y）: 0
编辑孔径文件

图 7-85　修改第 1 遮光面

（10）将“FFT MTF”窗口置前，刷新后的 MTF 曲线如图 7-86 所示。最终修改后系统的 MTF 曲线比初始时差，但比第一次修改后好。

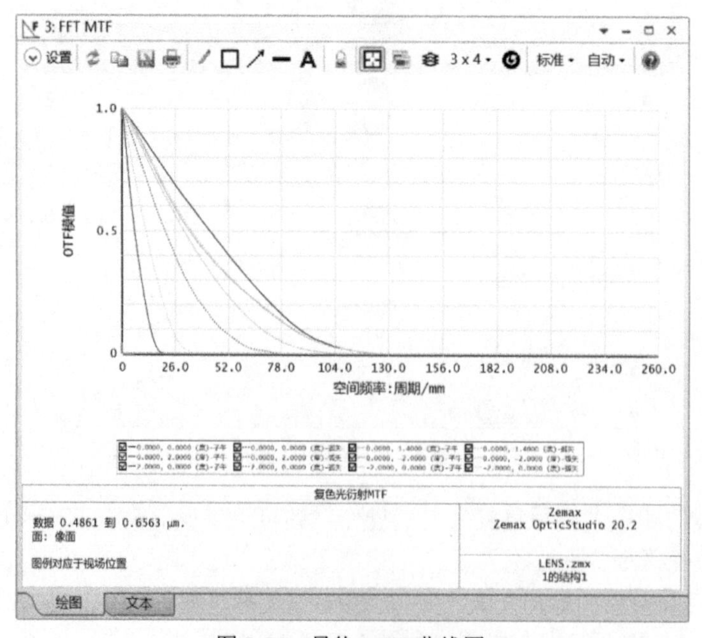

图 7-86　最终 MTF 曲线图

由于牛顿望远镜结构简单，因此轴外的像散和彗差无法通过调节反射镜来减小，平面反射镜不贡献任何像差，用户也可以通过添加校正透镜及双曲面反射镜等复杂结构对系统进行改进，实现良好的校正轴外像差的效果，这就是卡塞格林望远镜类型。

7.4　变焦镜头设计

在成像镜头设计要求中，通常分为定焦镜头与变焦镜头两种。成像镜头在很多实际应用中通常也要求具备变焦能力，如 CCTV 监控镜头、红外探测镜头、摄影镜头、双筒望远镜等，镜头具备变焦的能力即可应用于多种环境条件，放大缩小或局部特写，这是一个定焦镜头无法完成的。

所谓变焦，即镜头的焦距在一定范围内可调，通过改变焦距从而改变系统视场大小，实现不同距离不同范围景物的成像。通常所说的变焦镜头多指摄像镜头，即在不改变拍摄距离的情况下通过改变焦距来改变拍摄范围，因此非常利于画面构图。

由于一个系统的焦距在某一范围内可变，相当于由无数多个定焦系统组成。在设计变焦镜头时也是使用类似定焦镜头的分析优化方法，本节将带领读者使用 Zemax 来设计一个完整的变焦镜头，帮助读者掌握变焦镜头在 Zemax 中的设计优化方法。

7.4.1　变焦镜头设计原理介绍

众所周知，如果在一组镜头中，镜片与镜片之间的空气厚度发生变化，镜头的焦距会随之变化。通常来说一个系统的接收面尺寸大小是固定不变的（像面 CCD、COMS 或其他探测面等），在基础光学理论中像面大小、视场和焦距三者有如下关系：

$$I = f\tan\theta$$

其中，I 为像高，f 为焦距，θ 为视场角度。

变焦镜头的变焦倍数为长焦距与短焦距的比值，也称为“倍率”。理论状况下，在变焦过程中，镜头的相对孔径保持不变，但对于实际的高变倍比系统，由于外形尺寸限制或二级光谱校正等问题，因此通常在变焦时采取相对孔径（即 F/#）也跟随变化的方案。

通过改变镜片与镜片之间的间隔达到设计的焦距要求，当系统的入瞳直径 D 固定，即系统接受的光束大小一定时，根据 F/#=f/D 可知，f 变化将引起 F/#的变化，因此调整焦距相当于调整光圈大小（F/#也称为光圈），此时光阑大小随焦距变化而变化（非固定值）。有时把调光阑大小称为调光圈，只要理解变焦原理，调光圈也容易理解。

7.4.2　变焦镜头设计规格及参数输入

下面我们来设计一个简单的变焦镜头：

- 入瞳直径（EPD）：25mm
- 像面直径：34mm
- 焦距：75mm ~ 125mm
- 波段：可见光
- 玻璃最小中心与边厚：4mm；最大中心厚：18mm
- 优化方向：最佳均方根（RMS）光斑半径

本节主要讲解如何在 Zemax 中实现一个系统拥有多个焦距，本示例使用 Zemax 软件自带的初始结构，示例由 3 个透镜组组成，每组透镜均为半胶合透镜，优化时要求 3 组均可自由移动实现变焦补偿。

> **注意：** 不考虑前固定组及后固定组，所有透镜组均为光学补偿组。

最终文件：Char07\变焦镜头.zmx

Zemax 设计步骤如下。

步骤 1：打开素材文件。

（1）打开素材文件 sc_zooml.zmx（Samples\Short course\Archive\）。

（2）执行“设置”/“分析”选项卡→“视图”面板→“2D 视图”命令，打开“布局图”窗口，如图 7-87 所示。该系统包含一个由 3 个胶合透镜组组成的变倍组。

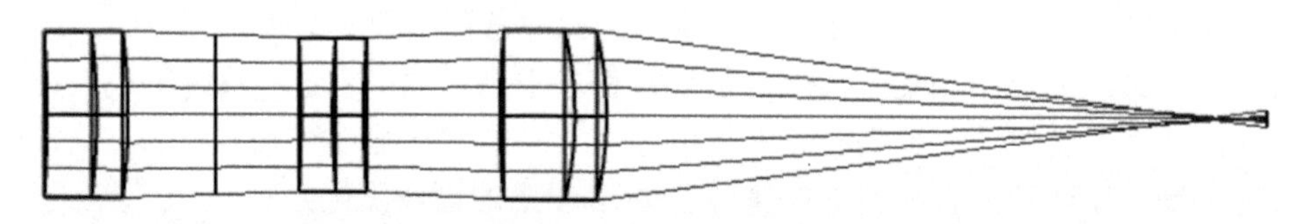

图 7-87　三维布局图

根据上面提供的规格参数来完善初始结构，即输入系统参数：入瞳直径、视场和波长。从图 7-87 中可以发现已经有光线发射，所以系统的入瞳直径已经经过预先设计。

添加视场，由于规格参数中给出像面直径为固定值 34mm，因此我们可以直接使用近轴像高作为视场。

步骤 2：添加视场。

（1）在“系统选项”面板中双击展开“视场”选项，并打开视场数据编辑器，在视场类型选项卡中可以看到“类型”为“近轴像高”。

（2）在下方的电子表格中单击“Insert”键两次，插入两行。

（3）在新添加的视场 2、3 的中“Y(mm)”列中分别输入 12、17，保持权重为 1，如图 7-88 所示。

（4）单击右上角的“关闭”按钮完成设置，此时在“系统选项”面板的“视场”选项卡中出现刚刚设置的 3 个视场，如图 7-89 所示。

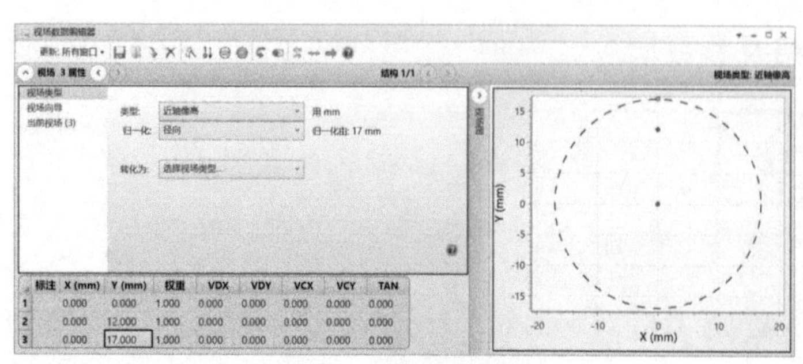

图 7-88　视场数据编辑器

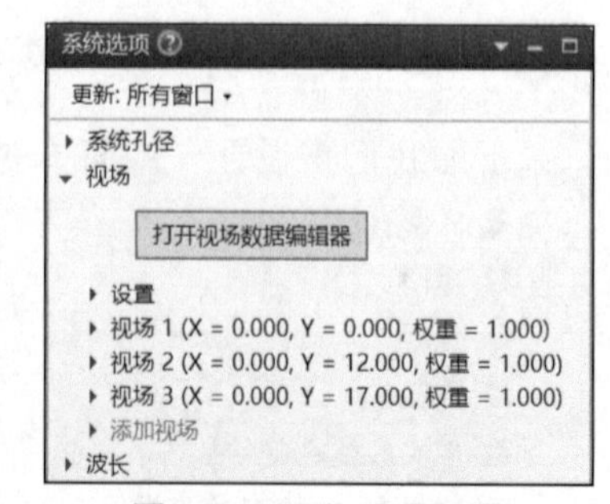

图 7-89　视场设置结果

步骤 3： 输入波长。

（1）在“系统选项”面板中双击展开“波长”选项，打开“波长数据”编辑器。

（2）在左下角波长选择框中选择“F,d,c(可见)”，单击“选为当前”按钮，如图 7-90 所示。

（3）单击“关闭”按钮完成设置，此时在“系统选项”面板的“波长”选项中出现刚刚设置的 3 个波长，如图 7-91 所示。

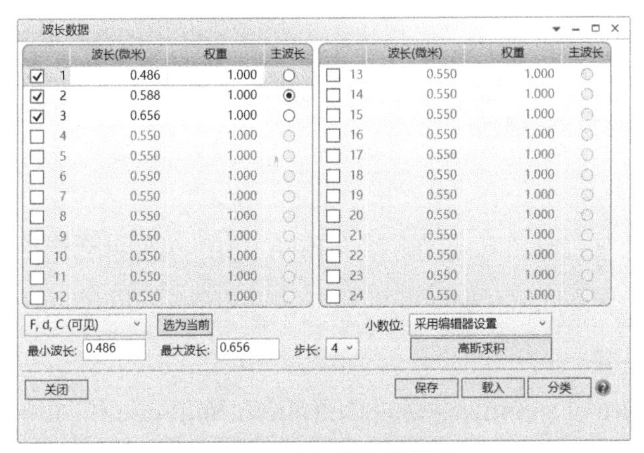

图 7-90 波长数据编辑器

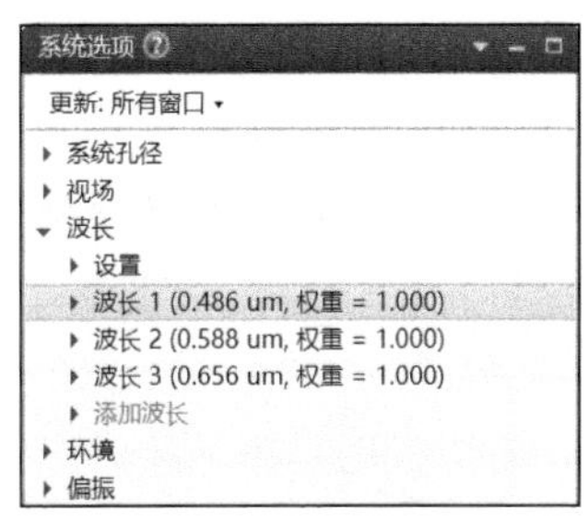

图 7-91 波长设置结果

步骤 4： 打开系统结构视图。

将“三维布局图”窗口置前，刷新后的三维布局图如图 7-92 所示。此时的系统是一个焦距为 98.5mm 的定焦系统。

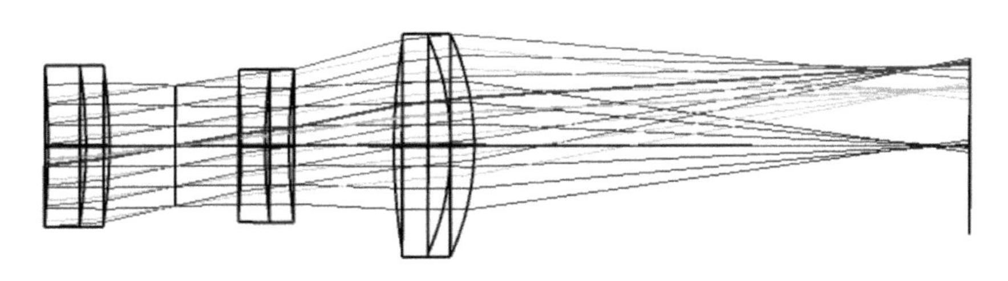

图 7-92 三维布局图

7.4.3 多重结构实现变焦

Zemax 提供了一种实现多状态变化的功能，称为多重组态或多重结构。它可以同时模拟系统参数、环境参数或镜头参数的不同变化，实现多状态操作。如本示例的初始结构当前为定焦系统，通过改变透镜组之间的厚度值可以使这个系统达到不同的焦距状态。多重结构可以使一个面的厚度具有多个值。

在本例中，要求实现焦距 75mm～125mm，假如采样 3 个焦距点：75、100、125，便得到了这个变焦系统的 3 个状态。通过改变系统中所有空气厚度可以实现变焦，也就是在这 3 个不同焦距状态下，第 3、4、7、10 面的厚度值也分别不同。如图 7-93 矩形框所示。

	表面类型	标注	曲率半径	厚度	材料	膜层	净口径	延伸区	机械半直径	圆锥系数	TCE x 1E-6
0	物面 标准面 ▾		无限	无限			无限	0.000	无限	0.000	0.000
1	标准面 ▾		-187.801	8.000	BK7		16.423	0.000	16.423	0.000	-
2	标准面 ▾		-98.235	5.000	F2		15.813	0.000	16.423	0.000	-
3	标准面 ▾		-98.235	14.000			15.479	0.000	16.423	0.000	0.000
4	光阑 标准面 ▾		无限	14.000			12.346	0.000	12.346	0.000	0.000
5	标准面 ▾		-178.896	5.000	BK7		14.237	0.000	15.543	0.000	-
6	标准面 ▾		120.820	5.000	F2		15.018	0.000	15.543	0.000	-
7	标准面 ▾		120.820	22.000			15.543	0.000	15.543	0.000	0.000
8	标准面 ▾		130.502	12.000	BK7		21.460	0.000	22.647	0.000	-
9	标准面 ▾		-53.285	5.000	F2		22.041	0.000	22.647	0.000	-
10	标准面 ▾		-53.285	105.000			22.647	0.000	22.647	0.000	0.000
11	像面 标准面 ▾		无限	-			17.957	0.000	17.957	0.000	0.000

图 7-93　精通数据

步骤 5：设置多重结构实现变焦。

（1）执行“设置”选项卡→“编辑器”面板右下角的按钮→“多重结构编辑器”命令，打开“多重结构编辑器”窗口。

说明：也可以执行“设置”选项卡→“结构”面板→“编辑器”命令打开“多重结构编辑器”窗口。

（2）单击编辑器工具栏中（插入结构）按钮，也可以使用“Ctrl+Shif+lnsert”组合键，增加 2 个结构，如图 7-94 所示。

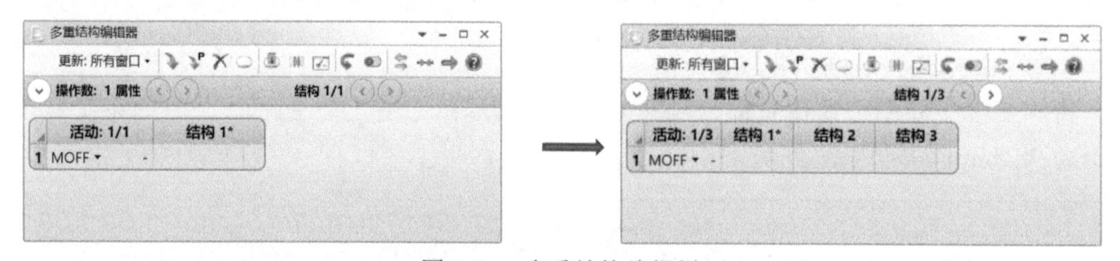

图 7-94　多重结构编辑栏

（3）单击结构 1 的“活动”列，按“Insert”键 3 次插入 3 个面，如图 7-95 所示。

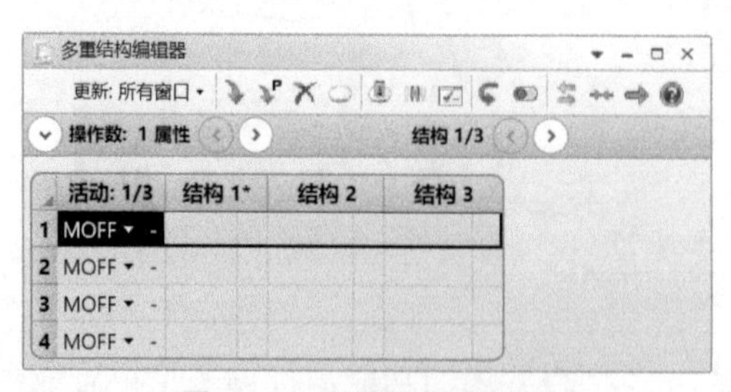

图 7-95　多重结构编辑栏

在这 3 个组态下，我们通过分别改变镜头数据编辑器中的第 3、4、7、10 这 4 个面的厚度达到 3 个焦距的目的，所以需要插入 4 个厚度组态操作数。

（4）在多重结构编辑器中双击#面 1 后的“活动”栏，打开多重结构“操作数:1 属性”设置面板，选择“操作数”为 THIC（厚度操作数），“表面”设置为 3，如图 7-96 所示。

（5）利用同样的方法对其他三个面进行设置，并分别选择 4、7、10 这 3 个面，设置完成后打开多重结构编辑栏，如图 7-97 所示。

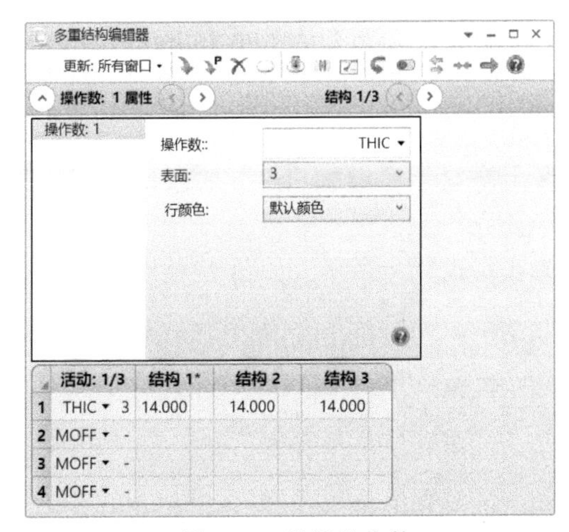

图 7-96 设置操作数

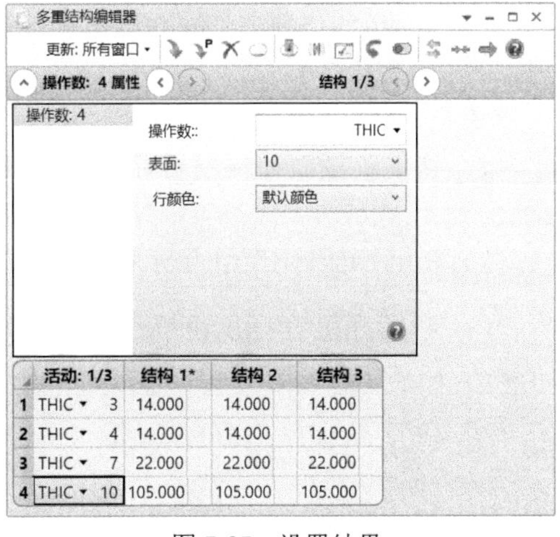

图 7-97 设置结果

设置完成后系统有 3 种状态，只是目前 3 种状态完全相同，在多重组态编辑器上可以看到“结构 1”右上角带有一个标识“*”，表示系统当前为第一个组态，即所有分析功能显示的都是第一组态的状态。

（6）将“三维布局图”窗口置前，展开设置参数面板，可以发现面板中增加了结构选项。

我们可以选择将 3 个组态全部显示在视图中，但这 3 个组态必须在空间中有一定的错位，这里是在 Y 方向上偏移 60。更新三维布局视图，如图 7-98 所示。

这时可以看到这 3 种状态同时显示在窗口中。

（a）参数设置

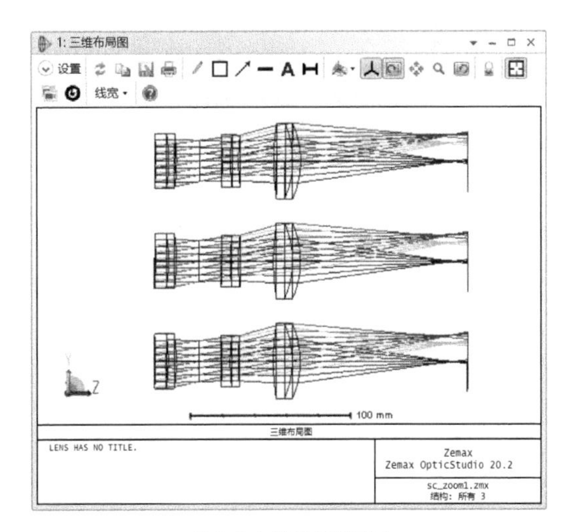

（b）3 个组态全部显示

图 7-98 三维布局图窗口

7.4.4 变焦镜头的优化设置

接下来进行优化相关设置，包括变量和评价函数的设置。在该系统中，变量分为两部分。

（1）一部分叫作公共变量，即 3 个组态共用 3 组双胶合透镜，透镜的孔径、曲率半径、厚度在这 3 种焦距状态下是相同的。

（2）一部分叫作独立变量，就是 3 个组态中不相同的参数部分，即 4 个空气厚度在 3 个组态下独自变化。

步骤 6：优化变焦镜头—评价函数设置。

（1）将镜头数据编辑器置前，此时数据区上方显示“结构 1/3”，表示目前有三种结构。

（2）利用“Ctrl+Z”组合键将透镜所有曲率半径设置为变量。如图 7-99 所示。

表面　5 属性　　　　结构 1/3

	表面类型	标注	曲率半径	厚度	材料	膜层	净口径	延伸区	机械半直径	圆锥系数	TCE x 1E-6
0	物面 标准面		无限	无限			无限	0.000	无限	0.000	0.000
1	标准面		-187.801 V	8.000	BK7		16.423	0.000	16.423	0.000	-
2	标准面		-98.235 V	5.000	F2		15.813	0.000	16.423	0.000	-
3	标准面		-98.235 V	14.000			15.479	0.000	16.423	0.000	0.000
4	光阑 标准面		无限	14.000			12.346	0.000	12.346	0.000	0.000
5	标准面		-178.896 V	5.000	BK7		14.237	0.000	15.543	0.000	-
6	标准面		120.820 V	5.000	F2		15.018	0.000	15.543	0.000	-
7	标准面		120.820 V	22.000			15.543	0.000	15.543	0.000	0.000
8	标准面		130.502 V	12.000	BK7		21.460	0.000	22.647	0.000	-
9	标准面		-53.285 V	5.000	F2		22.041	0.000	22.647	0.000	-
10	标准面		-53.285 V	105.000			22.647	0.000	22.647	0.000	0.000
11	像面 标准面		无限	-			17.957	0.000	17.957	0.000	0.000

图 7-99　所有曲率半径设为变量

（3）将镜头数据编辑器置前，利用“Ctrl+Z”组合键将多重结构中的所有厚度设置为变量，如图 7-100 所示。

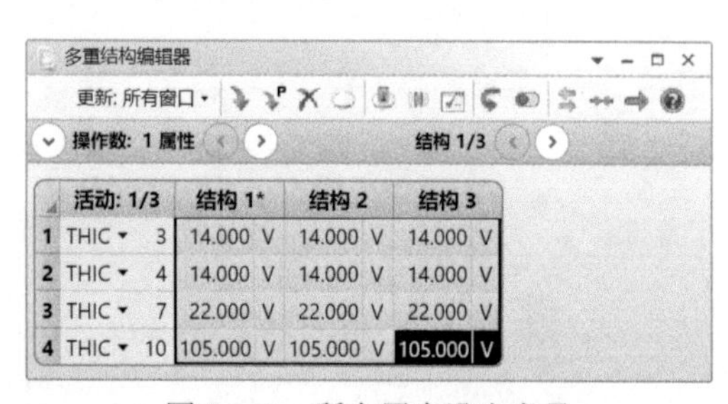

多重结构编辑器

更新: 所有窗口

操作数: 1 属性　　　　结构 1/3

活动: 1/3		结构 1*	结构 2	结构 3
1	THIC 3	14.000 V	14.000 V	14.000 V
2	THIC 4	14.000 V	14.000 V	14.000 V
3	THIC 7	22.000 V	22.000 V	22.000 V
4	THIC 10	105.000 V	105.000 V	105.000 V

图 7-100　所有厚度设为变量

以上共有 27 个变量。

打开评价函数编辑器，在变焦系统中，我们要求在所有焦距下的成像质量都能达到与定焦情况下相接近的成像水平。由于共用的 3 组透镜组，因此需要同时优化这 3 个组态，使它们在各自焦距要求下的光斑最小化。

（4）执行“优化”选项卡→“自动优化”面板→“优化向导”命令，打开“评价函数编辑器”窗口。

（5）在优化向导与操作数面板中的“优化向导”中进行参数设置，如图 7-101 所示，将“成像质量”设置为“点列图”，“X 权重”“Y 权重”设置为 0。

（6）在“厚度边界”参数组下勾选“玻璃”复选框，在“最小”栏中输入“4”，“最大”栏中输入“18”，“边缘厚度”栏中输入“4”。

（7）继续勾选“空气”复选框，在“最小”栏中输入“1”，“最大”栏中输入“1000”，“边缘厚度”栏中输入“1”；确认“结构”选择“所有”，创建优化目标时充分考虑 3 个组态，如图 7-101 所示。

（8）单击“应用”按钮，完成评价函数设置，结果如图 7-102 所示，单击 × （关闭）按钮退出编辑器。

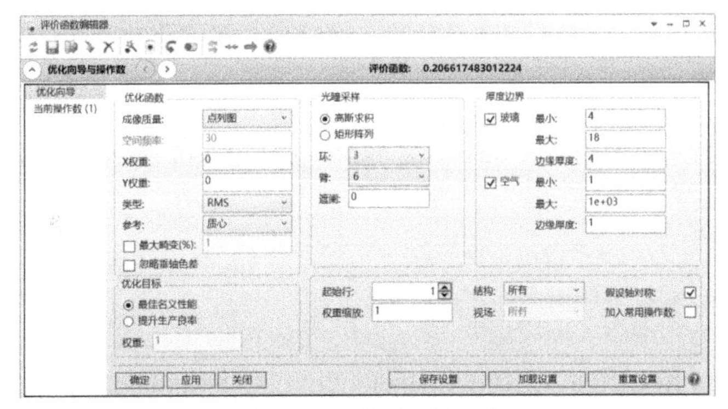

图 7-101 设置评价函数

	类型	结构											
1	CONF	1											
2	DMFS												
3	BLNK	序列评价函数: RMS 光斑半径：质心参考高斯求积 3 环 6 臂											
4	CONF	1											
5	BLNK	默认单独空气及玻璃厚度边界约束.											
6	MNCA	1	1							1.0...	1.0...	1.000	0.000
7	MXCA	1	1							10...	1.0...	1000.000	0.000
8	MNEA	1	1	0.0...	0					1.0...	1.0...	1.000	0.000
9	MNCG	1	1							4.0...	1.0...	4.000	0.000
10	MXCG	1	1							18....	1.0...	18.000	0.000
11	MNEG	1	1	0.0...	0					4.0...	1.0...	4.000	0.000
12	MNCA	2	2							1.0...	1.0...	1.000	0.000
13	MXCA	2	2							10...	1.0...	1000.000	0.000
14	MNEA	2	2	0.0...	0					1.0...	1.0...	1.000	0.000

图 7-102 生成的评价目标操作数

Zemax 将自动创建 3 个组态下的目标操作数，组态操作数 CONF 表示此操作数下所有操作数作用在此组态序号下，直至遇到新的 CONF 操作数。

（9）这里需要为每个组态指定焦距值，在每个 CONF 下插入 1 个空白操作数，输入“EFFL”，并指定焦距分别为“75”“100”“125”，权重都为“1”，如图 7-103 所示。

注意：第一行 CONF 空白，无须输入。

优化向导与操作数　　评价函数: 0.206617483012224

	类型		波						目标	权重	评估	% 献
1	CONF	1										
2	DMFS											
3	BLNK	序列评价函数: RMS 光斑半径：质心参考高斯求积 3 环 6 臂										
4	CONF	1										
5	EFFL		1						75.000	1.000	0.000	0.000
6	BLNK	默认单独空气及玻璃厚度边界约束.										
7	MNCA	1	1						1.000	1.000	1.000	0.000
8	MXCA	1	1						1000.000	1.000	1000.000	0.000
9	MNEA	1	1	0.000	0				1.000	1.000	1.000	0.000
10	MNCG	1	1						4.000	1.000	4.000	0.000
11	MXCG	1	1						18.000	1.000	18.000	0.000
12	MNEG	1	1	0.000	0				4.000	1.000	4.000	0.000
13	MNCA	2	2						1.000	1.000	1.000	0.000

图 7-103 输入操作数

步骤 7：优化变焦镜头—优化。

评价函数设置完成后，即可进行优化。

（1）单击“优化”选项卡→“自动优化”面板→“执行优化”按钮，打开“局部优化”对话框，如图 7-104 所示。

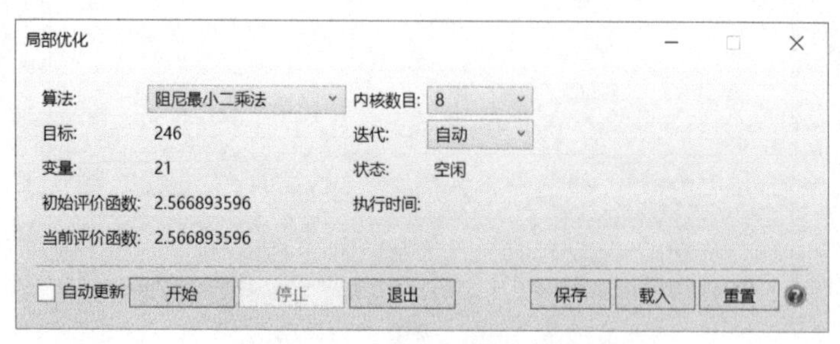

图 7-104　“局部优化”对话框

（2）采用默认设置，在对话框中单击“开始”按钮开始优化，对话框显示优化时间为 15.719s，如图 7-105 所示。

（3）单击“退出”按钮，退出对话框。

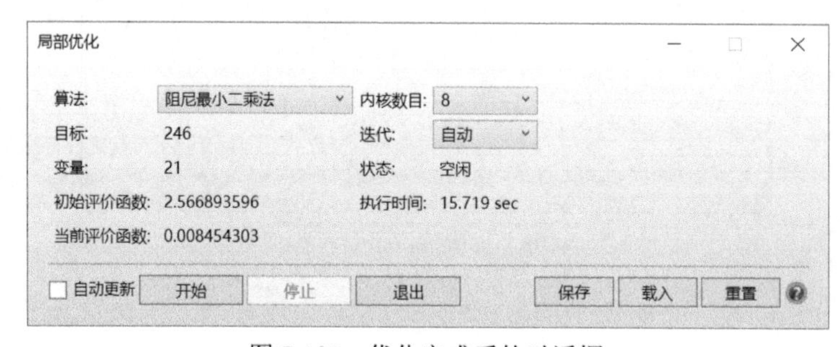

图 7-105　优化完成后的对话框

优化完成后，查看三维布局视图。

步骤 8：查看优化后的结构。

（1）将“三维布局图”窗口置前，展开设置参数面板进行设置，更新后的三维布局视图如图 7-106 所示。

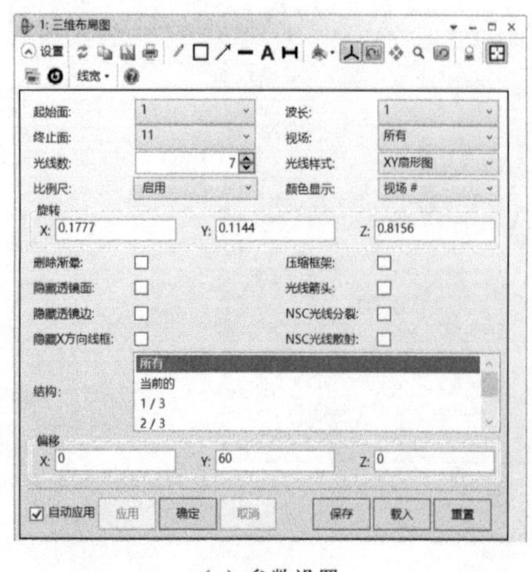

（a）参数设置

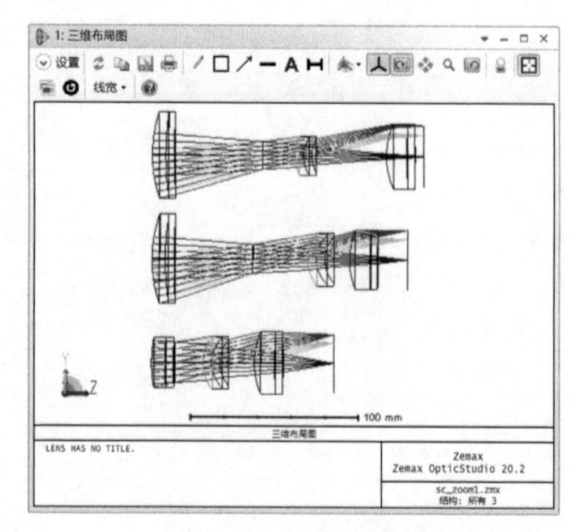

（b）不同孔径的布局图

图 7-106　三维布局图窗口

从图中可以发现 3 个组态中同一镜片的孔径大小不相同。原因是对于所有透镜孔径，在不同组态下相当于不同系统中，Zemax 中的元件孔径是自动跟随光线变化的，即始终保持最小有效孔径。为了直观描述变焦系统是使用同一组镜头，我们将所有透镜孔径设置为最大解。

（2）在镜头数据编辑器#面 1 对应的“净口径”栏后的曲率解栏中单击，打开“净口径求解在#面 12”对话框，“求解类型”设置为“最大”，在空白处单击完成设置。如图 7-107 所示。

	表面类型	标注	曲率半径	厚度	材料	膜层	净口径	延伸区	机械半直径	圆锥系数	TCE x 1E-6
0	物面 标准面 ▾		无限	无限			无限	0.000	无限	0.000	0.000
1	标准面 ▾		75.600 V	8.000	BK7		14.503 M	0.000	14.503	0.000	-
2	标准面 ▾		166.073 V	5.000	F2		12.969				-
3	标准面 ▾		336.182 V	1.214 V			11.996				0.000
4	光阑 标准面 ▾		无限	16.406 V			11.728				0.000
5	标准面 ▾		24.678 V	5.000	BK7		15.212	0.000	15.212	0.000	-
6	标准面 ▾		19.377 V	5.000	F2		14.253	0.000	15.212	0.000	-
7	标准面 ▾		19.742 V	20.608 V			13.405	0.000	15.212	0.000	0.000
8	标准面 ▾		45.173 V	12.000	BK7		17.992	0.000	17.992	0.000	-
9	标准面 ▾		329.175 V	5.000	F2		17.971	0.000	17.992	0.000	-
10	标准面 ▾		-342.952 V	30.195 V			17.947	0.000	17.992	0.000	0.000
11	像面 标准面 ▾		无限	-			16.705	0.000	16.705	0.000	0.000

净口径求解在表面1
求解类型: 最大

图 7-107 #面 1 净口径设置求解类型

（3）利用同样的方法，将其余所有面的净口径设置为最大，如图 7-108 所示。

	表面类型	标注	曲率半径	厚度	材料	膜层	净口径	延伸区	机械半直径	圆锥系数	TCE x 1E-6
0	物面 标准面 ▾		无限	无限			无限	0.000	无限	0.000	0.000
1	标准面 ▾		75.600 V	8.000	BK7		25.880 M	0.000	25.880	0.000	-
2	标准面 ▾		166.073 V	5.000	F2		24.643 M	0.000	25.880	0.000	-
3	标准面 ▾		336.182 V	1.214 V			23.726 M	0.000	25.880	0.000	0.000
4	光阑 标准面 ▾		无限	16.406 V			11.728 M	0.000	11.728	0.000	0.000
5	标准面 ▾		24.678 V	5.000	BK7		15.304 M	0.000	15.304	0.000	-
6	标准面 ▾		19.377 V	5.000	F2		14.376 M	0.000	15.304	0.000	-
7	标准面 ▾		19.742 V	20.608 V			13.550 M	0.000	15.304	0.000	0.000
8	标准面 ▾		45.173 V	12.000	BK7		18.719 M	0.000	18.719	0.000	-
9	标准面 ▾		329.175 V	5.000	F2		18.400 M	0.000	18.719	0.000	-
10	标准面 ▾		-342.952 V	30.195 V			18.244 M	0.000	18.719	0.000	0.000
11	像面 标准面 ▾		无限	-			17.734 M	0.000	17.734	0.000	0.000

图 7-108 净口径设置求解类型

（4）将“三维布局图”窗口置前，更新后的三维布局图如图 7-109 所示，各组态对应透镜孔径相同。

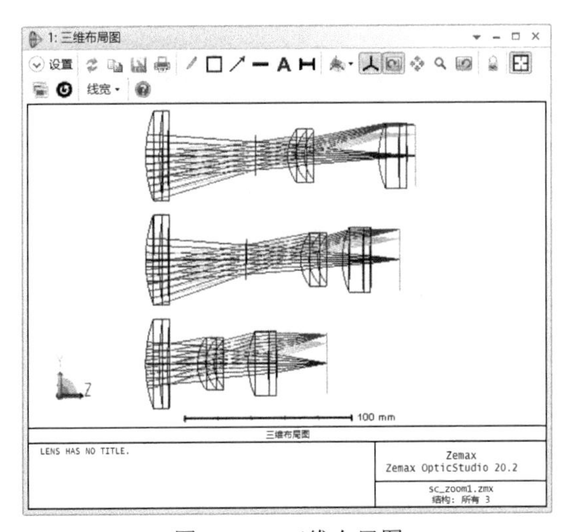

图 7-109 三维布局图

至此，变焦系统的优化已完成，有关像质的评价及进一步提高修改方法不再详细演示，相信读者已经对多重结构的使用方法有了进一步的认识和理解。

7.5 扫描系统设计

在成像系统设计中，激光扫描系统占有相当大的比例，从简单的一维线性扫描，到二维平面扫描或三维立体扫描，这些激光扫描系统已经广泛地应用于多种场合。如激光打标、激光刻蚀、三维轮廓扫描仪、激光条码扫描仪等。

扫描系统光路的设计原理上并不复杂，通过配合激光扩束器、分束器、扫描振镜、扫描电机等组合成完整的扫描系统。

7.5.1 扫描系统参数

扫描系统根据反射旋转类型分为平面振镜扫描和转鼓扫描，根据光路路途分为一维、二维和三维扫描，根据振镜与扫描镜头的位置又可分为镜前扫描和镜后扫描。

以上各种扫描系统都可以在 Zemax 中实现，并可以动态演示扫描效果。本节我们以最简单的一维线性扫描为例来演示扫描系统的完整设计过程。

首先，我们需要设计一个透镜，一个绕自身中心旋转的平面反射镜，反射镜通过旋转不同角度将激光聚焦于像面不同位置处，形成扫描。我们知道一束光在一个旋转角度下只能聚焦于某一位置，若要同时模拟在不同旋转角度下的光路位置，则需要使用多重组态功能（在变焦系统设计中已经详细介绍过）。

本示例使用一片单透镜来代替整个扫描镜头组，单透镜规格参数如下。

- 入瞳直径（EPD）：10mm
- 焦距（EFFL）：100
- 材料：BK7
- 厚度：15
- 波长：0.6328μm

初始结构设置可参考单透镜的设计。

最终文件：Char07\扫描系统.zmx

Zemax 设计步骤。

步骤 1：输入入瞳直径 20mm

（1）在“系统选项”面板中双击展开“系统孔径”选项。

（2）将“孔径类型”设置为“入瞳直径”，“孔径值”设置为“10”，“切趾类型”设置为“均匀”，如图 7-110 所示。

（3）镜头数据随之变化，如图 7-111 所示。

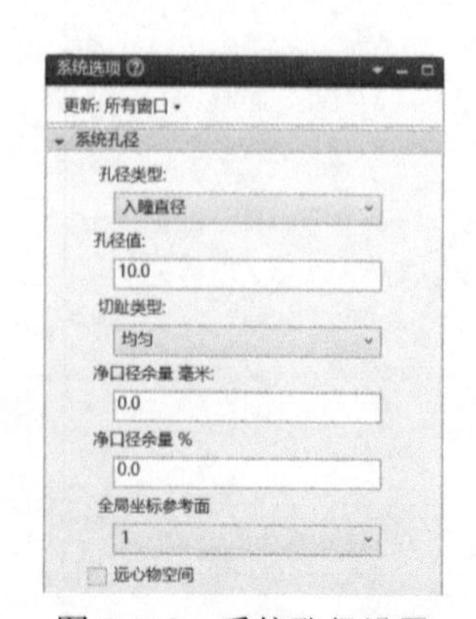

图 7-110 系统孔径设置

	表面类型	标注	曲率半径	厚度	材料	膜层	净口径	延伸区	机械半直径	圆锥系数	TCE x 1E-6
0	物面 标准面 ▾		无限	无限			0.000	0.000	0.000	0.000	0.000
1	光阑 标准面 ▾		无限	0.000			5.000	0.000	5.000	0.000	0.000
2	像面 标准面 ▾		无限	-			5.000	0.000	5.000	0.000	0.000

图 7-111 镜头数据变化

步骤 2： 输入波长 0.6328μm。

（1）在“系统选项”面板中单击“波长”选项左侧的▸（展开）按钮，展开“波长”选项。

（2）双击“设置”选项，弹出波长数据编辑器，直接勾选 1，并将波长分别修改为 0.6328，如图 7-112 所示。

说明：也可以展开“波长”选项，在“波长”文本框中直接输入 0.6328 即可。

（3）单击“关闭”按钮完成设置，此时在“系统选项”的“波长”面板下出现刚刚设置的 3 个波长，如图 7-113 所示。

图 7-112　波长数据编辑器

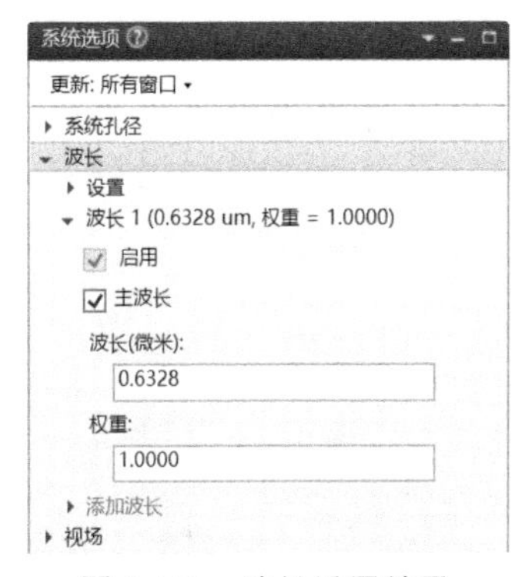

图 7-113　波长设置结果

在像面前插入 2 个新的标准面，输入材料及玻璃厚度，在透镜最后面上设置 F 数求解类型，将透镜前表面曲率半径和像空间厚度设置为变量。

步骤 3： 在透镜数据编辑器内输入参数。

（1）将镜头数据编辑器置前，在#面 2（像面）上单击，然后按“Insert”键在像面前插入 2 个表面。

（2）在#面 2 对应的“厚度”栏中输入 15，“材料”栏中输入透镜材料 BK7。

（3）在透镜最后的光学面的曲率半径上设置“求解类型”为“F 数”，设置“F/#”为 10，如图 7-114 所示，在空白处单击完成设置。

	表面类型	标注	曲率半径	厚度	材料	膜层	净口径	延伸区	机械半直径	圆锥系数	TCE x 1E-6
0	物面 标准面 ▾		无限	无限			0.000	0.000	0.000	0.000	0.000
1	光阑 标准面 ▾		无限	0.000			5.000	0.000	5.000	0.000	0.000
2	标准面 ▾		无限	15.000	BK7		5.000	0.000	5.000	0.000	-
3	标准面 ▾		无限 F	0.000			5.000	0.000	5.000	0.000	0.000
4	像面 标准面 ▾		无限					.000	5.000	0.000	0.000

在面3上的曲率解
求解类型: F数
F/#: 10

图 7-114　初始参数

（4）在镜头数据编辑器透镜前表面（#面 2）中的“曲率半径”栏中单击，并按“Ctrl+Z”组合键，将其设置为变量。同样的将像面（#面 4）的“厚度”设置为变量，如图 7-115 所示。

	表面类型		标注	曲率半径		厚度		材料	膜层	净口径	延伸区	机械半直径	圆锥系数	TCE x 1E-6
0	物面	标准面 ▾		无限		无限				0.000	0.000	0.000	0.000	0.000
1	光阑	标准面 ▾		无限		0.000				5.000	0.000	5.000	0.000	0.000
2		标准面 ▾		无限	V	15.000		BK7		5.000	0.000	5.000	0.000	-
3		标准面 ▾		-51.509	F	0.000	V			5.000	0.000	5.000	0.000	0.000
4	像面	标准面 ▾		无限		-				4.988	0.000	4.988	0.000	0.000

图 7-115　设置变量

步骤 4：设置评价函数。

（1）执行“优化”选项卡→“自动优化”面板→“优化向导”命令，打开“评价函数编辑器”窗口。

（2）在优化向导与操作数面板中的“优化向导”选项卡中进行参数设置，如图 7-116 所示。

（3）单击“应用”按钮，完成评价函数设置，结果如图 7-117 所示。单击 × （关闭）按钮退出编辑器。

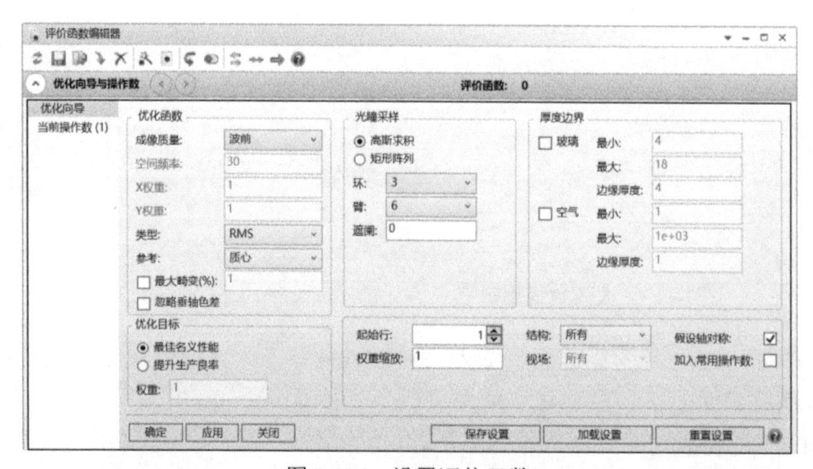

图 7-116　设置评价函数

优化向导与操作数　　评价函数:　601.990902511509

	类型											
1	DMFS ▾											
2	BLNK ▾	序列评价函数: RMS 波前差: 质心参考高斯求积 3 环 6 臂										
3	BLNK ▾	无空气及玻璃约束.										
4	BLNK ▾	视场操作数 1.										
5	OPDX ▾		1	0.0...	0.0...	0.3...	0.000		0.000	0.873	801.204	49.204
6	OPDX ▾		1	0.0...	0.0...	0.7...	0.000		0.000	1.396	7.993	7.835E-03
7	OPDX ▾		1	0.0...	0.0...	0.9...	0.000		0.000	0.873	-813.993	50.788

图 7-117　生成的评价目标操作数

步骤 5：执行优化。

（1）执行“优化”选项卡→“自动优化”面板→“执行优化”命令，打开“局部优化”对话框。

（2）采用默认设置，在对话框中单击“开始”按钮开始优化。优化完成后，对话框如图 7-118 所示，单击“退出”按钮，退出对话框。

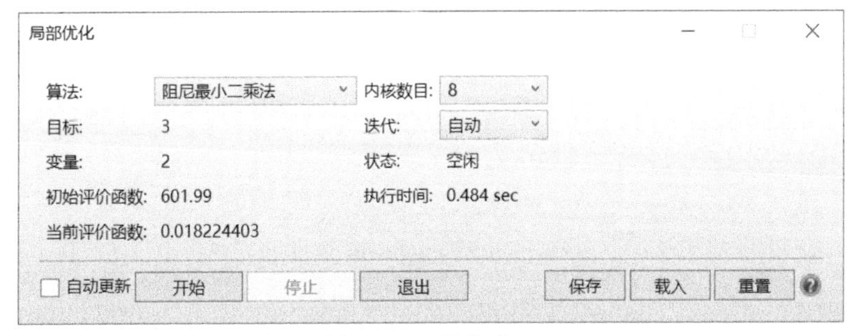

图 7-118 优化窗口

（3）执行“分析”选项卡→“视图”面板→“3D 视图”命令，可以打开“三维布局图”窗口显示光路结构图，如图 7-119 所示。

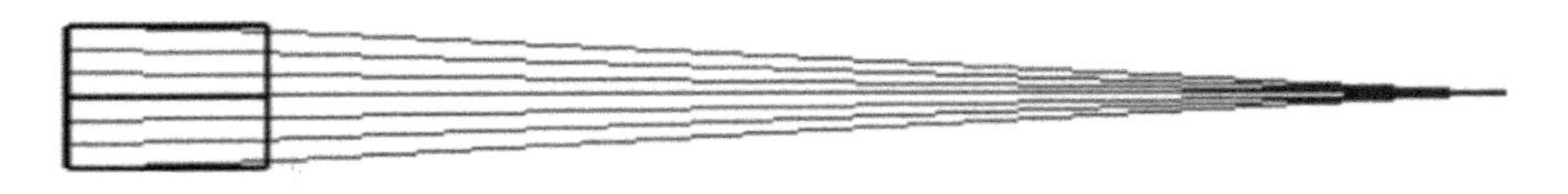
图 7-119 光路结构图

扫描系统需要在透镜前方添加振镜，假如距离透镜 50mm，将光阑面（目前第 1 个表面）厚度设置为 50mm，为了观察到入射光束，在光阑面前面再插入 1 个虚拟面，厚度同样设置为 50mm。

步骤 6：添加振镜。

（1）将镜头数据编辑器置前，设置#面 1（光阑面）的“厚度”为 50。

（2）在镜头数据编辑器#面 1（光阑面）的“表面类型”栏中单击，然后按“Insert”键插入一个虚拟面。

（3）将该虚拟面（当前的#面 4）的“厚度”设置为 50。

（4）将“三维布局图”窗口置前，设置“起始面”为 1，刷新后的三维布局图如图 7-120 所示。

图 7-120 插入光阑面

下面使用快速添加转折反射镜工具添加反射镜（在牛顿望远镜设计过程中使用过）。

（5）单击镜头数据编辑器工具栏中的 （添加转折反射镜）按钮，打开“添加转折反射镜”对话框。

（6）在对话框中将“转折面”栏设置为 2，“倾斜类型”设置为“X 倾斜”，“反射镜”设置为 90，如图 7-121 所示。

说明：顺时针旋转为正，逆时针为负，90 度表示将像面旋转到正下方。

（7）更新三维布局图，可以看到在三维布局图中变成以反射镜面为全局参考面。如图 7-122 所示。

添加转折反射镜
折转面: 2
倾斜类型: X倾斜
反射角: 90
确定
取消

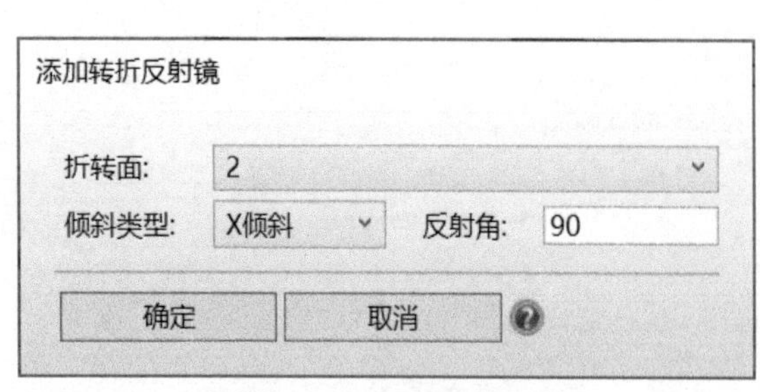

图 7-121　添加转折反射镜

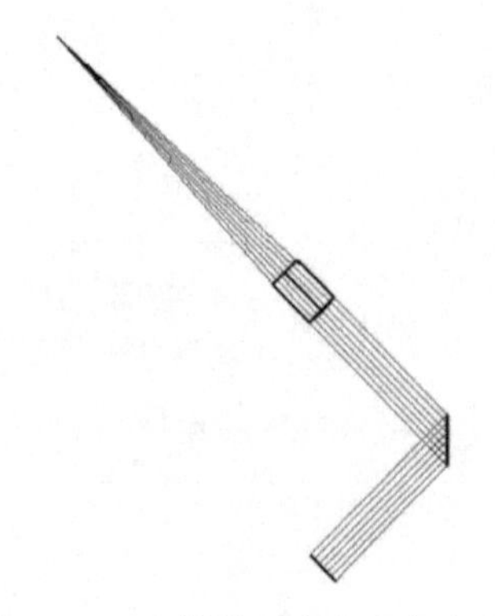

图 7-122　反射镜面为全局参考面

（8）将入射光束（假设激光器出口）设置为全局参考。将镜头数据编辑器置前，在#面 1 的“表面类型”栏中单击，展开表面属性面板，勾选“设为全局坐标参考面”复选框，如图 7-123 所示。

（9）更新三维布局图，效果如图 7-124 所示。

表面 1 属性
结构 1/1
类型
绘图
孔径
散射
倾斜/偏心
物理光学
膜层
导入
表面类型: 标准面
表面颜色: 默认颜色
表面透明度: 100%
行颜色: 默认颜色
使此表面为光阑:
设为全局坐标参考面:
表面不能是超半球面:
忽略这个表面:

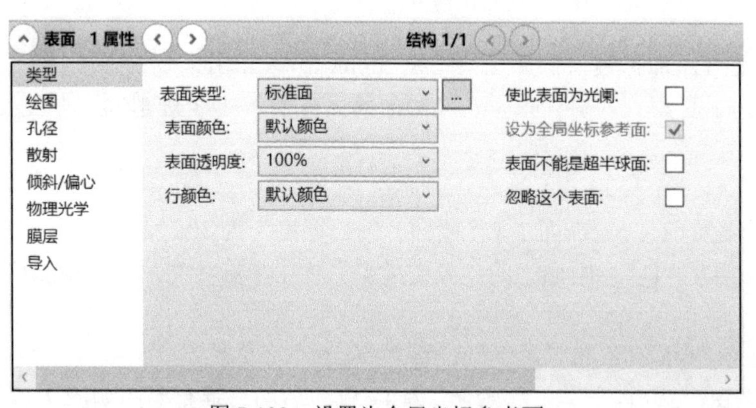

图 7-123　设置为全局坐标参考面

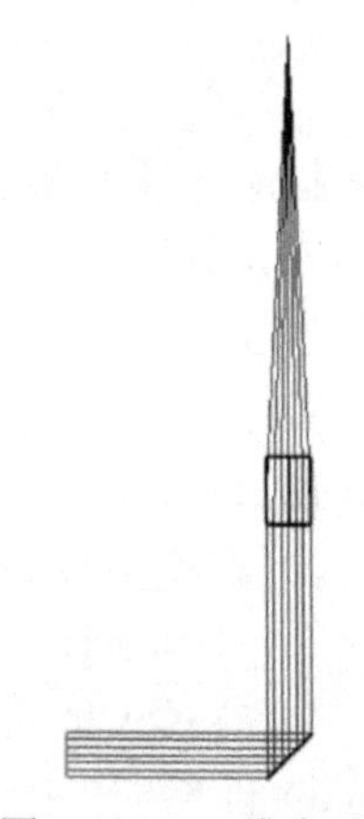

图 7-124　三维布局图

7.5.2　多重结构下的扫描角度设置

此时，我们需要模拟反射镜的旋转，使用坐标间断面可实现元件的各种旋转。假如该扫描系统扫描全角度为 40 度，则反射镜旋转半角为 10 度。

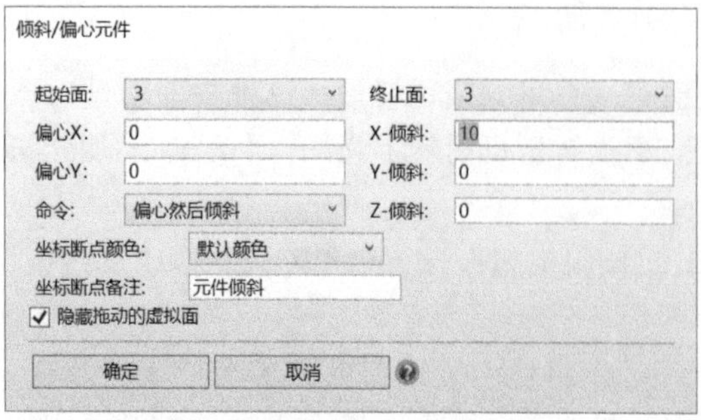

倾斜/偏心元件
起始面: 3
终止面: 3
偏心X: 0
X-倾斜: 10
偏心Y: 0
Y-倾斜: 0
命令: 偏心然后倾斜
Z-倾斜: 0
坐标断点颜色: 默认颜色
坐标断点备注: 元件倾斜
隐藏拖动的虚拟面
确定
取消

图 7-125　快速旋转或偏心对话框

步骤 7：设置多重结构下的扫描角度。

（1）单击镜头数据编辑器工具栏中的 + （旋转/偏心元件）按钮，打开“倾斜/偏心元件”对话框。

（2）在对话框中将“起始面”栏设置为 3，“终止面”设置为 3，如图 7-125 所示。

在镜头数据编辑器中将自动插入两个坐标间断面，实现单个反射镜的旋转，其他元件保持不变，如图 7-126 所示。

	表面类型		标注	曲率半径	厚度	材料	膜层	净口径	延伸区	机械半直径	圆锥系数	TCE x 1E-6
0	物面	标准面 ▾		无限	无限			0.000	0.000	0.000	0.000	0.000
1		标准面 ▾		无限	50.000			5.000	0.000	5.000	0.000	0.000
2		坐标间断 ▾			0.000	-		0.000	-	-		-
3		坐标间断 ▾	元件倾斜		0.000	-		0.000	-	-		-
4	光阑	标准面 ▾		无限	0.000	MIRROR		8.717	0.000	8.717	0.000	0.000
5		坐标间断 ▾	元件倾斜：返回		0.000	-		0.000	-	-		-
6		坐标间断 ▾			-50.000	-		0.000	-	-		-
7		标准面 ▾		-60.259 V	-15.000	BK7		25.596	0.000	25.994	0.000	-
8		标准面 ▾		324.693 F	-91.414 V			25.994	0.000	25.994	0.000	0.000
9	像面	标准面 ▾		无限	-			33.015	0.000	33.015	0.000	0.000

图 7-126　自动插入两个坐标间断面

（3）更新三维布局图，效果如图 7-127 所示。

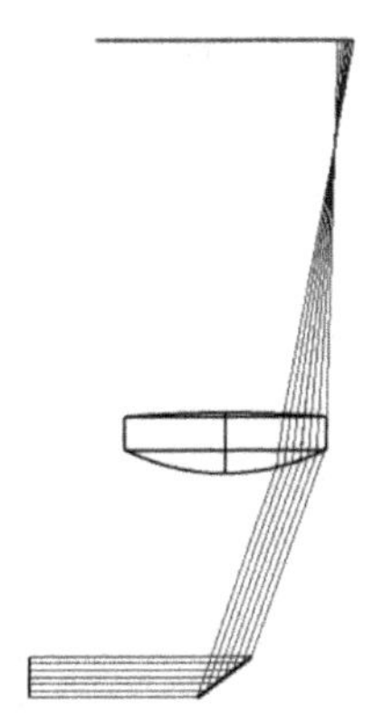

图 7-127　三维布局图

要模拟反射镜旋转不同角度的状态，需要使用多重结构组态功能。在变焦系统设计时我们已经对多重结构工具进行了详细讲解。

（4）执行“设置”选项卡→“编辑器”面板右下角的 按钮→“多重结构编辑器”命令，打开“多重结构编辑器”窗口。

说明：用户也可以执行“设置”选项卡→“结构”面板→“编辑器”命令打开“多重结构编辑器”窗口。

（5）单击编辑器工具栏中的（插入结构）按钮，也可以使用“Ctrl+Shif+lnsert”组合键，增加 4 个结构，如图 7-128 所示。

反射镜旋转不同角度形成扫描状态，我们需要把控制反射镜旋转角度的参数提取到多重结构下，使它们单独变化，控制旋转角度的是当前第 3 个表面（#面 3）的“倾斜 X”参数。

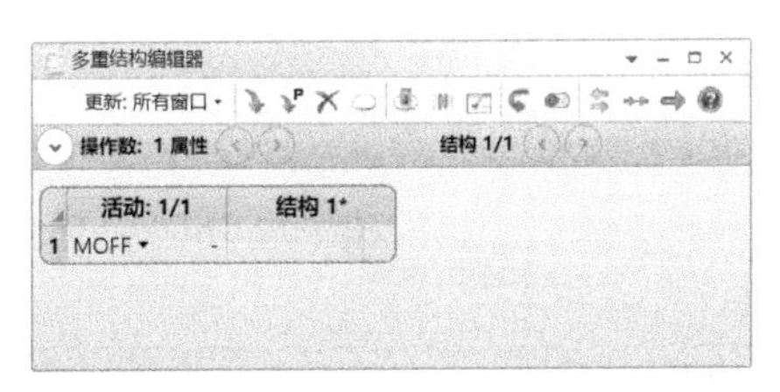

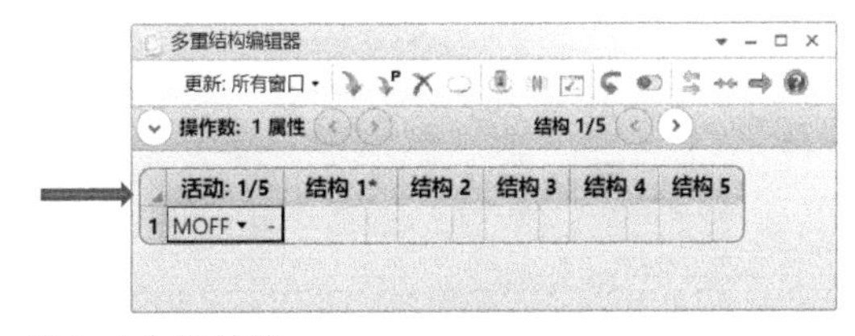

图 7-128　插入 4 个新结构

（6）在镜头数据编辑器#面 3 的“倾斜 X”栏中输入 10，如图 7-129 所示。

	表面类型		半直径	延伸区	机械半直径	圆锥系数	TCE x 1E-6	偏心X:	偏心Y:	倾斜X	倾斜Y	倾斜Z	顺序
0	物面	标准面 ▾	0.000	0.000	0.000	0.000	0.000						
1		标准面 ▾	5.000	0.000	5.000	0.000	0.000						
2		坐标间断 ▾	0.000	-	-		-	0.000	0.000	45.000	0.000	0.000	0
3		坐标间断 ▾	0.000	-	-		-	0.000	0.000	10.000	0.000	0.000	0
4	光阑	标准面 ▾	8.717	0.000	8.717	0.000	0.000						
5		坐标间断 ▾	0.000	-	-		-	0.000 P	0.000 P	-10.000 P	0.000 P	0.000 P	1
6		坐标间断 ▾	0.000	-	-		-	0.000	0.000	45.000 P	-0.000	0.000	0
7		标准面 ▾	25.596	0.000	25.994	0.000	-						
8		标准面 ▾	25.994	0.000	25.994	0.000	0.000						
9	像面	标准面 ▾	33.015	0.000	33.015	0.000	0.000						

图 7-129　控制反射镜旋转参数

（7）在多重结构编辑器下选择该参数的操作数，即 PAR3/3，如图 7-130 所示。

（8）选择该操作数后，在 5 个组态下分别输入角度数值：−10、−5、0、5、10，如图 7-131 所示。

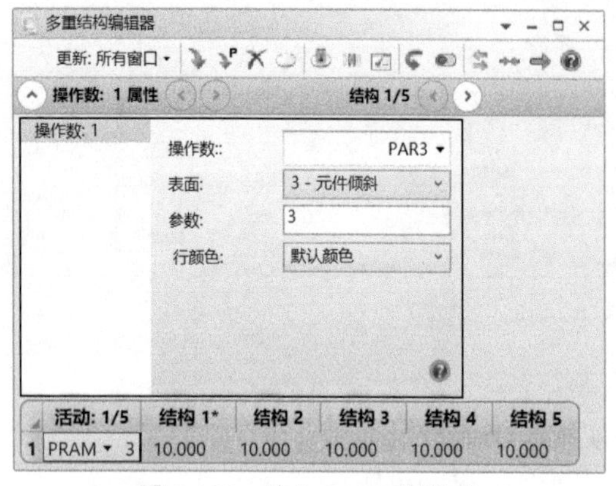

图 7-130　输入 PAR3 操作数

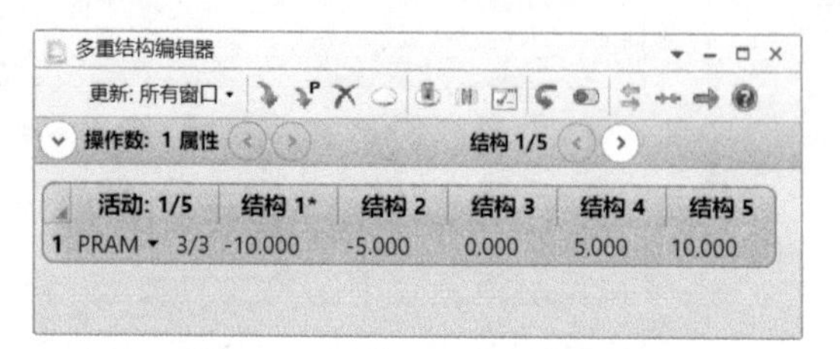

图 7-131　输入 5 个角度数值

（9）将“三维布局图”窗口置前，展开设置参数面板，可以发现面板中增加了结构选项。选择显示所有结构，光线颜色将按结构区分，如图 7-132 所示。

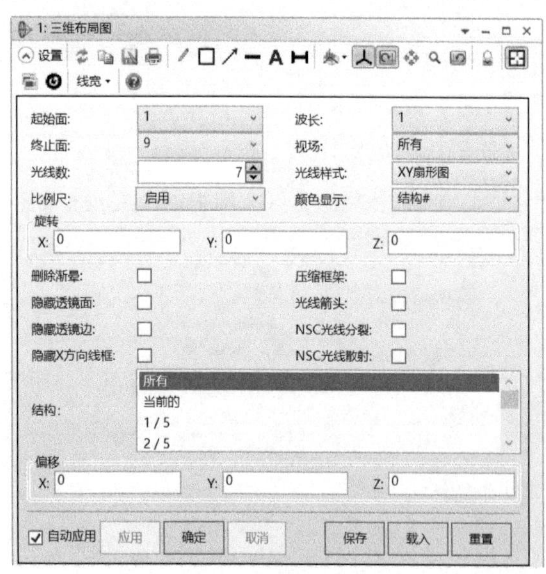

（a）参数设置

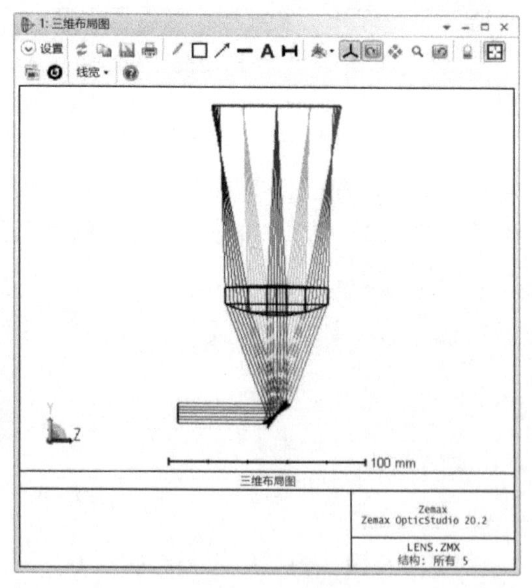

（b）5 个组态全部显示

图 7-132　三维布局图窗口

至此，简单的一维线扫描系统结构设置完成，从视图中可以发现由于场曲导致的外视场像差很大。

（10）执行“分析”选项卡→“成像质量”面板→“光线迹点”组下的“结构矩阵点列图”命令，打开结构矩阵点列图窗口查看各组态光斑分布大小，如图 7-133 所示。

轴外视场光斑与轴上分离严重，主要原因是只对单透镜轴上视场的像质进行了优化。这里可以进行统一优化。

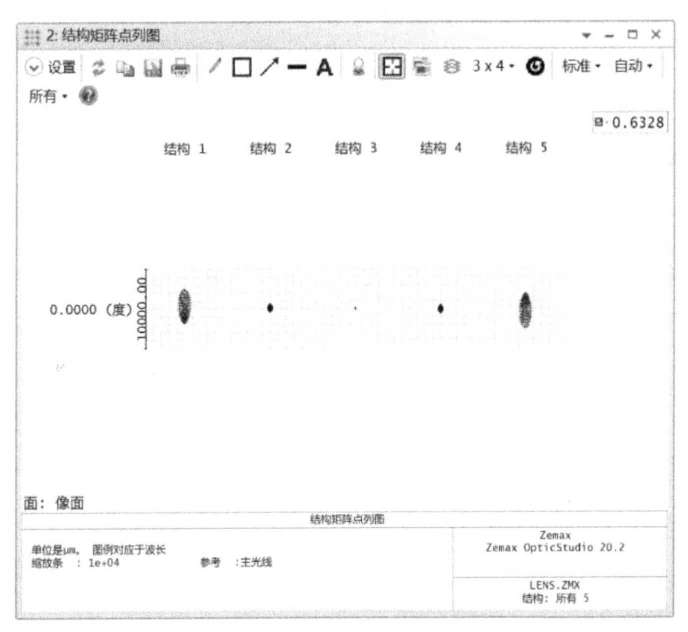

图 7-133 光斑分布图

步骤 8： 统一优化系统。

（1）执行“优化”选项卡→“自动优化”面板→“优化向导”命令，打开“评价函数编辑器”窗口。

（2）选择默认参数，单击“应用”按钮，完成评价函数设置，结果如图 7-134 所示。单击 ×（关闭）按钮退出编辑器。

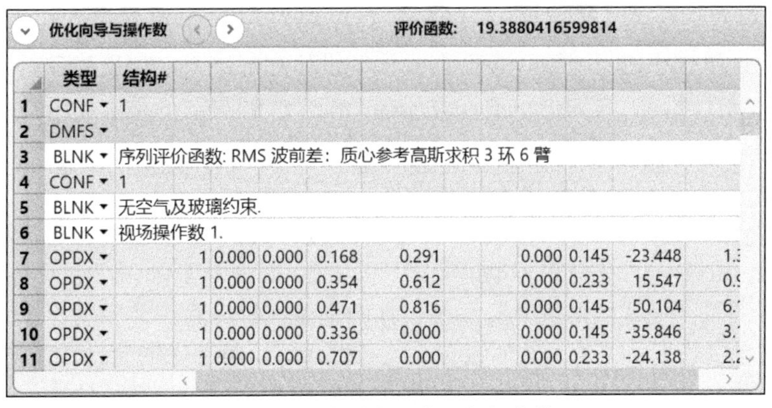
优化向导与操作数 评价函数: 19.3880416599814

	类型	结构#										
1	CONF	1										
2	DMFS											
3	BLNK	序列评价函数: RMS 波前差：质心参考高斯求积 3 环 6 臂										
4	CONF	1										
5	BLNK	无空气及玻璃约束.										
6	BLNK	视场操作数 1.										
7	OPDX		1	0.000	0.000	0.168	0.291		0.000	0.145	-23.448	1.
8	OPDX		1	0.000	0.000	0.354	0.612		0.000	0.233	15.547	0.
9	OPDX		1	0.000	0.000	0.471	0.816		0.000	0.145	50.104	6.
10	OPDX		1	0.000	0.000	0.336	0.000		0.000	0.145	-35.846	3.
11	OPDX		1	0.000	0.000	0.707	0.000		0.000	0.233	-24.138	2.

图 7-134 生成的评价目标操作数

（3）执行“优化”选项卡→“自动优化”面板→“执行优化”命令，打开“局部优化”对话框。

（4）采用默认设置，在对话框中单击“开始”按钮开始优化。优化完成后，对话框如图 7-135 所示，单击“退出”按钮，退出对话框。

（5）更新三维布局图，效果如图 7-136 所示。

（6）更新结构矩阵点列图，效果如图 7-137 所示。

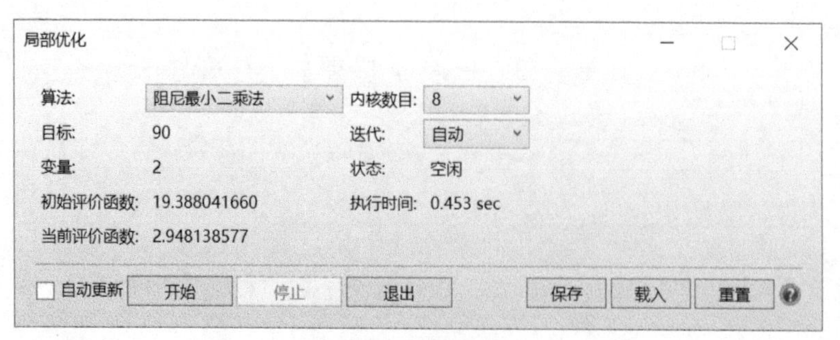

图 7-135　局部优化

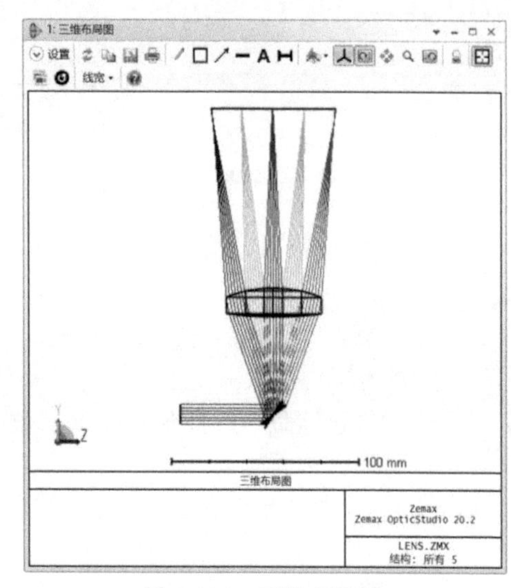

图 7-136　三维布局图

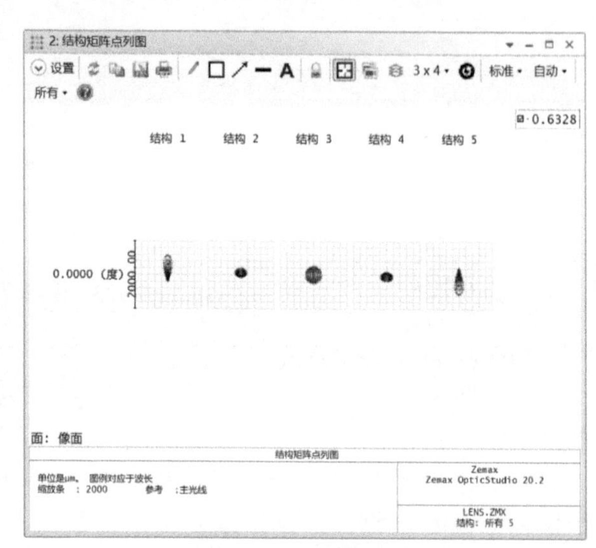

图 7-137　光斑图

所有组态光斑大小趋于一致。至此扫描系统设计全部结束，如果读者对该类系统感兴趣，可在这个设计基础上增加另一片振镜形成二维平面扫描，或再增加电动扩束系统形成三维立体扫描。在 Zemax 高级应用中，可利用编程语言实现自动扫描。

7.6　本章小结

本章主要通过实例详细讲解光学系统设计的完整流程：系统参数的设置、初始结构的选择、优化变量的设置、评价函数的设置、局部优化等。通过详细的设计步骤及图文解说，帮助初学者尽快掌握方法。本章还讲解了优化设计完成后，如何分析结构，如何改善和提高光学系统的性能等。最后本章还详细讲解了玻璃优化方法，以便进一步提高光学系统性能。

第 8 章　目镜设计

目镜用来观察位于目镜和被观察物体之间的光学元件（前置光学系统）所形成的实像，因此前置光学系统决定了通过目镜的光束尺寸、形状和光路。本章将讨论典型光学系统——目镜的设计，目的在于进一步介绍光学系统设计步骤，同时讲解目镜的基本结构。

学习目标：

（1）了解典型光学系统目镜的设计流程；

（2）掌握多种目镜的设计方法；

（3）熟练运用 Zemax 进行目镜设计。

8.1　常见目镜设计

尽管目镜的最终设计可以精确调整，以便与特定的一组前置光学元件共同发挥作用，但是一般来说，基于最终系统的技术要求，目镜被设计成一个独立的光学装置。

在本节介绍的实例中，假设全部目镜的焦距均为 28mm（近似 9 倍放大率），出瞳直径定为 4mm（*f*/7.0），视场设定为一个恰当值，与目镜类型一致。与大多数其他目视系统设计相同，采用同一加权的光谱波长 0.51μm、0.56μm 和 0.61μm。

每个目镜都有确定它应用于某种特殊任务的一组独特的性能。这里将涉及 9 种目镜类型，而且还会给出每种目镜的设计和性能数据。焦距、入瞳尺寸和出瞳位置（最大视场主光线角度）对所有的设计都保持不变，而视场、接目距和像距则随目镜类型而变化。

一般说来，靠近眼睛位置的透镜或透镜组叫作接目镜，而靠近像面位置的透镜或透镜组叫作场镜。

说明：本节介绍的目镜设计工作，光学配置为，假定物体在无穷远处，追迹光线通过目镜的出瞳、目镜，然后传播至镜像面上。

最合理且常用的目镜光学设计程序如下：

（1）选择基本的目镜类型，主要根据必须达到的视场而定；

（2）对选定设计的焦距进行缩放以达到所要求的放大率；

（3）经缩放的目镜设计应用到光学系统中，在该光学系统中，目镜的形式可以精确调整以补偿特定的光路和剩余系统像差。

8.1.1　惠更斯目镜

惠更斯目镜是一种最简单的目镜类型。这种目镜由 2 个平凸透镜组成，用普通冕玻璃制成。两片透镜的配置方式是平面均面对眼睛，透镜间距约等于最后目镜的焦距。

虽然惠更斯目镜在15度半视场内的像差校正效果非常好，但是也存在导致这种目镜类型不理想的若干缺点。除接目距很小外，像形成在目镜内，从而在大多数情况下不能使用分划板。

惠更斯目镜设计规格：入瞳直径4mm，视场15度，波长范围0.51μm、0.56μm、0.61μm，焦距28mm。

最终文件：Char08\惠更斯目镜.zmx

Zemax设计步骤。

步骤1： 输入入瞳直径4mm。

（1）在“系统选项”面板中双击展开“系统孔径”选项。

（2）将“孔径类型”设置为“入瞳直径”，“孔径值”设置为“5”，“切趾类型”设置为“均匀”。

（3）镜头数据随之变化。

步骤2： 输入视场（视场15度）。

（1）在“系统选项”面板中双击展开“视场”选项，同时打开视场数据编辑器。

（2）在视场类型选项卡中设置“类型”为“角度”。

（3）在下方的电子表格中单击“Insert”键两次，插入两行。

（4）在视场1、2、3的中“Y角度(°)”列中分别输入0、15、-15，保持权重为1。

（5）单击右上角的“关闭”按钮完成设置，此时在“系统选项”面板的“视场”选项中出现刚刚设置的3个视场，如图8-1所示。

步骤3： 输入人眼感知波长，即0.51μm、0.56μm、0.61μm。

（1）在“系统选项”面板中双击展开“波长”选项，同时打开“波长数据”编辑器。

（2）勾选“1”“2”“3”复选框，并在“波长”栏分别输入“0.51”“0.56”“0.61”。

（3）单击“关闭”按钮完成设置，此时在“系统选项”面板的“波长”选项中出现刚刚设置的3个波长，如图8-2所示。

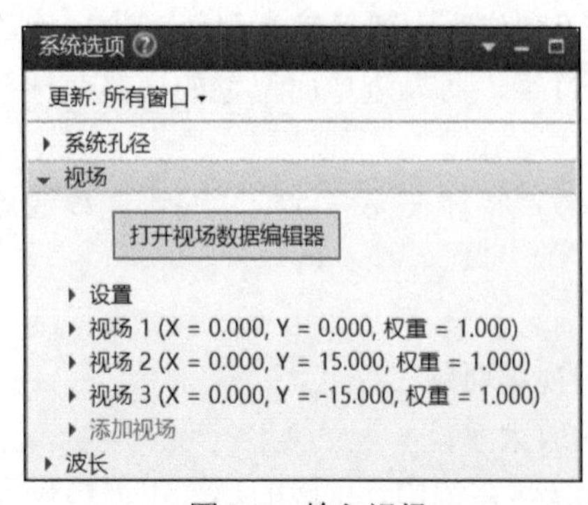

图8-1　输入视场

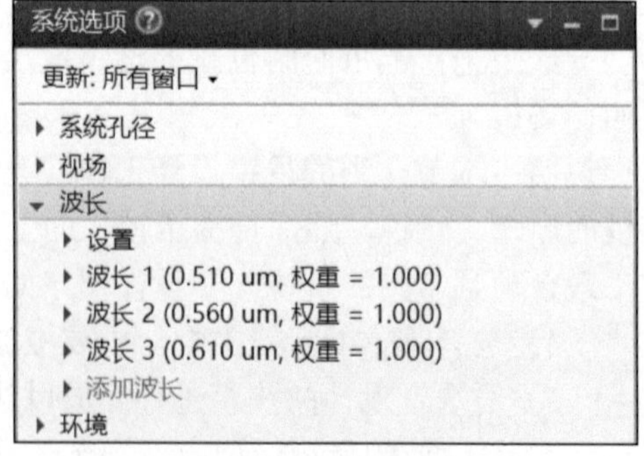

图8-2　输入波长

步骤4： 在镜头数据编辑器内输入镜头参数。

（1）将镜头数据编辑器置前，在#面2（像面）上单击，然后按“Insert”键在像面前插入4个表面。

（2）在镜头数据编辑器中输入半径、厚度、材料相应数值，如图8-3所示。

	表面类型		标注	曲率半径	厚度	材料	膜层	净口径	延伸区	机械半直径	圆锥系数	TCE x 1E-6
0	物面	标准面 ▾		无限	无限			无限	0.000	无限	0.000	0.000
1	光阑	标准面 ▾	入瞳	无限	2.800			2.000	0.000	2.000	0.000	0.000
2		标准面 ▾		无限	2.800	BK7		2.750	0.000	3.159	0.000	-
3		标准面 ▾		-11.500	25.500			3.159	0.000	3.159	0.000	0.000
4		标准面 ▾		无限	5.000	BK7		7.119	0.000	7.728	0.000	-
5		标准面 ▾		-16.500	-8.800			7.728	0.000	7.728	0.000	0.000
6	像面	标准面 ▾		无限	-			7.493	0.000	7.493	0.000	0.000

图 8-3 透镜数据

说明：本章的目镜设计中，除曲率半径、厚度及材料外，均未输入净口径等其他参数，这些参数是软件根据已输入数据自动生成的，读者在正式设计中需要考虑这些参数值。

步骤 5： 查看惠更斯目镜结构光路图与像差畸变图。

（1）执行“分析”选项卡→“视图”面板→“3D 视图”命令，打开“三维布局图”窗口，显示光路结构图，如图 8-4 所示。

（2）执行“分析”选项卡→“成像质量”面板→“像差分析”组→“光线像差图”命令，打开“光线光扇图”窗口，显示光扇图，如图 8-5 所示。

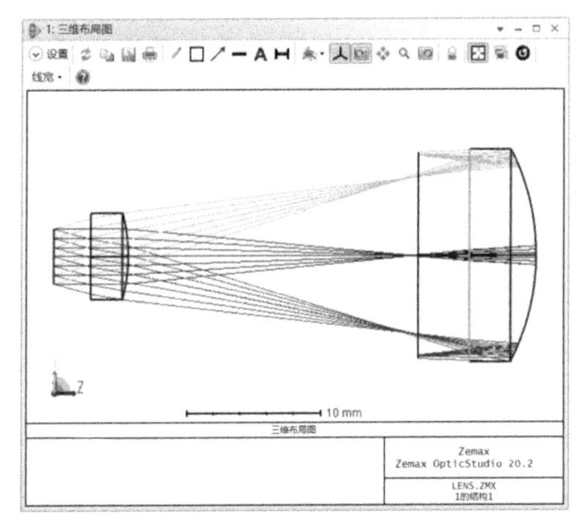

图 8-4 光路结构图

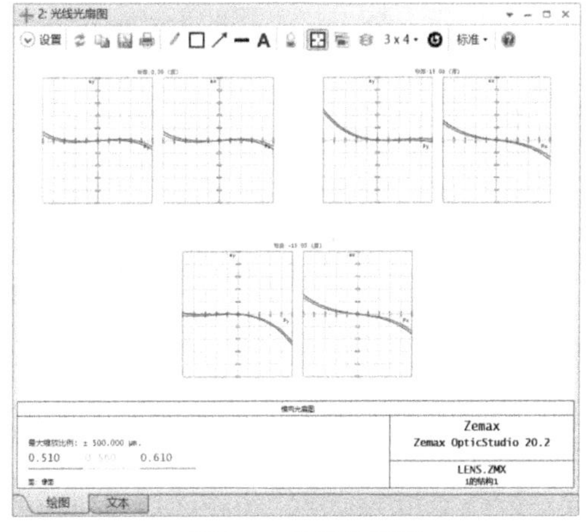

图 8-5 光线光扇图

惠更斯目镜至此设置完成，读者可以对上图中的两个曲率半径进行优化，得到最小光斑半径，但最后通常要把目镜放置在光学系统中结合物镜或其他镜头来补偿像差，所以这里无须精确优化光斑分辨率。

从“光线光扇图”可以看出这个目镜有较大的轴外视场像差，但色差校正效果较好。

8.1.2 冉斯登目镜

冉斯登目镜与惠更斯目镜同样简单，该类型目镜由 2 个平凸透镜组成，用普通冕玻璃制成。这两片透镜的配置方式是凸面相对，透镜间距约为最后目镜焦距的 85%，尽管接目距和像位置相对于惠更斯目镜有所改善，但是冉斯登目镜有相当大的色差。

冉斯登目镜设计规格：入瞳直径 4mm，半视场 15 度，波长范围 0.51μm、0.55μm、0.61μm，焦距 28.2mm。

最终文件：Char08\冉斯登目镜.zmx

EMAX 设计步骤。

步骤 1： 输入入瞳直径 4mm。同惠更斯目镜。

步骤 2： 输入视场（半视场 15 度）。同惠更斯目镜，只是“Y 角度(°)”列中分别输入 0、10、15。

步骤 3： 输入人眼感知波长，即 0.51μm、0.56μm、0.61μm。同惠更斯目镜。

步骤 4： 在透镜数据编辑器内输入镜头参数。

（1）将镜头数据编辑器置前，在#面 2（像面）上单击，然后按“Insert”键在像面前插入 4 个表面。

（2）在镜头数据编辑器中输入半径、厚度、材料相应数值，如图 8-6 所示。

	表面类型	标注	曲率半径	厚度	材料	膜层	净口径	延伸区	机械半直径	圆锥系数	TCE x 1E-6
0	物面 标准面 ▾		无限	无限			无限	0.000	无限	0.000	0.000
1	光阑 标准面 ▾	入瞳	无限	10.700			2.000	0.000	2.000	0.000	0.000
2	标准面 ▾		无限	3.400	BK7		4.867	0.000	5.330	0.000	-
3	标准面 ▾		-19.800	23.400			5.330	0.000	5.330	0.000	0.000
4	标准面 ▾		22.000	4.500	BK7		8.419	0.000	8.419	0.000	-
5	标准面 ▾		无限	7.280			8.239	0.000	8.419	0.000	0.000
6	像面 标准面 ▾		无限	-			7.533	0.000	7.533	0.000	0.000

图 8-6　透镜数据

步骤 5： 查看惠更斯目镜结构光路图与像差畸变图。

（1）执行“分析”选项卡→“视图”面板→“3D 视图”命令，打开“三维布局图”窗口，显示光路结构图，如图 8-7 所示。

（2）执行“分析”选项卡→“成像质量”面板→“像差分析”组→“光线像差图”命令，打开“光线光扇图”窗口，显示光扇图，如图 8-8 所示。

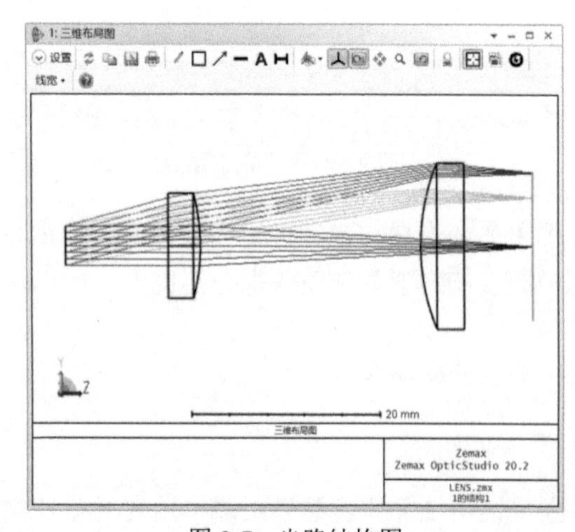

图 8-7　光路结构图

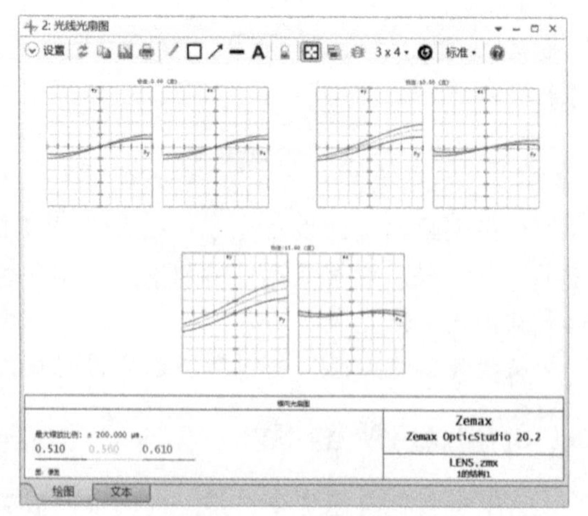

图 8-8　光线光扇图

观察“光线像差图”中的曲线分离程度可知，冉斯登目镜有较大的色差和轴外像差。

8.1.3　凯尔纳目镜

凯尔纳目镜，也称作凯涅尔目镜，其明显的变化是接目镜做成了消色差双合镜，这种变化可以校正轴向色差并减少轴外（横向）色差，其半视场可能略微增大（从 15 到 22.5）。凯尔纳目镜的接目距不适用于舒适的目视仪器设计。

凯尔纳目镜设计规格：入瞳直径 4mm，半视场 22.5 度，波长范围 0.51μm、0.56μm、0.61μm，焦距 27.9mm。

最终文件：Char08\凯尔纳目镜.zmx

步骤 1： 输入入瞳直径 4mm。同惠更斯目镜。

步骤 2： 输入视场（半视场 22.5 度）。同惠更斯目镜，只是“Y 角度(°)”列中分别输入 0、15.75、22.5。

步骤 3： 输入人眼感知波长，即 0.51μm、0.56μm、0.61μm。同惠更斯目镜。

步骤 4： 输入镜头参数。

在透镜数据编辑器中插入行并输入半径、厚度、材料相应数值，如图 8-9 所示。

	表面类型	标注	曲率半径	厚度	材料	膜层	净口径	延伸区	机械半直径	圆锥系数	TCE x 1E-6
0	物面 标准面 ▾		无限	无限			无限	0.000	无限	0.000	0.000
1	光阑 标准面 ▾	入瞳	无限	5.100			2.000	0.000	2.000	0.000	0.000
2	标准面 ▾		153.000	2.000	F4		4.136	0.000	6.400	0.000	-
3	标准面 ▾		14.900	8.000	BAK2		4.769	0.000	6.400	0.000	-
4	标准面 ▾		-19.900	22.300			6.400	0.000	6.400	0.000	0.000
5	标准面 ▾		23.500	6.000	BAK2		12.475	0.000	12.475	0.000	-
6	标准面 ▾		无限	7.710			12.271	0.000	12.475	0.000	0.000
7	像面 标准面 ▾		无限	-			11.264	0.000	11.264	0.000	0.000

图 8-9　镜头数据

步骤 5： 结构光路图与像差畸变图。

（1）执行“分析”选项卡→“视图”面板→“3D 视图”命令，打开“三维布局图”窗口，显示光路结构图，如图 8-10 所示。

（2）执行“分析”选项卡→“成像质量”面板→“像差分析”组→“光线像差图”命令，打开“光线光扇图”窗口，显示光扇图，如图 8-11 所示。

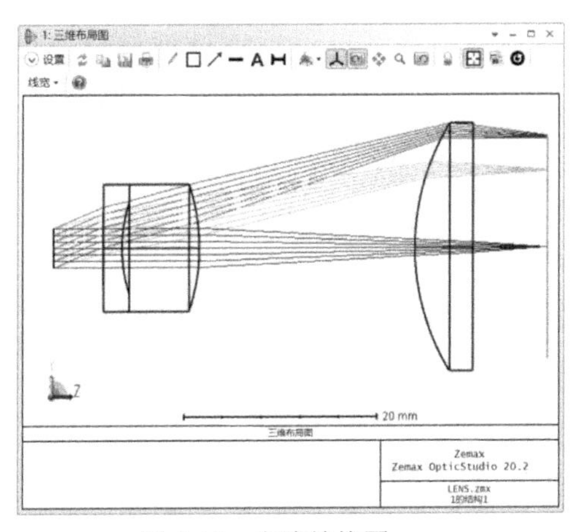

图 8-10　光路结构图

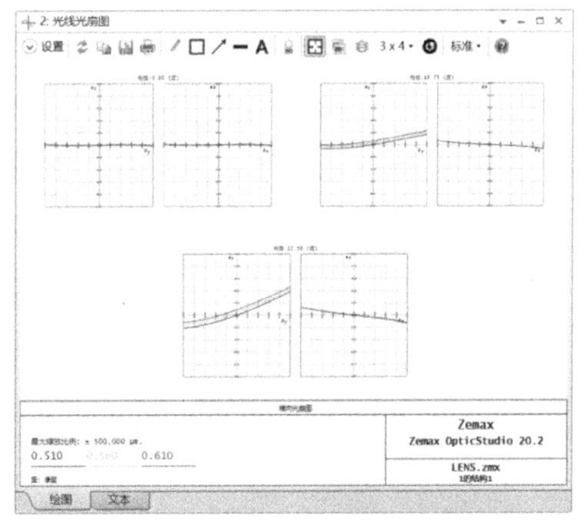

图 8-11　光线光扇图

（3）执行“分析”选项卡→“成像质量”面板→“像差分析”组→“场曲/畸变”命令，打开“视场 场曲/畸变”窗口，显示场曲/畸变图，如图 8-12 所示。

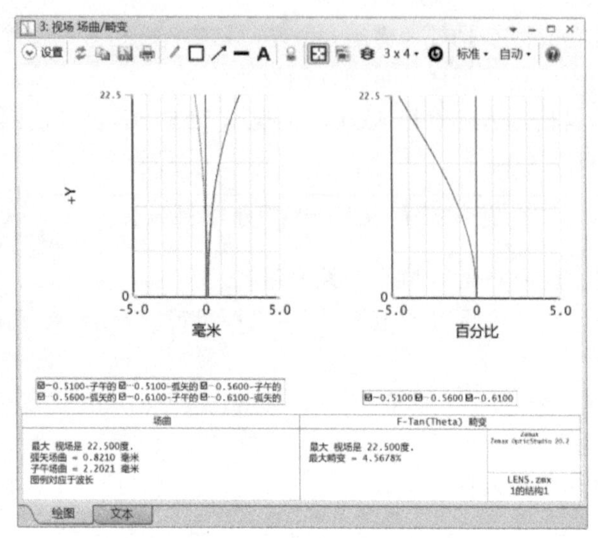

图 8-12　场曲/畸变图

8.1.4　RKE 目镜

目前，人们已设计了一系列目镜结构，其中凯尔纳目镜的透镜排列是反向的，而且两片透镜之间的空气间隔明显减少。在 RKE 目镜中，该设计方法是一种极为普遍的表现形式，该目镜由美国新泽西州巴灵顿市的爱默德科技公司设计和销售。

RKE 目镜的半视场可扩展到 22.5 度且有非常舒适的接目距，其轴外像差（横向色差和场曲）校正得非常好。

RKE 目镜设计规格：入瞳直径 4mm，半视场 22.5 度，波长范围 0.51μm、0.56μm、0.61μm，焦距 28mm。

最终文件：Char08\RKE 目镜.zmx

Zemax 设计步骤如下。

步骤 1： 输入入瞳直径 4mm，同惠更斯目镜。

步骤 2： 输入视场（半视场 22.5 度），同惠更斯目镜，只是“Y 角度(°)”列中分别输入 0、15.75、22.5。

步骤 3： 输入人眼感知波长，即 0.51μm、0.56μm、0.61μm，同惠更斯目镜。

步骤 4： 在透镜数据编辑器内输入镜头参数。

在透镜数据编辑器中插入行并输入半径、厚度、材料相应数值，如图 8-13 所示。

	表面类型	标注	曲率半径	厚度	材料	膜层	净口径	延伸区	机械半直径	圆锥系数	TCE x 1E-6
0	物面 标准面 ▾		无限	无限			无限	0.000	无限	0.000	0.000
1	光阑 标准面 ▾	入瞳	无限	25.800			2.000	0.000	2.000	0.000	0.000
2	标准面 ▾		42.700	8.000	SK5		13.609	0.000	13.961	0.000	-
3	标准面 ▾		-42.700	1.300			13.961	0.000	13.961	0.000	0.000
4	标准面 ▾		28.000	10.000	SK5		13.681	0.000	13.681	0.000	-
5	标准面 ▾		-28.000	3.000	SF4		12.953	0.000	13.681	0.000	-
6	标准面 ▾		64.800	15.060			11.901	0.000	13.681	0.000	0.000
7	像面 标准面 ▾		无限	-			10.370	0.000	10.370	0.000	0.000

图 8-13　镜头数据

步骤 5：查看结构光路图与像差畸变图。

（1）执行“分析”选项卡→“视图”面板→“3D 视图”命令，打开“三维布局图”窗口，显示光路结构图，如图 8-14 所示。

（2）执行“分析”选项卡→“成像质量”面板→“像差分析”组→“光线像差图”命令，打开“光线光扇图”窗口，显示光扇图，如图 8-15 所示。

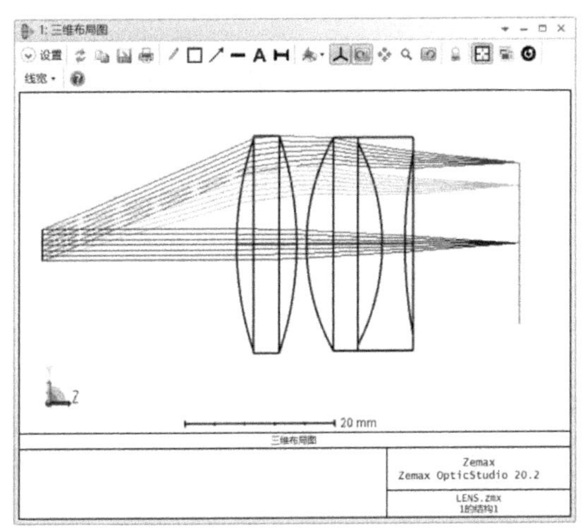

图 8-14 光路结构图

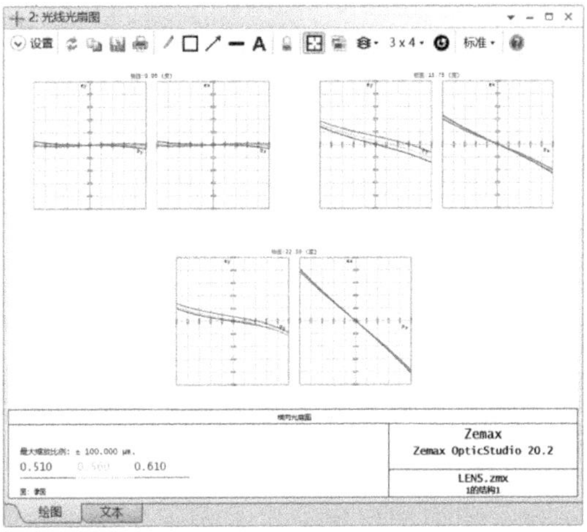

图 8-15 光线光扇图

（3）执行“分析”选项卡→“成像质量”面板→“像差分析”组→“场曲/畸变”命令，打开“视场 场曲/畸变”窗口，显示场曲/畸变图，如图 8-16 所示。

（4）执行“分析”选项卡→“成像质量”面板→“像差分析”组→“网格畸变”命令，打开“网格畸变”窗口，显示网格畸变图，如图 8-17 所示。

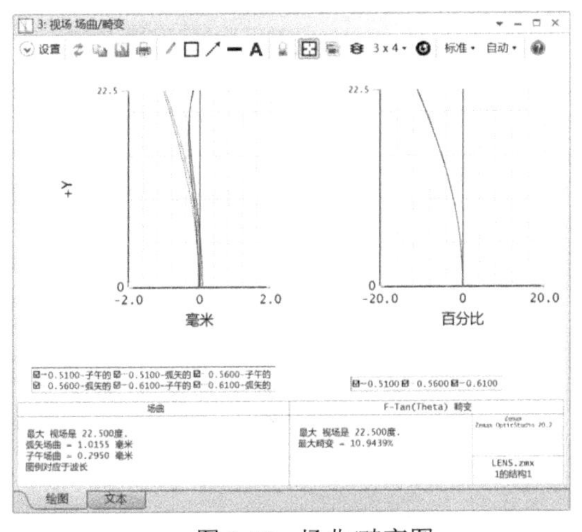

图 8-16 场曲/畸变图

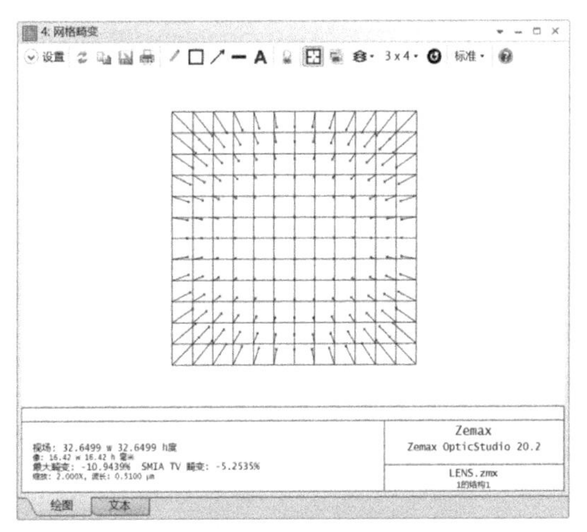

图 8-17 网格畸变

RKE 目镜是凯尔纳目镜的衍生品，场镜（不是接目镜）用于消除色差，对于色差校正有更大的改善。RKE 目镜视场为 45 度，有非常好的像质和更大的接目距。

从光线光扇图中可以看出，RKE 目镜对轴外像差校正有限，相比之前的三种目镜改善了很多。但从畸变图上可以看出，这个目镜产生的负畸变大约为 10%以上，主要是由于接目距显著增加引起的，肉眼可观察。

8.1.5　消畸变目镜

通过对目镜设计的有限介绍，从最初的简单设计开始，展示了几种透镜设计型式的演变发展过程。例如，消畸变目镜的型式类似于 RKE 型式，用三胶合透镜代替消色差双胶合镜，消畸变目镜的半视场与 RKE 目镜的半视场相同，但消畸变目镜减少了横向色差和畸变。

采用对称的三胶合透镜可以节省某些方面的创造成本。尽管高次像散有某种程度的增加，但是在横向色差和畸变上的改善大大弥补了它的缺陷。

消畸变目镜设计规格：入瞳直径 4mm，半视场 22.5 度，波长范围 0.51μm、0.56μm、0.61μm，焦距 28mm。

最终文件：Char08\消畸变目镜.zmx

Zemax 设计步骤如下。

步骤 1： 输入入瞳直径 4mm，同惠更斯目镜。

步骤 2： 输入视场（半视场 22.5 度），同惠更斯目镜，只是“Y 角度(°)”列中分别输入 0、15.75、22.5。

步骤 3： 输入人眼感知波长，即 0.51μm、0.56μm、0.61μm，同惠更斯目镜。

步骤 4： 在透镜数据编辑器内输入镜头参数。

在透镜数据编辑器中插入行并输入半径、厚度、材料相应数值，如图 8-18 所示。

	表面类型	标注	曲率半径	厚度	材料	膜层	净口径	延伸区	机械半直径	圆锥系数	TCE x 1E-6
0	物面 标准面 ▾		无限	无限			无限	0.000	无限	0.000	0.000
1	光阑 标准面 ▾	入瞳	无限	22.000			2.000	0.000	2.000	0.000	0.000
2	标准面 ▾		无限	6.500	BAK1		11.113	0.000	12.001	0.000	-
3	标准面 ▾		-25.800	0.500			12.001	0.000	12.001	0.000	0.000
4	标准面 ▾		36.200	11.000	K5		12.602	0.000	12.672	0.000	-
5	标准面 ▾		-17.800	1.500	F2		12.381	0.000	12.672	0.000	-
6	标准面 ▾		17.800	11.000	K5		12.423	0.000	12.672	0.000	-
7	标准面 ▾		-36.200	13.600			12.672	0.000	12.672	0.000	0.000
8	像面 标准面 ▾		无限	-			11.247	0.000	11.247	0.000	0.000

图 8-18　镜头数据

步骤 5： 查看消畸变目镜结构光路图与像差畸变图。

（1）执行“分析”选项卡→“视图”面板→“3D 视图”命令，打开“三维布局图”窗口，显示光路结构图，如图 8-19 所示。

（2）执行“分析”选项卡→“成像质量”面板→“像差分析”组→“光线像差图”命令，打开“光线光扇图”窗口，显示光扇图，如图 8-20 所示。

（3）执行“分析”选项卡→“成像质量”面板→“像差分析”组→“场曲/畸变”命令，打开“视场 场曲/畸变”窗口，显示场曲/畸变图，如图 8-21 所示。

（4）执行“分析”选项卡→“成像质量”面板→“像差分析”组→“网格畸变”命令，打开“网格畸变”窗口，显示网格畸变图，如图 8-22 所示。

通过查看像差曲线与畸变曲线，对比之前的双胶合 RKE 目镜，畸变明显减小。

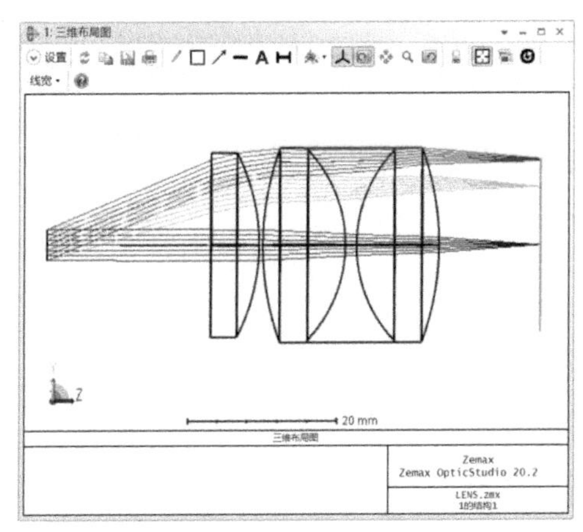

图 8-19 光路结构图

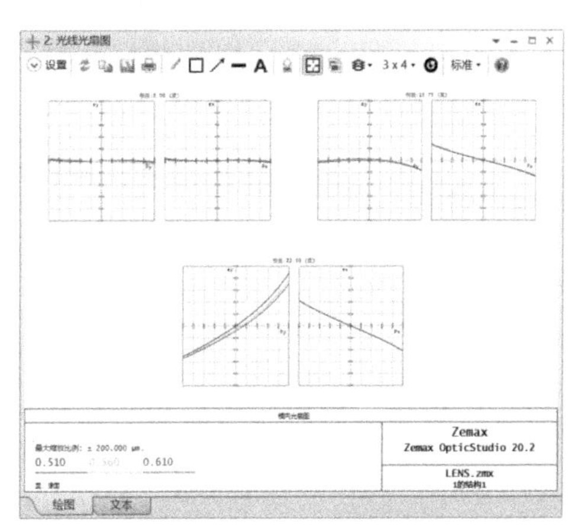

图 8-20 光线光扇图

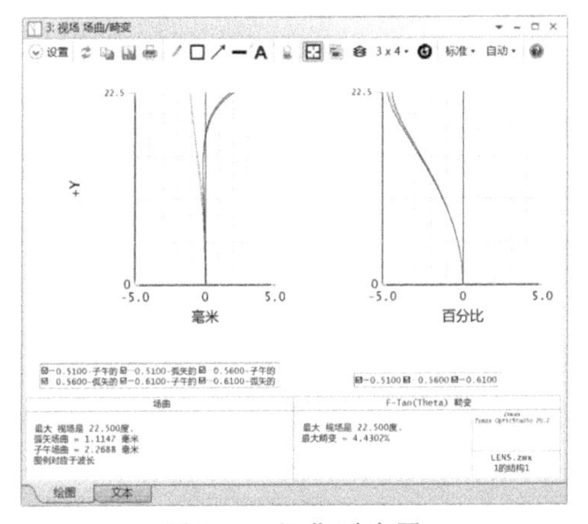

图 8-21 场曲/畸变图

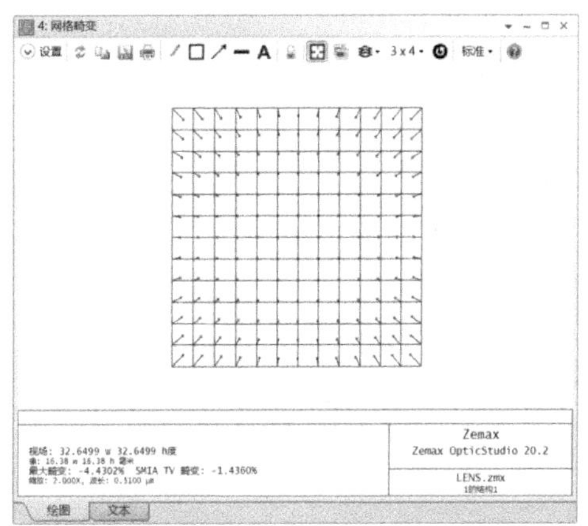

图 8-22 网格畸变

8.1.6 对称式目镜

目镜光瞳应位于目镜外的要求排除了完全对称设计的可能性。然而，有一类目镜可以看作具有对称结构，它利用两个几乎对称的双胶合镜相对放置而成。这种配置允许目镜设计达到 25 度半视场且有很好的像质。尽管该目镜半视场角增加，而且制造成本相对合理，但是像质与消畸变目镜的像质基本相同。

对称式目镜设计规格：入瞳直径 4mm，半视场 25 度，波长范围 0.51μm、0.56μm、0.61μm，焦距 28mm。

最终文件：Char08\对称式目镜.zmx

Zemax 设计步骤如下。

步骤 1： 输入入瞳直径 4mm，同惠更斯目镜。

步骤 2： 输入视场（半视场 25 度），同惠更斯目镜，只是“Y 角度(°)”列中分别输入 0、17、25。

步骤 3： 输入人眼感知波长，即 0.51μm、0.56μm、0.61μm，同惠更斯目镜。

步骤 4： 在透镜数据编辑器内输入镜头参数。

在透镜数据编辑器中插入行并输入半径、厚度、材料等相应数值，如图 8-23 所示。

	表面类型	标注	曲率半径	厚度	材料	膜层	净口径	延伸区	机械半直径	圆锥系数	TCE x 1E-6
0	物面 标准面 ▾		无限	无限			无限	0.000	无限	0.000	0.000
1	光阑 标准面 ▾	入瞳	无限	18.900			2.000	0.000	2.000	0.000	0.000
2	标准面 ▾		无限	2.800	SF5		10.813	0.000	13.396	0.000	-
3	标准面 ▾		26.000	10.000	BAK1		12.363	0.000	13.396	0.000	-
4	标准面 ▾		-26.000	1.000			13.396	0.000	13.396	0.000	0.000
5	标准面 ▾		29.800	12.000	BAK1		15.032	0.000	15.032	0.000	-
6	标准面 ▾		-29.800	2.800	SF5		14.616	0.000	15.032	0.000	-
7	标准面 ▾		无限	18.360			14.235	0.000	15.032	0.000	0.000
8	像面 标准面 ▾		无限	-			12.455	0.000	12.455	0.000	0.000

图 8-23 镜头数据

步骤 5： 查看结构光路图与像差畸变图。

（1）执行“分析”选项卡→“视图”面板→“3D 视图”命令，打开“三维布局图”窗口，显示光路结构图，如图 8-24 所示。

（2）执行“分析”选项卡→“成像质量”面板→“像差分析”组→“光线像差图”命令，打开“光线光扇图”窗口，显示光扇图，如图 8-25 所示。

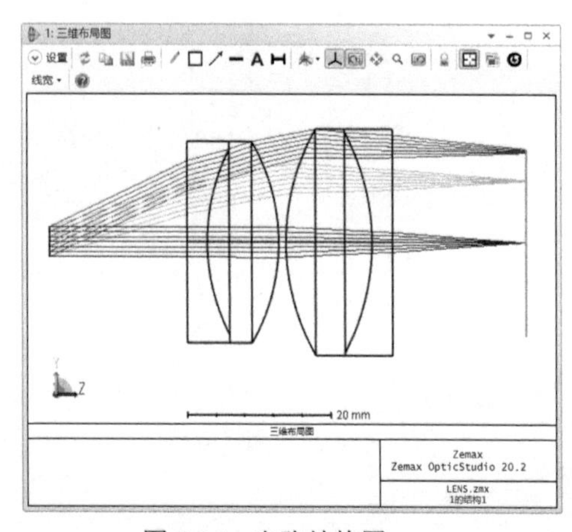

图 8-24 光路结构图

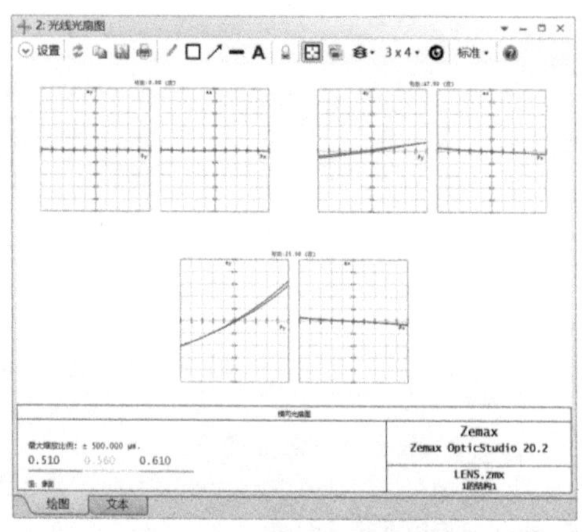

图 8-25 光线光扇图

（3）执行“分析”选项卡→“成像质量”面板→“像差分析”组→“场曲/畸变”命令，打开“视场 场曲/畸变”窗口，显示场曲/畸变图，如图 8-26 所示。

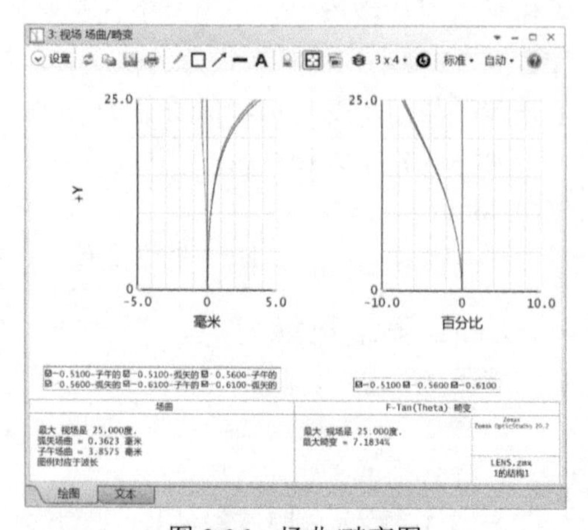

图 8-26 场曲/畸变图

对称目镜是一种传统的目镜结构，其接目镜和场镜均采用胶合的消色差双胶合透镜。对称目镜的视场为 50 度，并且具有很好的像质和很大的接目距，畸变小于 10%。

8.1.7 埃尔弗目镜

针对埃尔弗目镜的设计已开展许多年，这种目镜形式可看作一种对称设计，在两个双胶合透镜之间插入一片双凸单透镜。

埃尔弗目镜设计可使半视场增大到 30，同时所有轴外像差保持在可接受的水平。该目镜的像质与对称目镜的像质基本相同，只是横向色差和畸变略有增加。

凯尔纳目镜设计规格：入瞳直径 4mm，半视场 30 度，波长范围 0.51μm、0.56μm、0.61μm，焦距 27.9mm。

最终文件：Char08\埃尔弗目镜.zmx

Zemax 设计步骤如下。

步骤 1： 输入入瞳直径 4mm，同惠更斯目镜。

步骤 2： 输入视场（半视场 30 度），同惠更斯目镜，只是"Y 角度(°)"列中分别输入 0、20.5、30。

步骤 3： 输入人眼感知波长，即 0.51μm、0.56μm、0.61μm，同惠更斯目镜。

步骤 4： 在透镜数据编辑器内输入镜头参数。

在透镜数据编辑器中插入行并输入半径、厚度、材料相应数值，如图 8-27 所示。

	表面类型	标注	曲率半径	厚度	材料	膜层	净口径	延伸区	机械半直径	圆锥系数	TCE x 1E-6
0	物面 标准面 ▾		无限	无限			无限	0.000	无限	0.000	0.000
1	光阑 标准面 ▾		无限	19.500			2.000	0.000	2.000	0.000	0.000
2	标准面 ▾		无限	2.250	F2		13.258	0.000	16.386	0.000	-
3	标准面 ▾		37.940	11.200	BK7		14.993	0.000	16.386	0.000	-
4	标准面 ▾		-31.650	0.500			16.386	0.000	16.386	0.000	0.000
5	标准面 ▾		75.400	8.400	SK10		18.561	0.000	18.823	0.000	-
6	标准面 ▾		-75.400	0.500			18.823	0.000	18.823	0.000	0.000
7	标准面 ▾		43.550	12.900	SK4		18.512	0.000	18.512	0.000	-
8	标准面 ▾		-37.940	2.800	SF2		17.622	0.000	18.512	0.000	-
9	标准面 ▾		51.540	13.250			15.853	0.000	18.512	0.000	0.000
10	像面 标准面 ▾		无限	-			14.822	0.000	14.822	0.000	0.000

图 8-27 镜头数据

步骤 5： 查看结构光路图与像差畸变图。

（1）执行"分析"选项卡→"视图"面板→"3D 视图"命令，打开"三维布局图"窗口，显示光路结构图，如图 8-28 所示。

（2）执行"分析"选项卡→"成像质量"面板→"像差分析"组→"光线像差图"命令，打开"光线光扇图"窗口，显示光扇图，如图 8-29 所示。

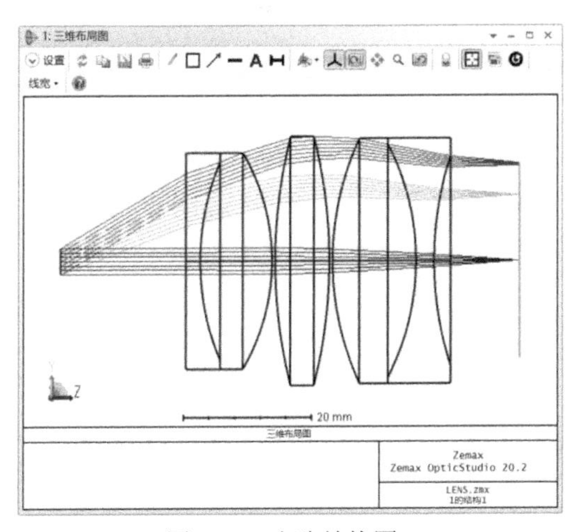

图 8-28 光路结构图

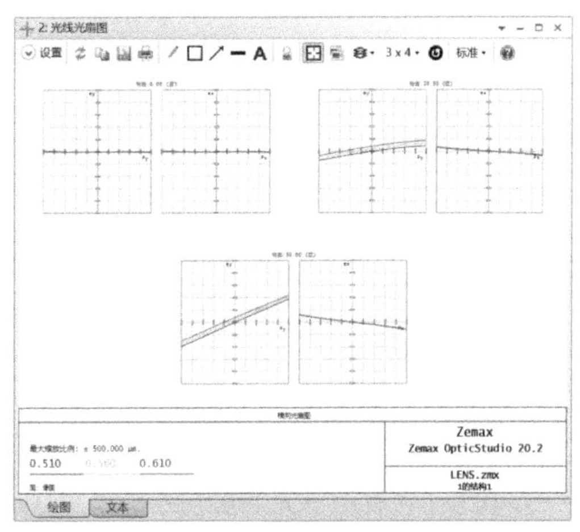

图 8-29 光线光扇图

（3）执行“分析”选项卡→“成像质量”面板→“像差分析”组→“场曲/畸变”命令，打开“视场 场曲/畸变”窗口，显示场曲/畸变图，如图 8-30 所示。

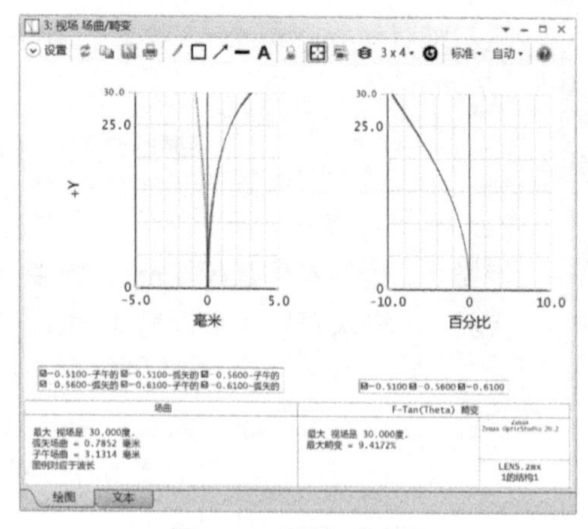

图 8-30　场曲/畸变图

埃尔弗目镜类似于对称 H 镜结构，它在两个双胶合透镜之间增加了一片单透镜。埃尔弗目镜的视场为 60 度并且具有良好的像质和足够大的接目距。

8.1.8　西德莫尔目镜

西德莫尔目镜适用于高性能的军用光学仪器。这种目镜形式可以看作一种埃尔弗设计，在两个双胶合镜之间增加了一片正（平凸）的单透镜。西德莫尔目镜设计中对光学玻璃品种的选用已大为简化。

这种设计结构可以使半视场增大到 35 度，同时所有的轴外像差都保持在可接受的水平。该目镜的像质与埃尔弗目镜的像质基本相同，只是横向色差和畸变略有增加。

西德莫尔目镜设计规格：入瞳直径 4mm，半视场 35 度，波长范围 0.51μm、0.56μm、0.61μm，焦距 27.9mm。

最终文件：Char08\西德莫尔目镜.zmx

Zemax 设计步骤如下。

步骤 1： 输入入瞳直径 4mm，同惠更斯目镜。

步骤 2： 输入视场（半视场 35 度），同惠更斯目镜，只是“Y 角度(°)”列中分别输入 0、23.75、35。

步骤 3： 输入人眼感知波长，即 0.51μm、0.56μm、0.61μm，同惠更斯目镜。

步骤 4： 在透镜数据编辑器内输入镜头参数。

在透镜数据编辑器中插入行并输入半径、厚度、材料相应数值，如图 8-31 所示。

	表面类型	标注	曲率半径	厚度	材料	膜层	净口径	延伸区	机械半直径	圆锥系数	TCE x 1E-6
0	物面 标准面 ▾		无限	无限			无限	0.000	无限	0.000	0.000
1	光阑 标准面 ▾		无限	14.540			2.000	0.000	2.000	0.000	0.000
2	标准面 ▾		-78.800	2.800	SF2		11.582	0.000	17.260	0.000	-
3	标准面 ▾		56.600	12.900	SK16		14.019	0.000	17.260	0.000	-
4	标准面 ▾		-37.780	0.300			17.260	0.000	17.260	0.000	0.000
5	标准面 ▾		无限	11.200	SK16		19.212	0.000	20.957	0.000	-
6	标准面 ▾		-52.600	0.300			20.957	0.000	20.957	0.000	0.000
7	标准面 ▾		132.500	8.800	SK16		21.927	0.000	22.061	0.000	-
8	标准面 ▾		-132.500	0.300			22.061	0.000	22.061	0.000	0.000
9	标准面 ▾		52.600	17.900	SK16		21.635	0.000	21.635	0.000	-
10	标准面 ▾		-52.600	3.300	SF2		19.689	0.000	21.635	0.000	-
11	标准面 ▾		52.600	9.450			17.696	0.000	21.635	0.000	0.000
12	像面 标准面 ▾		无限	-			17.090	0.000	17.090	0.000	0.000

图 8-31　镜头数据

步骤 5： 查看结构光路图与像差畸变图。

（1）执行“分析”选项卡→“视图”面板→“3D 视图”命令，打开“三维布局图”

窗口，显示光路结构图，如图 8-32 所示。

（2）执行“分析”选项卡→“成像质量”面板→“像差分析”组→“光线像差图”命令，打开“光线光扇图”窗口，显示光扇图，如图 8-33 所示。

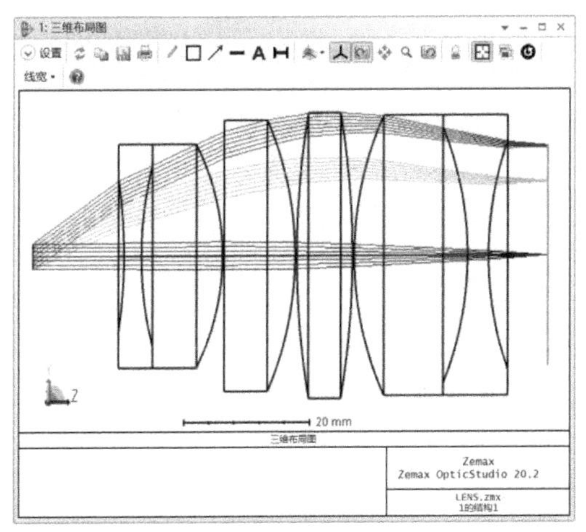

图 8-32　光路结构图

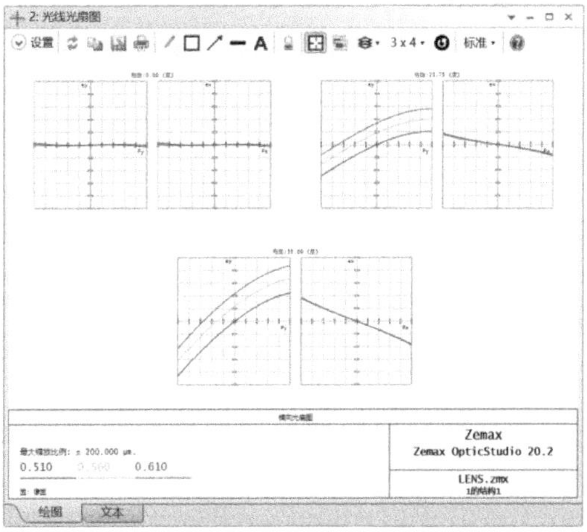

图 8-33　光线光扇图

（3）执行“分析”选项卡→“成像质量”面板→“像差分析”组→“场曲/畸变”命令，打开“视场 场曲/畸变”窗口，显示场曲/畸变图，如图 8-34 所示。

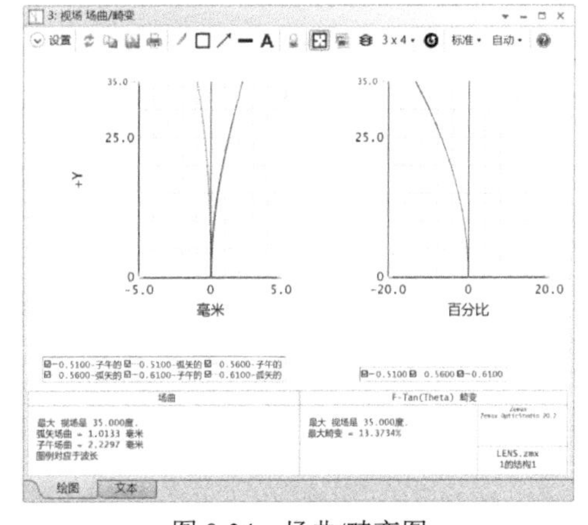

图 8-34　场曲/畸变图

西德莫尔目镜类似于埃尔弗目镜的结构。它在双胶合透镜之间增加了一片单透镜。西德莫尔目镜的视场为 70 度并且具有很好的像质和足够大的接目距。该目镜的像质与对称目镜的像质基本相同，只是横向色差和畸变略有增加。

8.1.9　RKE 广角目镜

RKE 广角（WA）目镜可看作一种埃尔弗目镜设计，只是使用第三个消色差双胶合镜代替了双凸单透镜。与西德莫尔目镜设计相同，这种设计可使半视场增加到 35 度。所有的剩余轴外像差保持在可接受的水平。像质与西德莫尔目镜的像质基本相同，其明显的优点是轴上及横向色差都可以得到良好的校正。

另一个重要的优点是这种目镜在市场上比较常见，可以在大批量制造时获得成本效益。

RKE 广角目镜设计规格：入瞳直径 4mm，半视场 35 度，波长范围 0.51μm、0.56μm、0.61μm，焦距 28mm。

最终文件：Char08\RKE 广角目镜.zmx

Zemax 设计步骤如下。

步骤 1： 输入入瞳直径 4mm，同惠更斯目镜。

步骤 2： 输入视场（半视场 35 度），同惠更斯目镜，只是“Y 角度(°)”列中分别输入 0、23.75、35。

步骤 3： 输入人眼感知波长，即 0.51μm、0.56μm、0.61μm，同惠更斯目镜。

步骤 4： 在透镜数据编辑器内输入镜头参数。

在透镜数据编辑器中插入行并输入半径、厚度、材料相应数值，如图 8-35 所示。

	表面类型	标注	曲率半径	厚度	材料	膜层	净口径	延伸区	机械半直径	圆锥系数	TCE x 1E-6
0	物面 标准面 ▾		无限	无限			无限	0.000	无限	0.000	0.000
1	光阑 标准面 ▾		无限	14.400			2.000	0.000	2.000	0.000	0.000
2	标准面 ▾		62.700	2.000	SF2		13.043	0.000	16.028	0.000	-
3	标准面 ▾		25.500	12.500	BK7		14.336	0.000	16.028	0.000	-
4	标准面 ▾		-38.300	0.500			16.028	0.000	16.028	0.000	0.000
5	标准面 ▾		78.100	2.400	SF2		18.016	0.000	19.197	0.000	-
6	标准面 ▾		31.800	13.700	BK7		18.576	0.000	19.197	0.000	-
7	标准面 ▾		-48.200	1.500			19.197	0.000	19.197	0.000	0.000
8	标准面 ▾		40.000	13.500	BK7		19.565	0.000	19.565	0.000	-
9	标准面 ▾		-40.000	1.500	SF2		18.976	0.000	19.565	0.000	-
10	标准面 ▾		142.000	7.870			18.226	0.000	19.565	0.000	0.000
11	像面 标准面 ▾		无限	-			17.680	0.000	17.680	0.000	0.000

图 8-35　镜头数据

步骤 5： 查看结构光路图与像差畸变图。

（1）执行“分析”选项卡→“视图”面板→“3D 视图”命令，打开“三维布局图”窗口，显示光路结构图，如图 8-36 所示。

（2）执行“分析”选项卡→“成像质量”面板→“像差分析”组→“光线像差图”命令，打开“光线光扇图”窗口，显示光扇图，如图 8-37 所示。

RKE 广角目镜类似于埃尔弗目镜结构，其中央的透镜采用双胶合镜。RKE 广角目镜的视场为 70 度，并且具有良好的像质和足够大的接目距。

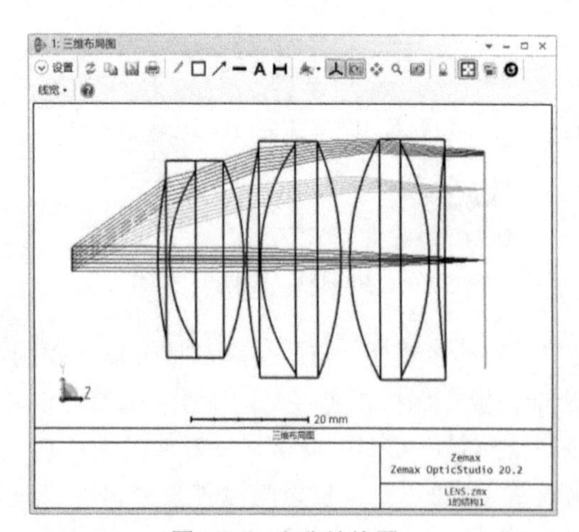

图 8-36　光路结构图

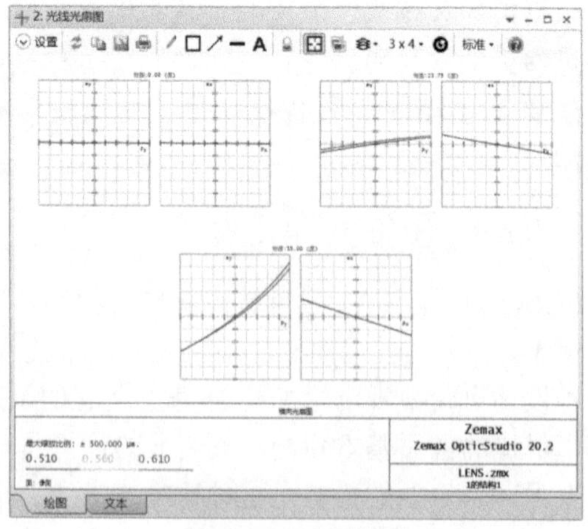

图 8-37　光线光扇图

8.2　人眼光学系统的创建

成年人的眼睛从物理角度可以描述为一种白色而富有弹性的、充满水分的球体，直径约 25mm（1 英寸）。眼球体的正面有一个约为 10mm 的圆形透明斑点。在这个斑点区内，眼球的表面稍稍外突，形成角膜。

由于眼睛充满水状的液体，因此正是角膜的第一面产生了人眼的大部分光学透镜的焦度。以屈光度为单位，典型的未经调节的眼睛（观察无穷远的物体）的光焦度约为 57 屈光度。其中，角膜提供约 43 屈光度。

角膜厚度一般为 0.6mm，其后是约 3mm 厚的一层水状液体，称液状体。光线通过角膜和液状体后与眼睛晶状体相遇。晶状体悬置在眼肌机构内，而眼肌机构又能改变晶状体的形状，为观察近处物体实现聚焦，这一过程叫作视度调节。

眼睛的虹膜正位于眼睛晶状体前，它为人类看到的事物提供色彩。虹膜上的圆孔在直径 1～7mm 的有效范围内可调节。虹膜中心的黑斑实际上是眼睛晶状体的正面。

8.2.1 眼睛模型

为了便于以后系统的分析，我们对眼睛各种易变的特性规定了固定值。对于大部分实例，我们假设眼睛是不需要调节的，即眼睛的焦点设定在观察无穷远的物体上。对于少数要说明的特殊实例，我们假设人眼完全可以调节观察 254mm（10 英寸）距离的物体，这是人眼能够接受的视力近点。

当眼睛聚焦在近处物体上时，晶状体几乎为对称形。尽管人眼的瞳孔直径随周围的光亮度变化而变化，但是为了便于分析，我们采用 4mm 固定瞳孔直径。晶状体第 2 面的二次曲面常数设定为– 4.5。这个二次曲面常数可模拟分析由于几个非球面以及晶状体内的折射率变化而导致的眼睛性能，即可得到剩余球差为 1 个波长的最终模型。

这里必须指出，眼睛模型内的所有光学材料 Vd（色散常数）为 55，类似于水的色散。当标准 d、F 和 c，谱线（波长）用于目视系统分析时，必须以适当方式对这些波长进行加权。

在消除曲线（＜0.10）尾部之后，该曲线下面的区域已经被分为 3 个相等的小区域，然后为每个区分配一个表示的波长，再把波长区划分为两个相等部分。

最终结果是中央波长 0.5μm（黄-绿）、短波长 0.51μm（蓝）和长波长 0.61μm（红）。这是采用一种方便的形式来达到技术要求的准确性。实验结果表明分析结果不会因为所采用的波长加权的微小变化而产生明显变化。尽管人眼的剩余色差可能比该模型的色差更复杂，但是这两种情况的最终像质基本相同。

8.2.2 创建人眼模型结构

根据以上对人眼结构形式的分析，我们可以把所有相关的参数输入 Zemax 软件中，创建出最接近的人眼模型。

最终文件：Char08\人眼模型.zmx

Zemax 设计步骤如下。

步骤 1：人眼入瞳直径设置为 4mm。

（1）在“系统选项”面板中双击展开“系统孔径”选项。

（2）将“孔径类型”设置为“入瞳直径”，“孔径值”设置为“4”，“切趾类型”设置为“均匀”，如图 8-38 所示。

（3）镜头数据随之变化，如图 8-39 所示。

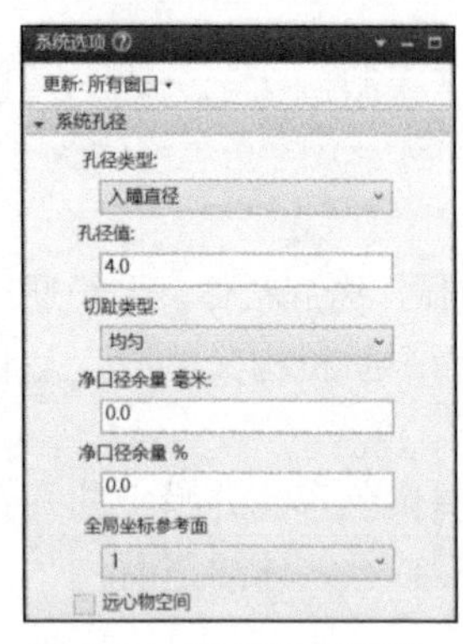

图 8-38　系统孔径设置

	表面类型	标注	曲率半径	厚度	材料	膜层	净口径	延伸区	机械半直径	圆锥系数	TCE x 1E-6
0	物面 标准面		无限	无限			0.000	0.000	0.000	0.000	0.000
1	光阑 标准面		无限	0.000			2.000	0.000	2.000	0.000	0.000
2	像面 标准面		无限	-			2.000	0.000	2.000	0.000	0.000

图 8-39　镜头数据变化

步骤 2： 输入视场。

（1）在“系统选项”面板中单击“视场”选项左侧的▸（展开）按钮，展开“视场”选项。

（2）单击“打开视场数据编辑器”按钮，弹出视场数据编辑器，在视场类型选项卡中设置“类型”为“近轴像高”。

> **提示：** 选择“近轴像高”时，会出现错误提示信息框，提示“无法找到满足要求像高的光线”，单击“确定”按钮忽略即可。

（3）在下方的电子表格中单击“Insert”键两次，插入两行。

（4）在视场 1、2、3 的中“Y(mm)”列中分别输入 0、3、5，保持权重为 1，如图 8-40 所示。

（5）单击右上角的“关闭”按钮完成设置，此时在“系统选项”的“视场”面板下出现刚刚设置的 3 个视场，如图 8-41 所示。

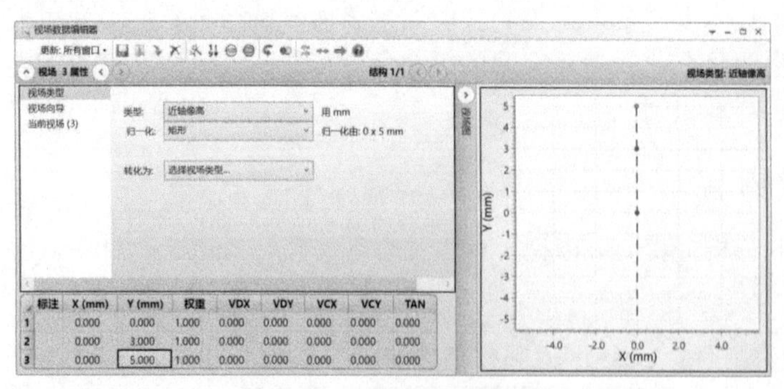

图 8-40　视场数据编辑器

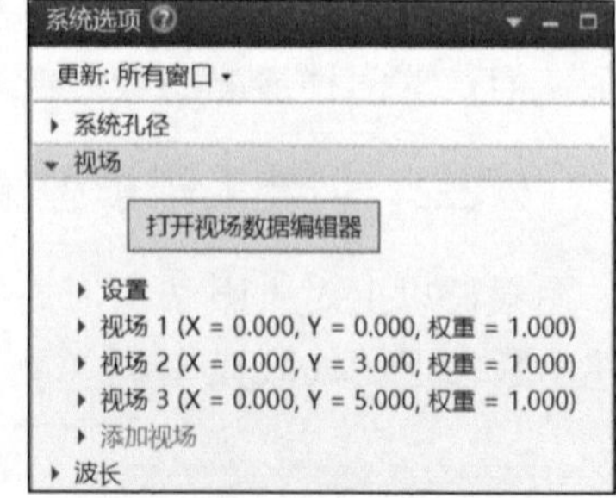

图 8-41　视场设置结果

步骤 3： 输入波长。

（1）在“系统选项”面板中双击展开“波长”选项，打开“波长数据”编辑器。

（2）勾选“1”“2”“3”复选框，并在“波长”栏分别输入“0.51”“0.56”“0.61”，如图 8-42 所示。

（3）单击“关闭”按钮完成设置，此时在“系统选项”面板的“波长”选项中出现刚刚设置的 3 个波长，如图 8-43 所示。

图 8-42　波长数据编辑器

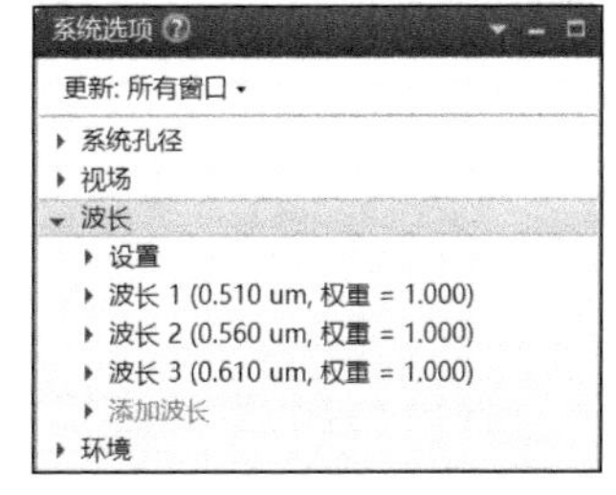

图 8-43　波长设置结果

步骤 4：输入人眼结构参数。

（1）将镜头数据编辑器置前，在#面 2（像面）上单击，然后按“Insert”键在像面前插入 5 个表面。

（2）在镜头数据编辑器中，将#面 2~#面 7 设置为“浮动孔径”，并输入相应的曲率半径、厚度、净口径等数值，如图 8-44 所示。

	表面类型		标注	曲率半径	厚度	材料	膜层	净口径	延伸区	机械半直径	圆锥系数	TCE x 1E-6
0	物面	标准面 ▾		无限	无限			无限	0.000	无限	0.000	0.000
1		标准面 ▾		无限	30.000			12.000 U	0.000	12.000	0.000	0.000
2	(孔径)	标准面 ▾	角膜	无限	0.600			6.000 U	0.000	6.000	0.000	0.000
3	(孔径)	标准面 ▾	液状体	无限	3.000			5.000 U	0.000	5.000	0.000	0.000
4	(孔径)	标准面 ▾	瞳孔	10.100	0.000			2.000 U	0.000	2.000	0.000	0.000
5	(孔径)	标准面 ▾	晶状体	无限	4.000			4.000 U	0.000	4.000	0.000	0.000
6	光阑 (孔径)	标准面 ▾	玻璃体	无限	17.250			4.000 U	0.000	4.000	0.000	0.000
7	(孔径)	标准面 ▾	视网膜	-12.500	0.000			6.000 U	0.000	6.000	0.000	0.000
8	像面	标准面 ▾		-12.500	-			0.025 U	0.000	0.025	0.000	0.000

图 8-44　透镜数据编辑器

（3）在#面 2“材料”栏右侧的方格内单击，弹出“#面 2 上的玻璃求解”对话框，在该对话框中将“求解类型”设置为“模型”，“折射率”设置为 1.38，“阿贝数”设置为 55.0，如图 8-45 所示。同样的，在#面 3、5、6“材料”栏设置折射率及阿贝数。

	表面类型		标注	曲率半径	厚度	材料	膜层	净口径	延伸区	机械半直径	圆锥系数	TCE x 1E-6
0	物面	标准面 ▾		无限	无限			无限	0.000	无限	0.000	0.000
1		标准面 ▾		无限	30.000			12.000 U	0.000	12.000	0.000	0.000
2	(孔径)	标准面 ▾	角膜	无限	0.600	1.38,55.0 M		6.000 U	0.000	6.000	0.000	0.000
3	(孔径)	标准面 ▾	液状体	无限	3.000						00	0.000
4	(孔径)	标准面 ▾	瞳孔	10.100	0.000						00	0.000
5	(孔径)	标准面 ▾	晶状体	无限	4.000						00	0.000
6	光阑 (孔径)	标准面 ▾	玻璃体	无限	17.250						00	0.000
7	(孔径)	标准面 ▾	视网膜	-12.500	0.000						00	0.000
8	像面	标准面 ▾		-12.500	-						00	0.000

面2上的玻璃求解

求解类型: 模型　变量
折射率 Nd: 1.38
阿贝数 Vd: 55
dPgF: 0

图 8-45　#面 2 上的玻璃求解

（4）在#面 4 的参数设置面板中勾选“使此面为光缆”复选框，将该面设置为光阑面。

（5）分别单击#面 2、#面 3、#面 5、#面 6 中的“曲率半径”栏，并按“Ctrl+Z”组合键，将其设置为变量。

（6）将#面 6（晶状体后表面）设置为“偶次非球面”，圆锥系数为-4.5。设置结果如图 8-46 所示。

表面 6 属性　　结构 1/1

	表面类型		标注	曲率半径		厚度	材料	膜层	净口径		延伸区	机械半直径	圆锥系数	TCE x 1E-6	2阶项
0	物面	标准面		无限		无限			无限		0.000	无限	0.000	0.000	
1		标准面		无限		30.000			12.000	U	0.000	12.000	0.000	0.000	
2	(孔径)	标准面	角膜	无限	V	0.600	1.38,55.0 M		6.000	U	0.000	6.000	0.000	0.000	
3	(孔径)	标准面	液状体	无限	V	3.000	1.34,55.0 M		5.000	U	0.000	6.000	0.000	0.000	
4	光阑 (孔径)	标准面	瞳孔	10.100		0.000			2.000	U	0.000	6.000	0.000	0.000	
5	(孔径)	标准面	晶状体	无限	V	4.000	1.41,55.0 M		4.000	U	0.000	6.000	0.000	0.000	
6	(孔径)	偶次非球面	玻璃体	无限	V	17.250	1.34,55.0 M		4.000	U	0.000	6.000	-4.500	0.000	0.000
7	(孔径)	标准面	视网膜	-12.500		0.000			6.000	U	0.000	6.000	0.000	0.000	
8	像面	标准面		-12.500		-			0.025	U	0.000	0.025	0.000	0.000	

图 8-46　偶次非球面输入

注意：晶状体后表面的二次曲面系数为–4.5，属于非球面，像面的曲率半径为–12.5，即视网膜弯曲曲率半径。

步骤 5：进行优化。

（1）执行“优化”选项卡→“自动优化”面板→“优化向导”命令，打开“评价函数编辑器”窗口。在优化向导与操作数面板中进行参数设置，此处可以采用默认设置，如图 7-13 所示。

（2）单击“应用”按钮，完成评价函数设置，结果如图 8-47 所示。单击 × （关闭）按钮退出编辑器。

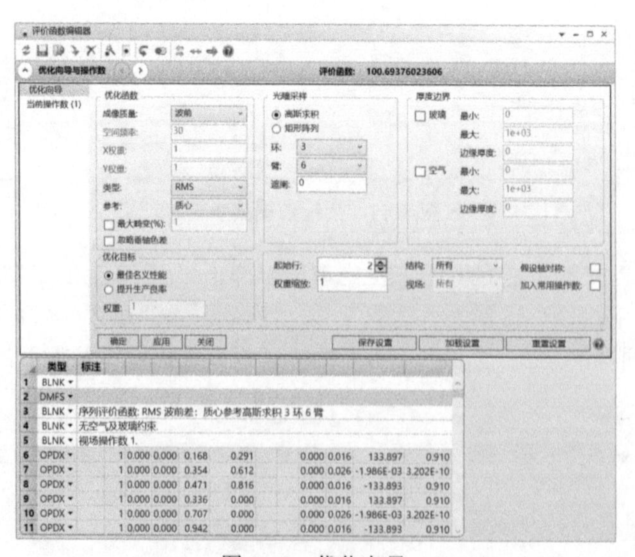

图 8-47　优化向导

（3）执行“优化”选项卡→“全局优化”面板→“锤形优化”命令，打开“锤形优化”对话框，采用默认设置，单击“开始”按钮开始优化。

（4）当前评价函数值基本保持不变后，单击“停止”按钮，优化完成后对话框如图 8-48 所示。单击“退出”按钮，退出对话框。

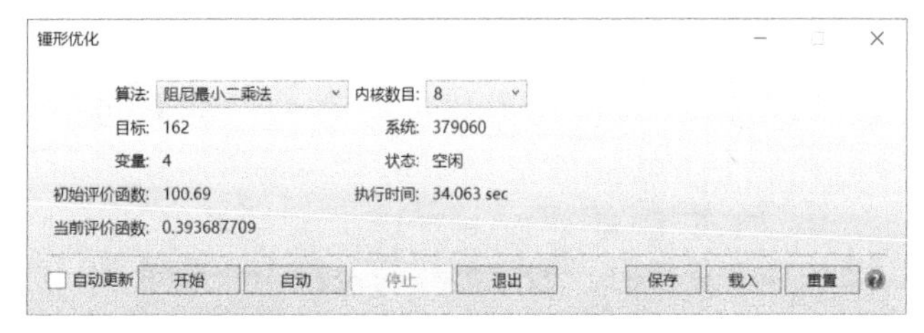

图 8-48 优化完成后的对话框

步骤 6： 查看人眼模型。

（1）执行“分析”选项卡→“视图”面板→“3D 视图”命令，打开“三维布局图”窗口，显示光路结构图，如图 8-49 所示。

（2）执行“分析”选项卡→“成像质量”面板→“光线迹点”组→“标准点列图”命令，打开“点列图”窗口，显示光斑图，如图 8-50 所示。光斑图是人眼看无限远处时光斑聚焦在视网膜上的大小。

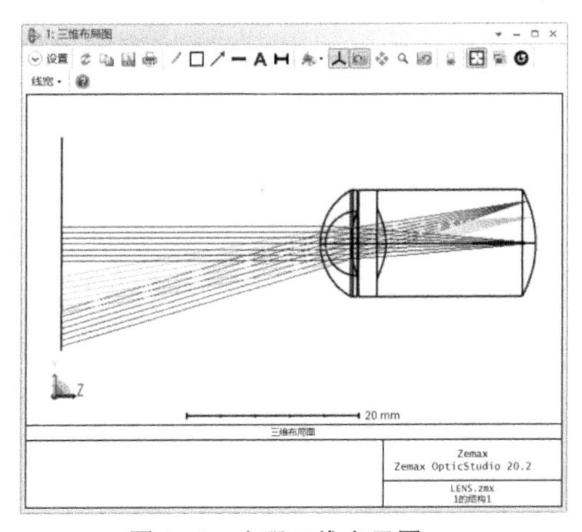

图 8-49 人眼三维布局图

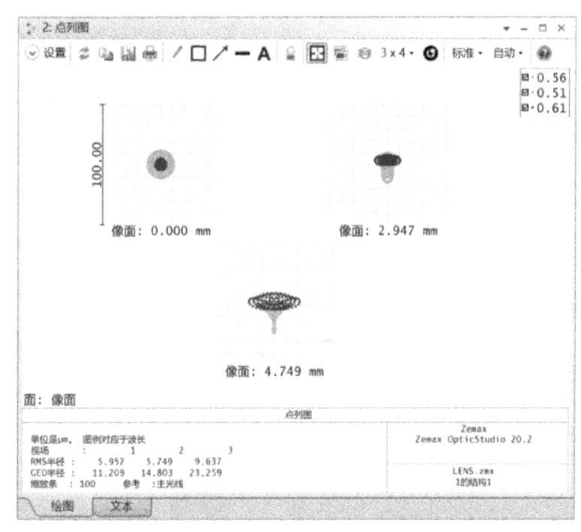

图 8-50 人眼光斑聚焦图

（3）执行“分析”选项卡→“成像质量”面板→“MTF 曲线”组→“FFT MTF”命令，打开“FFT MTF”窗口，显示 MTF 曲线图，如图 8-51 所示。人眼的对比度 MTF 大小，在 30 线对时大于 0.2。

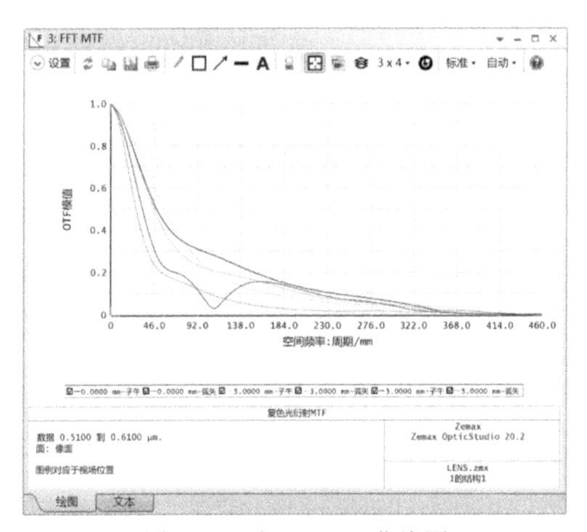

图 8-51 人眼 MTF 曲线图

8.3　目镜调焦

在一个光学仪器中，目镜设计完成后，必须要确定该目镜的焦点或者确定目镜调焦所需要的移动量。对于固定焦点的仪器，一般而言，目镜的调整要使被观察的像出现在距离人眼 1～2 米处，相当于屈光度调整范围为–0.5～1.0。屈光度值等于以米为单位的最后像距的倒数。

对于可调目镜的仪器，目镜的读数范围最终要根据仪器的技术要求来决定，目镜调焦范围通常为–0.4～+3.0 屈光度。这个范围允许大多数人在不戴眼镜，同时不考虑个人眼睛校正的条件下使用该仪器。

使用下面的公式可计算出产生 1 个屈光度调焦范围所要求的目镜轴向移动量：

$$D=f'^2/1000$$

对于焦距为 28mm 的目镜，该公式表明目镜在轴上必须要调节 0.78mm（0.031 英寸）/ 屈光度。对于–0.75D 的定焦仪器，目镜必须相对于标称零屈光度的标线朝像的方向移动 0.59mm。对于目镜可调范围为–4～+3 屈光度的仪器，目镜相对于标称零屈光度标线的移动范围要求为–3.12mm～+2.34mm。

在进行屈光度调整位置测量时，我们可使用一种叫作屈光度的仪器。为了获得非常精确的结果，屈光度计的入瞳应位于目镜的出瞳上。

利用上述 9 种目镜设计之一并将其与模型眼结合进行分析，是非常有意义的。对于这种实践，我们以上面的对称目镜为例进行研究。在放入模型眼之前，必须使基本的透镜结构反向。

最终文件：Char09\目镜调焦.zmx

Zemax 设计步骤如下。

8.3.1　创建目镜

步骤 1：采用前文中建立的对称式目镜结构。

（1）参考对称式目镜的操作步骤，输入系统参数。

（2）在透镜数据编辑器中插入行并输入半径、厚度、材料相应数值，如图 8-52 所示。

	表面类型	标注	曲率半径	厚度	材料	膜层	净口径	延伸区	机械半直径	圆锥系数	TCE x 1E-6
0	物面 标准面 ▾		无限	无限			无限	0.000	无限	0.000	0.000
1	光阑 标准面 ▾	入瞳	无限	18.900			2.000	0.000	2.000	0.000	0.000
2	标准面 ▾		无限	2.800	SF5		10.813	0.000	13.396	0.000	-
3	标准面 ▾		26.000	10.000	BAK1		12.363	0.000	13.396	0.000	-
4	标准面 ▾		-26.000	1.000			13.396	0.000	13.396	0.000	0.000
5	标准面 ▾		29.800	12.000	BAK1		15.032	0.000	15.032	0.000	-
6	标准面 ▾		-29.800	2.800	SF5		14.616	0.000	15.032	0.000	-
7	标准面 ▾		无限	18.360			14.235	0.000	15.032	0.000	0.000
8	像面 标准面 ▾		无限	-			12.455	0.000	12.455	0.000	0.000

图 8-52　镜头数据

（3）执行“分析”选项卡→“视图”面板→“3D 视图”命令，打开“三维布局图”窗口，显示光路结构图，如图 8-53 所示。

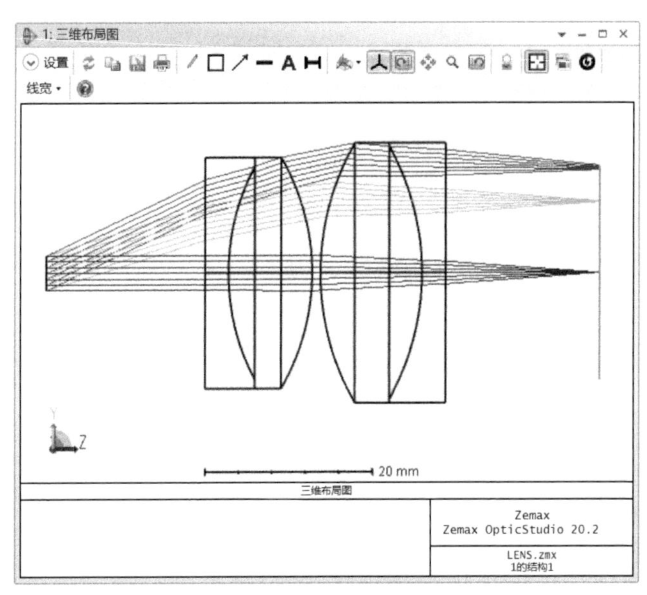

图 8-53　光路结构图

步骤 2：翻转对称式目镜。

（1）在镜头数据编辑器中，单击工具栏中的○·（对表面孔径进行操作）下的“将半直径转化为表面孔径”选项，如图 8-54 所示，将透镜数据编辑器中所有面的孔径设置为固定值。

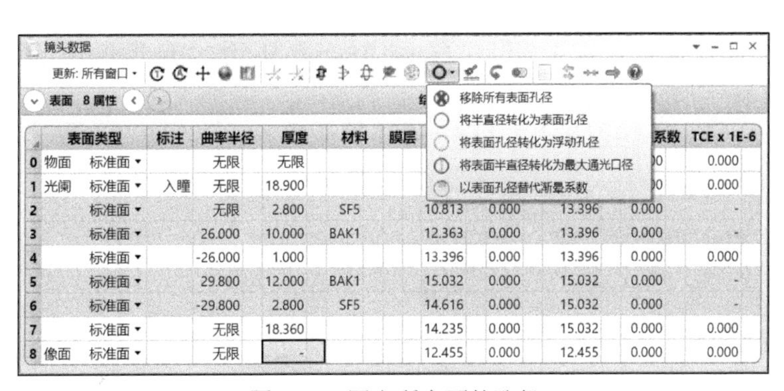

图 8-54　固定所有面的孔径

（2）在镜头数据编辑器中，单击工具栏中的（翻转元件）按钮，弹出“反向排列元件”对话框，在该对话框中设置从第 1 面到第 7 面进行翻转，如图 8-55 所示。

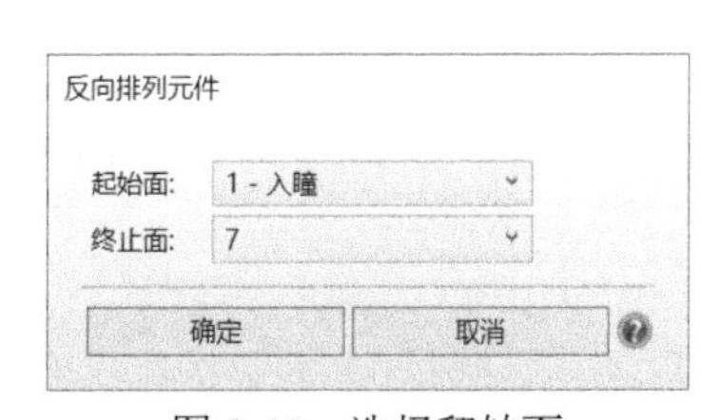

图 8-55　选择翻转面

（3）单击“确定”按钮，完成设置。

步骤 3：修改参数。

（1）在镜头数据编辑器中，修改像距为物距 18.36，如图 8-56 所示。

	表面类型		标注	曲率半径	厚度	材料	膜层	半直径	延伸区	机械半直径	圆锥系数	TCE x 1E-6
0	物面	标准面 ▾		无限	18.360			424.843	0.000	424.843	0.000	0.000
1	(孔径)	标准面 ▾		无限	2.800	SF5		14.235 U	0.000	15.032	0.000	-
2	(孔径)	标准面 ▾		29.800	12.000	BAK1		14.616 U	0.000	15.032	0.000	-
3	(孔径)	标准面 ▾		-29.800	1.000			15.032 U	0.000	15.032	0.000	0.000
4	(孔径)	标准面 ▾		26.000	10.000	BAK1		13.396 U	0.000	13.396	0.000	-
5	(孔径)	标准面 ▾		-26.000	2.800	SF5		12.363 U	0.000	13.396	0.000	-
6	(孔径)	标准面 ▾		无限	18.900			10.813 U	0.000	13.396	0.000	0.000
7	光阑 (孔径)	标准面 ▾	入瞳	无限	0.000			2.000 U	0.000	2.000	0.000	0.000
8	像面	标准面 ▾		无限	-			0.062	0.000	0.062	0.000	0.000

图 8-56　修改像距

（2）在“系统选项”面板中双击展开“视场”选项，同时打开视场数据编辑器。在视场类型选项卡中设置“类型”为“物高”。在视场 1、2、3 的中“Y(mm)”列中分别输入 0、8.7、12，保持权重为 1，如图 8-57 所示。单击窗口右上角的“关闭”按钮完成设置。

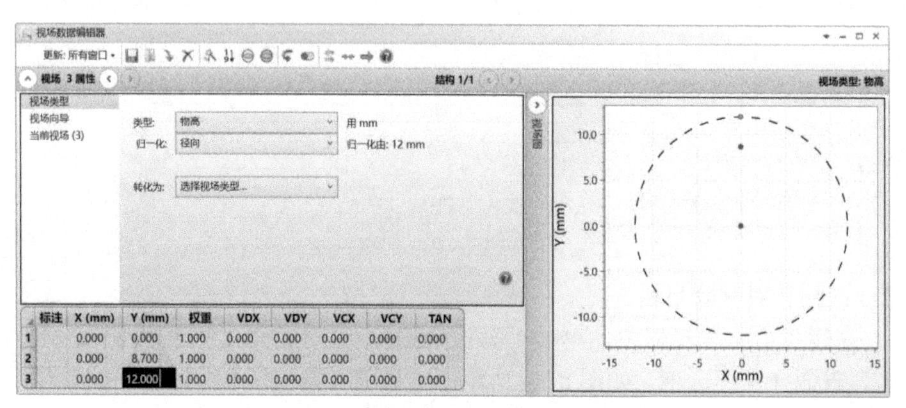

图 8-57　修改视场

（3）在“系统选项”中双击展开“系统孔径”选项。将“孔径类型”设置为“光阑尺寸浮动”，如图 8-58 所示。

（4）查看当前光路输出情况。执行“分析”选项卡→“视图”面板→“3D 视图”命令，打开“三维布局图”窗口，显示光路结构图，如图 8-59 所示。

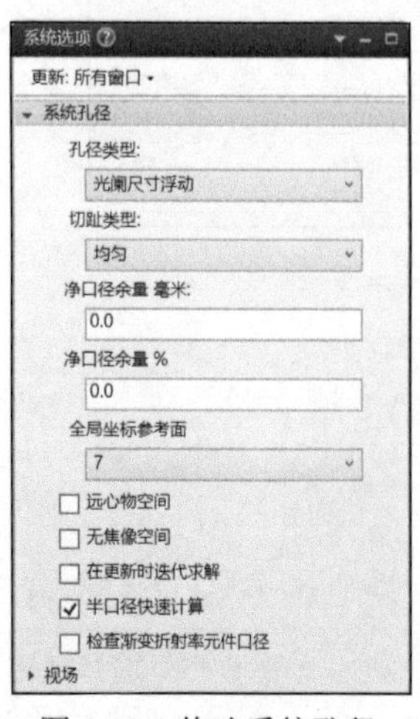

图 8-58　修改系统孔径

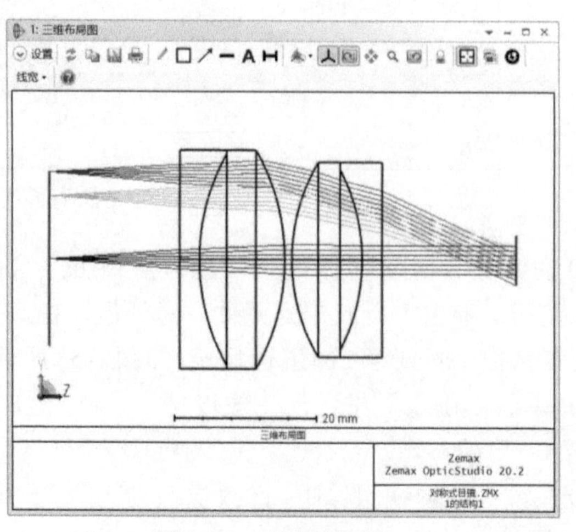

图 8-59　光路结构图

各视场主光线并未完全在光阑处相交，此时需开启光线瞄准。

8.3.2 光线瞄准

步骤 4： 使用光线瞄准功能。

（1）在“系统选项”面板中双击展开“光线瞄准”选项。将“光线瞄准”设置为“近轴（在使用前请看文件）”，开启光线瞄准功能，使所有视场的光束更好地瞄准光阑位置，如图 8-60 所示。

（2）将“三维布局图”窗口置前，刷新后的图形如图 8-61 所示。此时，目镜翻转顺利完成。

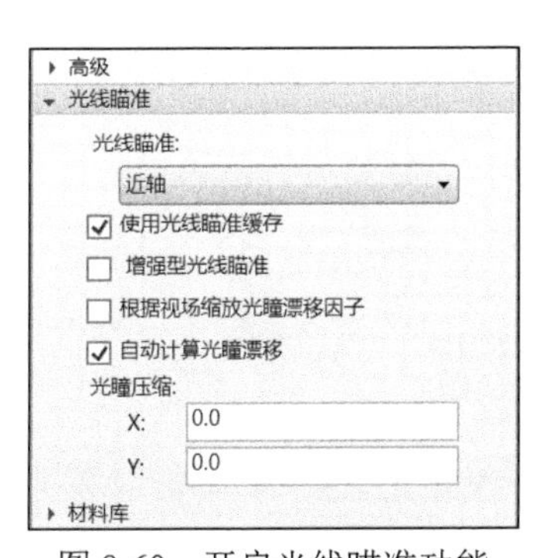

图 8-60 开启光线瞄准功能

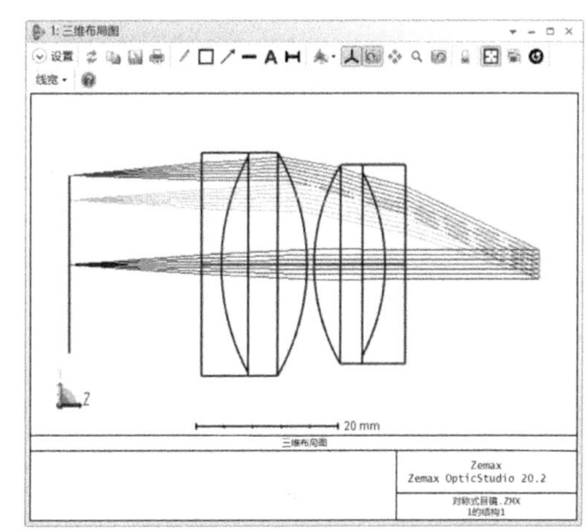

图 8-61 三维布局图

接下来，需在目镜后添加人眼模型以查看最终人眼成像效果。

8.3.3 添加人眼模型

步骤 5： 添加人眼模型。

（1）执行“文件”选项卡→“镜头文件”面板→“插入镜头”命令，在弹出的“打开”窗口中选择素材文件“人眼模型”，单击“打开”按钮。在弹出的“插入镜头”对话框中设置“在表面插入”为 8，如图 8-62 所示，单击“确定”按钮。

（2）将镜头数据编辑器置前，删除多余的虚拟面，并将眼睛瞳孔面设置为新的光阑面，将像面曲率半径设置为人眼视网膜曲率半径–12.5，修改过的数据如图 8-63 中矩形框所示。

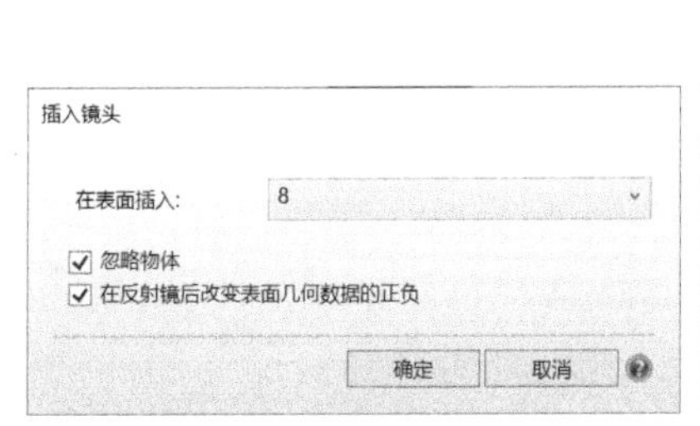

图 8-62 插入人眼结构模型

	表面类型		标注	曲率半径		厚度	材料	膜层	净口径		延伸区	机械半直径	圆锥系数	TCE x 1E-6
0	物面	标准面 ▾		无限		18.360			12.000		0.000	12.000	0.000	0.000
1	(孔径)	标准面 ▾		-29.800		1.000			15.032	U	0.000	15.032	0.000	0.000
2	(孔径)	标准面 ▾		26.000		10.000	BAK1		13.396	U	0.000	13.396	0.000	-
3	(孔径)	标准面 ▾		-26.000		2.800	SF5		12.363	U	0.000	13.396	0.000	-
4	(孔径)	标准面 ▾		无限		18.900			10.813	U	0.000	13.396	0.000	0.000
5		标准面 ▾	入瞳	无限		-3.000			2.359		0.000	2.359	0.000	0.000
6	(孔径)	标准面 ▾	角膜	6.865	V	0.600	1.38,55.0 M		6.000	U	0.000	6.000	0.000	0.000
7	(孔径)	标准面 ▾	液状体	3.627	V	3.000	1.34,55.0 M		5.000	U	0.000	6.000	0.000	0.000
8	光阑 (孔径)	标准面 ▾	瞳孔	10.100		0.000			2.000	U	0.000	6.000	0.000	0.000
9	(孔径)	标准面 ▾	晶状体	10.548	V	4.000	1.41,55.0 M		4.000	U	0.000	6.000	0.000	0.000
10	(孔径)	偶次非球面 ▾	玻璃体	-5.717	V	17.250	1.34,55.0 M		4.000	U	0.000	6.000	-4.500	0.000
11	(孔径)	标准面 ▾	视网膜	-12.500		0.000			6.000	U	0.000	6.000	0.000	0.000
12	像面	标准面 ▾		-12.500		-			5.990		0.000	5.990	0.000	0.000

图 8-63 修改完成的参数

8.3.4　设计结果

步骤 6：查看设计结果。

（1）将“三维布局图”窗口置前并刷新，连接好的系统光路输出图如图 8-64 所示。

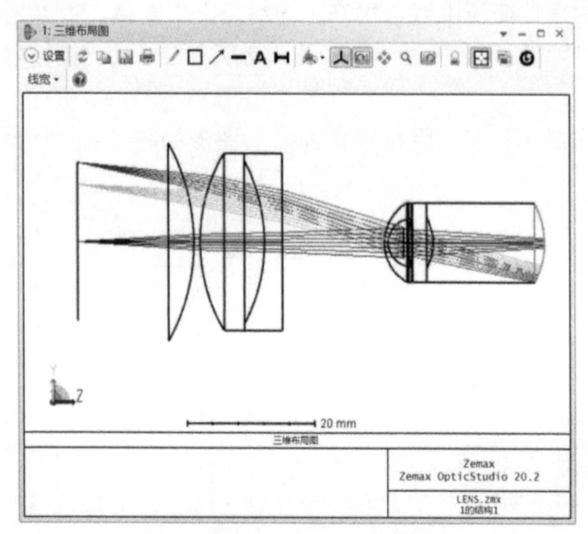

图 8-64　连接好的光路输出图

（2）执行“分析”选项卡→“成像质量”面板→“光线迹点”组→“标准点列图”命令，打开“点列图”窗口，显示光斑图，如图 8-65 所示。

（3）执行“分析”选项卡→“成像质量”面板→“像差分析”组→“光线像差图”命令，打开“光线光扇图”窗口，显示光扇图，如图 8-66 所示。

从图中可以发现，0～0.7 视场范围内的像差得到良好的校正，是人眼可接受的像质范围（光斑半径 20μm 以内）。而最大视场有很大的外视场像差，主要是像散与彗差。

如果观察的物体位于 0.7 视场（全视场角 35 度）以内，人眼可以看到清晰的像；如果物体位于 0.7 视场外，则需要移动物体或转动目镜使其重新位于较好的观察范围内。

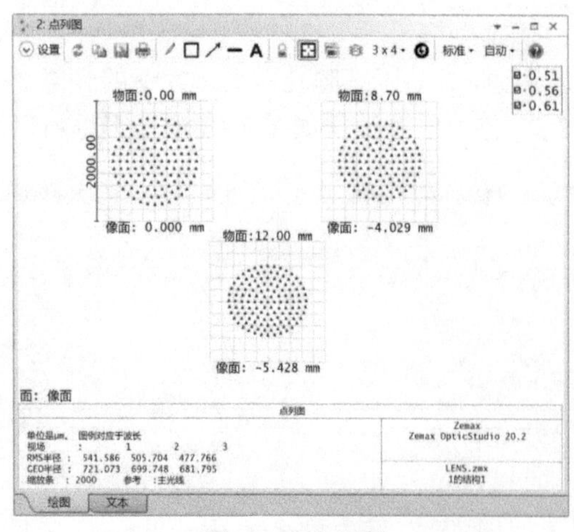

图 8-65　光斑图

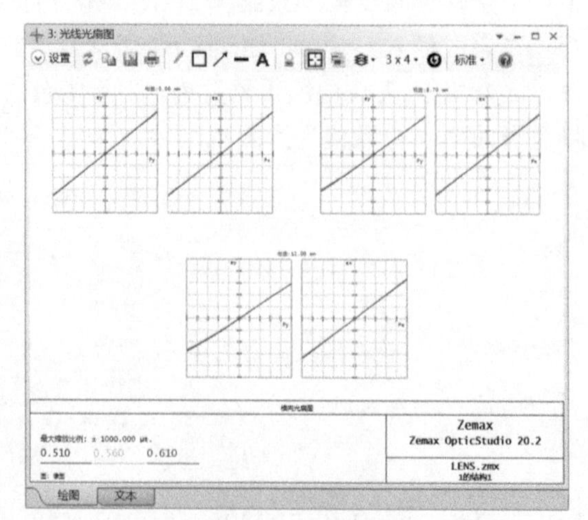

图 8-66　光扇图

（4）执行“分析”选项卡→“成像质量”面板→“像差分析”组→“网格畸变”命令，打开“网格畸变”窗口，显示网格畸变图，如图 8-67 所示。

（5）执行“分析”选项卡→“成像质量”面板→“像差分析”组→“场曲/畸变”命令，打开“视场 场曲/畸变”窗口，显示场曲/畸变图，如图 8-68 所示。

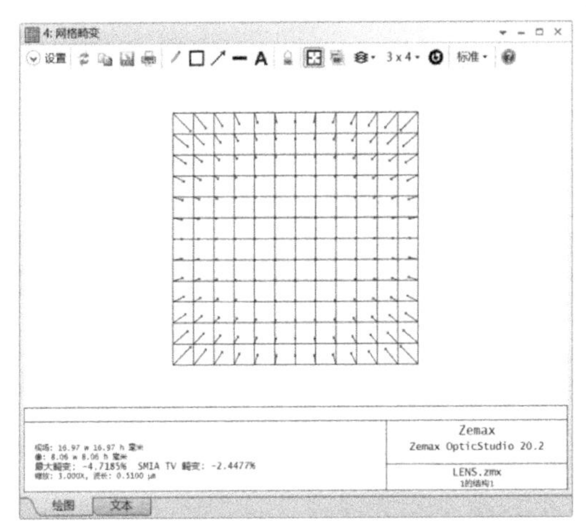

图 8-67　网格畸变

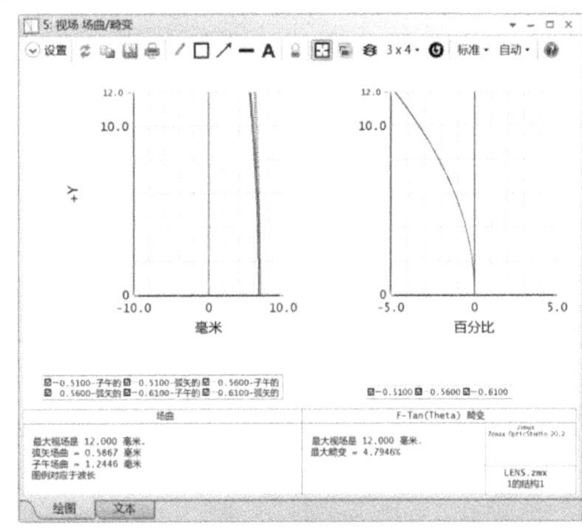

图 8-68　畸变/场曲

对比两个畸变图，大约有 5%的负畸变，这种畸变程度对人眼观察来说并不明显。视网膜成像畸变程度的曲率图说明，5%的负畸变不会对像质产生严重影响。

我们可以用 Zemax 来模拟眼睛的转动，眼睛绕其转动中心简单转动，并观察轴外视场点，这会严重限制呈现在视网膜上的像。观察者可以自然地解决这个问题，只要改变眼睛的轴向位置，然后再相对于系统光轴使眼睛偏离中心。

由于这种调节过程很难预测，因此只有通过保证标称的瞳孔重合（如前所述的那样），并使视场中央部分的像质最佳化，才能最好地服务于设计。

8.4　本章小结

本章介绍了目镜的设计及其在光学系统中的实现过程，对几种独立又有联系的目镜进行了深入分析。文中对每个实例都缩放到常用的 28mm 焦距以便于对比。在进行目镜设计时，首先需要选择一种与技术要求相称的目镜形式，并对相应放大率所作的目镜设计进行缩放计算，然后对设计进行精确调整，使目镜与构成完整系统的其他光学系统相适应。

第 9 章　显微镜设计

当放大镜的放大率达到上限（约 25 倍）时，人们开始考虑设计称为显微镜的系统。显微镜包括物镜和目镜两个基本光学组成部分。每个部分都有各自的放大率系数，因此显微镜的放大率是物镜放大率和目镜放大率之积。

学习目标：

（1）了解显微镜的系统设计原理；

（2）熟练运用 Zemax 进行显微镜系统设计。

9.1　技术指标

本节从设计一个总放大率为 100 的显微镜开始讲解，该结构计划采用 1 个 10x 物镜和 1 个 10x 目镜。设计程序的最初步骤是确定基本系统的技术要求以及薄透镜系统设计。

9.1.1　基本系统技术要求

市场上有许多显微镜型式可供选择，本设计采用基本的德国工业标准（DIN）的显微镜尺寸。就本例而言，物镜的数值孔径 NA 为 0.25（在物方为 *f*/2），从物到像的总行程为 195mm。物体直径为 1.8mm，而像直径为 18mm。

物镜与 25mm（10x）消畸变目镜配合。已知物方的透镜速度为 *f*/2，镜放大率为 10x，由此可见，内部像上光束的速度为 *f*/20。

所得到的出瞳直径等于目镜有效焦距/20=25/20=1.25mm。对上节中所讲的消畸变目镜设计进行缩放，使接目距约为 20mm。

半视场角的正切可根据最大像高（9mm）除以目镜有效焦距（25mm），计算得到 $\tan^{-1}9/25=20$ 度。确定这些基本技术要求后，即可进入透镜设计阶段。

9.1.2　分辨率目标和极限

为了获得一个真实的设计，设计人员一定要了解系统的分辨率目标和极限。就本例而言，因为它是一个目视系统，所以把人眼的分辨率看作是最终分辨率的限制因素是合理的。

对于人眼模型而言：瞳孔直径为 1.25mm 的人眼对位于视力近点（254mm）的目标的分辨率约为 6.5 周/mm。假设 10 倍目镜放大率允许典型观察者能分辨目镜像面上约 65 周/mm，该值相当于物体上的 650 周/mm。

如果要作比较，需要计算出物镜在衍射极限情况下的分辨率极限。物镜的 *f* 数为 *f*/2，主波长是 0.00056mm。在本例中用下面的公式可求得衍射极限的截止频率：

最大分辨率（截止）=1/（λ*F/#）=1/（0.00056×2）=893 周/mm。

所得出的结论是：如果利用眼睛的全部分辨能力（650 周/mm），那么光学系统的像质要非常接近衍射极限。确定这个基准点之后，设计人员即可决定设计是否达到了可被接受的像质水平。

9.2 10 倍显微镜设计

对于在开始大多数透镜设计项目而言，设计者需要之前先研究与新设计镜头的形式和性能类似的已有设计。在这些已有设计中大都包括可直接利用的有效数据，可以帮助设计人员找到事半功倍的解决办法。

随着计算机文件的出现，在确定最佳出发点时，透镜设计软件包、设计人员的经验和技能三者是不可缺少的组成部分，成为设计过程取得成功的重要因素。

9.2.1 显微镜设计分析

就本例而言，10x 显微镜物镜是多年来广泛应用的一种物镜，有许多成功的设计范例。本例选定了一种李斯特型式的物镜设计，这种形式在密尔顿•兰金（Milton Laikin）著的《透镜设计》一书中有介绍。本例中的设计数据取自该书，将单位转换为 mm 后输入 Zemax 软件中。

原始设计与本例的主要区别是物到像的距离（180 对 195mm）和内部像直径（6 对 18mm）。

说明：为了便于显微镜物镜设计和分析，内部像假定为物，而实际物面假定为像面。这种颠倒关系对透镜性能没有影响，仅仅是习惯问题。

注意：假定物面半径为 18mm，它可以消除分析时的场曲影响。光线追迹分析显示，该设计受高级球差和剩余像散的限制。多色 MTF 分析说明，该物镜在轴上有衍射极限。由于剩余像散的存在，轴外 MTF 略有下降。以平均水平为例，MTF 数据说明透镜性能约有 1/4 波长的剩余波前差（光程差）。

本设计适合采用弯曲场正确，因为通过眼睛的自然调节能力或显微镜精确调焦，轴外点可以被调到最佳焦点。此外，显微镜放置物件的活动载物台可以使物移动到物镜的光学中心，对观察者而言能够轻松实现。这是一个典型的设计示例，说明设计人员应了解最终仪器的使用方法非常重要，目的是在设计过程中能对诸如上述这种情况作出正确和有效的综合考虑。

最终文件：Char10\显微镜(10 倍).zmx

9.2.2 显微镜设计

Zemax 设计步骤如下。

步骤 1：人眼入瞳直径 7.76mm。

（1）在“系统选项”面板中双击展开“系统孔径”选项。

（2）将“孔径类型”设置为“入瞳直径”，“孔径值”设置为“7.76”，“切趾类型”设置为“均匀”，如图 9-1 所示。

（3）镜头数据随之变化，如图 9-2 所示。

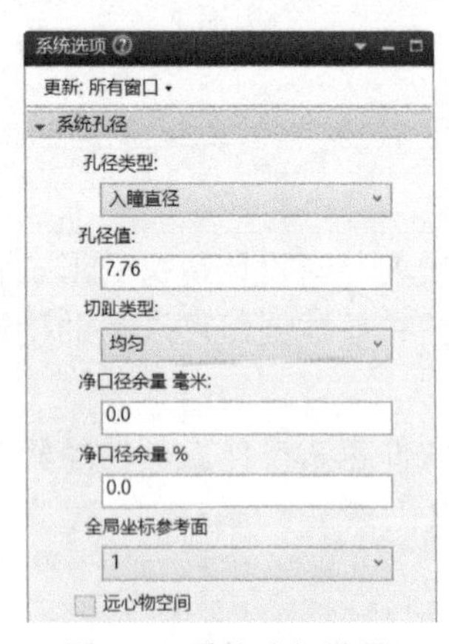

图 9-1　系统孔径设置

	表面类型	标注	曲率半径	厚度	材料	膜层	净口径	延伸区	机械半直径	圆锥系数	TCE x 1E-6
0	物面 标准面 ▾		无限	无限			0.000	0.000	0.000	0.000	0.000
1	光阑 标准面 ▾		无限	0.000			3.880	0.000	3.880	0.000	0.000
2	像面 标准面 ▾		无限	-			3.880	0.000	3.880	0.000	0.000

图 9-2　镜头数据变化

步骤 2：输入视场。

（1）在“系统选项”面板中单击“视场”选项左侧的▸（展开）按钮，展开“视场”选项。

（2）单击“打开视场数据编辑器”按钮，弹出视场数据编辑器，在视场类型选项卡中设置“类型”为“物高”。

提示：选择“物高”时，会出现错误提示信息框，提示“不能在无穷远处共轭时使用物高”，单击“确定”按钮忽略即可。

（3）在下方的电子表格中单击“Insert”键两次，插入两行。

（4）在视场 1、2、3 的中“Y(mm)”列中分别输入 0、5.6、8，保持权重为 1，如图 9-3 所示。

（5）单击右上角的“关闭”按钮完成设置，此时在“系统选项”的“视场”面板下出现刚刚设置的 3 个视场，如图 9-4 所示。

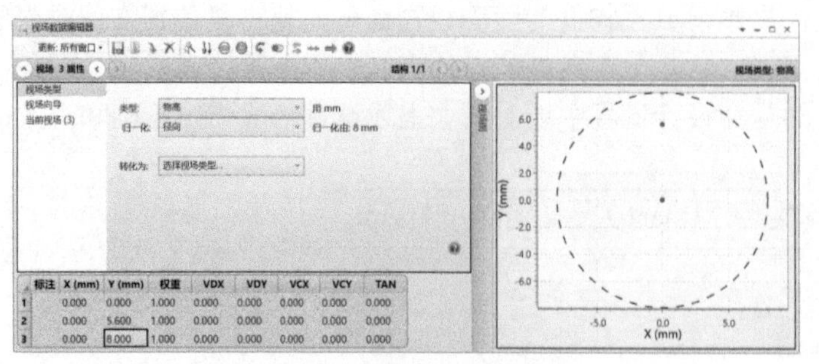

图 9-3　视场数据编辑器

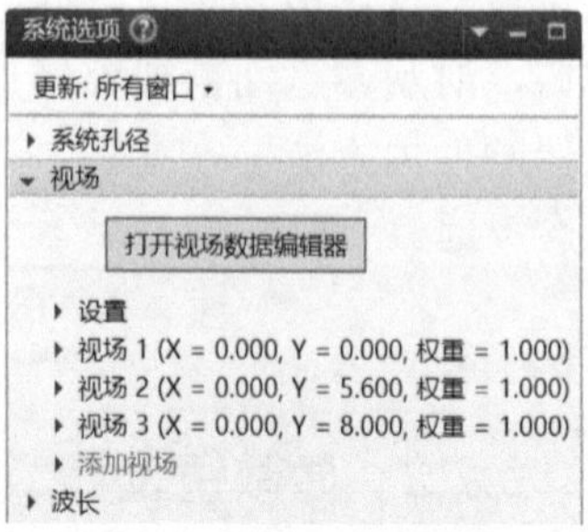

系统选项
更新: 所有窗口
▸ 系统孔径
▾ 视场
打开视场数据编辑器
▸ 设置
▸ 视场 1 (X = 0.000, Y = 0.000, 权重 = 1.000)
▸ 视场 2 (X = 0.000, Y = 5.600, 权重 = 1.000)
▸ 视场 3 (X = 0.000, Y = 8.000, 权重 = 1.000)
▸ 添加视场
▸ 波长

图 9-4　视场设置结果

步骤 3：输入波长。

（1）在“系统选项”面板中双击展开“波长”选项，并打开“波长数据”编辑器。

（2）勾选“1”“2”“3”复选框，并在“波长”栏分别输入“0.51”“0.56”“0.61”，如图 9-5 所示。

（3）单击“关闭”按钮完成设置，此时在“系统选项”面板的“波长”选项中出现刚刚设置的 3 个波长，如图 9-6 所示。

图 9-5　波长数据编辑器

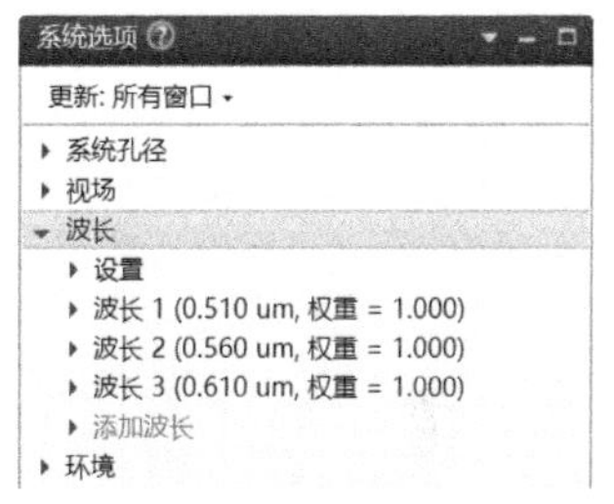

图 9-6　波长设置结果

步骤 4：在镜头数据编辑器内输入镜头参数。

（1）将镜头数据编辑器置前，在#面 2（像面）上单击，然后按“Insert”键在像面前插入 5 个表面。

（2）在镜头数据编辑器的#面 0~#面 7 中输入相应的曲率半径、厚度、净口径等数值，如图 9-7 所示。

	表面类型	标注	曲率半径	厚度	材料	膜层	净口径	延伸区	机械半直径	圆锥系数	TCE x 1E-6
0	物面 标准面 ▾		18.000	155.000			8.000	0.000	8.000	0.000	0.000
1	光阑 标准面 ▾		无限	0.300			3.880	0.000	3.880	0.000	0.000
2	标准面 ▾		13.090	3.500	K5		3.951	0.000	3.951	0.000	-
3	标准面 ▾		-9.380	1.130	F2		3.831	0.000	3.951	0.000	-
4	标准面 ▾		-112.240	8.640			3.780	0.000	3.951	0.000	0.000
5	标准面 ▾		11.480	3.350	K5		3.188	0.000	3.188	0.000	-
6	标准面 ▾		-6.000	0.970	F2		2.884	0.000	3.188	0.000	-
7	标准面 ▾		-21.250	7.660			2.740	0.000	3.188	0.000	0.000
8	像面 标准面 ▾		无限	-			0.823	0.000	0.823	0.000	0.000

图 9-7　输入初始透镜数据

步骤 5：查看初始结构光线输出图与光斑图。

（1）执行“分析”选项卡→“视图”面板→“3D 视图”命令，打开“三维布局图”窗口，显示光路结构图，如图 9-8 所示。

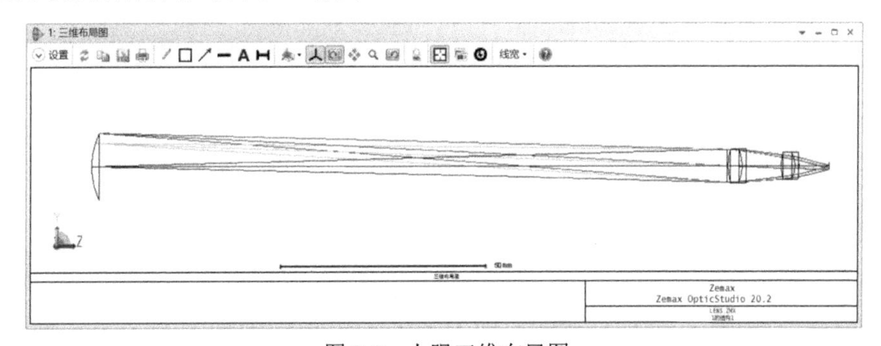

图 9-8　人眼三维布局图

（2）执行“分析”选项卡→“成像质量”面板→“光线迹点”组→“标准点列图”命令，打开“点列图”窗口，显示光斑图，如图 9-9 所示。从图中可以发现光斑效果良好。

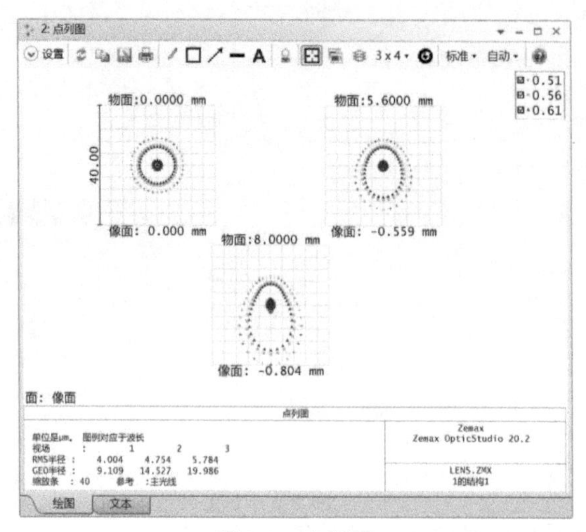

图 9-9　光斑图

接下来需要将这个初始结构修改为我们要求的 10 倍物镜。首先，对共轭距进行缩放，当前系统总长 180mm，焦距 15mm，可知当前共轭距为 195 时，焦距为 16.25mm。

步骤 6：对共轭距进行缩放。

（1）在镜头数据编辑器中，单击工具栏中的 ⁑（改变焦距）按钮，打开“改变焦距”对话框。

（2）在该对话框中的“焦距”文本框中输入 16.25，如图 9-10 所示。单击“确定”按钮，完成设置。

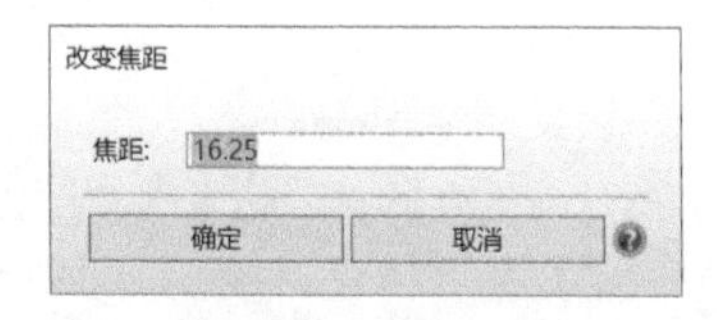

图 9-10　改变焦距

（3）将镜头数据编辑器置前，可以查看系统总长已经变为 195mm，如图 9-11 所示。

	表面类型	标注	曲率半径	厚度	材料	膜层	净口径	延伸区	机械半直径	圆锥系数	TCE x 1E-6
0	物面 标准面 ▾		19.508	167.987			8.670	0.000	8.670	0.000	0.000
1	光阑 标准面 ▾		无限	0.325			4.205	0.000	4.205	0.000	0.000
2	标准面 ▾		14.187	3.793	K5		4.282	0.000	4.282	0.000	-
3	标准面 ▾		-10.166	1.225	F2		4.152	0.000	4.282	0.000	-
4	标准面 ▾		-121.644	9.364			4.096	0.000	4.282	0.000	0.000
5	标准面 ▾		12.442	3.631	K5		3.455	0.000	3.455	0.000	-
6	标准面 ▾		-6.503	1.051	F2		3.126	0.000	3.455	0.000	-
7	标准面 ▾		-23.030	8.302			2.969	0.000	3.455	0.000	0.000
8	像面 标准面 ▾		无限	-			0.892	0.000	0.892	0.000	0.000

图 9-11　镜头数据

接下来调整物镜的物高，使其半高变为 9mm，物面曲率半径相应变为 19.5（与原始结构成比例变化）。

步骤 7：修改物高。

（1）在“系统选项”面板中双击展开“视场”选项，并打开“视场数据编辑器”窗口。

（2）在视场 1、2、3 的中“Y(mm)”列修改数据为 0、6.5、9，保持权重为 1，如图 9-12 所示。

（3）单击右上角的“关闭”按钮完成设置。此时的镜头数据如图 9-13 所示。

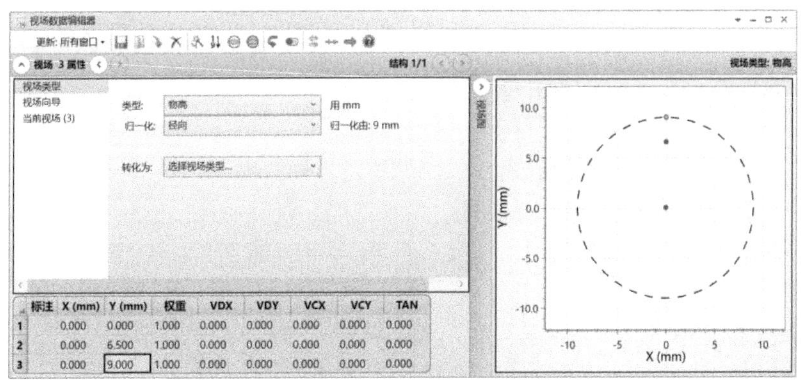

图 9-12　视场数据编辑器

	表面类型	标注	曲率半径	厚度	材料	膜层	净口径	延伸区	机械半直径	圆锥系数	TCE x 1E-6
0	物面 标准面 ▾		19.508	167.987			9.000	0.000	9.000	0.000	0.000
1	光阑 标准面 ▾		无限	0.325			4.205	0.000	4.205	0.000	0.000
2	标准面 ▾		14.187	3.793	K5		4.284	0.000	4.284	0.000	-
3	标准面 ▾		-10.166	1.225	F2		4.157	0.000	4.284	0.000	-
4	标准面 ▾		-121.644	9.364			4.104	0.000	4.284	0.000	0.000
5	标准面 ▾		12.442	3.631	K5		3.481	0.000	3.481	0.000	-
6	标准面 ▾		-6.503	1.051	F2		3.156	0.000	3.481	0.000	-
7	标准面 ▾		-23.030	8.302			3.000	0.000	3.481	0.000	0.000
8	像面 标准面 ▾		无限	-			0.927	0.000	0.927	0.000	0.000

图 9-13　镜头数据

然后设置优化变量，将所有透镜曲率半径设置为变量，物距和像距设置为变量，在尽可能不改变初始结构形式的前提下，在一定程度上提高系统性能。

步骤 8：设置变量。

将镜头数据编辑器置前，利用快捷键“Ctrl+V”将某些面的半径、物距、像距参数设置为变量，如图 9-14 所示。

	表面类型	标注	曲率半径	厚度	材料	膜层	净口径	延伸区	机械半直径	圆锥系数	TCE x 1E-6
0	物面 标准面 ▾		19.508	167.987 V			9.000	0.000	9.000	0.000	0.000
1	光阑 标准面 ▾		无限	0.325			4.205	0.000	4.205	0.000	0.000
2	标准面 ▾		14.187 V	3.793	K5		4.284	0.000	4.284	0.000	-
3	标准面 ▾		-10.166 V	1.225	F2		4.157	0.000	4.284	0.000	-
4	标准面 ▾		-121.644 V	9.364			4.104	0.000	4.284	0.000	0.000
5	标准面 ▾		12.442 V	3.631	K5		3.481	0.000	3.481	0.000	-
6	标准面 ▾		-6.503 V	1.051	F2		3.156	0.000	3.481	0.000	-
7	标准面 ▾		-23.030 V	8.302 V			3.000	0.000	3.481	0.000	0.000
8	像面 标准面 ▾		无限	-			0.927	0.000	0.927	0.000	0.000

图 9-14　镜头数据编辑器

设置误差函数，我们要在保证总共轭距为 195 不变，像面直径 1.8mm 的前下，优化最小的 RMS 光斑半径。

步骤 9：设置评价函数。

（1）执行“优化”选项卡→“自动优化”面板→“优化向导”命令，打开“评价函数编辑器”窗口，在优化向导与操作数面板中进行参数设置。此处采用“点列图”优化。

（2）单击“应用”按钮，完成评价函数设置。

（3）单击评价函数操作数 DMFS 的“类型”列，然后按“Insert”键在其前面插入 3 个空白操作数 BLNK。

（4）将插入的这 3 个空白操作数分别修改为 ISNA、REAY 和 TTHI。

（5）输入 ISNA 设置像空间孔径为 0.25，REAY 设置像面大小为–0.9，TTHI 设置系统总长为 195，权重均为 1。如图 9-15 所示。

（6）单击右上角的 × （关闭）按钮退出编辑器。

图 9-15　评价函数编辑器

步骤 10：优化。

评价函数设置完成后，即可进行优化。

（1）执行“优化”选项卡→“自动优化”面板→“执行优化”命令，打开“局部优化”对话框。

（2）采用默认设置，在对话框中单击“开始”按钮开始优化，如图 9-16 所示。

（3）优化完成后，单击“退出”按钮，退出对话框。

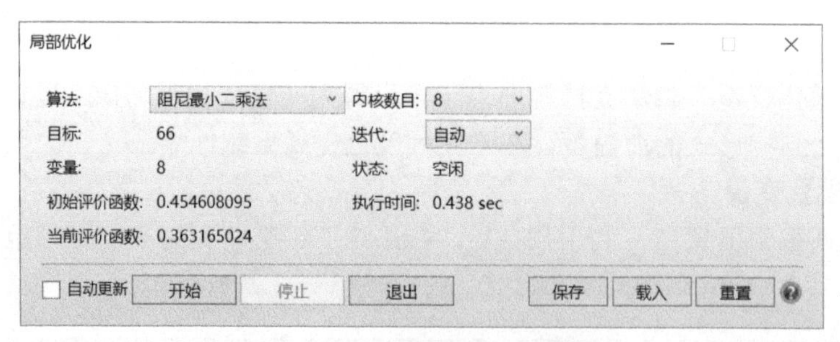

图 9-16　优化完成后的对话框

优化完成后，可以在“局部优化”对话框中查看优化结果，从初始 MF 值和优化后的 MF 值可看出系统像质已经得到很大的提高。

步骤 11：打开优化效果图。

（1）将镜头数据编辑器置前，此时的镜头数据如图 9-17 所示。

	表面类型	标注	曲率半径	厚度	材料	膜层	净口径	延伸区	机械半直径	圆锥系数	TCE x 1E-6
0	物面 标准面 ▾		19.508	167.630 V			9.000	0.000	9.000	0.000	0.000
1	光阑 标准面 ▾		无限	0.325			4.205	0.000	4.205	0.000	0.000
2	标准面 ▾		14.664 V	3.793	K5		4.282	0.000	4.282	0.000	-
3	标准面 ▾		-10.248 V	1.225	F2		4.163	0.000	4.282	0.000	-
4	标准面 ▾		-91.037 V	9.364			4.117	0.000	4.282	0.000	0.000
5	标准面 ▾		11.744 V	3.631	K5		3.475	0.000	3.475	0.000	-
6	标准面 ▾		-6.898 V	1.051	F2		3.127	0.000	3.475	0.000	-
7	标准面 ▾		-24.748 V	7.982 V			2.960	0.000	3.475	0.000	0.000
8	像面 标准面 ▾		无限	-			0.893	0.000	0.893	0.000	0.000

图 9-17　镜头数据编辑器

（2）将“点列图”置前，观察光斑。由最终得到的光斑大小，可以发现系统光斑各视场均为 2μm 左右，如图 9-18 所示。

（3）执行“分析”选项卡→“成像质量”面板→“MTF 曲线”组→“FFT MTF”命令，打开“FFT MTF”窗口，显示 MTF 曲线图，如图 9-19 所示。从 MTF 曲线来看，各视场在 650 线对时仍不能完成满足设计要求。

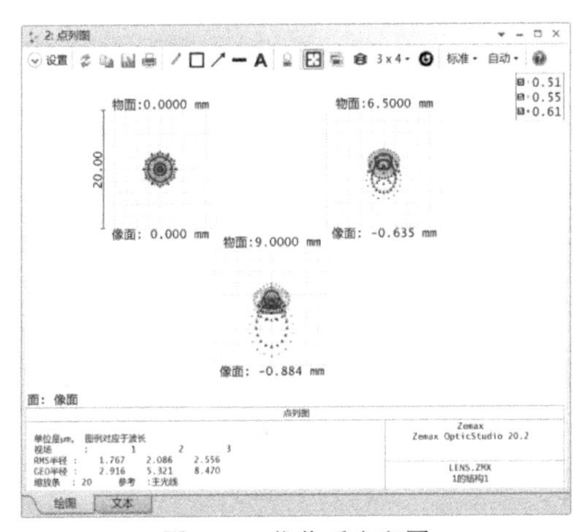

图 9-18　优化后光斑图

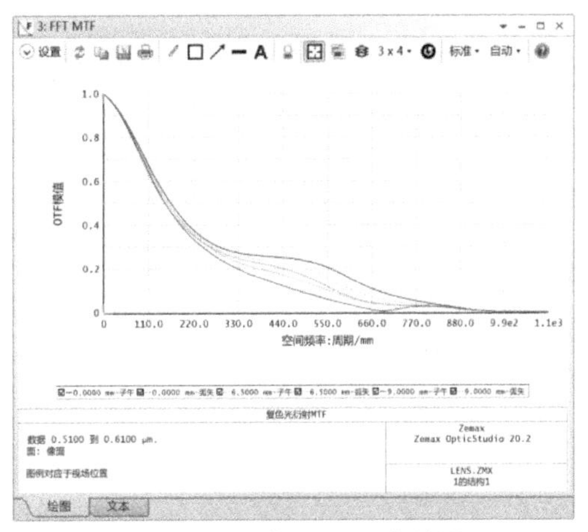

图 9-19　优化后 MTF 曲线图

进一步提高系统的 MTF，可通过优化波前差来提高 MTF。

步骤 12：继续优化。

（1）将评价函数编辑器置前，并将优化向导中优化函数的成像质量设置为“波前”，即将默认评价函数修改为波前，如图 9-20 所示。

（2）单击“应用”按钮，完成评价函数设置。

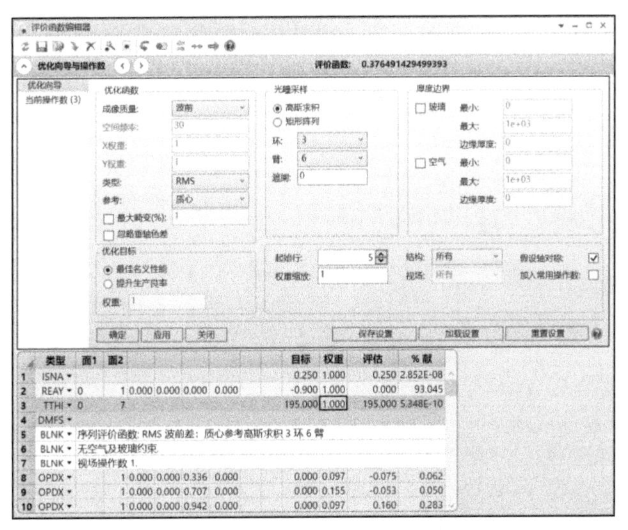

图 9-20　修改波前评价函数

步骤 13：查看最终优化结果。

（1）执行“优化”选项卡→“自动优化”面板→“执行优化”命令，打开“局部优化”

对话框。

（2）采用默认设置，在对话框中单击“开始”按钮开始优化，如图 9-21 所示。

（3）优化完成后，单击“退出”按钮，退出对话框。优化后的镜头数据如图 9-22 所示。

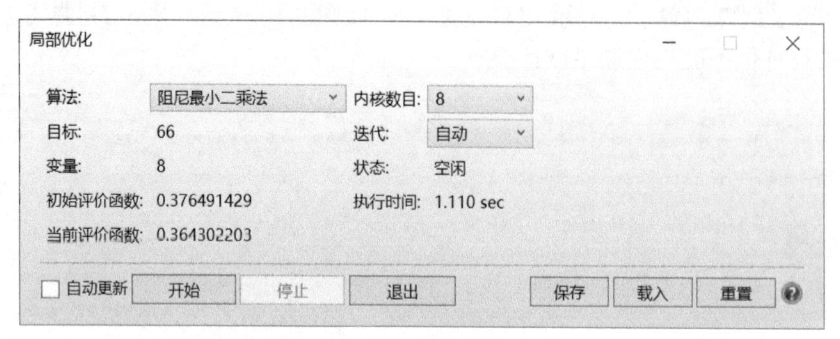

图 9-21　优化完成后的对话框

	表面类型		标注	曲率半径	厚度	材料	膜层	净口径	延伸区	机械半直径	圆锥系数	TCE x 1E-6
0	物面	标准面 ▾		19.508	165.506 V			9.000	0.000	9.000	0.000	0.000
1	光阑	标准面 ▾		无限	0.325			4.205	0.000	4.205	0.000	0.000
2		标准面 ▾		14.538 V	3.793	K5		4.284	0.000	4.284	0.000	-
3		标准面 ▾		-11.086 V	1.225	F2		4.160	0.000	4.284	0.000	-
4		标准面 ▾		-143.133 V	9.364			4.110	0.000	4.284	0.000	0.000
5		标准面 ▾		15.513 V	3.631	K5		3.533	0.000	3.533	0.000	-
6		标准面 ▾		-7.285 V	1.051	F2		3.242	0.000	3.533	0.000	-
7		标准面 ▾		-29.191 V	10.105 V			3.114	0.000	3.533	0.000	0.000
8	像面	标准面 ▾		无限	-			1.070	0.000	1.070	0.000	0.000

图 9-22　优化后的镜头数据

（4）将“点列图”置前，观察光斑。由最终得到的光斑大小，可以发现系统光斑各视场均为 2 μ m 左右。如图 9-23 所示。

（5）将“FFT MTF”窗口置前，查看 MTF 曲线图，如图 9-24 所示，MTF 曲线有明显改善。

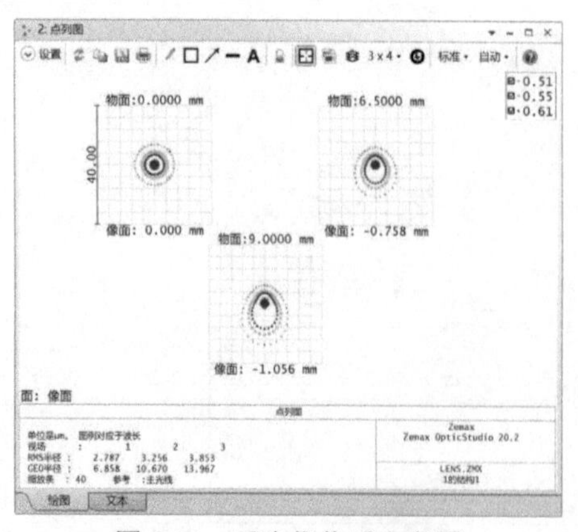

图 9-23　再次优化后光斑图

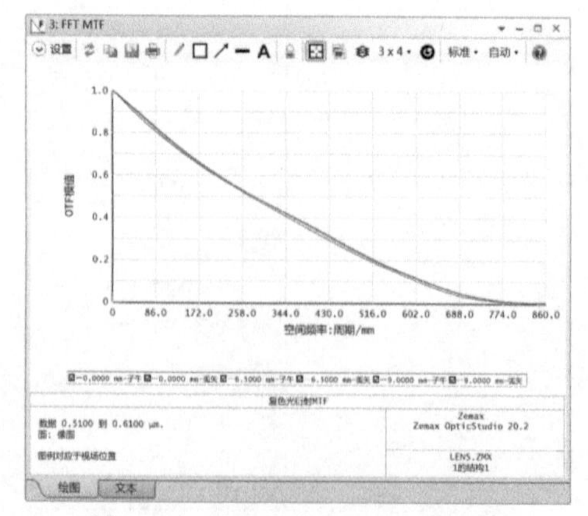

图 9-24　再次优化后 MTF 曲线图

用户可以通过优化透镜与透镜之间的间距来进一步改善性能。深入分析表明：在满足全部既定基本透镜技术要求的同时，该设计经优化可在 80%视场上获得衍射极限（1/4 波长光程差）的性能。至此，10 倍镜设计完成。

9.3 高倍显微镜设计

高倍显微镜的设计可以通过低倍显微镜叠加目镜实现。下面通过 10 倍显微镜与 10 倍目镜结合实现 100 倍显微镜的设计。

最终文件：Char10\显微镜(100 倍).zmx

9.3.1 翻转镜头组

首先需要将物镜倒置，因为前面的设计是从中间像面到物的顺序。前面讲解目镜系统时已经详细介绍了如何倒置一个系统。

步骤 1： 除去所有变量。

执行“优化”选项卡→“自动优化”面板→“移除所有变量”命令，移除所有变量。

步骤 2： 将所有孔径固定。

在镜头数据编辑器中，单击工具栏中的○·（对表面孔径进行操作）下的“将半直径转化为表面孔径”选项，将透镜数据编辑器中所有面的孔径设置为固定值，镜头数据如图 9-25 所示。

	表面类型		标注	曲率半径	厚度	材料	膜层	净口径		延伸区	机械半直径	圆锥系数	TCE x 1E-6
0	物面	标准面 ▾		19.508	165.506			9.000		0.000	9.000	0.000	0.000
1	光阑 (孔径)	标准面 ▾		无限	0.325			4.205	U	0.000	4.205	0.000	0.000
2	(孔径)	标准面 ▾		14.538	3.793	K5		4.284	U	0.000	4.284	0.000	-
3	(孔径)	标准面 ▾		-11.086	1.225	F2		4.160	U	0.000	4.284	0.000	-
4	(孔径)	标准面 ▾		-143.133	9.364			4.110	U	0.000	4.284	0.000	0.000
5	(孔径)	标准面 ▾		15.513	3.631	K5		3.533	U	0.000	3.533	0.000	-
6	(孔径)	标准面 ▾		-7.285	1.051	F2		3.242	U	0.000	3.533	0.000	-
7	(孔径)	标准面 ▾		-29.191	10.105			3.114	U	0.000	3.533	0.000	0.000
8	像面	标准面 ▾		无限	-			1.070		0.000	1.070	0.000	0.000

图 9-25 初始镜头数据

步骤 3： 使用倒置工具翻转镜头组。

（1）在镜头数据编辑器中，单击工具栏中的（翻转元件）按钮，打开“反向排列元件”对话框，在该对话框中设置从第 1 面到第 8 面进行翻转，如图 9-26 所示。

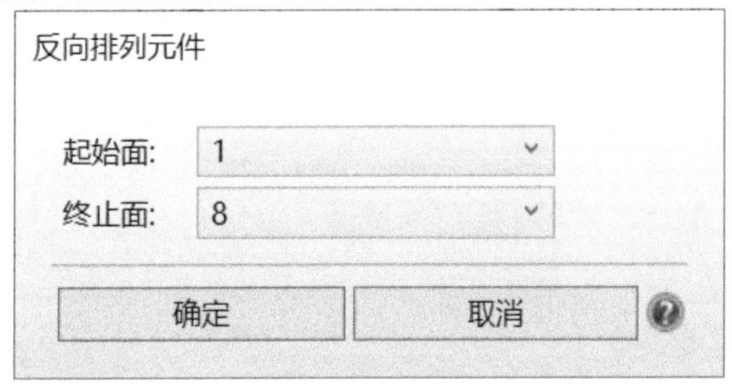

图 9-26 选择翻转面

（2）单击“确定”按钮，完成设置，翻转面后的镜头数据如图 9-27 所示。

	表面类型		标注	曲率半径	厚度	材料	膜层	半直径	延伸区	机械半直径	圆锥系数	TCE x 1E-6
0	物面	标准面 ▾		19.508	165.506			9.000	0.000	9.000	0.000	0.000
1		标准面 ▾		无限	10.105			5.182	0.000	5.182	0.000	0.000
2	(孔径)	标准面 ▾		29.191	1.051	F2		3.114 U	0.000	3.533	0.000	-
3	(孔径)	标准面 ▾		7.285	3.631	K5		3.242 U	0.000	3.533	0.000	-
4	(孔径)	标准面 ▾		-15.513	9.364			3.533 U	0.000	3.533	0.000	0.000
5	(孔径)	标准面 ▾		143.133	1.225	F2		4.110 U	0.000	4.284	0.000	-
6	(孔径)	标准面 ▾		11.086	3.793	K5		4.160 U	0.000	4.284	0.000	-
7	光阑 (孔径)	标准面 ▾		-14.538	0.325			4.284 U	0.000	4.284	0.000	0.000
8	像面 (孔径)	标准面 ▾		无限	-			4.205 U	0.000	4.205	0.000	0.000

图 9-27 翻转面后的镜头数据

（3）翻转后打开镜头数据编辑器输入物距和像距，如图 9-28 所示。

	表面类型		标注	曲率半径	厚度	材料	膜层	半直径	延伸区	机械半直径	圆锥系数	TCE x 1E-6
0	物面	标准面 ▾		无限	0.000			0.900	0.000	0.900	0.000	0.000
1		标准面 ▾		无限	10.105			0.900	0.000	0.900	0.000	0.000
2	(孔径)	标准面 ▾		29.191	1.051	F2		3.114 U	0.000	3.533	0.000	-
3	(孔径)	标准面 ▾		7.285	3.631	K5		3.242 U	0.000	3.533	0.000	-
4	(孔径)	标准面 ▾		-15.513	9.364			3.533 U	0.000	3.533	0.000	0.000
5	(孔径)	标准面 ▾		143.133	1.225	F2		4.110 U	0.000	4.284	0.000	-
6	(孔径)	标准面 ▾		11.086	3.793	K5		4.160 U	0.000	4.284	0.000	-
7	光阑 (孔径)	标准面 ▾		-14.538	0.325			4.284 U	0.000	4.284	0.000	0.000
8		标准面 ▾		无限	165.506			1.936	0.000	1.936	0.000	0.000
9	像面 (孔径)	标准面 ▾		-19.508	-			4.205 U	0.000	4.205	0.000	0.000

图 9-28 加入物距与像距

步骤 4： 修改“孔径类型”为“光阑尺寸浮动”。

（1）在“系统选项”面板中双击“系统孔径”选项将其展开。

（2）设置“孔径类型”为“光阑尺寸浮动”，如图 9-29 所示。

步骤 5： 修改视场。

（1）在“系统选项”面板中双击“视场”选项，打开视场数据编辑器。

（2）将视场 1、2、3 的中“Y(mm)”列中的数据修改为 0、0.65、0.9，保持权重为 1，如图 9-30 所示。

（3）单击右上角的“关闭”按钮完成设置。

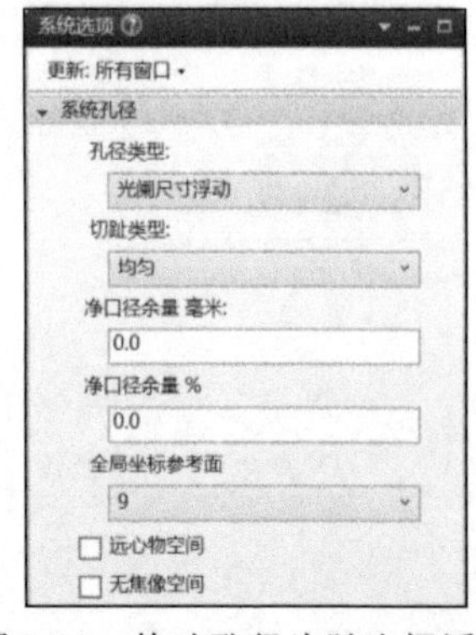

图 9-29 修改孔径为随光阑浮动

	标注	X (mm)	Y (mm)	权重	VDX	VDY	VCX	VCY	TAN
1		0.000	0.000	1.000	0.000	0.000	0.000	0.000	0.000
2		0.000	0.650	1.000	0.000	0.000	0.000	0.000	0.000
3		0.000	0.900	1.000	0.000	0.000	0.000	0.000	0.000

图 9-30 修改视场

步骤 6： 物高倒置完成，查看光线输出图。

执行“分析”选项卡→“视图”面板→“3D 视图”命令，打开“三维布局图”窗口，显示光路结构图，如图 9-31 所示。

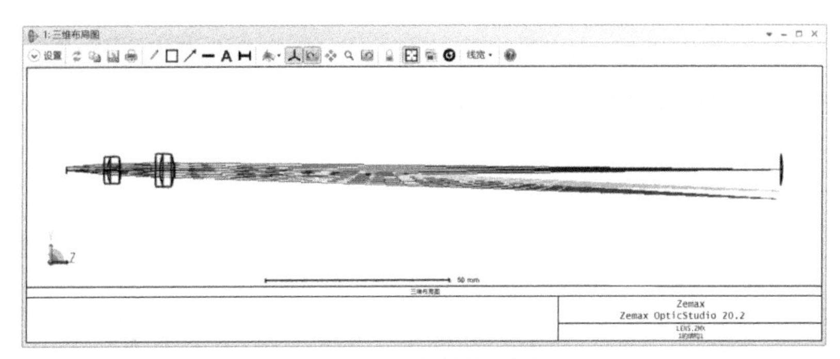

图 9-31 光路结构图

9.3.2 选择目镜

将 10 倍目镜添加到已设计好的 10 倍物镜上，即可产生 100 倍的显微镜。目镜需要有 40 度视场，第 8 章中的 RKE 目镜或消畸变目镜很适合这种应用。

选用消畸变目镜，再缩放到 25mm 有效焦距，以获得我们需要的 10 倍放大率。然后把这项设计应用到 10 倍新物镜上，即可获得最终的 100 倍显微镜结构。

步骤 1： 打开第 9 章中设计好的消畸变目镜。

（1）打开素材文件：消畸变目镜.zmx。

（2）执行“分析”选项卡→“视图”面板→“3D 视图”命令，打开“三维布局图”窗口，显示光路结构图，如图 9-32 所示。

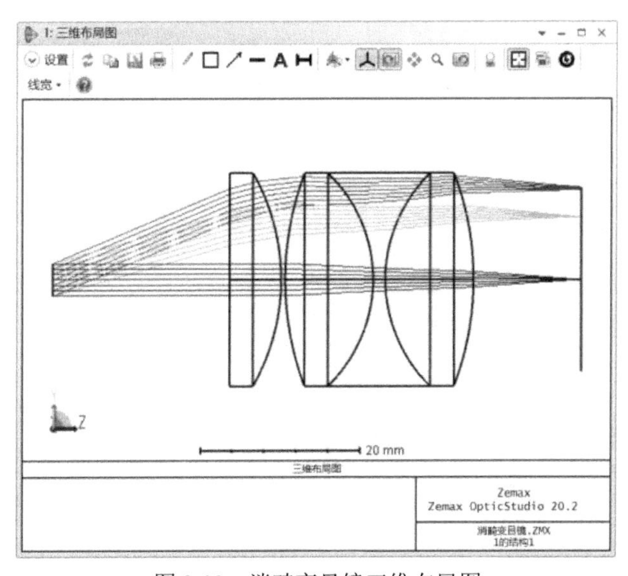

图 9-32 消畸变目镜三维布局图

步骤 2： 改变焦距

（1）在镜头数据编辑器中，单击工具栏中的 ⇟（改变焦距）按钮，打开“改变焦距”对话框。

（2）在该对话框中的“焦距”文本框中输入25，如图9-33所示。单击“确定”按钮完成设置，直接将目镜焦距缩放为25mm。

步骤3： 倒置镜片（翻转元件）

（1）在镜头数据编辑器中，单击工具栏中的（翻转元件）按钮，打开“反向排列元件”对话框，在该对话框中设置从第1面到第7面进行翻转，如图9-34所示。

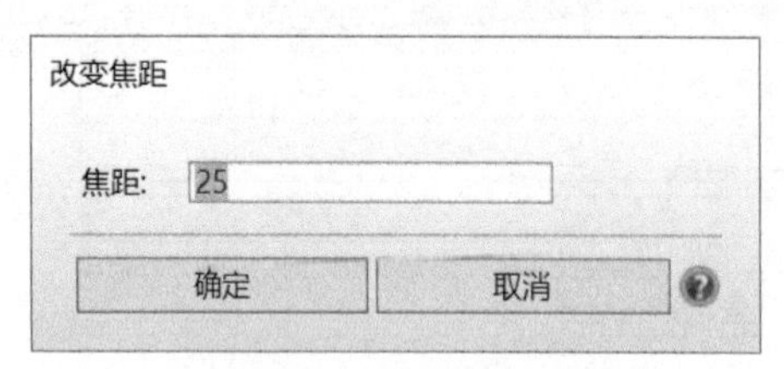

图9-33　改变焦距

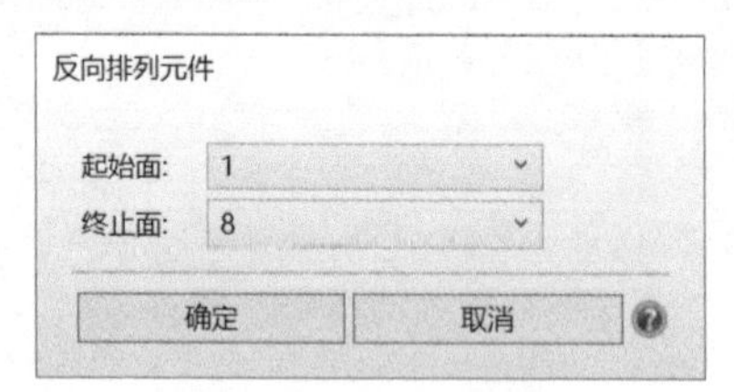

图9-34　选择翻转面

（2）单击“确定”按钮完成设置。

（3）将“三维布局图”置前，刷新后显示倒置元件如图9-35所示。

（4）另存为“消畸变目镜(倒置元件).zmx”文件备用。

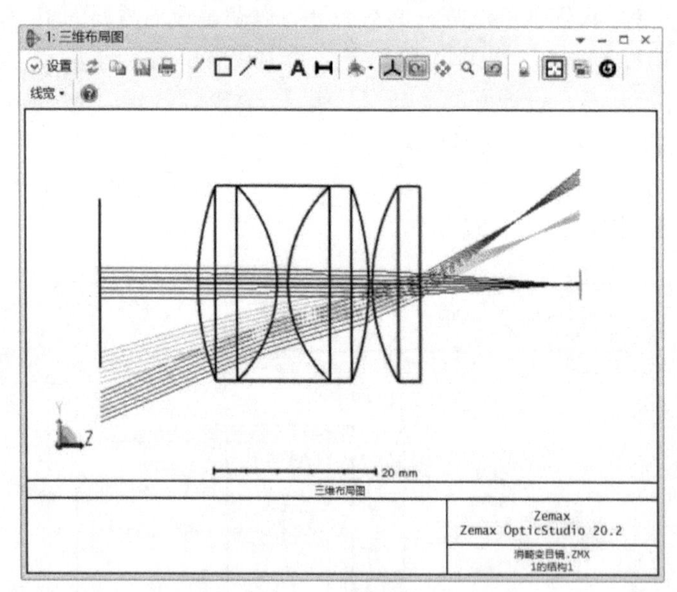

图9-35　倒置镜片

9.3.3　物镜与目镜的连接

（1）打开显微镜系统，执行“文件”选项卡→“镜头文件”面板→“插入镜头”命令，在弹出的“打开”对话框中选择“消畸变目镜(倒置元件).zmx”文件。

（2）单击“打开”按钮，弹出“插入镜头”对话框，设置“在表面插入”为9，如图9-36所示，单击“确定”按钮插入目镜。

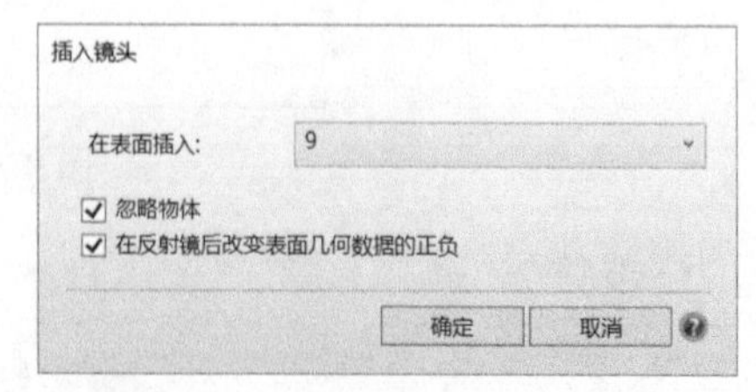

图9-36　“插入镜头”对话框

（3）将镜头数据编辑器置前，调整好目镜的物距和像距，如图 9-37 所示。

（4）将“三维布局图”置前，刷新显示组合好的系统，如图 9-38 所示。

	表面类型		标注	曲率半径	厚度	材料	膜层	净口径		延伸区	机械半直径	圆锥系数	TCE x 1E-6
0	物面	标准面 ▾		无限	0.000			0.900		0.000	0.900	0.000	0.000
1		标准面 ▾		无限	10.105			0.900		0.000	0.900	0.000	0.000
2	(孔径)	标准面 ▾		29.191	1.051	F2		3.114	U	0.000	3.533	0.000	-
3	(孔径)	标准面 ▾		7.285	3.631	K5		3.242	U	0.000	3.533	0.000	-
4	(孔径)	标准面 ▾		-15.513	9.364			3.533	U	0.000	3.533	0.000	0.000
5	(孔径)	标准面 ▾		143.133	1.225	F2		4.110	U	0.000	4.284	0.000	-
6	(孔径)	标准面 ▾		11.086	3.793	K5		4.160	U	0.000	4.284	0.000	-
7	光阑 (孔径)	标准面 ▾		-14.538	0.325			4.284	U	0.000	4.284	0.000	0.000
8		标准面 ▾		无限	165.506			1.936		0.000	1.936	0.000	0.000
9		标准面 ▾		无限	12.160			10.056	U	0.000	10.056	0.000	0.000
10	(孔径)	标准面 ▾		32.366	9.835	K5		11.623	U	0.000	11.623	0.000	-
11	(孔径)	标准面 ▾		-15.915	1.341	F2		11.623	U	0.000	11.623	0.000	-
12	(孔径)	标准面 ▾		15.915	9.835	K5		11.623	U	0.000	11.623	0.000	-
13	(孔径)	标准面 ▾		-32.366	0.447			11.623	U	0.000	11.623	0.000	0.000
14	(孔径)	标准面 ▾		23.067	5.812	BAK1		11.623	U	0.000	11.623	0.000	-
15	(孔径)	标准面 ▾		无限	19.670			11.623	U	0.000	11.623	0.000	0.000
16	像面 (孔径)	标准面 ▾		-19.508	-			4.205	U	0.000	4.205	0.000	0.000

图 9-37 插入后的镜头参数

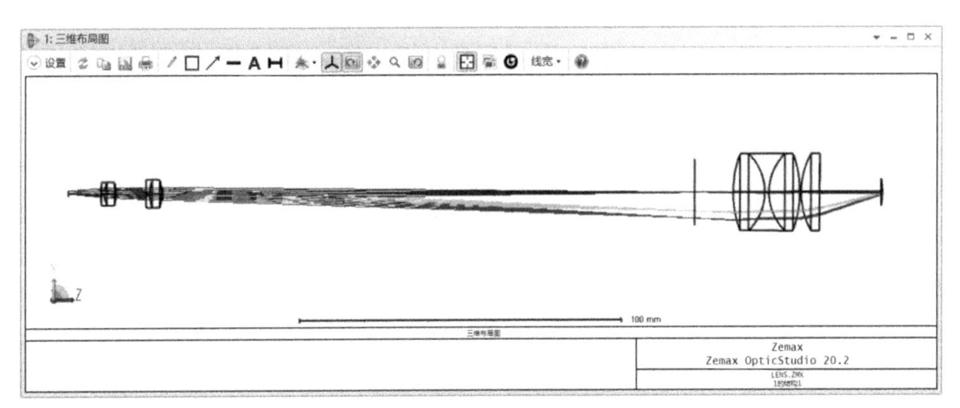

图 9-38 组合后的系统

9.4 本章小结

本章介绍的 100 倍显微镜设计采用新设计与市场现有光学系统组合的方案。这种设计实践的配置是为了使读者学习了解到各种光学设计、工程原理和技术的知识。在物镜设计的初始阶段，我们已阐明了选择良好的原始设计的重要性。使用 Zemax 可以方便设计人员对原始设计进行修改和重新优化，以确保设计符合既定的性能要求。

本章论述的设计通过基于眼睛的分辨能力确定像质和分辨率目标。基于人眼的调节特性以及观察者在使用仪器时对使用方法的了解程度，决定了最终像差（特别是场曲和像散）的状态。

第10章 望远镜设计

望远镜的光学系统与显微镜的光学系统有许多相似之处。首先，物镜用于对被观察的物体形成一个像。然后，采用目镜去观察在增大放大率情况下的那个像。与显微镜相同，望远镜的总放大率是物镜和目镜各个放大率之积。

两种系统的最大区别在于显微镜用于观察微小物体并使这些物体看起来比它们实际要大，而望远镜用于观察远处的物体并使这些物体看起来比它们的实际位置更接近观察者。

学习目标：

（1）了解天文望远镜系统的设计原理；

（2）熟练运用 Zemax 进行望远镜系统设计。

10.1 天文望远物镜

天文望远镜的放大率一般都非常高，放大率的上限一般由人眼分辨能力确定。物镜的尺寸一般尽量大，主要受经费预算、可接受的整个望远镜的尺寸和重量限制，一系列目镜通常是望远镜装置的一个组成部分，它允许通过交换所使用的目镜来改变总的放大率。

在下面的示例中，假设望远镜仅供热衷于业余天文观察的人员使用，意味着经费预算和望远镜尺寸将受到限制。

假定采用折射式方案，物镜的通光孔径限制为约 120mm 是合理的。对于大多数天文观察仪器而言，典型的透镜速度是 *f*/10，这就得到一个 *f*/10 的物镜，该物镜的有效焦距为：

有效焦距=孔径直径×F/#=1200mm

使用 1 个双胶合消色差透镜来设计这个望远镜，假设像面直径大小为 24mm，波长为 0.51μm，0.55μm，0.61μm。使用 Zemax 进行设计的步骤如下。

最终文件：Char10\天文望远物镜.zmx

10.1.1 初始镜头数据

步骤 1：在镜头数据编辑器内输入镜头参数。如图 10-1 所示。

（1）执行“文件”选项卡“镜头文件”面板→“新建”命令，此时会新建一个 LENS.ZMX 文件，同时弹出镜头数据编辑器。

（2）在镜头数据编辑器中输入透镜参数初始数值。

（3）将#面 2 设置为光阑面，将#面 1 的厚度设置为 20。

（4）在#面 4 对应的“曲率半径”列处单击，打开“在#面 4 上的曲率解”对话框。设置“求解类型”为“F 数”，并在“F/#”栏输入 10。

（5）将#面 2、3 的曲率半径与#面 2、3、4 的厚度设置为变量。

（6）将#面 2 的材料设置为 BK7，将#面 3 的材料设置为 F7。

镜头数据

更新: 所有窗口 · 表面 3 属性 · 结构 1/1

	表面类型	标注	曲率半径	厚度	材料	膜层	净口径	延伸区	机械半直径	圆锥系数	TCE x 1E-6
0	物面 标准面		无限	无限			0.000	0.000	0.000	0.000	0.000
1	标准面		无限	20.000			0.000	0.000	0.000	0.000	0.000
2	光阑 标准面		无限 V	0.000 V	BK7		0.000	0.000	0.000	0.000	-
3	标准面		无限 V	0.000 V	F7		0.000	0.000	0.000	0.000	-
4	标准面		无限 F	0.000 V			0.000	0.000	0.000	0.000	0.000
5	像面 标准面		无限	-			0.000	0.000	0.000	0.000	0.000

图 10-1 镜头数据输入

10.1.2 系统参数设置

步骤 2：入瞳直径 120mm。

（1）展开“系统选项”面板中的“系统孔径”选项卡。

（2）将设置“孔径类型”为“入瞳直径”，“孔径值”设置为“120”，“切趾类型”设置为“均匀”。

（3）此时的系统孔径选项卡如图 10-2 所示。

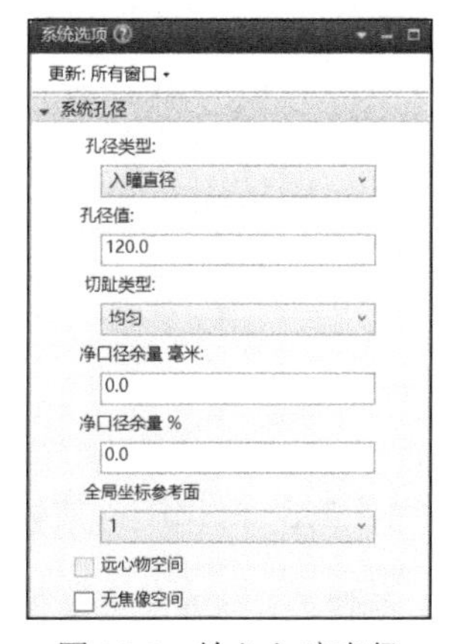

图 10-2 输入入瞳直径

步骤 3：输入 3 个视场。

（1）展开“系统选项”面板中的“视场”选项卡。

（2）单击“打开视场数据编辑器”窗口，在弹出的市场数据编辑器中输入视场数据。

（3）在“设置”面板中设置“类型”为“近轴像高”。

（4）在数据输入面板中，单击 Insert 按钮，插入 3 个视场，在“Y”列依次输入 0、8.4、12，如图 10-3 所示。

（5）单击 × （关闭）按钮退出编辑器，此时的视场面板如图 10-4 所示。

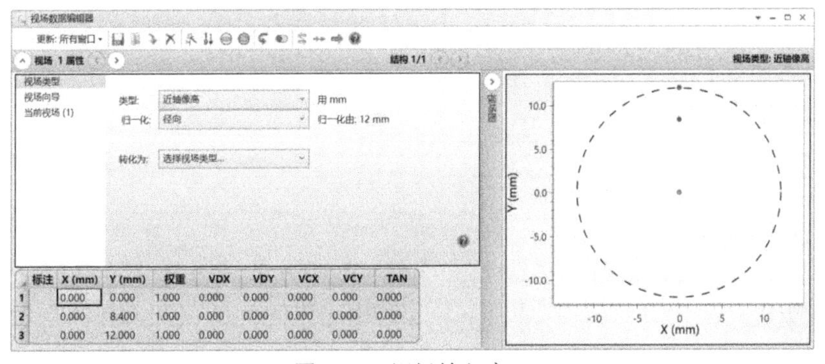

图 10-3 视场输入窗口

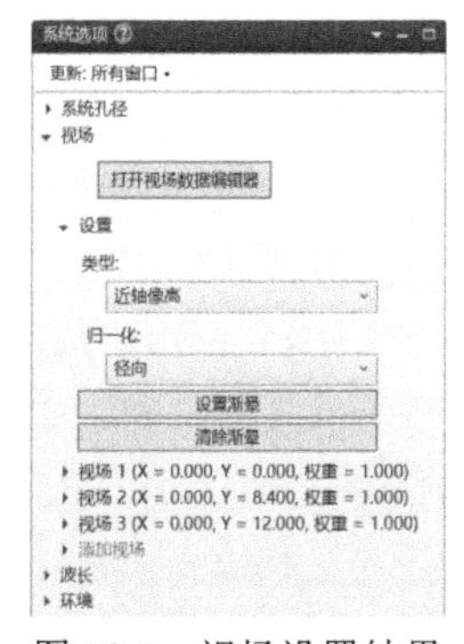

图 10-4 视场设置结果

步骤 4：输入 3 个波长 0.51、0.55、0.61。

（1）展开“系统选项”面板中的“波长”选项。

（2）双击“设置”选项，打开“波长数据”编辑器，勾选 1、2、3 行。

（3）在“波长”栏分别输入数值 0.51、0.55、0.61，如图 10-5 所示。

（4）单击 × （关闭）按钮退出编辑器，此时的波长选项如图 10-6 所示。

图 10-5　波长输入

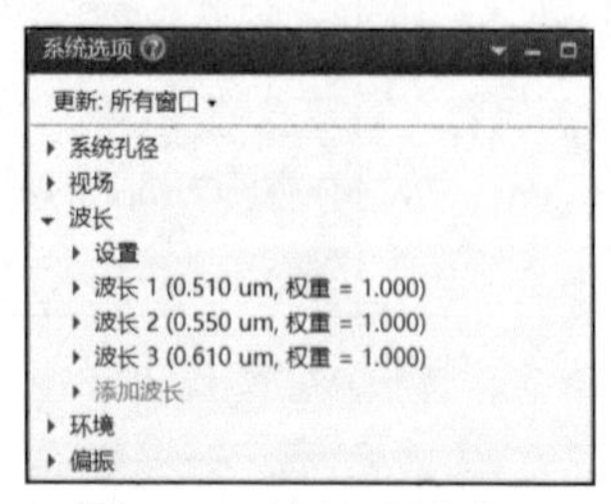

图 10-6　波长设置结果

此时的镜头数据编辑器数据如图 10-7 所示。

	表面类型	标注	曲率半径	厚度	材料	膜层	净口径	延伸区	机械半直径	圆锥系数	TCE x 1E-6
0	物面 标准面		无限	无限			无限	0.000	无限	0.000	0.000
1	标准面		无限	20.000			60.200	0.000	60.200	0.000	0.000
2	光阑 标准面		无限 V	0.000 V	BK7		60.000	0.000	60.015	0.000	-
3	标准面		无限 V	0.000 V	F7		60.000	0.000	60.015	0.000	-
4	标准面		-760.924 F	0.000 V			60.015	0.000	60.015	0.000	0.000
5	像面 标准面		无限	-			59.892	0.000	59.892	0.000	0.000

图 10-7　镜头数据

10.1.3　评价函数设置及优化

步骤 5：设置评价函数。

（1）执行“优化”选项卡→“自动优化”面板→“优化向导”命令，打开“评价函数编辑器”窗口。

（2）在优化向导与操作数面板的“优化向导”选项卡中进行参数设置。

（3）单击“应用”按钮，完成评价函数设置，结果如图 10-8 所示。

（4）单击 × （关闭）按钮退出编辑器。

图 10-8　评价函数编辑器

步骤 6：优化。

（1）执行“优化”选项卡→

“自动优化”面板→“执行优化”命令，打开“局部优化”对话框。

（2）对话框中的参数保持默认设置，单击“开始”按钮开始优化。优化完成后，比较初始评价函数值和优化后的评价函数值可以发现系统像质得到了极大的改善，如图 10-9 所示。此时的镜头数据如图 10-10 所示。

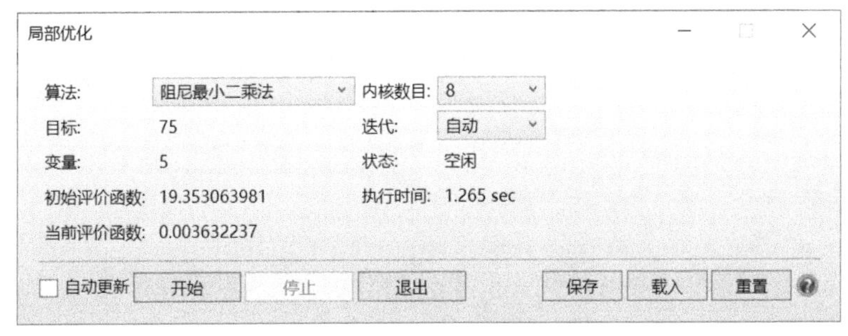

图 10-9 “局部优化”对话框

	表面类型	标注	曲率半径	厚度	材料	膜层	净口径	延伸区	机械半直径	圆锥系数	TCE x 1E-6
0	物面 标准面 ▾		无限	无限			无限	0.000	无限	0.000	0.000
1	标准面 ▾		无限	20.000			60.200	0.000	60.200	0.000	0.000
2	光阑 标准面 ▾		717.467 V	8.402 V	BK7		60.025	0.000	60.025	0.000	-
3	标准面 ▾		-464.832 V	24.000 V	F7		59.981	0.000	60.025	0.000	-
4	标准面 ▾		-1789.916 F	1187.093 V			59.670	0.000	60.025	0.000	0.000
5	像面 标准面 ▾		无限	-			12.012	0.000	12.012	0.000	0.000

图 10-10 镜头数据

10.1.4 查看结果

步骤 7： 查看优化效果。

（1）执行“分析”选项卡→“视图”面板→“3D 视图”命令，打开“三维布局图”窗口显示系统的三维布局图，如图 10-11 所示。

（2）执行“分析”选项卡→“成像质量”面板→“光线迹点”选项下的“标准点列图”命令，弹出“点列图”窗口，显示系统的光斑图，如图 10-12 所示。

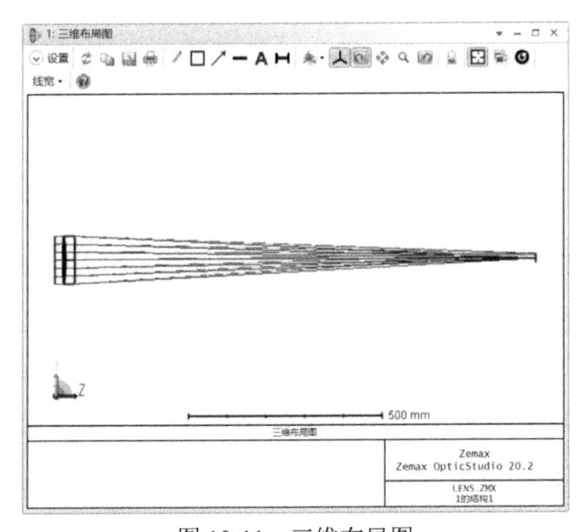

图 10-11 三维布局图

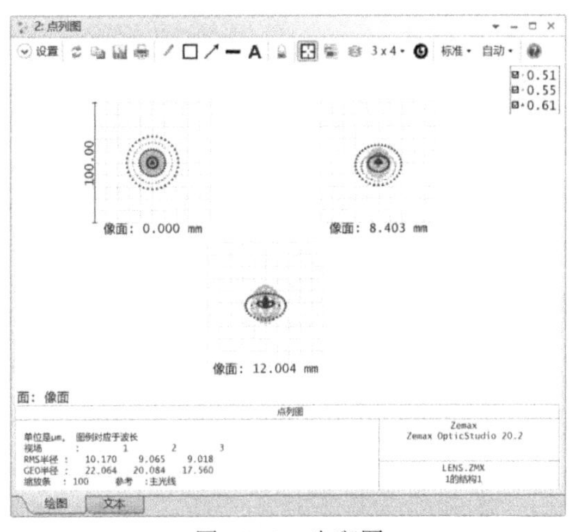

图 10-12 光斑图

（3）执行“分析”选项卡→“成像质量”面板→“像差分析”选项→“光程差图”命令，弹出“光程差图”窗口，显示光程差图，如图 10-13 所示。

（4）执行“分析”选项卡→“成像质量”面板→“MTF 曲线”选项→“FFT MTF”命令，打开“FFT MTF”窗口，显示 MTF 曲线图，如图 10-14 所示。

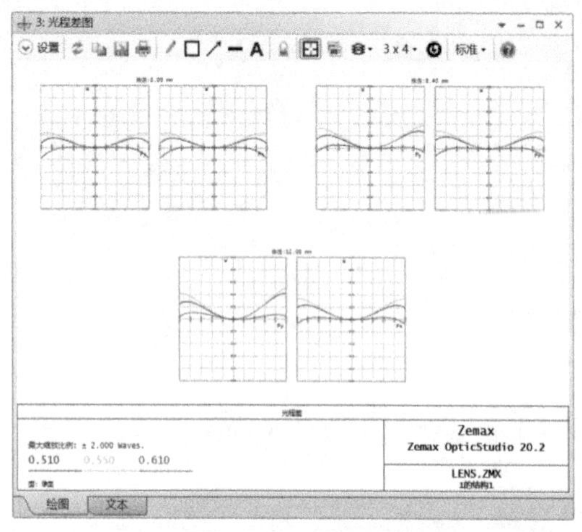

图 10-13　光程差

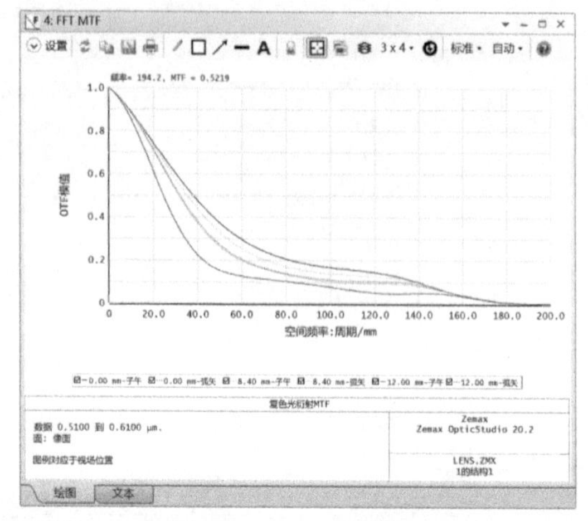

图 10-14　MTF 曲线

从光程差图中可以看出，系统对全部的单色像差及初级色差进行了校正，波像差在 1/2 波长范围内，但对于天文望远镜而言，这并不是理想的像质水平。

接下来把双胶合镜变换为具有空气间隔的双分离镜，再对该设计进行优化。把 2mm 空气间隔加入原始镜头数据中，火石玻璃的牌号从 F7 更改为普通玻璃牌号 F2。

当设计人员需要对这项设计做出重要修改时（如现在），则需要结合最佳成本和可实现性来审查全部透镜参数，并对该参数进行精确调整。

10.1.5　加入空气间隔

步骤 8： 重新设置参数，对空气间隔双分离透镜进行优化。

（1）增加一个面，将厚度设置为 2，同时将曲率半径设置为变量，F7 玻璃修改为 F2，如图 10-15 所示。

	表面类型	标注	曲率半径	厚度	材料	膜层	净口径	延伸区	机械半直径	圆锥系数	TCE x 1E-6
0	物面 标准面 ▾		无限	无限			无限	0.000	无限	0.000	0.000
1	标准面 ▾		无限	20.000			60.200	0.000	60.200	0.000	0.000
2	光阑 标准面 ▾		717.467 V	8.402 V	BK7		60.025	0.000	60.025	0.000	-
3	标准面 ▾		-464.832 V	2.000			59.981	0.000	60.025	0.000	0.000
4	标准面 ▾		-464.832 V	24.000 V	F2		59.775	0.000	59.775	0.000	-
5	标准面 ▾		-1856.929 F	1187.093 V			59.443	0.000	59.775	0.000	0.000
6	像面 标准面 ▾		无限	-			12.319	0.000	12.319	0.000	0.000

图 10-15　将曲率和厚度设置为变量

（2）执行“执行优化”命令，在弹出的“局部优化”对话框中保持默认设置，单击“开始”按钮开始优化，如图 10-16 所示。

观察对比初始评价函数值和优化后的评价函数值可以发现系统像质得到了极大的提

高，优化后的镜头数据如图 10-17 所示。

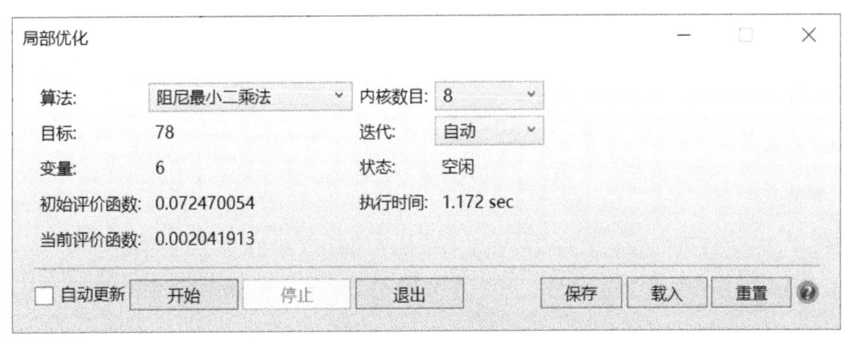

图 10-16　局部优化

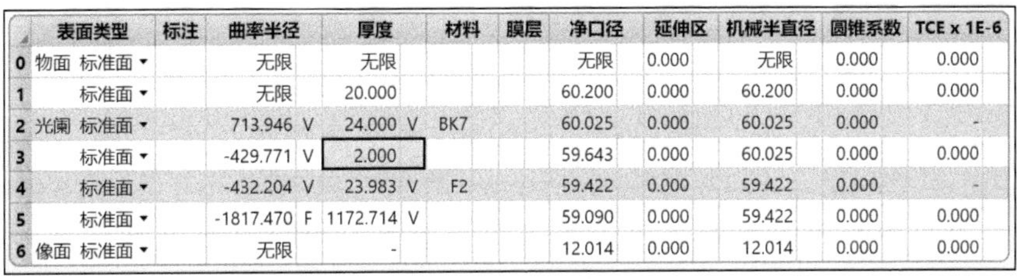

	表面类型	标注	曲率半径	厚度	材料	膜层	净口径	延伸区	机械半直径	圆锥系数	TCE x 1E-6
0	物面 标准面 ▾		无限	无限			无限	0.000	无限	0.000	0.000
1	标准面 ▾		无限	20.000			60.200	0.000	60.200	0.000	0.000
2	光阑 标准面 ▾		713.946 V	24.000 V	BK7		60.025	0.000	60.025	0.000	-
3	标准面 ▾		-429.771 V	2.000			59.643	0.000	60.025	0.000	0.000
4	标准面 ▾		-432.204 V	23.983 V	F2		59.422	0.000	59.422	0.000	-
5	标准面 ▾		-1817.470 F	1172.714 V			59.090	0.000	59.422	0.000	0.000
6	像面 标准面 ▾		无限	-			12.014	0.000	12.014	0.000	0.000

图 10-17　镜头数据

10.1.6　最终设计结果

步骤 9：查看优化效果。

（1）执行“分析”选项卡→“视图”面板→“3D 视图”命令，打开“三维布局图”窗口显示系统的三维布局图，放大镜头处显示镜头结构如图 10-18 所示。

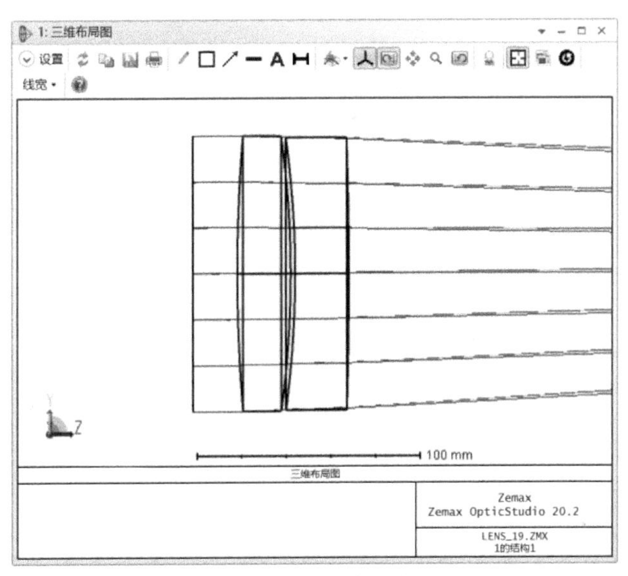

图 10-18　透镜结构

（2）执行“分析”选项卡→“成像质量”面板→“光线迹点”选项→“标准点列图”

命令，打开“点列图”窗口，显示系统的光斑图，如图10-19所示。

（3）执行“分析”选项卡→“成像质量”面板→“MTF曲线”选项→“FFT MTF”命令，打开“FFT MTF”窗口，显示MTF曲线图，如图10-20所示。

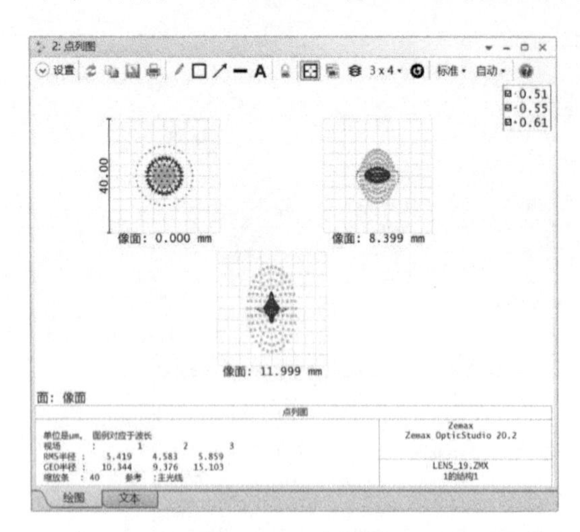

图10-19　光斑图

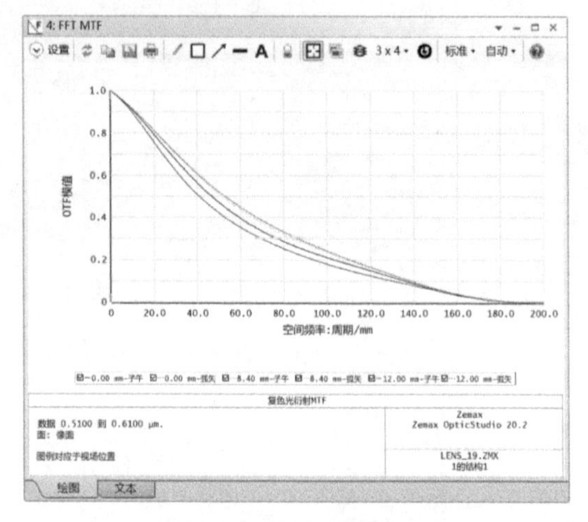

图10-20　MTF曲线

重新优化后的系统性能，相比之前有了进一步改善，根据MTF数据可以得出结论：现有的剩余像差小于0.25波长。这个值表示基本的衍射极限性能，对于所研究的应用，即业余天文学应用，这个值被公认为是可以接受的。

（4）执行“分析”选项卡→“成像质量”面板→“像差分析”选项→“光线像差图”命令，打开“光线光扇图”窗口，显示系统的像差曲线图，如图10-21所示。

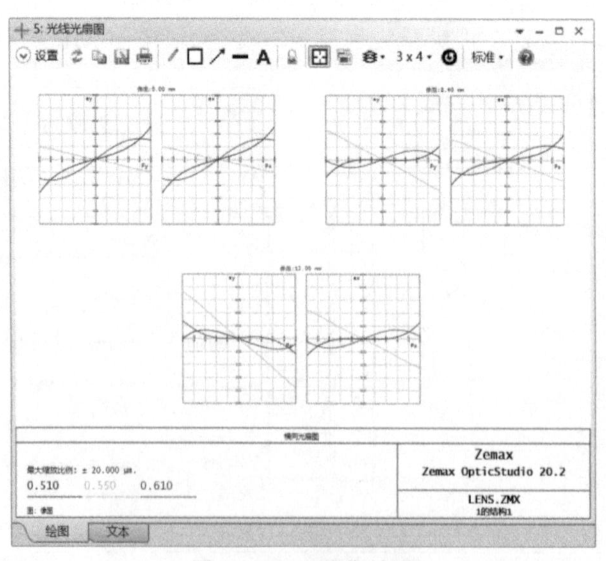

图10-21　光线像差图

分析图中的像差曲线，显示球差已被完全消除，同时红光和蓝光的球差曲线已在0.7孔径处相交。在进行最佳优化时，通过对误差函数进行仔细地监控可以获得最终的校正状态。

注意：在某些情况下，设计目标是要把剩余像差减少到 0（球差）。而在其他情况下，将球差校正到特定的非零值有利于设计实现。

对于色差而言，这样做是为了得到最小的弥散斑尺寸值和最佳 MTF 值。目前，大多数光学设计软件都适用于这种像差平衡处理。

另一种普遍适用于评价望远镜物镜像质的方法是点扩展函数。物镜衍射极限的公式（根据瑞利判据）如下：

像的间隔=1.22×λ×F/#=1.22×0.00056×10=0.0068mm

角距=0.00068/1200=1.17 弧秒

上述结果证实了这项设计达到了基本的衍射极限性能。

10.2 地上望远镜

地上望远镜适用于观察几公里内的物体，普通的应用如体育运动、划船和观鸟等。对于该类应用，设计可与天文望远镜的设计相结合。该类望远镜的一般特点为：具有合理的尺寸、中等放大率、大视场、大出瞳、正像和精确的调焦能力。

本例设计的技术要求如下：

放大率	12 倍
入瞳直径	60mm
出瞳直径	5mm
视场	40（真）
	48 度（表现）
像方向正像、用双普罗棱镜装置	

望远镜结构是根据目镜的选用决定的。为了达到 48 度表现视场，需要采用复杂目镜设计，如埃尔弗型目镜等。目镜 *f*/7 速度和 5mm 光瞳要求目镜焦距为 35mm。因为望远镜的放大率由物镜有效焦距除以目镜有效焦距求得，由此得出物镜的有效焦距为 35×12=420mm。

物镜的孔径等于 5mm 出瞳直径乘以 12 放大率即 60mm。物镜的速度则为 420/60=*f*/7，等于原目镜速度所假定的值。

从所知的物镜有效焦距和真视场可以推导出中间像直径，即：

像/视场光阑直径 = 2×(420×tan2°)=29.3mm

物镜设计首先是把预先设计的 1200mm 物镜缩放到 420mm 焦距，使速度为 *f*/7，半视场角为 2°。当优化时，发现该透镜因无法接受的像散和场曲而引起困扰。

优化会为这种设计增加模拟正像普罗棱镜的玻璃方体，与此同时，在玻璃方体和最终像面之间增加一块双胶合校正镜以校正轴外像差，然后再对该透镜进行最佳化。

详细的 Zemax 设计步骤如下。

最终文件：Char10\地上望远物镜.zmx

10.2.1 调整焦距及系统参数

步骤 1：使用之前优化好的 1200mm 焦距的双胶合物镜，并缩放焦距为 420mm。

（1）在镜头数据编辑器中，单击工具栏中的 （改变焦距）按钮，打开“改变焦距”对话框。

（2）在该对话框中的“焦距”文本框中输入 420，如图 10-22 所示。单击“确定”按钮，完成设置。

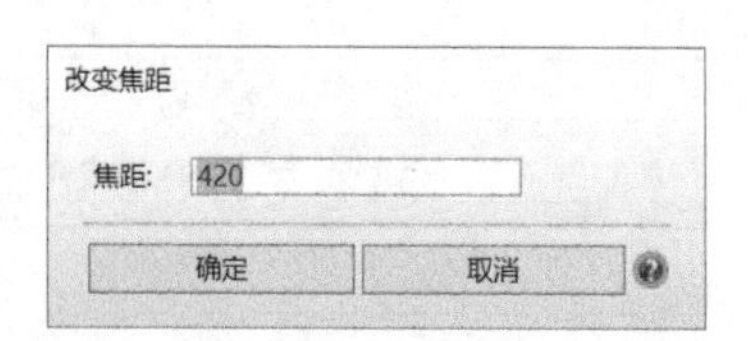

图 10-22 改变焦距

（3）将镜头数据编辑器置前，将#面 3 的厚度、#面 5 的曲率半径设置为变量，此时的镜头数据如图 10-23 所示。

	表面类型	标注	曲率半径	厚度	材料	膜层	净口径	延伸区	机械半直径	圆锥系数	TCE x 1E-6
0	物面 标准面 ▾		无限	无限			无限	0.000	无限	0.000	0.000
1	标准面 ▾		无限	7.000			21.070	0.000	21.070	0.000	0.000
2	光阑 标准面 ▾		249.881 V	8.400 V	BK7		21.009	0.000	21.009	0.000	-
3	标准面 ▾		-150.420 V	0.700 V			20.875	0.000	21.009	0.000	0.000
4	标准面 ▾		-151.271 V	8.394 V	F2		20.798	0.000	20.798	0.000	-
5	标准面 ▾		-636.115 V	410.450 V			20.681	0.000	20.798	0.000	0.000
6	像面 标准面 ▾		无限	-			4.205	0.000	4.205	0.000	0.000

图 10-23 镜头数据

步骤 2：修改入瞳直径为 60mm。

（1）在“系统选项”面板中双击展开“系统孔径”选项。

（2）将“孔径类型”设置为“入瞳直径”，将“孔径值”设置为“60”，如图 10-24 所示。

步骤 3：视场改变 2 度半视场角。

（1）在“系统选项”面板中单击“视场”左侧的▸（展开）按钮，展开“视场”选项。

（2）单击“打开视场数据编辑器”按钮，打开视场数据编辑器，在视场类型选项卡中设置“类型”为“角度”。

（3）在视场 1、2、3 的中“Y 角度(°)”列中分别输入 0、1.4、2，保持权重为 1，如图 10-25 所示。

（4）单击右上角的“关闭”按钮完成设置，此时的镜头数据如图 10-26 所示。

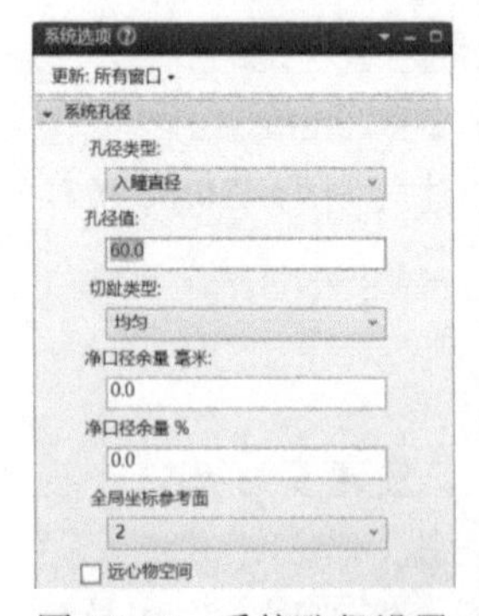

图 10-24 系统孔径设置

图 10-25 修改视场

	表面类型	标注	曲率半径	厚度	材料	膜层	净口径	延伸区	机械半直径	圆锥系数	TCE x 1E-6
0	物面 标准面 ▾		无限	无限			无限	0.000	无限	0.000	0.000
1	标准面 ▾		无限	7.000			30.244	0.000	30.244	0.000	0.000
2	光阑 标准面 ▾		249.881 V	8.400 V	BK7		30.063	0.000	30.063	0.000	-
3	标准面 ▾		-150.420 V	0.700 V			29.998	0.000	30.063	0.000	0.000
4	标准面 ▾		-151.271 V	8.394 V	F2		29.898	0.000	29.898	0.000	-
5	标准面 ▾		-636.115 V	410.450 V			29.847	0.000	29.898	0.000	0.000
6	像面 标准面 ▾		无限	-			14.733	0.000	14.733	0.000	0.000

图 10-26 镜头数据

10.2.2 评价函数设置及优化

步骤 4：重新创建评价函数，设置焦距控制操作数 EFLY 目标值为 420。

（1）执行“优化”选项卡→“自动优化”面板→“优化向导”命令，打开“评价函数编辑器”窗口。

（2）在优化向导与操作数面板中的“优化向导”选项卡中进行参数设置。单击“应用”按钮，完成评价函数设置，结果如图 10-27 所示。

（3）设置完成后，在操作数窗口设置焦距控制操作数 EFLY 目标值为 420，如图 10-27 所示。

（4）单击 × （关闭）按钮退出编辑器。

图 10-27　设置评价函数及焦距操作数

步骤 5：优化。

（1）执行“优化”选项卡→“自动优化”面板→“执行优化”命令，弹出“局部优化”对话框。

（2）在对话框中保持默认设置，单击“开始”按钮开始优化。优化完成后，“局部优化”对话框如图 10-28 所示。此时的镜头数据如图 10-29 所示。

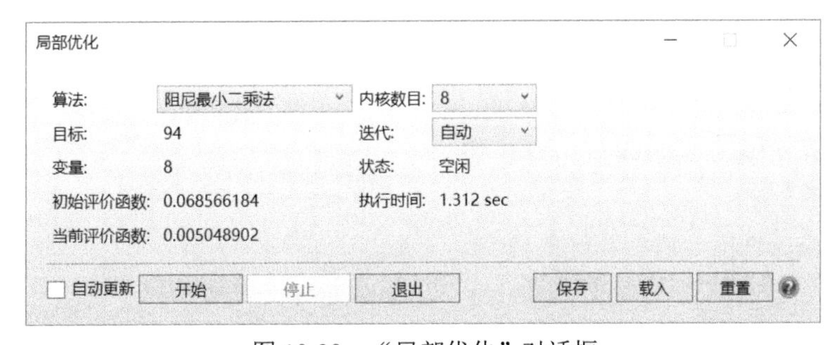

图 10-28　“局部优化”对话框

	表面类型	标注	曲率半径	厚度	材料	膜层	净口径	延伸区	机械半直径	圆锥系数	TCE x 1E-6
0	物面 标准面 ▾		无限	无限			无限	0.000	无限	0.000	0.000
1	标准面 ▾		无限	7.000			30.244	0.000	30.244	0.000	0.000
2	光阑 标准面 ▾		248.201 V	12.000 V	BK7		30.064	0.000	30.064	0.000	-
3	标准面 ▾		-151.055 V	1.000 V			29.931	0.000	30.064	0.000	0.000
4	标准面 ▾		-151.422 V	12.000 V	F2		29.791	0.000	29.791	0.000	-
5	标准面 ▾		-638.990 V	405.981 V			29.718	0.000	29.791	0.000	0.000
6	像面 标准面 ▾		无限	-			14.702	0.000	14.702	0.000	0.000

图 10-29　优化后的镜头数据

10.2.3　查看优化结果

步骤 6： 查看优化效果。

（1）执行“分析”选项卡→“成像质量”面板→“光线迹点”选项→“标准点列图”命令，打开“点列图”窗口，显示光斑图，如图 10-30 所示。

（2）执行“分析”选项卡→“成像质量”面板→“光线迹点”选项→“光线光扇图”命令，打开“光线光扇图”窗口，显示光程像差图，如图 10-31 所示。

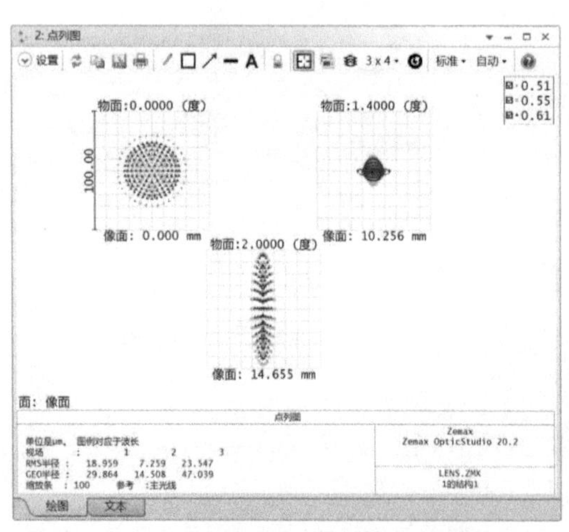

图 10-30　光斑图

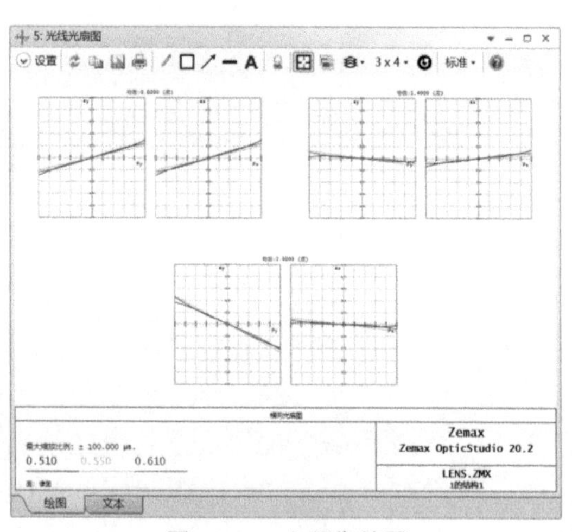

图 10-31　光程像差图

（3）执行“分析”选项卡→“成像质量”面板→“MTF 曲线”选项→“FFT MTF”命令，打开“FFT MTF”窗口，显示 MTF 曲线图，如图 10-32 所示。

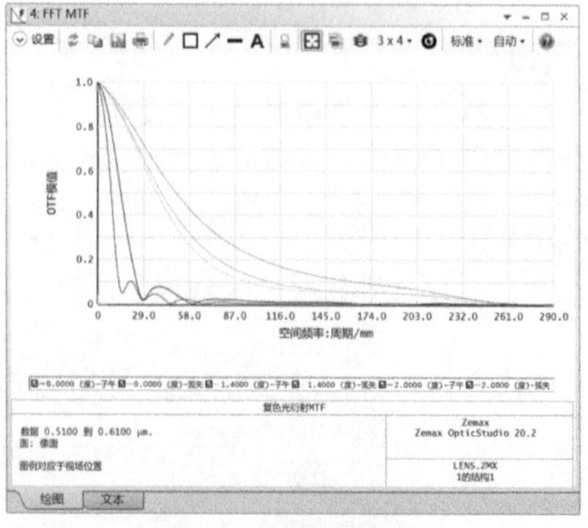

图 10-32　MTF 曲线图

从光斑图或“光线像差图”可以看出，该系统目前存在很大的外视场像差，主要为像散和场曲。观察 MTF 曲线可以发现，轴上视场出现了严重的离焦现象，这也是由于场曲造成的。

为了提高系统性能，达到较好的像质，更精确地模拟望远物镜，需在中间光路中增加转像棱镜。因为转像棱镜类似于折反镜，不会引入任何像差，仅仅影响光程大小。这里只需用玻璃板代替棱镜即可。

10.2.4 加入转像棱镜及透镜

步骤 7：加入转像棱镜。

（1）将镜头数据编辑器置前，在其中插入两个面，厚度、材料、变量设置如图 10-33 所示。

	表面类型	标注	曲率半径	厚度	材料	膜层	净口径	延伸区	机械半直径	圆锥系数	TCE x 1E-6
0	物面 标准面 ▾		无限	无限			无限	0.000	无限	0.000	0.000
1	标准面 ▾		无限	7.000			30.244	0.000	30.244	0.000	0.000
2	光阑 标准面 ▾		248.201 V	12.000 V	BK7		30.064	0.000	30.064	0.000	-
3	标准面 ▾		-151.055 V	1.000 V			29.931	0.000	30.064	0.000	0.000
4	标准面 ▾		-151.422 V	12.000 V	F2		29.791	0.000	29.791	0.000	-
5	标准面 ▾		-638.990 V	160.000 V			29.718	0.000	29.791	0.000	0.000
6	标准面 ▾		无限	160.000	BK7		23.750	0.000	23.750	0.000	-
7	标准面 ▾		无限	140.000			19.845	0.000	23.750	0.000	0.000
8	像面 标准面 ▾		无限	-			14.645	0.000	14.645	0.000	0.000

图 10-33 插入两个面

（2）执行“分析”选项卡→“视图”面板→“3D 视图”命令，打开“三维布局图”窗口，显示系统的三维布局图，得到的光路图如图 10-34 所示。

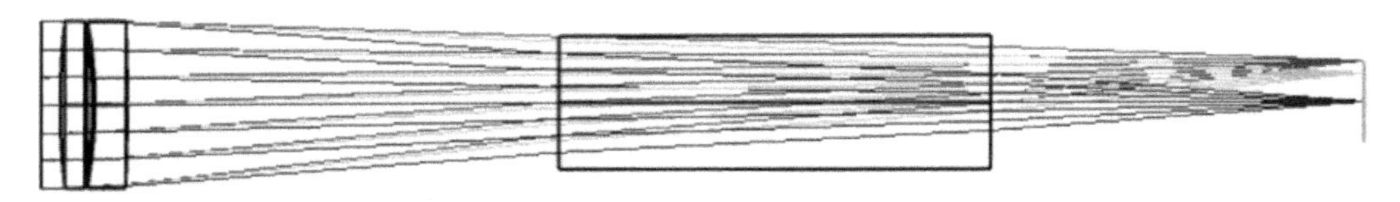

图 10-34 光路图

（3）在棱镜与像面之间加入 2 片透镜，厚度、材料、变量设置如图 10-35 所示。

	表面类型	标注	曲率半径	厚度	材料	膜层	净口径	延伸区	机械半直径	圆锥系数	TCE x 1E-6
0	物面 标准面 ▾		无限	无限			无限	0.000	无限	0.000	0.000
1	标准面 ▾		无限	7.000			30.244	0.000	30.244	0.000	0.000
2	光阑 标准面 ▾		248.201 V	12.000	BK7		30.064	0.000	30.064	0.000	-
3	标准面 ▾		-151.055 V	1.000			29.931	0.000	30.064	0.000	0.000
4	标准面 ▾		-151.422 V	12.000	F2		29.791	0.000	29.791	0.000	-
5	标准面 ▾		-638.990 V	160.000			29.718	0.000	29.791	0.000	0.000
6	标准面 ▾		无限	160.000	BK7		23.750	0.000	23.750	0.000	-
7	标准面 ▾		无限	20.000 V			19.845	0.000	23.750	0.000	0.000
8	标准面 ▾		无限 V	12.000	BK7		19.102	0.000	19.102	0.000	-
9	标准面 ▾		无限 V	25.000 V			18.809	0.000	19.102	0.000	0.000
10	标准面 ▾		无限 V	12.000	F2		17.880	0.000	17.880	0.000	-
11	标准面 ▾		无限 V	80.000 V			17.607	0.000	17.880	0.000	0.000
12	像面 标准面 ▾		无限	-			14.648	0.000	14.648	0.000	0.000

图 10-35 加入 2 片透镜

10.2.5 进一步优化

步骤 8：重新优化。

（1）执行"优化"选项卡→"自动优化"面板→"优化向导"命令，打开"评价函数编辑器"窗口。

（2）在优化向导与操作数面板中的"优化向导"选项卡中进行参数设置。

（3）单击"应用"按钮，完成评价函数设置，结果如图 10-36 所示。单击 × （关闭）按钮退出编辑器。

图 10-36　设置评价函数及焦距操作数

（4）执行"优化"选项卡→"自动优化"面板→"执行优化"命令，弹出"局部优化"对话框。

（5）在对话框中保持默认设置，单击"开始"按钮开始优化。优化完成后，"局部优化"对话框如图 10-37 所示。此时的镜头数据如图 10-38 所示。

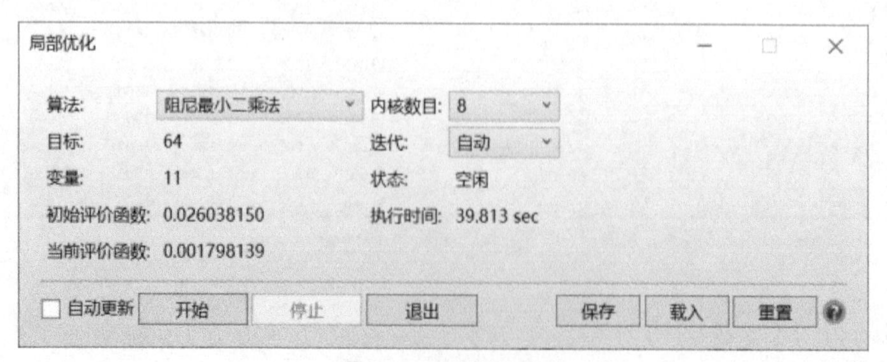

图 10-37　优化结果

	表面类型		标注	曲率半径		厚度		材料	膜层	净口径	延伸区	机械半直径	圆锥系数	TCE x 1E-6
0	物面	标准面 ▾		无限		无限				无限	0.000	无限	0.000	0.000
1		标准面 ▾		无限		7.000				30.244	0.000	30.244	0.000	0.000
2	光阑	标准面 ▾		226.124	V	12.000		BK7		30.070	0.000	30.070	0.000	-
3		标准面 ▾		-165.471	V	1.000				29.905	0.000	30.070	0.000	0.000
4		标准面 ▾		-164.649	V	12.000		F2		29.772	0.000	29.772	0.000	-
5		标准面 ▾		-724.757	V	160.000				29.638	0.000	29.772	0.000	0.000
6		标准面 ▾		无限		160.000		BK7		23.085	0.000	23.085	0.000	-
7		标准面 ▾		无限		34.854	V			18.781	0.000	23.085	0.000	0.000
8		标准面 ▾		164.857	V	12.000		BK7		17.321	0.000	17.321	0.000	-
9		标准面 ▾		214.699	V	40.568	V			16.585	0.000	17.321	0.000	0.000
10		标准面 ▾		-92.681	V	12.000		F2		14.440	0.000	14.771	0.000	-
11		标准面 ▾		-203.522	V	26.015	V			14.771	0.000	14.771	0.000	0.000
12	像面	标准面 ▾		无限		-				14.708	0.000	14.708	0.000	0.000

图 10-38 优化后的镜头数据

10.2.6 最终设计结果

步骤 9：查看结果。

（1）执行“分析”选项卡→“视图”面板→“3D 视图”命令，弹出“三维布局图”窗口，显示系统的光路图如图 10-39 所示。

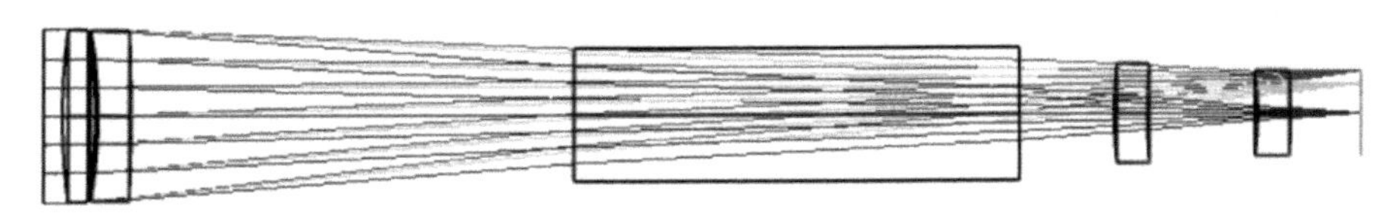

图 10-39 光路图

（2）执行“分析”选项卡→“成像质量”面板→“光线迹点”选项→“标准点列图”命令，打开“点列图”窗口，显示光斑图，如图 10-40 所示。

（3）执行“分析”选项卡→“成像质量”面板→“MTF 曲线”选项→“FFT MTF”命令，弹出“FFT MTF”窗口，显示 MTF 曲线图，如图 10-41 所示。

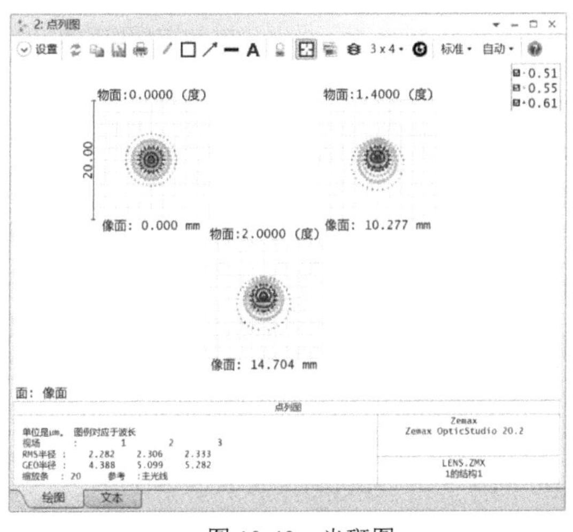

图 10-40 光斑图

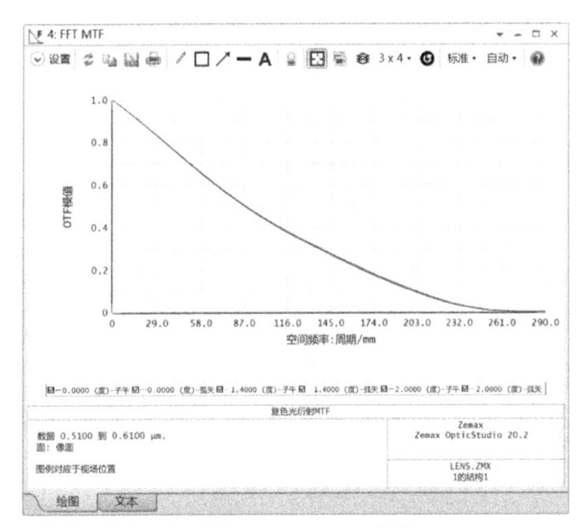

图 10-41 MTF 曲线

（4）执行“分析”选项卡→“成像质量”面板→“光线迹点”组→“光线光扇图”命

令，打开“光线光扇图”窗口，显示光程像差图，如图 10-42 所示。

重新创建默认评价函数并优化，像质有明显提高，外视场像差校正得非常好，光斑处于衍射受限，即添加 2 片透镜后，物镜达到了衍射受限的水平。

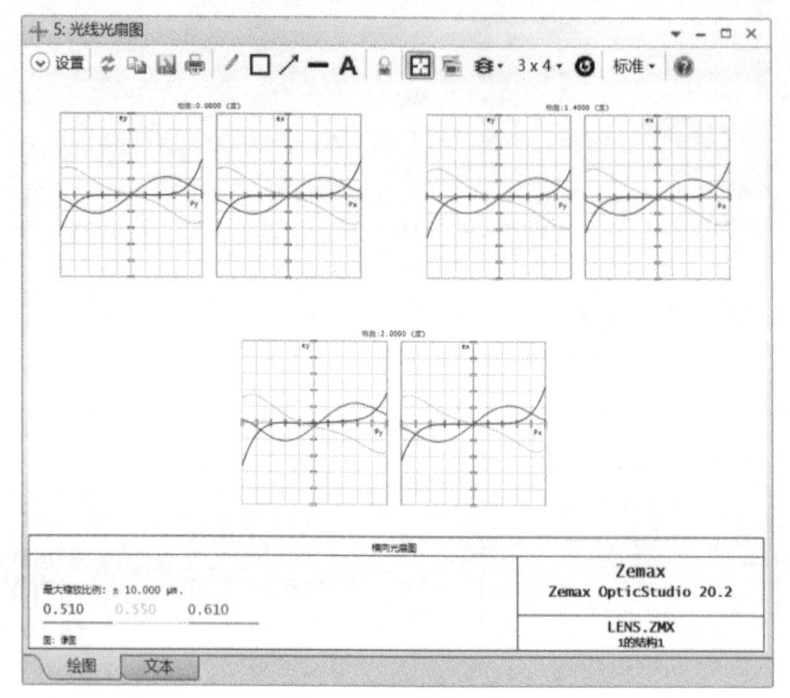

图 10-42　光程像差图

10.3　本章小结

本章讨论了用于目视的两种截然不同的望远镜设计过程。一种是天文望远镜，用于业余天文观察；第二种是较小倍率的望远镜，适用于地上观察。两种设计都需要专用的物镜以适合特定的应用场景，随后将目镜加到物镜设计中，从而构成完整的望远镜。就天文望远镜而言，可以选择一组市场上出售的目镜。对地上望远镜而言，可以从本章介绍的设计中选择一种合适的目镜，并将目镜的有效焦距调整到规定要求。

在这两种情况中，像质评价以适应于人眼的最大分辨能力为判定标准，两种望远镜的轴上分辨率受眼睛限制，在理论衍射极限的百分之几以内。尽管两种物镜在大部分视场上保持高水平的像质，但这两种情况下的目镜都会产生轴外像差，这些像差会降低性能。本章给出的全部结果均考虑了眼睛直径对最后目视性能的影响。当光瞳直径小于 2mm 或大于 4mm 时，眼睛像质的下降必定会影响到任何相关性能的预测。